INDUSTRY AND INFORMATION TECHNOLOGY TRAINING PLANNING MATERIALS

TECHNICAL AND VOCATIONAL EDUCATION

工业和信息化人才培养规划教材 高职高专计算机系列

Flash CS5 高级教程（第2版）

Flash CS5 Advanced Tutorial

卓明敏 魏三强 ◎ 主编

罗启强 王颖 阮梦黎 ◎ 副主编

人民邮电出版社

北京

图书在版编目（CIP）数据

Flash CS5高级教程 / 卓明敏，魏三强主编. -- 2版
. -- 北京 : 人民邮电出版社，2013.1
工业和信息化人才培养规划教材. 高职高专计算机系
列
ISBN 978-7-115-29278-0

Ⅰ. ①F… Ⅱ. ①卓… ②魏… Ⅲ. ①动画制作软件－
高等职业教育－教材 Ⅳ. ①TP391.41

中国版本图书馆CIP数据核字(2012)第263317号

内 容 提 要

本书是一本全面系统地介绍 Flash CS5 中文版的实例类教程，适合已经了解 Flash 基本知识的读者进一步掌握 Flash 的高级应用。

本书精心挑选和设计了 42 个典型案例，每个典型案例都详细地介绍了知识要点、制作方法以及操作步骤，读者可以按照操作步骤轻松地制作出精彩缤纷的动画实例效果。通过典型案例演练，读者可以快速地熟悉软件的功能和制作技巧，熟练快捷地应用 Flash CS5 中文版进行动画设计创作。

本书适合作为高等职业院校数字媒体艺术类专业 Flash 课程的教材，也可作为 Flash 自学人员的参考用书。

工业和信息化人才培养规划教材——高职高专计算机系列

Flash CS5高级教程（第2版）

◆ 主　　编　卓明敏　魏三强
　副 主 编　罗启强　王　颖　阮梦黎
　责任编辑　桑　珊
◆ 人民邮电出版社出版发行　　北京市崇文区夕照寺街 14 号
　邮编　100061　　电子邮件　315@ptpress.com.cn
　网址　http://www.ptpress.com.cn
　北京鑫正大印刷有限公司印刷
◆ 开本：787×1092　1/16
　印张：19.25　　　　2013 年 1 月第 2 版
　字数：483 千字　　　2013 年 1 月北京第 1 次印刷

ISBN 978-7-115-29278-0

定价：43.00 元（附光盘）

读者服务热线：(010)67170985　印装质量热线：(010)67129223

反盗版热线：(010)67171154

第2版前言

Flash是由Adobe公司开发的网页动画制作软件，它功能强大、易学易用，深受网页制作爱好者和动画设计人员的喜爱，已经成为这一领域最流行的软件之一。目前，我国很多高职院校的数字媒体艺术类专业，都将Flash列为一门重要的专业课程。为了帮助高职院校的教师全面、系统地讲授这门课程，使学生能够熟练地使用Flash来进行动画设计，我们几位长期在高职院校从事Flash教学的教师和专业网页动画设计公司经验丰富的设计师合作，共同编写了本书。

本书精心挑选和设计了42个典型案例。这些案例既突出实用性，又注重表现艺术效果，案例效果中融入了Flash CS5功能的精华。通过案例演练，学生可以快速掌握软件功能和制作技巧，熟练快捷地应用Flash CS5进行动画设计创作；通过课后习题，拓展学生的实际应用能力。在内容编写方面，我们力求细致全面、重点突出；在文字叙述方面，我们注重言简意赅、通俗易懂；在案例选取方面，我们强调案例的针对性和实用性。

本书配套光盘中包含了书中所有案例的素材及效果文件。另外，为方便教师教学，本书配备了详尽的课后习题操作步骤以及PPT课件、教学大纲等丰富的教学资源，任课教师可到人民邮电出版社教学服务与资源网（www.ptpedu.com.cn）免费下载使用。本书的参考学时为40学时，其中实训环节为16学时，各章的参考学时可以参见下面的学时分配表。

章　节	课 程 内 容	学 时 分 配	
		讲　授	实　训
第1章	电子贺卡	2	1
第2章	电子相册	2	1
第3章	标志制作	2	1
第4章	广告特效	4	3
第5章	节目片头与MTV	3	2
第6章	网页应用	5	4
第7章	教学课件	2	1
第8章	游戏及交互	4	3
	课 时 总 计	24	16

本书由赣南师范高等专科学校卓明敏、宿州职业技术学院魏三强任主编，江西泰豪动漫职业学院罗启强、哈尔滨远东理工学院王颖、山东工会管理干部学院阮梦黎任副主编。参与本书编写工作的还有周建国、葛润平、张文达、张丽丽、张旭、吕娜、李悦、崔桂青、尹国勤、张岩、王丽丹、王攀、陈东生、周亚宁、贾楠、程磊等。

由于作者水平有限，书中难免存在错误和不妥之处，敬请广大读者批评指正。

编　者

2012年7月

Flash 教学辅助资源及配套教辅

素材类型	名称或数量	素材类型	名称或数量
教学大纲	1套	课堂实例	42个
电子教案	8单元	课后实例	8个
PPT 课件	8个	课后答案	8个
第1章 电子贺卡	元宵节贺卡	第5章 节目片头与 MTV	超酷游戏片头
	春节贺卡		英文歌曲 MTV
	生日贺卡		英文诗歌
	儿童节贺卡		城市宣传动画
	教师节贺卡	第6章 网页应用	渐显按钮
第2章 电子相册	好朋友的照片		跳动的按钮
	浏览婚礼照片		单选按钮
	家装影集		滚动条
	休闲假日照片		品牌手机网页
第3章 标志制作	游乐园标志		旅游公司网页
	环保标志		户外运动网页
	茶文化标志		水果速递网页
	房地产公司标志		数码产品网页
	酒吧标牌		精品购物网页
第4章 广告特效	购物广告	第7章 教学课件	幻灯片课件
	汽车宣传广告		计算机课件
	数码产品广告		学字母发音
	精美首饰广告	第8章 游戏及交互	鼠标跟随
	体育运动广告		掉落的水珠
	手机广告		鼠标控制声道
	电子宣传菜单		游戏登录界面
	时尚音乐电子宣传单		计算器
	邀请赛广告		时尚手表
	影视剧片头		拼图游戏
	自然知识片头		飞舞的蜻蜓

目录

第1章 电子贺卡

Flash贺卡是Internet上人们增进交流的一种工具，是传递信息和交流情感的一种方式。Flash贺卡的种类繁多，有邀请卡、祝福卡、生日卡、圣诞卡或新年贺卡等。

本章主要介绍 Flash 贺卡中图形与动画的制作方法，并介绍为贺卡添加背景音乐的方法。

课堂学习实例

- 元宵节贺卡
- 春节贺卡
- 生日贺卡
- 儿童节贺卡

1.1 元宵节贺卡

【知识要点】使用“钢笔”工具绘制图形，使用“添加传统运动引导层”命令创建引导层，使用“创建传统补间”命令制作动作补间动画，使用“水平翻转”命令翻转图形。

1.1.1 导入图片并绘制图形

（1）选择“文件 > 新建”命令，弹出“新建文档”对话框，单击“确定”按钮，进入新建文档舞台窗口。按 Ctrl+F3 组合键，弹出文档“属性”面板，单击“大小”选项后面的“编辑”按钮 编辑... ，在弹出的对话框中将舞台窗口的宽度设为 248，高度设为 500，将“背景颜色”设为灰色（#999999），单击“确定”按钮。

（2）在文档“属性”面板中单击“发布”选项组中“配置文件”右侧的“编辑”按钮，在弹出的“发布设置”对话框中将“播放器”选项设为“Flash Player 8”；将“脚本”选项设为“ActionScript 2.0”，如图 1-1 所示，单击“确定”按钮。

提示 在“属性”面板中将“播放器”选项设置为“Flash Player 8”，将“脚本”选项设为“ActionScript 2”，在“动作”面板的左上方将脚本语言版本设置为“ActionScript 1.0&2.0”，即可在脚本窗口中输入脚本语言。

（3）选择“文件 > 导入 > 导入到库”命令，在弹出的“导入到库”对话框中选择“Ch01 > 素材 > 1.1 元宵节贺卡 > 01”文件，单击“打开”按钮，文件被导入到“库”面板中，如图 1-2 所示。

（4）在“库”面板下方单击“新建元件”按钮，弹出“创建新元件”对话框，在“名称”选项的文本框中输入“图形 1”，在“类型”选项的下拉列表中选择“图形”选项；单击“确定”按钮，新建图形元件“图形 1”，如图 1-3 所示，舞台窗口也随之转换为图形元件的舞台窗口。

图 1-1

图 1-2

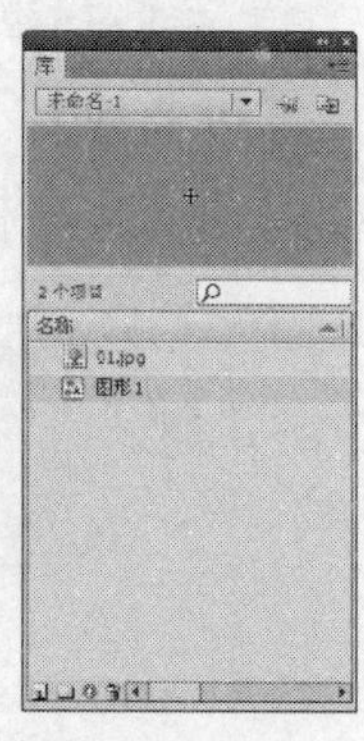

图 1-3

技巧 创建新元件，还可选择“插入 > 新建元件”命令，或按 Ctrl+F8 组合键，或单击“库”面板右上方的图标，在弹出的菜单中选择“新建元件”命令。

（5）选择“钢笔”工具，在舞台窗口中绘制出一个不规则的闭合路径，如图 1-4 所示。选择“颜料桶”工具，在工具箱中将“填充颜色”设为黄色（#FFFF00），在边线内部单击鼠标填充颜色，并选择“选择”工具，双击图形的边线，将其选中，按 Delete 键，将其删除。选择“选择”工具，选中图形，按 Ctrl+F3 组合键，调出形状“属性”面板，分别将“宽”和“高”选项设为 15 和 16，舞台窗口中的效果如图 1-5 所示。

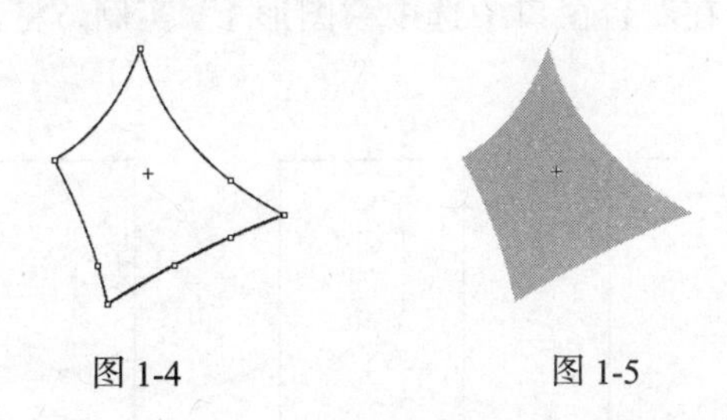

图 1-4　　　　图 1-5

（6）使用相同的方法分别制作图形元件“图形 1”和“图形 2”，并设置图形元件“图形 1”的“宽”和“高”选项分别为 30 和 15，图形效果如图 1-6 所示；设置图形元件“图形 2”的“宽”和“高”选项分别为 30 和 22，图形效果如图 1-7 所示。

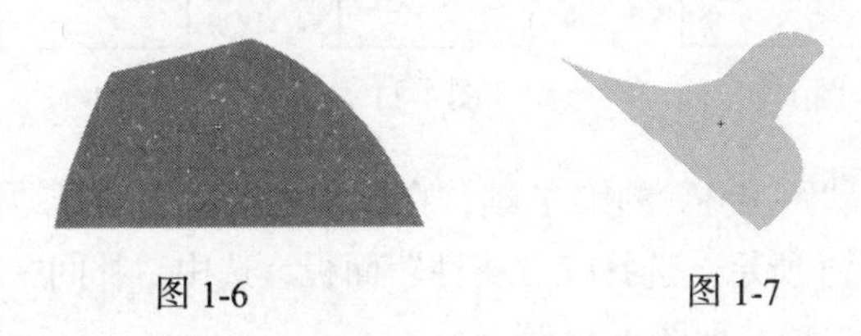

图 1-6　　　　图 1-7

1.1.2　制作引导层动画

（1）在“库”面板下方单击“新建元件”按钮，弹出“创建新元件”对话框，在“名称”选项的文本框中输入“图形 1 动”，在“类型”选项的下拉列表中选择“影片剪辑”选项，单击“确定”按钮，新建影片剪辑元件“图形 1 动”，如图 1-8 所示；舞台窗口也随之转换为影片剪辑元件的舞台窗口。

（2）在“时间轴”面板中，用鼠标右键单击“图层 1”图层，在弹出的下拉列表中选择“添加传统运动引导层”命令，为“图层 1”添加运动引导层，如图 1-9 所示。

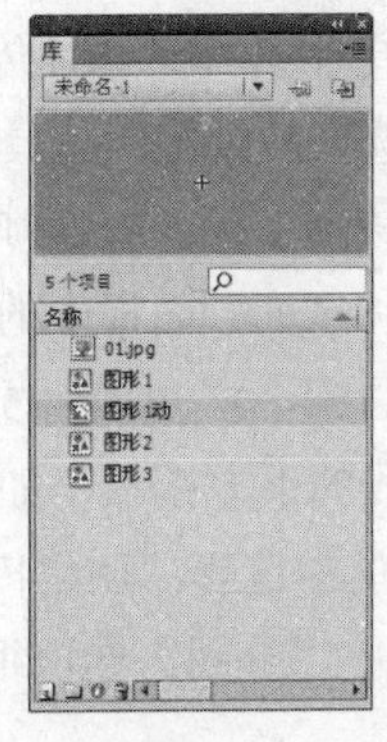

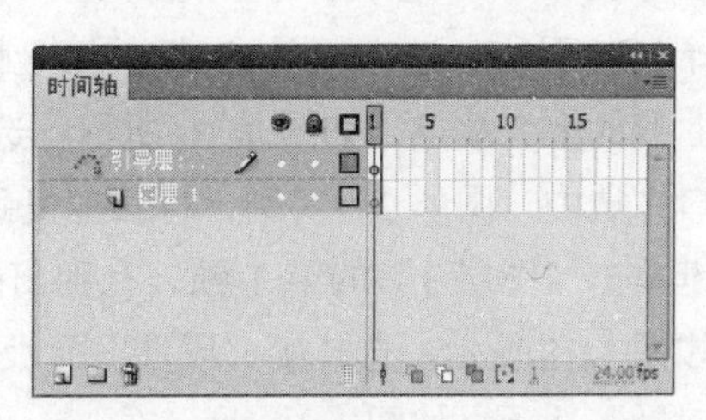

图 1-8　　　　图 1-9

（3）选中引导层的第 1 帧，选择“铅笔”工具，在工具箱中将“填充颜色”设为无，并选中工具箱下方“铅笔模式”选项组中的“平滑”选项，在舞台窗口中绘制一条曲线，如图 1-10 所示。选中引导层的第 45 帧，按 F5 键，在该帧上插入普通帧。

（4）选择“选择”工具，选中“图层 1”的第 1 帧，将“库”面板中的图形元件“图形 1”拖曳到舞台窗口中曲线的上方端点，如图 1-11 所示。选中“图层 1”的第 45 帧，按 F6 键，在该帧上插入关键帧。在舞台窗口中选中“图形 1”实例，将其拖曳到曲线的下方端点，如图 1-12 所示。

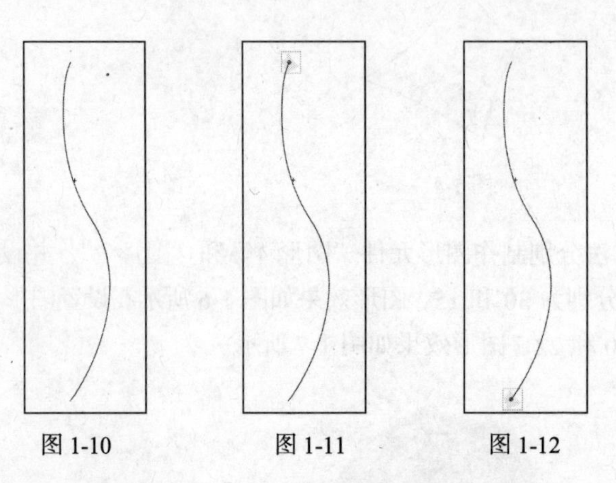

图 1-10　　图 1-11　　图 1-12

（5）用鼠标右键单击“图层 1”的第 1 帧，在弹出的菜单中选择“创建传统补间”命令，生成动作补间动画，如图 1-13 所示。选择帧“属性”面板，选中“补间”选项组下的“旋转”选项下拉列表中的“逆时针”选项，如图 1-14 所示。

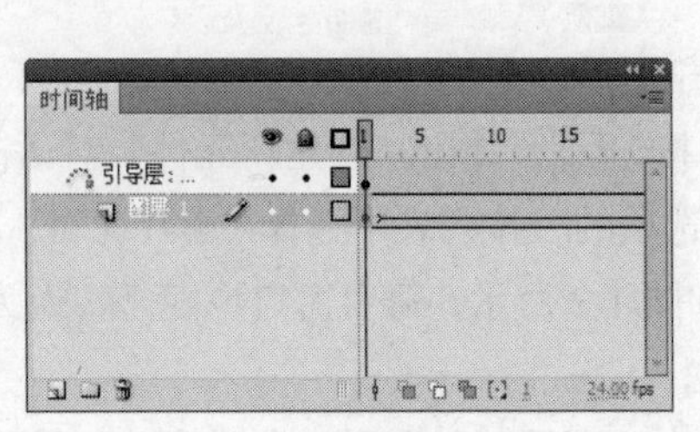

图 1-13

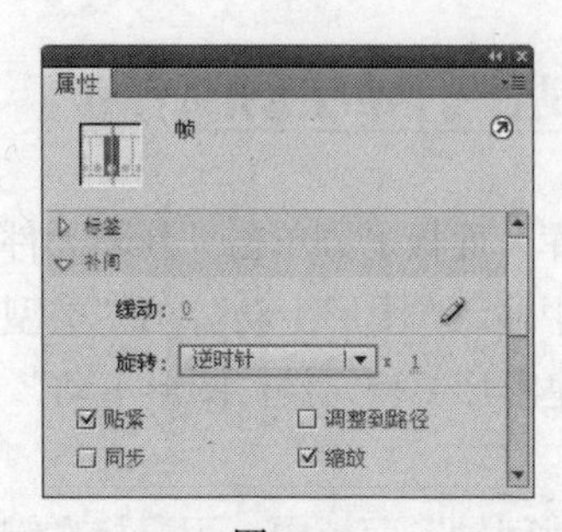

图 1-14

（6）单击“库”面板中的“新建元件”按钮，新建影片剪辑元件“图形 2 动”。在“时间轴”面板中，用鼠标右键单击“图层 1”图层，在弹出的菜单中选择“添加传统运动引导层”命令，为“图层 1”添加运动引导层。选中引导层的第 1 帧，选择“铅笔”工具，在舞台窗口中绘制一条曲线，如图 1-15 所示。选中引导层的第 45 帧，在该帧上插入普通帧。

（7）选择“选择”工具，选中“图层 1”的第 1 帧，将“库”面板中的图形元件“图形 2”拖曳到舞台窗口中曲线的上方端点，如图 1-16 所示。选中“图层 1”的第 45 帧，在该帧上插入关键帧。在舞台窗口中选中“图形 2”实例，将其拖曳到曲线的下方端点，如图 1-17 所示。

（8）用鼠标右键单击“图层 1”的第 1 帧，在弹出的菜单中选择“创建传统补间”命令，生成动作补间动画，如图 1-18 所示。选择帧“属性”面板，选中“补间”选项组下的“旋转”选项下拉列表中的“逆时针”选项，如图 1-19 所示。

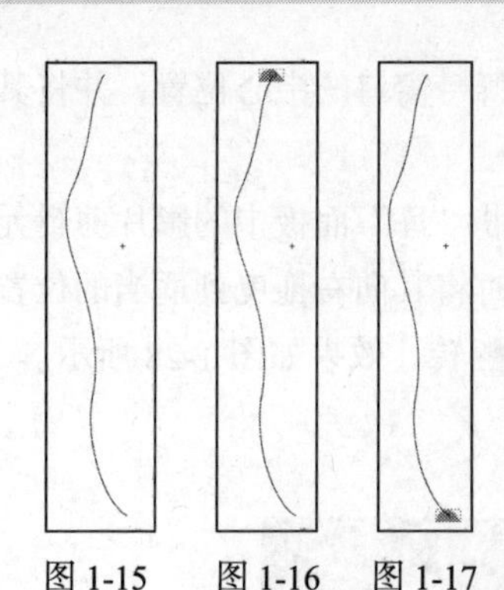

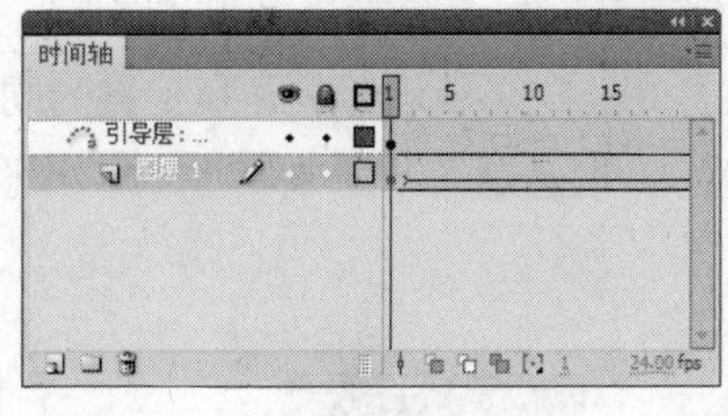

图 1-15　图 1-16　图 1-17　图 1-18　图 1-19

（9）单击“库”面板中的“新建元件”按钮，新建影片剪辑元件“图形 3 动”。在“时间轴”面板中用鼠标右键单击“图层 1”图层，在弹出的菜单中选择“添加传统运动引导层”命令，为“图层 1”添加运动引导层。选中引导层的第 1 帧，选择“铅笔”工具，在舞台窗口中绘制一条曲线，效果如图 1-20 所示。选中引导层的第 45 帧，在该帧上插入普通帧。

（10）选择“选择”工具，选中“图层 1”的第 1 帧，将“库”面板中的图形元件“图形 3”拖曳到舞台窗口中曲线的上方端点，如图 1-21 所示。选中“图层 1”的第 45 帧，在该帧上插入关键帧。在舞台窗口中选中“图形 3”实例，将其拖曳到曲线的下方端点，如图 1-22 所示。

（11）用鼠标右键单击“图层 1”的第 1 帧，在弹出的菜单中选择“创建传统补间”命令，生成动作补间动画，如图 1-23 所示。选择帧“属性”面板，选中“补间”选项组下“旋转”选项下拉列表中的“逆时针”选项，如图 1-24 所示。

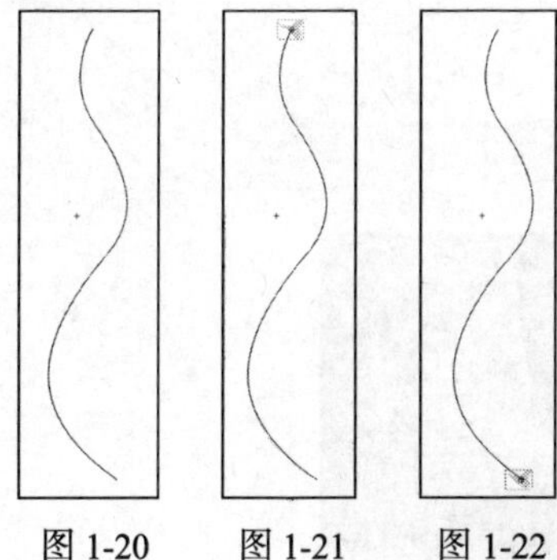

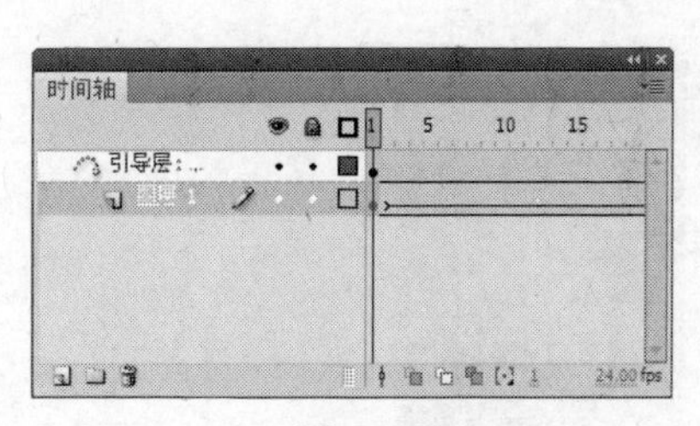

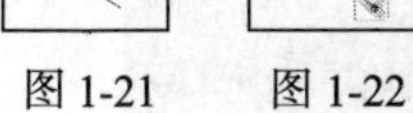
图 1-20　图 1-21　图 1-22　图 1-23　图 1-24

（12）单击“库”面板中的“新建元件”按钮，新建影片剪辑元件“一起动”。分别将“库”面板中的影片剪辑元件“图形 1 动”、“图形 2 动”和“图形 3 动”向舞台窗口中拖曳多次，并使用“任意变形”工具将它们分别调整到合适的大小，效果如图 1-25 所示。选中“图层 1”的第 30 帧，按 F5 键，在该帧上插入普通帧。

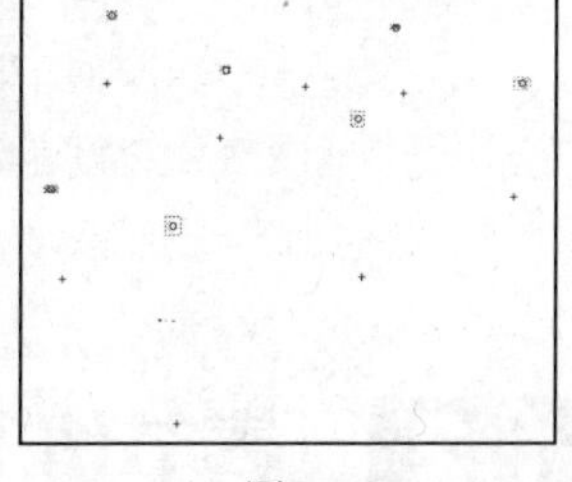

图 1-25

1.1.3　制作动画效果

（1）单击舞台窗口左上方的“场景 1”图标，进入“场景 1”的舞台窗口。将“图层 1”

重新命名为“背景图”。将“库”面板中的位图“01.jpg”拖曳到舞台窗口的中心位置，并将其调整到合适的大小，效果如图 1-26 所示。

（2）在“时间轴”面板中创建新图层并将其命名为“图形”。将“库”面板中的影片剪辑元件“一起动”拖曳到舞台窗口中，如图 1-27 所示。按住 Alt 键的同时将其向右拖曳到适当的位置，复制图形，选择“修改 > 变形 > 水平翻转”命令，将图形水平翻转，效果如图 1-28 所示。

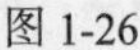

图 1-26

图 1-27

图 1-28

（3）用相同的方法按需要将“库”面板中影片剪辑元件“一起动”多次拖曳到舞台窗口中适当的位置，效果如图 1-29 所示；元宵节贺卡制作完成，按 Ctrl+Enter 组合键即可查看效果，如图 1-30 所示。

图 1-29

图 1-30

1.2 春节贺卡

【知识要点】使用“导入到库”命令将素材导入，使用“创建图形元件”命令和“文本”工具制作对联图形元件，使用“图形”属性面板改变图形的大小，使用“传统补间”命令和“帧”属性面板制作财神动画和对联动画，使用“动作”面板设置脚本语言。

1.2.1　导入图片

（1）选中计算机中的任意文件夹，然后选择“工具 > 文件夹选项”命令，如图 1-31 所示；在弹出的“文件夹选项”对话框中单击“查看”选项卡，进入相应的对话框；在“高级设置”选项框中勾选“隐藏已知文件类型的扩展名”复选项，如图 1-32 所示；单击“确定”按钮，将计算机中所有文件的扩展名隐藏。此方法是为了避免导入后缀为.png 的素材图片时素材名称冲突而引起问题。

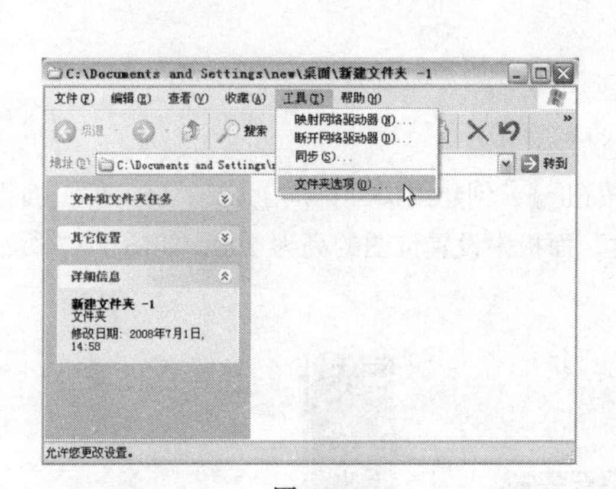

图 1-31

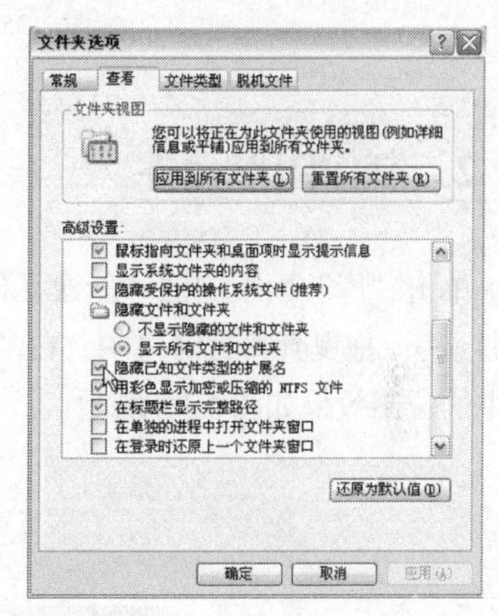

图 1-32

（2）选择“文件 > 新建”命令，弹出“新建文档”对话框，单击“确定”按钮，进入新建文档舞台窗口。按 Ctrl+F3 组合键，弹出文档“属性”面板，单击“大小”选项后面的“编辑”按钮 编辑... ，弹出“文档设置”对话框，将“背景颜色”设为灰色（#999999），其他选项的设置如图 1-33 所示；单击“确定”按钮，舞台效果如图 1-34 所示。

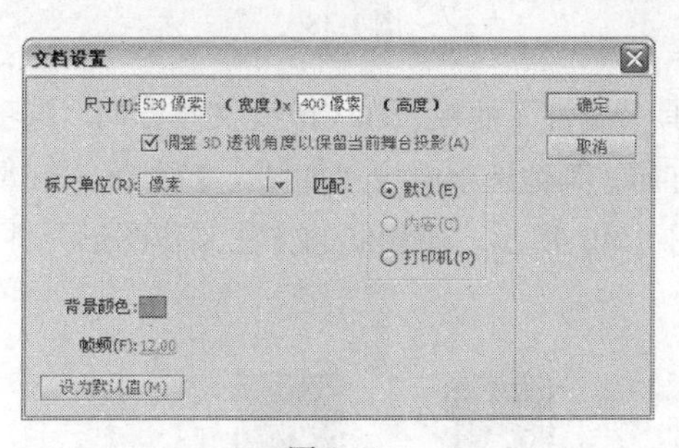

图 1-33

图 1-34

（3）在“属性”面板中单击“发布”选项组中“配置文件”右侧的“编辑”按钮，在弹出的“发布设置”对话框中将“播放器”选项设为“Flash Player 8”，将“脚本”选项设为“ActionScript 2.0”，如图 1-35 所示，单击“确定”按钮。

（4）选择“文件 > 导入 > 导入到库”命令，在弹出的“导入到库”对话框中选择“Ch01 > 素材 > 1.2 春节贺卡 > 01、02、03、04、05、06、07”文件，单击“打开”按钮，这些文件都被导入到“库”面板中，如图 1-36 所示。

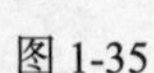

图 1-35

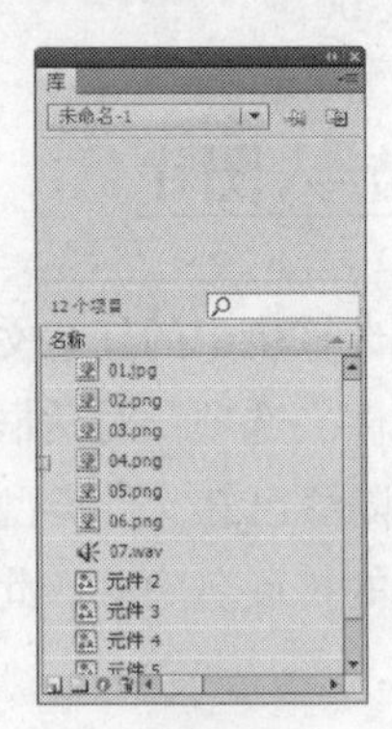

图 1-36

1.2.2 制作图形元件

（1）单击“库”面板中的“新建元件”按钮，创建图形元件“上联”。将“库”面板中的位图“03.png”拖曳到舞台窗口中，在“属性”面板中设置位图的高为 200，如图 1-37 所示；舞台窗口中的位图效果如图 1-38 所示。

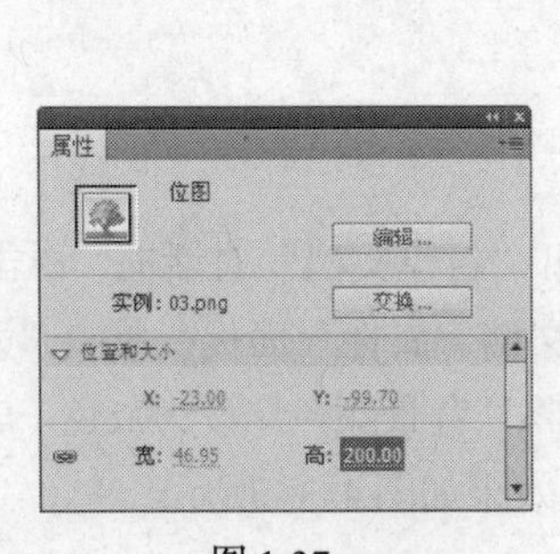

图 1-37

图 1-38

（2）选择“文本”工具，选择文本工具“属性”面板，在“改变文本方向”选项的下拉列表中选择“垂直”选项，将文字修改为垂直方向，其他选项的设置如图 1-39 所示；在舞台窗口中输入需要的黄色（#FFFF00）文字，效果如图 1-40 所示。用相同的方法制作图形元件“下联”，效果如图 1-41 所示。

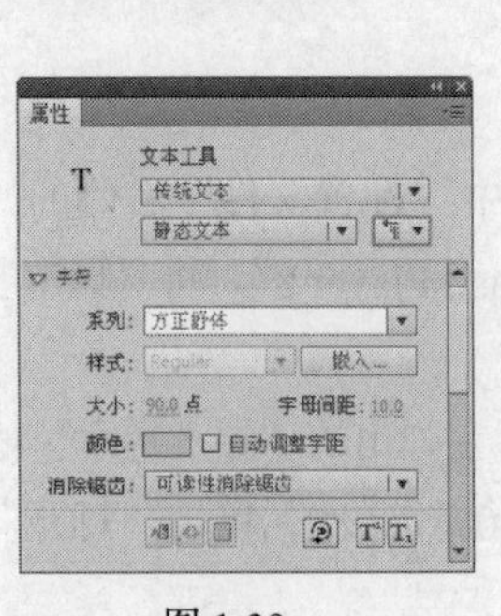

图 1-39

图 1-40

图 1-41

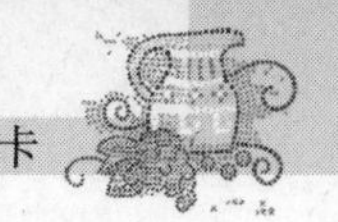

（3）单击“库”面板中的“新建元件”按钮，创建图形元件“恭”。将“库”面板中的位图“04.png”拖曳到舞台窗口中，在“属性”面板中设置位图的“宽”选项为247，如图1-42所示；舞台窗口中的位图效果如图1-43所示。

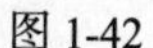
图1-42

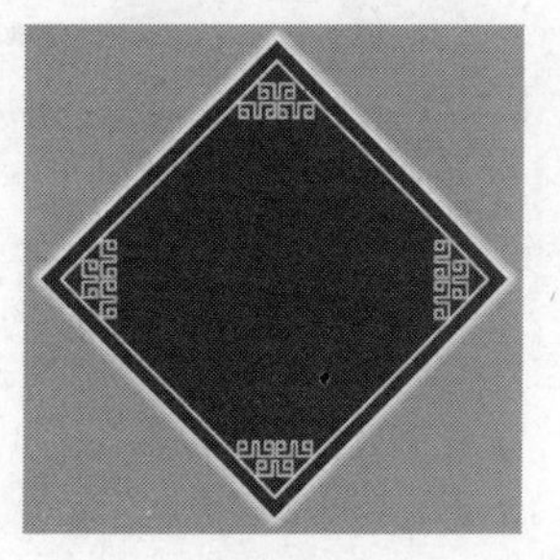
图1-43

（4）选择“文本”工具，选择文本工具“属性”面板，在“改变文本方向”选项的下拉列表中选择“水平”选项，将文字修改为水平方向，其他选项的设置如图1-44所示，在舞台窗口中输入需要的黄色（#FFFF00）文字，效果如图1-45所示。用相同的方法制作其他图形元件“贺”、“新”和“春”，“库”面板中的显示如图1-46所示。

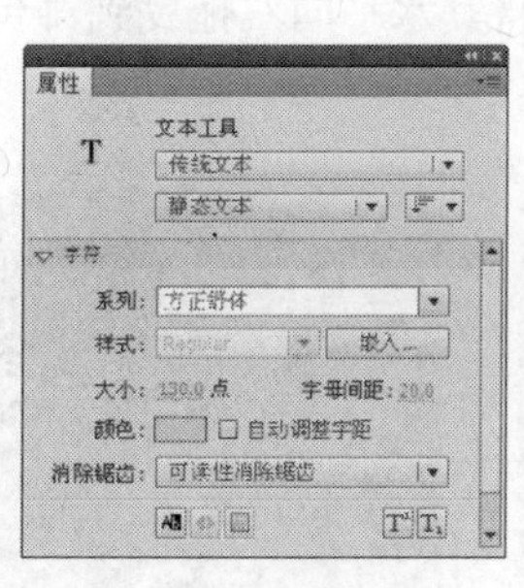

图1-44

图1-45

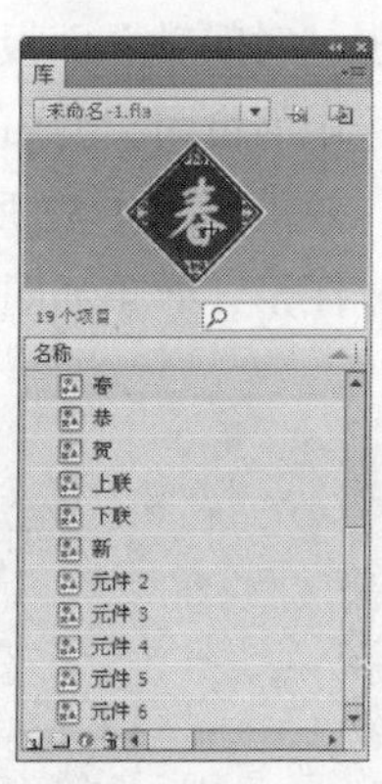

图1-46

1.2.3 制作财神拜年效果

（1）在“库”面板下方单击“新建元件”按钮，弹出“创建新元件”对话框，在“名称”选项的文本框中输入“财神动”，在“类型”选项的下拉列表中选择“影片剪辑”选项，单击“确定”按钮，新建影片剪辑元件“财神动”，如图1-47所示，舞台窗口也随之转换为影片剪辑元件的舞台窗口。

（2）分别将“库”面板中的图形元件“元件5”和“元件6”拖曳到舞台窗口中，如图1-48所示。选中“图层1”的第15帧，按F5键，在该帧上插入普通帧。选中“图层1”的第10帧，按F6键，在该帧上插入关键帧，如图1-49所示。

（3）选择“任意变形”工具，在舞台窗口中选中“元件6”实例，按住Alt键的同时选中控制框下方中间的控制点向下拖曳到适当的位置，调整实例的形状，效果如图1-50所示。

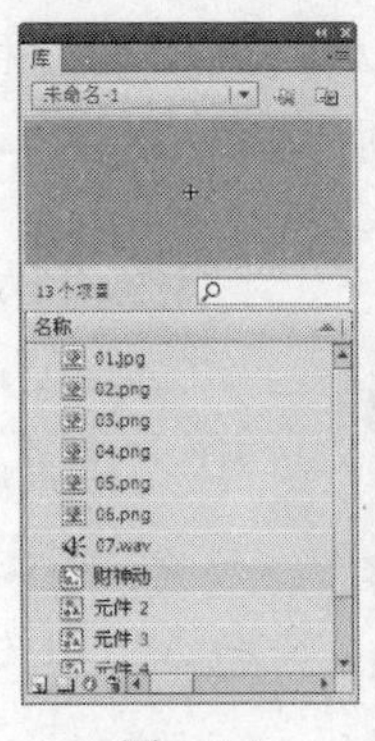

图 1-47

图 1-48

图 1-49

图 1-50

1.2.4　制作动画效果

（1）单击舞台窗口左上方的“场景 1”图标 场景 1，进入“场景 1”的舞台窗口。将“图层 1”重新命名为“背景图”。将“库”面板中的位图“01.jpg”拖曳到舞台窗口中，并将其调整到合适的大小，效果如图 1-51 所示。选中“背景图”图层的第 61 帧，按 F5 键，在该帧上插入普通帧。

（2）单击“时间轴”面板下方的“新建图层”按钮，创建新图层并将其命名为“灯笼”。将“库”面板中的位图“02.png”拖曳到舞台窗口的右侧外面，选择“任意变形”工具，调整图像的大小，效果如图 1-52 所示。按住 Alt+Shift 键的同时将其水平向右拖曳到舞台窗口中的适当位置，复制图形，效果如图 1-53 所示。

图 1-51

图 1-52

图 1-53

（3）在“时间轴”面板中创建新图层并将其命名为“上联”。将“库”面板中的图形元件“上联”拖曳到舞台窗口的上方外部，如图 1-54 所示。选中“上联”图层的第 20 帧，按 F6 键，在该帧上插入关键帧。在舞台窗口中选中“上联”实例，按住 Shift 键的同时将其水平向下拖曳到舞台窗口中的适当位置，效果如图 1-55 所示。

图 1-54

图 1-55

（4）在“时间轴”面板中，用鼠标右键单击“上联”图层的第 1 帧，在弹出的菜单中选择“创建传统补间”命令，生成动作补间动画，如图 1-56 所示。

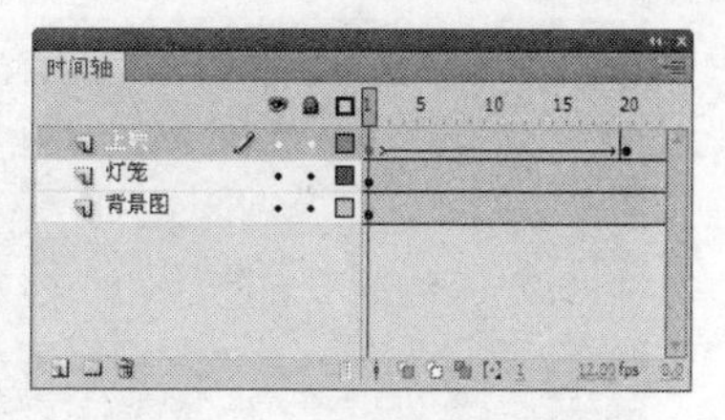

图 1-56

（5）在“时间轴”面板中创建新图层并将其命名为“下联”。将“库”面板中的图形元件“下联”拖曳到舞台窗口的下方外部，如图 1-57 所示。选中“下联”图层的第 20 帧，按 F6 键，在该帧上插入关键帧。在舞台窗口中选中“下联”实例，按住 Shift 键的同时将其水平向上拖曳到舞台窗口中的适当位置，效果如图 1-58 所示。

（6）在“时间轴”面板中，用鼠标右键单击“下联”图层的第 1 帧，在弹出的菜单中选择“创建传统补间”命令，生成动作补间动画，如图 1-59 所示。

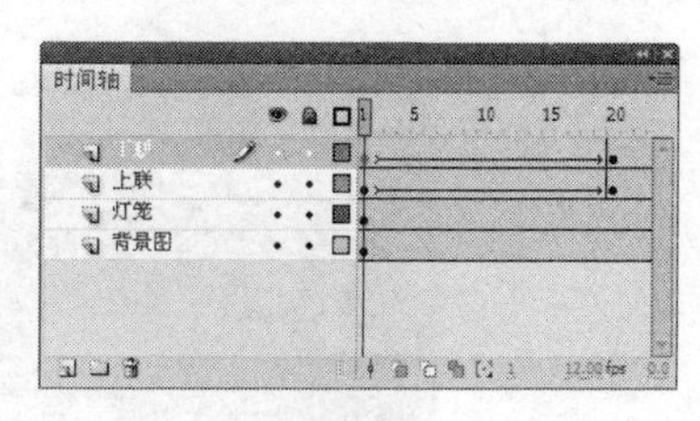

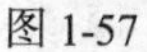

图 1-57　　图 1-58　　图 1-59

（7）在“时间轴”面板中创建新图层并将其命名为“财神爷”。用鼠标右键单击“财神爷”图层的第 21 帧，在弹出的菜单中选择“插入空白关键帧”命令，在该帧上插入空白关键帧，如图 1-60 所示。将“库”面板中的影片剪辑元件“财神动”拖曳到舞台窗口的右侧外部，选择“任意变形”工具，调整图像的大小，效果如图 1-61 所示。

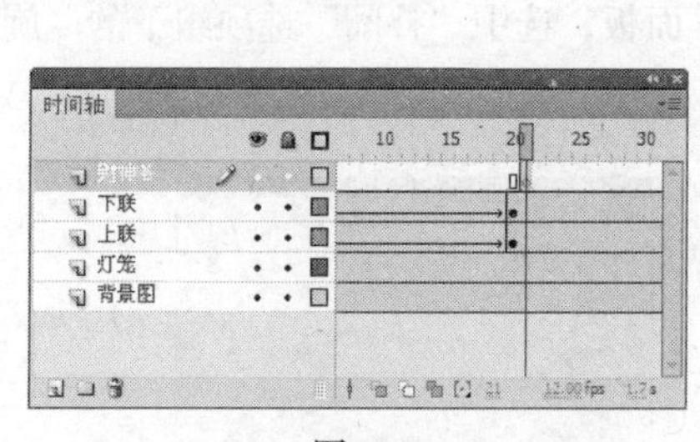

图 1-60　　图 1-61

（8）选中“财神爷”图层的第 40 帧，按 F6 键，在该帧上插入关键帧。在舞台窗口中选中“财神动”实例，按住 Shift 键的同时将其水平向左拖曳到舞台窗口的中间，如图 1-62 所示。用鼠标右键单击“财神爷”图层的第 21 帧，在弹出的菜单中选择“创建传统补间”命令，生成动作补间动画，如图 1-63 所示。选择帧“属性”面板，选中“补间”选项组下的“旋转”选项下拉列表中的“顺时针”选项，如图 1-64 所示。

图 1-62

图 1-63

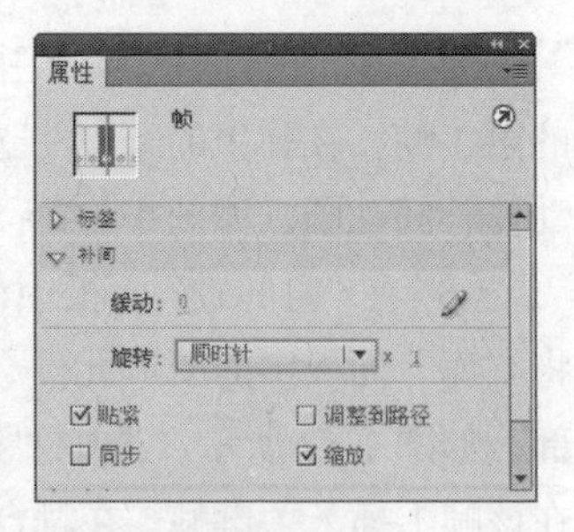

图 1-64

（9）在“时间轴”面板中创建新图层并将其命名为“恭”。用鼠标右键单击“恭”图层的第 41 帧，在弹出的菜单中选择“插入空白关键帧”命令，在该帧上插入空白关键帧。将“库”面板中的图形元件“恭”拖曳到舞台窗口的上方外部，选择“任意变形”工具，调整元件实例的大小，效果如图 1-65 所示。选中“恭”图层的第 45 帧，按 F6 键，在该帧上插入关键帧。在舞台窗口中选中“恭”实例，按住 Shift 键的同时将其水平向下拖曳到舞台窗口中的适当位置，如图 1-66 所示。

图 1-65

图 1-66

（10）用鼠标右键单击“恭”图层的第 41 帧，在弹出的菜单中选择“创建传统补间”命令，生成动作补间动画，如图 1-67 所示。选择帧“属性”面板，选中“补间”选项组下的“旋转”选项下拉列表中的“顺时针”选项，如图 1-68 所示。

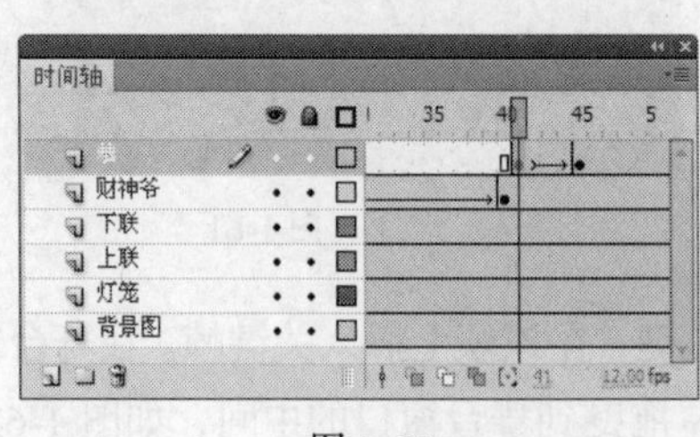

图 1-67

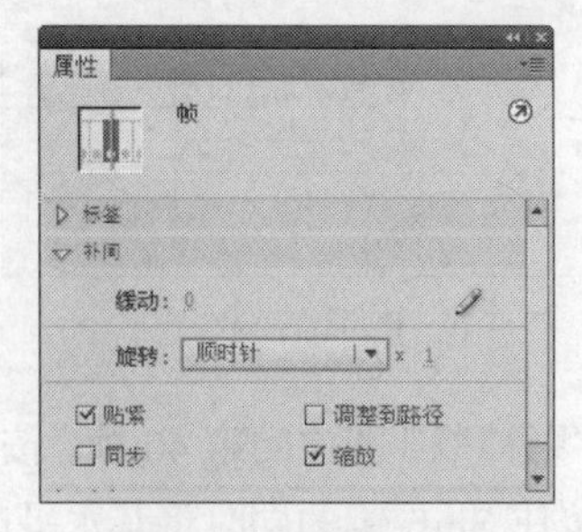

图 1-68

（11）使用步骤（9）和步骤（10）的方法制作图形元件“贺”、“新”和“春”的动作补间动画，“时间轴”面板的显示效果如图 1-69 所示，舞台窗口中的效果如图 1-70 所示。

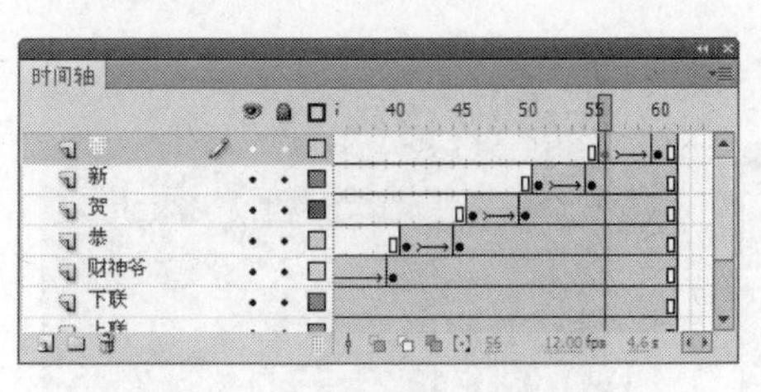

图 1-69

图 1-70

（12）在“时间轴”面板中创建新图层并将其命名为“声音”。将“库”面板中的声音文件“07.wav”拖曳到舞台窗口中，如图 1-71 所示；“时间轴”面板的显示效果如图 1-72 所示。

图 1-71

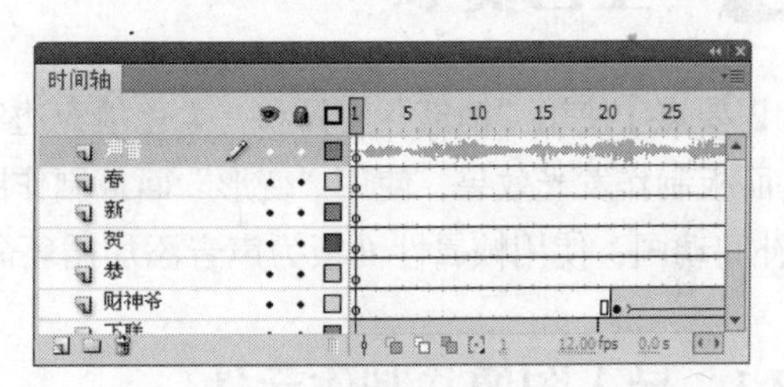

图 1-72

（13）在“时间轴”面板中创建新图层并将其命名为“动作脚本”。选中“动作脚本”图层的第 61 帧，在该帧上插入关键帧，选择“窗口 > 动作”命令，弹出“动作”面板，在面板的左上方将脚本语言版本设置为“ActionScript 1.0&2.0”，单击“将新项目添加到脚本中”按钮，在弹出的菜单中选择“全局函数 > 时间轴控制 > stop”命令，如图 1-73 所示。在脚本窗口中显示出选择的脚本语言，如图 1-74 所示。

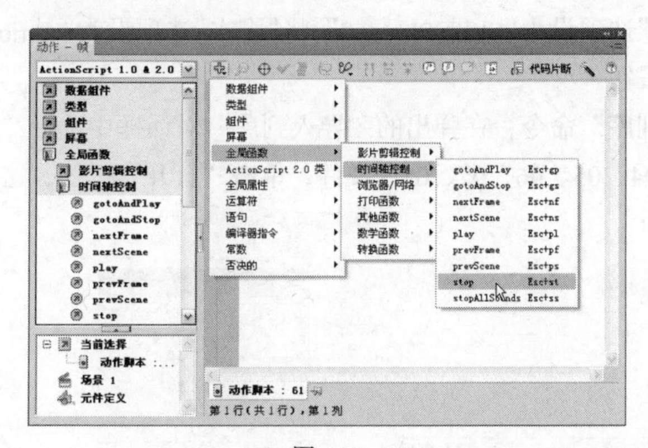

图 1-73

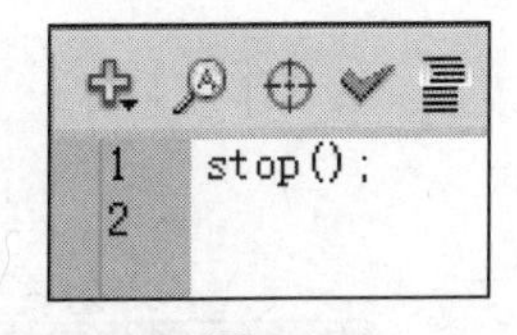

图 1-74

提示　在“动作”面板中输入的脚本语言“stop”表示停止当前正在播放的动画，并使播放头停留在当前帧。

（14）设置完成动作脚本后，关闭“动作”面板。在“动作脚本”图层的第 61 帧上显示出标

记“a”，如图 1-75 所示。春节贺卡制作完成，按 Ctrl+Enter 组合键即可查看效果，如图 1-76 所示。

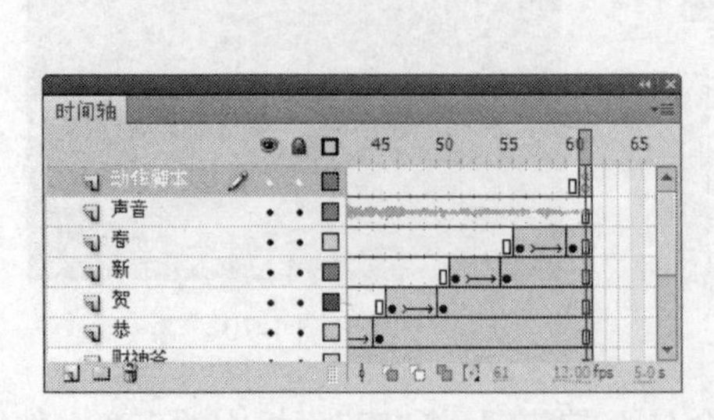

图 1-75

图 1-76

1.3 生日贺卡

【知识要点】使用“钢笔”工具和“柔化填充边缘”命令制作烛光效果，使用“椭圆”工具和“颜色”面板制作发光效果，使用“变形”面板制作图像缩放效果，使用“添加传统补间”命令制作动作补间动画，使用帧属性面板为声音添加循环命令，使用“动作”面板添加脚本语言。

1.3.1 导入图像并制作元件

（1）选择“文件 > 新建”命令，弹出“新建文档”对话框，单击“确定”按钮，进入新建文档舞台窗口。按 Ctrl+F3 组合键，弹出文档“属性”面板，单击“大小”选项后面的“编辑”按钮 编辑... ，在弹出的对话框中将舞台窗口的宽度设为 600，高度设为 340，并将“帧频”选项设为 12，单击“确定”按钮。

（2）在文档“属性”面板中，单击“发布”选项组中“配置文件”右侧的“编辑”按钮，在弹出的“发布设置”对话框中将“播放器”选项设为“Flash Player 8”，将“脚本”选项设为“ActionScript 2.0”，如图 1-77 所示，单击“确定”按钮。

（3）选择“文件 > 导入 > 导入到库”命令，在弹出的“导入到库”对话框中选择“Ch01 > 素材 > 1.3 生日贺卡 > 01、02、03、04、05、06、07、08”文件，单击“打开”按钮，这些文件被导入到“库”面板中，如图 1-78 所示。

图 1-77

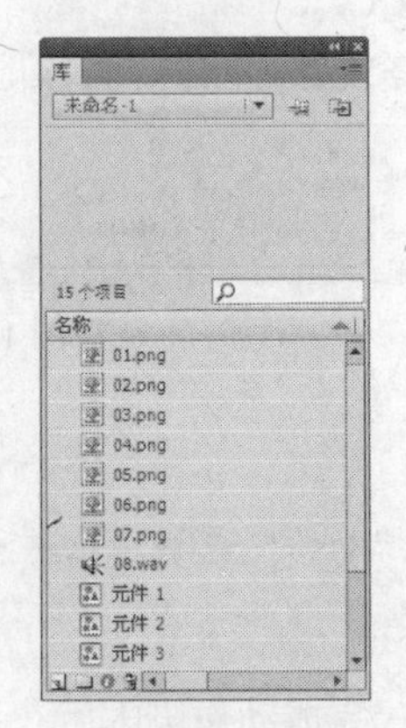

图 1-78

1.3.2 绘制烛光效果

（1）在“库”面板下方单击“新建元件”按钮，弹出“创建新元件”对话框，在“名称”选项的文本框中输入“烛光”，在“类型”选项的下拉列表中选择“图形”选项，单击“确定”按钮，新建图形元件“烛光”，如图 1-79 所示，舞台窗口也随之转换为图形元件的舞台窗口。

（2）在“时间轴”面板中将“图层 1”重新命令为“光晕”。选择“窗口 > 颜色”命令，弹出“颜色”面板，选中“填充颜色”选项，在“颜色类型”选项的下拉列表中选择“径向渐变”选项，选中色带上左侧的色块，将其设为黄色（# FFE680），选中色带上右侧的色块，将其设为橘黄色（# FEBB30），并将“Alpha”选项设为 0，如图 1-80 所示。

（3）选择“椭圆”工具，在工具箱中将“笔触颜色”设为无，按住 Shift+Alt 组合键的同时用鼠标在舞台窗口中绘制一个图形，效果如图 1-81 所示。

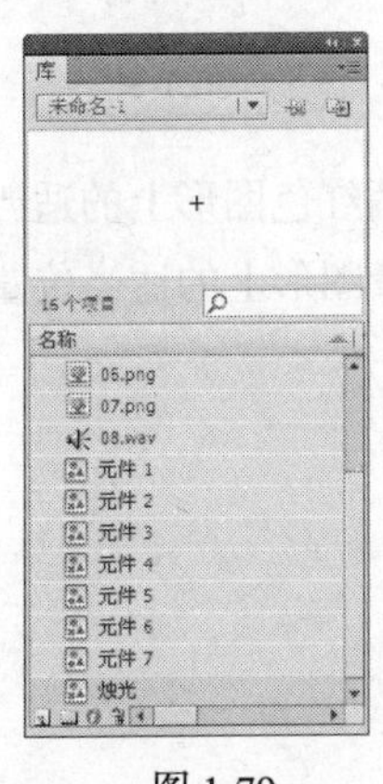

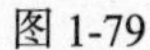

图 1-79

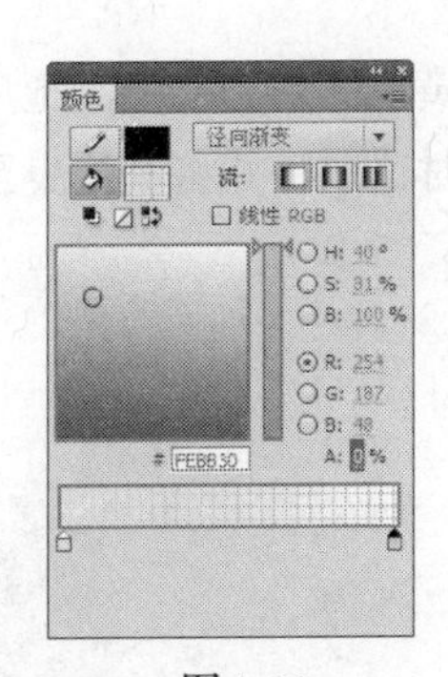

图 1-80

图 1-81

（4）单击“时间轴”面板下方的“新建图层”按钮，创建新图层并将其命名为“烛芯 1”。选择“钢笔”工具，在舞台窗口中绘制一条闭合的轮廓线，如图 1-82 所示。选择“颜料桶”工具，在工具箱中将“填充颜色”设为橘红色（#FF502B），并将“Alpha”选项设为 88，在轮廓线内部单击鼠标进行填充，选择“选择”工具，在轮廓线上双击，将轮廓线选中并删除，效果如图 1-83 所示。

（5）选择“选择”工具，选中图形，选择“修改 > 形状 > 柔化填充边缘”命令，弹出“柔化填充边缘”对话框，选项的设置方法如图 1-84 所示，单击“确定”按钮，效果如图 1-85 所示。

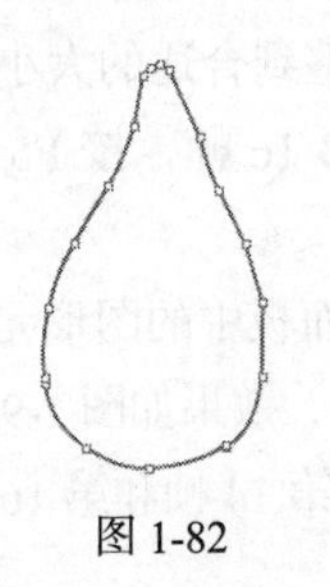

图 1-82

图 1-83

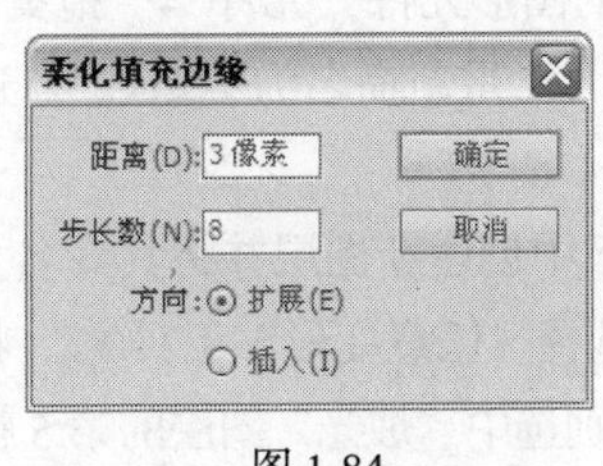

图 1-84

图 1-85

（6）在“时间轴”面板中创建新图层并其命名为“烛芯 2”。选择“钢笔”工具，在舞台窗口中再绘制一条闭合的轮廓线。选择“颜料桶”工具，在工具箱中将“填充颜色”设为橘黄色（#FEAE2C），并将“Alpha”选项设为 88，在轮廓线内部单击鼠标进行填充，选择“选择”工具，在轮廓线上双击，将轮廓线选中并删除，效果如图 1-86 所示。

（7）选择“选择”工具，选中所绘制的图形，选择“修改 > 形状 > 柔化填充边缘”命令，弹出“柔化填充边缘”对话框，选项的设置方法如图 1-87 所示，单击“确定”按钮，效果如图 1-88 所示。

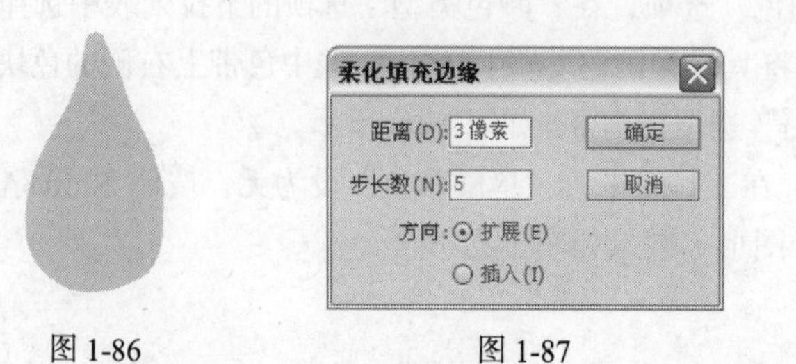

图 1-86　　图 1-87　　图 1-88

（8）选择“选择”工具，选取橘黄色图形，并将其拖曳至橘红色图形上的适当位置，如图 1-89 所示。用框选的方法将两个图形同时选取，并将其拖曳至光晕图形上的适当位置，效果如图 1-90 所示。

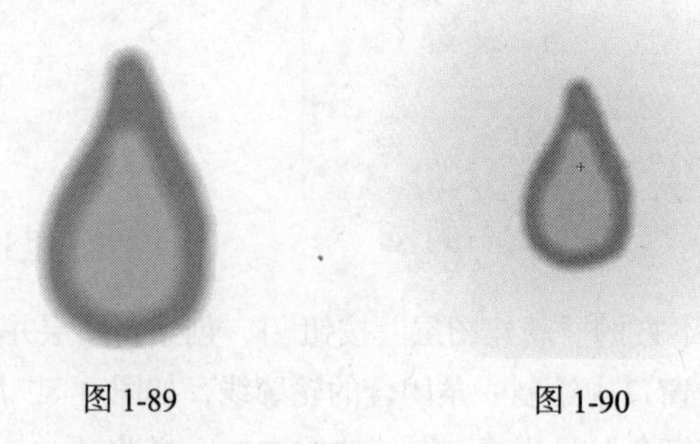

图 1-89　　图 1-90

1.3.3 制作影片剪辑

（1）在“库”面板下方单击“新建元件”按钮，弹出“创建新元件”对话框，在“名称”选项的文本框中输入“蜡烛动”，在“类型”选项的下拉列表中选择“影片剪辑”选项，新建影片剪辑元件“蜡烛动”，如图 1-91 所示，舞台窗口也随之转换为影片剪辑元件的舞台窗口。

（2）将“库”面板中的图形元件“元件 4”拖曳到舞台窗口中，并调整到合适的大小，效果如图 1-92 所示。将“图层 1”重新命名为“蜡烛”。选中“蜡烛”图层的第 16 帧，按 F5 键，在该帧上插入普通帧。

（3）在“时间轴”面板中创建新图层并将其命名为“烛光”。将“库”面板中的图形元件“烛光”拖曳到舞台窗口中，选择“任意变形”工具，将其调整到合适的大小，效果如图 1-93 所示。选择“选择”工具，分别选中“烛光”图层的第 5 帧、第 8 帧、第 9 帧、第 14 帧和第 16 帧，按 F6 键，在选中的帧上插入关键帧，如图 1-94 所示。

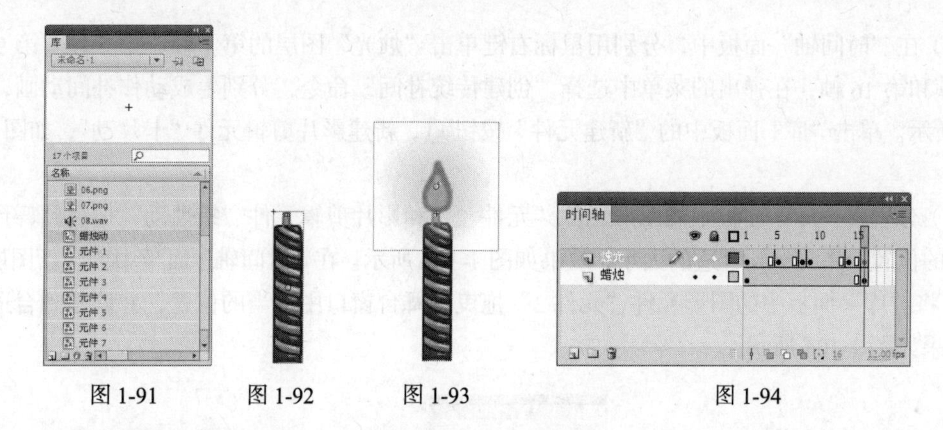

图1-91　　图1-92　　图1-93　　图1-94

（4）在“时间轴”面板中选中“烛光”图层的第5帧。在舞台窗口中选中烛光实例，按Ctrl+T组合键，弹出“变形”面板，将其“缩放宽度”选项设为180，按Enter键，如图1-95所示，舞台窗口中的效果如图1-96所示。

（5）在“时间轴”面板中选中“烛光”图层的第8帧。在舞台窗口中选中烛光实例，在“变形”面板中将其“缩放宽度”选项设为200，按Enter键，如图1-97所示，舞台窗口中的效果如图1-98所示。

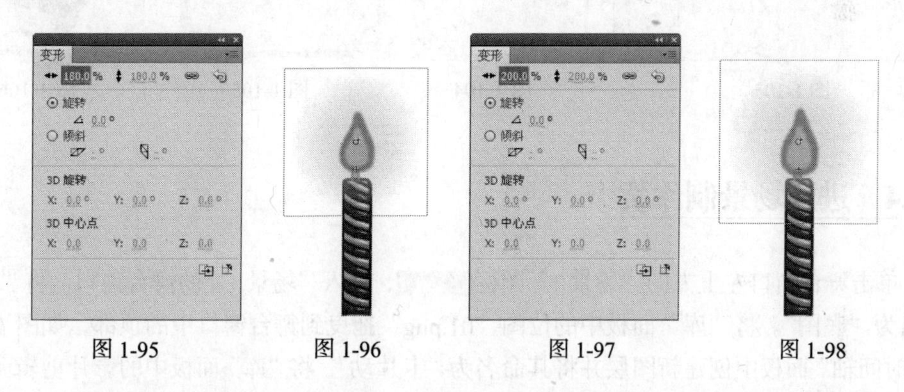

图1-95　　图1-96　　图1-97　　图1-98

（6）在“时间轴”面板中选中“烛光”图层的第9帧。在舞台窗口中选中“烛光”实例，在“变形”面板中，将其“缩放宽度”选项设为190，按Enter键，如图1-99所示，舞台窗口中的效果如图1-100所示。

（7）在“时间轴”面板中选中“烛光”图层的第14帧。在舞台窗口中选中“烛光”实例，在“变形”面板中，将其“缩放宽度”选项设为170，按Enter键，如图1-101所示，舞台窗口中的效果如图1-102所示。

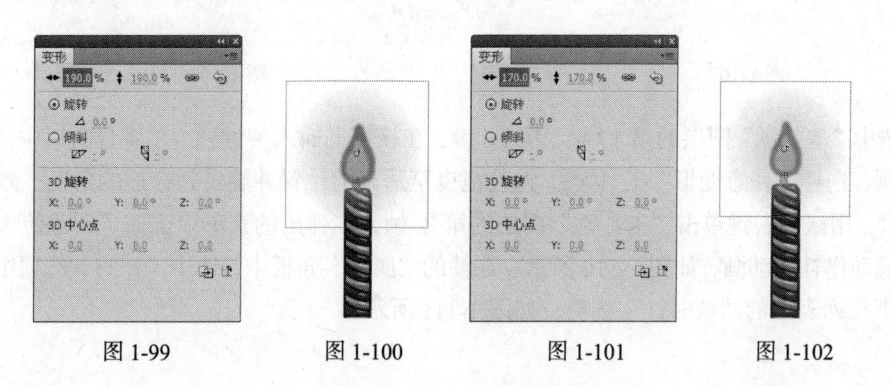

图1-99　　图1-100　　图1-101　　图1-102

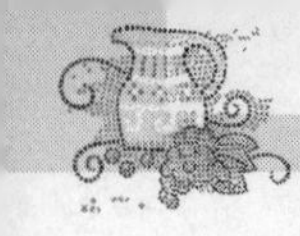

（8）在“时间轴”面板中，分别用鼠标右键单击“烛光”图层的第 1 帧、第 5 帧、第 9 帧、第 14 帧和第 16 帧，在弹出的菜单中选择“创建传统补间”命令，分别生成动作补间动画，如图 1-103 所示。单击“库”面板中的“新建元件”按钮，新建影片剪辑元件“卡片动”，如图 1-104 所示。

（9）分别将“库”面板中的图形元件“元件 2”和影片剪辑元件“蜡烛动”拖曳到舞台窗口中适当的位置，并调整到合适的大小，效果如图 1-105 所示。在“时间轴”面板中创建新图层“图层 2”。将“库”面板中的图形元件“元件 3”拖曳到舞台窗口中适当的位置，并调整到合适的大小，效果如图 1-106 所示。

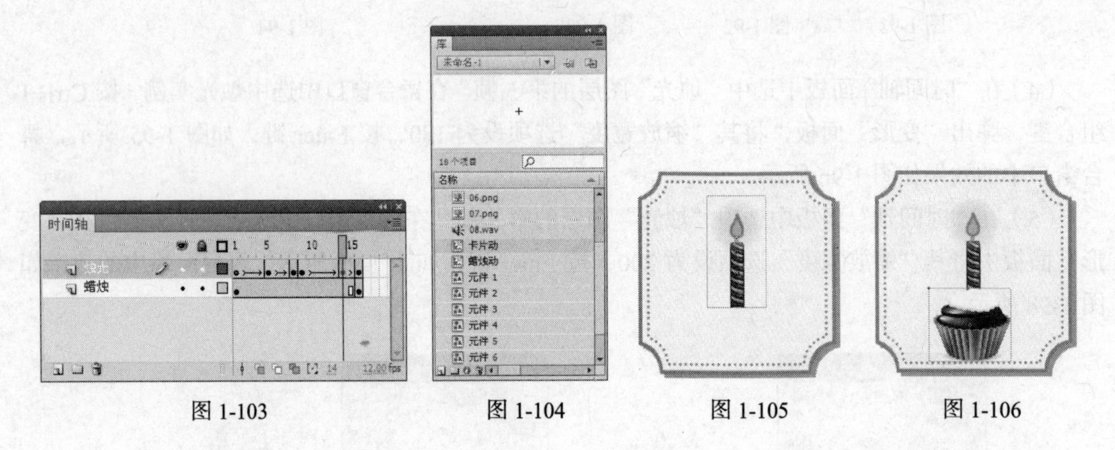

图 1-103　　图 1-104　　图 1-105　　图 1-106

1.3.4　进入场景制作贺卡

（1）单击舞台窗口左上方的“场景 1”图标，进入“场景 1”的舞台窗口。将“图层 1”重新命名为“底图”。将“库”面板中的位图“01.png”拖曳到舞台窗口中的顶部，如图 1-107 所示。在“时间轴”面板中创建新图层并将其命名为“卡片动”。将“库”面板中的影片剪辑元件“卡片动”拖曳到舞台窗口的左侧外部，并调整到合适的大小，效果如图 1-108 所示。

图 1-107　　图 1-108

（2）选中“卡片动”图层的第 17 帧，按 F6 键，在该帧上插入关键帧。在舞台窗口中选中“卡片动”实例，选择“任意变形”工具，将其拖曳至适当的位置并旋转到合适的角度，效果如图 1-109 所示。用鼠标右键单击“卡片动”图层的第 1 帧，在弹出的菜单中选择“创建传统补间”命令，生成动作补间动画，如图 1-110 所示。在帧的“属性”面板中，选中“补间”选项组下“旋转”选项下拉列表中的“顺时针”选项，如图 1-111 所示。

图 1-109

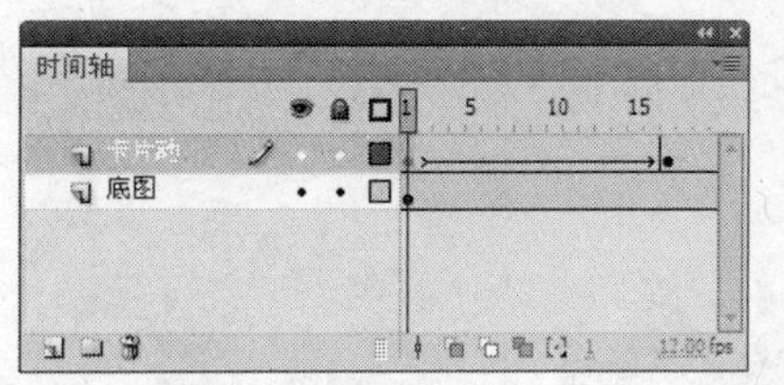

图 1-110

图 1-111

（3）在“时间轴”面板中创建新图层并将其命名为“卡通猪”。选中“卡通猪”图层的第 10 帧，按 F6 键，在该帧上插入关键帧。将“库”面板中的图形元件“元件 5”拖曳到舞台窗口的左侧外部，并调整到合适的大小，效果如图 1-112 所示。

（4）选中“卡通猪”图层的第 25 帧，按 F6 键，在该帧上插入关键帧。在舞台窗口中选中“卡通猪”实例，选择“任意变形”工具，将其拖曳至适当的位置并调整到合适的大小，效果如图 1-113 所示。

图 1-112

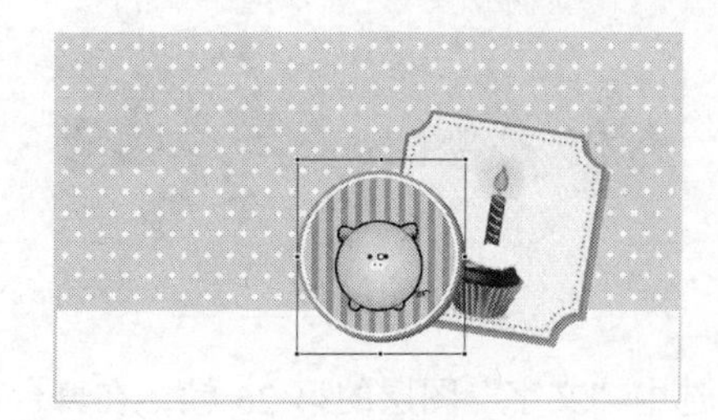

图 1-113

（5）用鼠标右键单击“卡通猪”图层的第 10 帧，在弹出的菜单中选择“创建传统补间”命令，生成动作补间动画，如图 1-114 所示。在帧“属性”面板中，选中“补间”选项组下的“旋转”选项下拉列表中的“顺时针”选项，如图 1-115 所示。

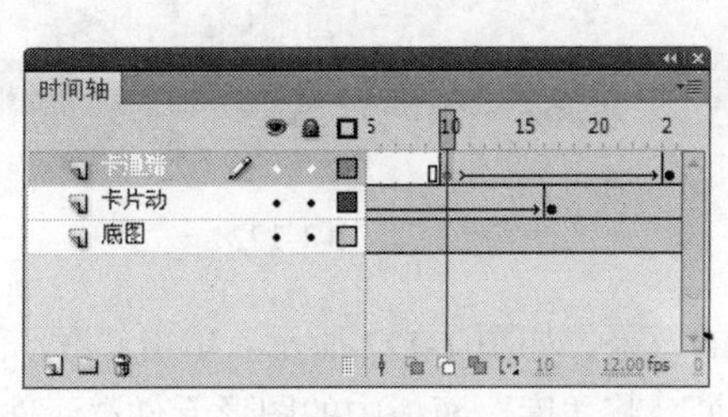

图 1-114

图 1-115

（6）在“时间轴”面板中创建新图层并将其命名为“蝴蝶结”。将“库”面板中的位图“06.png”拖曳到舞台窗口中适当的位置，并调整到合适的大小，效果如图 1-116 所示。

（7）在“时间轴”面板中创建新图层并将其命名为“文字”。选中“文字”图层的第 26 帧，按 F6 键，在该帧上插入关键帧。选择“文本”工具T，在文本工具“属性”面板中进行设置，在舞台窗口中输入字体为“方正胖娃简体”，大小为 45 的梅红色（#D41C83）英文“HAPPY birthday to you!”。使用“文本”工具T选取“birthday to you!”，在文本“属性”面板中进行设置，将“颜色”选项设为深紫色（#330099），其他选项的设置方法如图 1-117 所示，效果如图 1-118 所示。

图 1-116

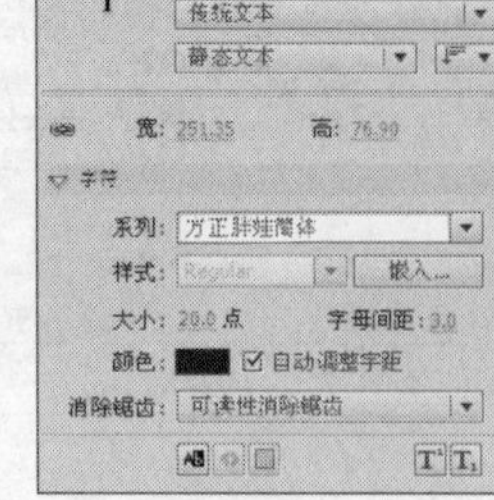

图 1-117

图 1-118

（8）保持文字的选取状态，按两次 Ctrl+B 组合键，将文字打散，效果如图 1-119 所示。在“时间轴”面板中分别选中需要的帧，按 F6 键，插入关键帧，如图 1-120 所示。

图 1-119

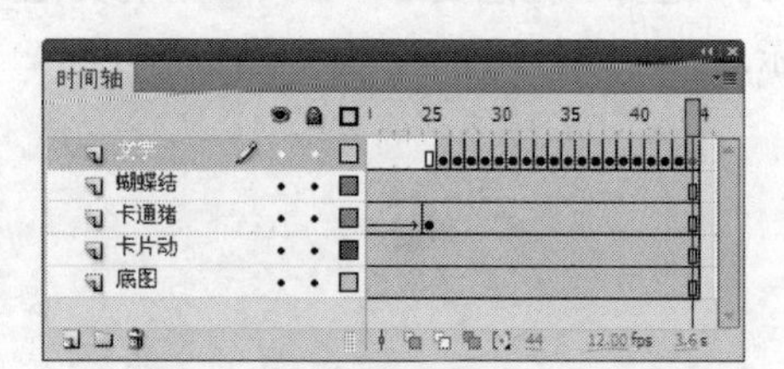

图 1-120

（9）选中“文字”图层的第 26 帧，在舞台窗口中选中不需要的文字，按 Delete 键，将其删除，效果如图 1-121 所示。选中“文字”图层的第 27 帧，在舞台窗口中选中不需要的文字，按 Delete 键，将其删除，效果如图 1-122 所示。

图 1-121

图 1-122

（10）使用相同的方法制作文字逐个出现的效果，如图 1-123 所示。单击“库”面板中的“新建元件”按钮，新建影片剪辑元件“蝴蝶动”。将“库”面板中的图形元件“元件 7”拖曳到舞台窗口中，如图 1-124 所示。

图 1-123

图 1-124

（11）分别选中“图层 1”的第 1~5 帧，按 F6 键，插入关键帧，如图 1-125 所示。选择“任意变形”工具，将图形的中心点拖曳到底部，如图 1-126 所示。分别选中“图层 1”的第 2 帧和第 4 帧，在舞台窗口中将“元件 7”实例垂直向上微移到适当的位置，效果如图 1-127 所示。

（12）单击舞台窗口左上方的“场景 1”图标，进入“场景 1”的舞台窗口。选中“文字”图层的第 44 帧，将“库”面板中的影片剪辑元件“蝴蝶动”拖曳到文字上方，并使用“任意变形”工具，将其旋转到合适的角度，效果如图 1-128 所示。

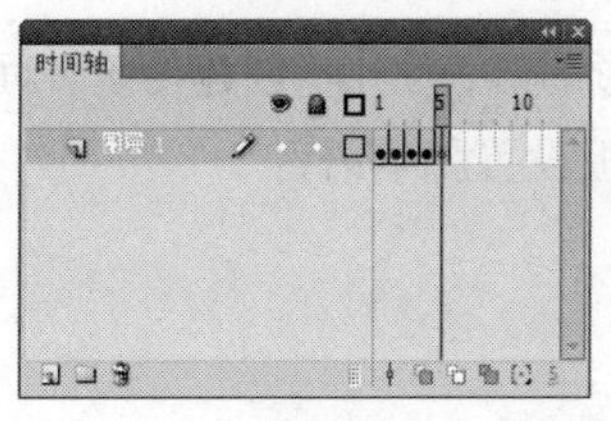

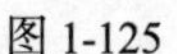

图 1-125

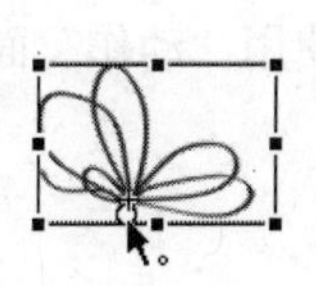

图 1-126

图 1-127

图 1-128

（13）在“时间轴”面板中创建新图层并将其命名为“声音”。将“库”面板中的声音文件“08.wav”拖曳到舞台窗口中，“时间轴”面板如图 1-129 所示。选中“声音”图层的第 1 帧，在帧“属性”面板中，选中“同步”选项下的“声音循环”选项下拉列表中的“循环”选项，如图 1-130 所示。

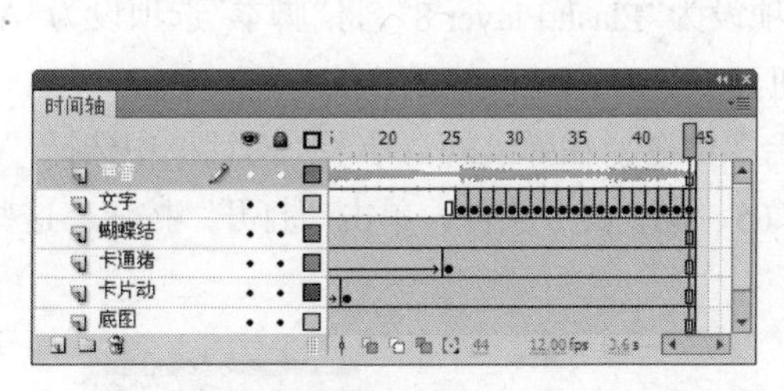

图 1-129

图 1-130

（14）在“时间轴”面板中创建新图层并将其命名为“动作脚本”。选中“动作脚本”图层的第 44 帧，按 F6 键，在该帧上插入关键帧。选择“窗口 > 动作”命令，弹出“动作”面板，在面板的左上方将脚本语言版本设置为“ActionScript 1.0&2.0”，单击“将新项目添加到脚本中”按钮，在弹出的菜单中选择“全局函数 > 时间轴控制 > stop”命令，在脚本窗口中显示出选择的脚本语言，如图 1-131 所示。生日贺卡制作完成，按 Ctrl+Enter 组合键即可查看效果，如图 1-132 所示。

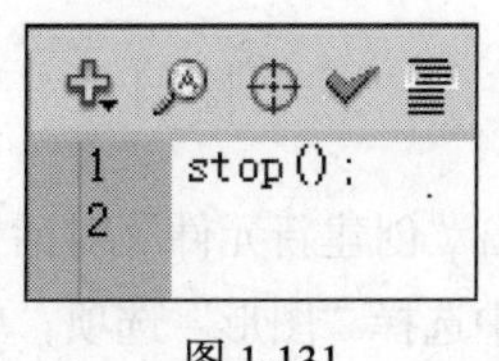

图 1-131

图 1-132

技巧 制作完成动画作品后，选择“文件 > 发布”命令（组合键为 Shift+F12），可将动画文件发布成 3 个文件：后缀为.html 的网页文件、后缀为.swf 的 Flash 影片文件、后缀为.js 的 Dreamweaver 文件。

1.4 儿童节贺卡

【知识要点】使用“椭圆”工具和“柔化填充边缘”命令制作云彩图形，使用“创建传统补间”命令制作动画效果，使用关键帧制作装饰帽动画，使用“动作”面板设置脚本语言。

1.4.1 导入素材图片

（1）选择“文件 > 新建”命令，弹出“新建文档”对话框，单击“确定”按钮，进入新建文档舞台窗口。按 Ctrl+F3 组合键，弹出文档“属性”面板，单击“大小”选项后面的“编辑”按钮 编辑... ，在弹出的对话框中将舞台窗口的宽度设为 600，高度设为 383，将“背景颜色”选项设为灰色（#999999），并将“帧频”选项设为 12，单击“确定”按钮。

（2）在文档“属性”面板中，单击“发布”选项组中“配置文件”右侧的“编辑”按钮，在弹出的“发布设置”对话框中将“播放器”选项设为“Flash Player 8”，将“脚本”选项设为“ActionScript 2.0”，如图 1-133 所示，单击“确定”按钮。

（3）选择“文件 > 导入 > 导入到舞台”命令，在弹出的“导入”对话框中选择“Ch01 > 素材 > 1.4 儿童节贺卡 > 01、02、03、04、05、06、07”文件，单击“打开”按钮，这些文件被导入到“库”面板中，如图 1-134 所示。

图 1-133

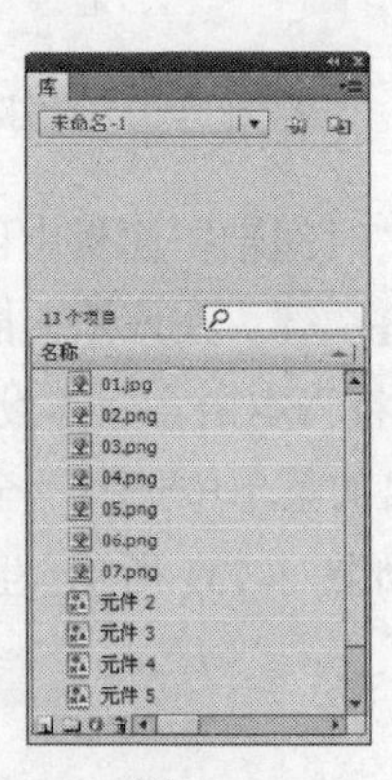

图 1-134

1.4.2 制作云彩动画

（1）在“库”面板下方单击“新建元件”按钮，弹出“创建新元件”对话框，在“名称”选项的文本框中输入“云彩”，在“类型”选项的下拉列表中选择“图形”选项，单击“确定”按钮，新建图形元件“云彩”，如图 1-135 所示，舞台窗口也随之转换为图形元件的舞台窗口。

（2）选择“椭圆”工具，在工具箱中将“笔触颜色”设为无，“填充颜色”设为白色，在舞台窗口中绘制椭圆形，如图 1-136 所示。用相同的方法绘制多个椭圆形，制作出如图 1-137 所示的云彩效果。

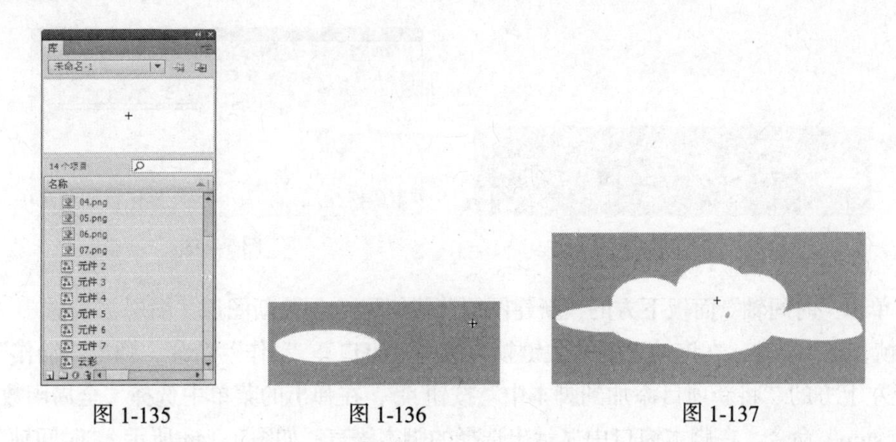

图 1-135　　图 1-136　　图 1-137

（3）选择“选择”工具，选中云彩图形。选择“修改 > 形状 > 柔化填充边缘”命令，弹出“柔化填充边缘”对话框，选项的设置方法如图 1-138 所示，单击“确定”按钮，效果如图 1-139 所示。

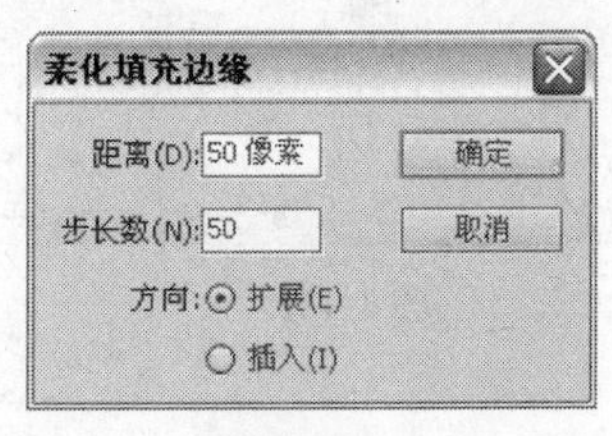

图 1-138

图 1-139

（4）在“库”面板下方单击“新建元件”按钮，弹出“创建新元件”对话框，在“名称”选项的文本框中输入“云彩浮动”，在“类型”选项的下拉列表中选择“影片剪辑”选项，单击“确定”按钮，新建影片剪辑元件“云彩浮动”，如图 1-140 所示，舞台窗口也随之转换为影片剪辑元件的舞台窗口。将“库”面板中的图形元件“云彩”拖曳到舞台窗口的右侧，如图 1-141 所示。

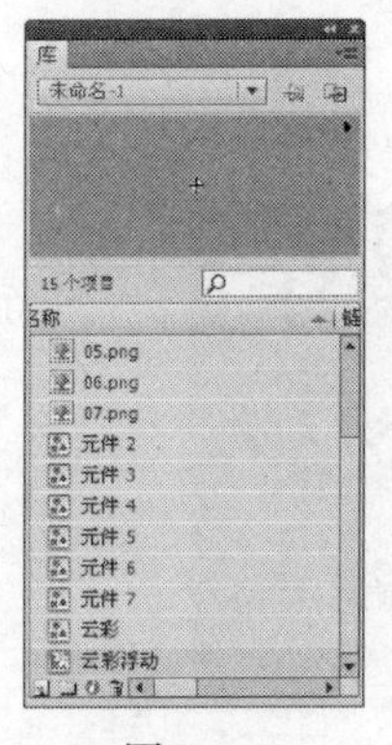

图 1-140

图 1-141

（5）在“时间轴”面板中选中“图层 1”图层的第 35 帧，按 F6 键，在该帧上插入关键帧。

在舞台窗口中将图形元件向左拖曳到适当的位置，如图 1-142 所示。在“时间轴”面板中，用鼠标右键单击“图层 1”的第 1 帧，在弹出的菜单中选择“创建传统补间”命令，生成动作补间动画，如图 1-143 所示。

图 1-142

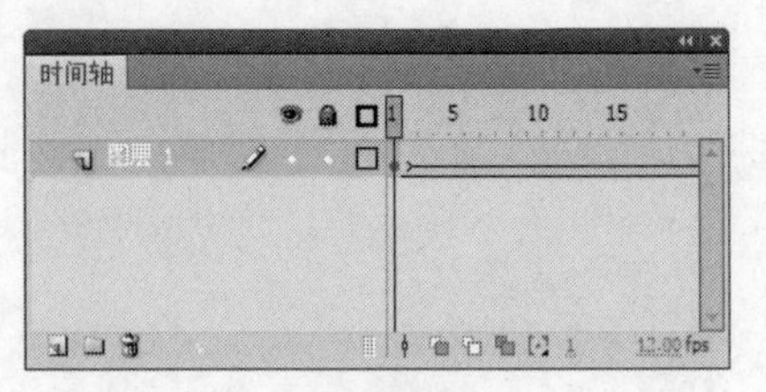

图 1-143

（6）单击“时间轴”面板下方的“新建图层”按钮，创建新图层“图层 2”。选中“图层 2”的第 35 帧，按 F6 键，在该帧上插入关键帧。选择“窗口 > 动作”命令，弹出“动作”面板，单击面板左上方的“将新项目添加到脚本中”按钮，在弹出的菜单中选择“全局函数 > 时间轴控制 > stop”命令，在脚本窗口中显示出选择的脚本语言，如图 1-144 所示，“时间轴”面板显示如图 1-145 所示。

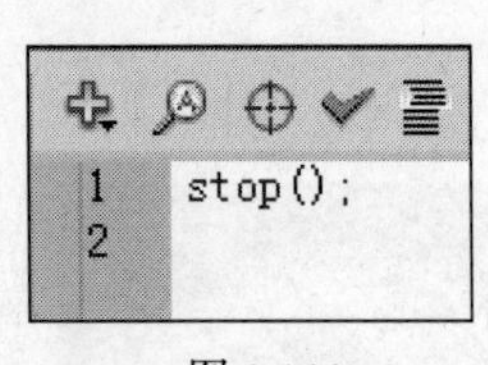

图 1-144

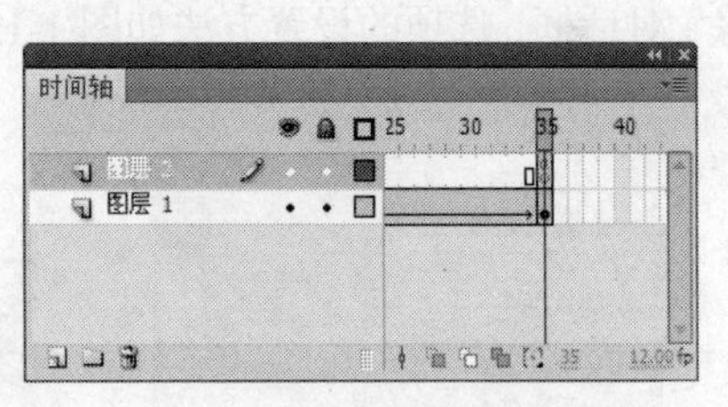

图 1-145

1.4.3 制作装饰帽动画

（1）单击“库”面板中的“新建元件”按钮，新建影片剪辑元件“装饰帽动”，如图 1-146 所示，舞台窗口也随之转换为影片剪辑元件的舞台窗口。将“库”面板中的图形元件“元件 4”拖曳到舞台窗口中，并调整到合适的大小，效果如图 1-147 所示。

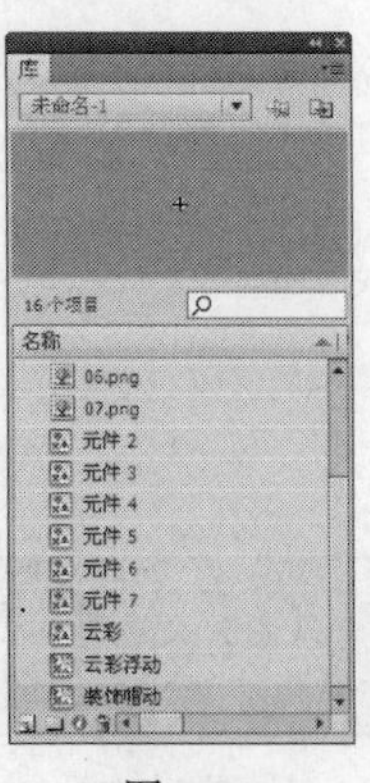

图 1-146

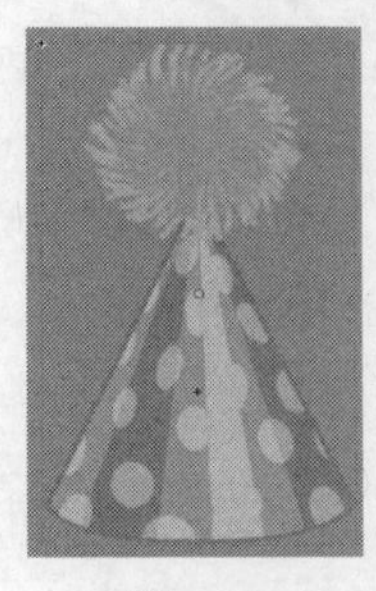

图 1-147

（2）选择“任意变形”工具，将中心点拖曳至图形的底部，如图 1-148 所示。选中“图层

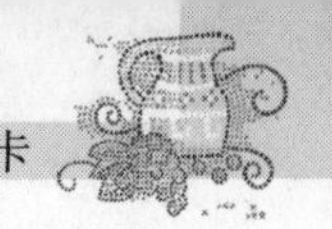

1”的第 5 帧，按 F5 键，在该帧上插入普通帧，如图 1-149 所示。分别选中“图层 1”的第 3 帧和第 5 帧，按 F6 键，插入关键帧，如图 1-150 所示。

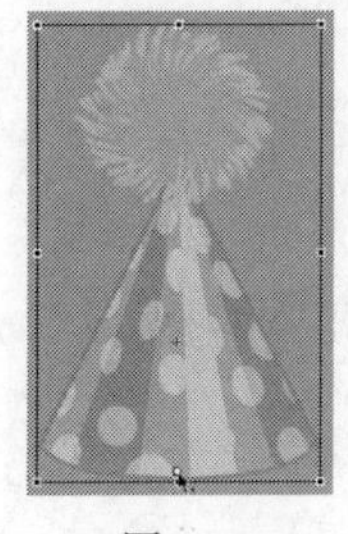

图 1-148

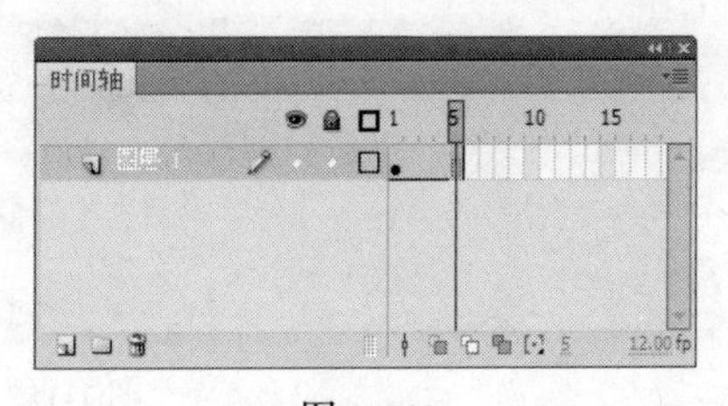

图 1-149

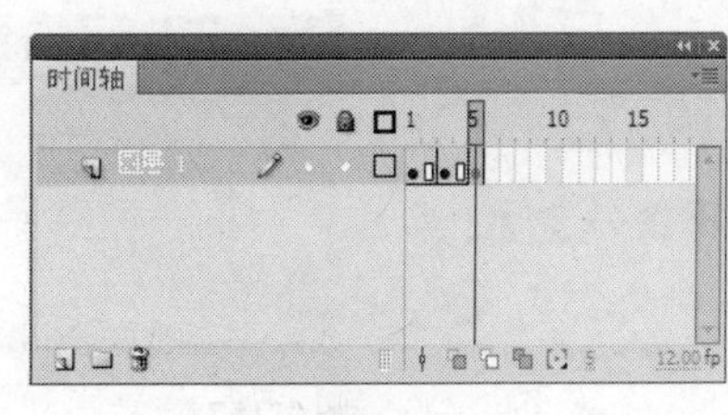

图 1-150

（3）选中“图层 1”的第 1 帧，在舞台窗口中选中“帽子”实例，按 Ctrl+T 组合键，弹出“变形”面板，将“旋转”选项设为-5，按 Enter 键，如图 1-151 所示，舞台窗口中的效果如图 1-152 所示。选中“图层 1”的第 5 帧，在舞台窗口中选中“帽子”实例，在“变形”面板中，将“旋转”选项设为 5，按 Enter 键，如图 1-153 所示，舞台窗口中的效果如图 1-154 所示。

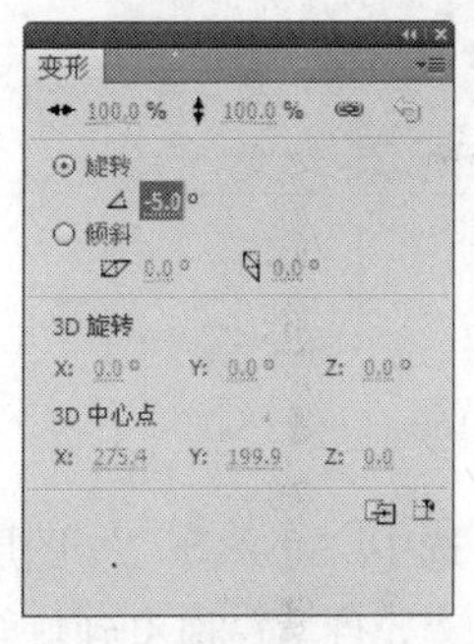

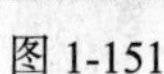

图 1-151

图 1-152

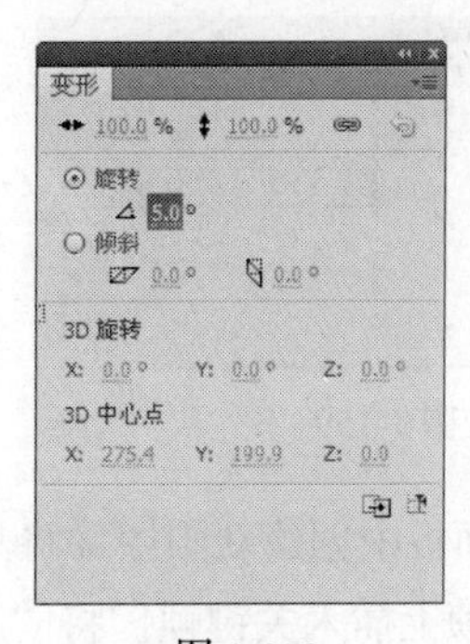

图 1-153

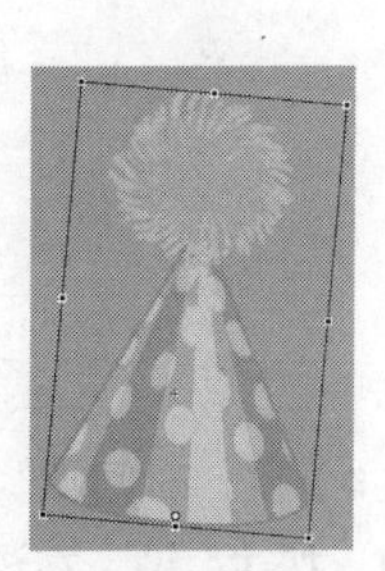

图 1-154

1.4.4　制作儿童节动画

（1）单击舞台窗口左上方的“场景 1”图标 场景 1 ，进入“场景 1”的舞台窗口。将“图层 1”重新命名为“背景图”。将“库”面板中的位图“01.jpg”拖曳到舞台窗口的中心位置，效果如图 1-155 所示。选中“背景图”图层的第 85 帧，按 F5 键，在该帧上插入普通帧，如图 1-156 所示。

图 1-155

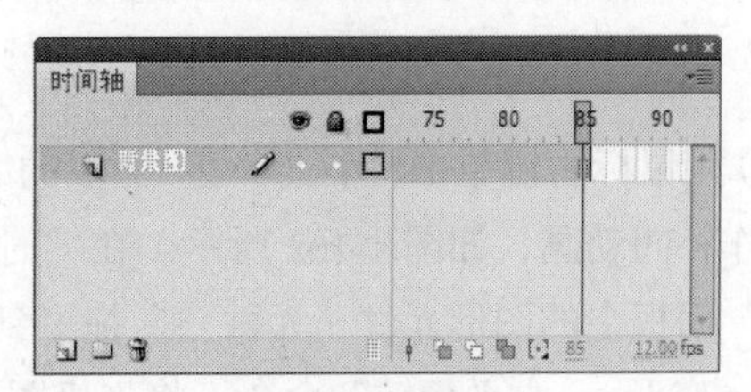

图 1-156

（2）在“时间轴”面板中创建新图层并将其命名为“小汽车 1”。将“库”面板中的图形元件

“元件 2”拖曳到舞台窗口左侧外部，并调整到合适的大小，效果如图 1-157 所示。选中“小汽车 1”图层的第 44 帧，按 F6 键，在该帧上插入关键帧。在舞台窗口中选中“元件 2”实例，按住 Shift 键的同时将其水平向右拖曳到舞台窗口的右侧外部，如图 1-158 所示。

图 1-157

图 1-158

（3）用鼠标右键单击“小汽车 1”图层的第 1 帧，在弹出菜单中选择“创建传统补间”命令，生成动作补间动画，如图 1-159 所示。选中“小汽车 1”图层的第 45 帧，按住 Shift 键的同时再选中“小汽车 1”图层的第 85 帧（将第 45 帧到第 85 帧同时选中），单击鼠标右键，在弹出的菜单中选择“删除帧”命令，将选中的帧删除，如图 1-160 所示。

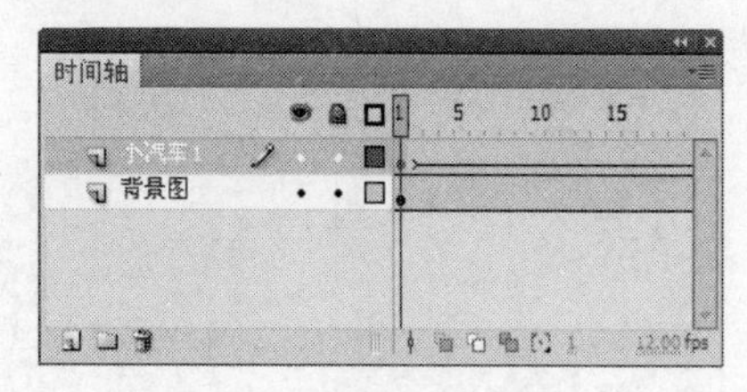

图 1-159

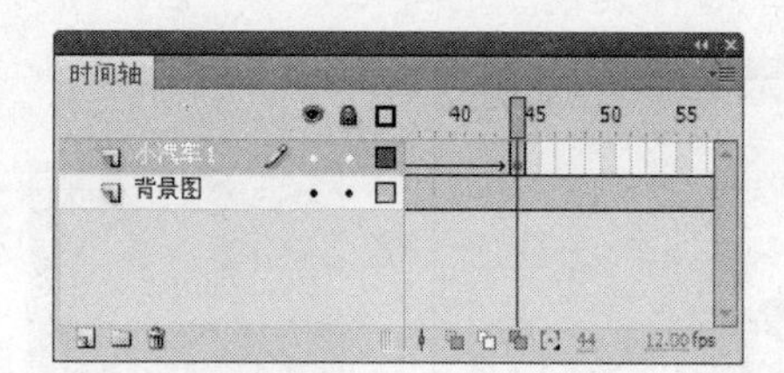

图 1-160

（4）在“时间轴”面板中创建新图层并将其命名为“小汽车 2”。选中“小汽车 2”图层的第 45 帧，按 F6 键，在该帧上插入关键帧。将“库”面板中的图形元件“元件 3”拖曳到舞台窗口右侧外部，并调整到合适的大小，效果如图 1-161 所示。选中“小汽车 2”图层的第 80 帧，按 F6 键，在该帧上插入关键帧。在舞台窗口中选中“元件 3”实例，按住 Shift 键的同时将其水平向左拖曳实例到舞台窗口中适当的位置，如图 1-162 所示。

图 1-161

图 1-162

（5）用鼠标右键单击“小汽车 2”图层的第 45 帧，在弹出菜单中选择“创建传统补间”命令，生成动作补间动画，如图 1-163 所示。在“时间轴”面板中创建新图层并将其命名为“红飞机”。将“库”面板中的图形元件“元件 5”拖曳到舞台窗口的左侧外部，并调整到合适的大小。选择“修改 > 变形 > 水平翻转”命令，将飞机图形水平翻转，效果如图 1-164 所示。

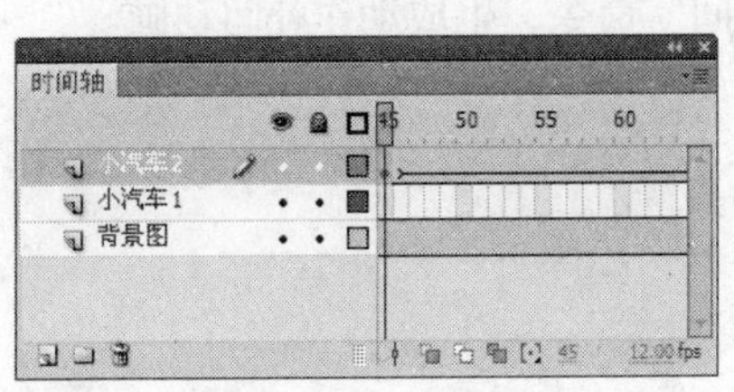

图 1-163

图 1-164

（6）选中“红飞机”图层的第 70 帧，按 F6 键，在该帧上插入关键帧。在舞台窗口中选中“飞机”实例，将其拖曳到舞台窗口中的适当位置，如图 1-165 所示。用鼠标右键单击“红飞机”图层的第 45 帧，在弹出的菜单中选择“创建传统补间”命令，生成动作补间动画，如图 1-166 所示。

图 1-165

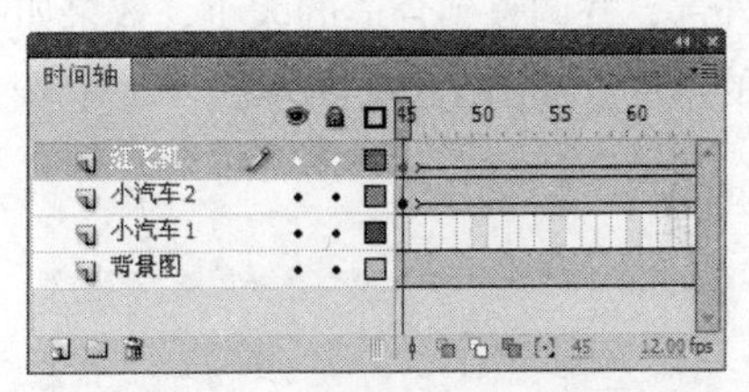

图 1-166

（7）在“时间轴”面板中创建新图层并将其命名为“黄飞机”。将“库”面板中的图形元件“元件 6”拖曳到舞台窗口左侧外部，并调整到合适的大小。选择“修改 > 变形 > 水平翻转”命令，将“飞机”实例水平翻转，效果如图 1-167 所示。

（8）选中“黄飞机”图层的第 70 帧，按 F6 键，在该帧上插入关键帧。在舞台窗口中选中“飞机”实例，选择“任意变形”工具，将其拖曳到舞台窗口中的适当位置并旋转到合适的角度，如图 1-168 所示。用鼠标右键单击“黄飞机”图层的第 45 帧，在弹出的菜单中选择“创建传统补间”命令，生成动作补间动画。

图 1-167

图 1-168

（9）在“时间轴”面板中创建新图层并将其命名为“蓝飞机”。将“库”面板中的图形元件“元件 7”拖曳到舞台窗口的左侧外部，并调整到合适的大小。选择“修改 > 变形 > 水平翻转”命令，将“飞机”实例水平翻转，效果如图 1-169 所示。

（10）选中“蓝飞机”图层的第 70 帧，按 F6 键，在该帧上插入关键帧。在舞台窗口中选中

“飞机”实例，将其拖曳到舞台窗口中的适当位置，如图 1-170 所示。用鼠标右键单击“蓝飞机”图层的第 45 帧，在弹出的菜单中选择“创建传统补间”命令，生成动作补间动画。

图 1-169

图 1-170

（11）在“时间轴”面板中创建新图层并将其命名为“装饰帽”。选中装饰帽”图层的第 81 帧，按 F6 键，在该帧上插入关键帧。将“库”面板中的影片剪辑元件“装饰帽动”拖曳到舞台窗口上方外部，并调整到合适的大小，效果如图 1-171 所示。选择“任意变形”工具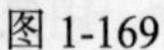，旋转实例到合适的角度，如图 1-172 所示。

图 1-171

图 1-172

（12）选中“装饰帽”图层的第 85 帧，按 F6 键，在该帧上插入关键帧。在舞台窗口中选中“装饰帽动”实例，将其拖曳到舞台窗口中的适当位置，如图 1-173 所示。用鼠标右键单击“装饰帽”图层的第 81 帧，在弹出的菜单中选择“创建传统补间”命令，生成动作补间动画，如图 1-174 所示。

图 1-173

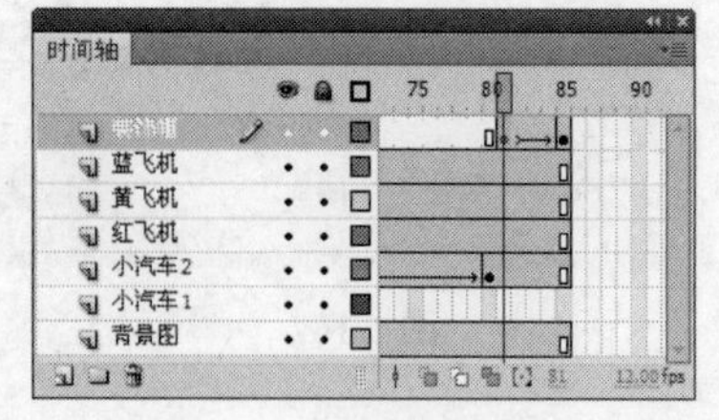

图 1-174

（13）在“时间轴”面板中创建新图层并将其命名为“云彩”。将“库”面板中的影片剪辑元件“云彩浮动”拖曳到舞台窗口的右侧外部，并调整到合适的大小，效果如图 1-175 所示。选择

“选择”工具 ，在舞台窗口中选中“云彩浮动”实例，按住 Alt 键的同时用鼠标向外拖曳实例，将其复制 3 次并分别改变其大小，效果如图 1-176 所示。

图 1-175

图 1-176

（14）在“时间轴”面板中创建新图层并将其命名为“动作脚本”。选中“动作脚本”图层的第 85 帧，按 F6 键，在该帧上插入关键帧。选择“窗口 > 动作”命令，弹出“动作”面板，单击面板的左上的“将新项目添加到脚本中”按钮 ，在弹出的菜单中选择“全局函数 > 时间轴控制 > stop”命令，在脚本窗口中显示出选择的脚本语言，如图 1-177 所示。设置完成动作脚本后，关闭“动作”面板。在图层“动作脚本”的第 85 帧上显示一个标记“a”，如图 1-178 所示。儿童节贺卡制作完成，按 Ctrl+Enter 组合键即可查看效果，如图 1-179 所示。

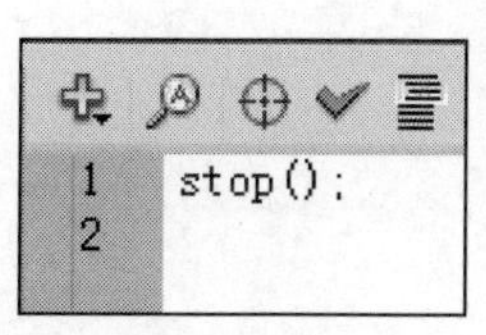

图 1-177

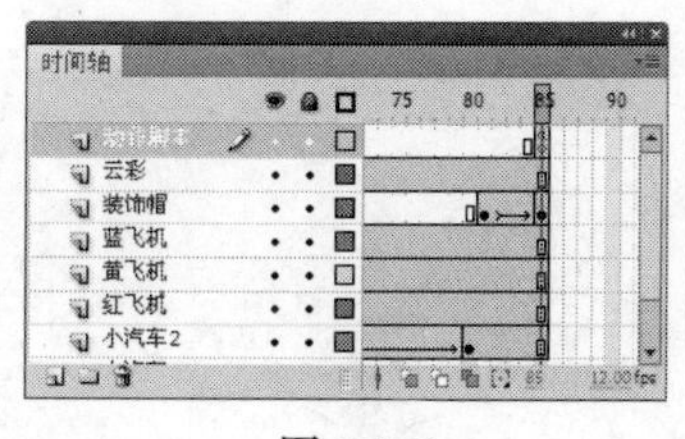

图 1-178

图 1-179

1.5 课后习题——教师节贺卡

【习题知识要点】使用“矩形”工具和“椭圆”工具绘制光效果，使用“任意变形”工具改变图形的大小，使用“创建形状补间”命令制作书页转动动画，如图 1-180 所示。

【效果所在位置】光盘/Ch01/效果/1.5 教师节贺卡.fla。

图 1-180

第2章 电子相册

Flash 电子相册是将照片“连接”起来形成动态影片，然后在 Internet 上和朋友们共同分享的一种方式。通过这种方式，可以记录幸福的时光，表达对生活的热爱。

本章主要介绍在 Flash 电子相册中导入照片并制作相册的方法，并介绍应用脚本语言设置相册的观看方法。

课堂学习实例

- 好朋友的照片
- 浏览婚礼照片
- 家装影集

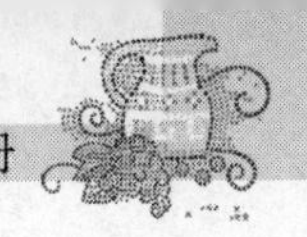

2.1 好朋友的照片

【知识要点】使用“文本”工具和“创建传统补间”命令制作导航条效果，使用“变形”面板改变元件的大小和角度，使用属性面板改变图形的位置，使用“动作”面板为按钮添加脚本语言。

2.1.1 制作背景效果

（1）选择“文件 > 新建”命令，弹出“新建文档”对话框，单击“确定”按钮，进入新建文档舞台窗口。按 Ctrl+F3 组合键，弹出文档“属性”面板，单击“大小”选项后面的“编辑”按钮 编辑... ，在弹出的对话框中将舞台窗口的宽度设为 800，高度设为 533，并将“帧频”选项设为 12，单击“确定”按钮。

（2）在文档“属性”面板中，单击“发布”选项组中“配置文件”右侧的“编辑”按钮，在弹出的“发布设置”对话框中将“播放器”选项设为“Flash Player 8”，将“脚本”选项设为“ActionScript 2.0”，如图 2-1 所示，单击“确定”按钮。

图 2-1

（3）将“图层 1”重新命名为“底图”。选择“文件 > 导入 > 导入到库”命令，在弹出的“导入”对话框中选择“Ch02 > 素材 > 2.1 好朋友的照片 > 01、02”文件，单击“打开”按钮，文件被导入到“库”面板中，如图 2-2 所示。将“库”面板中的位图“01.jpg”拖曳到舞台窗口的中心位置，并调整到合适的大小，效果如图 2-3 所示。选中“底图”图层的第 75 帧，按 F5 键，在该帧上插入普通帧。

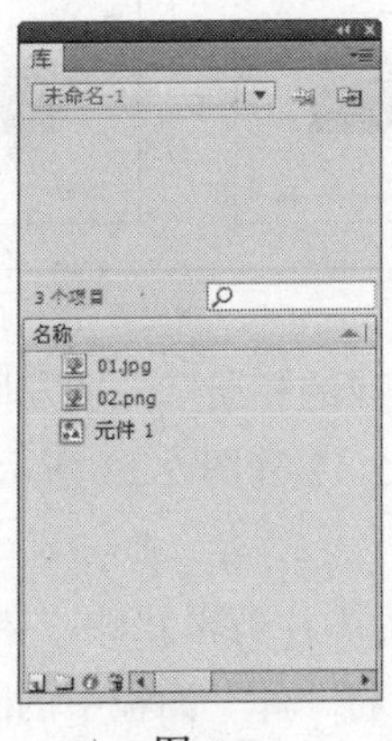

图 2-2

图 2-3

（4）单击“时间轴”面板下方的“新建图层”按钮，创建新图层并将其命名为“相框”，如图 2-4 所示。将“库”面板中的位图“02.png”拖曳到舞台窗口中的适当位置，并调整到合适的大小，效果如图 2-5 所示。

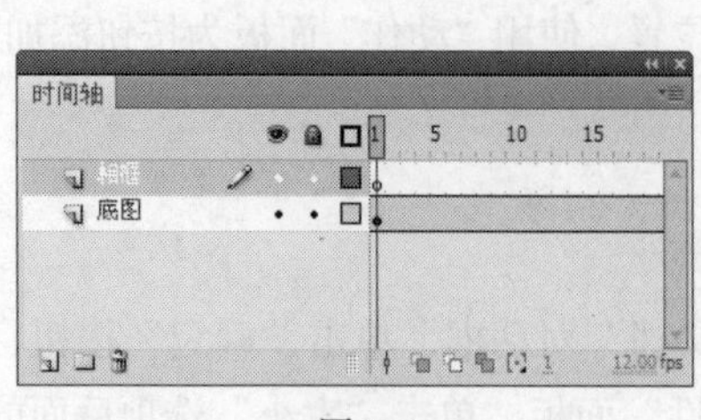

图 2-4

图 2-5

2.1.2 制作元件及导航

（1）选择“文件 > 导入 > 导入到库”命令，在弹出的“导入到库”对话框中选择“Ch02 > 素材 > 2.1 好朋友的照片 > 03”文件，单击“打开”按钮，文件被导入到库中，“库”面板中的效果如图 2-6 所示。

（2）单击“库”面板中的“新建元件”按钮，新建图形元件“个人介绍”，如图 2-7 所示，舞台窗口也随之转换为图形元件的舞台窗口。将“库”面板中的位图“03.png”拖曳到舞台窗口中，如图 2-8 所示。

（3）选择“文本”工具，在文本工具“属性”面板中进行设置，在舞台窗口中输入白色文字“个人介绍”，将文字放在导航条的中心位置，效果如图 2-9 所示。

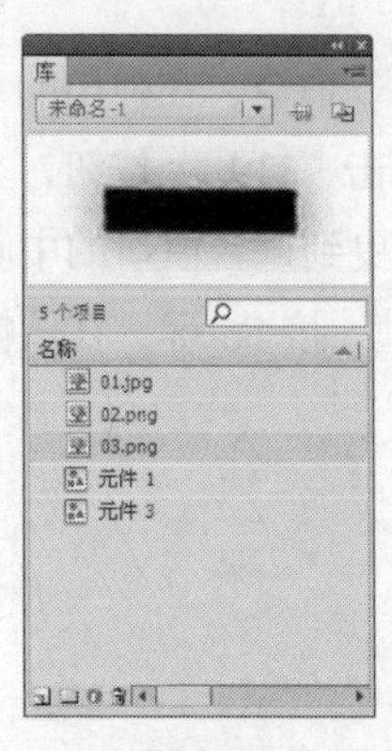

图 2-6

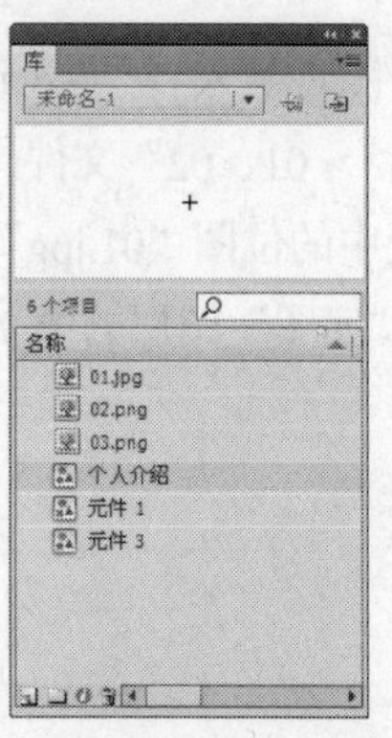

图 2-7

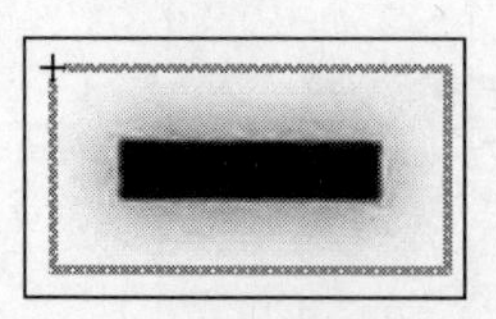
图 2-8

图 2-9

（4）用相同的方法制作出其他图形元件“个人首页”、“我的相册”、“朋友照片”和“给我留言”，使文字与图形元件名称相同，如图 2-10、图 2-11、图 2-12 和图 2-13 所示，“库”面板中的效果如图 2-14 所示。

（5）新建影片剪辑元件“导航”，舞台窗口也随之转换为影片剪辑元件“导航”的舞台窗口。在“时间轴”面板中将“图层 1”重新命名为“个人首页”。将“库”面板中的图形元件“个人首页”拖曳到舞台窗口中，如图 2-15 所示。

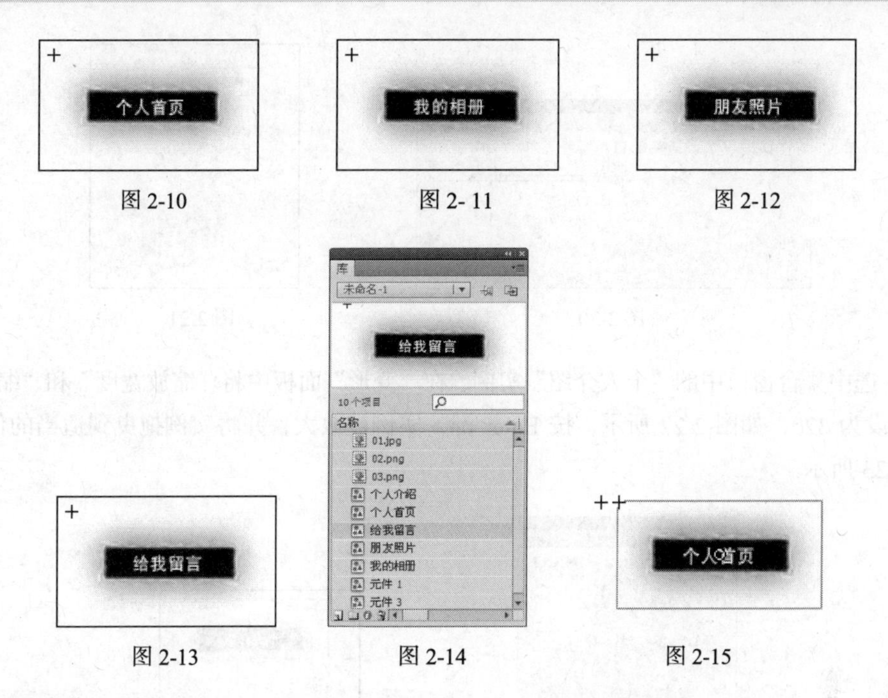

图 2-10　　图 2- 11　　图 2-12

图 2-13　　图 2-14　　图 2-15

（6）选中舞台窗口中的“个人首页”实例，按 Ctrl+T 组合键，弹出“变形”面板，将“缩放宽度”和“缩放高度”选项分别设为 320，将“旋转”选项设为 10，按 Enter 键，实例被放大并旋转。选择“选择”工具，将实例拖曳到适当的位置，效果如图 2-16 所示。

（7）选中“个人首页”图层的第 14 帧，按 F6 键，在该帧上插入关键帧。按住 Shift 键的同时将“个人首页”实例垂直向下移动到适当的位置，如图 2-17 所示。选中“个人首页”图层的第 1 帧，选中“个人首页”实例，选择图形“属性”面板，在“色彩效果”选项组中单击“样式”选项，在弹出的下拉列表中选择“Alpha”选项，将其值设为 0，如图 2-18 所示。选中“个人首页”图层的第 16 帧，按 F6 键，在该帧上插入关键帧，将“个人首页”实例垂直向上移动少许距离，如图 2-19 所示。

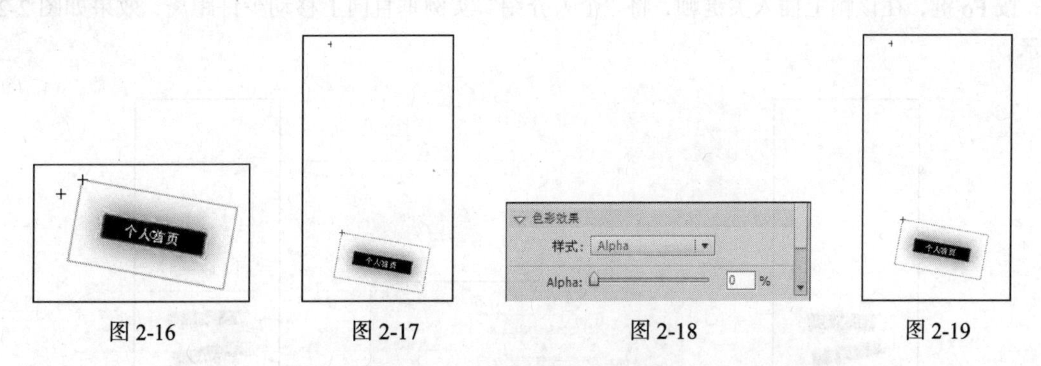

图 2-16　　图 2-17　　图 2-18　　图 2-19

（8）选中“个人首页”图层的第 36 帧，按 F5 键，在该帧上插入普通帧。用鼠标右键分别单击“个人首页”图层的第 1 帧和第 14 帧，在弹出的菜单中选择“创建传统补间”命令，生成动作补间动画，如图 2-20 所示。

（9）在“时间轴”面板中创建新图层并将其命名为“个人介绍”。选中“个人介绍”图层的第 4 帧，按 F6 键，在该帧上插入关键帧。将“库”面板中的图形元件“个人介绍”拖曳到舞台窗口中，效果如图 2-21 所示。

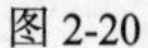

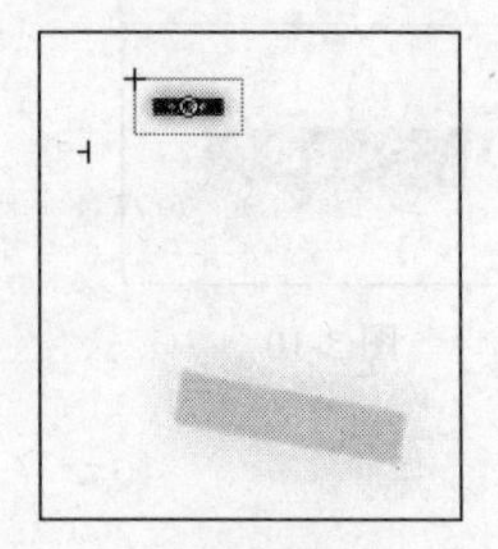

图 2-20　　图 2-21

（10）选中舞台窗口中的“个人介绍”实例，在“变形”面板中将“缩放宽度”和“缩放高度”选项分别设为 320，如图 2-22 所示，按 Enter 键，实例被放大，并将实例拖曳到适当的位置，效果如图 2-23 所示。

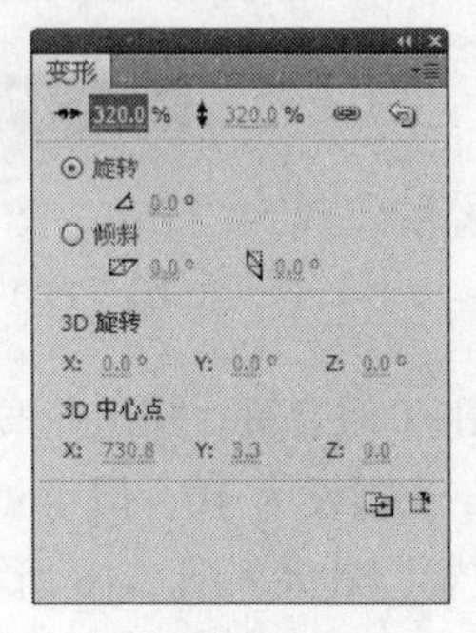

图 2-22　　图 2-23

（11）选中“个人介绍”图层的第 18 帧，按 F6 键，在该帧上插入关键帧。将“个人介绍”实例垂直向下移动到适当的位置，效果如图 2-24 所示。选中“个人介绍”图层的第 4 帧，选中“个人介绍”实例，选择图形“属性”面板，在“色彩效果”选项组中单击“样式”选项，在弹出的下拉列表中选择“Alpha”选项，将其值设为 0，如图 2-25 所示。选中“个人介绍”图层的第 20 帧，按 F6 键，在该帧上插入关键帧，将“个人介绍”实例垂直向上移动少许距离，效果如图 2-26 所示。

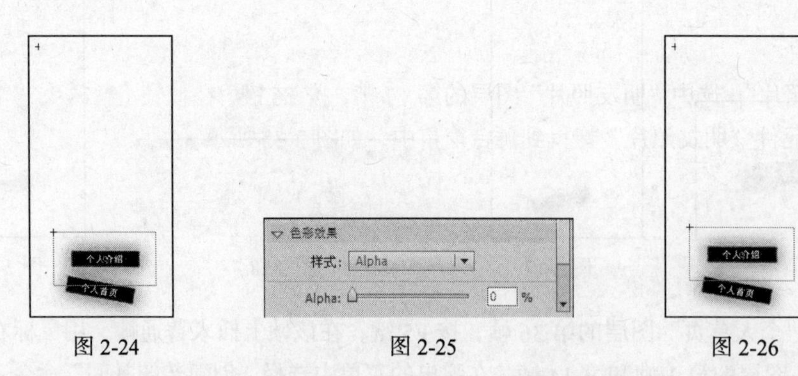

图 2-24　　图 2-25　　图 2-26

（12）用鼠标右键分别单击“个人介绍”图层的第 4 帧和第 18 帧，在弹出的菜单中选择“创建传统补间”命令，生成动作补间动画，如图 2-27 所示。在“时间轴”面板中创建新图层并将其命名为“我的相册”。选中“我的相册”图层的第 9 帧，按 F6 键，在该帧上插入关键帧。将“库”面板中的图形元件“我的相册”拖曳到舞台窗口中，效果如图 2-28 所示。

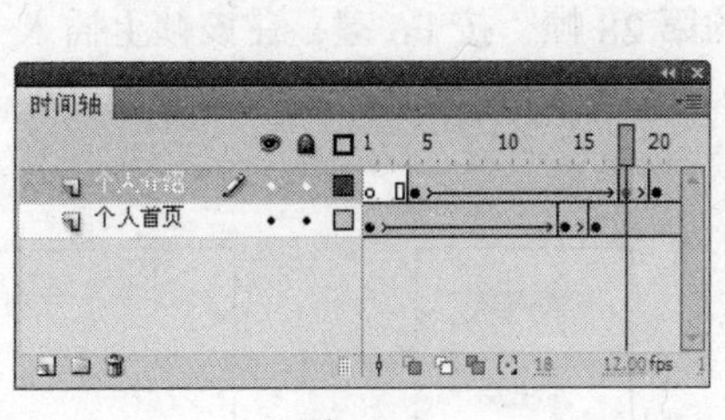

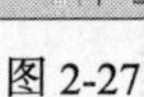

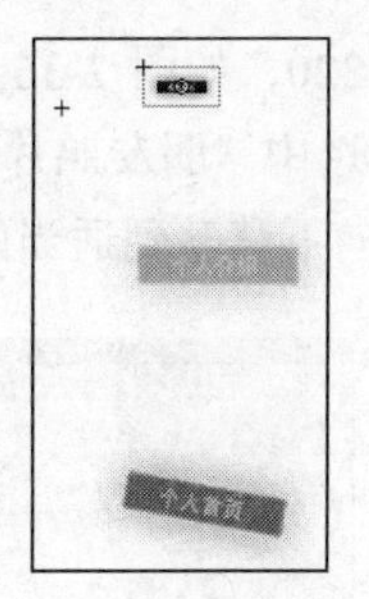

图 2-27　　　　图 2-28

（13）选中舞台窗口中的“我的相册”实例，在“变形”面板中将“缩放宽度”和“缩放高度”选项分别设为 320，将“旋转”选项设为-6，如图 2-29 所示，实例被放大并旋转，将实例拖曳到适当的位置，如图 2-30 所示。选中“我的相册”图层的第 23 帧，在该帧上插入关键帧。

（14）将“我的相册”实例垂直向下移动到适当的位置，如图 2-31 所示。选中“我的相册”图层的第 9 帧，选中“我的相册”实例，选择图形“属性”面板，在“色彩效果”选项组中单击“样式”选项，在弹出的下拉列表中选择“Alpha”选项，将其值设为 0，如图 2-32 所示。选中“我的相册”图层的第 25 帧，按 F6 键，在该帧上插入关键帧。将“我的相册”实例垂直向上移动少许距离，效果如图 2-33 所示。

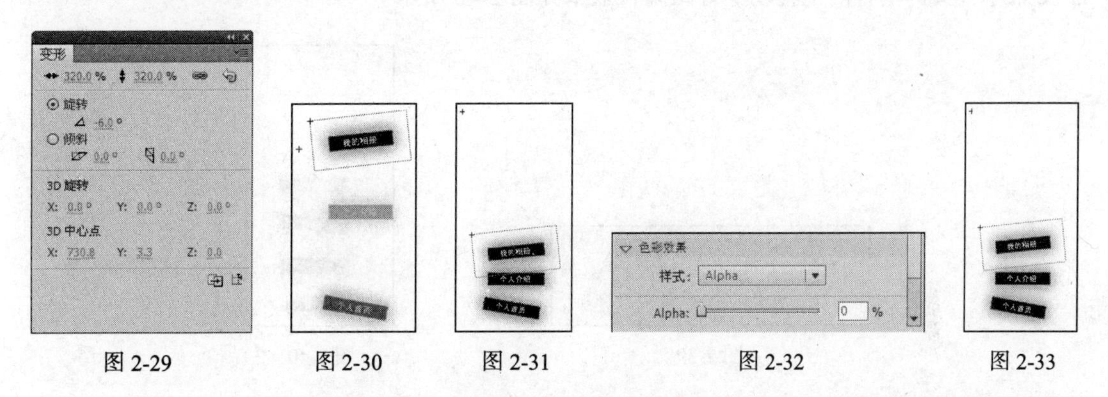

图 2-29　　图 2-30　　图 2-31　　图 2-32　　图 2-33

（15）用鼠标右键分别单击“我的相册”图层的第 9 帧和第 23 帧，在弹出的菜单中选择“创建传统补间”命令，生成动作补间动画，如图 2-34 所示。在“时间轴”面板中创建新图层并将其命名为“朋友照片”。选中“朋友照片”图层的第 14 帧，按 F6 键，在该帧上插入关键帧。将“库”面板中的图形元件“朋友照片”拖曳到舞台窗口中，如图 2-35 所示。

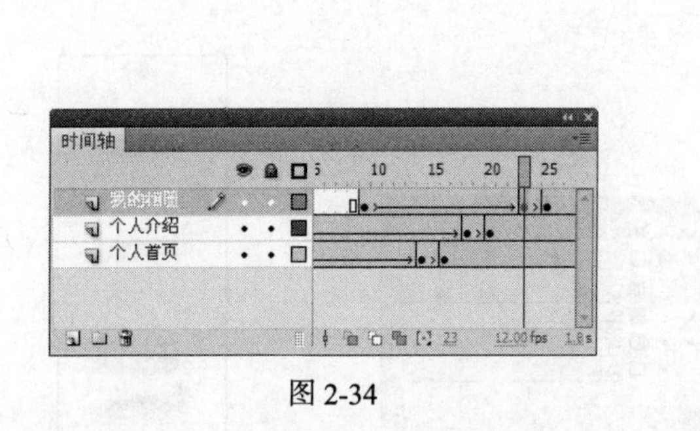

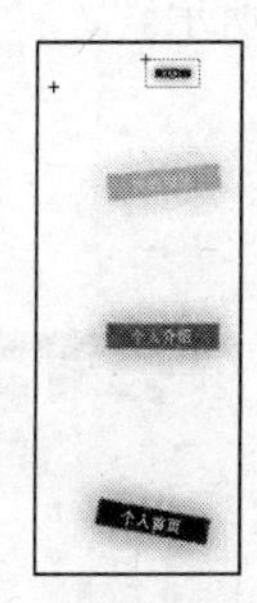

图 2-34　　　　图 2-35

（16）选中舞台窗口中的“朋友照片”实例，在“变形”面板中将“缩放宽度”和“缩放高

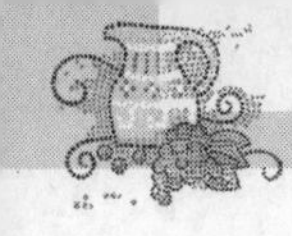

度”选项均设为 320，如图 2-36 所示，按 Enter 键，实例被放大，将实例放置在合适的位置，如图 2-37 所示。选中“朋友照片”图层的第 28 帧，按 F6 键，在该帧上插入关键帧。将“朋友照片”实例垂直向下移动到适当的位置，如图 2-38 所示。

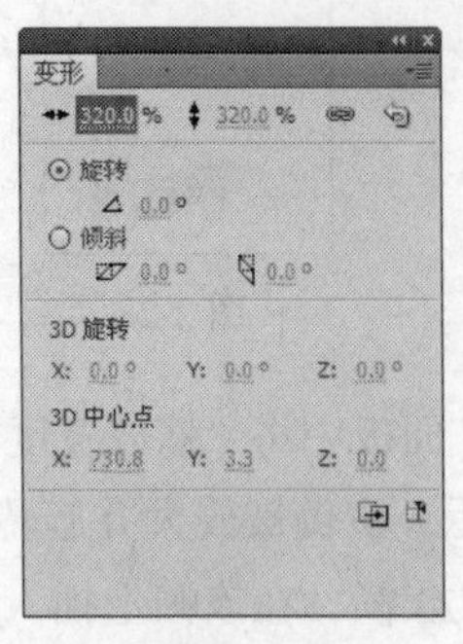

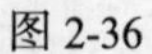
图 2-36

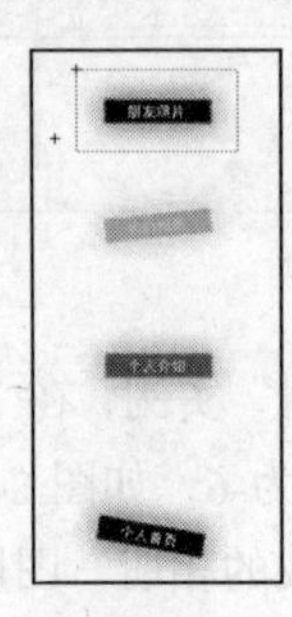

图 2-37

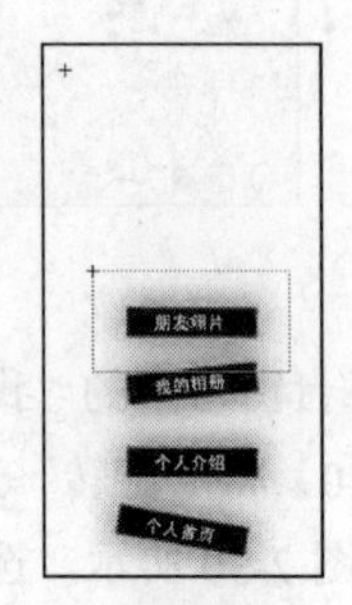

图 2-38

（17）选中“朋友照片”图层的第 14 帧，选中“朋友照片”实例，选择图形“属性”面板，在“色彩效果”选项组中单击“样式”选项，在弹出的下拉列表中选择“Alpha”选项，将其值设为 0，如图 2-39 所示。选中“朋友照片”图层的第 30 帧，按 F6 键，在该帧上插入关键帧，将“朋友照片”实例垂直向上移动少许距离，效果如图 2-40 所示。

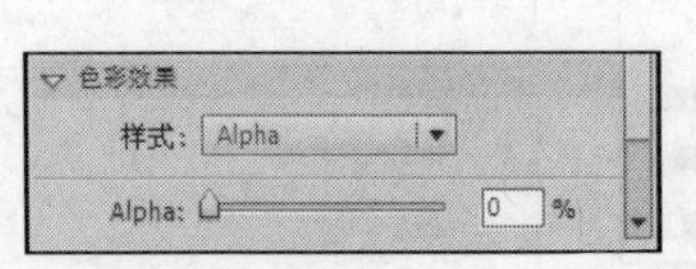

图 2-39

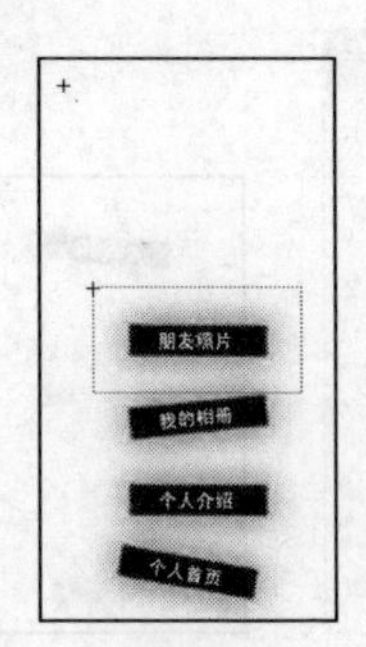

图 2-40

（18）用鼠标右键分别单击“朋友照片”图层的第 14 帧和第 28 帧，在弹出的菜单中选择“创建传统补间”命令，生成动作补间动画，如图 2-41 所示。

（19）在“时间轴”面板中创建新图层并将其命名为“给我留言”。选中“给我留言”图层的第 19 帧，按 F6 键，在该帧上插入关键帧。将“库”面板中的图形元件“给我留言”拖曳到舞台窗口中，如图 2-42 所示。

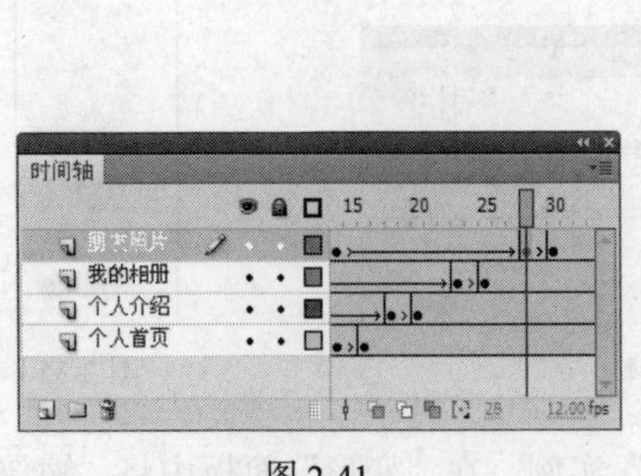

图 2-41

图 2-42

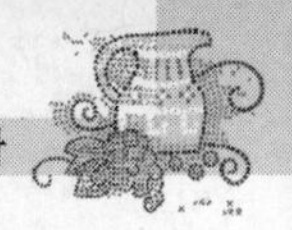

（20）选中舞台窗口中的“给我留言”实例，在“变形”面板中将“缩放宽度”和“缩放高度”选项分别设为320，将“旋转”选项设为10，如图2-43所示，按Enter键，实例被放大并旋转，将实例拖曳到适当的位置，如图2-44所示。选中“给我留言”图层的第33帧，按F6键，在该帧上插入关键帧。将“给我留言”实例垂直向下移动到适当的位置，如图2-45所示。

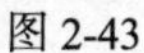
图2-43

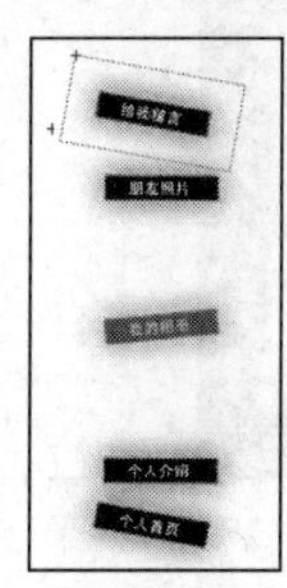

图2-44

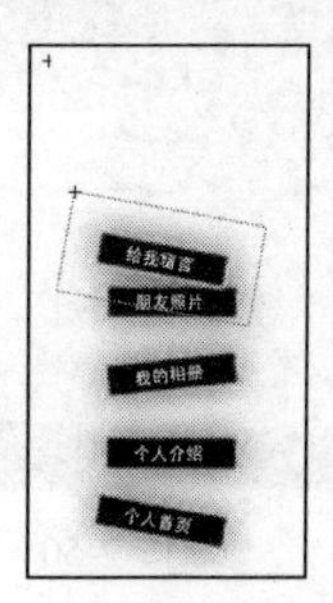
图2-45

（21）选中“给我留言”图层的第19帧，选中“给我留言”实例，选择图形“属性”面板，在“色彩效果”选项组中单击“样式”选项，在弹出的下拉列表中选择“Alpha”选项，将其值设为0，如图2-46所示。选中“给我留言”图层的第35帧，按F6键，在该帧上插入关键帧。将“给我留言”实例垂直向上移动少许距离，如图2-47所示。

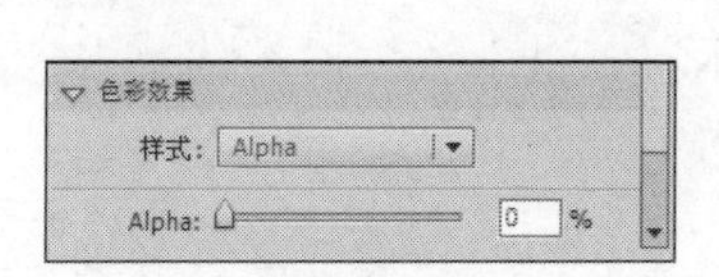

图2-46

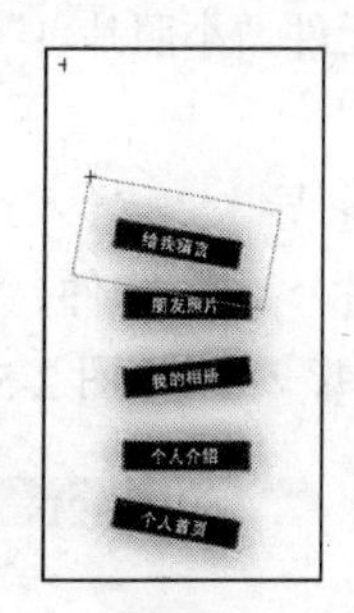
图2-47

（22）用鼠标右键分别单击“给我留言”图层的第19帧和第33帧，在弹出的菜单中选择“创建传统补间”命令，生成动作补间动画，如图2-48所示。

（23）在“时间轴”面板中创建新图层并将其命名为“动作脚本”。选中“动作脚本”图层的第36帧，在该帧上插入关键帧。选择“窗口 > 动作”命令，弹出“动作”面板，单击面板左上方的“将新项目添加到脚本中”按钮，在弹出的菜单中选择“全局函数 > 时间轴控制 > stop”命令。在脚本窗口中显示出选择的脚本语言，如图2-49所示。设置完成动作脚本后，在“动作脚本”图层的第36帧上显示出标记“a”。

图2-48

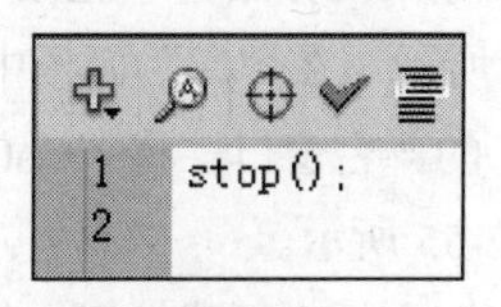

图2-49

（24）单击舞台窗口左上方的“场景 1”图标，进入“场景 1”的舞台窗口。单击“时间轴”面板下方的“新建图层”按钮，创建新图层并将其命名为“导航”。将“库”面板中的影片剪辑元件“导航”拖曳到舞台窗口中的右侧，并将其放置到底图的上方，如图 2-50 所示。在“时间轴”面板中将“导航”图层拖曳至“相框”图层的下方，如图 2-51 所示。

图 2-50

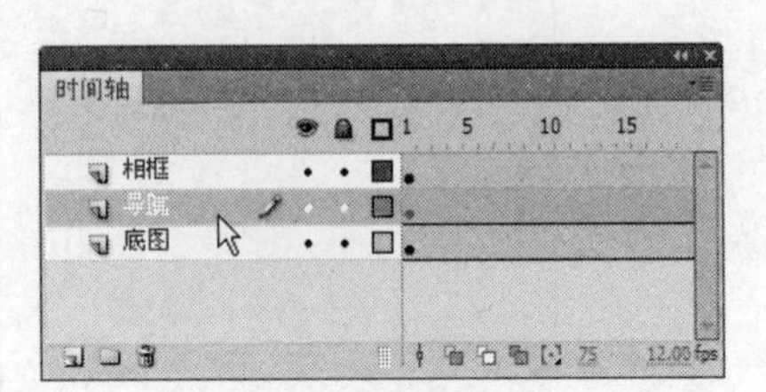

图 2-51

2.1.3 制作小照片

（1）在“库”面板下方单击“新建元件”按钮，弹出“创建新元件”对话框，在“名称”选项的文本框中输入“小照片 1”，在“类型”选项的下拉列表中选择“按钮”选项，单击“确定”按钮，新建一个按钮元件“小照片 1”，如图 2-52 所示，舞台窗口也随之转换为按钮元件的舞台窗口。

（2）选择“文件 > 导入 > 导入到舞台”命令，在弹出的“导入”对话框中选择“Ch02 > 素材 > 2.1 好朋友的照片 > 04”文件，单击“打开”按钮，弹出提示对话框，单击“否”按钮，文件被导入到舞台窗口中，效果如图 2-53 所示。

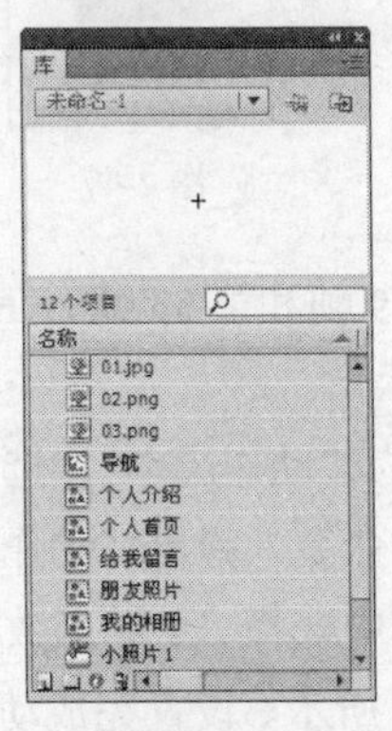

图 2-52

图 2-53

（3）在“库”面板中新建按钮元件“小照片 2”，舞台窗口也随之转换为按钮元件“小照片 2”的舞台窗口。用相同的方法将“Ch02 > 素材 > 2.1 好朋友的照片 > 05”文件导入到舞台窗口中，效果如图 2-54 所示。在“库”面板中新建按钮元件“小照片 3”，舞台窗口也随之转换为按钮元件“小照片 3”的舞台窗口。将“Ch02 > 素材 > 2.1 好朋友的照片 > 06”文件导入到舞台窗口中，效果如图 2-55 所示。

（4）在“库”面板中新建按钮元件“小照片 4”，舞台窗口也随之转换为按钮元件“小照片 4”

的舞台窗口。将“Ch02 > 素材 > 2.1 好朋友的照片 > 07”文件导入到舞台窗口中，效果如图 2-56 所示。在“库”面板中新建按钮元件“小照片 5”，舞台窗口也随之转换为按钮元件“小照片 5”的舞台窗口。将“Ch02 > 素材 > 2.1 好朋友的照片 > 08”文件导入到舞台窗口中，效果如图 2-57 所示。

图 2-54

图 2-55

图 2-56

图 2-57

（5）单击“库”面板下方的“新建文件夹”按钮，创建一个文件夹并将其命名为“照片”，如图 2-58 所示。在“库”面板中选中任意一幅小照片图片，按住 Ctrl 键的同时鼠标选中其他小照片图片，如图 2-59 所示。将选中的小照片图片拖曳到“照片”文件夹中，如图 2-60 所示。

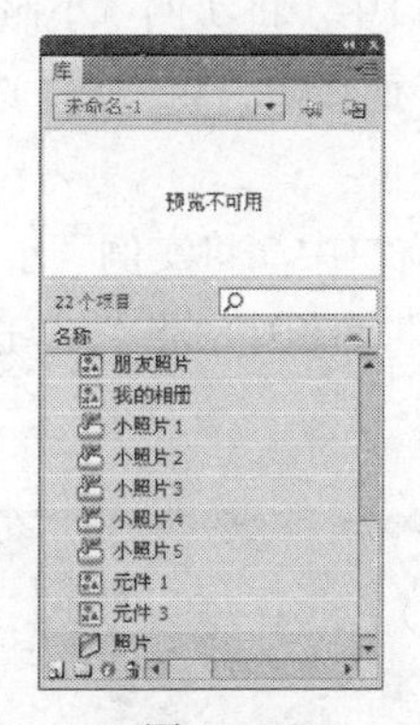

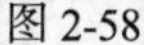

图 2-58

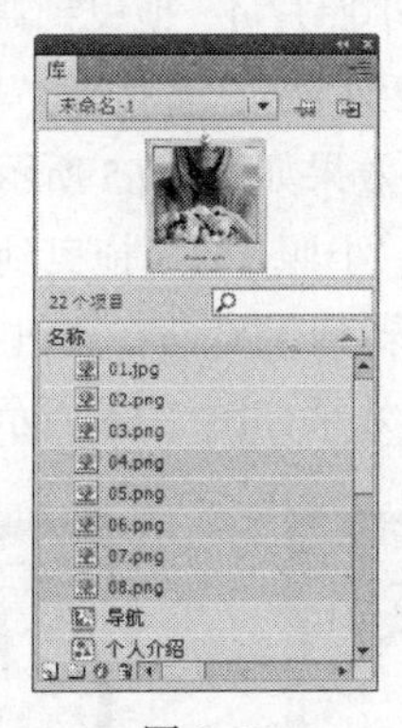

图 2-59

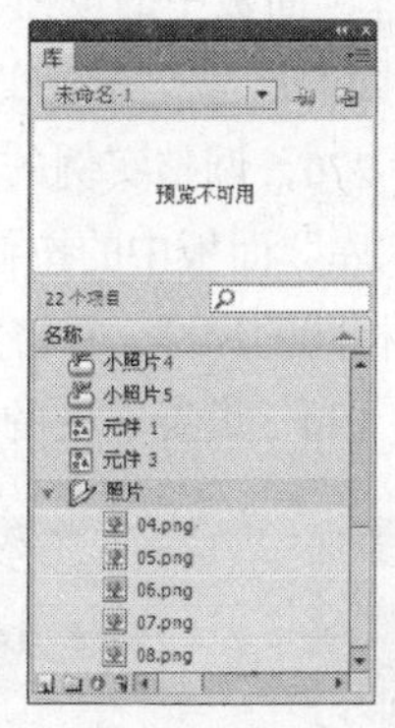

图 2-60

（6）单击舞台窗口左上方的“场景 1”图标，进入“场景 1”的舞台窗口。在“相框”图层上创建新图层并将其命名为“小照片”。将“库”面板中的按钮元件“小照片 1”拖曳到舞台窗口中。在“变形”面板中将“缩放宽度”和“缩放高度”选项均设为 40，将“旋转”选项设为 7，如图 2-61 所示，图片被缩小并旋转。在按钮“属性”面板中，将“X”选项设为 450，“Y”选项设为 85，调整实例的位置，效果如图 2-62 所示。

图 2-61

图 2-62

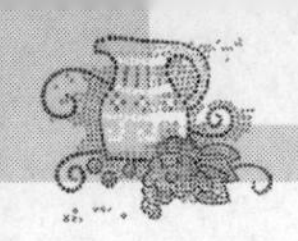

（7）将“库”面板中的按钮元件“小照片 2”拖曳到舞台窗口中。在“变形”面板中，将“缩放宽度”和“缩放高度”选项均设为 42.3，将“旋转”选项设为 7，按 Enter 键，图片被缩小并旋转。在按钮“属性”面板中，将“X”选项设为 550，“Y”选项设为 100，调整实例的位置，效果如图 2-63 所示。

（8）将“库”面板中的按钮元件“小照片 3”拖曳到舞台窗口中，将实例“小照片 3”设置同前两个实例相同的尺寸，并将实例旋转到-12°。在按钮“属性”面板中，将“X”选项设为 433，“Y”选项设为 290，调整实例的位置，效果如图 2-64 所示。

图 2-63

图 2-64

（9）将“库”面板中的按钮元件“小照片 4”拖曳到舞台窗口中。将实例“小照片 4”设置同前 3 个实例相同的尺寸，并将实例旋转到 8°。在按钮“属性”面板中，将“X”选项设为 577，“Y”选项设为 270，调整实例的位置，效果如图 2-65 所示。

（10）将“库”面板中的按钮元件“小照片 5”拖曳到舞台窗口中。将实例“小照片 4”设置同前 4 个实例相同的尺寸，并将实例旋转到 11°。在按钮“属性”面板中，将“X”选项设为 520，“Y”选项设为 180，设置实例的位置，效果如图 2-66 所示。

图 2-65

图 2-66

2.1.4 制作大照片

（1）在“库”面板下方单击“新建元件”按钮，弹出“创建新元件”对话框，在“名称”选项的文本框中输入“大照片 1”，在“类型”选项的下拉列表中选择“按钮”选项，单击“确定”按钮，新建一个按钮元件“大照片 1”，如图 2-67 所示，舞台窗口也随之转换为按钮元件的舞台窗口。

（2）选择“文件 > 导入 > 导入到舞台”命令，在弹出的“导入”对话框中选择“Ch02 > 素材 > 2.1 好朋友的照片 > 09”文件，单击“打开”按钮，弹出提示对话框，单击“否”按钮，文件被导入到舞台窗口中，效果如图 2-68 所示。

（3）新建按钮元件“大照片 2”，舞台窗口也随之转换为按钮元件“大照片 2”的舞台窗口。用相同的方法将“Ch02 > 素材 > 2.1 好朋友的照片 > 10”文件导入到舞台窗口中，效果如图 2-69 所示。

（4）新建按钮元件“大照片 3”，舞台窗口也随之转换为按钮元件“大照片 3”的舞台窗口。将“Ch02 > 素材 > 2.1 好朋友的照片 > 11”文件导入到舞台窗口中，效果如图 2-70 所示。

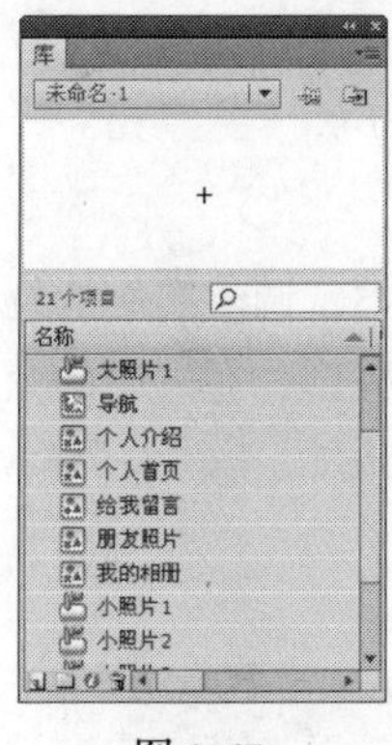

图 2-67

图 2-68

图 2-69

图 2-70

（5）新建按钮元件“大照片 4”，舞台窗口也随之转换为按钮元件“大照片 4”的舞台窗口。将“Ch02 > 素材 > 2.1 好朋友的照片 > 12”文件导入到舞台窗口中，效果如图 2-71 所示。新建按钮元件“大照片 5”，舞台窗口也随之转换为按钮元件“大照片 5”的舞台窗口。将“Ch02 > 素材 > 2.1 好朋友的照片 > 13”文件导入到舞台窗口中，效果如图 2-72 所示。

（6）按住 Ctrl 键的同时，在“库”面板中用鼠标选中所有的大照片位图图片，将选中的图片拖曳到“照片”文件夹中，如图 2-73 所示。

图 2-71

图 2-72

图 2-73

（7）单击舞台窗口左上方的“场景 1”图标 场景 1，进入“场景 1”的舞台窗口。在“时间轴”面板中创建新图层并将其命名为“大照片 1”。分别选中“大照片 1”图层的第 2 帧和第 16 帧，按 F6 键，在选中的帧上插入关键帧，如图 2-74 所示。

（8）选中第 2 帧，将“库”面板中的按钮元件“大照片 1”拖曳到舞台窗口中。选中实例“大照片 1”，在“变形”面板中将“缩放宽度”和“缩放高度”选项均设为 40，将“旋转”选项设为 7，如图 2-75 所示，按 Enter 键，将实例缩小并旋转。

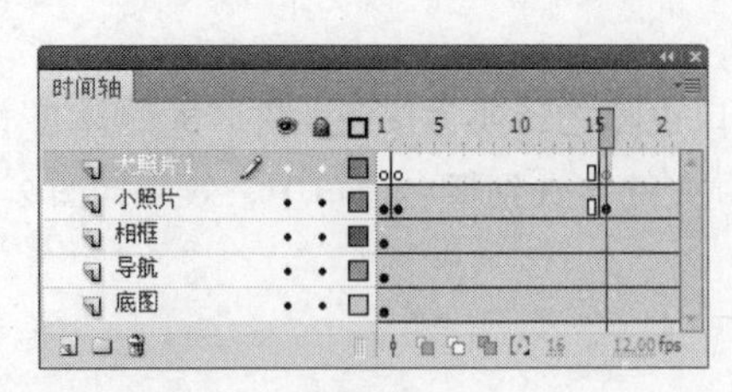

图 2-74

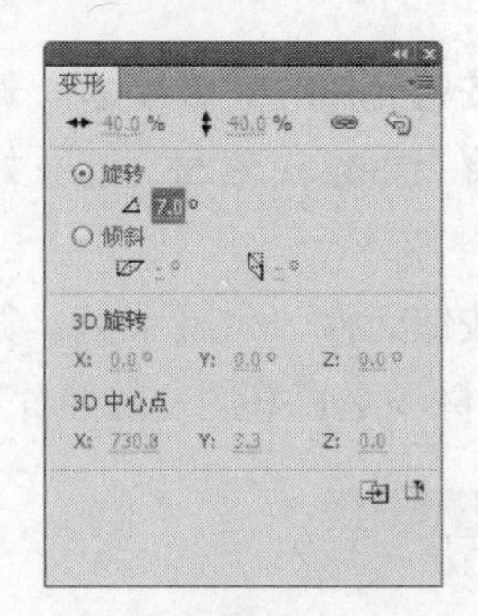

图 2-75

（9）在按钮“属性”面板中，将“X”选项设为 450，“Y”选项设为 95，调整实例的位置，效果如图 2-76 所示。分别选中“大照片 1”图层的第 8 帧和第 15 帧，按 F6 键，在选中的帧上插入关键帧，如图 2-77 所示。

图 2-76

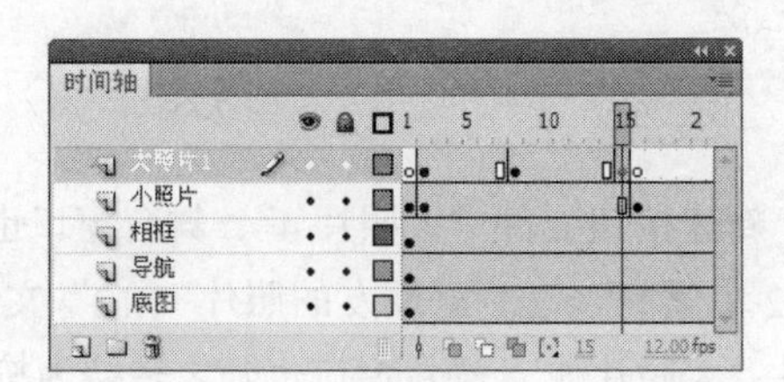

图 2-77

2.1.5 制作动画效果

（1）选中第 8 帧，选中舞台窗口中的“大照片 1”实例，在“变形”面板中将“缩放宽度”和“缩放高度”选项均设为 66，将“旋转”选项设为 11，按 Enter 键，将实例放大并旋转。并将实例拖曳到适当的位置，效果如图 2-78 所示。

（2）选中第 9 帧，按 F6 键，在该帧上插入关键帧。用鼠标右键分别单击第 2 帧和第 9 帧，在弹出的菜单中选择“创建传统补间”命令，生成动作补间动画，如图 2-79 所示。

图 2-78

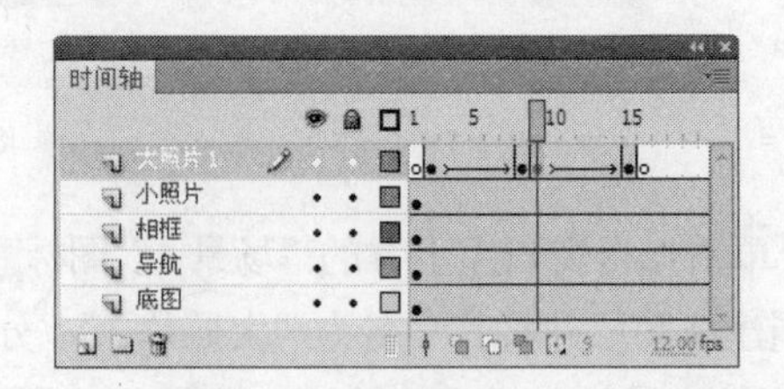

图 2-79

（3）选中“大照片 1”图层的第 8 帧，选择“动作”面板，单击面板左上方的“将新项目添加到脚本中”按钮，在弹出的菜单中依次选择“全局函数 > 时间轴控制 > stop”命令，如图 2-80 所示，在脚本窗口中显示出选择的脚本语言，如图 2-81 所示。设置完成动作脚本后，在“大照片 1”图层的第 8 帧上显示出标记“a”。

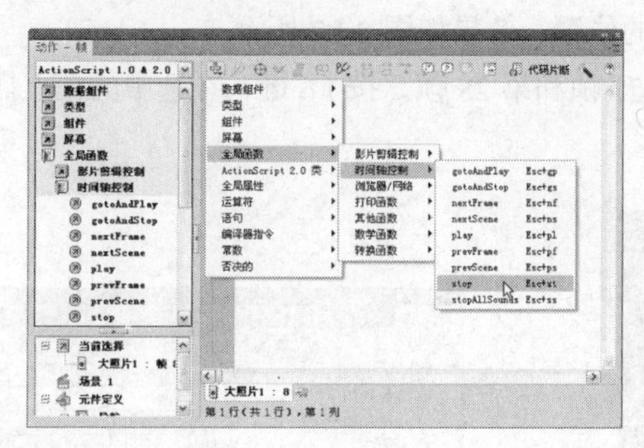

图 2-80

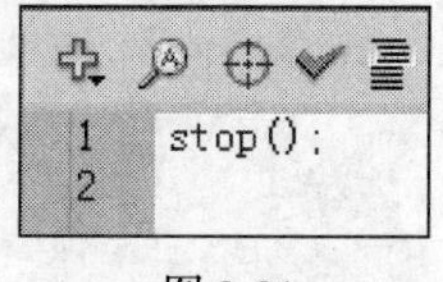

图 2-81

（4）选中舞台窗口中的“大照片 1”实例，在“动作”面板中单击“将新项目添加到脚本中”按钮，在弹出的菜单中依次选择“全局函数 > 影片剪辑控制 > on”命令，如图 2-82 所示，在脚本窗口中显示出选择的脚本语言，在下拉列表中选择“press”命令，如图 2-83 所示。

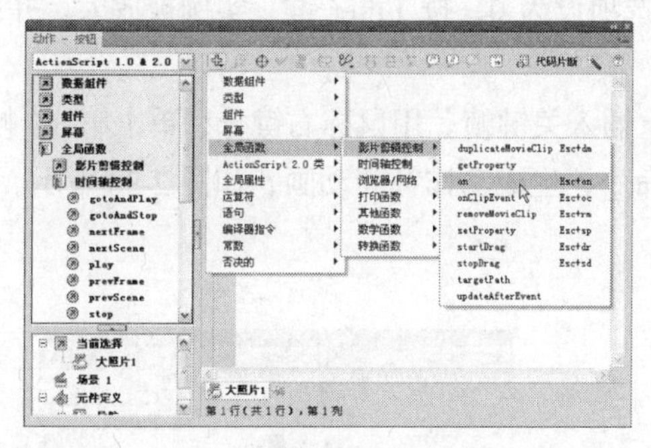

图 2-82

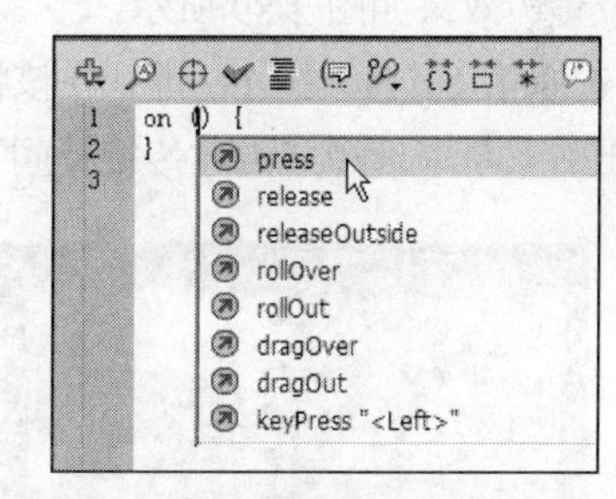

图 2-83

（5）脚本语言如图 2-84 所示。将光标放置在第 1 行脚本语言的最后，按 Enter 键，光标显示到第 2 行，如图 2-85 所示。

（6）单击“将新项目添加到脚本中”按钮，在弹出的菜单中选择“全局函数 > 时间轴控制 > gotoAndPlay”命令，在“脚本窗口”中显示出选择的脚本语言，在第 2 行脚本语言“gotoAndPlay( )”后面的括号中输入数字 9，如图 2-86 所示。脚本语言表示当用鼠标单击“大照片 1”实例时，跳转到第 9 帧并开始播放第 9 帧中的动画。

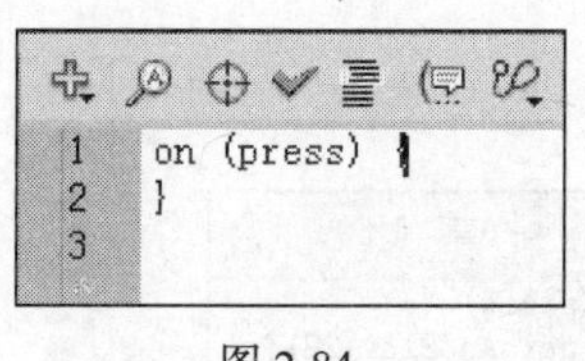

图 2-84

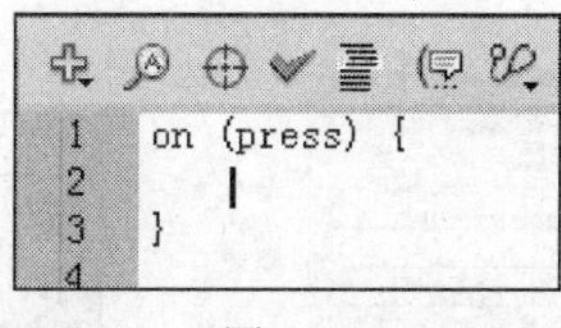

图 2-85

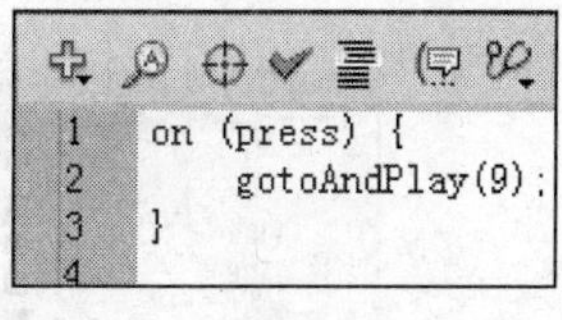

图 2-86

（7）在“时间轴”面板中创建新图层并将其命名为“大照片 2”。分别选中“大照片 2”图层的第 16 帧和第 29 帧，按 F6 键，在选中的帧上插入关键帧。选中第 16 帧，将“库”面板中的按钮元件“大照片 2”拖曳到舞台窗口中。

（8）选中实例“大照片 2”，在“变形”面板中将“缩放宽度”和“缩放高度”选项均设为 40，

将“旋转”选项设为-5，按 Enter 键，将实例缩小并旋转。在按钮“属性”面板中，将“X”选项设为 550，“Y”选项设为 105，调整实例的位置，效果如图 2-87 所示。

（9）分别选中“大照片 2”图层的第 21 帧和第 28 帧，按 F6 键，在选中的帧上插入关键帧，如图 2-88 所示。

图 2-87

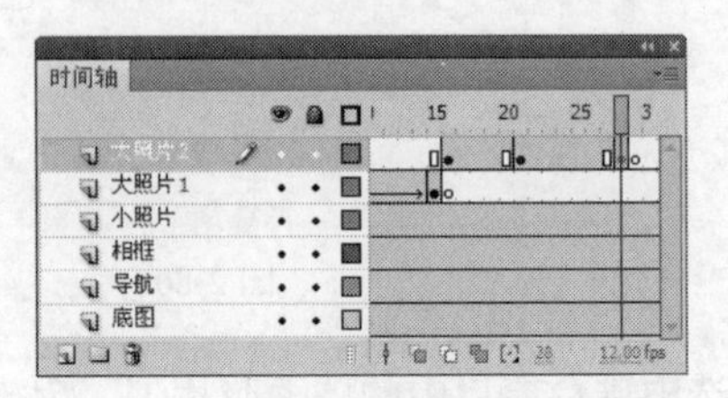

图 2-88

（10）选中第 21 帧，选中舞台窗口中的“大照片 2”实例，在“变形”面板中将“缩放宽度”和“缩放高度”选项均设为 70，将“旋转”选项设为 0，按 Enter 键，实例被放大。并拖曳实例到适当的位置，效果如图 2-89 所示。

（11）选中第 22 帧，按 F6 键，在该帧上插入关键帧。用鼠标右键分别单击第 16 帧和第 22 帧，在弹出的菜单中选择“创建传统补间”命令，生成动作补间动画，如图 2-90 所示。

图 2-89

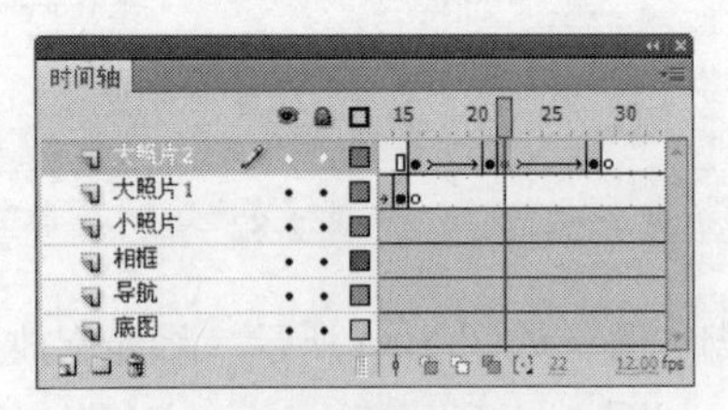

图 2-90

（12）选中“大照片 2”图层的第 21 帧，按照“大照片 1”图层第 8 帧上的脚本语言的设置方法，在第 21 帧上添加动作脚本，该帧上显示出标记“a”，如图 2-91 所示。选中舞台窗口中的“大照片 2”实例，用同样的方法，在“大照片 2”实例上添加动作脚本，并在脚本语言“gotoAndPlay( )”后面的括号中输入数字 22，如图 2-92 所示。

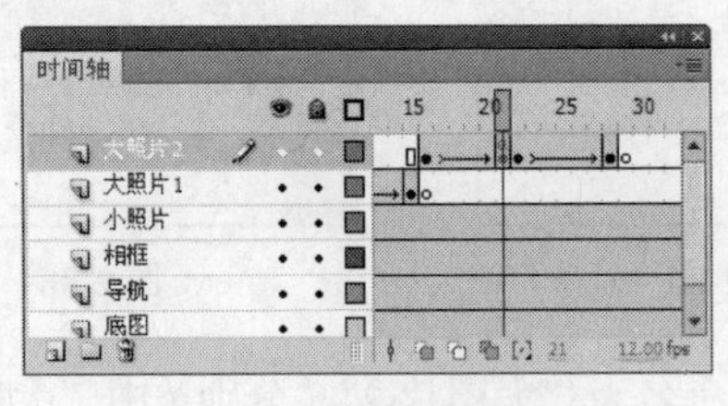

图 2-91

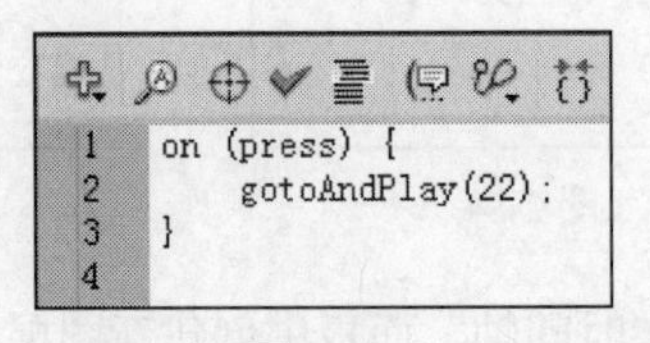

图 2-92

（13）在“时间轴”面板中创建新图层并将其命名为“大照片 3”。分别选中“大照片 3”图层的第 29 帧和第 45 帧，按 F6 键，在选中的帧上插入关键帧。选中第 29 帧，将“库”面板中的按钮元件“大照片 3”拖曳到舞台窗口中。

（14）选中实例“大照片 3”，在“变形”面板中将“缩放宽度”和“缩放高度”选项均设为 40，将“旋转”选项设为-12，按 Enter 键，实例缩小并旋转。

（15）在按钮“属性”面板中，将“X”选项设为 433，“Y”选项设为 296，调整实例的位置，效果如图 2-93 所示。分别选中“大照片 3”图层的第 36 帧和第 44 帧，按 F6 键，在选中的帧上插入关键帧。

（16）选中第 36 帧，选中舞台窗口中的“大照片 3”实例，在“变形”面板中将“缩放宽度”和“缩放高度”选项均设为 70，将“旋转”选项设为-7，按 Enter 键，实例放大小并旋转。在按钮“属性”面板中，将“X”选项设为 440，“Y”选项设为 170，调整实例的位置，效果如图 2-94 所示。

图 2-93

图 2-94

（17）选中第 37 帧，按 F6 键，在该帧上插入关键帧。用鼠标右键分别单击第 29 帧和第 37 帧，在弹出的菜单中选择“创建补间动画”命令，生成动作补间动画，如图 2-95 所示。

（18）选中“大照片 3”图层的第 36 帧，按照“大照片 1”图层第 8 帧上脚本语言的设置方法，在第 36 帧上添加动作脚本，该帧上显示出标记“a”。选中舞台窗口中的“大照片 3”实例，用相同的方法，在“大照片 3”实例上添加动作脚本，并在脚本语言“gotoAndPlay( )”后面的括号中输入数字 37，如图 2-96 所示。

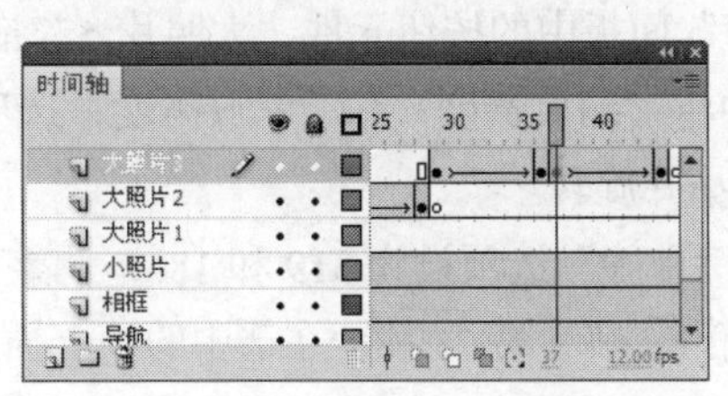

图 2-95

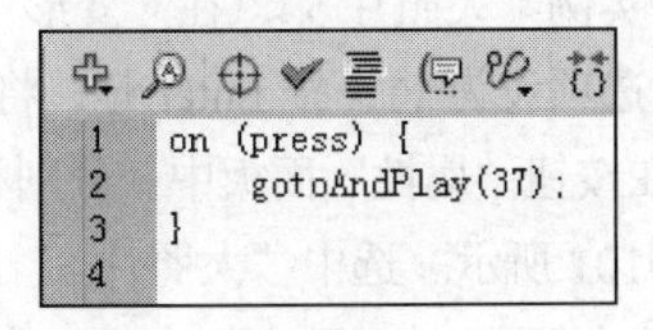

图 2-96

（19）在“时间轴”面板中创建新图层并将其命名为“大照片 4”。分别选中“大照片 4”图层的第 45 帧和第 62 帧，按 F6 键，在选中的帧上插入关键帧。选中第 45 帧，将“库”面板中的按钮元件“大照片 4”拖曳到舞台窗口中。

（20）选中实例“大照片 4”，在“变形”面板中将“缩放宽度”和“缩放高度”选项分别设为 42，将“旋转”选项设为 8，按 Enter 键，将实例缩小并旋转。在按钮“属性”面板中，将“X”选项设为 576，“Y”选项设为 274，调整实例的位置，效果如图 2-97 所示。选中“大照片 4”图层的第 53 帧和第 61 帧，按 F6 键，在选中的帧上插入关键帧。

（21）选中第 53 帧，选中舞台窗口中的“大照片 4”实例，在“变形”面板中将“缩放宽度”和“缩放高度”选项均设为 73，将“旋转”选项设为 0，按 Enter 键，实例被放大。并将实

例拖曳到适当的位置，效果如图 2-98 所示。选中第 54 帧，按 F6 键，在该帧上插入关键帧。

图 2-97

图 2-98

（22）用鼠标右键分别单击第 45 帧和第 54 帧，在弹出的菜单中选择“创建传统补间”命令，生成动作补间动画，如图 2-99 所示。选中“大照片 4”图层的第 53 帧，应用制作“大照片 3”的方法，在第 53 帧上添加动作脚本，该帧上显示出标记“a”。

（23）选中舞台窗口中的“大照片 4”实例，应用制作“大照片 3”的方法，在“大照片 4”实例上添加动作脚本，并在脚本语言“gotoAndPlay( )”后面的括号中输入数字 54，如图 2-100 所示。

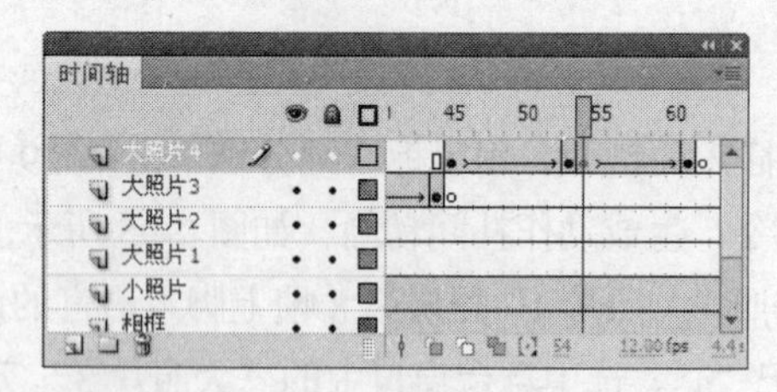

图 2-99

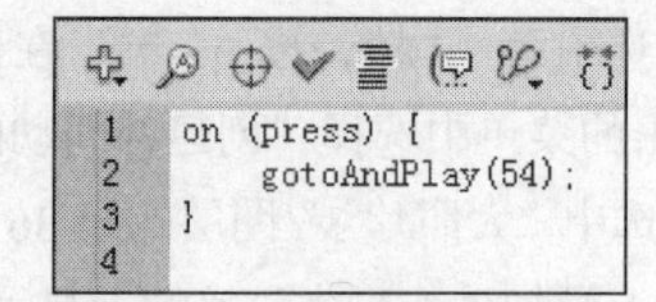

图 2-100

（24）在“时间轴”面板中创建新图层并将其命名为“大照片 5”。选中“大照片 5”图层的第 62 帧，按 F6 键，在该帧上插入关键帧。将“库”面板中的按钮元件“大照片 5”拖曳到舞台窗口中。选中实例“大照片 5”，在“变形”面板中将“缩放宽度”和“缩放高度”选项均设为 40，将“旋转”选项设为 11，按 Enter 键，将实例缩小并旋转。

（25）在按钮“属性”面板中，分别将“X”和“Y”选项设为 519 和 186，调整实例的位置，效果如图 2-101 所示。选中“大照片 5”图层的第 68 帧和第 75 帧，在选中的帧上插入关键帧。

（26）选中第 68 帧，选中舞台窗口中的“大照片 5”实例，在“变形”面板中将“缩放宽度”和“缩放高度”选项均设为 71，将“旋转”选项设为 0，按 Enter 键，实例被放大。并将实例拖曳到适当的位置，效果如图 2-102 所示。选中第 69 帧，在该帧上插入关键帧。

图 2-101

图 2-102

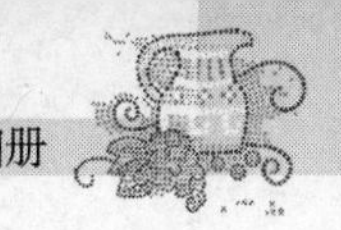

（27）用鼠标右键分别单击第62帧和第69帧，在弹出的菜单中选择“创建传统补间”命令，生成动作补间动画，如图2-103所示。选中“大照片5”图层的第68帧，应用制作“大照片4”的方法，在第68帧上添加动作脚本，该帧上显示出标记“a”。

（28）选中舞台窗口中的“大照片5”实例，应用制作“大照片4”的方法，在“大照片5”实例上添加动作脚本，并在脚本语言“gotoAndPlay( )”后面的括号中输入数字69，如图2-104所示。

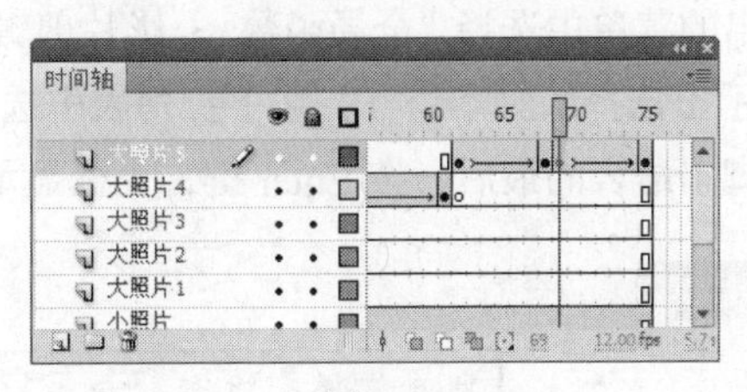

图2-103

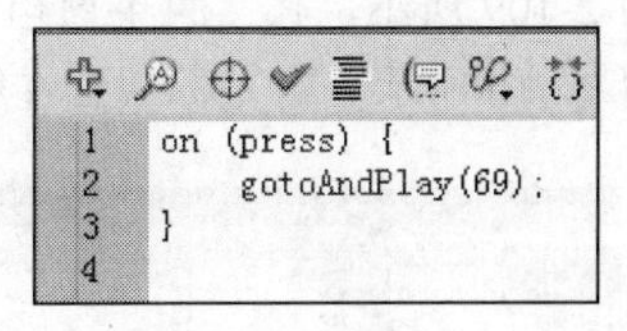

图2-104

2.1.6 添加动作脚本

（1）在“时间轴”面板中创建新图层并将其命名为“动作脚本1”。选中“动作脚本1”图层的第2帧，按F6键，在该帧上插入关键帧。

（2）选中第1帧，在“动作”面板中单击“将新项目添加到脚本中”按钮，在弹出的菜单中选择“全局函数 > 时间轴控制 > stop”命令，在脚本窗口中显示出选择的脚本语言，如图2-105所示。设置完成动作脚本后，在图层“动作脚本1”的第1帧上显示出一个标记“a”。

（3）在“时间轴”面板中创建新图层并将其命名为“动作脚本2”。选中“动作脚本2”图层的第15帧，按F6键，在该帧上插入关键帧。选中第15帧，在“动作”面板中单击“将新项目添加到脚本中”按钮，在弹出的菜单中选择“全局函数 > 时间轴控制 > gotoAndStop”命令，如图2-106所示，在“脚本窗口”中显示出选择的脚本语言，在脚本语言“gotoAndStop( )”后面的括号中输入数字1，如图2-107所示。该脚本语言表示动画跳转到第1帧并停留在第1帧。

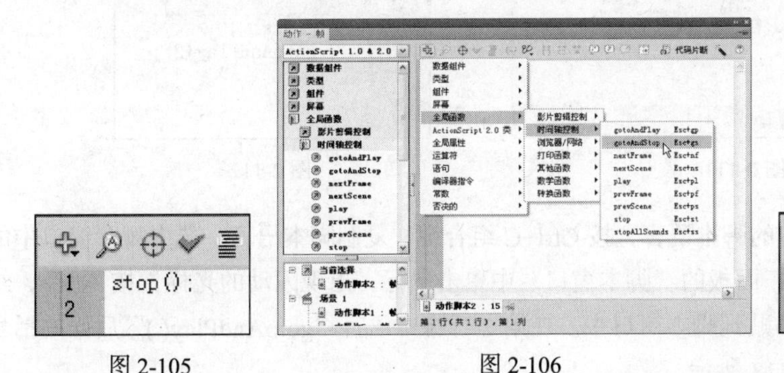

图2-105

图2-106

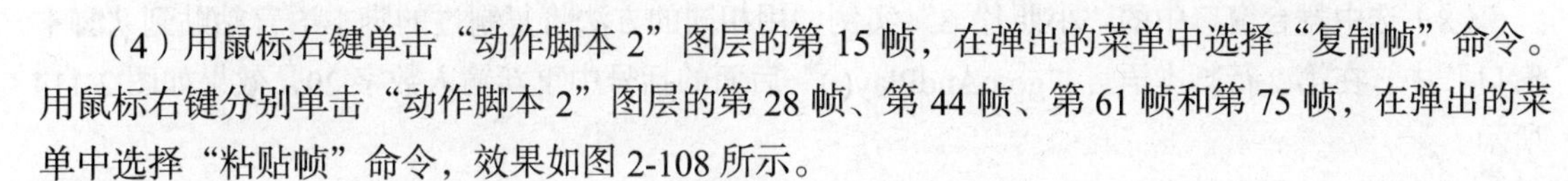

图2-107

（4）用鼠标右键单击“动作脚本2”图层的第15帧，在弹出的菜单中选择“复制帧”命令。用鼠标右键分别单击“动作脚本2”图层的第28帧、第44帧、第61帧和第75帧，在弹出的菜单中选择“粘贴帧”命令，效果如图2-108所示。

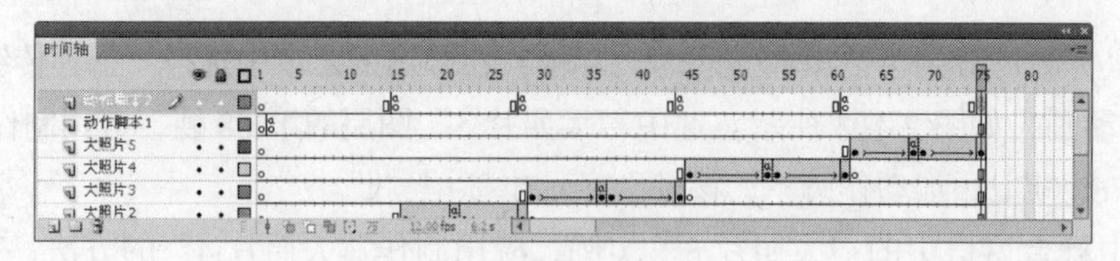

图 2-108

（5）选中“小照片”图层的第 1 帧，在舞台窗口中选中实例“小照片 1”，在“动作”面板中单击“将新项目添加到脚本中”按钮，在弹出的菜单中选择“全局函数 > 影片剪辑控制 > on”命令，如图 2-109 所示，在“脚本窗口”中显示出选择的脚本语言，在下拉列表中选择“press”命令，如图 2-110 所示。将光标放置在第 1 行脚本语言的最后，按 Enter 键，光标显示到第 2 行。

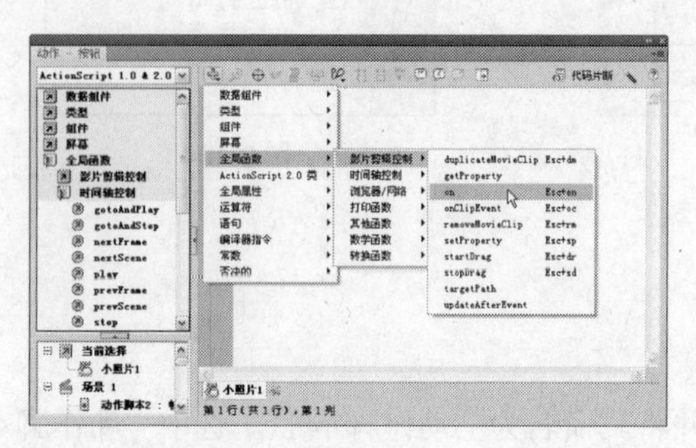

图 2-109

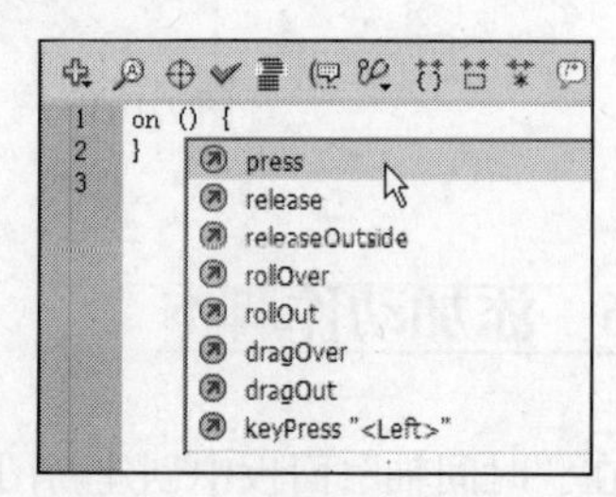

图 2-110

（6）单击“将新项目添加到脚本中”按钮，在弹出的菜单中选择“全局函数 > 时间轴控制 > gotoAndPlay”命令，如图 2-111 所示，在“脚本窗口”中显示出选择的脚本语言，在第 2 行脚本语言“gotoAndPlay ( )”后面的括号中输入数字 2，如图 2-112 所示。该脚本语言表示当用鼠标单击“小照片 1”实例时，跳转到第 2 帧并开始播放第 2 帧中的动画。

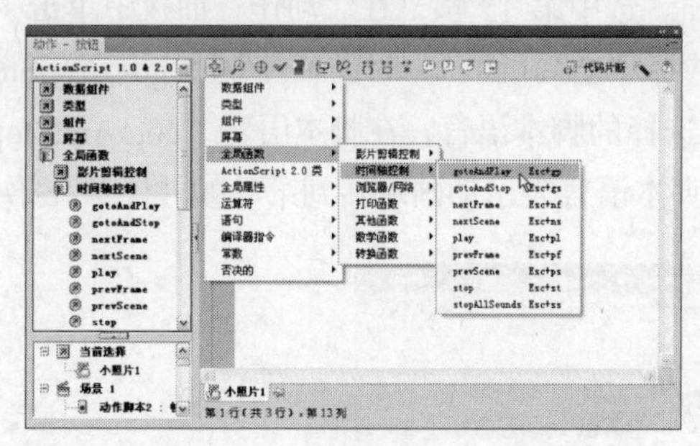

图 2-111

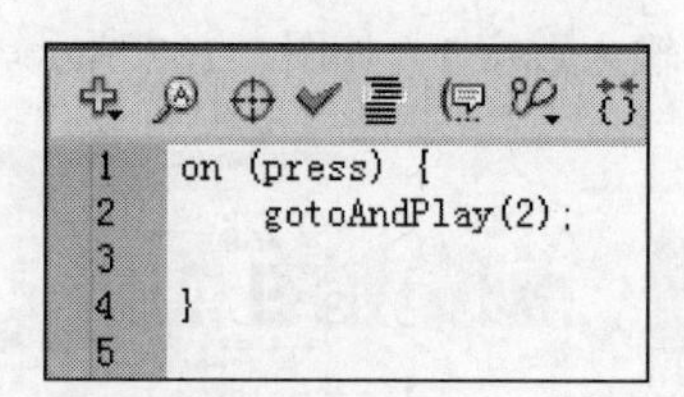

图 2-112

（7）选中“脚本窗口”中的脚本语言，按 Ctrl+C 组合键，复制脚本语言。选中舞台窗口中的“小照片 2”实例，在“动作”面板的“脚本窗口”中单击鼠标，出现闪动的光标，按 Ctrl+V 组合键，将复制过的脚本语言粘贴到脚本窗口中。在第 2 行脚本语言“gotoAndPlay( )”后面的括号中重新输入数字 16，如图 2-113 所示。

（8）选中舞台窗口中的“小照片 3”实例，用相同的方法将复制过的脚本语言粘贴到“脚本窗口”中。在第 2 行脚本语言“gotoAndPlay( )”后面的括号中重新输入数字 29，效果如图 2-114 所示。

（9）选中舞台窗口中的“小照片 4”实例，用相同的方法将复制过的脚本语言粘贴到脚本窗

口中。在第 2 行脚本语言“gotoAndPlay( )”后面的括号中重新输入数字 45，效果如图 2-115 所示。

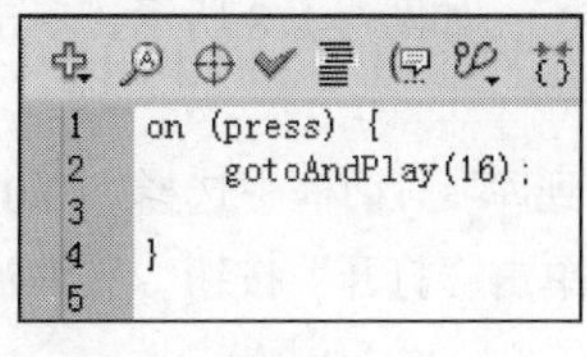

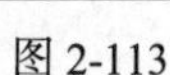

图 2-113

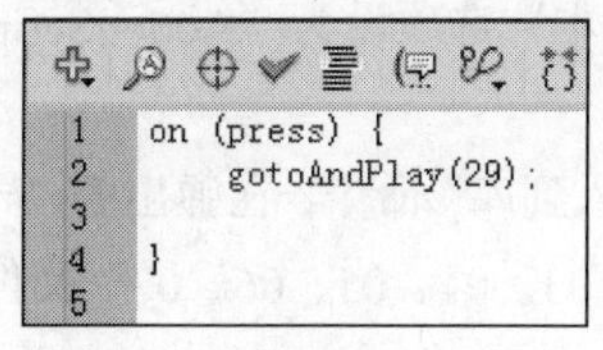

图 2-114

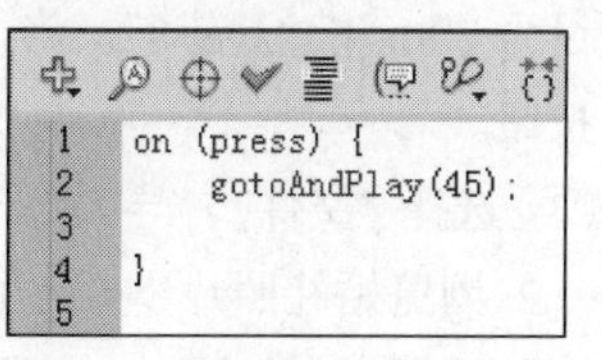

图 2-115

（10）选中舞台窗口中的“小照片 5”实例，用相同的方法将复制过的脚本语言粘贴到脚本窗口中。在第 2 行脚本语言“gotoAndPlay( )”后面的括号中重新输入数字 62，如图 2-116 所示。好朋友的照片效果制作完成，按 Ctrl+Enter 组合键即可查看效果，如图 2-117 所示。

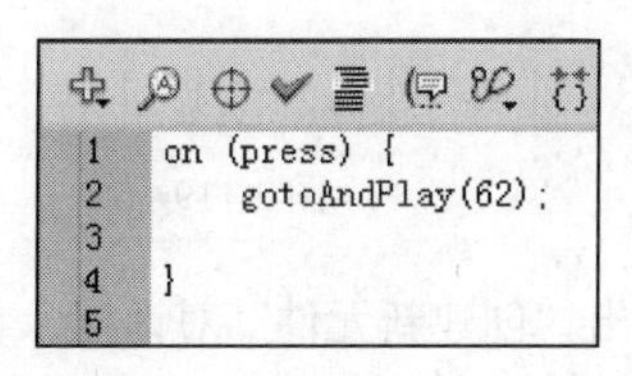

图 2-116

图 2-117

技巧

使用“导出图像”命令可以将当前帧或所选图像导出为一种静止图像格式或导出为单帧 Flash Player 应用程序。制作完成动画后，将“时间轴”面板中的播放头放置到要导出图像的帧上，选择“文件 > 导出 > 导出图像”命令，在“导出图像”对话框中设置导出图像的格式，单击“保存”按钮即可。

将 Flash 图像保存为位图、GIF、JPEG、BMP 文件时，图像会丢失其矢量信息，仅以像素信息保存。但在将 Flash 图像导出为矢量图形文件时，如 Illustrator 格式，可以保留其矢量信息。

2.2 浏览婚礼照片

【知识要点】使用“椭圆”工具、“钢笔”工具和“颜色”面板制作按钮图形，使用“创建传统补间”命令制作动画效果，使用“遮罩层”命令将图片遮罩，使用“动作”面板设置脚本语言。

2.2.1 导入图片

（1）选择“文件 > 新建”命令，弹出“新建文档”对话框，单击“确定”按钮，进入新建文档舞台窗口。按 Ctrl+F3 组合键，弹出文档“属性”面板，单击“大小”选项后面的“编辑”按钮 编辑... ，在弹出的对话框中将舞台窗口的宽度设为 800，高度设为 568，将“背景颜色”设为灰色（#999999），并将“帧频”选项设为 12，单击“确定”按钮。

（2）在文档“属性”面板中单击“设置”按钮，在弹出的“发布设置”对话框中将“播放器”选项设为“Flash Player 8”，将“脚本”选项设为“ActionScript 2.0”，如图 2-118 所示，单击“确定”按钮。

（3）选择“文件 > 导入 > 导入到库”命令，在弹出的“导入到库”对话框中选择“Ch02> 素材 >2.2 浏览婚礼照片 >01、02、03、04、05、06、07”文件，单击“打开”按钮，文件被导入到“库”面板中，如图 2-119 所示。

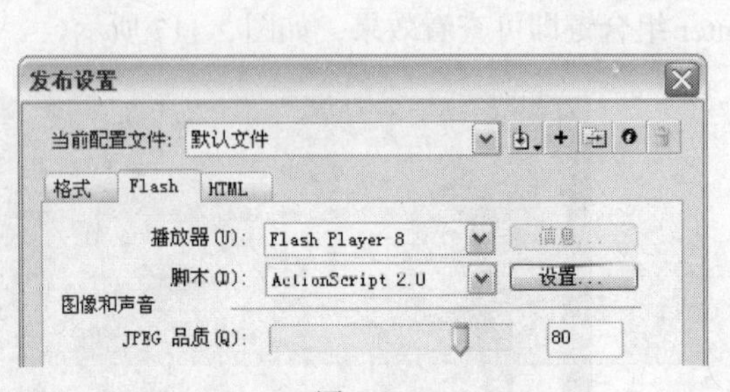

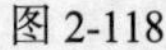
图 2-118

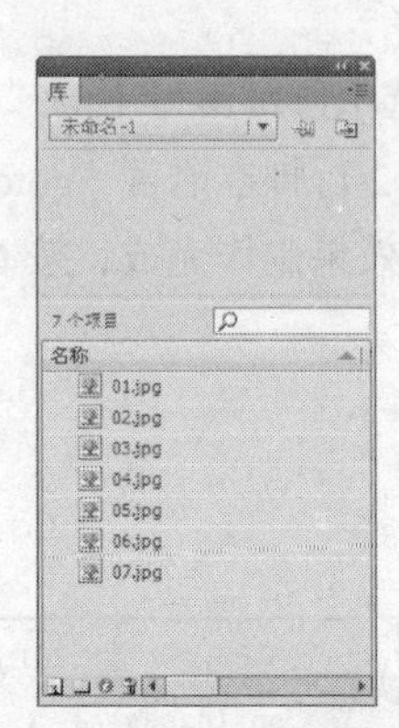

图 2-119

（4）在“库”面板下方单击“新建元件”按钮，弹出“创建新元件”对话框，在“名称”选项的文本框中输入“照片”，在“类型”选项的下拉列表中选择“图形”选项，单击“确定”按钮，新建图形元件“照片”，如图 2-120 所示，舞台窗口也随之转换为图形元件的舞台窗口。

（5）分别将“库”面板中的位图“02”、“03”、“04”、“05”、“06”、“07”拖曳到舞台窗口中，并放置到同一高度。选择位图“属性”面板，将所有照片的“Y”选项设为-60，“X”选项保持不变。选择“选择”工具，按住 Shift 键的同时选中所有照片，选择“修改 > 对齐 > 按宽度均匀分布”命令，效果如图 2-121 所示。

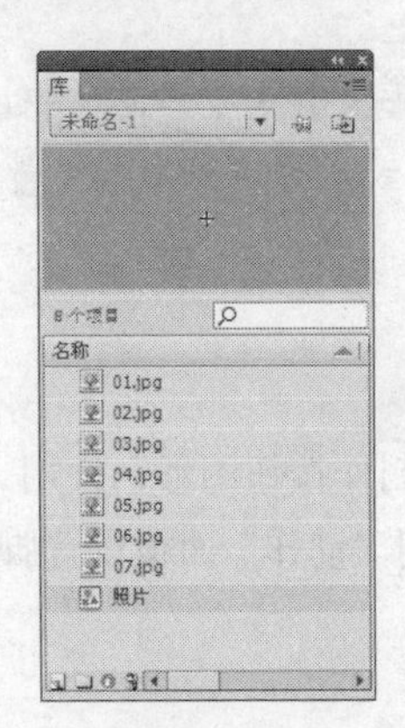

图 2-120

图 2-121

2.2.2 绘制按钮图形

（1）在“库”面板下方单击“新建元件”按钮，弹出“创建新元件”对话框，在“名称”

选项的文本框中输入“开始按钮”，在“类型”选项的下拉列表中选择“按钮”选项，单击“确定”按钮，新建一个按钮元件“开始按钮”，如图 2-122 所示。舞台窗口也随之转换为按钮元件的舞台窗口。

（2）选择“椭圆”工具，在工具箱中将“笔触颜色”设为无，“背景颜色”设为白色。按住 Shfit 键的同时在舞台窗口中绘制一圆形，如图 2-123 所示。选择“选择”工具，选中圆形，选择“窗口 > 颜色”命令，弹出“颜色”面板，在“颜色类型”选项的下拉列表中选择“线性渐变”选项，选中色带上左侧的色块，将其设为深红色（#BF0000），选中色带上右侧的色块，将其设为浅红色（#F26D6D），如图 2-124 所示。选择“颜料桶”工具，在白色圆形上单击，将矩形填充为渐变色，如图 2-125 所示。

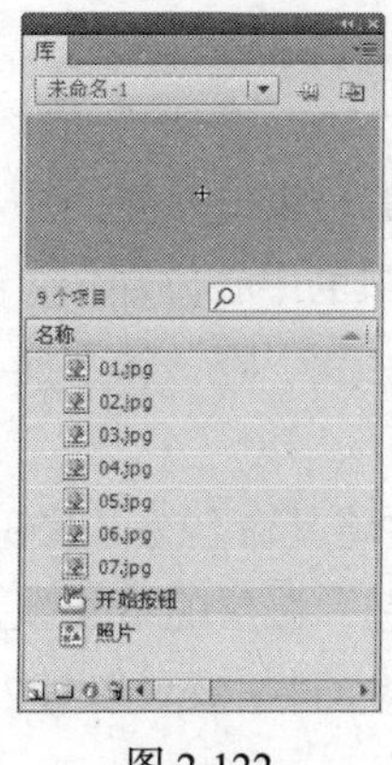

图 2-122

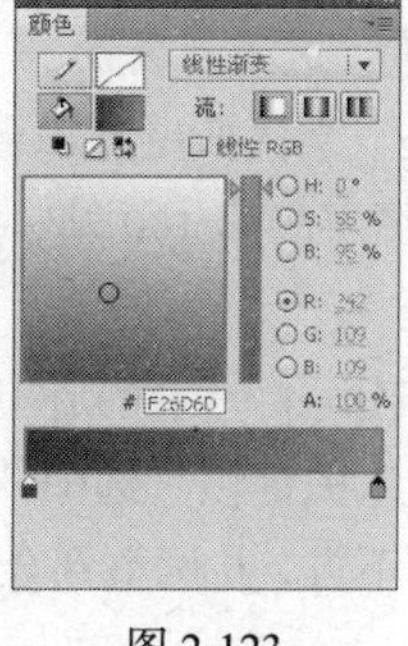

图 2-123

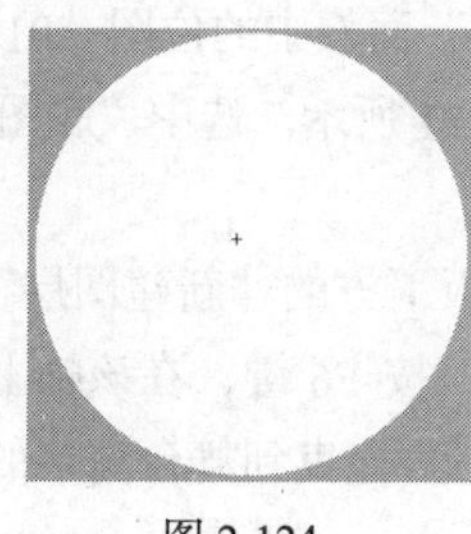

图 2-124

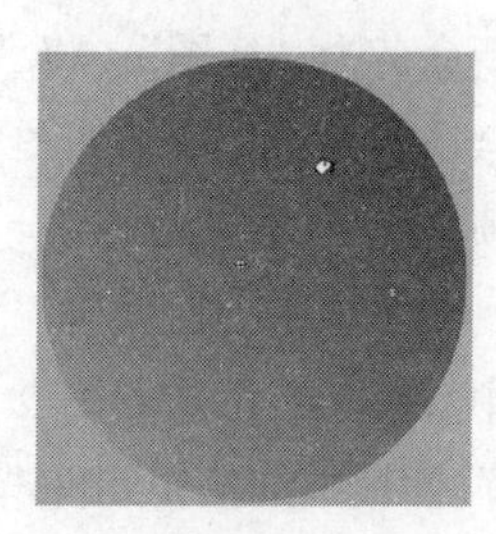

图 2-125

（3）用相同的方法再绘制一个圆形，并将其填充为相同的渐变色。选择“选择”工具，在舞台窗口中选中圆形，选择“修改 > 变形 > 垂直翻转”命令，将圆形垂直翻转，效果如图 2-126 所示。选择“钢笔”工具，绘制一个圆角三角形，将其填充为深红色（#8F0000），并删除边框，效果如图 2-127 所示。

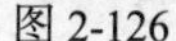
图 2-126

图 2-127

（4）用选择“钢笔”工具再绘制一个圆角三角形，使用“选择”工具选中圆角三角形，在“颜色”面板中“颜色类型”选项的下拉列表中选择“径向渐变”选项，添加 1 个色块，分别选中色带上左侧和中间的色块，将其设为白色，选中色带上右侧的色块，将其设为浅灰色（#E0E0E0），如图 2-128 示。在圆角三角形上单击鼠标，填充渐变色，并将其渐变图形拖曳到纯色图形上，效果如图 2-129 所示。

（5）选择“选择”工具，将两个图形同时选取，按 Ctrl+G 组合键，将其组合，并将其拖曳到圆形的中心位置，效果如图 2-130 所示。

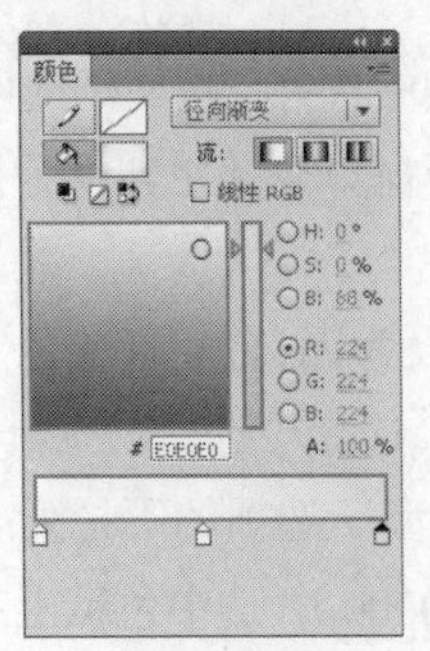

图 2-128

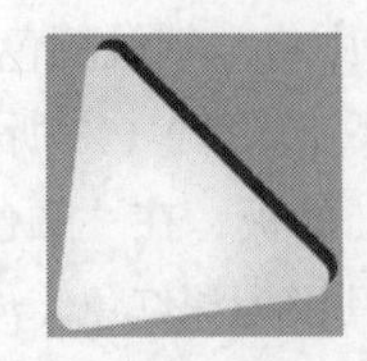

图 2-129

图 2-130

2.2.3　制作浏览效果

（1）单击舞台窗口左上方的“场景 1”图标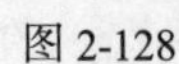，进入“场景 1”的舞台窗口。将“图层 1”重新命名为“底图”。将“库”面板中的位图“01.jpg”文件拖曳到舞台窗口的中心位置，并调整到合适的大小，效果如图 2-131 所示。选中“底图”图层的第 190 帧，按 F5 键，在该帧上插入普通帧。

（2）单击“时间轴”面板下方的“新建图层”按钮，创建新图层并将其命名为“按钮”。选中“按钮”图层的第 2 帧，按 F6 键，在该帧上插入关键帧。选中“按钮”图层的第 1 帧，将“库”面板中的按钮元件“按钮”拖曳到舞台窗口的右下方，并调整到合适的大小，效果如图 2-132 所示。

（3）选择“文本”工具，在文本工具“属性”面板中进行设置，在舞台窗口中按钮图形的左侧输入字体为“方正粗倩简体”，大小为 15 的深红色（#990000）文字“开始”，效果如图 2-133 所示。

图 2-131

图 2-132

图 2-133

（4）选中“按钮”图层的第 1 帧，选择“窗口 > 动作”命令，弹出“动作”面板，单击面板左上方的“将新项目添加到脚本中”按钮，在弹出的菜单中选择“全局函数 > 时间轴控制 > stop”命令，在脚本窗口中显示出选择的脚本语言，如图 2-134 所示。在“按钮”图层的第 1 帧上显示出一个标记“a”。

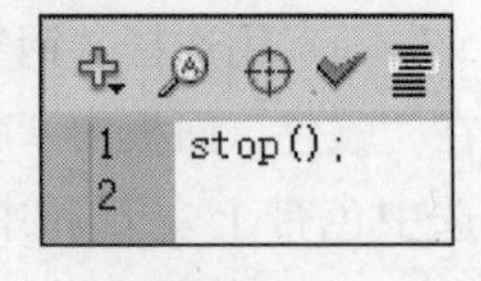

图 2-134

（5）选中“按钮”图层的第 1 帧，在舞台窗口中选中“按钮”实例，在“动作”面板中单击“将新项目添加到脚本中”按钮，在弹出的菜单中选择“全局函数 > 影片剪辑控制 > on”命

令，如图 2-135 所示，在脚本窗口中显示出选择的脚本语言，在下拉列表中选择“release”，如图 2-136 所示。将光标放置在第 1 行脚本语言的最后，按 Enter 键，光标显示到第 2 行，如图 2-137 所示。

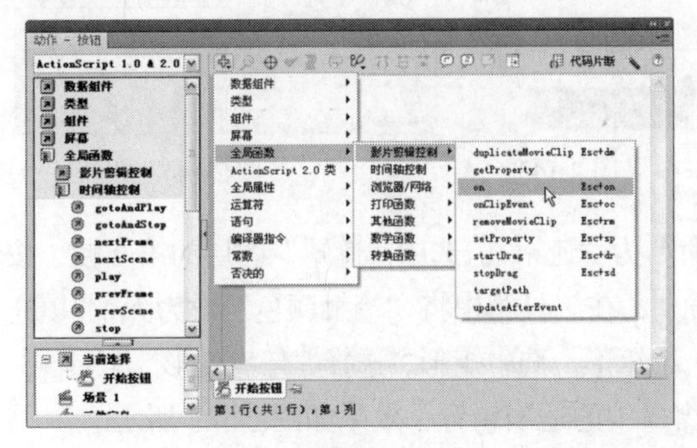

图 2-135

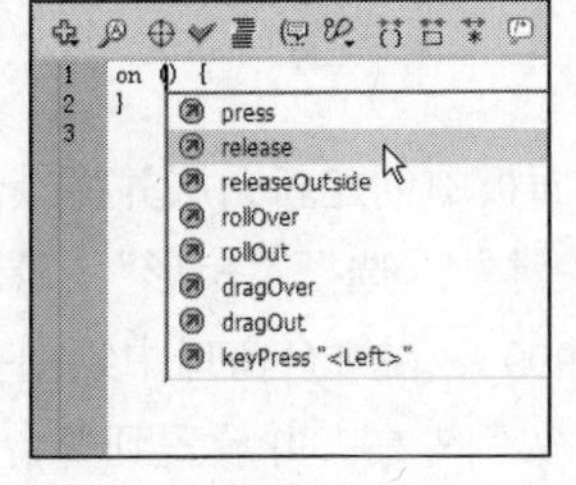

图 2-136

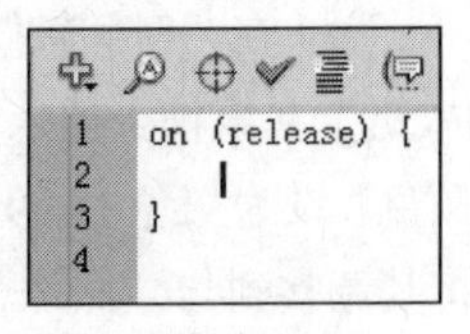

图 2-137

（6）再次单击“将新项目添加到脚本中”按钮，在弹出的菜单中选择“全局函数 > 时间轴控制 > gotoAndPlay”命令，如图 2-138 所示，在脚本窗口中显示出选择的脚本语言，如图 2-139 所示。在脚本语言后面的小括号中输入数字“2”，如图 2-140 所示。设置完成动作脚本后关闭“动作”面板。

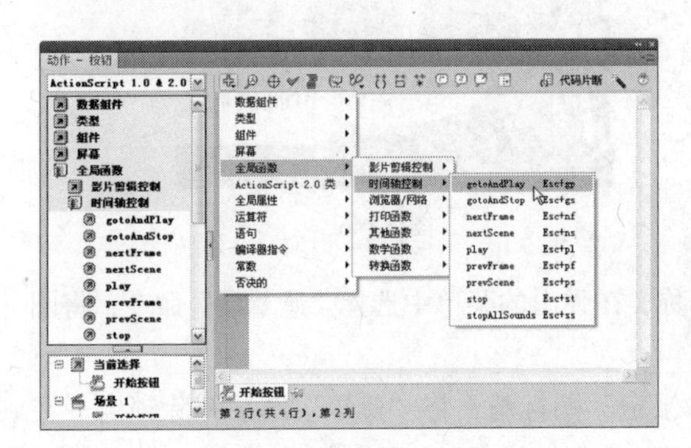

图 2-138

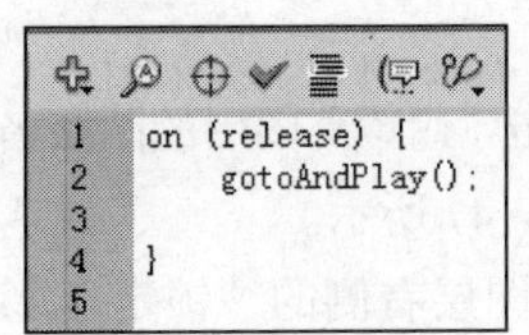

图 2-139

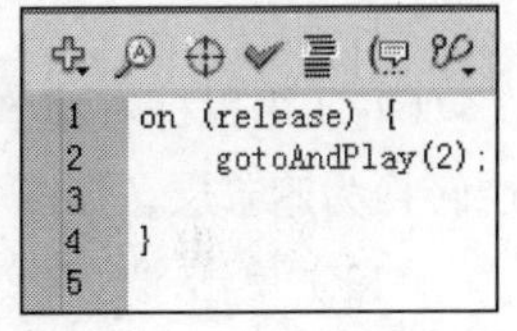

图 2-140

提示　脚本语言“release”（弹起）表示按钮被按下后弹起时的动作，即鼠标按键被释放时的事件。脚本语言 on (release)、gotoAndPlay(2)表示当单击按钮后释放鼠标时，跳转到第 2 帧并开始播放动画。

（7）在“时间轴”面板中创建新图层并将其命名为“照片”。选中“照片”图层的第 2 帧，按 F6 键，在该帧上插入关键帧。将“库”面板中的图形元件“照片”拖曳到舞台窗口的左侧，如图 2-141 所示。

（8）选中“照片”图层的第 190 帧，按 F6 键，在该帧上插入关键帧，如图 2-142 所示。按住 Shift 键的同时将“照片”实例水平拖曳到舞台窗口的右侧，如图 2-143 所示。用鼠标右键单击“照片”图层的第 2 帧，在弹出的菜单中选择“创建传统补间”命令，生成动作补间动画，如图 2-144 所示。

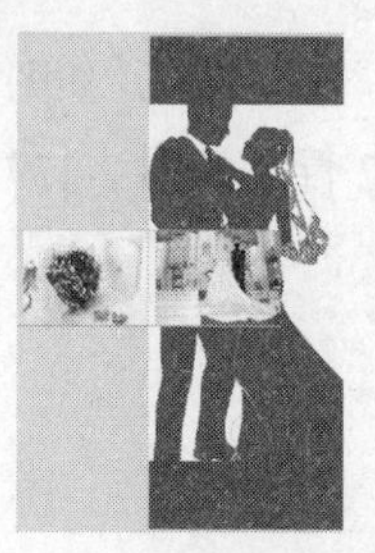

图 2-141

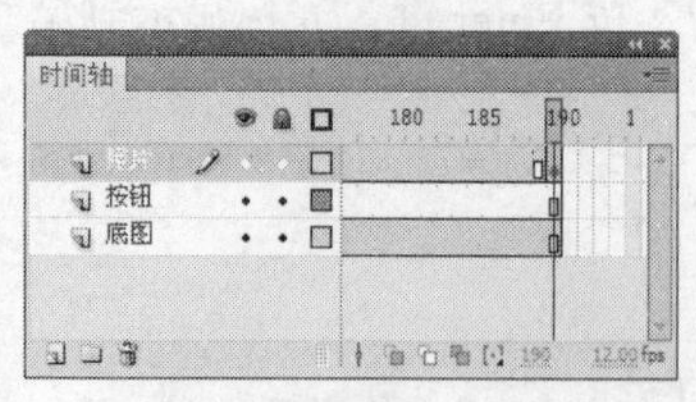

图 2-142

图 2-143

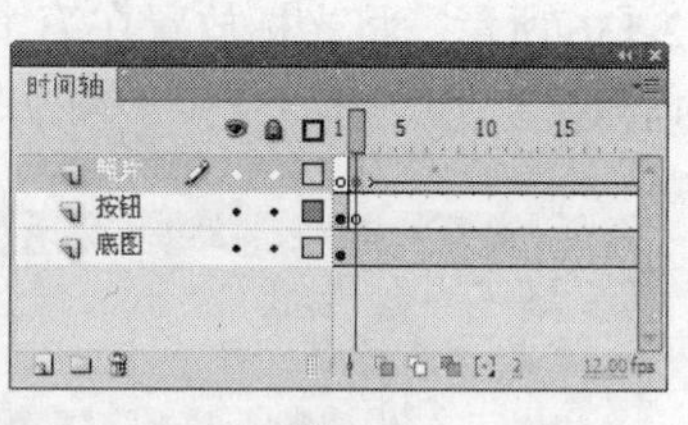

图 2-144

（9）在“时间轴”面板中创建新图层并将其命名为“遮罩”。选中“遮罩”图层的第 2 帧，按 F6 键，在该帧上插入关键帧。选择“矩形”工具，在工具箱中将“笔触颜色”设为无，“填充颜色”设为灰色（#999999），在舞台窗口中绘制一个矩形。选中矩形，选择“任意变形”工具，将其调整到与“照片”实例等高，并放置到舞台窗口中的适当位置，效果如图 2-145 所示。

（10）选择“选择”工具，按住 Shift+Alt 组合键的同时将矩形水平向左拖曳，进行复制。用相同的方法再次向右拖曳矩形进行复制，效果如图 2-146 所示。

图 2-145

图 2-146

（11）用鼠标右键单击“遮罩”图层的图层名称，在弹出的菜单中选择“遮罩层”命令，将图层转换为遮罩层，如图 2-147 所示。

（12）单击“遮罩”图层右侧的“锁定/解除锁定”图标，将“遮罩”图层解除锁定。在“时间轴”面板中创建新图层并将其命名为“边框”。选择“线条”工具，在线条工具“属性”面板中将“笔触颜色”设为深红色（#990000），“笔触高度”设为 5，其他选项的设置如图 2-148 所示。

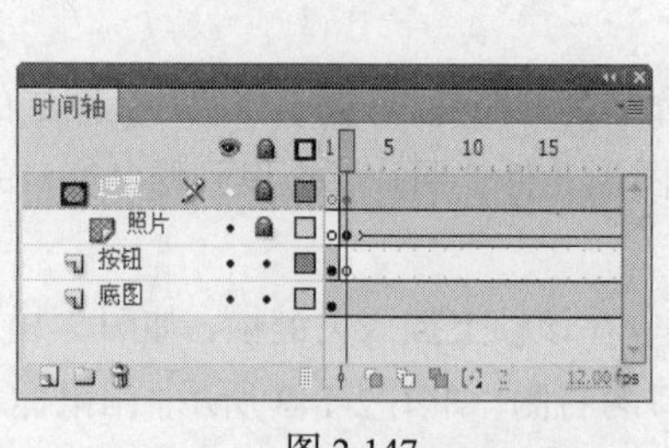

图 2-147

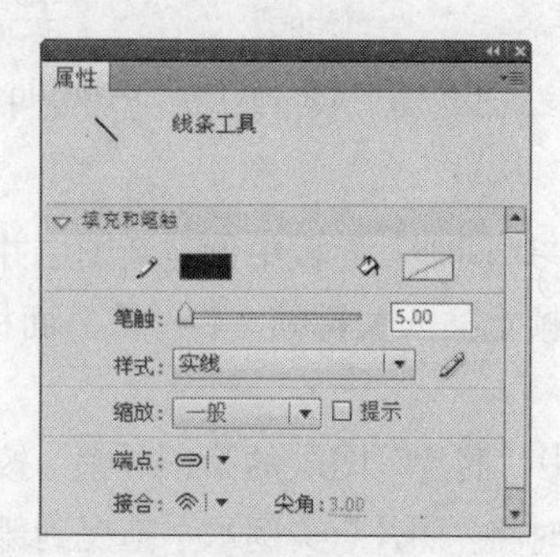

图 2-148

（13）按住 Shift 键的同时分别在舞台窗口中绘制一条垂直线段和一条水平线段，如图 2-149 所

示。选中水平线段，按住 Shift+Alt 组合键的同时向下拖曳线段，复制出一条新的水平线段，并将其放置到竖直线段的下端，效果如图 2-150 所示。选择“选择”工具，同时选中 3 条线段，按 Ctrl+G 组合键组合线段，效果如图 2-151 所示。将组合线段拖曳到与灰色矩形的右边框重合的位置，如图 2-152 所示。

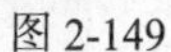

图 2-149

图 2-150

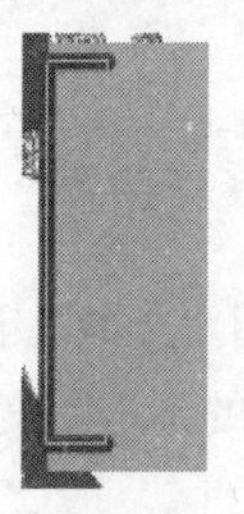

图 2-151

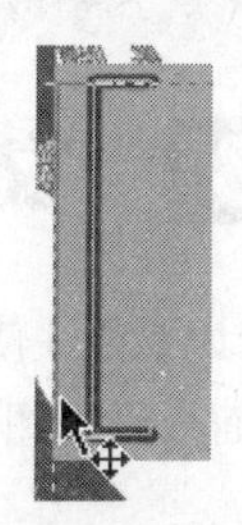

图 2-152

（14）选中组合线段，按住 Alt 键的同时将其向外侧拖曳进行复制，共复制 5 次。选中任意 3 个组合线段，选择“修改> 变形 > 水平翻转”命令，将其水平翻转。将组合线段分别放置到与舞台窗口中的灰色矩形边框重合的位置，效果如图 2-153 所示。重新锁定“遮罩”图层，舞台窗口中的效果如图 2-154 所示。

图 2-153

图 2-154

（15）在“时间轴”面板中创建新图层并将其命名为“动作脚本”。选中“动作脚本”图层的第 1 帧，在“动作”面板中单击“将新项目添加到脚本中”按钮，在弹出的菜单中依次选择“全局函数 > 时间轴控制 > stop”命令，在脚本窗口中显示出选择的脚本语言，如图 2-155 所示。设置完成动作脚本后，在“动作脚本”图层的第 1 帧上显示出标记“a”。浏览婚礼照片制作完成，按 Ctrl+Enter 组合键即可查看效果，如图 2-156 所示。

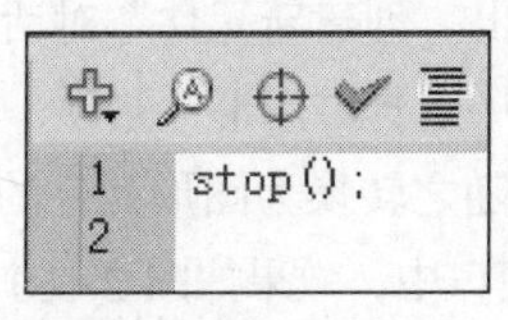

图 2-155

图 2-156

技巧

“导出影片”命令可以将动画导出为包含一系列图片、音频的动画格式或静止帧。当导出静止图像时，可以为文档中的每一帧都创建一个带有编号的图像文件。还可以将文档中的声音导出为 WAV 文件。制作完成动画后，选择“文件 > 导出 > 导出影片”命令，在“导出影片”对话框中设置导出影片的格式，单击“保存”按钮即可。

2.3 家装影集

【知识要点】使用“文本”工具输入文字，使用“粘贴到当前位置”命令将图形原位粘贴，使用属性面板设置图形的不透明度效果，使用“动作”面板设置脚本语言。

2.3.1 导入图片

（1）选择“文件 > 新建”命令，弹出“新建文档”对话框，单击“确定”按钮，进入新建文档舞台窗口。按 Ctrl+F3 组合键，弹出文档“属性”面板，单击“大小”选项后面的“编辑”按钮 编辑... ，在弹出的对话框中将舞台窗口的宽度设为 600，高度设为 360，并将“帧频”选项设为 12，单击“确定”按钮。

（2）在文档“属性”面板中，单击“发布”选项组中“配置文件”右侧的“编辑”按钮，在弹出的“发布设置”对话框中将“播放器”选项设为“Flash Player 8”，将“脚本”选项设为“ActionScript 2.0”，如图 2-157 所示，单击“确定”按钮。

（3）选择“文件 > 导入 > 导入到库”命令，在弹出的“导入到库”对话框中选择“Ch02 > 素材 > 2.3 家装影集 > 01、02、03、04、05、06、07、08、09”文件，单击“打开”按钮，文件被导入到“库”面板中，如图 2-158 所示。

图 2-157

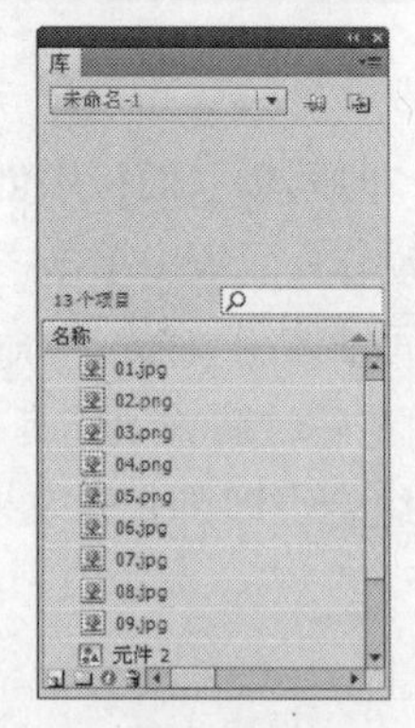

图 2-158

（4）在“库”面板下方单击“新建元件”按钮，弹出“创建新元件”对话框，在“名称”选项的文本框中输入“客厅”，在“类型”选项的下拉列表中选择“图形”选项，单击“确定”按钮，新建图形元件“客厅”，如图 2-159 所示，舞台窗口也随之转换为图形元件的舞台窗口。

（5）将“库”面板中的位图“06.png”文件拖曳到舞台窗口中，效果如图 2-160 所示。用相同的方法制作图形元件“书房”、“卧室”和“餐厅”，如图 2-161 所示。

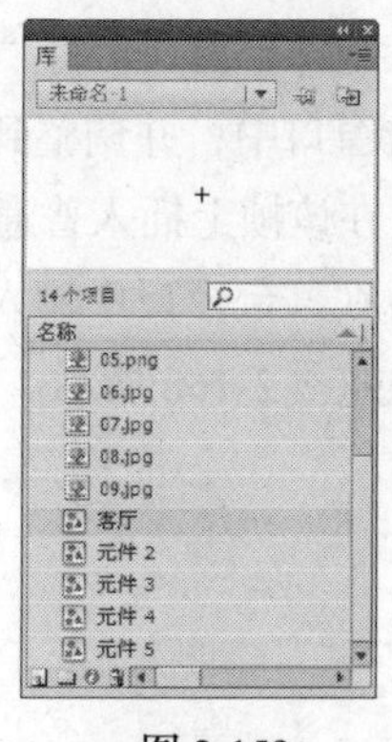

图 2-159

图 2-160

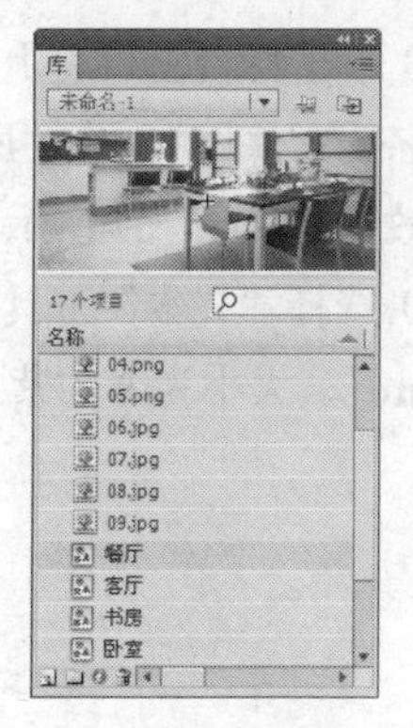

图 2-161

2.3.2　制作按钮

（1）单击“库”面板中的“新建元件”按钮，新建按钮元件“我的客厅”。将“库”面板中的位图“04.png”文件拖曳到舞台窗口中，选择“文本”工具T，在文本工具“属性”面板中进行设置，在舞台窗口中输入字体为“方正粗倩简体”，大小为 22 的紫色（#663366）文字“我的客厅”，并将文字拖曳到适当的位置，效果如图 2-162 所示。

（2）选中“图层 1”的第 2 帧，按 F6 键，在该帧上插入关键帧，在舞台窗口中选中文字，在工具箱中将“填充颜色”设为橙色（#FF6600），文字颜色也随之改变为橙色，效果如图 2-163 所示。用相同的方法制作按钮元件“我的书房”、“我的卧室”和“我的餐厅”，如图 2-164 所示。

图 2-162

图 2-163

图 2-164

（3）单击“库”面板中的“新建元件”按钮，新建按钮元件“按钮”。将“库”面板中的位图“05.png”文件拖曳到舞台窗口中，如图 2-165 所示。

（4）选中“图层 1”的第 2 帧，按 F6 键，在该帧上插入关键帧，在舞台窗口中选中“按钮”实例，选择“任意变形”工具，按住 Shift 键的同时将其等比例缩小，效果如图 2-166 所示。

图 2-165

图 2-166

（5）单击舞台窗口左上方的“场景 1”图标 场景 1，进入“场景 1”的舞台窗口。将“图层 1”重新命名为“底图”。将“库”面板中的位图“01.jpg”文件拖曳到舞台窗口中，并调整到合适的大小，效果如图 2-167 所示。选中“底图”图层的第 57 帧，按 F5 键，在该帧上插入普通帧。

（6）选择“文本”工具 T，在文本工具“属性”面板中进行设置，在舞台窗口中输入字体为“Brochure”，大小为 8 的紫色（#663366）文字“My album.com”，效果如图 2-168 所示。

图 2-167

图 2-168

2.3.3 制作照片效果

（1）单击“时间轴”面板下方的“新建图层”按钮，创建新图层并将其命名为“带语言的目录条”。分别将“库”面板中的按钮元件“我的客厅”、“我的书房”、“我的卧室”和“我的餐厅”拖曳到舞台窗口中。选择“任意变形”工具，将按钮逐个调整到合适的大小，并放置到适当的位置，效果如图 2-169 所示。

（2）在“时间轴”面板中创建新图层并将其命名为“不带语言的目录条”。选中“不带语言的目录条”图层的第 2 帧，在该帧上插入关键帧。单击“带语言的目录条”图层，在舞台窗口中选中所有按钮，选择“编辑 > 复制”命令，将其复制。选中“不带语言的目录条”图层的第 2 帧，选择“编辑 > 粘贴到当前位置”命令，将按钮原位粘贴。

（3）在“时间轴”面板中创建新图层并将其命名为“我的客厅”。选中“我的客厅”图层的第 2 帧，在该帧上插入关键帧。将“库”面板中的图形元件“客厅”拖曳到舞台窗口中的适当位置，并调整到合适的大小，效果如图 2-170 所示。

图 2-169

图 2-170

（4）分别选中“我的客厅”图层的第 10 帧和第 15 帧，按 F6 键，在选中的帧上插入关键帧。分别选中“我的客厅”图层的第 2 帧和第 15 帧，在舞台窗口中选中“客厅”实例，选择图形“属性”面板，在“色彩效果”选项组中单击“样式”选项，在弹出的下拉列表中选择“Alpha”选项，将其值设为 0，如图 2-171 所示，舞台窗口的效果如图 2-172 所示。

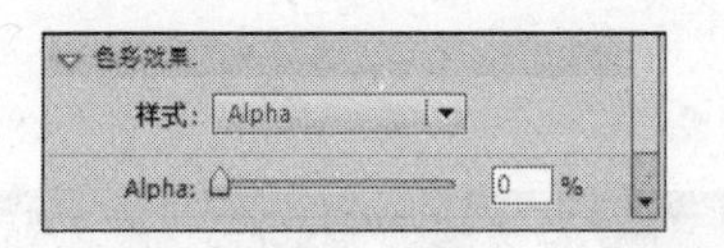

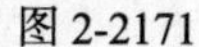
图 2-2171

图 2-172

2.3.4　制作动画并添加脚本语言

（1）分别用鼠标右键单击“我的客厅”图层的第 1 帧和第 10 帧，在弹出的菜单中选择“创建传统补间”命令，生成动作补间动画，如图 2-173 所示。

（2）选中“我的客厅”图层的第 15 帧，选择“窗口 > 动作”命令，弹出“动作”面板，单击面板左上方的“将新项目添加到脚本中”按钮 ，在弹出的菜单中选择“全局函数 > 时间轴控制 > gotoAndstop”命令，如图 2-174 所示，在脚本语言后面的括号中输入数字“1”，在脚本窗口中显示出选择的脚本语言，如图 2-175 所示。在“我的客厅”图层的第 15 帧上显示出一个标记“a”。

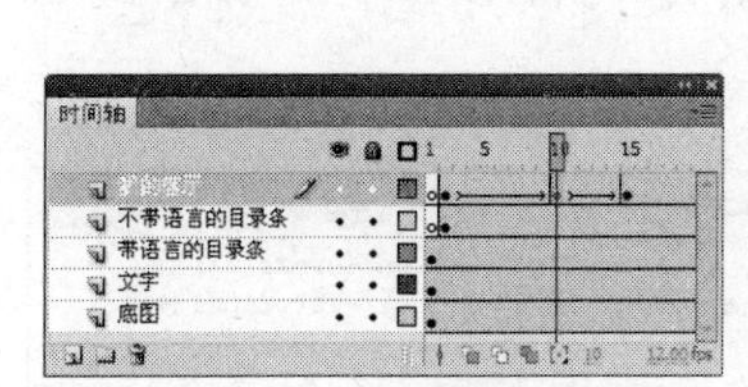

图 2-173

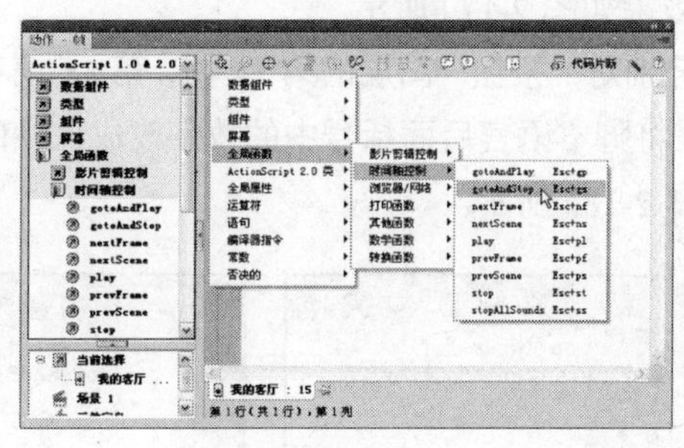

图 2-174

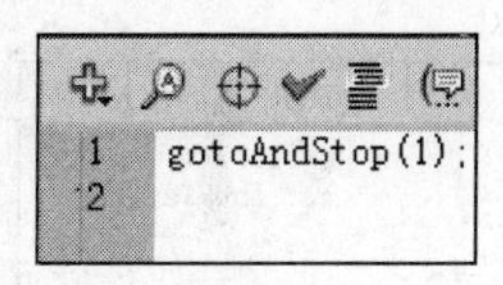

图 2-175

（3）在“时间轴”面板中创建 3 个新图层并分别将其命名为“我的书房”、“我的卧室”和“我的餐厅”。用上述相同的方法分别对其进行操作，只需将插入的首帧移到前一层的末尾关键帧的后面一帧即可，如图 2-176 所示。

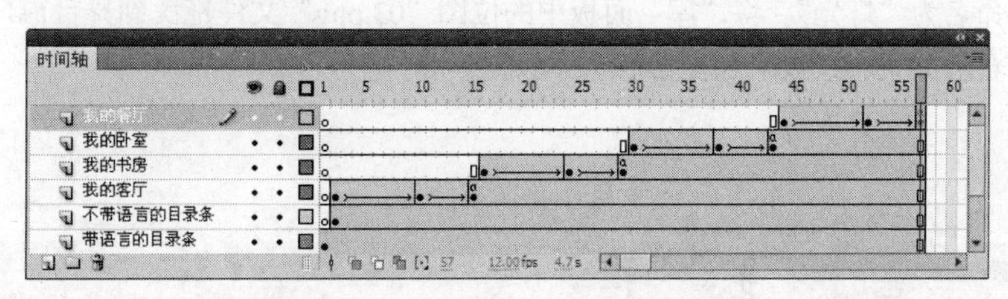

图 2-176

（4）在“时间轴”面板中创建新图层并将其命名为“按钮”。分别选中“按钮”图层的第 10 帧、第 11 帧、第 24 帧、第 25 帧、第 38 帧、第 39 帧、第 52 帧和第 53 帧，按 F6 键，在选中的帧上插入关键帧。

（5）分别选中“按钮”图层的第 10 帧、第 24 帧、第 38 帧和第 52 帧，将“库”面板中的按钮元件“按钮 1”拖曳到对应舞台窗口中相框的右下角，并调整到合适的大小，效果如图 2-177 所示，“时间轴”面板上的效果如图 2-178 所示。

图 2-177

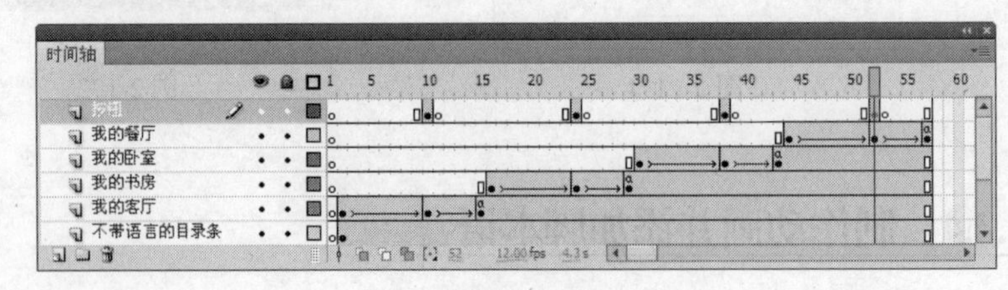

图 2-178

（6）选中“按钮”图层的第 10 帧，在舞台窗口中选中“按钮”实例，在“动作”面板中设置脚本语言。

```
on (press) {
gotoAndPlay(11);

}
```

脚本窗口中显示的效果如图 2-179 所示。

（7）用相同的方法分别对“按钮”图层的第 24 帧、第 38 帧和第 52 帧对应舞台窗口中的“按钮”实例进行操作，只需将脚本语言后面括号中的数字改成该帧的后一帧的帧数即可，如图 2-180 所示、图 2-181 所示和图 2-182 所示。

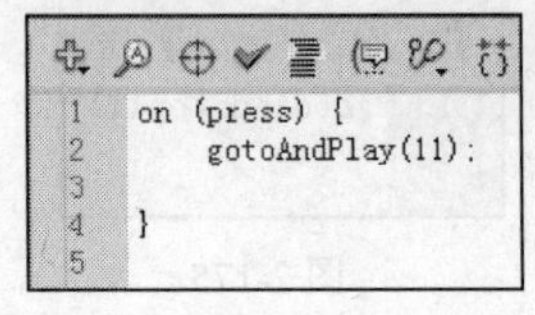

图 2-179

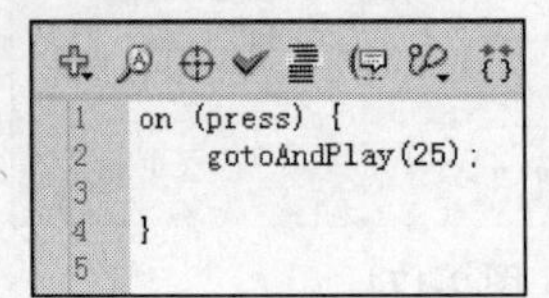

图 2-180

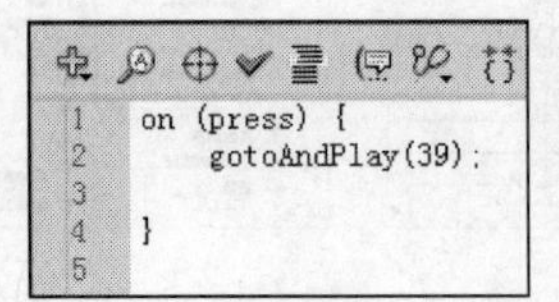

图 2-181

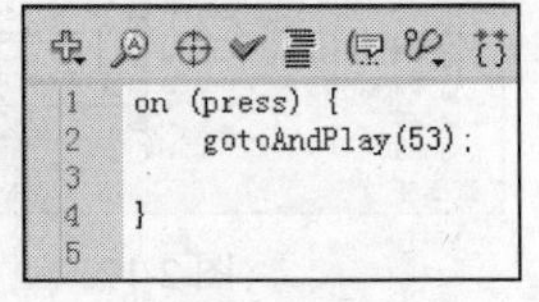

图 2-182

（8）在“时间轴”面板中创建新图层并将其命名为“窗帘”。将“库”面板中的位图“02.png”文件拖曳到舞台窗口中，并调整到合适的大小，效果如图 2-183 所示。在“时间轴”面板中创建新图层并将其命名为“灯光”。将“库”面板中的位图“03.png”文件拖曳到舞台窗口中的适当位置，并调整到合适的大小，效果如图 2-184 所示。

图 2-183

图 2-184

（9）在“时间轴”面板中创建新图层并将其命名为“动作脚本”。分别选中“动作脚本”图层的第 10 帧、第 24 帧、第 38 帧和第 52 帧，按 F6 键，在选中的帧上插入关键帧。

（10）选中“动作脚本”图层的第 1 帧，在“动作”面板中单击“将新项目添加到脚本中”按钮 ，在弹出的菜单中依次选择“全局函数 > 时间轴控制 > stop”命令，在脚本窗口中显示出选择的脚本语言。用相同的方法对“动作脚本”图层其他关键帧进行操作，如图 2-185 所示。

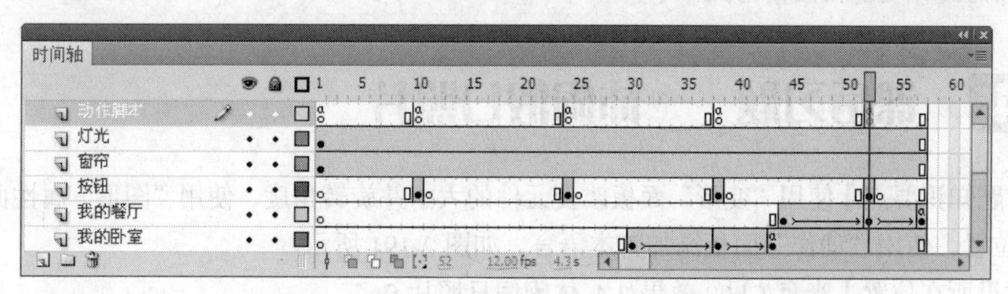

图 2-185

（11）单击“带语言的动作条”图层，在舞台窗口中选中“我的卧室”实例，调出“动作”面板，在动作面板中设置脚本语言

```
on (press) {
gotoAndPlay(2);


}
```

脚本窗口中显示的效果如图 2-186 所示。设置完成动作脚本后关闭“动作”面板。

（12）用相同的方法分别对其他按钮实例进行操作，只需修改脚本语言后面括号中的数字，将其改成与按钮实例名称对应图层的首个非空白关键帧的帧数即可，如图 2-187 所示、图 2-188 所示、图 2-189 所示。

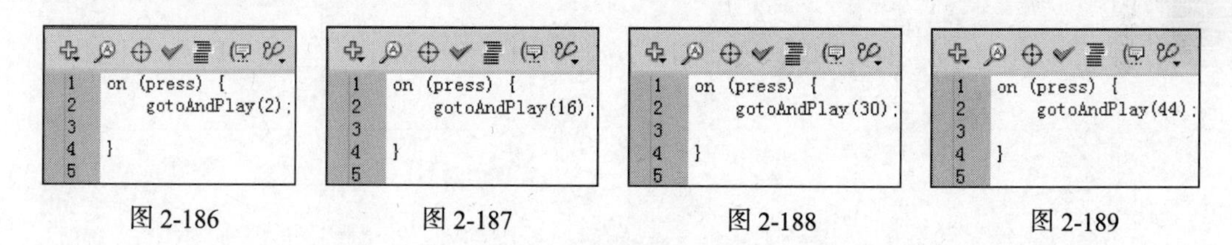

图 2-186　　图 2-187　　图 2-188　　图 2-189

（13）家装影集制作完成，按 Ctrl+Enter 组合键即可查看效果，如图 2-190 所示。

图 2-190

技巧 当制作完成动画时，可以选择文件菜单中的“保存”、“保存并压缩”和“另存为”等命令保存动画文件。当对已经保存过的动画文件进行了各种编辑操作后，选择“保存”命令，将不弹出“另存为”对话框，计算机直接保留最终确认的结果，并覆盖原始文件。因此，在未确定要放弃原始文件之前，应慎用此命令。

2.4 课后习题——休闲假日照片

【习题知识要点】使用“变形”面板改变元件的大小并旋转角度，使用“图形”属性面板改变图形的位置，使用“动作”面板添加脚本语言，如图 2-191 所示。

【效果所在位置】光盘/Ch02/效果/2.4 休闲假日照片.fla。

图 2-191

第3章 标志制作

Flash 标志动画，代表着企业的形象和文化。企业的服务水平、管理机制、综合实力都可以通过标志来体现。标志动画可以在动态视觉上为企业进行战略推广。

本章主要介绍 Flash 标志动画中标志的导入以及动画的制作方法，并介绍应用不同的颜色设置和动画方式来更准确地诠释企业精神的方法。

课堂学习实例

- 游乐园标志
- 环保标志
- 茶文化标志
- 房地产公司标志

3.1 游乐园标志

【知识要点】使用“关键帧”命令制作圆圈动画，使用“任意变形”工具和“变形”面板添加圆圈效果，使用“动作”面板设置脚本语言。

3.1.1 导入图形并制作动画

（1）选择“文件 > 新建”命令，弹出“新建文档”对话框，单击“确定”按钮，进入新建文档舞台窗口。按 Ctrl+F3 组合键，弹出文档“属性”面板，单击“大小”选项后面的“编辑”按钮 编辑... ，在弹出的对话框中将舞台窗口的宽度设为 400，高度设为 400，并将“帧频”选项设为 12，单击“确定”按钮。

（2）在文档“属性”面板中单击“发布”选项组中“配置文件”右侧的“编辑”按钮，在弹出的“发布设置”对话框中将“播放器”选项设为“Flash Player 8”，将“脚本”选项设为“ActionScript 2.0”，如图 3-1 所示，单击“确定”按钮。

（3）按 F11 键，调出“库”面板，在“库”面板下方单击“新建元件”按钮，弹出“创建新元件”对话框，在“名称”选项的文本框中输入“标志底图”，在“类型”选项的下拉列表中选择“图形”选项，单击“确定”按钮，新建一个图形元件“标志底图”，如图 3-2 所示，舞台窗口也随之转换为图形元件的舞台窗口。

图 3-1

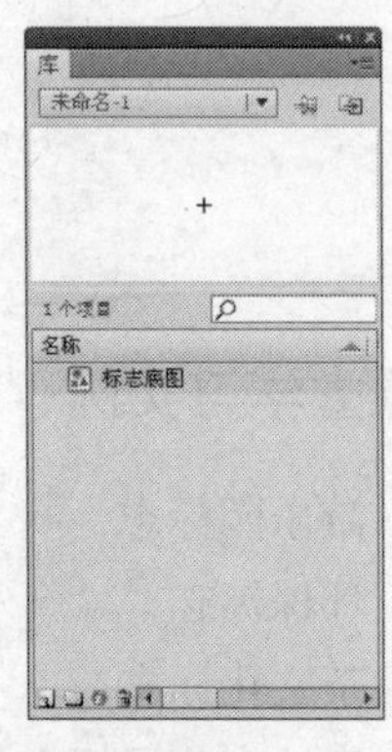

图 3-2

提示 “库”面板中的元件分为 3 种类型：图形元件有自己的编辑区和时间轴，一般用于创建静态图像或创建可重复使用的、与主时间轴关联的动画。按钮元件主要是创建能激发某种交互行为的按钮。影片剪辑元件也像图形元件一样有自己的编辑区和时间轴，但又不完全相同，影片剪辑元件的时间轴是独立的，它不受其实例在主场景时间轴的控制。

（4）选择“文件 > 导入 > 导入到舞台”命令，在弹出的“导入”对话框中选择“Ch03 > 素材 > 3.1 游乐园标志 > 01”文件，单击“打开”按钮，文件被导入到舞台窗口中，效果如图 3-3 所示。

（5）单击“库”面板中的“新建元件”按钮，新建图形元件“圆圈”，舞台窗口也随之转

换为图形元件“圆圈”的舞台窗口。选择“椭圆”工具，在椭圆工具“属性”面板中将“笔触颜色”设为红色（#FF0000），“填充颜色”设为无，将“笔触高度”选项设为 30，按住 Shift 键的同时在舞台窗口中绘制圆形，效果如图 3-4 所示。

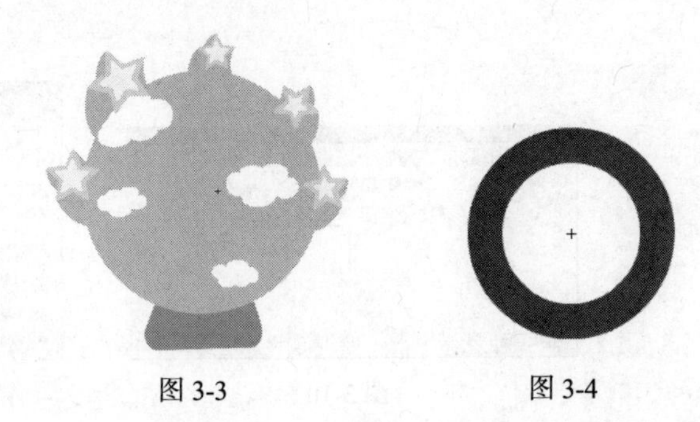

图 3-3　　　　图 3-4

（6）在“库”面板中新建一个图形元件“文字”，如图 3-5 所示，舞台窗口也随之转换为图形元件“文字”的舞台窗口。选择“文件 > 导入 > 导入到舞台”命令，在弹出的“导入”对话框中选择“Ch03 > 素材 > 3.1 游乐园标志 > 02”文件，单击“打开”按钮，文件被导入到舞台窗口中，效果如图 3-6 所示。

（7）单击舞台窗口左上方的“场景 1”图标，进入“场景 1”的舞台窗口。将“图层 1”重新命名为“底图”。将“库”面板中的图形元件“标志底图”拖曳到舞台窗口左侧的外部，并调整到合适的大小，效果如图 3-7 所示。

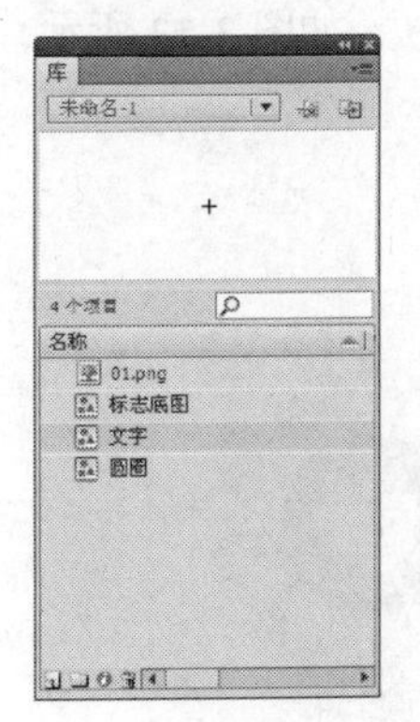

图 3- 5

图 3-6

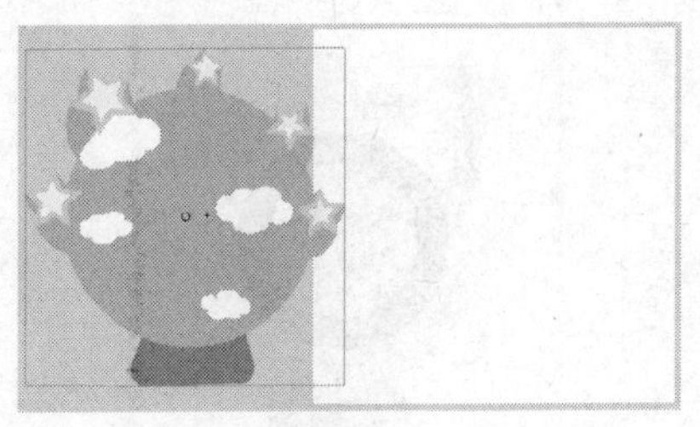

图 3-7

（8）选中“底图”图层的第 51 帧，按 F5 键，在该帧上插入普通帧。选中“底图”图层的第 30 帧，按 F6 键，在该帧上插入关键帧，如图 3-8 所示。

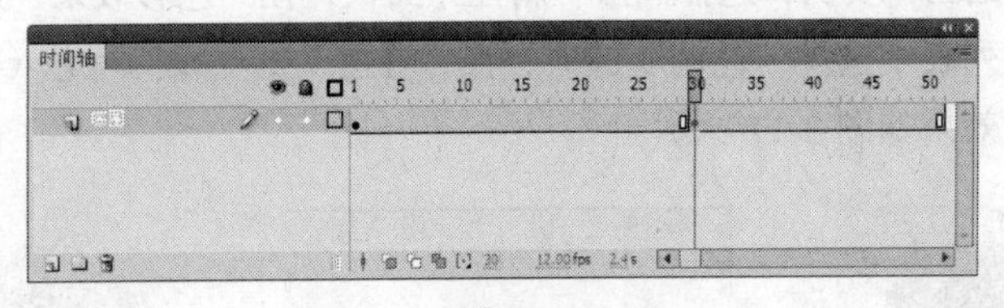

图 3-8

（9）选中“底图”图层的第 30 帧，在舞台窗口中选中“标志底图”实例，按住 Shift 键的同时水平向右拖曳标志底图到舞台窗口的中心位置，效果如图 3-9 所示。

（10）用鼠标右键单击“底图”图层的第 1 帧，在弹出的菜单中选择“创建传统补间”命令，生成动作补间动画，如图 3-10 所示。选择帧的“属性”面板，选中“补间”选项组下的“旋转”选项下拉列表中的“顺时针”选项，如图 3-11 所示。

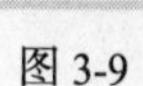

图 3-9

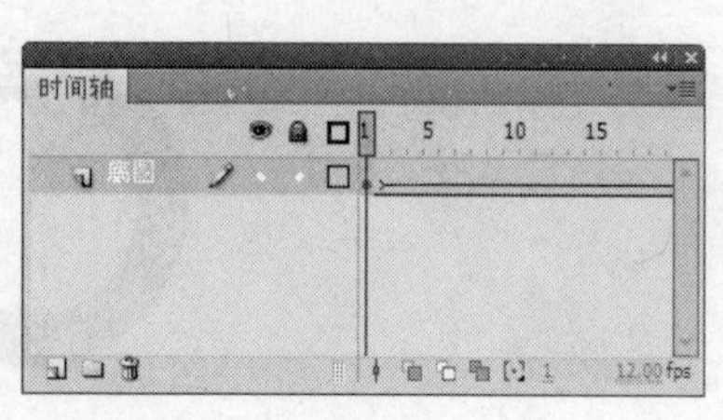

图 3-10

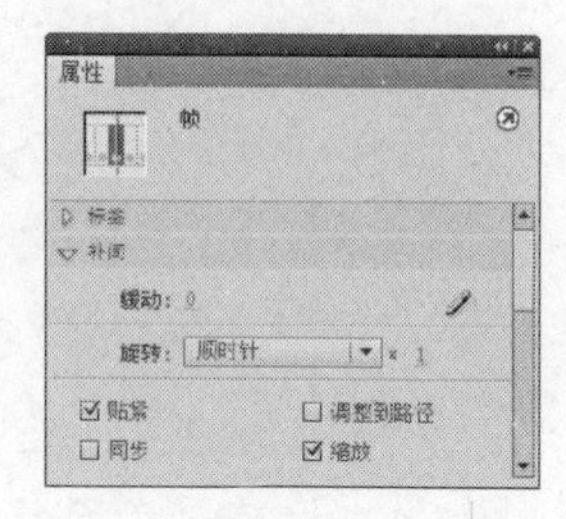

图 3-11

3.1.2　制作圆圈逐帧动画

（1）单击“时间轴”面板下方的“新建图层”按钮，创建新图层并将其命名为“圆圈”。选中“圆圈”图层的第 33 帧，按 F6 键，在该帧上插入关键帧。选中第 33 帧，将“库”面板中的图形元件“圆圈”拖曳到舞台窗口中，将其放置在标志底图的上面，如图 3-12 所示。

（2）选择“选择”工具，选中舞台窗口中的“圆圈”实例，按 Ctrl+T 组合键，弹出“变形”面板，将“缩放宽度”选项设为 80，单击“复制并应用变形”按钮，如图 3-13 所示，等比例缩放实例并复制出一个新的“圆圈”实例，效果如图 3-14 所示。

图 3-12

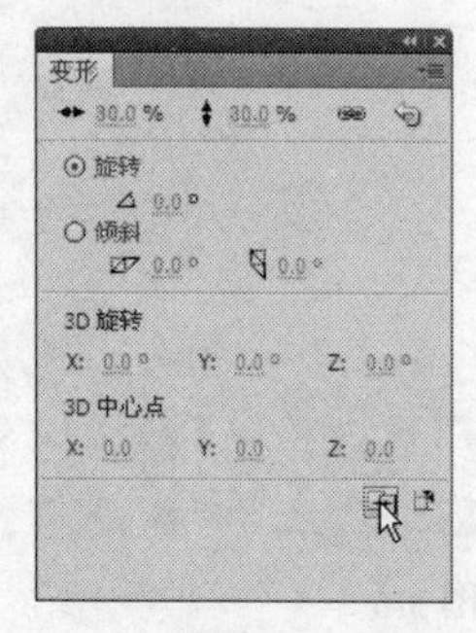

图 3-13

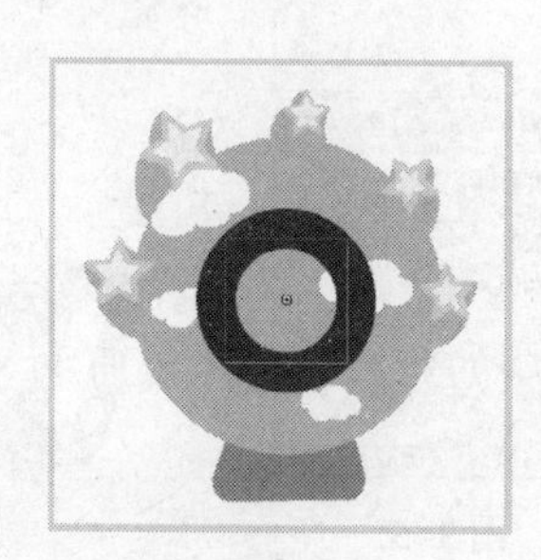

图 3-14

（3）连续多次单击“复制并应用变形”按钮，按需要复制出多个圆圈实例，效果如图 3-15 所示。选中第 2 个“圆圈”实例，选择图形“属性”面板，在“色彩效果”选项组中单击“样式”选项，在弹出的下拉列表中选择“色调”选项，将“着色”选项设为橙色（#FF9900），如图 3-16 所示，舞台窗口中的效果如图 3-17 所示。

图 3-15

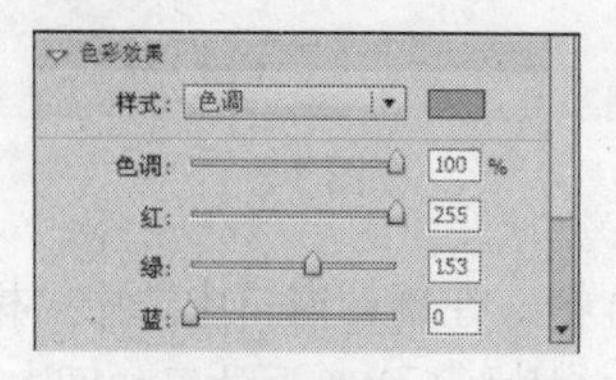

图 3-16

图 3-17

（4）选中第3个“圆圈”实例，选择图形“属性”面板，在“色彩效果”选项组中单击“样式”选项，在弹出的下拉列表中选择“色调”选项，将“着色”选项设为黄色（#FFFF00），如图3-18所示，舞台窗口中的效果如图3-19所示。用相同的方法依次设置其余“圆圈”实例的颜色为绿色（#339900）、青色（#66FF00）、蓝色（#00CCFF）、紫色（#9900FF）、红色（#FF0000）和淡黄色（#FFFF99），效果如图3-20所示。

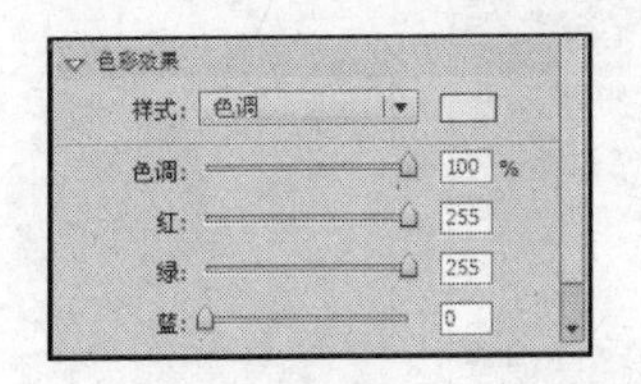

图3-18

图3-19

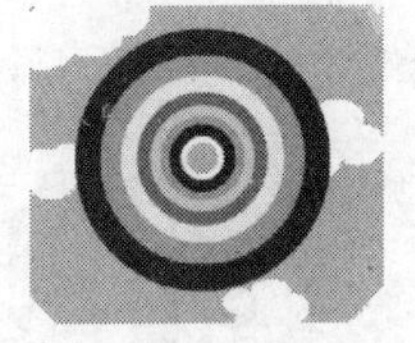

图3-20

（5）选中“圆圈”图层的第33帧，在舞台窗口中选中除最大圆圈以外的其余圆圈，按Ctrl+X组合键，将其剪切，效果如图3-21所示。

（6）选中“圆圈”图层的第35帧，按F6键，在该帧上插入关键。在舞台窗口中的空白处单击鼠标右键，在弹出的菜单中选择“粘贴到当前位置”命令，效果如图3-22所示。按住Shift键的同时用鼠标单击橙色的圆圈实例，取消橙色圆圈实例的选取；按Ctrl+X组合键，将其余圆圈实例剪切，效果如图3-23所示。

图3-21

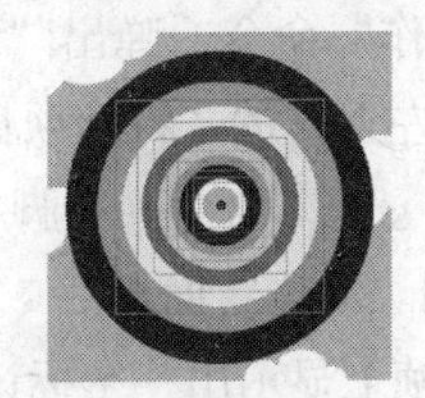

图3-22

图3-23

（7）分别在“圆圈”图层的第37帧、第39帧、第41帧、第43帧、第45帧和第47帧上插入关键帧，使用步骤（6）的方法制作其余圆圈效果，“时间轴”面板中的效果如图3-24所示，舞台窗口中的效果如图3-25所示。此时，从第33帧到第47帧之间，“圆圈”实例逐渐增加。

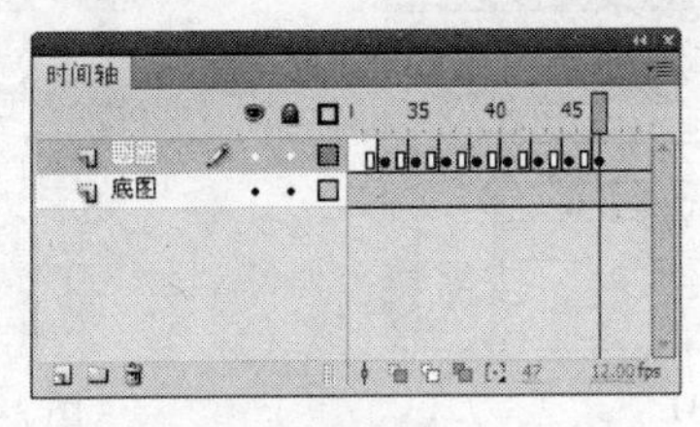

图3-24

图3-25

3.1.3 制作文字动画效果

（1）单击“时间轴”面板下方的“新建图层”按钮，创建新图层并将其命名为“文字”。选中“文字”图层的第47帧，按F6键，在该帧上插入关键帧。将“库”面板中的元件“文字”拖曳到舞台窗口中，放置在标志底图上的适当位置，并调整到合适的大小，效果如图3-26所示。

（2）选中“文字”图层的第 51 帧，按 F6 键，在该帧上插入关键帧。在舞台窗口中选中“文字”实例，在“变形”面板中进行设置，如图 3-27 所示，按 Enter 键，舞台窗口中的效果如图 3-28 所示。

图 3-26

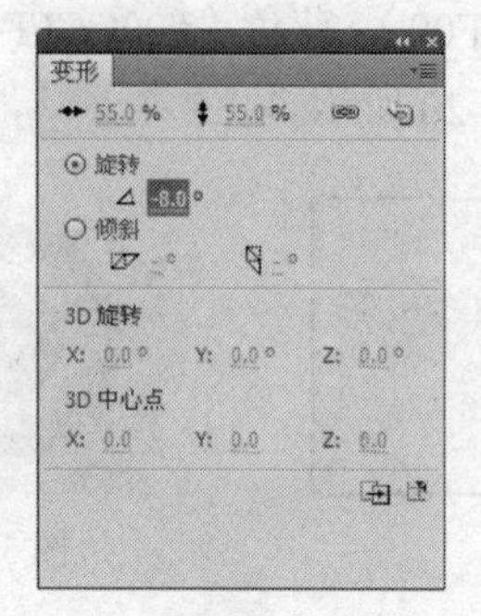

图 3-27

图 3-28

（3）用鼠标右键单击“文字”图层的第 47 帧，在弹出的菜单中选择“创建传统补间”命令，生成动作补间动画，效果如图 3-29 所示。

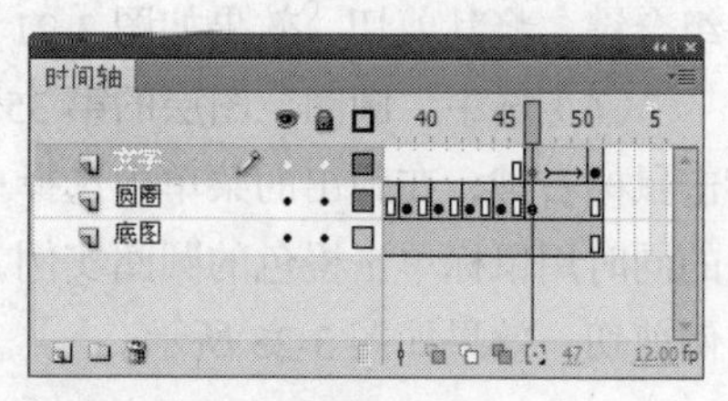

图 3-29

（4）在“时间轴”面板中创建新图层并将其命名为“动作脚本”。选中“动作脚本”图层的第 51 帧，按 F6 键，在该帧上插入关键帧。选择“窗口 > 动作”命令，弹出“动作”面板（其快捷键为 F9），单击面板左上方的“将新项目添加到脚本中”按钮 ，在弹出的菜单中选择“全局函数 > 时间轴控制 > stop”命令，在脚本窗口中显示出选择的脚本语言，如图 3-30 所示。设置完成动作脚本后，关闭“动作”面板。

（5）在“动作脚本”图层的第 51 帧上显示出一个标记“a”，如图 3-31 所示。游乐园标志动画制作完成，按 Ctrl+Enter 组合键即可查看效果，如图 3-32 所示。

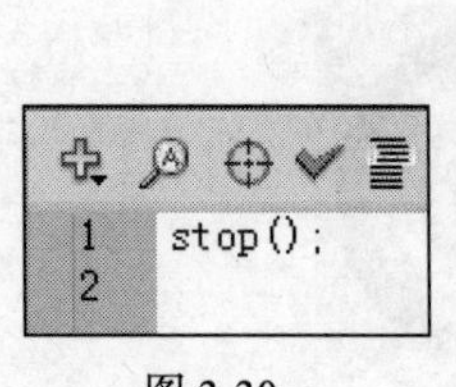

图 3-30

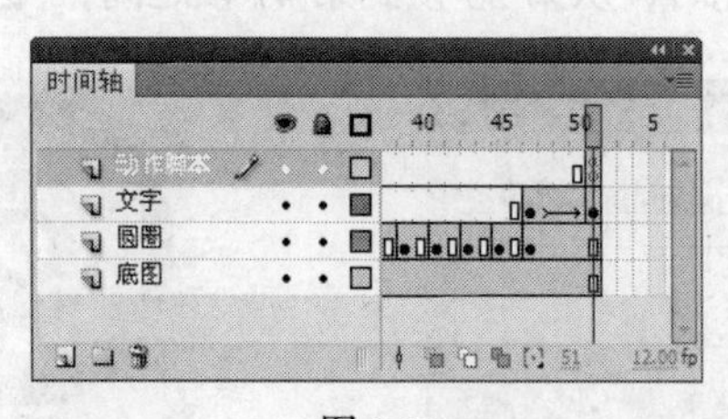

图 3-31

图 3-32

3.2 环保标志

【知识要点】使用“矩形”工具绘制圆角矩形，使用“变形”面板改变圆角矩形的大小，使用图形“属性”面板改变图形元件的颜色，使用“创建传统补间”命令制作圆角矩形动画，使用“翻转帧”命令、“遮罩层”命令和“创建传统补间”命令制作标志变化动画效果。

3.2.1 导入图形并制作文字元件

（1）选择“文件 > 新建”命令，弹出“新建文档”对话框，单击“确定”按钮，进入新建文档舞台窗口。按 Ctrl+F3 组合键弹出文档“属性”面板，单击“大小”选项后面的“编辑”按钮 编辑... ，在弹出的对话框中将舞台窗口的宽度设为 400，高度设为 400，并将“帧频”选项设为 12，单击“确定”按钮。

（2）在文档“属性”面板中，单击“发布”选项组中“配置文件”右侧的“编辑”按钮，在弹出的“发布设置”对话框中将“播放器”选项设为“Flash Player 8”，将“脚本”选项设为“ActionScript 2.0”，如图 3-33 所示，单击“确定”按钮。

（3）选择“文件 > 导入 > 导入到库”命令，在弹出的“导入到库”对话框中选择“Ch03 > 素材 > 3.2 环保标志 > 01”文件，单击“打开”按钮，文件被导入到“库”面板中，如图 3-34 所示。

图 3-33

图 3-34

（4）在“库”面板下方单击“新建元件”按钮，弹出“创建新元件”对话框，在“名称”选项的文本框中输入“文字”，在“类型”选项的下拉列表中选择“图形”选项，单击“确定”按钮，新建图形元件“文字”，如图 3-35 所示，舞台窗口也随之转换为图形元件的舞台窗口。

（5）选择“文本”工具 T ，在“属性”面板中进行设置，如图 3-36 所示，在舞台窗口中输入需要的绿色（#006600）字母“Environmental Protection”，效果如图 3-37 所示。

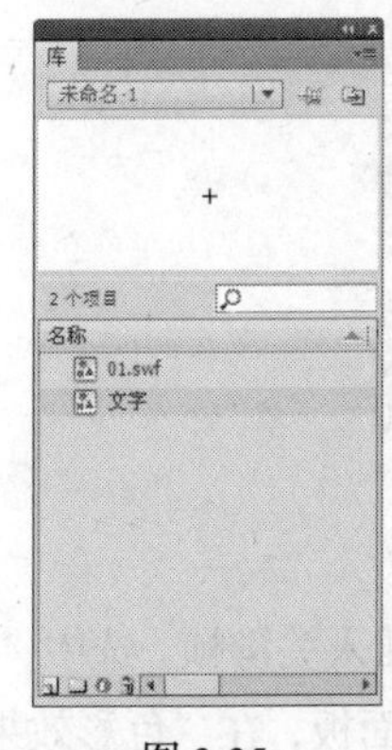

图 3-35

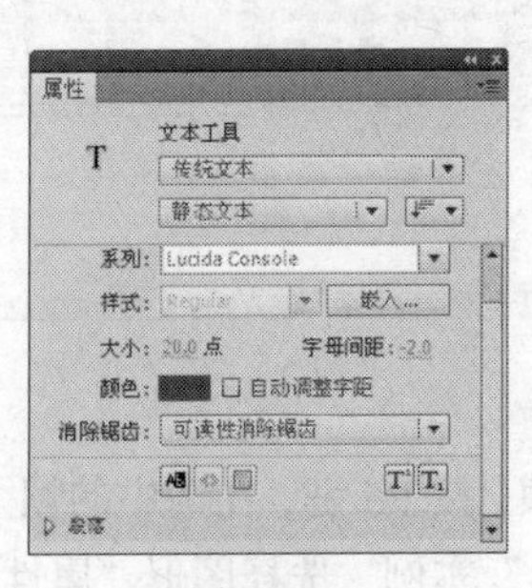

图 3-36

Environmental Protection

图 3-37

3.2.2 制作圆角矩形动画效果

（1）单击“库”面板中的“新建元件”按钮，新建图形元件“圆角矩形”。选择“矩形”工具，在矩形工具“属性”面板中将“笔触颜色”设为无，“填充颜色”设为绿色（#009900），其他选项的设置如图 3-38 所示，在舞台窗口中绘制一个圆角矩形。选择“选择”工具，选中圆角矩形，在形状“属性”面板中分别将“宽”选项设为 13，“高”选项设为 12.2，舞台窗口中的效果如图 3-39 所示。

（2）单击“库”面板中的“新建元件”按钮，新建影片剪辑元件“圆角矩形动”。将“库”面板中的图形元件“圆角矩形”拖曳到舞台窗口中。选中“图层 1”的第 22 帧，按 F6 键，在该帧上插入关键帧。在舞台窗口中选中“圆角矩形”实例，选择“窗口 > 变形”命令，弹出“变形”面板，在面板中进行设置，如图 3-40 所示，舞台窗口中的效果如图 3-41 所示。

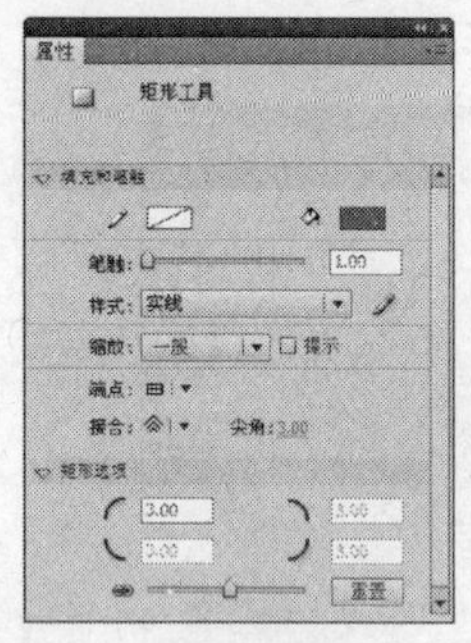

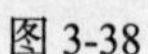
图 3-38

图 3-39

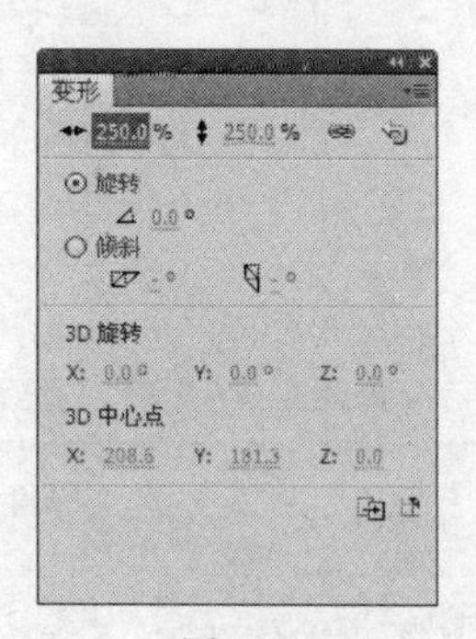

图 3-40

图 3-41

提示

“矩形”工具：可以绘制出不同样式的矩形和圆角矩形。

“选择”工具：可以完成选择、移动、复制、调整矢量线条和色块的功能，是使用频率较高的一种工具。

（3）选中“图层 1”的第 1 帧，在舞台窗口中选中“圆角矩形”实例，在图形“变形”面板中，将“缩放宽度”选项设为 8，“缩放长度”选项也随之转换为 8，舞台窗口中的效果如图 3-42 所示。用鼠标右键单击“图层 1”的第 1 帧，在弹出的菜单中选择“创建传统补间”命令，生成动作补间动画，如图 3-43 所示。

图 3-42

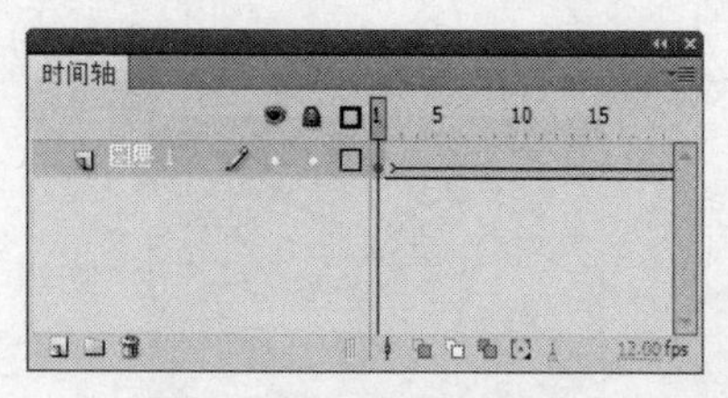

图 3-43

（4）分别选中“图层 1”的第 29 帧和第 50 帧，按 F6 键，在选中的帧上插入关键帧。选中“图层 1”的第 50 帧，在舞台窗口中选中“圆角矩形”实例，选择图形“属性”面板，在“色彩效果”

选项组中单击“样式”选项，在弹出的下拉列表中选择“色调”选项，将“着色”选项设为黄色（#FFCC00），如图 3-44 所示，舞台窗口中的效果如图 3-45 所示。

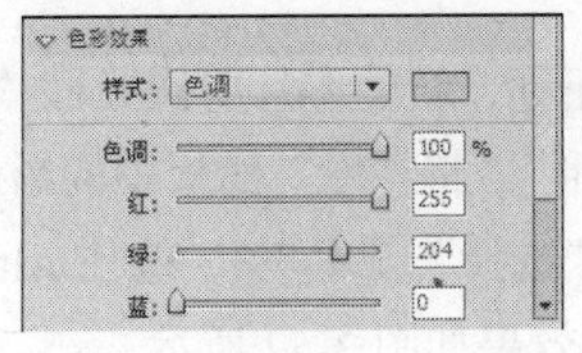

图 3-44

图 3-45

（5）用鼠标右键单击“图层 1”的第 29 帧，在弹出的菜单中选择“创建传统补间”命令，生成动作补间动画，如图 3-46 所示。

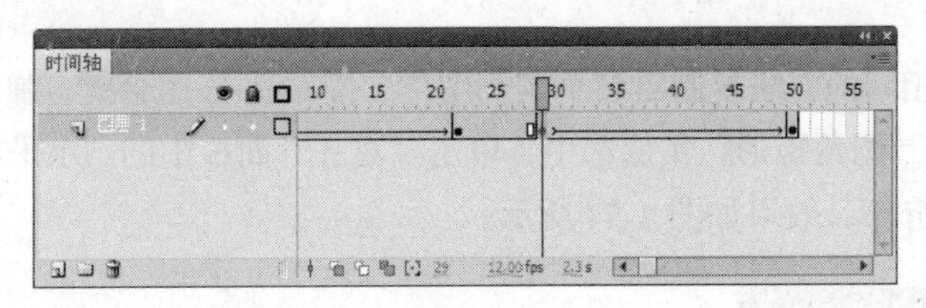

图 3-46

（6）分别选中“图层 1”的第 63 帧和第 100 帧，按 F6 键，在选中的帧上插入关键帧。选中“图层 1”的第 100 帧，在舞台窗口中选中“圆角矩形”实例，选择图形“属性”面板，在“色彩效果”选项组中单击“样式”选项，在弹出的下拉列表中选择“色调”选项，将“着色”选项设为蓝色（#00CCFF），如图 3-47 所示。在“变形”面板中将“缩放宽度”选项设为 4，“缩放长度”选项也随之转换为 4，舞台窗口中的效果如图 3-48 所示。

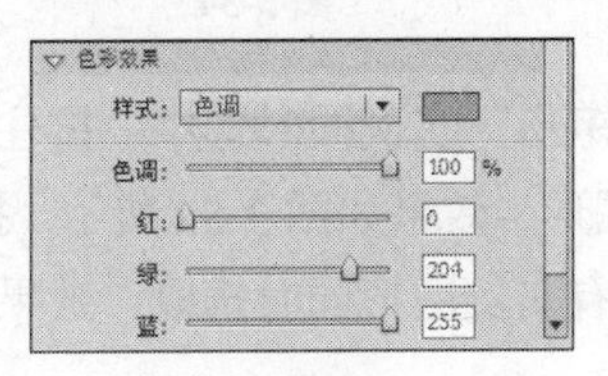

图 3-47

图 3-48

（7）用鼠标右键单击“图层 1”的第 63 帧，在弹出的菜单中选择“创建传统补间”命令，生成动作补间动画，如图 3-49 所示。

（8）选中“图层 1”的第 100 帧，选择“窗口 > 动作”命令，弹出“动作”面板，单击面板左上方的“将新项目添加到脚本中”按钮，在弹出的菜单中选择“全局函数 > 时间轴控制 > stop”命令，在脚本窗口中显示出选择的脚本语言，如图 3-50 所示。设置完成动作脚本后，关闭“动作”面板。在“图层 1”的第 100 帧上显示出一个标记“a”。

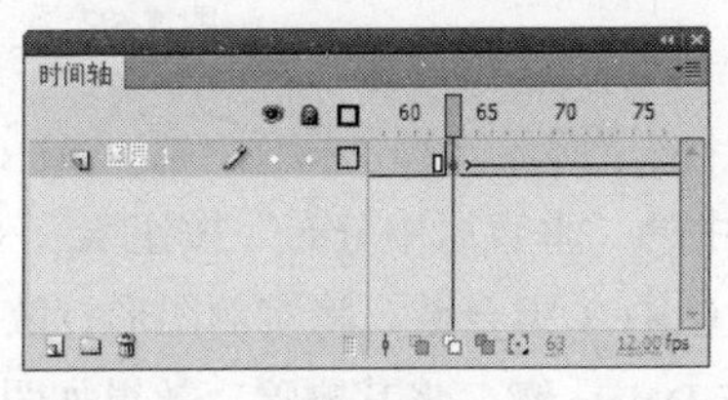

图 3-49

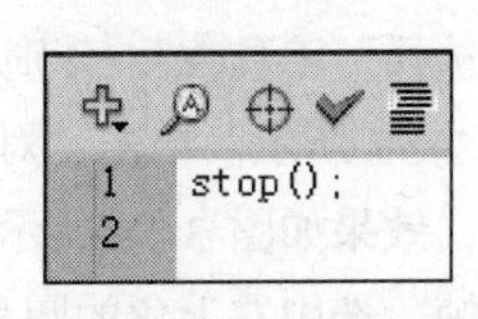

图 3-50

3.2.3 制作标志变化效果

（1）单击“库”面板中的“新建元件”按钮，新建影片剪辑元件“标志变化”。在“时间轴”面板中，将“图层 1”重新命令为“圆角矩形”。将“库”面板中的影片剪辑元件“圆角矩形动”拖曳到舞台窗口中，如图 3-51 所示。选择“选择”工具，按住 Alt+Shift 组合键的同时水平向右拖曳实例到适当的位置，复制实例图形，效果如图 3-52 所示。

图 3-51　　图 3-52

（2）按照需要用相同的方法复制出多个实例图形。按 Ctrl+K 组合键，弹出“对齐”面板，如图 3-53 所示，将所有“圆角矩形”实例选中，单击“对齐”面板中的“水平居中分布”按钮，将实例图形水平居中分布，效果如图 3-54 所示。

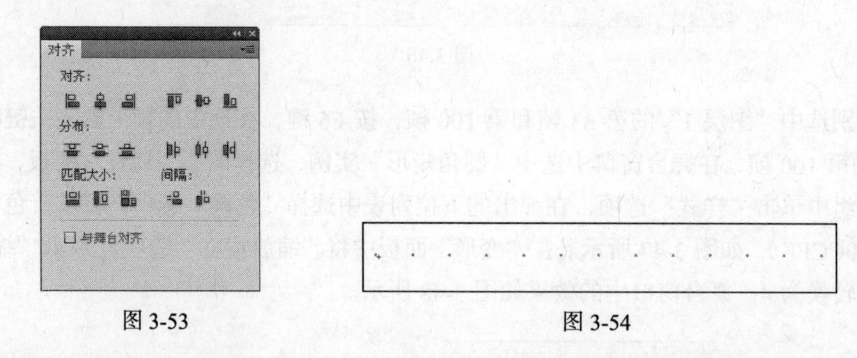

图 3-53　　图 3-54

（3）选择“选择”工具，将所有“圆角矩形”实例同时选中，按住 Alt+Shift 组合键的同时垂直向下拖曳实例到适当的位置，复制实例图形，效果如图 3-55 所示。按照需要用相同的方法复制出多个实例图形，用“选择”工具将所有实例图形同时选取，效果如图 3-56 所示。

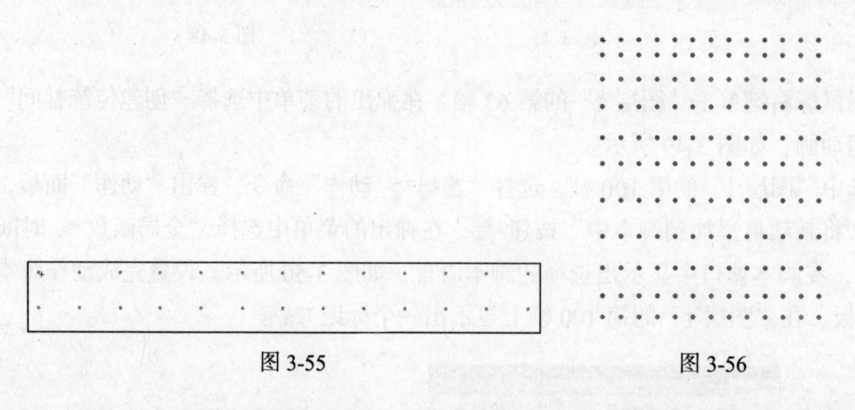

图 3-55　　图 3-56

（4）选择“选择”工具，分别选中每一行的“圆角矩形”实例，按 Ctrl+G 组合键，将其组合，效果如图 3-57 所示。单击“对齐”面板中的“垂直居中分布”按钮，将组合的实例图形垂直居中分布，效果如图 3-58 所示。按两次 Ctrl+B 组合键，将实例图形打散。选中“圆角矩形”图层的第 1 帧，选中左上角的圆角矩形，按 Delete 键，将其删除，效果如图 3-59 所示。

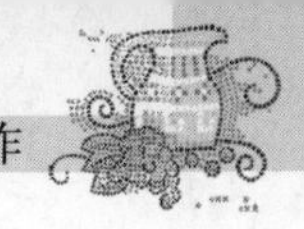

图 3-57　　　　图 3-58　　　　图 3-59

（5）选中“圆角矩形”图层的第 2 帧，按 F6 键，在该帧上插入关键帧。在舞台窗口中选中右下角的圆角矩形，按 Delete 键，将其删除，效果如图 3-60 所示。选中“圆角矩形”图层的第 3 帧，按 F6 键，在该帧上插入关键帧。在舞台窗口中选中右下角的两个圆角矩形，按 Delete 键将其删除，效果如图 3-61 所示。

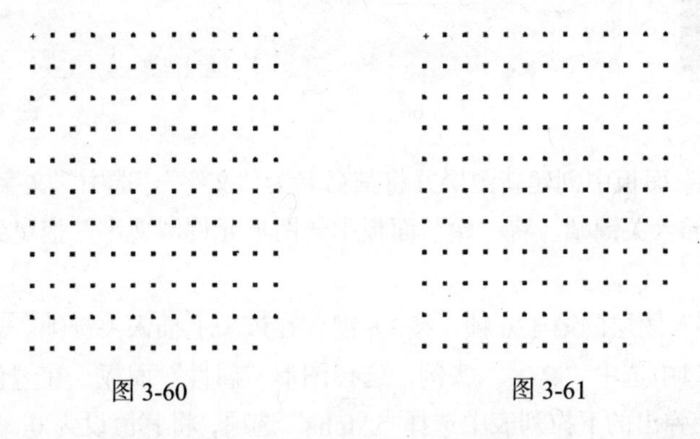

图 3-60　　　　图 3-61

（6）用相同的方法在“圆角矩形”图层上逐个插入关键帧，并在关键帧所对应的舞台窗口中将右下角斜面的一排圆角矩形删除，直到删完为止，“时间轴”面板上的显示效果如图 3-62 所示。选中“圆角矩形”图层的第 125 帧，按 F5 键，在该帧上插入普通帧。

（7）在“时间轴”面板中创建新图层并将其命名为“标志”。将“库”面板中的图形元件“01.swf”拖曳到舞台窗口中，按两次 Ctrl+B 组合键，将其打散，效果如图 3-63 所示。用鼠标右键单击“标志”图层的图层名称，在弹出的菜单中选择“遮罩层”命令，将“标志”图层转换为遮罩层，如图 3-64 所示。

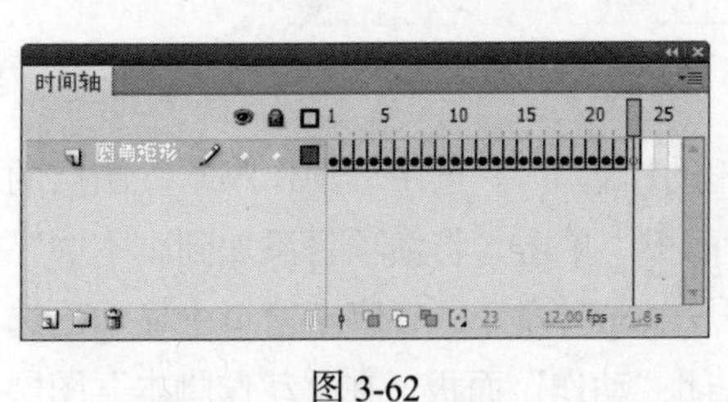

图 3-62

图 3-63

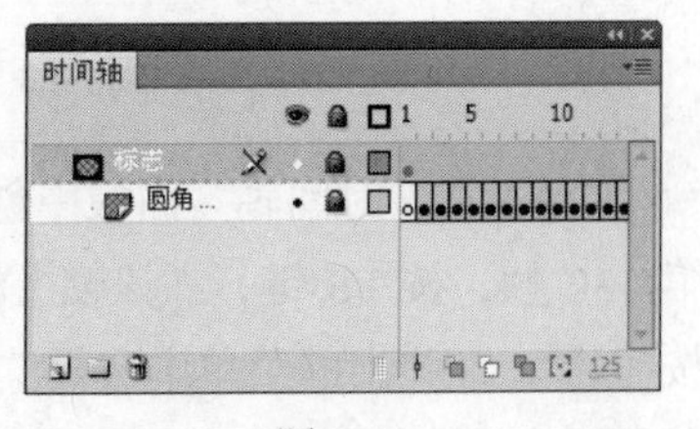

图 3-64

（8）在“时间轴”面板中创建新图层并将其命名为“标志 1”。选中“标志 1”图层的第 126

帧，按 F6 键，在该帧上插入关键帧。将“库”面板中的图形元件“01.swf”文件拖曳舞台窗口中，将其放置在与原来的标志图形重合的位置，效果如图 3-65 所示。

（9）选中“标志 1”图层的第 130 帧，按 F6 键，在该帧上插入关键帧。选中“标志 1”图层的第 126 帧，在舞台窗口中选中“标志”实例，选择图形“属性”面板，在“色彩效果”选项组中单击“样式”选项，在弹出的下拉列表中选择“Alpha”选项，将其值设为 0，如图 3-66 所示。用鼠标右键单击“标志 1”图层的第 126 帧，在弹出的菜单中选择“创建传统补间”命令，生成动作补间动画，如图 3-67 所示。

图 3-65

图 3-66

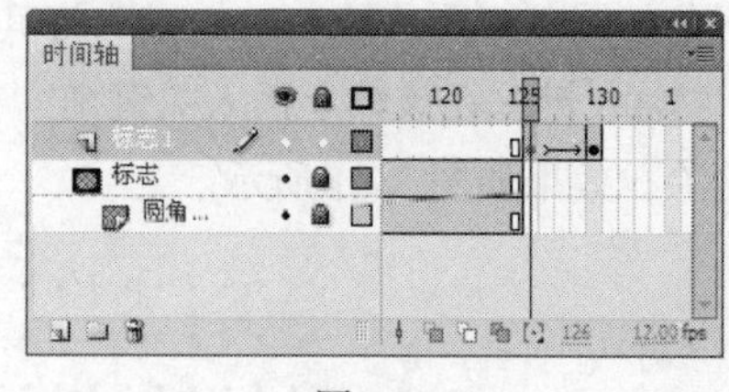

图 3-67

（10）在“时间轴”面板中创建新图层并将其命名为“文字”。选中“文字”图层的第 126 帧，按 F6 键，在该帧上插入关键帧。将“库”面板中的图形元件“文字”拖曳到舞台窗口中，效果如图 3-68 所示。

（11）选中“文字”图层的第 130 帧，按 F6 键，在该帧上插入关键帧。选中“文字”图层的第 126 帧，在舞台窗口中选中“文字”实例，选择图形“属性”面板，在“色彩效果”选项组中单击“样式”选项，在弹出的下拉列表中选择“Alpha”选项，将其值设为 0。用鼠标右键单击“文字”图层的第 126 帧，在弹出的菜单中选择“创建传统补间”命令，生成动作补间动画，如图 3-69 所示。

图 3-68

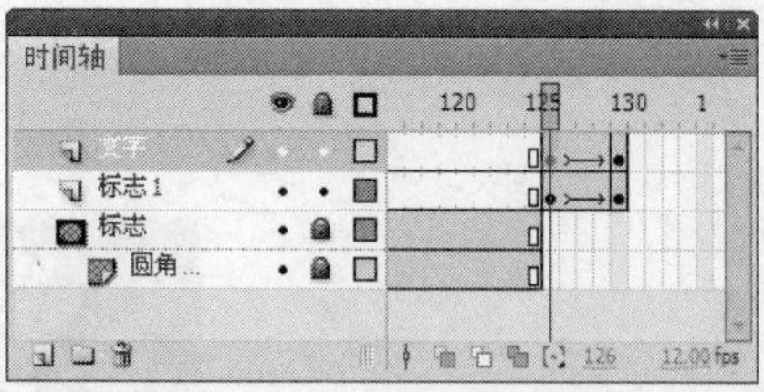

图 3-69

（12）在“时间轴”面板中创建新图层并将其命名为“动作脚本”。选中“动作脚本”图层的第 130 帧，按 F6 键，在该帧上插入关键帧。在“动作”面板中单击“将新项目添加到脚本中”按钮，在弹出的菜单中选择“全局函数 > 时间轴控制 > stop”命令，在脚本窗口中显示出选择的脚本语言，如图 3-70 所示。设置完成动作脚本后，关闭“动作”面板。在“动作脚本”图层的第 130 帧上显示出一个标记“a”。

（13）单击舞台窗口左上方的“场景 1”图标，进入“场景 1”的舞台窗口。将“库”面板中的影片剪辑元件“标志变化”拖曳到舞台窗口中。环保标志制作完成，按 Ctrl+Enter 组合键即可查看效果，如图 3-71 所示。

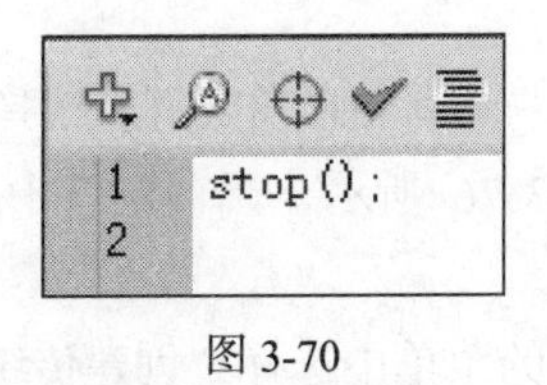

图 3-70

图 3-71

3.3 茶文化标志

【知识要点】使用“椭圆”工具绘制圆圈图形，使得“文本”工具添加文字效果，使用“变形”面板改变图形的大小，使用“创建传统补间”命令制作动画效果。

3.3.1 导入图片并制作圆圈动画效果

（1）选择“文件 > 新建”命令，弹出“新建文档”对话框，单击“确定”按钮，进入新建文档舞台窗口。按 Ctrl+F3 组合键，弹出文档“属性”面板，单击“大小”选项后面的“编辑”按钮，在弹出的对话框中将舞台窗口的宽度设为 400，高度设为 400，将“背景颜色”选项设为黑色，并将“帧频”选项设为 12，单击“确定”按钮。

（2）在“库”面板下方单击“新建元件”按钮，弹出“创建新元件”对话框，在“名称”选项的文本框中输入“圆圈图形”，在“类型”选项的下拉列表中选择“图形”选项，单击“确定”按钮，新建图形元件“圆圈图形”，如图 3-72 所示，舞台窗口也随之转换为图形元件的舞台窗口。

（3）选择“椭圆”工具，在椭圆工具“属性”面板中，将“笔触颜色”设为绿色，“填充颜色”设为白色，并将“笔触高度”选项设为 2，按住 Shift 键的同时在舞台窗口中绘制一个圆形。选择“选择”工具，圈选中圆形，在形状“属性”面板中分别将“宽”和“高”选项设为 91，舞台窗口中的效果如图 3-73 所示。

图 3-72

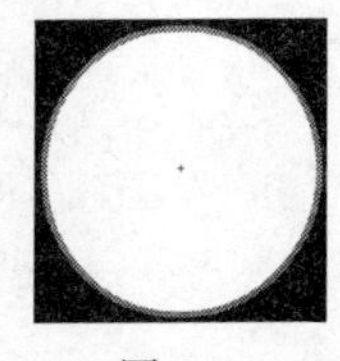

图 3-73

（4）单击“库”面板中的“新建元件”按钮，新建图形元件“圆圈动”。将“库”面板中的图形元件“圆圈图形”拖曳到舞台窗口中。选中“图层 1”的第 15 帧，按 F6 键，在该帧上插入关键帧。在舞台窗口中选中“圆圈图形”实例，选择图形“属性”面板，在“色彩效果”选项

组中单击“样式”选项，在弹出的下拉列表中选择“色调”选项，将“着色”选项设为白色，如图 3-74 所示，舞台窗口中的效果如图 3-75 所示。

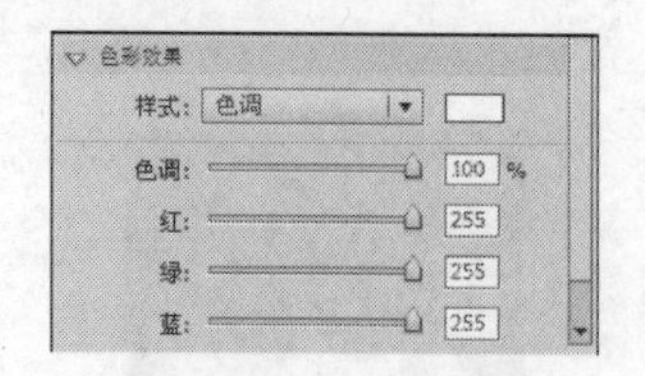

图 3-74

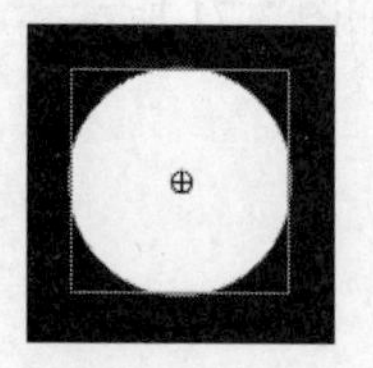

图 3-75

（5）选中“图层 1”的第 1 帧，在舞台窗口中选中“圆圈图形”实例，选择“窗口 > 变形”命令，弹出“变形”面板，在面板中进行设置，如图 3-76 所示，舞台窗口中的效果如图 3-77 所示。

（6）用鼠标右键单击“图层 1”的第 1 帧，在弹出的菜单中选择“创建传统补间”命令，生成动作补间动画，如图 3-78 所示。

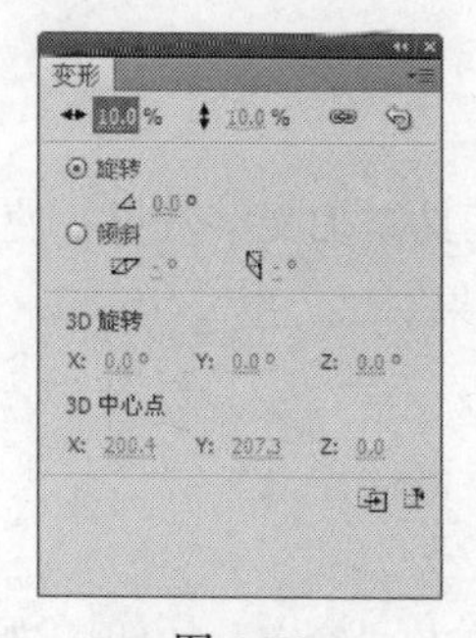

图 3-76

图 3-77

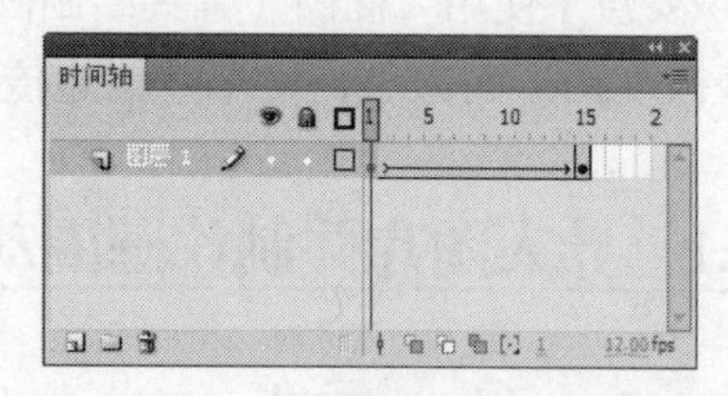

图 3-78

（7）在“时间轴”面板下方单击“新建图层”按钮两次，新建“图层 2”和“图层 3”。按住 Shift 键的同时选中“图层 1”的第 1 帧到第 15 帧，用鼠标右键单击被选中的帧，在弹出的菜单中选择“复制帧”命令，将选中的帧进行复制。分别选中“图层 2”和“图层 3”的第 1 帧到第 15 帧，用鼠标右键单击被选中的帧，在弹出的菜单中选择“粘贴帧”命令，将复制的帧进行粘贴，如图 3-79 所示。

（8）分别选中“图层 2”、“图层 3”的第 1 帧到第 15 帧，将其拖曳到与前一层首帧隔 2 帧的位置，如图 3-80 所示。

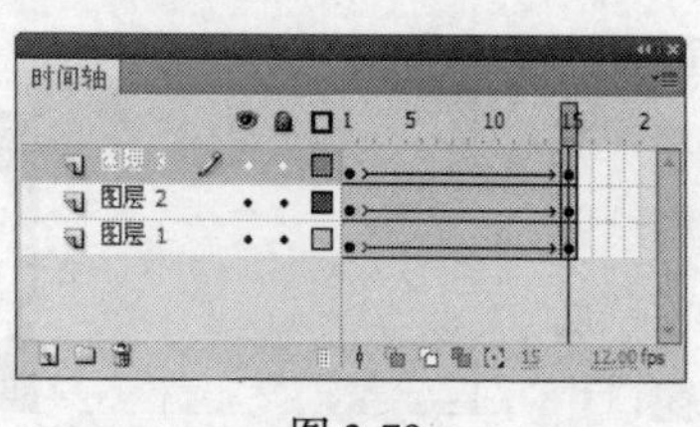

图 3-79

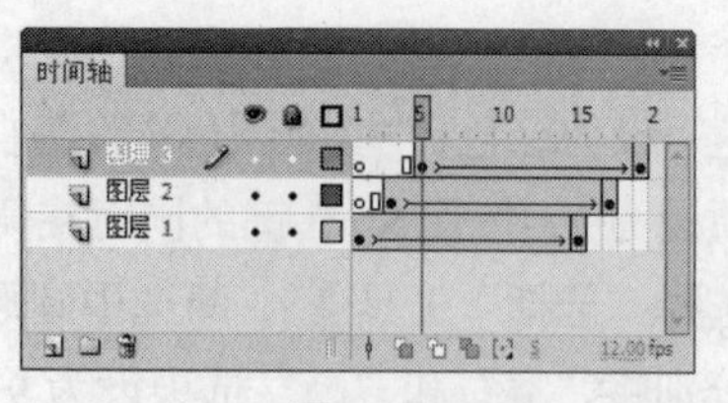

图 3-80

3.3.2 制作动画效果

（1）单击舞台窗口左上方的“场景 1”图标，进入“场景 1”的舞台窗口。将“图层 1”

重新命名为“底图”。按 Ctrl+R 组合键，弹出“导入”对话框，在对话框中选择“Cn03 > 素材 > 3.3 茶文化标志 > 01”文件，单击“打开”按钮，文件被导入到舞台窗口中，效果如图 3-81 所示。选中“底图”图层的第 60 帧，按 F5 键，在该帧上插入普通帧。

（2）在“时间轴”面板中创建新图层并将其命名为“文字”。选择“文本”工具T，在文本工具“属性”面板中进行设置，如图 3-82 所示，在舞台窗口中输入需要的字母，效果如图 3-83 所示。

图 3-81

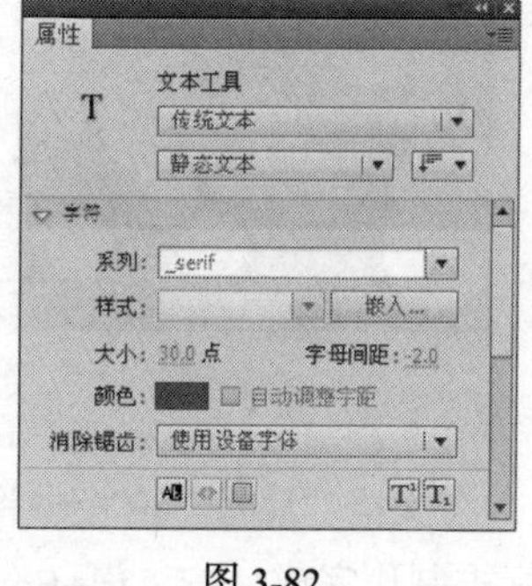

图 3-82

图 3-83

（3）在“时间轴”面板中创建新图层并将其命名为“1”。将“库”面板中的图形元件“圆圈动”拖曳到舞台窗口中，放置在标志图形的左上方，如图 3-84 所示。选中“圆圈动”实例，选择图形“属性”面板，在“循环”选项组中单击“选项”右侧的按钮，在弹出的下拉列表中选择“播放一次”选项，如图 3-85 所示。用相同的方法，按需要将“库”面板中的图形元件“圆圈动”向舞台窗口中拖曳多次，并在图形“属性”面板中设置元件的播放模式，舞台窗口中的效果如图 3-86 所示。

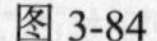

图 3-84

图 3-85

图 3-86

（4）在“时间轴”面板中创建新图层并将其命名为“2”。选中图层“2”的第 9 帧，按 F6 键，在该帧上插入关键帧。将“库”面板中的图形元件“圆圈动”向舞台窗口中拖曳多次，效果如图 3-87 所示。分别选中每个“圆圈动”实例，选择图形“属性”面板，在“循环”选项组中单击“选项”右侧的按钮，在弹出的下拉列表中选择“播放一次”选项。

（5）在“时间轴”面板中创建新图层并将其命名为“3”。选中图层“3”的第 17 帧，按 F6 键，在该帧上插入关键帧。将“库”面板中的图形元件“圆圈动”向舞台窗口中拖曳 3 次，效果如图 3-88 所示。分别选中每个“圆圈动”实例，选择图形“属性”面板，在“循环”选项组中单击“选项”右侧的按钮，在弹出的下拉列表中选择“播放一次”选项。

（6）在“时间轴”面板中创建新图层并将其命名为“4”。选中图层“4”的第 24 帧，按 F6 键，在该帧上插入关键帧。将“库”面板中的图形元件“圆圈动”向舞台窗口中拖曳 3 次，效果如图 3-89 所示。分别选中每个“圆圈动”实例，选择图形“属性”面板，在“循环”选项组中单击“选项”右侧的按钮，在弹出的下拉列表中选择“播放一次”选项。

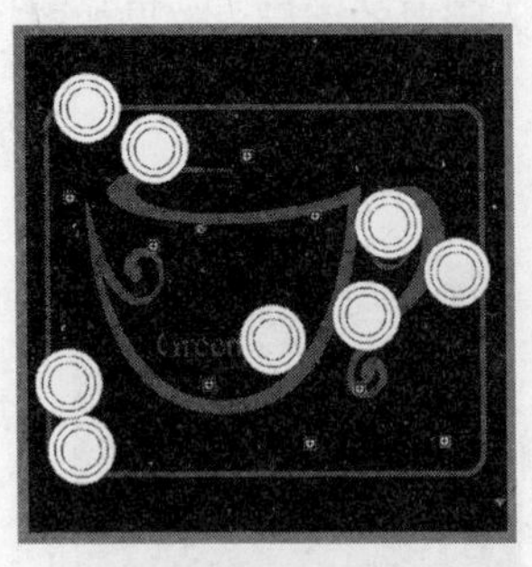

图 3-87

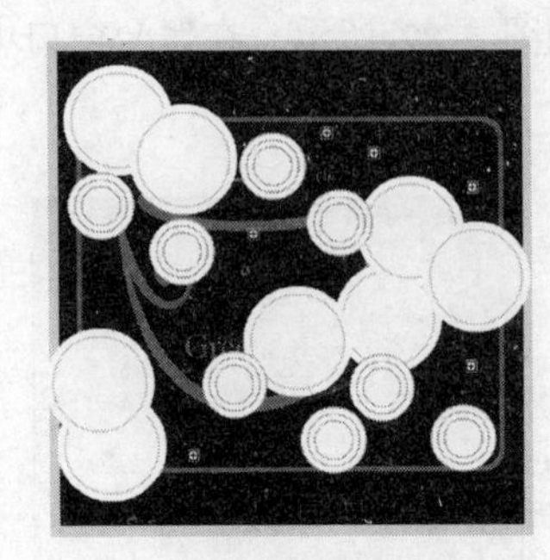

图 3-88

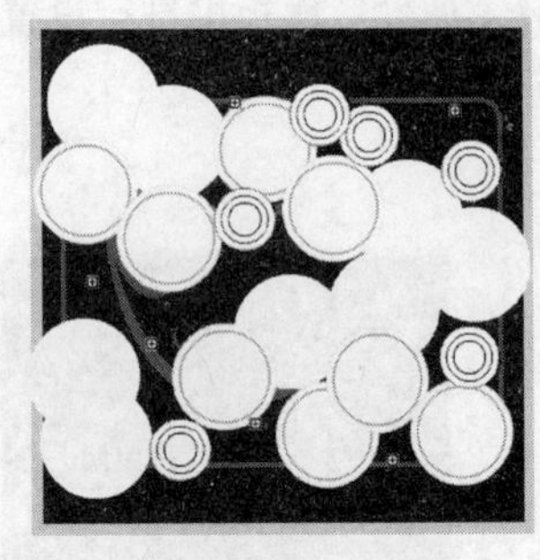

图 3-89

（7）单击舞台窗口中的空白处，在文档“属性”面板中将“背景颜色”设为白色，舞台窗口中的效果如图 3-90 所示。茶文化标志制作完成，按 Ctrl+Enter 组合键即可查看效果，如图 3-91 所示。

图 3-90

图 3-91

3.4 房地产公司标志

【知识要点】使用“任意变形”工具改变图形的形状，使用“创建补间形状”命令制作形状补间动画，使用“变形”面板改变文字的大小，使用“动作”面板设置脚本语言。

3.4.1 添加文字效果

（1）选择“文件 > 新建”命令，弹出“新建文档”对话框，单击“确定”按钮，进入新建文档舞台窗口。按 Ctrl+F3 组合键，弹出文档“属性”面板，将“帧频”选项设为 12，并将“背景颜色”设为绿色（#C5DB6B），单击“确定”按钮。

（2）在“库”面板下方单击“新建元件”按钮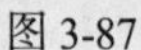，弹出“创建新元件”对话框，在“名称”选项的文本框中输入“伊”，在“类型”选项的下拉列表中选择“图形”选项，单击“确定”按钮，新建图形元件“伊”，如图 3-92 所示，舞台窗口也随之转换为图形元件的舞台窗口。

（3）选择“文本”工具T，在文本工具“属性”面板中，将字体设为“方正兰亭特黑简体”，大小设置为25，在舞台窗口中输入需要的深绿色（#009900）文字“伊”，效果如图3-93所示。

（4）用相同的方法制作其他图形元件“家”、“地”和“产”，如图3-94所示，并分别在每个元件中输入与元件名称相同的文字。

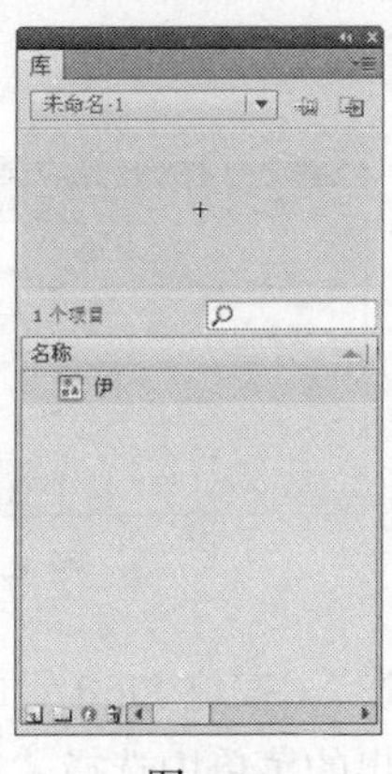

图3-92

图3-93

图3-94

3.4.2 制作变色图形

（1）单击舞台窗口左上方的“场景1”图标场景1，进入“场景1”的舞台窗口。将“图层1”重新命名为“底图”。选择“文件 > 导入 > 导入到舞台”命令，在弹出的“导入”对话框中选择“Ch03 > 素材 > 3.4房地产公司标志 > 01”文字，单击“打开”按钮，文件被导入到舞台窗口中，效果如图3-95所示。选中“底图”图层的第75帧，按F5键，在该帧上插入普通帧。

（2）单击“时间轴”面板下方的“新建图层”按钮，创建新图层并将其命名为“门图形”。选择“矩形”工具，在工具箱中将“笔触颜色”设为无，“填充颜色”设为深绿色（#009900），在舞台窗口中绘制一个矩形，选择“选择”工具，选中正方形，效果如图3-96所示。在“时间轴”面板中，按住Shift键的同时将“门图形”图层的第13帧到第75帧选中，在选中的帧上单击鼠标右键，在弹出的菜单中选择“删除帧”命令，将选中的帧删除。

图3-95

图3-96

（3）在“时间轴”面板中创建新图层并将其命名为“门”。选中“门”图层的第13帧，按F6键，在该帧上插入关键帧。选中“门图形”图层中的矩形，按Ctrl+C组合键，复制矩形，选中“门”图层的第13帧，在舞台窗口中的空白处单击鼠标右键，在弹出的菜单中选择“粘贴到当前位置”

命令，效果如图 3-97 所示。

（4）选中“门”图层的第 24 帧，按 F6 键，在该帧上插入关键帧。选择“任意变形”工具，选中舞台窗口中的矩形，将其变形，效果如图 3-98 所示。用鼠标右键单击“门”图层的第 13 帧，在弹出的菜单中选择“创建补间形状”命令，生成形状补间动画，如图 3-99 所示。

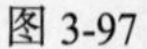

图 3-97

图 3-98

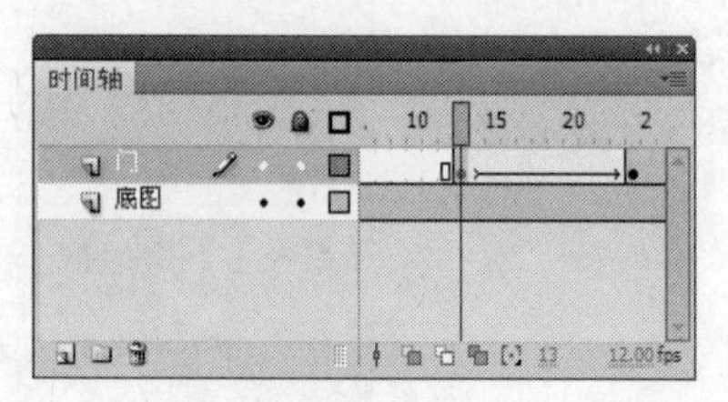

图 3-99

（5）在“时间轴”面板中创建新图层并将其命名为“阴影”。按住 Shift 键的同时选中“门”图层的第 13 帧到第 24 帧，用鼠标右键单击选中的帧，在弹出的菜单中选择“复制帧”命令，将选中的帧进行复制。选中“阴影”图层的第 13 帧到第 24 帧，用鼠标右键单击选中的帧，在弹出的菜单中选择“粘贴帧”命令，将复制的帧进行粘贴，如图 3-100 所示。

（6）选中“阴影”图层的第 13 帧，选择“选择”工具，在舞台窗口中选中矩形，在形状“属性”面板中，将“填充颜色”设为深灰色（#333333），并按需要微调图形的位置，图形效果如图 3-101 所示。用相同的方法设置“阴影”图层的第 24 帧上的图形填充颜色和位置，效果如图 3-102 所示。

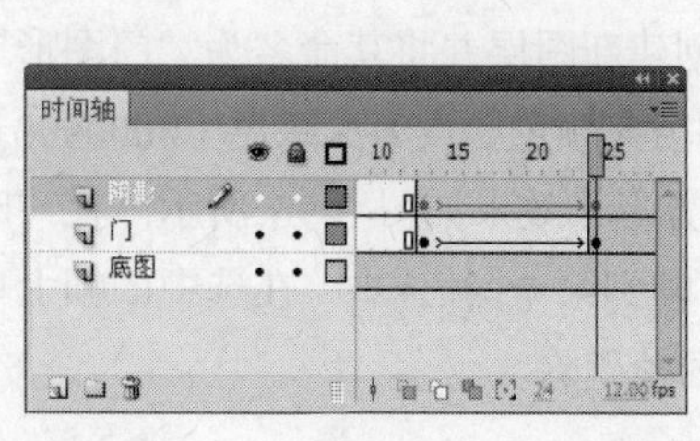

图 3-100

图 3-101

图 3-102

（7）在“时间轴”面板中，将“阴影”图层拖曳至“门”图层的下方，如图 3-103 所示，舞台窗口中的效果如图 3-104 所示。

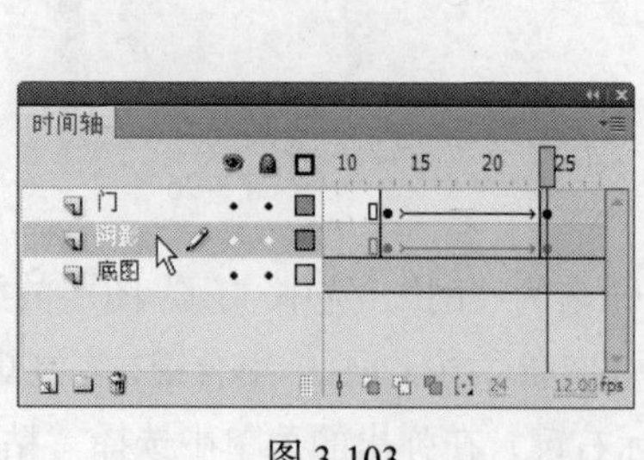

图 3-103

图 3-104

3.4.3　制作文字动画效果

（1）在“时间轴”面板中创建 4 个新图层并分别命名为“伊”、“家”、“地”和“产”。分别选中“伊”、“家”、“地”和“产”图层的第 28 帧，按 F6 键，在选中的帧上插入关键帧。分别将“库”面板中的图形元件“伊”、“家”、“地”和“产”拖曳到与其名称对应的图层中，如图 3-105 所示。

（2）选中所有文字，选择“窗口 > 对齐”命令，弹出“对齐”面板，分别单击“左对齐”按钮和“水平居中分布”按钮，将文字左对齐并平均分布，效果如图 3-106 所示。

（3）分别选中“伊”图层的第 31 帧和第 34 帧，按 F6 键，在选中的帧上插入关键帧。选中“伊”图层的第 31 帧，在舞台窗口中选中“伊”实例，将其左下方拖曳到合适的位置，效果如图 3-107 所示。

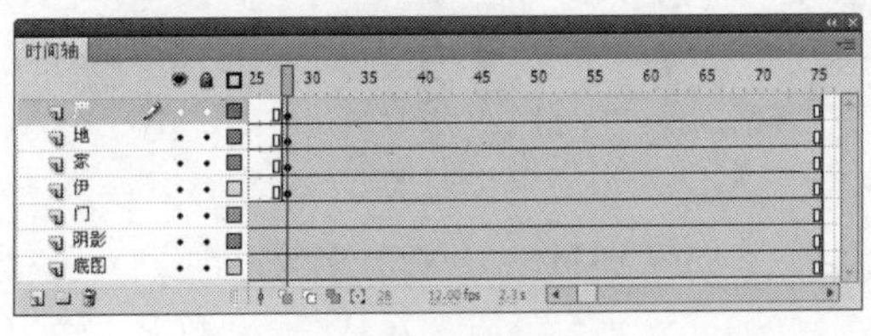

图 3-105

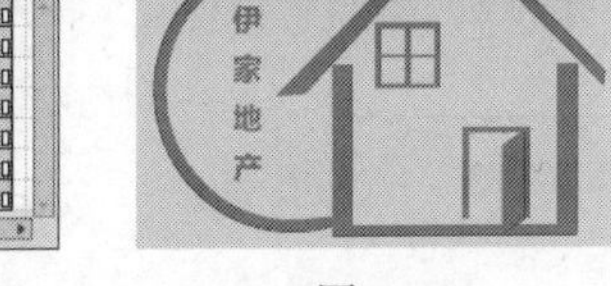

图 3-106

图 3-107

（4）选中“伊”图层的第 28 帧，在舞台窗口中选中“伊”实例，调出“变形”面板，将“缩放宽度”选项设为 1，“缩放长度”选项也随之转换为 1，在舞台窗口中将其向左下方拖曳到合适的位置，效果如图 3-108 所示。

（5）用鼠标右键分别单击“伊”图层的第 28 帧和第 31 帧，在弹出的菜单中选择“创建传统补间”命令，生成动作补间动画，如图 3-109 所示。用相同的方法对“家”、“地”和“产”图层中的文字进行操作，如图 3-110 所示。

图 3-108

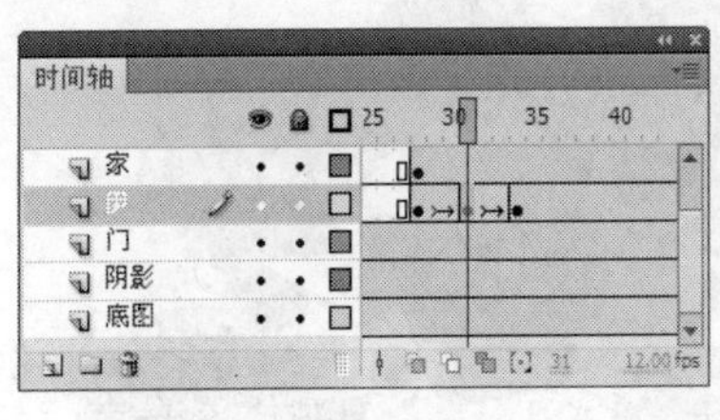

图 3-109

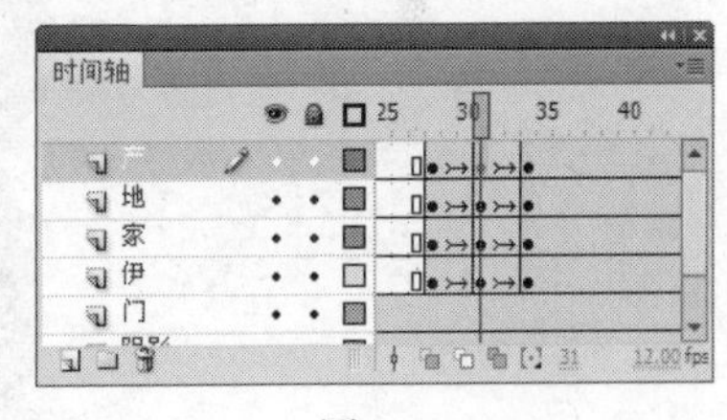

图 3-110

（6）选中“家”图层的第 28 帧到第 34 帧，将其向右拖曳 5 帧，如图 3-111 所示。分别选中“地”和“产”图层的第 28 帧到第 34 帧，并向右拖曳到与前一图层隔 5 帧的位置，如图 3-112 所示。

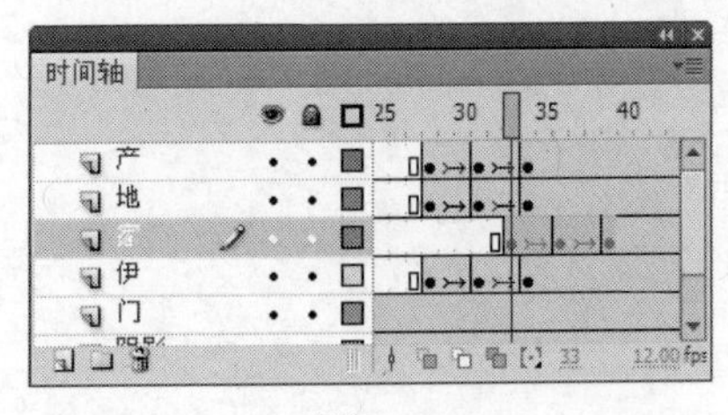

图 3-111

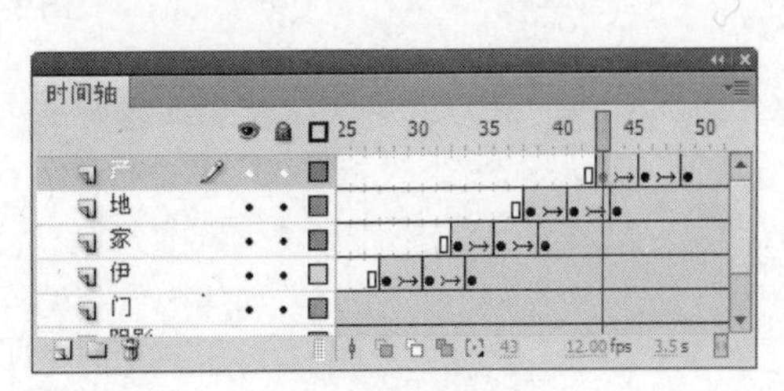

图 3-112

（7）在“时间轴”面板中创建新图层并将其命名为“动作脚本”。选中“动作脚本”图层的第 75 帧，按 F6 键，在该帧上插入关键帧。

（8）选择“窗口 > 动作”命令，弹出“动作”面板，单击面板左上方的“将新项目添加到脚本中”按钮，在弹出的菜单中选择“全局函数 > 时间轴控制 > stop”命令，在脚本窗口中显示出选择的脚本语言，如图 3-113 所示，设置完成动作脚本后，关闭“动作”面板。在“动作脚本”图层的第 75 帧上显示出一个标记“a”。房地产公司标志动画制作完成，按 Ctrl+Enter 组合键即可查看效果，如图 3-114 所示。

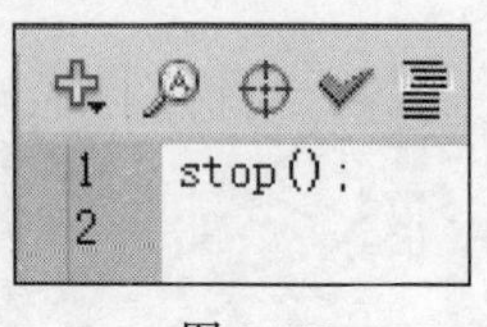

图 3-113

图 3-114

3.5 课后习题——酒吧标牌

【习题知识要点】使用“椭圆”工具和“变形”面板制作圆形效果，使用“柔化填充边缘”命令制作柔化效果，使用“动作”面板添加脚本语言，如图 3-115 所示。

【效果所在位置】光盘/Ch03/效果/3.5 酒吧标牌. fla。

图 3-115

第4章 广告特效

Flash 广告是目前网络应用最广泛的广告形式之一，很多电视广告也使用 Flash 进行设计制作。Flash 以独特的技术和特殊的艺术表现给人们带来了特殊的视觉感受。

本章主要介绍 Flash 广告的制作方法和技巧，并介绍通过不同的产品图片、广告语以及文字使广告给受众留下深刻视觉印象的方法。

课堂学习实例

- 购物广告
- 汽车宣传广告
- 数码产品广告
- 精美首饰广告
- 体育运动广告
- 手机广告
- 电子宣传菜单
- 时尚音乐电子宣传单

4.1 购物广告

【知识要点】使用“文本”工具制作广告语图形，使用“椭圆”工具和“文本”工具制作介绍框图形，使用图形属性面板制作图形的不透明度效果，使用“创建传统补间”命令制作动画效果。

4.1.1 导入图片并添加文字

（1）选择“文件 > 新建”命令，弹出“新建文档”对话框，单击“确定”按钮，进入新建文档舞台窗口。按 Ctrl+F3 组合键，弹出文档“属性”面板，单击“大小”选项后面的“编辑”按钮 编辑... ，在弹出的对话框中将舞台窗口的宽度设为 400，高度设为 563，将“背景颜色”设为灰色（#999999），并将“帧频”选项设为 12，单击“确定”按钮。

（2）将“图层 1”重新命名为“底图”。选择“文件 > 导入 > 导入到舞台”命令，在弹出的“导入”对话框中选择“Ch04 > 素材 > 4.1 购物广告 > 01”文件，单击“打开”按钮，文件被导入到舞台窗口中，效果如图 4-1 所示。在“时间轴”面板中选中“底图”图层的第 77 帧，按 F5 键，插入普通帧。

（3）选择“文件 > 导入 > 导入到库”命令，在弹出的“导入到库”对话框中选择“Ch04 > 素材> 4.1 购物广告 > 02、03、04”文件，单击“打开”按钮，文件被导入到“库”面板中，如图 4-2 所示。

（4）在“库”面板下方单击“新建元件”按钮，弹出“创建新元件”对话框，在“名称”选项的文本框中输入“文字 1”，在“类型”选项的下拉列表中选择“图形”选项，单击“确定”按钮，创建图形元件“文字 1”，舞台窗口也随之转换为图形元件“文字 1”的舞台窗口。选择“文本”工具，在文本工具“属性”面板中进行设置，如图 4-3 所示。在舞台窗口中输入橘黄色（#FF9900）文字“缤纷夏日来袭”，效果如图 4-4 所示。

图 4-1

图 4-2

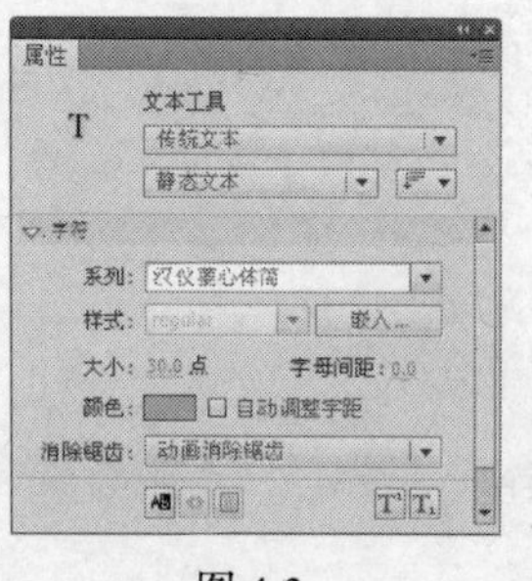

图 4-3

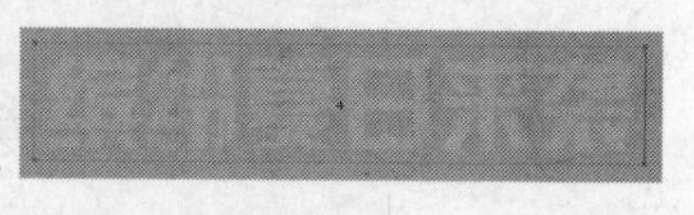

图 4-4

（5）选择“选择”工具，选中舞台窗口中的文字。在按住 Alt 键的同时，向右下方拖曳文字到适当的位置进行复制，在工具箱中将“填充颜色”设为深灰色（#333333），效果如图 4-5 所示。保持文字的选取状态，按 Ctrl+↓组合键，将深灰色文字置于橘黄色文字的下方，效果如图 4-6 所示。用相同的方法制作图形元件“文字 2”，文字效果如图 4-7 所示。

图 4-5

图 4-6 　　图 4-7

（6）创建图形元件“介绍框 1”，舞台窗口也随之转换为图形元件“介绍框 1”的舞台窗口。选择“椭圆”工具，在椭圆工具“属性”面板中将“笔触颜色”设为白色，“填充颜色”设为橘红色（#FF6600），将“笔触高度”选项设为 3。在按住 Shift 键的同时，在舞台窗口中绘制圆形，效果如图 4-8 所示。

（7）选择“文本”工具，在文本工具“属性”面板中进行设置，在舞台窗口中输入字体为“汉仪菱心体简”且大小为 25 的黑色文字，效果如图 4-9 所示。选择“选择”工具，选中舞台窗口中的文字。在按住 Alt 键的同时，向左上方拖曳文字到适当的位置进行复制，在工具箱下方将“填充颜色”设为白色，效果如图 4-10 所示。

图 4-8

图 4-9

图 4-10

（8）在“库”面板中用鼠标右键单击元件“介绍框 1”，在弹出的菜单中选择“直接复制”命令，弹出“直接复制元件”对话框，在“名称”选项的文本框中输入“介绍框 2”，其他选项为默认值，如图 4-11 所示，单击“确定”按钮，生成元件“介绍框 2”。

（9）在“库”面板中双击元件“介绍框 2”，舞台窗口随之转换为元件“介绍框 2”的舞台窗口。选择“文本”工具，分别选中元件中的原文字和复制文字，将其更改为“简单大方”，并按需要修改文字的大小，效果如图 4-12 所示。用相同的方法复制出元件“介绍框 3”，并将元件中的文字更改为“个性”，效果如图 4-13 所示。

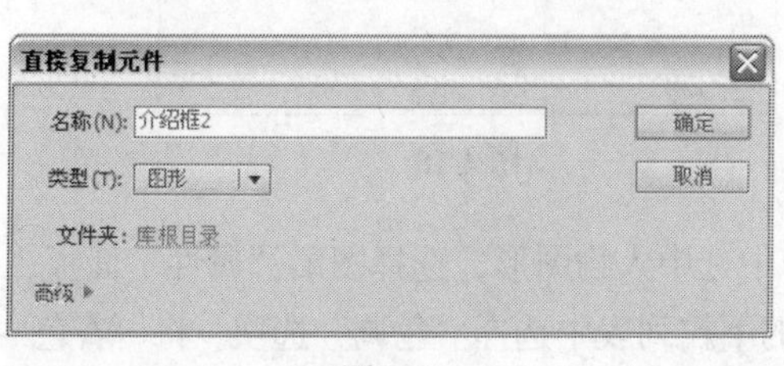

图 4-11

图 4-12

图 4-13

4.1.2 制作人物动画

（1）单击舞台窗口左上方的“场景 1”图标，进入“场景 1”的舞台窗口。单击“时间轴”面板下方的“新建图层”按钮，创建新图层并将其命名为“人物 1”。分别选中“人物 1”图层的第 6 帧和第 30 帧，在选中的帧上插入关键帧。选中“人物 1”图层的第 6 帧，将“库”面板中的图形元件“元件 1”拖曳到舞台窗口的右侧外部，在图形“属性”面板中，将“X”和“Y”选项分别设为 468 和 53，效果如图 4-14 所示。

（2）选中“人物 1”图层的第 12 帧，按 F6 键，在该帧上插入关键帧，如图 4-15 所示。选中舞台窗口中的人物图形，在图形“属性”面板中，将“X”选项的值修改为 219，“Y”选项保持不变。舞台窗口中的人物图形改变了位置，效果如图 4-16 所示。

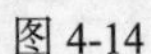

图 4-14

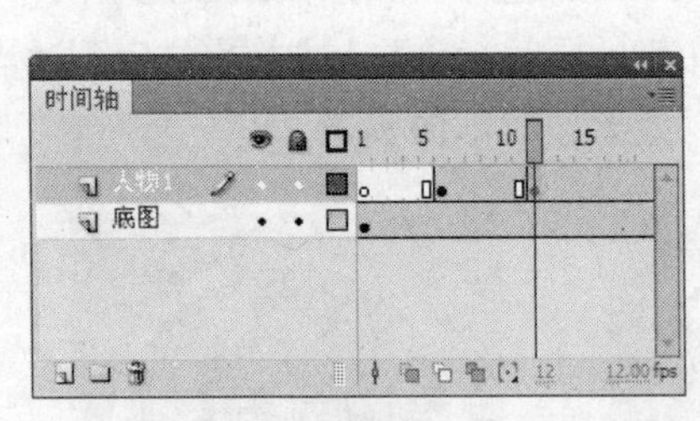

图 4-15

图 4-16

技巧 可以根据需要更改图层的名称。双击“时间轴”面板中的图层名称，名称文本变为可编辑状态，输入要更改的图层名称，在图层旁边单击，即可完成图层名称的修改。还可选中要修改名称的图层，选择“修改 > 时间轴 > 图层属性”命令，在弹出的“图层属性”对话框中修改图层的名称。

（3）用鼠标右键单击第 6 帧，在弹出的菜单中选择“创建传统补间”命令，生成动作补间动画，如图 4-17 所示。分别选中“人物 1”图层的第 13 帧、第 14 帧、第 15 帧和第 16 帧，按 F6 键，在选中的帧上插入关键帧，如图 4-18 所示。

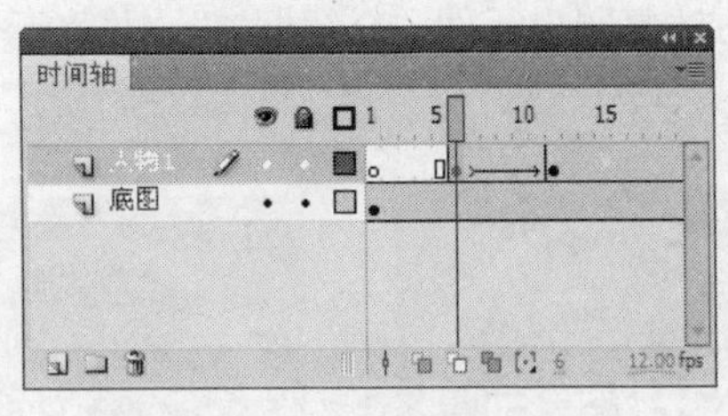

图 4-17

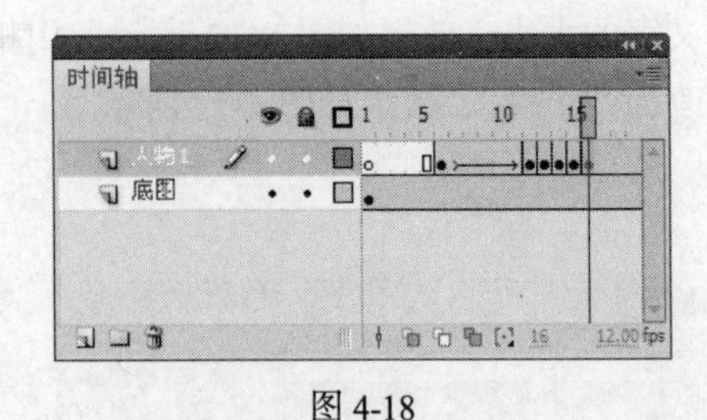

图 4-18

（4）选中“人物 1”图层的第 13 帧，在舞台窗口中选中人物图形，选择图形“属性”面板，在“色彩效果”选项组中单击“样式”选项，在弹出的下拉列表中选择“色调”选项，将“着色”

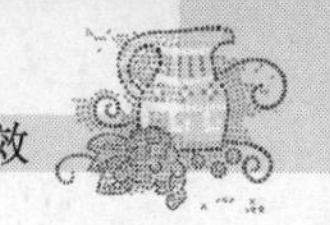

选项设为白色，如图 4-19 所示，舞台窗口中的效果如图 4-20 所示。用相同的方法设置第 14 帧上的人物图形效果。

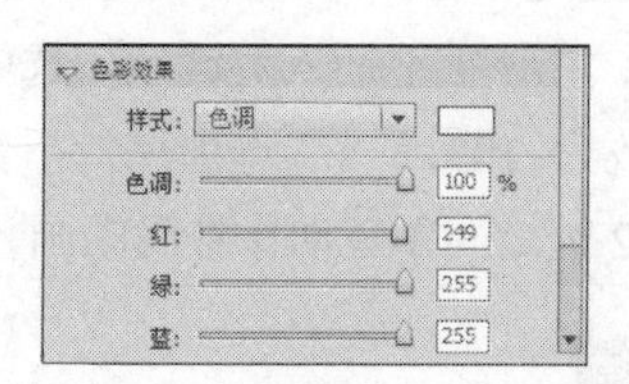

图 4-19

图 4-20

（5）分别选中“人物 1”图层的第 23 帧和第 29 帧，按 F6 键，在选中的帧上插入关键帧。选中第 29 帧，在舞台窗口中选中人物图形，在图形“属性”面板中，将“X”选项的值修改为 414，“Y”选项保持不变。在“色彩效果”选项组中单击“样式”选项，在弹出的下拉列表中选择“Alpha”选项，将其值设为 0，如图 4-21 所示。设置完成后，人物图形的不透明度为 0，舞台窗口中将只显示出图形的选择边框，效果如图 4-22 所示。

（6）用鼠标右键单击“人物 1”图层的第 23 帧，在弹出的菜单中选择“创建传统补间”命令，生成动作补间动画，如图 4-23 所示。

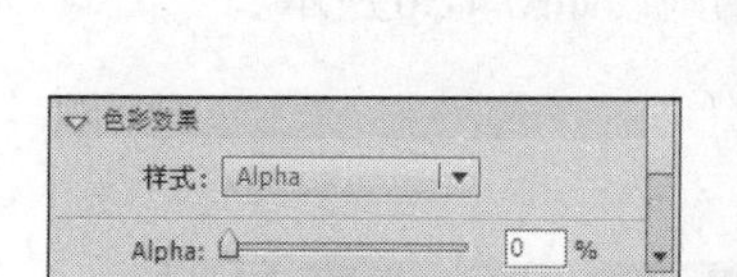

图 4-21

图 4-22

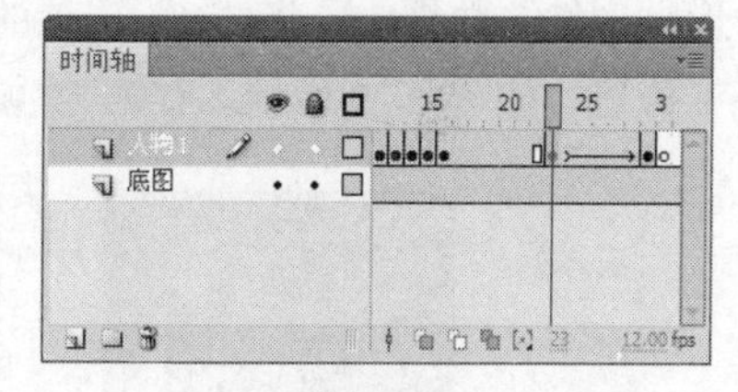

图 4-23

（7）在“人物 1”图层上方创建两个新图层，并将其命名为“人物 2”和“人物 3”。分别将“库”面板中的图形元件“元件 2”拖曳到“人物 2”图层的舞台窗口中，图形元件“元件 3”拖曳到“人物 3”图层的舞台窗口中，用上述相同的方法制作人物动画效果，“时间轴”面板显示效果如图 4-24 所示。

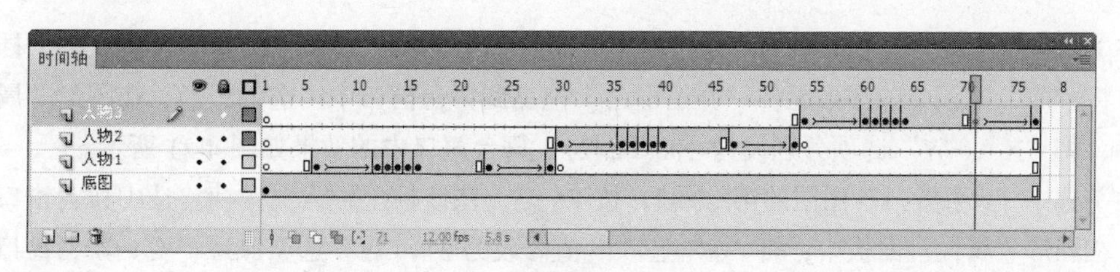

图 4-24

4.1.3 制作文字动画

（1）在“人物 3”图层上方创建新图层并将其命名为“文字 1”。选中图层的第 6 帧，按 F6 键，在该帧上插入关键帧。将“库”面板中的元件“文字 1”拖曳到舞台窗口中。选中文字，在图形“属性”面板中，将“X”、“Y”选项分别设为-131、43，舞台窗口中的效果如图 4-25 所示。

（2）选中“文字 1”图层的第 12 帧，按 F6 键，在该帧上插入关键帧。选中舞台窗口中的文字，在图形“属性”面板中，将“X”选项的值修改为 109，“Y”选项保持不变，舞台窗口中的文字改变了位置，如图 4-26 所示。在第 6 帧和第 12 帧之间创建动作补间动画，如图 4-27 所示。

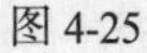

图 4-25

图 4-26

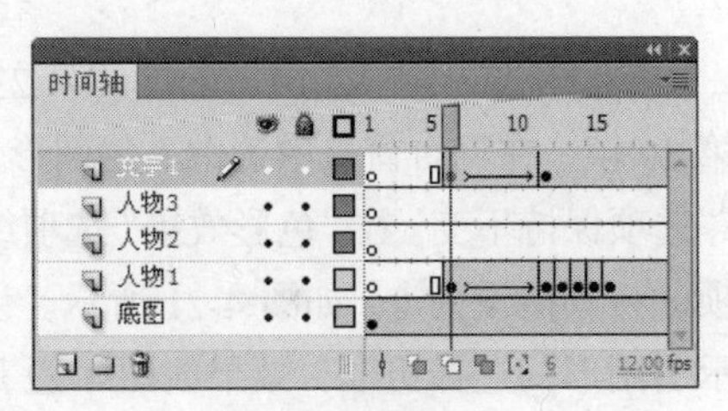

图 4-27

（3）创建新图层并将其命名为“文字 2”。选中图层的第 12 帧，按 F6 键，在该帧上插入关键帧。将“库”面板中的元件“文字 2”拖曳到舞台窗口中。选中文字，在图形“属性”面板中，将“X”、“Y”选项分别设为-125 和 83，舞台窗口中的效果如图 4-28 所示。

（4）选中“文字 2”图层的第 18 帧，按 F6 键，插入关键帧。选中舞台窗口中的文字，在图形“属性”面板中，将“X”选项的值修改为 167，“Y”选项保持不变，舞台窗口中的文字改变了位置，如图 4-29 所示。在第 12 帧和第 18 帧之间创建动作补间动画，如图 4-30 所示。

图 4-28

图 4-29

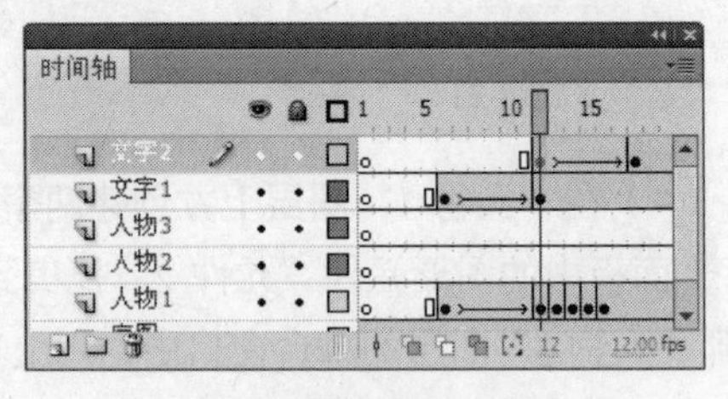

图 4-30

（5）创建新图层并将其命名为“介绍框 1”。选中图层的第 16 帧，按 F6 键，在该帧上插入关键帧。将“库”面板中的图形元件“介绍框 1”拖曳到舞台窗口中。选中图形，在图形“属性”面板中，将“X”、“Y”选项分别设为-100 和 427，舞台窗口中的效果如图 4-31 所示。

（6）选中“介绍框 1”图层的第 20 帧，按 F6 键，在该帧上插入关键帧。选中舞台窗口中的图形，在图形“属性”面板中，将“X”选项的值修改为 31，“Y”选项保持不变，舞台窗口中的图形改变了位置，如图 4-32 所示。在第 16 帧和第 20 帧之间创建动作补间动画，如图 4-33 所示。

图 4-31

图 4-32

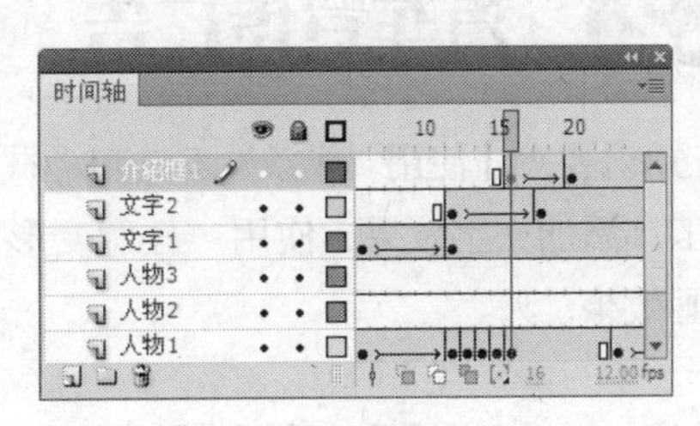

图 4-33

（7）创建新图层并将其命名为“介绍框 2”。选中图层的第 40 帧，按 F6 键，在该帧上插入关键帧。将“库”面板中的元件“介绍框 2”拖曳到舞台窗口中。选中图形，在图形“属性”面板中，将“X”、“Y”选项分别设为-98 和 491，舞台窗口中的效果如图 4-34 所示。

（8）选中“介绍框 2”图层的第 44 帧，按 F6 键，在该帧上插入关键帧。选中舞台窗口中的图形，在图形“属性”面板中，将“X”选项的值修改为 94，“Y”选项保持不变，舞台窗口中的图形改变了位置，如图 4-35 所示。在第 40 帧和第 44 帧之间创建动作补间动画，如图 4-36 所示。

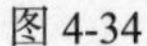

图 4-34

图 4-35

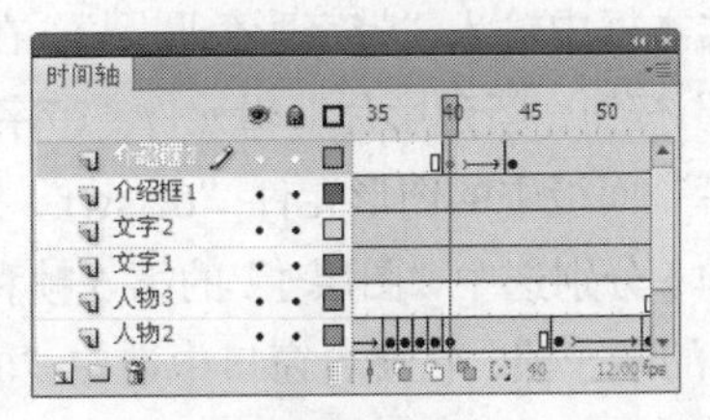

图 4-36

（9）创建新图层并将其命名为“介绍框 3”。选中图层的第 61 帧，按 F6 键，在该帧上插入关键帧。将“库”面板中的元件“介绍框 3”拖曳到舞台窗口中。选中图形，在图形“属性”面板中，将“X”、“Y”选项分别设为-88 和 534，舞台窗口中的效果如图 4-37 所示。

（10）选中“介绍框 3”图层的第 65 帧，按 F6 键，插入关键帧。选中舞台窗口中的图形，在图形“属性”面板中将“X”选项的值修改为 58，“Y”选项保持不变，舞台窗口中的图形改变了位置，如图 4-38 所示。在第 61 帧和第 65 帧之间创建动作补间动画。购物广告制作完成，按 Ctrl+Enter 组合键即可查看效果，如图 4-39 所示。

图 4-37

图 4-38

图 4-39

4.2 汽车宣传广告

【知识要点】使用“线条”工具和“添加传统运动引导层”命令制作汽车的动画效果，使用“文本”工具添加文字效果，使用“任意变形”工具改变图形的大小，使用“创建传统补间”命令制作动画效果。

4.2.1 导入图片并添加文字

（1）选择“文件 > 新建”命令，弹出“新建文档”对话框，单击“确定”按钮，进入新建文档舞台窗口。按 Ctrl+F3 组合键，弹出文档“属性”面板，单击“大小”选项后面的“编辑”按钮 编辑... ，在弹出的对话框中将舞台窗口的宽度设为 550，高度设为 254，将“背景颜色”设为灰色（#CCCCCC），并将“帧频”选项设为 12，单击“确定”按钮。

（2）选择“文件 > 导入 > 导入到库”命令，在弹出的“导入到库”对话框中选择“Ch04 > 素材 > 4.2 汽车宣传广告 > 01、02、03、04、05、06”文件，单击“打开”按钮，文件被导入到“库”面板中，如图 4-40 所示。

（3）单击“库”面板中的“新建元件”按钮，弹出“创建新元件”对话框，在“名称”选项的文本框中输入“带字彩色圆圈”，在“类型”选项的下拉列表中选择“影片剪辑”选项，单击“确定”按钮，新建影片剪辑元件“带字彩色圆圈”，舞台窗口也随之转换为影片剪辑的舞台窗口。将“库”面板中的图形元件“02.swf”拖曳到舞台窗口中，如图 4-41 所示。

（4）分别选中“图层 1”的第 5 帧和第 10 帧，按 F6 键，在选中的帧上插入关键帧。选中“图层 1”的第 5 帧，在舞台窗口中选中“02”实例，选择“任意变形”工具，在按住 Shift 键的同时将其等比放大，效果如图 4-42 所示。

（5）分别用鼠标右键单击“图层 1”的第 1 帧和第 5 帧，在弹出的菜单中选择“创建传统补间”命令，生成动作补间动画，如图 4-43 所示。

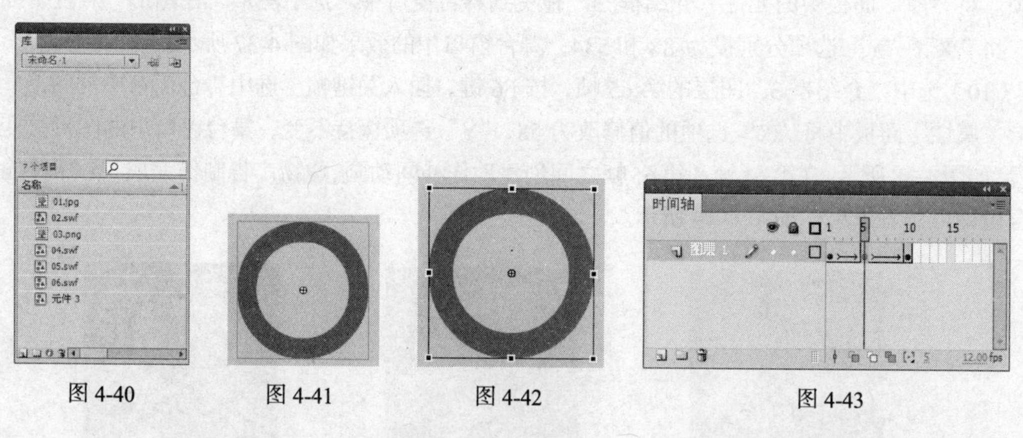

图 4-40　图 4-41　图 4-42　图 4-43

（6）单击“时间轴”面板下方的“新建图层”按钮，创建新图层“图层 2”。选择“文本”工具T，在文本工具“属性”面板中进行设置，如图 4-44 所示，在舞台窗口中输入白色文字。选择“选择”工具，选中文字，选择“文本 > 样式 > 仿斜体”命令，将文字转换为斜体，效果如图 4-45 所示。

（7）选择“选择”工具，选中文字，在按住 Alt 键的同时向右下方拖曳文字到适当的位置，复制文字，并将文字颜色修改为深灰色（#333333），效果如图 4-46 所示。按 Ctrl+↓组合键，将深灰色文字置于白色文字下方，效果如图 4-47 所示。

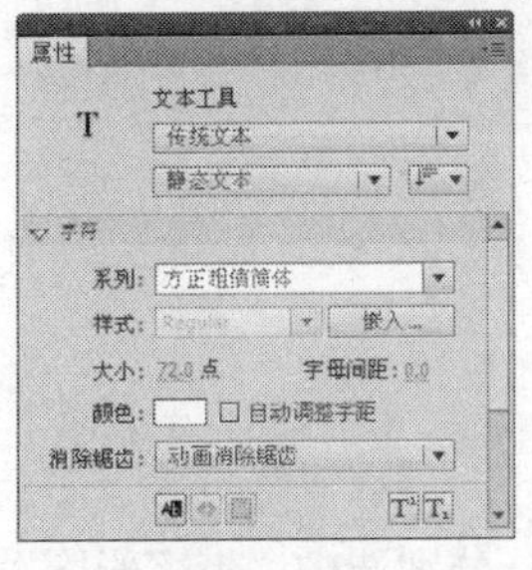

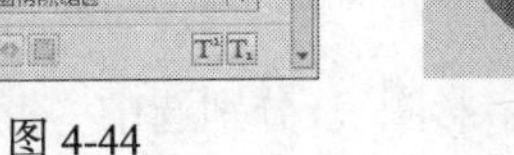

图 4-44

图 4-45

图 4-46

图 4-47

（8）单击舞台窗口左上方的“场景 1”图标，进入“场景 1”的舞台窗口。将“图层 1”重新命名为“底图”。将“库”面板中的位图“01.jpg”拖曳到舞台窗口的中心位置，效果如图 4-48 示。选中“底图”图层的第 65 帧，按 F5 键，在该帧上插入普通帧。

（9）在“时间轴”面板中创建新图层并将其命名为“车”。将“库”面板中的图形元件“元件 3”拖曳到舞台窗口的右侧外部，并调整到合适的大小，效果如图 4-49 所示。

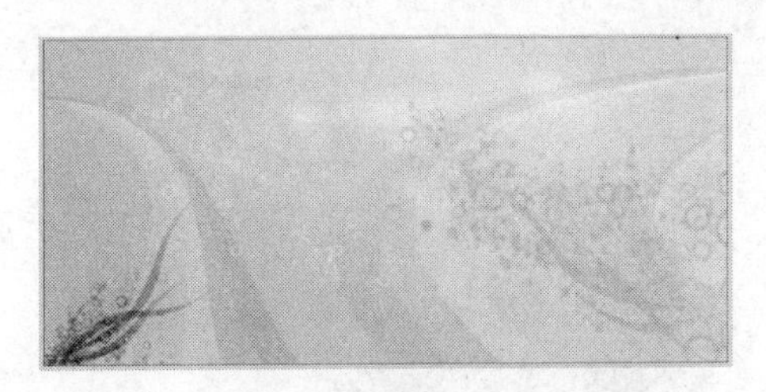

图 4-48

图 4-49

（10）选中“车”图层的第 10 帧，在该帧上插入关键帧，在舞台窗口中选中“车”实例，将其拖曳到适当的位置。按 Ctrl+T 组合键，弹出“变形”面板，选项的设置如图 4-50 所示，按 Enter 键，舞台窗口中的效果如图 4-51 所示。

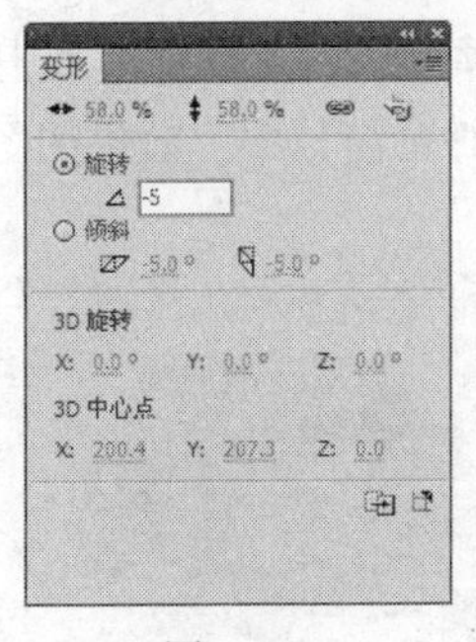

图 4-50

图 4-51

（11）用鼠标右键单击“车”图层的第 1 帧，在弹出的菜单中选择“创建传统补间”命令，生成动作补间动画，如图 4-52 所示。选择帧“属性”面板，将“缓动”选项设为 100，如图 4-53 所示。

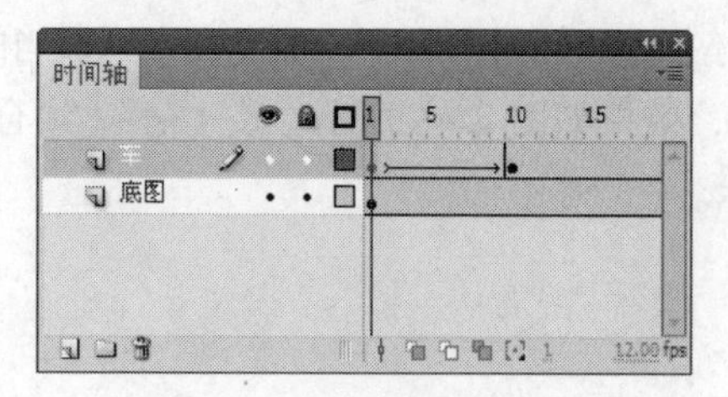

图 4-52

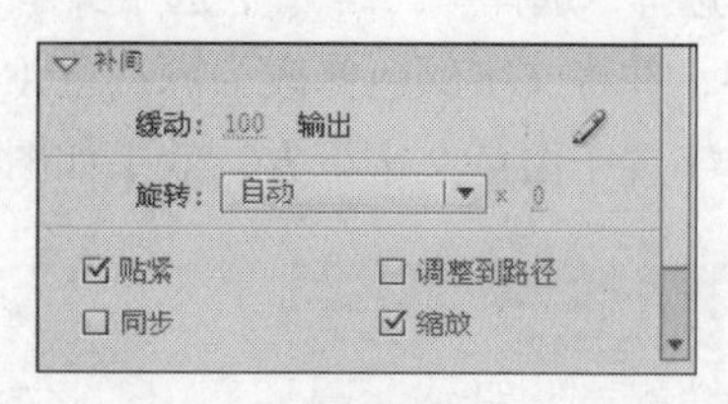

图 4-53

4.2.2 制作图形动画

（1）在“时间轴”面板中创建新图层并将其命名为“带字彩圈”。分别选中“带字彩圈”图层的第 10 帧和第 28 帧，在选中的帧上插入关键帧。选中“带字彩圈”图层的第 10 帧，将“库”面板中的影片剪辑元件“带字彩色圆圈”拖曳到舞台窗口中，选择“任意变形”工具，按住 Shift 键的同时，将“带字彩色圆圈”实例等比缩小并放置到车图形上的适当位置，如图 4-54 所示。

（2）选中“带字彩圈”图层的第 17 帧，在该帧上插入关键帧。在舞台窗口中选中“带字彩色圆圈”实例，选择“任意变形”工具，按住 Shift 键的同时将“带字彩色圆圈”实例等比放大并放置到车的右上方，效如图 4-55 所示。

图 4-54

图 4-55

（3）用鼠标右键单击“带字彩圈”图层的第 10 帧，在弹出的菜单中选择“创建传统补间”命令，生成动作补间动画，如图 4-56 所示。

（4）在“时间轴”面板中创建新图层并将其命名为“车背景”，并将其拖曳到“车”图层下方。分别选中“车背景”图层的第 10 帧和第 28 帧，分别在选中的帧上插入关键帧。选中“车背景”图层的第 10 帧，将“库”面板中的图形元件“04.swf”拖曳到舞台窗口中，效果如图 4-57 所示。

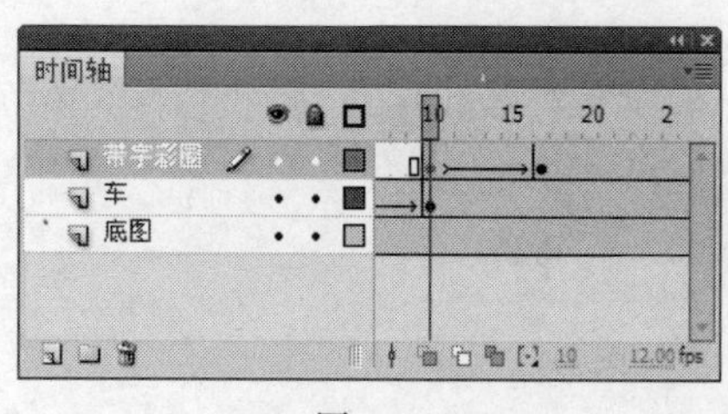

图 4-56

图 4-57

（5）选中“车背景”图层的第 13 帧，在该帧上插入关键帧。选择“任意变形”工具，按住 Shift 键的同时将“04”实例等比例放大，效果如图 4-58 所示。

（6）选中“车背景”图层的第 10 帧，在舞台窗口中选中“车背景”实例，选择图形“属性”面板，在“色彩效果”选项组中单击“样式”选项，在弹出的下拉列表中选择“Alpha”选项，将其值设为 0。用鼠标右键单击“车背景”图层的第 10 帧，在弹出的菜单中选择“创建传统补间”命令，生成动作补间动画，如图 4-59 所示。

图 4-58

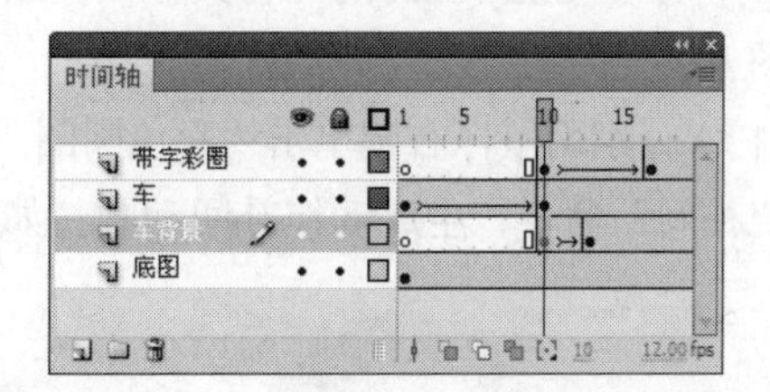

图 4-59

（7）在“时间轴”面板中创建新图层并将其命名为“白圆圈”。选中“白圆圈”图层的第 13 帧，在该帧上插入关键帧，将“库”面板中的图形元件“05.swf”拖曳到舞台窗口中，并将其放置到适当的位置，如图 4-60 所示。

（8）选中“白圆圈”图层的第 17 帧，在该帧上插入关键帧，在舞台窗口中选中“05”实例，选择“任意变形”工具，按住 Shift 键的同时将其等比例放大，效果如图 4-61 所示，选择图形“属性”面板，在“色彩效果”选项组中单击“样式”选项，在弹出的下拉列表中选择“Alpha”选项，将其值设为 0。

图 4-60

图 4-61

（9）用鼠标右键单击“白圆圈”图层的第 13 帧，在弹出的菜单中选择“创建传统补间”命令，生成动作补间动画，如图 4-62 所示。

（10）在“时间轴”面板中创建新图层并将其命名为“彩色圆圈”，将其拖曳到“车背景”图层下方。分别选中“彩色圆圈”图层的第 17 帧和第 26 帧，在该帧上插入关键帧，选中“彩色圆圈”图层的第 17 帧，将“库”面板中的图形元件“02.swf”拖曳到舞台窗口中适当的位置，效果如图 4-63 所示。

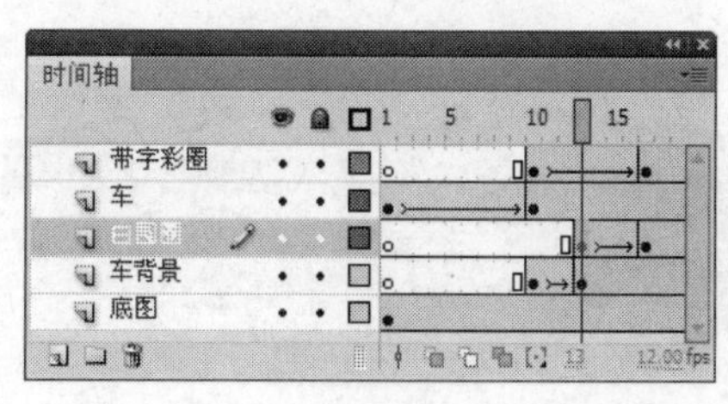

图 4-62

图 4-63

（11）分别选中“彩色圆圈”图层的第 21 帧和第 25 帧，在选中的帧上插入关键帧。选中“彩色圆圈”图层的第 21 帧，在舞台窗口中选中“02”实例，选择“任意变形”工具，按住 Shift 键的同时，将其等比例放大并放置到合适的位置，效果如图 4-64 所示。

（12）选中“彩色圆圈”图层的第 25 帧，在舞台窗口中选中“02”实例，选择“任意变形”工具，按住 Shift 键的同时将其等比例缩小并放置到与“带字彩色圆圈”实例重合的位置，效果如图 4-65 所示。

（13）分别用鼠标右键单击“彩色圆圈”图层的第 17 帧和第 21 帧，在弹出的菜单中选择“创建传统补间”命令，生成动作补间动画，如图 4-66 所示。

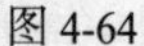
图 4-64

图 4-65

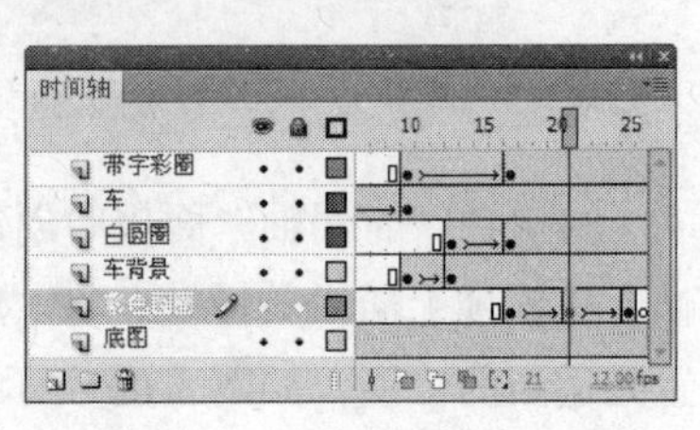

图 4-66

（14）在“时间轴”面板中创建新图层并将其命名为“桥”。选中“桥”图层的第 28 帧，在该帧上插入关键帧，将“库”面板中的图形元件“06.swf”拖曳到舞台窗口中。在“变形”面板中将“缩放宽度”选项设为 176，将“旋转”选项设为-6，按 Enter 键，如图 4-67 所示，舞台窗口中的效果如图 4-68 所示。

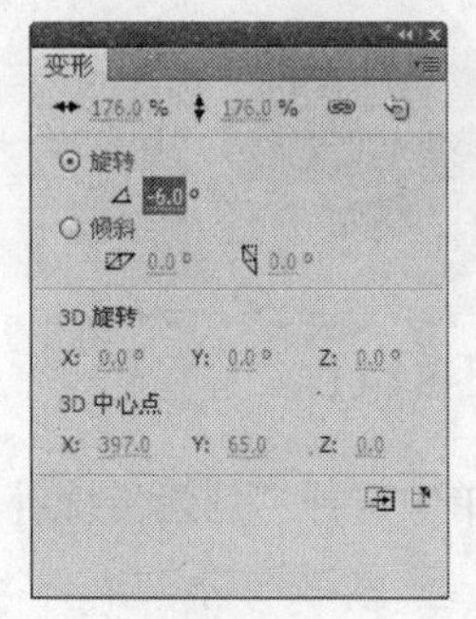

图 4-67

图 4-68

（15）保持图形的选取状态，选择图形“属性”面板，在“色彩效果”选项组中单击“样式”选项，在弹出的下拉列表中选择“Alpha”选项，将其值设为 70，如图 4-69 所示，舞台窗口中的效果如图 4-70 所示。

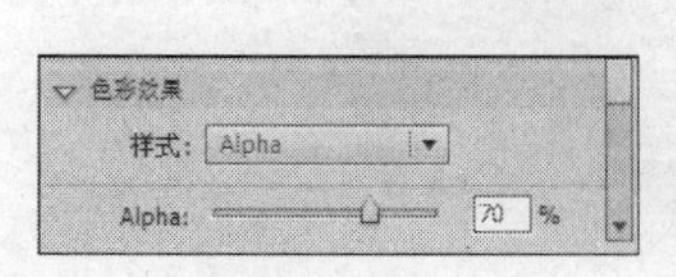

图 4-69

图 4-70

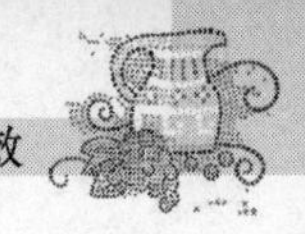

（16）选中“桥”图层的第 33 帧，在该帧上插入关键帧。在舞台窗口中选中“桥”实例，在“变形”面板中将“缩放宽度”选项设为 100，将“旋转”选项设为 0，按 Enter 键，效果如图 4-71 所示。用鼠标右键单击“桥”图层的第 28 帧，在弹出的菜单中选择“创建传统补间”命令，生成动作补间动画，如图 4-72 所示。

图 4-71

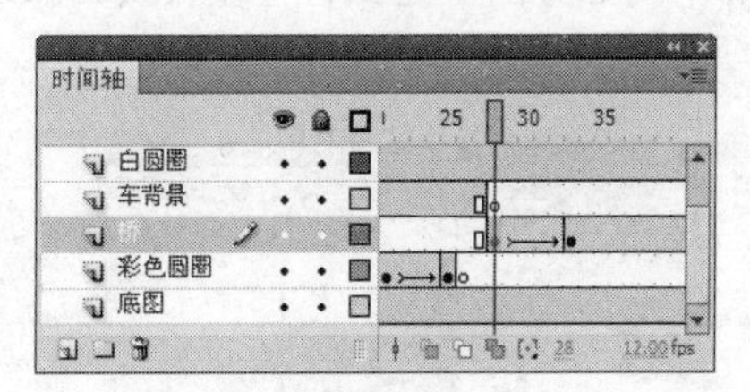

图 4-72

4.2.3　制作汽车动画

（1）分别选中“车”图层的第 28 帧和第 33 帧，在选中的帧上插入关键帧。选中“车”图层的第 33 帧，在舞台窗口中选中“车”实例，选择“任意变形”工具，将其变形并放置到合适的位置，效果如图 4-73 所示。

（2）用鼠标右键单击“车”图层的第 28 帧，在弹出的菜单中选择“创建传统补间”命令，生成动作补间动画，如图 4-74 所示。

图 4-73

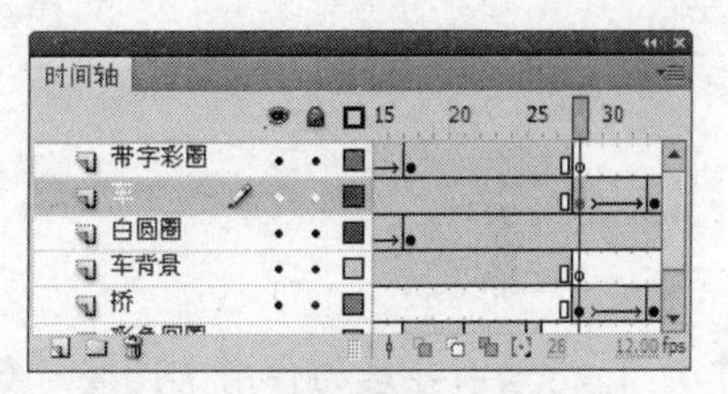

图 4-74

（3）分别选中“车”图层的第 36 帧和第 43 帧，在选中的帧上插入关键帧。选中“车”图层的第 43 帧，在舞台窗口中选中“车”实例，选择“任意变形”工具，将其等比例放大并旋转到合适的角度，拖曳车图形到适当的位置，效果如图 4-75 所示。

（4）用鼠标右键单击“车”图层的第 36 帧，在弹出的菜单中选择“创建传统补间”命令，生成动作补间动画，如图 4-76 所示。

图 4-75

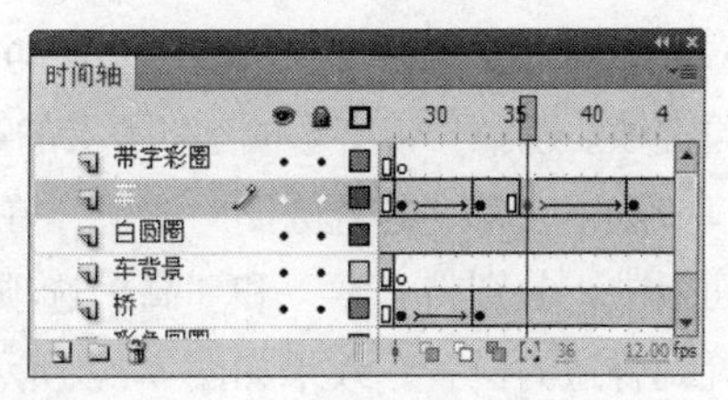

图 4-76

（5）用鼠标右键单击“车”图层，在弹出的菜单中选择“添加传统运动引导层”命令，为“车”图层添加引导层，如图 4-77 所示。分别选中“引导层”的第 36 帧和第 43 帧，在选中的帧上插入关键帧。选中“引导层”图层的第 36 帧，选择“线条”工具，按住 Shift 键的同时在舞台窗口中水平绘制一条直线。选择“选择”工具，将光标放在直线的中间部位上，鼠标指针变为，将直线的中间部分向上拖曳，直线转换为弧线，效果如图 4-78 所示。

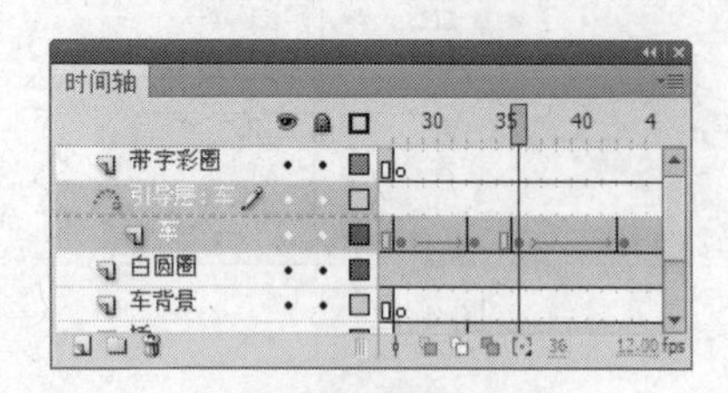

图 4-77

图 4-78

（6）在“时间轴”面板中选中“车”图层的第 36 帧。选择“任意变形”工具，在舞台窗口中选中“车”实例，将“车”实例的中心点拖曳到需要的位置，如图 4-79 所示，松开鼠标，取消实例的选取状态，效果如图 4-80 所示。

图 4-79

图 4-80

提示

运动引导层的作用是设置对象运动路径的导向，使与之相链接的被引导层中的对象沿着路径运动，运动引导层上的路径在播放动画时不显示。在引导层上还可创建多个运动轨迹，以引导被引导层上的多个对象沿不同的路径运动。要创建按照任意轨迹运动的动画就需要添加运动引导层，创建运动引导层动画时要求创建的是动作补间动画，运动引导层不可用于形状补间动画。

（7）在“时间轴”面板中创建新图层并将其命名为“带字彩圈 2”。选中“带字彩圈 2”图层的第 43 帧，在该帧上插入关键帧。将“库”面板中的影片剪辑元件“带字彩色圆圈”拖曳到舞台窗口中，选择“任意变形”工具，按住 Shift 键的同时将“带字彩色圆圈”实例等比例缩小并放置到合适的位置，效果如图 4-81 所示。

（8）选中“带字彩圈 2”图层的第 49 帧，在该帧上插入关键帧。选中“带字彩圈 2”图层的第 43 帧，在舞台窗口中选中“带字彩色圆圈”实例，在影片剪辑“属性”面板中，分别将“宽”和“高”选项设为 1，并将其放置到合适的位置，效果如图 4-82 所示。

图 4-81

图 4-82

（9）用鼠标右键单击“带字彩圈 2”图层的第 43 帧，在弹出的菜单中选择“创建传统补间”命令，生成动作补间动画，如图 4-83 所示。汽车宣传广告制作完成，按 Ctrl+Enter 组合键即可查看效果，如图 4-84 所示。

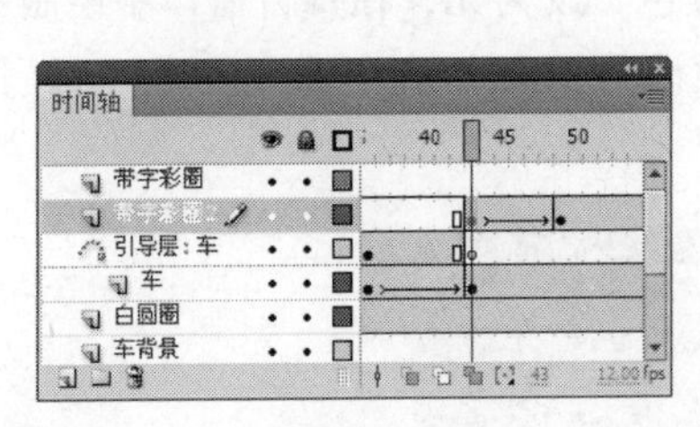

图 4-83

图 4-84

4.3 数码产品广告

【知识要点】使用“矩形”工具和“颜色”面板绘制透明渐变矩形，使用“文本”工具和“矩形”工具绘制彩条图形，使用“创建传统补间”命令制作动画效果，使用“动作”面板设置脚本语言。

4.3.1 导入图片并制作彩条元件

（1）选择“文件 > 新建”命令，弹出“新建文档”对话框，单击“确定”按钮，进入新建文档舞台窗口。按 Ctrl+F3 组合键，弹出文档“属性”面板，单击“大小”选项后面的“编辑”按钮 编辑... ，在弹出的对话框中将舞台窗口的宽度设为 300，高度设为 600，将“背景颜色”设为灰色（#999999），并将“帧频”选项设为 12，单击“确定”按钮。

（2）选择“文件 > 导入 > 导入到库”命令，在弹出的“导入到库”对话框中选择“Ch04 > 素材 > 4.3 数码产品广告 > 01、02、03、04、05”文件，单击“打开”按钮，文件被导入到“库”面板中，如图 4-85 所示。

（3）在“库”面板下方单击“新建元件”按钮，弹出“创建新元件”对话框，在“名称”选项的文本框中输入“透明渐变”，在“类型”选项的下拉列表中选择“图形”选项，单击“确定”按钮，新建图形元件“透明渐变”，如图 4-86 所示，舞台窗口也随之转换为图形元件的舞台窗口。

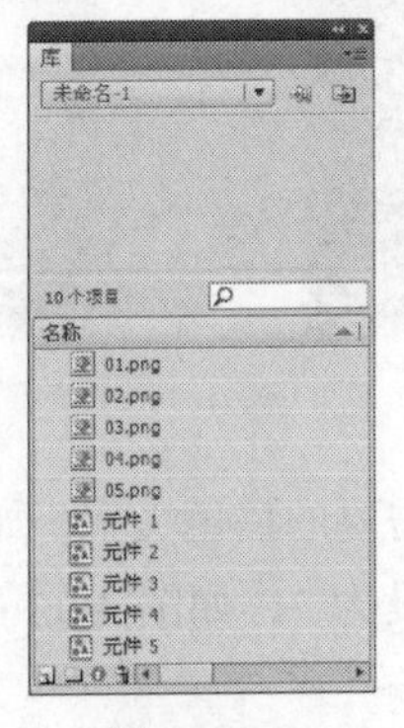

图 4-85

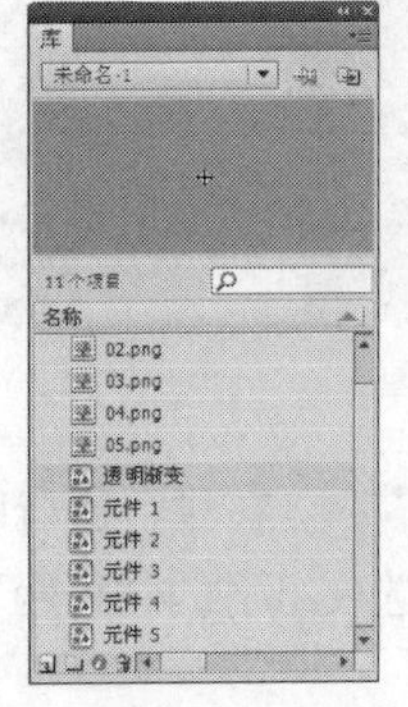

图 4-86

（4）选择“窗口 > 颜色”命令，弹出“颜色”面板，在“颜色类型”选项的下拉列表中选择“径向渐变”选项，选中色带上左侧的色块，将其设为白色，并将“Alpha”选项设为 30。选中色带上右侧的色块，将其设为黑色，并将“Alpha”选项设为 30，如图 4-87 所示。

（5）选择“矩形”工具，在工具箱中将“笔触颜色”设为无，在舞台窗口中绘制一个矩形。选中矩形，选择形状“属性”面板，将“宽”选项设为 300，“高”选项设为 600，舞台窗口中的效果如图 4-88 所示。

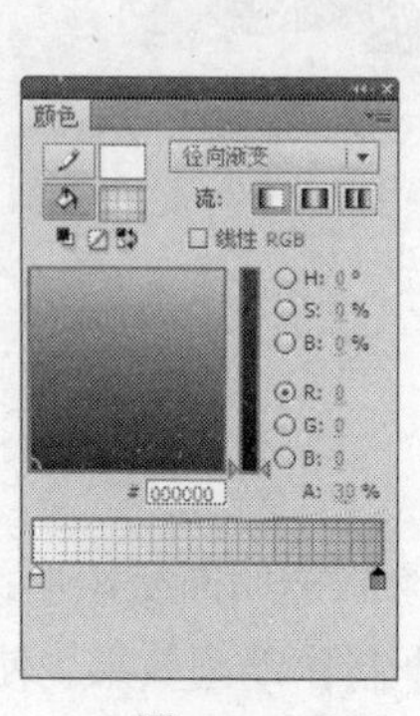

图 4-87

图 4-88

（6）单击“库”面板中的“新建元件”按钮，新建图形元件“彩条 1”，舞台窗口也随之转换为图形元件的舞台窗口。选择“矩形”工具，在矩形工具“属性”面板中，将“笔触颜色”设为白色，“填充颜色”设为红色（#FF0000），并将“笔触高度”选项设为 3，在舞台窗口中绘制矩形，效果如图 4-89 所示。

（7）分别将“库”面板中的图形元件“透明渐变”和位图“01.png”拖曳到舞台窗口中的适当位置，并将位图调整到合适的大小，效果如图 4-90 所示。

（8）选择“文本”工具，在文本工具“属性”面板中进行设置，在舞台窗口中分别输入需要的白色文字，效果如图 4-91 所示。

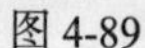
图 4-89

图 4-90

图 4-91

（9）选择“文本”工具，在舞台窗口中选取需要的白色文字，如图 4-92 所示，在文本“属性”面板中，将“段落”选项组下的“行距”选项设为 7，如图 4-93 所示，按 Enter 键，文字效果如图 4-94 所示。

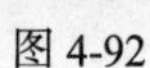

图 4-92

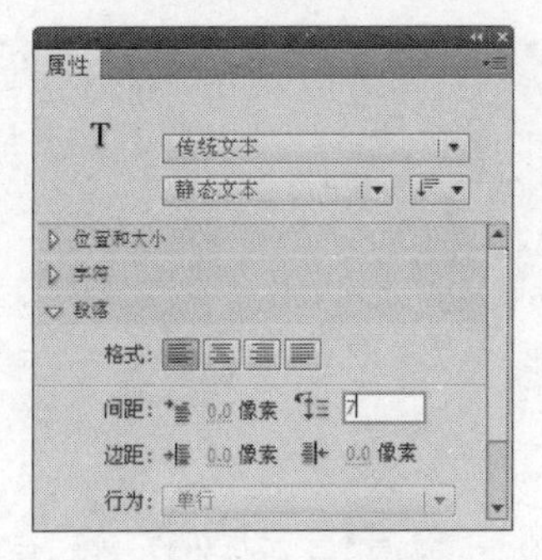

图 4-93

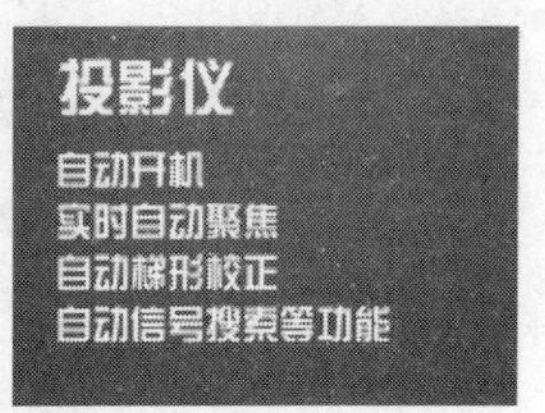

图 4-94

（10）单击“库”面板中的“新建元件”按钮，新建图形元件“彩条 2”。选择“矩形”工具，在工具箱中将“填充颜色”设为黄色（#FF9900），在舞台窗口中绘制一个矩形。选中矩形，选择形状“属性”面板，将“宽”选项设为 300，“高”选项设为 573。

（11）分别将“库”面板中的图形元件“透明渐变”和位图“02.png”拖曳到舞台窗口中适当的位置，并将位图调整到合适的大小。用相同的设置分别输入需要的文字，效果如图 4-95 所示。

（12）单击“库”面板中的“新建元件”按钮，新建图形元件“彩条 3”。选择“矩形”工具，在工具箱中将填充色设为蓝色（#0099FF），在舞台窗口中绘制一个矩形。选中矩形，选择形状“属性”面板，将“宽”选项设为 300，“高”选项设为 550。

（13）分别将“库”面板中的图形元件“透明渐变”和位图“03.png”拖曳到舞台窗口中适当的位置，并将位图调整到合适的大小。用相同的设置分别输入需要的文字，效果如图 4-96 所示。

图 4-95

图 4-96

（14）单击“库”面板中的“新建元件”按钮，新建图形元件“彩条 4”。选择“矩形”工具，在工具箱中将“填充颜色”设为绿色（#00FF00），在舞台窗口中绘制一个矩形。选中矩形，选择形状“属性”面板，将“宽”选项设为 300，“高”选项设为 532。

（15）分别将“库”面板中的图形元件“透明渐变”和位图“04.png”拖曳到舞台窗口中适当的位置，并将位图调整到合适的大小。用相同的设置分别输入需要的文字，效果如图 4-97 所示。

（16）单击“库”面板中的“新建元件”按钮，新建图形元件“彩条 5”。选择“矩形”工具，在工具箱中将“填充颜色”设为黄色（#FFFF00），在舞台窗口中绘制一个矩形。选中矩形，调出形状“属性”面板，将“宽”选项设为 300，“高”选项设为 510。将“库”面板中的图形元件“透明渐变”拖曳到舞台窗口中适当的位置，效果如图 4-98 所示。

图 4-97　　图 4-98

（17）单击“库”面板中的“新建元件”按钮，新建图形元件“文字 1”。选择“文本”工具，在文本工具“属性”面板中进行设置，如图 4-99 所示，在舞台窗口中输入需要的白色文字，效果如图 4-100 所示。

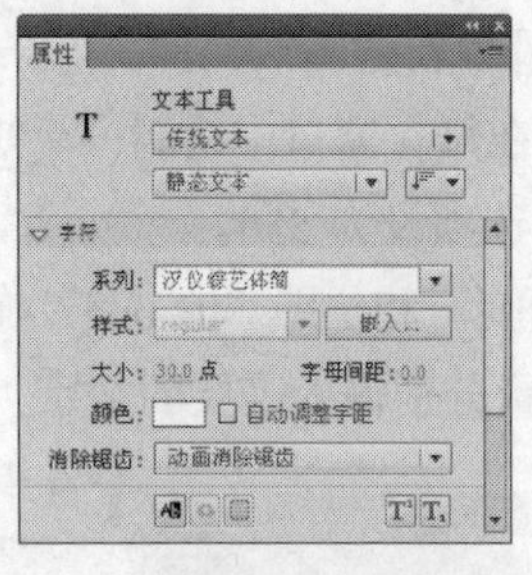

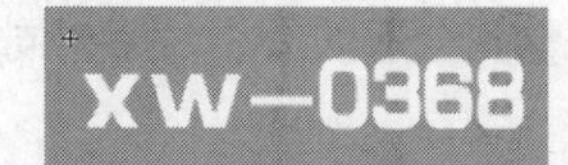

图 4-99　　图 4-100

（18）单击“库”面板中的“新建元件”按钮，新建图形元件“文字 2”。选择“文本”工具，在文本工具“属性”面板中进行设置，如图 4-101 所示，在舞台窗口中输入需要的白色文字，效果如图 4-102 所示。

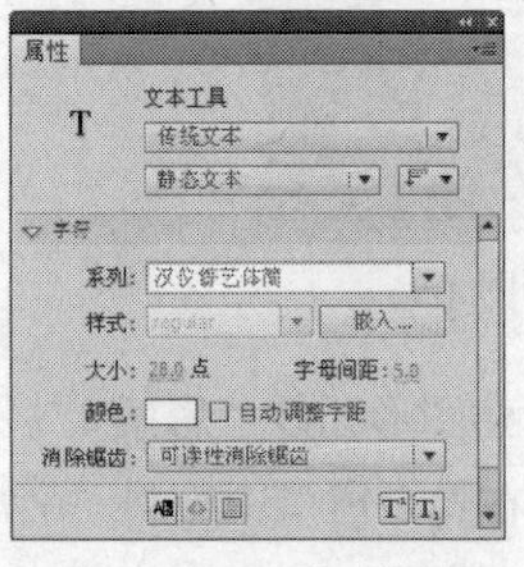

图 4-101　　图 4-102

4.3.2　制作动画

（1）单击舞台窗口左上方的“场景 1”图标，进入“场景 1”的舞台窗口。将“图层 1”重新命名为“彩条 1”。将“库”面板中的图形元件“彩条 1”拖曳到舞台窗口的上方外侧，如图 4-103 所示。

（2）选中“彩条 1”图层的第 5 帧，按 F6 键，在该帧上插入关键帧，在舞台窗口中选中“彩条 1”实例，按住 Shift 键的同时将其水平向下拖曳到舞台窗口中，将舞台窗口覆盖，效果如图 4-104 所示。

（3）用鼠标右键单击“彩条 1”图层的第 1 帧，在弹出的菜单中选择“创建传统补间”命令，生成动作补间动画，如图 4-105 所示。选中“彩条 1”图层的第 76 帧，按 F5 键，在该帧上插入普通帧。

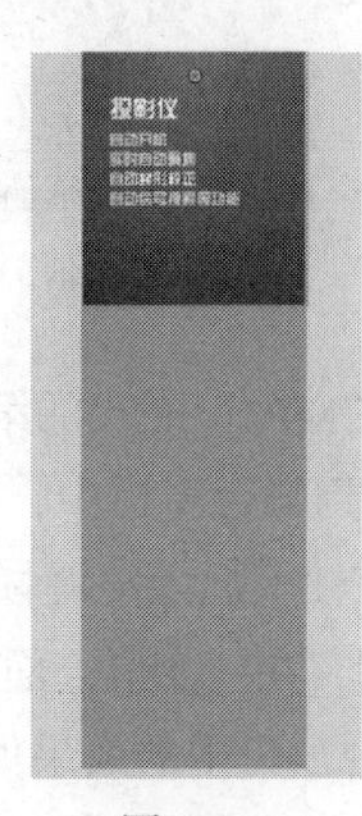

图 4-103

图 4-104

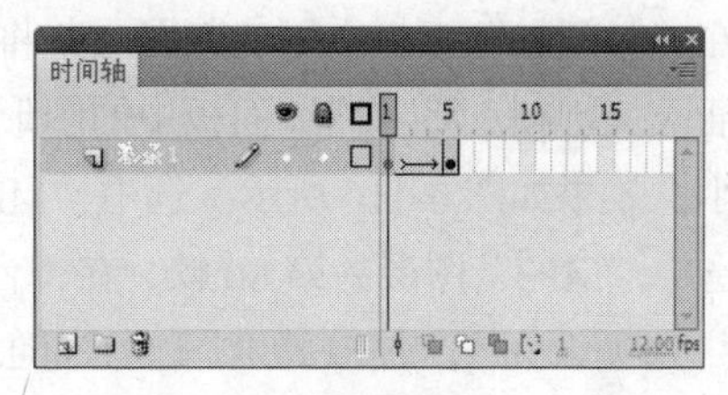

图 4-105

（4）在“时间轴”面板中创建新图层并将其命名为“彩条 2”。选中“彩条 2”图层的第 16 帧，按 F6 键，在该帧上插入关键帧。将“库”面板中的图形元件“彩条 2”拖曳到舞台窗口的上方外侧。

（5）选中“彩条 2”图层的第 21 帧，按 F6 键，在该帧上插入关键帧。在舞台窗口中选中“彩条 2”实例，按住 Shift 键的同时将其水平向下拖曳到舞台窗口中，与“彩条 1”实例保持顶对齐，效果如图 4-106 所示。

（6）用鼠标右键单击“彩条 2”图层的第 13 帧，在弹出的菜单中选择“创建传统补间”命令，生成动作补间动画，如图 4-107 所示。

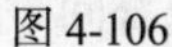

图 4-106

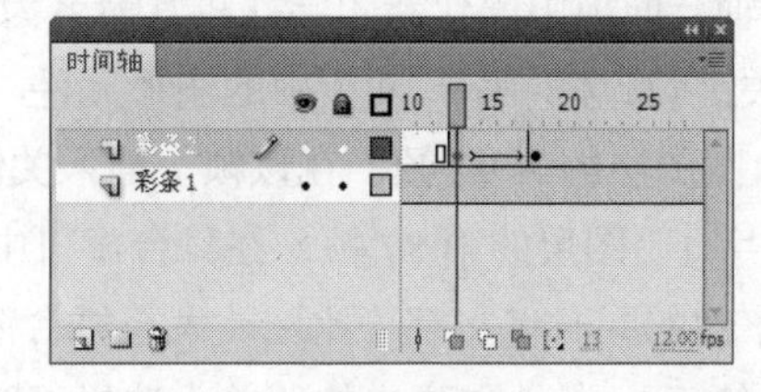

图 4-107

（7）用上述相同的方法分别制作“彩条 3”、“彩条 4”和“彩条 5”图层，只需将插入的首帧移到与前一层末端关键帧隔 10 帧的位置即可，“时间轴”面板显示如图 4-108 所示，舞台窗口中的效果如图 4-109 所示。

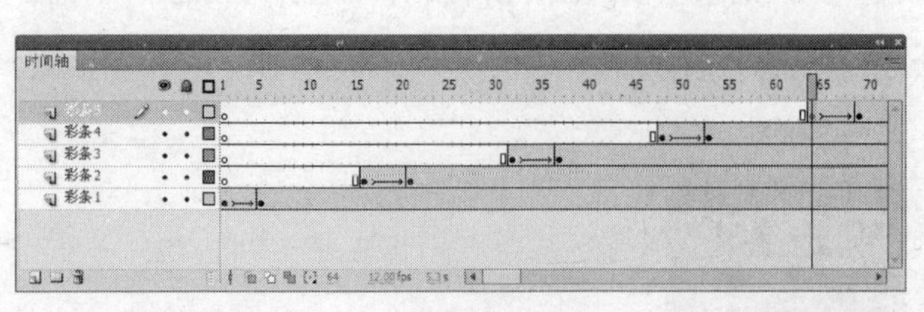

图 4-108

图 4-109

（8）在“时间轴”面板中创建新图层并将其命名为“MP3”。选中“MP3”图层的第 80 帧，在该帧上插入关键帧。将“库”面板中的图形元件“元件 5”文件拖曳到舞台窗口中，并调整到合适的大小，效果如图 4-110 所示。选中“MP3”图层的第 85 帧，在该帧上插入关键帧。

（9）选中“MP3”图层的第 80 帧，在舞台窗口中选中“MP3”实例，在“变形”面板中，将“缩放宽度”选项设为 5，“缩放高度”选项也随之变为 5，按 Enter 键，舞台窗口中的效果如图 4-111 所示。

（10）用鼠标右键单击“MP3”图层的第 80 帧，在弹出的菜单中选择“创建传统补间”命令，生成动作补间动画，如图 4-112 所示。

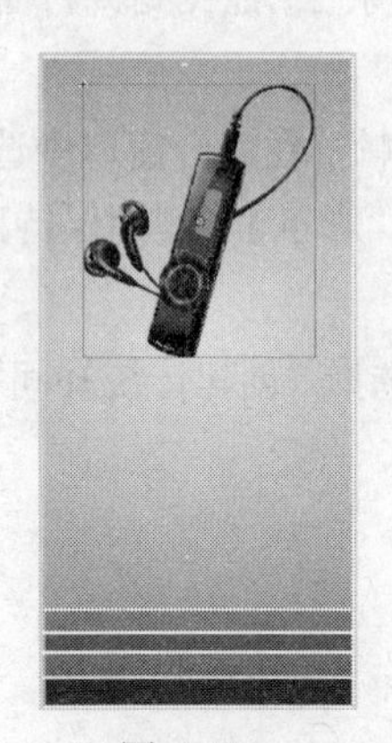

图 4-110

图 4-111

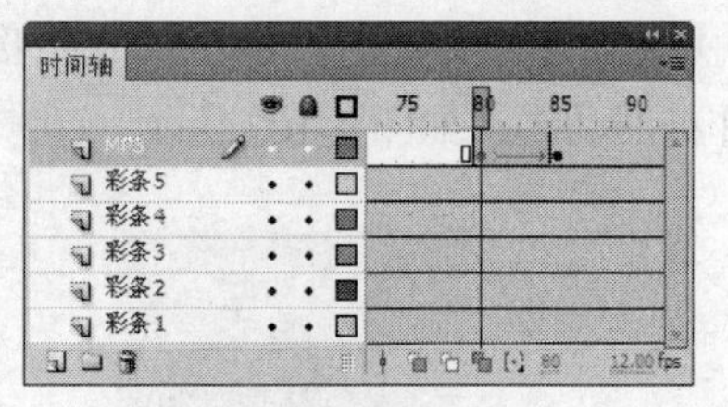

图 4-112

（11）在“时间轴”面板中创建新图层并将其命名为“文字 1”。选中“文字 1”图层的第 87 帧，在该帧上插入关键帧，将“库”面板中的图形元件“文字 1”拖曳到舞台窗口中，如图 4-113 所示。选中“文字 1”图层的第 92 帧，在该帧上插入关键帧。

（12）选中“文字 1”图层的第 87 帧，在舞台窗口中选中“文字 1”实例，选择“任意变形”工具，按住 Shift 键的同时将文字等比例放大至舞台窗口大小，如图 4-114 所示。用鼠标右键单击“文字 1”图层的第 87 帧，在弹出的菜单中选择“创建传统补间”命令，生成动作补间动画，如图 4-114 所示。

图 4-113

图 4-114

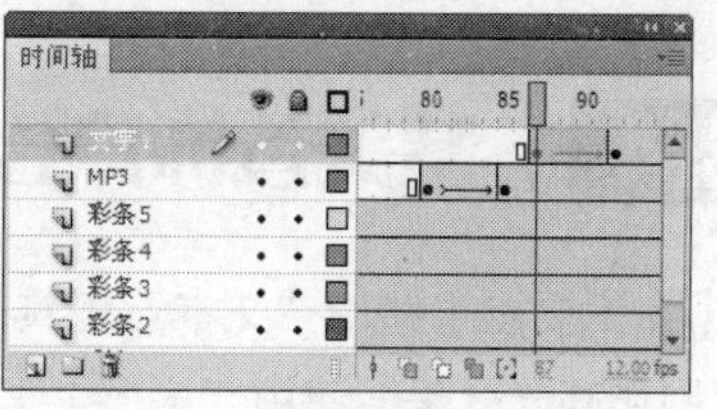

图 4-115

（13）用相同的方法制作“文字 2”图层，只需将插入的首帧移到 94 帧即可，如图 4-116 所示。舞台窗口中的效果如图 4-117 所示。

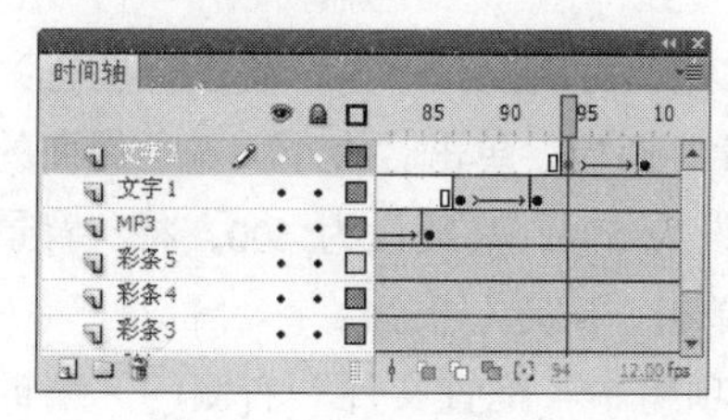

图 4-116

图 4-117

（14）在“时间轴”面板中创建新图层并将其命名为“动作脚本”。选中“动作脚本”图层的第 76 帧，在该帧上插入关键帧。

（15）选择“窗口 > 动作”命令，弹出“动作”面板。单击面板左上方的“将新项目添加到脚本中”按钮，在弹出的菜单中选择“全局函数 > 时间轴控制 > stop”命令，在脚本窗口中显示出选择的脚本语言，如图 4-118 所示。设置完成动作脚本后，关闭“动作”面板。在“动作脚本”图层的第 99 帧上显示出一个标记“a”。数码产品广告制作完成，按 Ctrl+Enter 组合键即可查看效果，如图 4-119 所示。

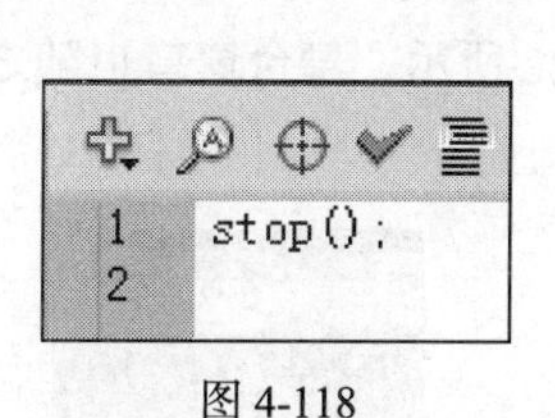

图 4-118

图 4-119

提示　Flash CS5 既可以制作出生动的矢量动画，又可以利用脚本编写语言对动画进行编程，从而实现多种特殊效果。Flash CS5 使用了动作脚本 3.0，其功能性更为强大，但还可以沿用以前版本的 1.0 或 2.0 动作脚本。脚本可以由单一的动作组成，如设置动画播放、停止的语言，也可以由复杂的动作组成，如设置先计算条件，再执行动作。

4.4 精美首饰广告

【知识要点】使用“文本”工具添加文字效果，使用“钢笔”工具、“矩形”工具和“颜色”面板制作高光效果，使用“矩形”工具、“颜色”面板和“变形”面板绘制星星图形，使用“创建补间形状”和“遮罩层”命令制作遮罩动画，使用“动作”面板设置脚本语言。

4.4.1 导入图片并制作图形元件

（1）选择“文件 > 新建”命令，弹出“新建文档”对话框，单击“确定”按钮，进入新建文档舞台窗口。按 Ctrl+F3 组合键，弹出文档“属性”面板，单击“大小”选项后面的“编辑”按钮 编辑... ，在弹出的对话框中将舞台窗口的宽度设为 590，高度设为 400，将“背景颜色”设为深灰色（#666666），并将“帧频”选项设为 12，单击“确定”按钮。

（2）在文档“属性”面板中，单击“发布”选项组中“配置文件”右侧的“编辑”按钮，在弹出的“发布设置”对话框中将“播放器”选项设为“Flash Player 8”，将“脚本”选项设为“ActionScript 2.0”，如图 4-120 所示，单击“确定”按钮。

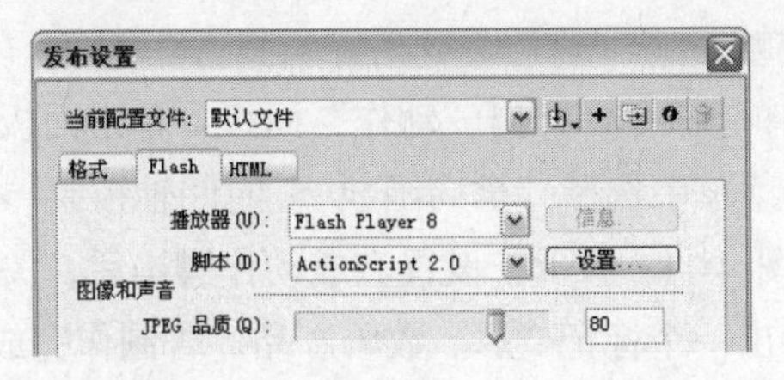

图 4-120

（3）选择“文件 > 导入 > 导入到库”命令，在弹出的“导入到库”对话框中选择“Ch04 > 素材 > 4.4 精美首饰广告 > 01、02、03、04”文件，单击“打开”按钮，文件被导入到“库”面板中，如图 4-121 所示。

（4）在“库”面板下方单击“新建元件”按钮，弹出“创建新元件”对话框，在“名称”选项的文本框中输入“英文 1”，在“类型”选项的下拉列表中选择“图形”选项，单击“确定”按钮，新建一个图形元件“英文 1”，如图 4-122 所示，舞台窗口也随之转换为图形元件的舞台窗口。

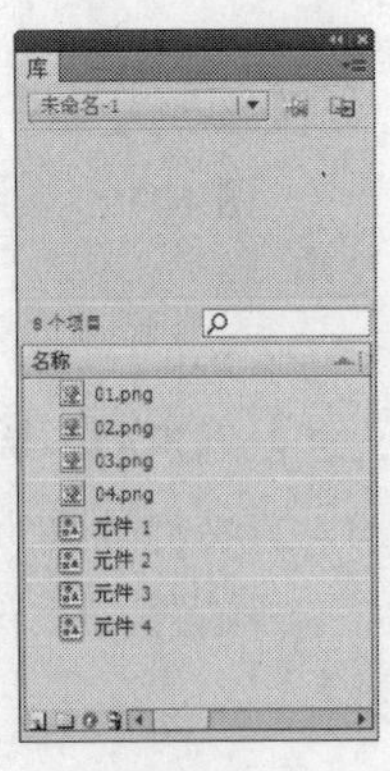

图 4-121

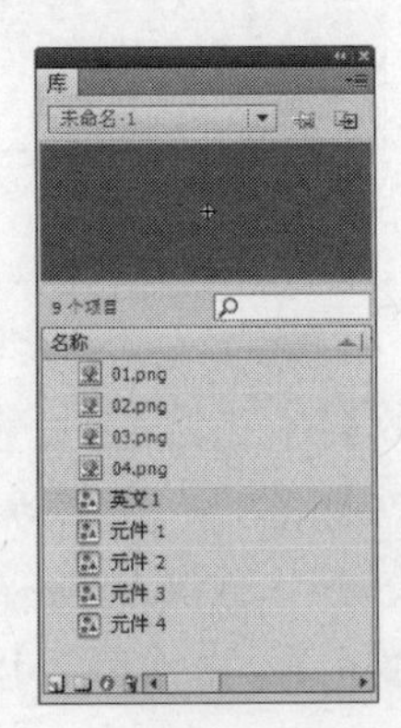

图 4-122

（5）选择“文本”工具[T]，在文本工具“属性”面板中进行设置，如图 4-123 所示，在舞台窗口中输入白色英文“precious stone”，文字效果如图 4-124 所示。

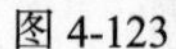

图 4-123

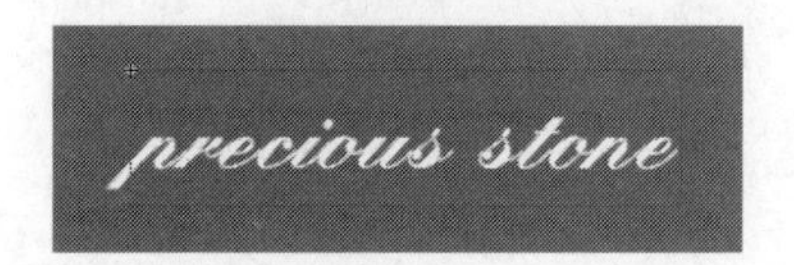

图 4-124

（6）单击“库”面板中的“新建元件”按钮，新建一个图形元件“英文 2”，舞台窗口也随之转换为图形元件的舞台窗口。选择“文本”工具[T]，在文本工具“属性”面板中进行设置，如图 4-125 所示，在舞台窗口中输入白色文字“Bernard 2012”，文字效果如图 4-126 所示。

图 4-125

图 4-126

4.4.2　绘制星星

（1）在“库”面板中新建一个图形元件“渐变矩形”，舞台窗口也随之转换为图形元件的舞台窗口。选择“矩形”工具，在工具箱中将“笔触颜色”设为无，“填充颜色”设为白色，在舞台窗口中绘制出矩形，如图 4-127 所示。选中矩形，在形状“属性”面板中将“宽”选项设为 1.2，“高”选项设为 36，效果如图 4-128 所示。

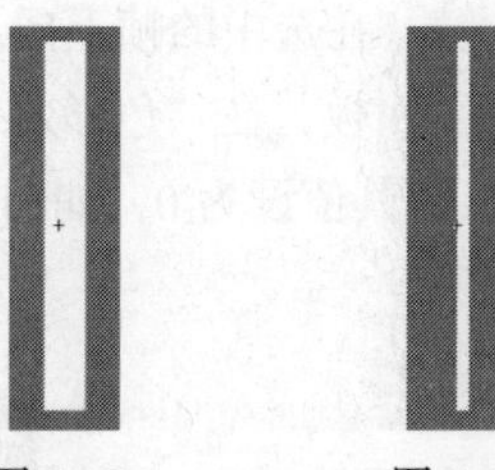

图 4-127　　图 4-128

（2）调出“颜色”面板，在“颜色类型”选项的下拉列表中选择“线性渐变”选项，在色带中间的位置单击鼠标添加一个色块，并将其设为白色，选中色带上左右两侧的色块，将其设为白色，并将其“Alpha”选项设为 0，如图 4-129 所示。选择“颜料桶”工具，按住 Shift 键的同

时在矩形上由上至下拖曳渐变色，松开鼠标，渐变效果如图 4-130 所示。选中矩形，按 Ctrl+G 组合键，将其进行组合。

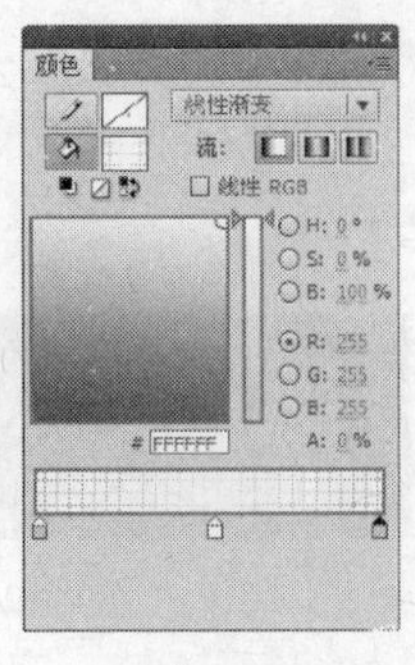

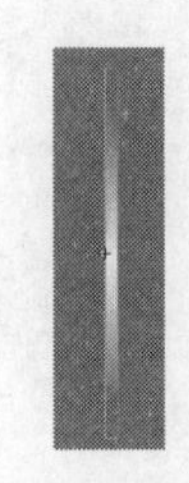

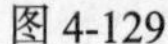

图 4-129　　图 4-130

（3）在“库”面板中新建一个图形元件“星星”，舞台窗口也随之转换为图形元件的舞台窗口。将“库”面板中的图形元件“渐变矩形”拖曳到舞台窗口中。选中渐变矩形，调出“变形”面板，在面板中进行设置，如图 4-131 所示，单击“重置选区和变形”按钮，变形并复制矩形，效果如图 4-132 所示。

（4）用相同的方法复制并旋转两次矩形，效果如图 4-133 所示。在“库”面板中新建一个影片剪辑元件“星星动”，如图 4-134 所示，舞台窗口也随之转换为影片剪辑元件的舞台窗口。

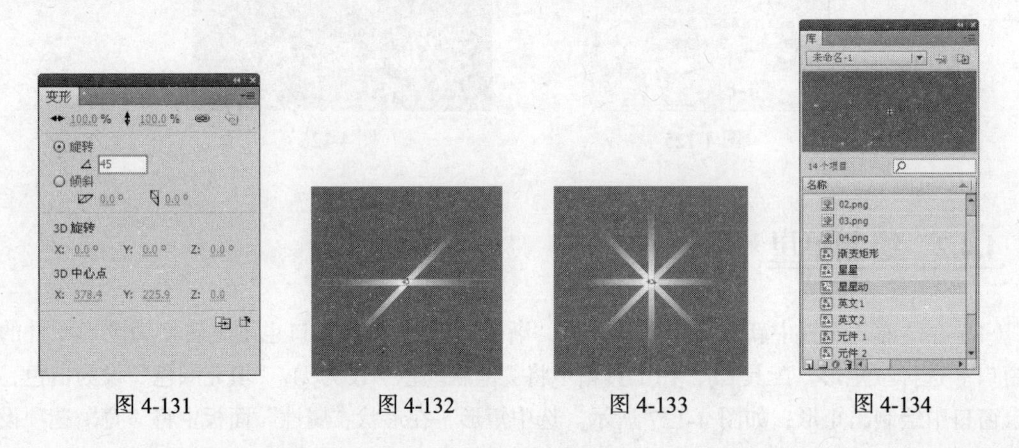

图 4-131　　图 4-132　　图 4-133　　图 4-134

（5）将“库”面板中的图形元件“星星”拖曳到舞台窗口中，在“时间轴”面板中分别选中“图层 1”的第 10 帧和第 20 帧，按 F6 键，在选中的帧上插入关键帧。选中第 1 帧，在舞台窗口中选中“星星”实例，选择图形“属性”面板，在“色彩效果”选项组中单击“样式”选项，在弹出的下拉列表中选择“Alpha”选项，将其值设为 0，如图 4-135 所示，“星星”实例变为透明，效果如图 4-136 所示。

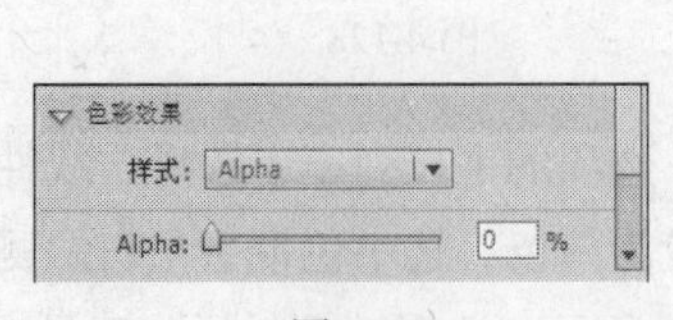

图 4-135　　图 4-136

(6) 用相同的方法将第 20 帧中的“星星”实例设置为透明。用鼠标右键单击“图层 1”的第 1 帧和第 10 帧，在弹出的菜单中选择“创建传统补间”命令，创建动作补间动画，如图 4-137 所示。

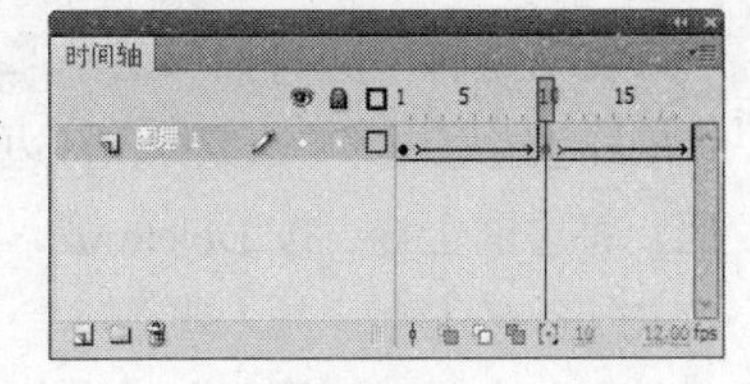

图 4-137

4.4.3　制作高光动画

(1) 在“库”面板中新建一个影片剪辑元件“高光矩形”，窗口也随之转换为影片剪辑元件的舞台窗口。

(2) 选择“颜色”面板，在“颜色类型”选项的下拉列表中选择“线性渐变”选项，在色带上单击鼠标添加色块，分别将 3 个色块设为白色，并依次将其“Alpha”选项设为 73、50 和 20，如图 4-138 所示。选择“矩形”工具，在舞台窗口中绘制矩形，效果如图 4-139 所示。

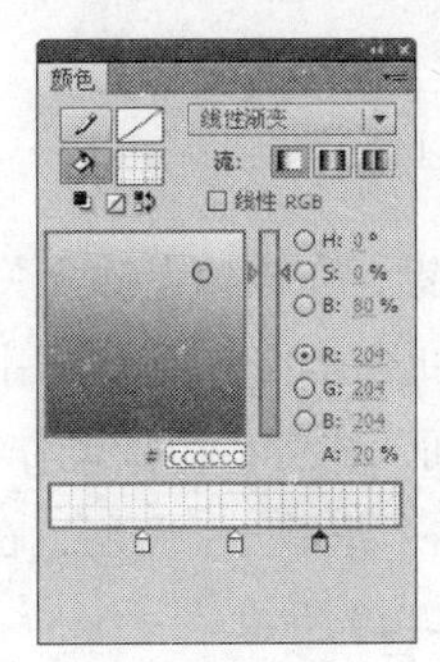

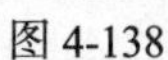

图 4-138

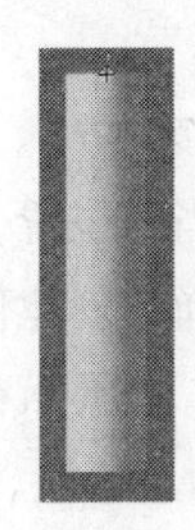

图 4-139

(3) 在“库”面板中新建一个影片剪辑元件“高光”，如图 4-140 所示，窗口也随之转换为影片剪辑元件的舞台窗口。将“图层 1”重新命名为“形状 1”。

(4) 单击“时间轴”面板下方的“新建图层”按钮，创建“图层 2”。将“图层 2”拖曳到“形状 1”图层的下方。将“库”面板中的位图“01.png”拖曳到舞台窗口中，并调整到合适的大小，效果如图 4-141 所示。

(5) 选中“形状 1”图层，选择“钢笔”工具，在工具箱中将“笔触颜色”设为红色（#FF0000），“填充颜色”设为无，在舞台窗口中沿着戒指的表面绘制出一个闭合的月牙形边框，如图 4-142 所示。将“图层 2”删除，舞台窗口中的效果如图 4-143 所示。

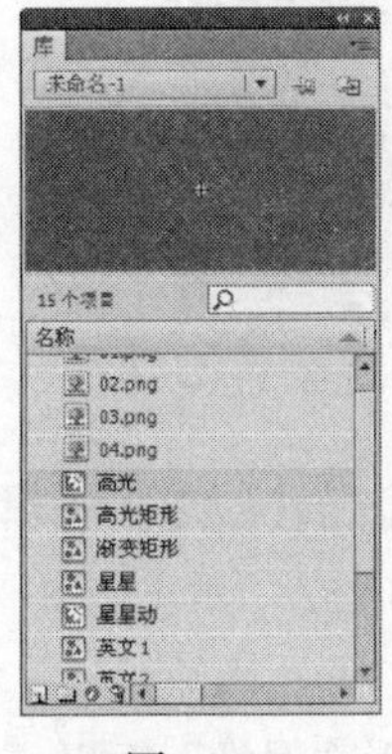

图 4-140

图 4-141

图 4-142

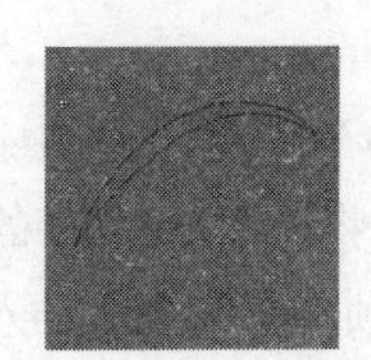

图 4-143

（6）选择“颜料桶”工具，在工具箱中将“填充颜色”设为红色（#FF0000），在舞台窗口中的红色边框内部单击鼠标，将边框内部填充为红色。选择“选择”工具，用鼠标双击红色的边框，将边框全选，按 Delete 键，删除边框，效果如图 4-144 所示。选中“形状 1”图层的第 45 帧，按 F5 键，在该帧上插入普通帧。

（7）在“时间轴”面板中创建新图层，将其命名为“高光 1”，并将该图层拖曳至“形状 1”图层的下方，如图 4-145 所示。将“库”面板中的图形元件“高光矩形”拖曳到舞台窗口中，选择“任意变形”工具，将矩形旋转到合适的角度，并将其拖曳到适当的位置，如图 4-146 所示。

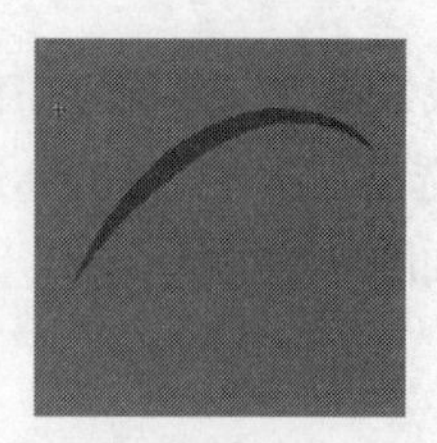

图 4-144

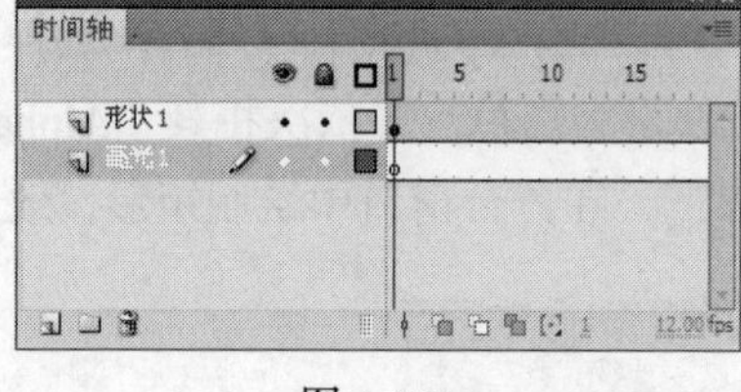

图 4-145

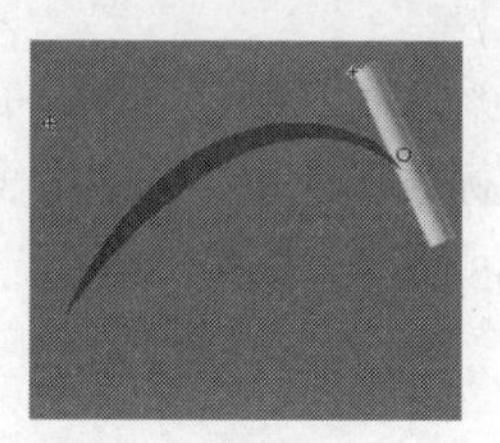

图 4-146

（8）选中“高光 1”图层的第 30 帧，按 F6 键，在该帧上插入关键帧。选择“选择”工具，在舞台窗口中将矩形拖曳到适当的位置，效果如图 4-147 所示。用鼠标右键单击“高光 1”图层的第 1 帧，在弹出的菜单中选择“创建传统补间”命令，生成动作补间动画，如图 4-148 所示。

（9）在“时间轴”面板中，用鼠标右键单击“形状 1”图层，在弹出的菜单中选择“遮罩层”命令，将“形状 1”图层转换为遮罩层，如图 4-149 所示。

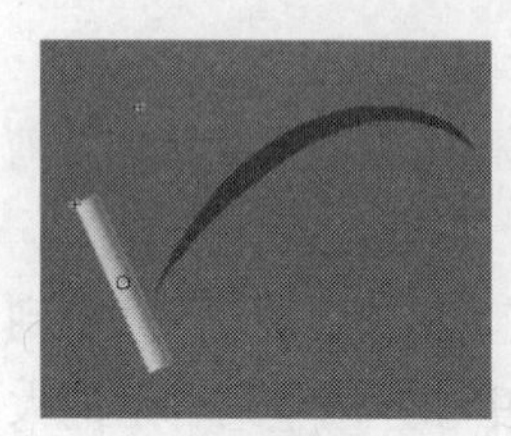

图 4-147

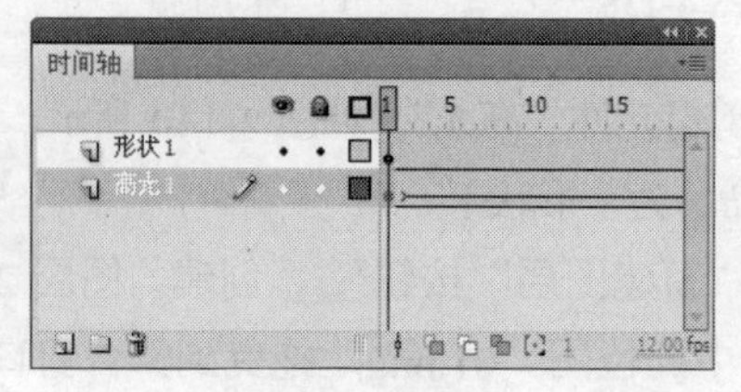

图 4-148

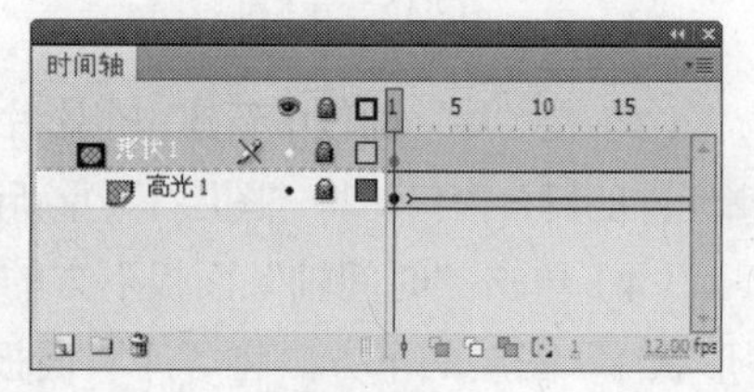

图 4-149

（10）用上述相同的方法制作另一个高光效果，“时间轴”面板显示效果如图 4-150 所示，舞台窗口中的效果如图 4-151 所示。

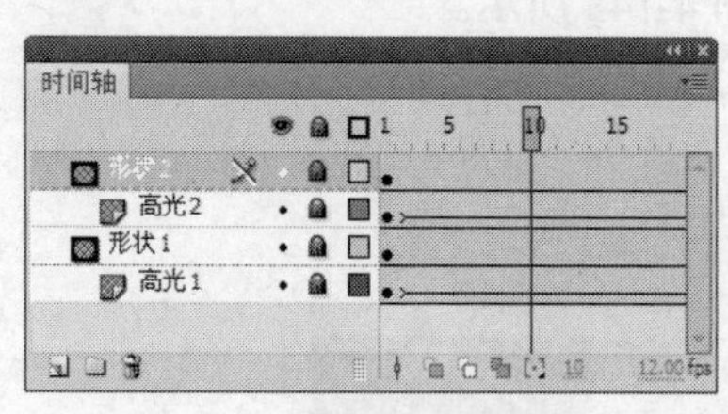

图 4-150

图 4-151

（11）在“库”面板中新建一个影片剪辑元件“导航栏动画”，窗口也随之转换为影片剪辑元件的舞台窗口。将“库”面板中的图形元件“元件 3”拖曳到舞台窗口中，如图 4-152 所示。选中“图层 1”的第 10 帧，按 F6 键，插入关键帧。

（12）选中“图层 1”的第 1 帧，在舞台窗口中选中导航实例，选择图形“属性”面板，在“色彩

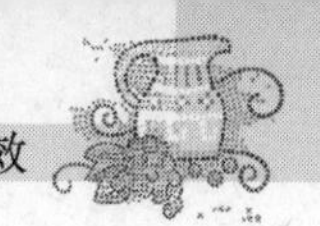

效果”选项组中单击“样式”选项，在弹出的下拉列表中选择“Alpha”选项，将其值设为 0，舞台窗口中的效果如图 4-153 所示。

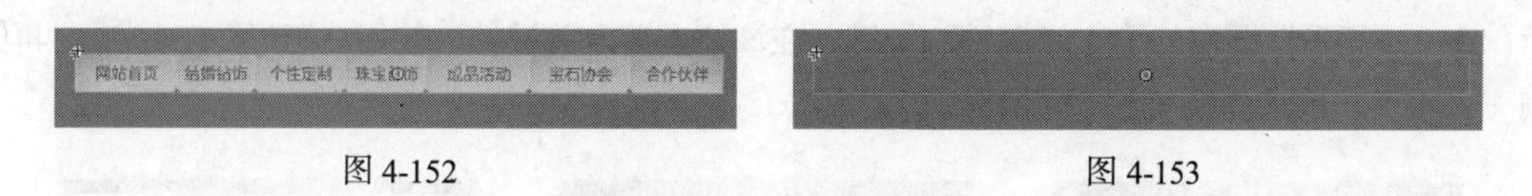

图 4-152　　　　图 4-153

（13）用鼠标右键单击“图层 1”的第 1 帧，在弹出的菜单中选择“创建传统补间”命令，生成动作补间动画，如图 4-154 所示。

（14）选中“图层 1”的第 10 帧，选择“窗口 > 动作”命令，弹出“动作”面板。单击面板左上方的“将新项目添加到脚本中”按钮，在弹出的菜单中选择“全局函数 > 时间轴控制 > stop”命令，在脚本窗口中显示出选择的脚本语言，如图 4-155 所示。设置完成动作脚本后，关闭“动作”面板。在“动作脚本”图层的第 10 帧上显示出一个标记“a”。

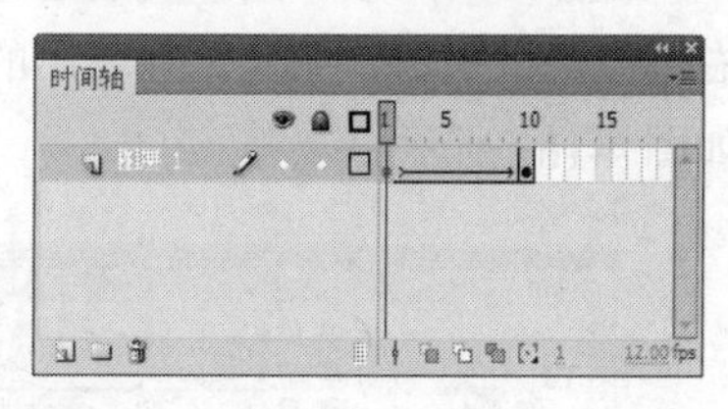

图 4-154

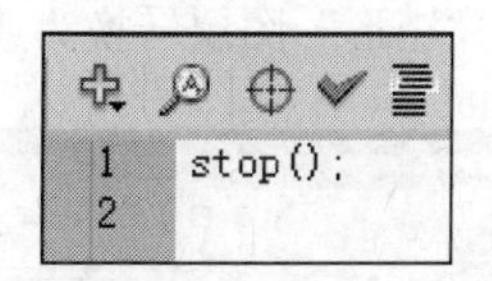

图 4-155

4.4.4　制作画轴动画

（1）单击舞台窗口左上方的“场景 1”图标，进入“场景 1”的舞台窗口。将“图层 1”重新命名为“背景”。选择“颜色”面板，在“颜色类型”选项的下拉列表中选择“线性渐变”选项，在色带上单击鼠标，添加色块，选中色带上左侧的色块，将其设为米黄色（F7EFBD）。选中色带上中间的色块，将其设为棕色（C09754）。选中色带上右侧的色块，将其设为黑色，如图 4-156 所示。

（2）选择“矩形”工具，在工具箱中将“笔触颜色”设为无，在舞台窗口中绘制矩形，效果如图 4-157 所示。使用“渐变变形”工具，将渐变色调整到需要的效果，如图 4-158 所示。

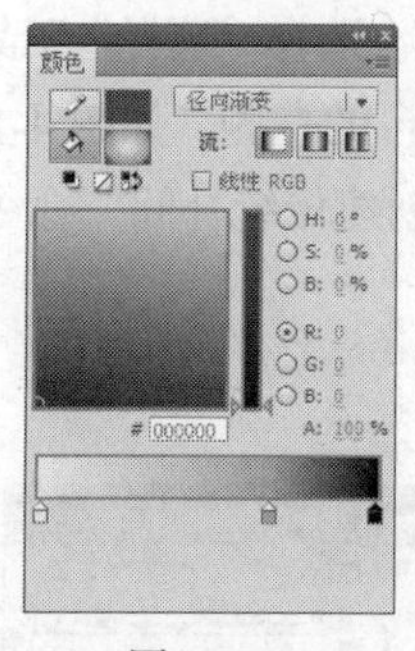

图 4-156

图 4-157

图 4-158

（3）在“时间轴”面板中创建新图层并将其命名为“画纸”。使用上述相同的方法绘制渐变矩形，并设置渐变矩形的“笔触颜色”为棕色（#8B6638），“笔触高度”为 5，效果如图 4-159 所示。

（4）在“时间轴”面板中创建新图层并将其命名为“矩形”。选择“矩形”工具，在工具箱中将“笔触颜色”设为无，“填充颜色”设为白色，在舞台窗口中绘制矩形，效果如图 4-160 所示。选中“矩形”图层的第 15 帧，按 F6 键，在该帧上插入关键帧。使用“矩形”工具，再绘制一个矩形，效果如图 4-161 所示。

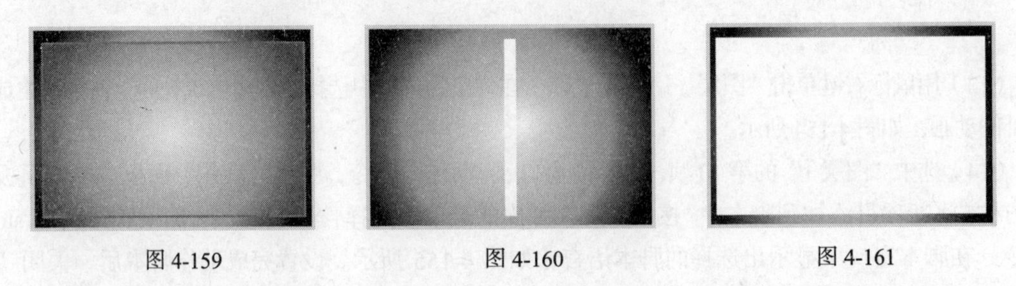

图 4-159　　图 4-160　　图 4-161

（5）用鼠标右键单击“矩形”图层的第 1 帧，在弹出的菜单中选择“创建补间形状”命令，生成形状补间动画，如图 4-162 所示。用鼠标右键单击“矩形”图层，在弹出的菜单中选择“遮罩层”命令，将“矩形”图层转换为遮罩层，如图 4-163 所示。

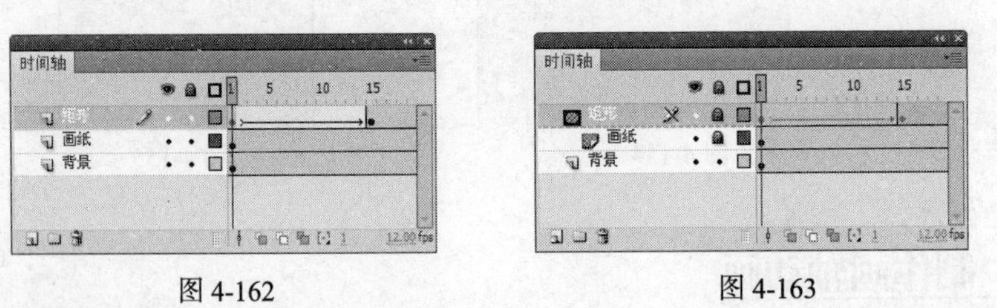

图 4-162　　图 4-163

提示

形状补间动画是使图形形状发生变化的动画，可以实现一种形状变换成另一种形状。形状补间动画所处理的对象必须是舞台上的图形。如果舞台上的对象是组件实例、多个图形的组合、文字、导入的素材对象，必须先分离或取消组合，将其打散成图形，才能制作形状补间动画。利用这种动画，也可以实现上述对象的大小、位置、旋转、颜色及透明度等变化。

（6）在“时间轴”面板中创建新图层并将其命名为“左画轴”。将“库”面板中的图形元件“元件 3”拖曳到舞台窗口中，并调整到合适的大小，效果如图 4-164 所示。

（7）选中“左画轴”图层的第 15 帧，按 F6 键，在该帧上插入关键帧。选择“选择”工具，选中舞台窗口中的“画轴”实例，按住 Shift 键的同时水平向左拖曳到舞台的左侧，如图 4-165 所示。用鼠标右键单击“左画轴”图层的第 1 帧，在弹出的菜单中选择“创建传统补间”命令，生成动作补间动画，如图 4-166 所示。

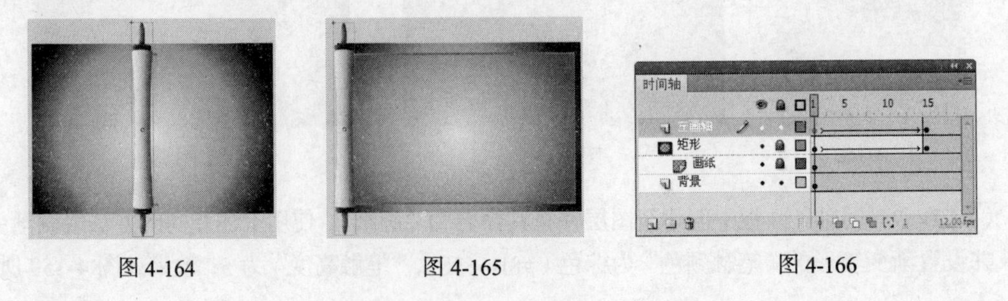

图 4-164　　图 4-165　　图 4-166

（8）在“时间轴”面板中创建新图层并将其命名为“右画轴”。再次将“库”面板中的图形元件“元件 3”拖曳到舞台窗口中，并调整到合适的大小，效果如图 4-167 所示。选择“修改 > 变形 > 水平翻转”命令，实例的水平翻转效果如图 4-168 所示。

（9）选中“右画轴”图层的第 15 帧，按 F6 键，在该帧上插入关键帧。选择“选择”工具，选中舞台窗口中的画轴实例，按住 Shift 键的同时水平向右拖曳到舞台的右侧，如图 4-169 所示。用鼠标右键单击“右画轴”图层的第 1 帧，在弹出的菜单中选择“创建传统补间”命令，生成动作补间动画。

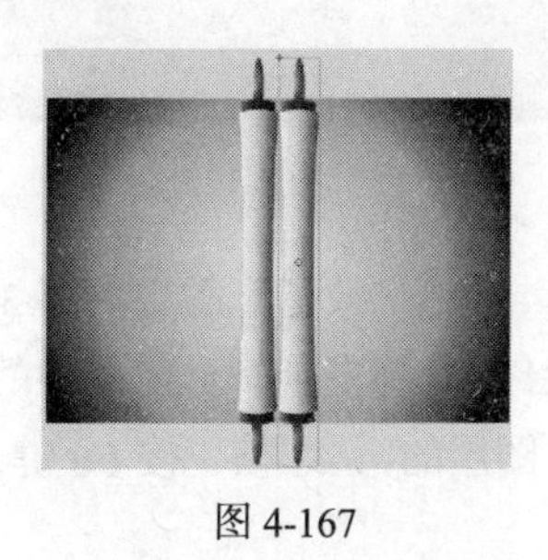

图 4-167

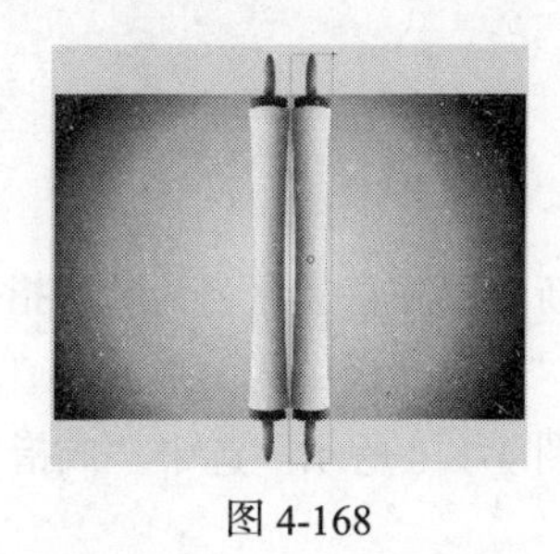

图 4-168

图 4-169

4.4.5　制作动画效果

（1）在“时间轴”面板中创建新图层并将其命名为“标志”。选中“标志”图层的第 21 帧，按 F6 键，在该帧上插入关键帧。将“库”面板中的图形元件“元件 4”拖曳到舞台窗口中的左侧，效果如图 4-170 所示。选中“标志”图层的第 27 帧，按 F6 键，在该帧上插入关键帧。

（2）选中“标志”图层的第 21 帧，在舞台窗口中选中实例，在“变形”面板中将“缩放宽度”选项设为 1，按 Enter 键，舞台窗口中的效果如图 4-171 所示。用鼠标右键单击“标志”图层的第 21 帧，在弹出的菜单中选择“创建传统补间”命令，生成动作补间动画，如图 4-172 所示。

图 4-170

图 4-171

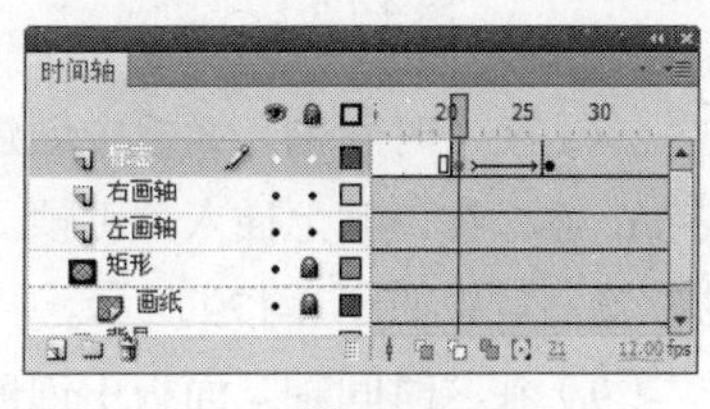

图 4-172

（3）在“时间轴”面板中创建新图层并将其命名为“星星”。选中“星星”图层的第 27 帧，按 F6 键，在该帧上插入关键帧。分别将“库”面板中的影片剪辑“星星动”向舞台窗口中拖曳两次，并分别将其拖曳到适当的位置，效果如图 4-173 所示。

（4）在“时间轴”面板中创建新图层并将其命名为“导航栏”。选中“导航栏”图层的第 29 帧，按 F6 键，在该帧上插入关键帧。将“库”面板中的影片剪辑“导航栏动画”拖曳到舞台窗口中的上方，如图 4-174 所示。

（5）选中“导航栏”图层的第 34 帧，按 F6 键，在该帧上插入关键帧。在舞台窗口中选中“导航栏动画”实例，按住 Shift 键的同时将其垂直向下拖曳到适当的位置，如图 4-175 所示。用鼠标

右键单击“导航栏”图层的第 29 帧，在弹出的菜单中选择“创建传统补间”命令，生成动作补间动画。

图 4-173

图 4-174

图 4-175

（6）在“时间轴”面板中创建新图层并将其命名为“戒指”。选中“戒指”图层的第 36 帧，按 F6 键，在该帧上插入关键帧。将“库”面板中的图形元件“元件 1”拖曳到舞台窗口中的右侧，并将其调整到合适的大小，效果如图 4-176 所示。选中“戒指”图层的第 42 帧，按 F6 键，在该帧上插入关键帧。

（7）选中“戒指”图层的第 36 帧，在舞台窗口中选中戒指实例，选择图形“属性”面板，在“色彩效果”选项组中单击“样式”选项，在弹出的下拉列表中选择“Alpha”选项，将其值设为 0，舞台窗口中的效果如图 4-177 所示。用鼠标右键单击“戒指”图层的第 36 帧，在弹出的菜单中选择“创建传统补间”命令，生成动作补间动画，如图 4-178 所示。

图 4-176

图 4-177

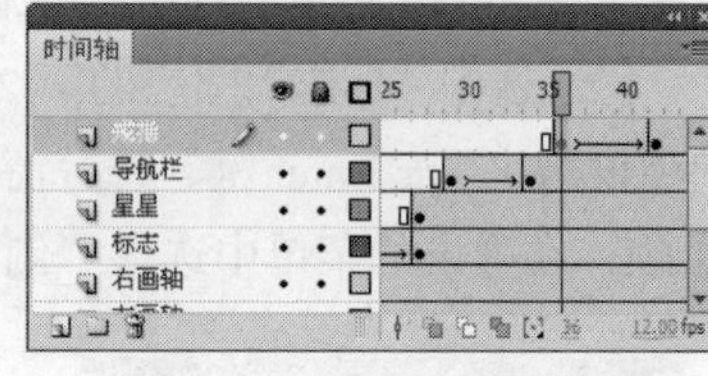

图 4-178

（8）在“时间轴”面板中创建新图层并将其命名为“高光”。选中“高光”图层的第 42 帧，按 F6 键，在该帧上插入关键帧。将“库”面板中的影片剪辑“高光”拖曳到舞台窗口中的适当的位置，效果如图 4-179 所示。

（9）在“时间轴”面板中创建新图层并将其命名为“英文 1”。选中“英文 1”图层的第 44 帧，按 F6 键，在该帧上插入关键帧。将“库”面板中的图形元件“英文 1”拖曳到舞台窗口中的适当位置，如图 4-180 所示。选中“英文 1”图层的第 49 帧，按 F6 键，在该帧上插入关键帧，将舞台窗口中的英文拖曳到戒指图形的下方，如图 4-181 所示。

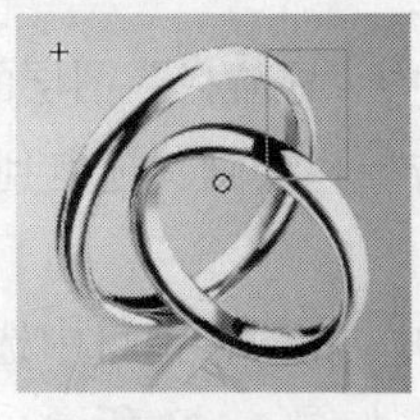

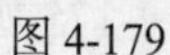

图 4-179

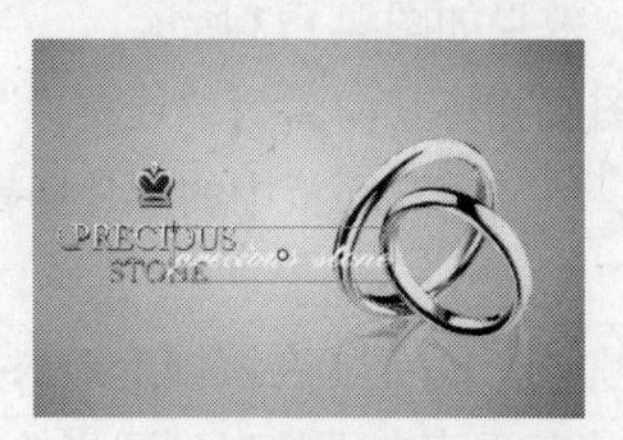

图 4-180

图 4-181

（10）选中“英文 1”图层的第 44 帧，选中舞台窗口中的“英文 1”实例，选择图形“属性”面板，在“色彩效果”选项组中单击“样式”选项，在弹出的下拉列表中选择“Alpha”选项，将其值设为 0，如图 4-182 所示，舞台窗口中的效果如图 4-183 所示。用鼠标右键单击“英文 1”图层的第 44 帧，在弹出的菜单中选择“创建传统补间”命令，生成动作补间动画，如图 4-184 所示。

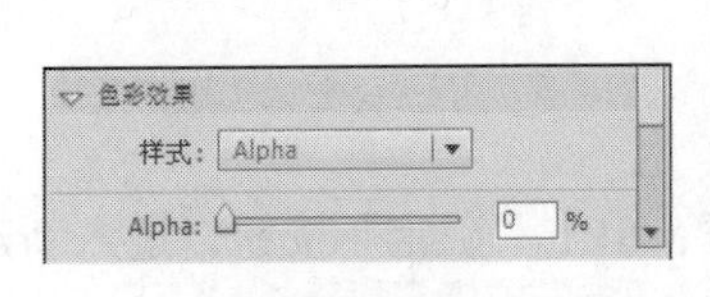

图 4-182

图 4-183

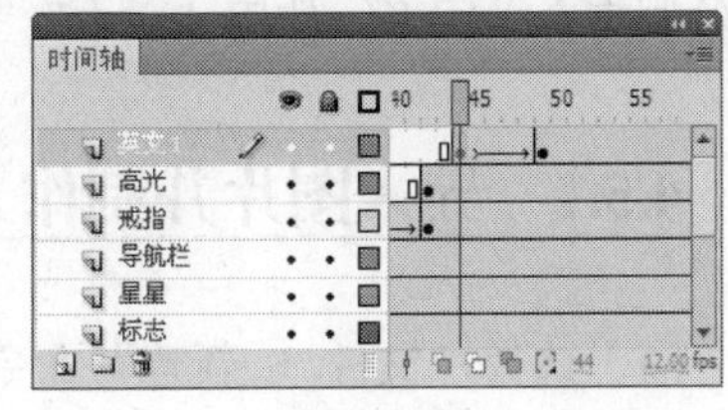

图 4-184

（11）在“时间轴”面板中创建新图层并将其命名为“英文 2”。选中“英文 2”图层的第 47 帧，按 F6 键，在该帧上插入关键帧。将“库”面板中的图形元件“英文 2”拖曳到舞台窗口中的适当位置，如图 4-185 所示。

（12）选中“英文 2”图层的第 52 帧，按 F6 键，在该帧上插入关键帧。将“英文 2”实例拖曳到戒指图形的下方，如图 4-186 所示。选中“英文 2”图层的第 47 帧，选中舞台窗口中的“英文 2”实例，选择图形“属性”面板，在“色彩效果”选项组中单击“样式”选项，在弹出的下拉列表中选择“Alpha”选项，将其值设为 0，舞台窗口中的效果如图 4-187 所示。用鼠标右键单击“英文 2”图层的第 52 帧，在弹出的菜单中选择“创建传统补间”命令，生成动作补间动画。

图 4-185

图 4-186

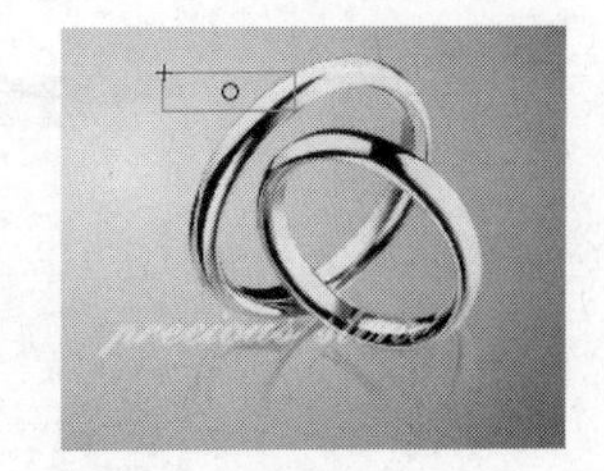

图 4-187

（13）在“时间轴”面板中创建新图层并将其命名为“动作脚本”。选中“动作脚本”图层的第 63 帧，按 F6 键，在该帧上插入关键帧。在“动作”面板中单击“将新项目添加到脚本中”按钮，在弹出的菜单中选择“全局函数 > 时间轴控制 > stop”命令，在脚本窗口中显示出选择的脚本语言，如图 4-188 所示。在“动作脚本”图层的第 63 帧上显示出一个标记“a”。精美首饰广告制作完成，按 Ctrl+Enter 组合键即可查看效果，如图 4-189 所示。

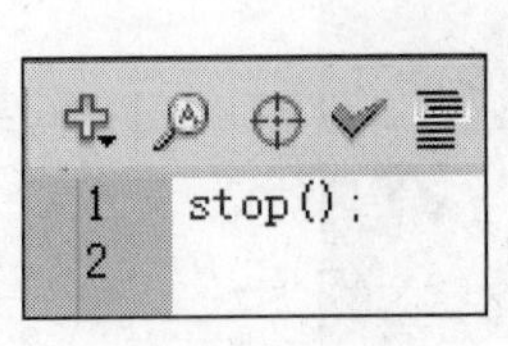

图 4-188

图 4-189

4.5 体育运动广告

【知识要点】使用关键帧和图形属性面板制作人物动画，使用“矩形”工具和“任意变形”工具绘制声音条图形，使用“文本”工具添加文字，使用“扭曲”命令将文字变形。

4.5.1 导入图片并制作人物动画

（1）选择“文件 > 新建”命令，弹出“新建文档”对话框，单击“确定”按钮，进入新建文档舞台窗口。按 Ctrl+F3 组合键，弹出文档“属性”面板，单击“大小”选项后面的“编辑”按钮 编辑... ，在弹出的对话框中将舞台窗口的宽度设为 800，高度设为 300，将“背景颜色”设为橘红色（#FF6600），并将“帧频”选项设为 8，单击“确定”按钮。

（2）选择“文件 > 导入 > 导入到库”命令，在弹出的“导入到库”对话框中选择“Ch04 >素材 >4.5 体育运动广告 >01、02、03、04、05、06、07”文件，单击“打开”按钮，文件被导入到“库”面板中，如图 4-190 所示。

（3）在“库”面板下方单击“新建元件”按钮，弹出“创建新元件”对话框，在“名称”选项的文本框中输入“人物”，在“类型”选项的下拉列表中选择“影片剪辑”选项，单击“确定”按钮，新建影片剪辑元件“人物”，如图 4-191 所示，舞台窗口也随之转换为影片剪辑元件的舞台窗口。

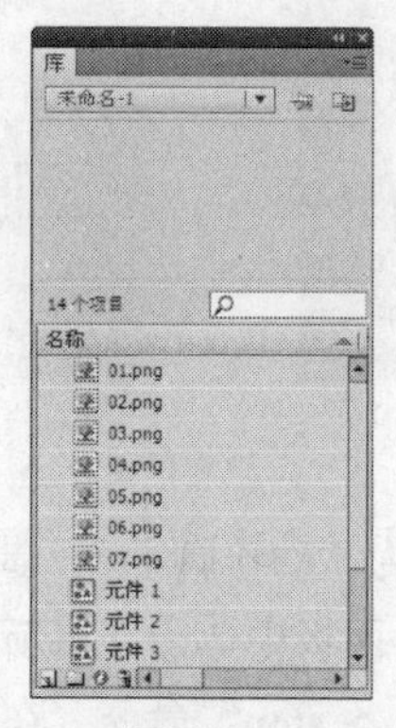

图 4-190

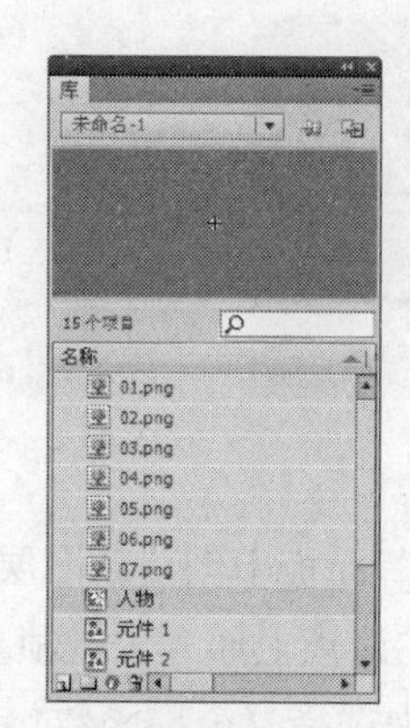

图 4-191

（4）将“图层 1”重新命名为“人物 1”。将“库”面板中的图形元件“元件 1”拖曳到舞台窗口的左侧。在图形“属性”面板中，将“X”和“Y”选项分别设为 1091 和 106，舞台窗口中的效果如图 4-192 所示。

图 4-192

（5）选中“人物1”图层的第2帧，按F6键，在该帧上插入关键帧。选择“选择”工具，在舞台窗口中选中实例，选择图形“属性”面板，在“色彩效果”选项组中单击“样式”选项，在弹出的下拉列表中选择“Alpha”选项，将其值设为0，如图4-193所示，舞台窗口中的效果如图4-194所示。

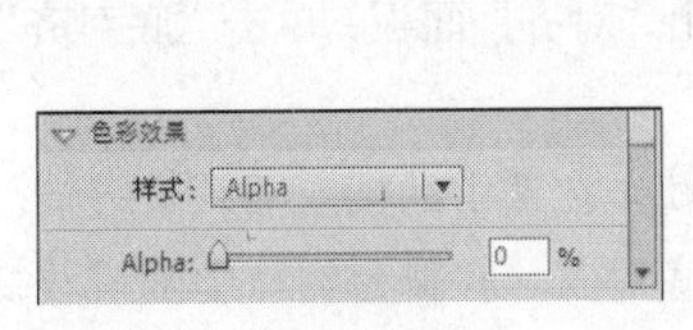

图4-193

图4-194

（6）在“时间轴”面板中创建新图层并将其命名为“人物2”。选中“人物2”图层的第3帧，按F6键，在该帧上插入关键帧。将“库”面板中的图形元件“元件2”拖曳到舞台窗口的左侧。在图形“属性”面板中，将“X”和“Y”选项分别设为900和171，舞台窗口中的效果如图4-195所示。

（7）选中“人物2”图层的第4帧，按F6键，在该帧上插入关键帧。选择“选择”工具，在舞台窗口中选中实例，选择图形“属性”面板，在“色彩效果”选项组中单击“样式”选项，在弹出的下拉列表中选择“Alpha”选项，将其值设为0，舞台窗口中的效果如图4-196所示。

图4-195

图4-196

（8）在“时间轴”面板中创建新图层并将其命名为“人物3”。选中“人物3”图层的第5帧，按F6键，在该帧上插入关键帧。将“库”面板中的图形元件“元件3”拖曳到舞台窗口的左侧。在图形“属性”面板中，将“X”和“Y”选项分别设为760和135，舞台窗口中的效果如图4-197所示。

（9）选中“人物3”图层的第6帧，按F6键，在该帧上插入关键帧。选择“选择”工具，在舞台窗口中选中实例，选择图形“属性”面板，在“色彩效果”选项组中单击“样式”选项，在弹出的下拉列表中选择“Alpha”选项，将其值设为0，舞台窗口中的效果如图4-198所示。

（10）用上述相同的方法分别制作其余人物动画效果，“时间轴”面板的显示效果如图4-199所示。

图4-197

图4-198

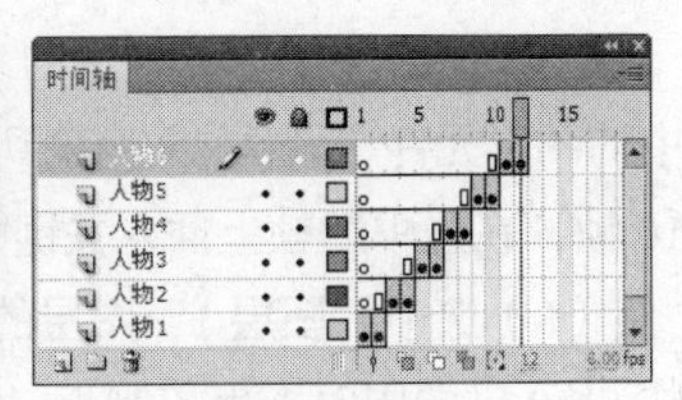

图4-199

4.5.2 制作影片剪辑元件

（1）单击“库”面板中的“新建元件”按钮，新建影片剪辑元件“声音条”。选择“矩形”工具，在工具箱中将“笔触颜色”设为无，“填充颜色”设为白色，在舞台窗口中竖直绘制多个矩形，选中所有矩形，选择“窗口 > 对齐”命令，弹出“对齐”面板，单击“底对齐”按钮，将所有矩形底对齐，效果如图 4-200 所示。

（2）分别选中“图层 1”的第 2 帧、第 3 帧和第 4 帧，在选中的帧上插入关键帧。选中“图层 1”的第 2 帧，选择“任意变形”工具，保持矩形底对齐，在舞台窗口中随机改变各矩形的高度。用相同的方法分别对“图层 1”的第 3 帧和第 4 帧所对应的舞台窗口中的矩形进行操作。

（3）单击“库”面板中的“新建元件”按钮，新建影片剪辑元件“文字”。选择“文本”工具，在文本工具“属性”面板中进行设置，分别在舞台窗口中输入蓝色（#33CCFF）文字，效果如图 4-201 所示。

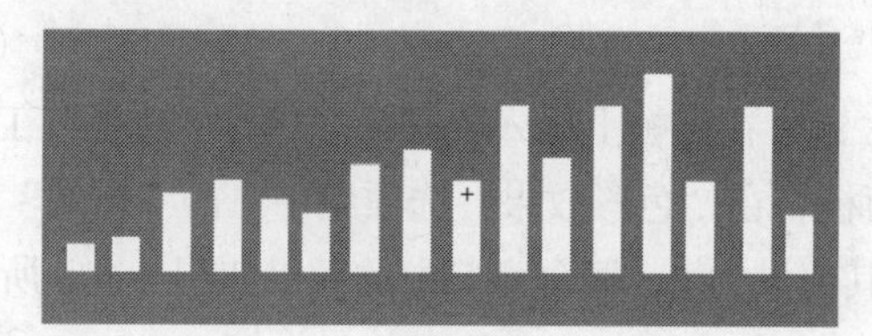

图 4-200

图 4-201

（4）选择“选择”工具，选中文字，按两次 Ctrl+B 组合键，将其打散。选择“任意变形”工具，分别选择“运动无限”和“挑战自我”文字，单击工具箱下方的“扭曲”按钮，拖曳控制点将其变形，并放置到合适的位置，效果如图 4-202 所示。

（5）选中“图层 1”的第 2 帧，在该帧上插入关键帧。在工具箱中将“填充颜色”设为白色，舞台窗口中的效果如图 4-203 所示。

（6）分别选中“图层 1”的第 3 帧、第 4 帧、第 5 帧和第 6 帧，按 F6 键，在选中的帧上插入关键帧。分别选中关键帧上所在的文字图形，依次将“填充颜色”设为红色（#FF0000）、白色、黄色（#FFFF00）和白色。

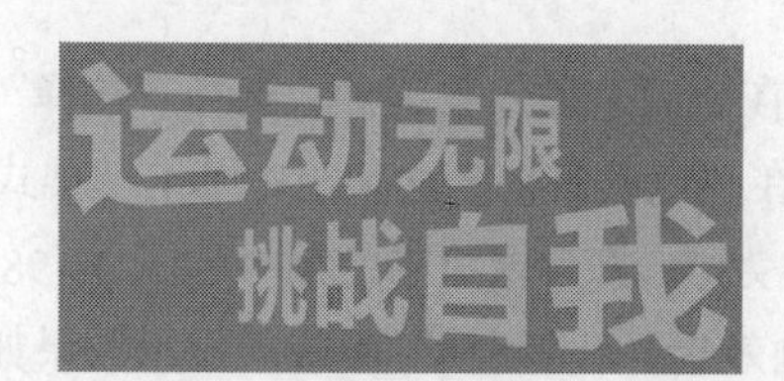

图 4-202

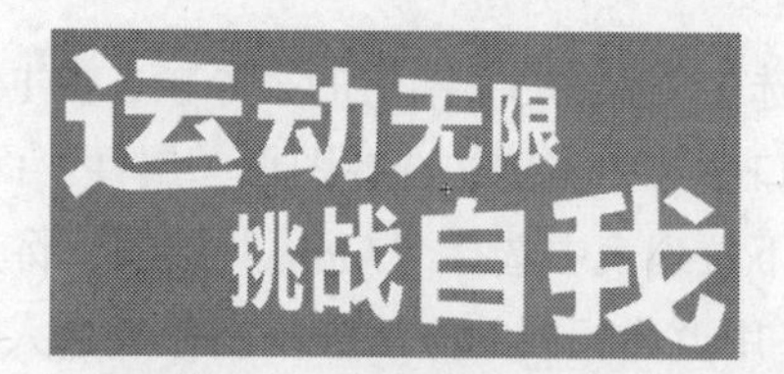

图 4-203

（7）单击“库”面板中的“新建元件”按钮，新建影片剪辑元件“圆动”。将“库”面板中的图形元件“元件 7”拖曳到舞台窗口中，如图 4-204 所示。分别选中“图层 1”的第 6 帧和第 10 帧，在选中的帧上插入关键帧。

（8）选中“图层 1”图层的第 6 帧，在舞台窗口中选中实例，选择“任意变形”工具，按住 Shift 键的同时拖曳控制点，将其等比例缩小，效果如图 4-205 所示。分别用鼠标右键单击“图

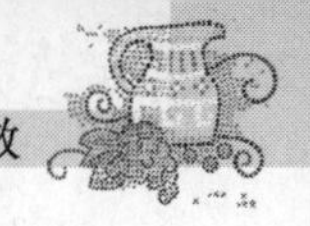

层 1”的第 1 帧和第 6 帧，在弹出的菜单中选择“创建传统补间”命令，生成动作补间动画，如图 4-206 所示。

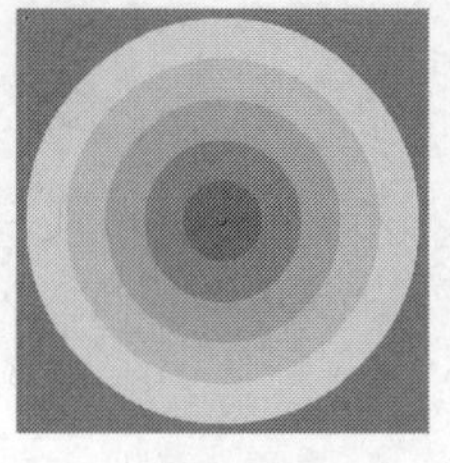
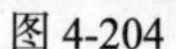

图 4-204

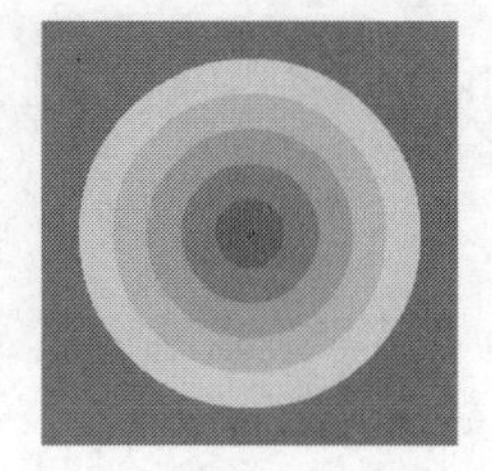

图 4-205

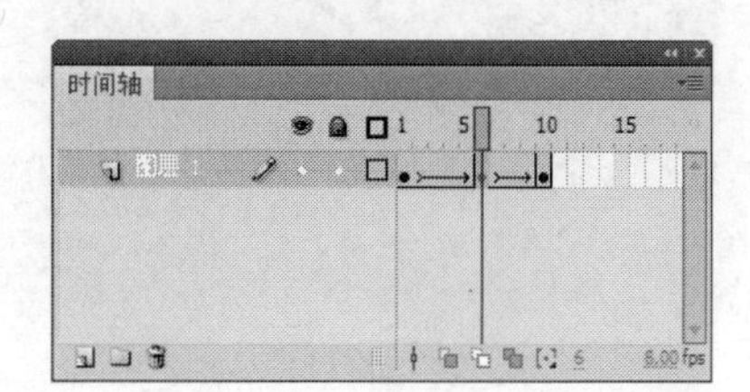

图 4-206

4.5.3　制作动画

（1）单击舞台窗口左上方的“场景 1”图标，进入“场景 1”的舞台窗口。将“图层 1”重新命名为“圆”。将“库”面板中的影片剪辑元件“圆动”向舞台窗口中拖曳 5 次，选择“任意变形”工具，按需要分别调整“圆动”实例的大小，并放置到合适的位置，效果如图 4-207 所示。

（2）选择“选择”工具，按住 Shift 键的同时在舞台窗口中选中需要的“圆动”实例，如图 4-208 所示。选择影片剪辑“属性”面板，在“色彩效果”选项组中单击“样式”选项，在弹出的下拉列表中选择“Alpha”选项，将其值设为 40，如图 4-209 所示，舞台窗口中的效果如图 4-210 所示。

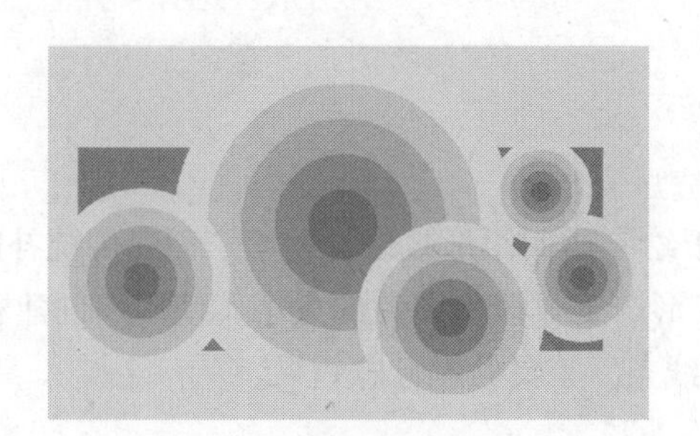

图 4-207

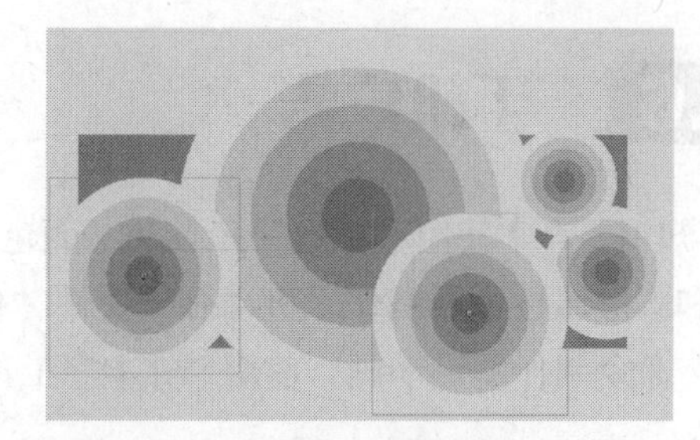

图 4-208

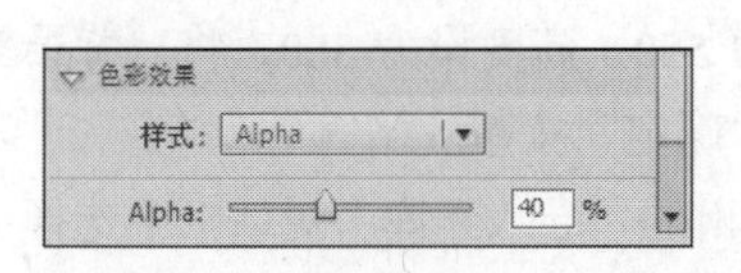

图 4-209

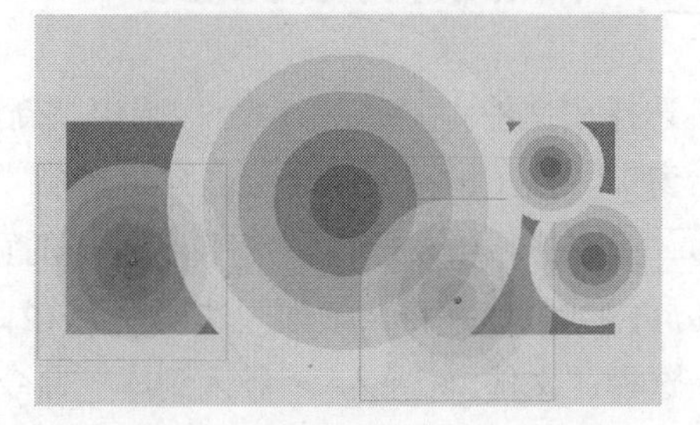

图 4-210

（3）用上述相同的方法分别设置其余圆的不透明度，效果如图 4-211 所示。在“时间轴”面板中创建新图层并将其命名为“文字”。将“库”面板中的影片剪辑元件“文字”拖曳到舞台窗口的左侧，效果如图 4-212 所示。

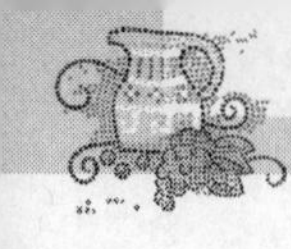

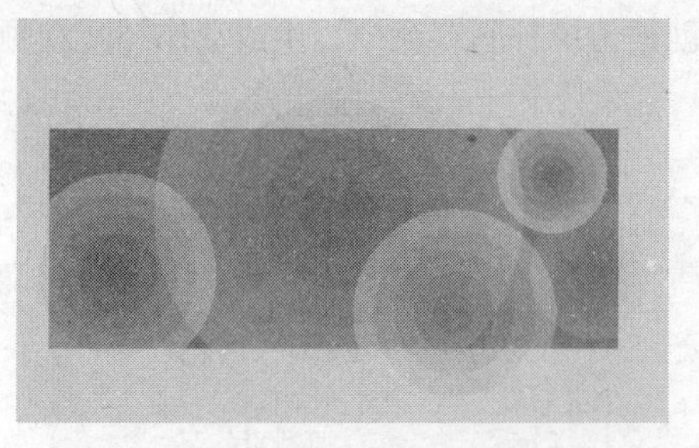
图 4-211

图 4-212

（4）在“时间轴”面板中创建新图层并将其命名为“声音条”。将“库”面板中的影片剪辑元件“声音条”拖曳到舞台窗口中，选择“任意变形”工具，将其调整到合适的大小，并放置到合适的位置，效果如图 4-213 所示。

（5）在“时间轴”面板中创建新图层并将其命名为“人物”。将“库”面板中的影片剪辑元件“人物”拖曳到舞台窗口的右下方，如图 4-214 所示。体育运动广告制作完成，按 Ctrl+Enter 组合键即可查看效果。

图 4-213

图 4-214

4.6 手机广告

【知识要点】使用“矩形”工具和“颜色”面板绘制透明矩形效果，使用“创建传统补间”命令和图形属性面板制作手机动画，使用“任意变形”工具改变图片的大小，使用“创建补间形状”命令制作图形动画，使用“文本”工具和“线条”工具绘制标志效果。

4.6.1 导入图片并绘制矩形

（1）选择“文件 > 新建”命令，弹出“新建文档”对话框，单击“确定”按钮，进入新建文档舞台窗口。按 Ctrl+F3 组合键，弹出文档“属性”面板，单击“大小”选项后面的“编辑”按钮 编辑... ，在弹出的对话框中将舞台窗口的宽度设为 550，高度设为 300，将“背景颜色”设为粉色（#FF9999），并将“帧频”选项设为 12，单击“确定”按钮。

（2）选择“文件 > 导入 > 导入到库”命令，在弹出的“导入到库”对话框中选择“Ch04 > 素材 > 4.6 手机广告 > 01、02、03、04、05、06、07、08、09、10、11”文件，单击“打开”按钮，文件被导入到“库”面板中，如图 4-215 所示。

（3）在“库”面板下方单击“新建文件夹”按钮，新建文件夹并将其命名为“位图”。选中“库”面板中的所有位图，将其拖曳到“位图”文件夹中，如图 4-216 所示。

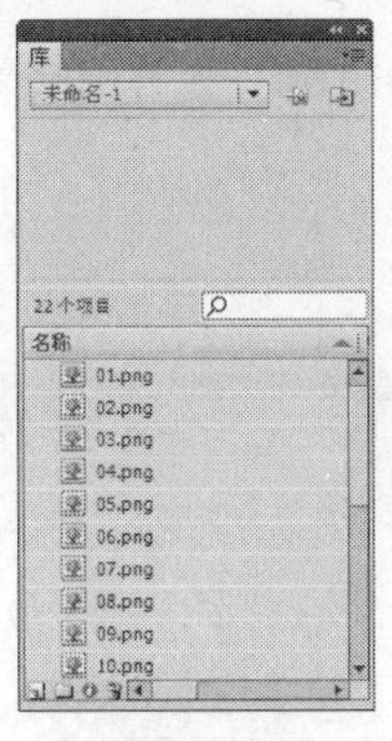

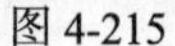
图 4-215

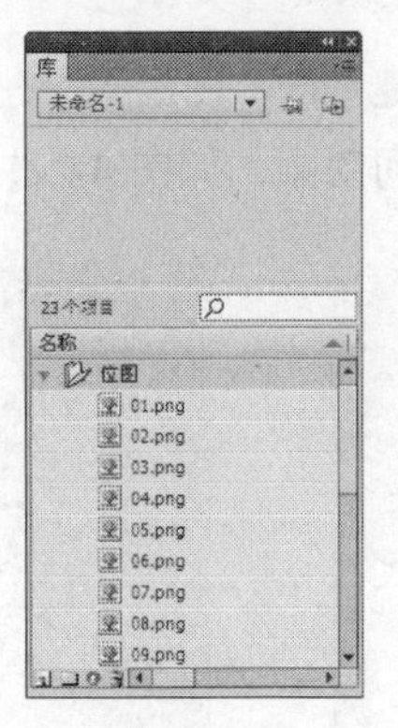

图 4-216

（4）在“库”面板下方单击“新建元件”按钮，弹出“创建新元件”对话框，在“名称”选项的文本框中输入“白条”，在“类型”选项的下拉列表中选择“图形”选项，单击“确定”按钮，新建图形元件“白条”，舞台窗口也随之转换为图形元件的舞台窗口。选择“窗口 > 颜色”命令，弹出“颜色”面板，将填充颜色设为白色，“Alpha”选项设为 32。选择“矩形”工具，在工具箱中将“笔触颜色”设为无，在舞台窗口中绘制 3 个矩形。

（5）选中第 1 个矩形，调出形状“属性”面板，将“宽”和“高”选项分别设为 70 和 350，按 Ctrl+G 组合键，对其进行组合。选中第 2 个矩形，将“宽”和“高”选项分别设为 5 和 350，按 Ctrl+G 组合键，对其进行组合。选中第 3 个矩形，将“宽”和“高”选项分别设为 52 和 350，按 Ctrl+G 组合键，对其进行组合。在舞台窗口中将 3 个矩形放置到同一水平高度，效果如图 4-217 所示。

（6）选择“线条”工具，在工具箱中将“笔触颜色”设为白色，在两个矩形中间竖直绘制一条直线，选中直线，调出形状“属性”面板，将“高”选项设为 350，在舞台窗口中将直线放置到与矩形保持同一高度的位置，效果如图 4-218 所示。

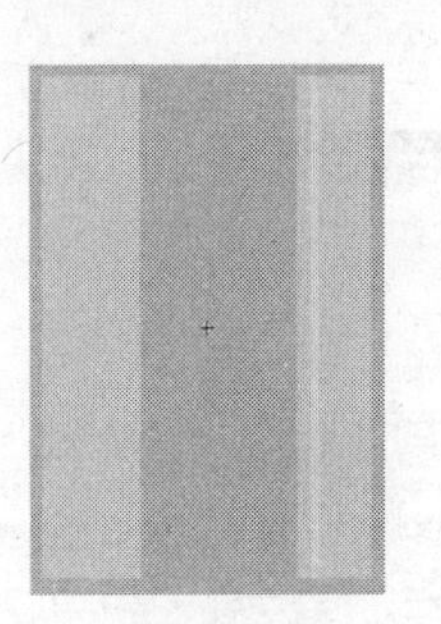
图 4-217

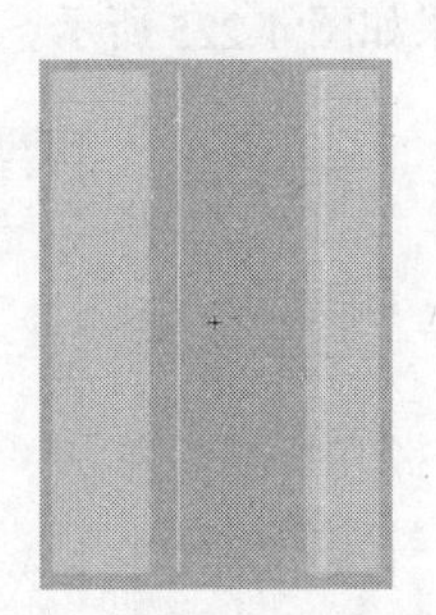
图 4-218

4.6.2　制作白条动画并制作文字元件

（1）单击“库”面板中的“新建元件”按钮，新建影片剪辑元件“白条动”。将“库”面板中的图形元件“白条”拖曳到舞台窗口中，效果如图 4-219 所示。

（2）分别选中“图层 1”的第 13 帧和第 25 帧，按 F6 键，在选中的帧上插入关键帧。选中第 13 帧，在舞台窗口中选中“白条”实例，按住 Shift 键的同时将其水平向右拖曳到合适的位置，效果如图 4-220 所示。

（3）分别用鼠标右键单击“图层 1”的第 1 帧和第 13 帧，在弹出的菜单中选择“创建传统补间”命令，生成动作补间动画，如图 4-221 所示。

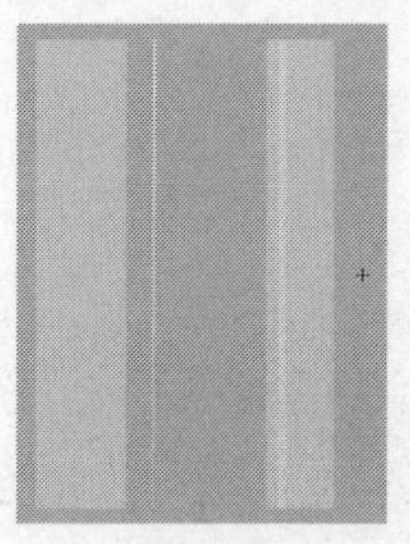

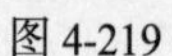

图 4-219

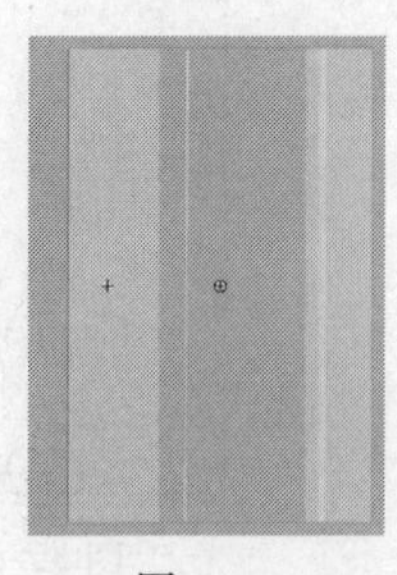

图 4-220

图 4-221

提示

Flash 提供了关键帧、过渡帧和空白关键帧的概念。关键帧描绘动画的起始帧和结束帧。当动画内容发生变化时必须插入关键帧，即使是逐帧动画也要为每个画面创建关键帧。关键帧有延续性，开始关键帧中的对象会延续到结束关键帧。过渡帧是动画起始、结束关键帧中间系统自动生成的帧。空白关键帧是不包含任何对象的关键帧。因为 Flash 只支持在关键帧中绘画或插入对象，所以，当动画内容发生变化而又不希望延续前面关键帧的内容时需要插入空白关键帧。

（4）单击“库”面板中的“新建元件”按钮，新建图形元件“型号”。选择“文本”工具，在文本工具“属性”面板中进行设置，如图 4-222 所示，在舞台窗口中输入白色文字“T-2620”，效果如图 4-223 所示。

（5）单击“库”面板中的“新建元件”按钮，新建图形元件“文字”。选择“文本”工具，在文本工具“属性”面板中进行设置，如图 4-224 所示，在舞台窗口中输入白色文字“随时随地 拨打方便”，效果如图 4-225 所示。

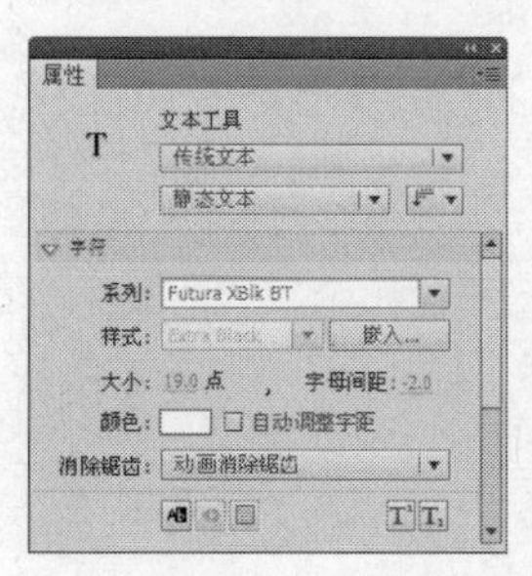

图 4-222

图 4-223

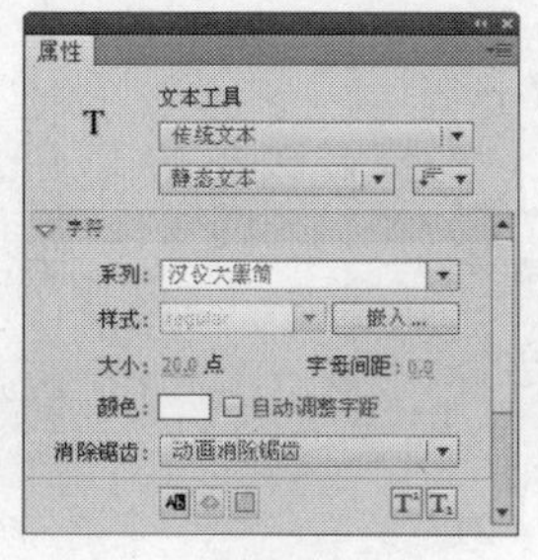

图 4-224

图 4-225

4.6.3 制作手机变色动画

（1）单击“库”面板中的“新建元件”按钮，新建影片剪辑元件“手机变色”。将“图层 1”重新命名为“白条”。将“库”面板中的影片剪辑元件“白条动”向舞台窗口中拖曳两次，选中一个“白条动”实例，选择“任意变形”工具，将其宽度缩小，并分别将两个“白条动”实例放置到合适的位置，效果如图 4-226 所示。

（2）保持实例的选取状态，选择“修改 > 变形 > 水平翻转”命名，将实例图形水平翻转，效果如图 4-227 所示。选中“白条”图层的第 71 帧，按 F5 键，在该帧上插入普通帧。

（3）在“时间轴”面板中创建新图层并将其命名为“型号”。选中“型号”图层的第 10 帧，按 F6 键，在该帧上插入关键帧。将“库”面板中的图形元件“型号”拖曳到舞台窗口中，放置在白条图形的右下方，效果如图 4-228 所示。

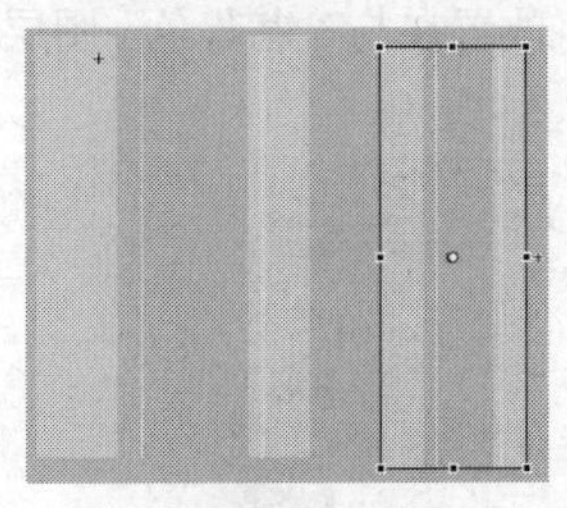

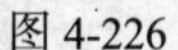

图 4-226

图 4-227

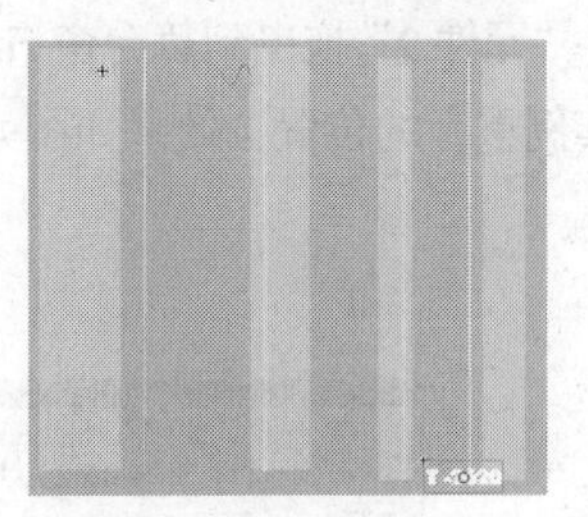

图 4-228

（4）选中“型号”图层的第 15 帧，在该帧上插入关键帧。选择“选择”工具，在舞台窗口中选中“型号”实例，按住 Shift 键的同时将其竖直向上拖曳到适当的位置，如图 4-229 所示。

（5）分别选中“型号”图层的第 66 帧和第 71 帧，在选中的帧上插入关键帧。选中“型号”图层的第 71 帧，在舞台窗口中选中“型号”实例，按住 Shift 键的同时将其竖直向下拖曳到适当的位置，效果如图 4-230 所示。

（6）分别用鼠标右键单击“型号”图层的第 10 帧和第 66 帧，在弹出的菜单中选择“创建传统补间”命令，生成动作补间动画，如图 4-231 所示。

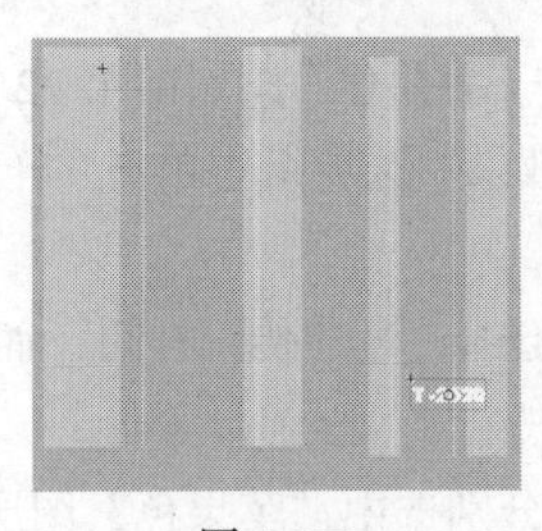

图 4-229

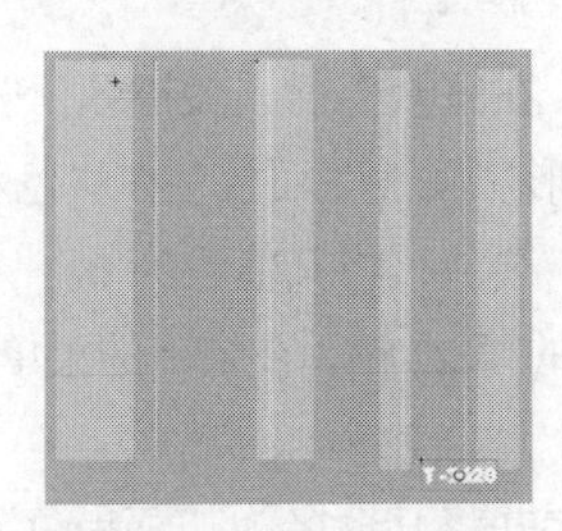

图 4-230

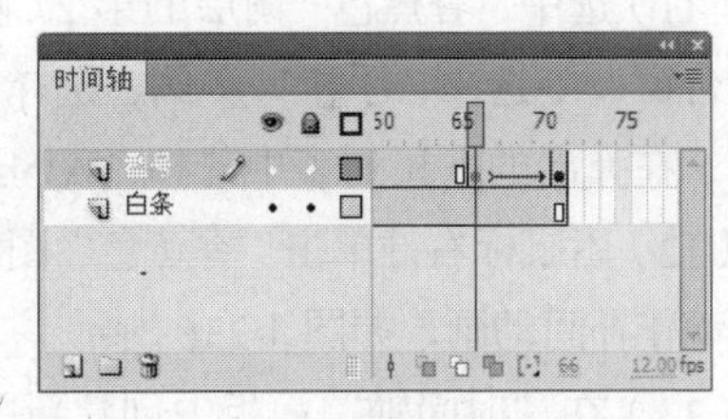

图 4-231

（7）在“时间轴”面板中创建新图层并将其命名为“湛蓝色”。将“库”面板中的图形元件“元件 1”拖曳到舞台窗口的上方，并将其调整到合适的大小，效果如图 4-232 所示。

（8）选中“湛蓝色”图层的第 10 帧，在该帧上插入关键帧，在舞台窗口中选中“手机”实例，按住 Shift 键的同时将其竖直向下拖曳到适当的位置，效果如图 4-233 所示。

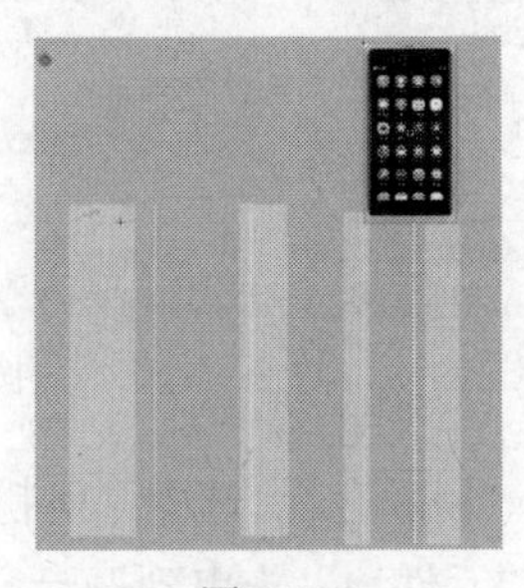

图 4-232

图 4-233

（9）用鼠标右键单击“湛蓝色”图层的第 1 帧，在弹出的菜单中选择“创建传统补间”命令，生成动作补间动画，如图 4-234 所示。按住 Shfit 键的同时选中“湛蓝色”图层的第 27 帧到第 71 帧，在选中的帧上单击鼠标右键，在弹出的菜单中选择“删除帧”命令，将选中的帧删除。

（10）在“时间轴”面板中创建新图层并将其命名为“香蕉色”。分别选中“香蕉色”图层的第 22 帧和第 44 帧，在选中的帧上插入关键帧。选中“香蕉色”图层的第 22 帧，将“库”面板中的图形元件“元件 2”拖曳到舞台窗口中，将其调整到合适的大小，并将放置在与“湛蓝色”图层的“手机”实例重合的位置，效果如图 4-235 所示。

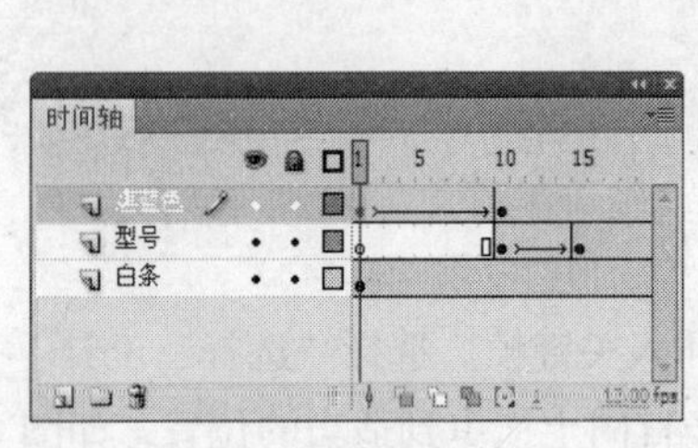

图 4-234

图 4-235

技巧 如果想要删除帧，用鼠标右键单击要删除的帧，在弹出的菜单中选择“删除帧”命令。或者选中要删除的普通帧，按 Shift+F5 组合键，可以删除帧。选中要删除的关键帧，按 Shift+F6 组合键，可以删除关键帧。

（11）选中“香蕉色”图层的第 27 帧，在该帧上插入关键帧。选中“香蕉色”图层的第 22 帧，在舞台窗口中选中“手机”实例，选择图形“属性”面板，在“色彩效果”选项组中单击“样式”选项，在弹出的下拉列表中选择“Alpha”选项，将其值设为 0。

（12）用鼠标右键单击“香蕉色”图层的第 22 帧，在弹出的菜单中选择“创建传统补间”命令，生成动作补间动画，如图 4-236 所示。

（13）在“时间轴”面板中创建新图层并将其命名为“苹果色”。分别选中“苹果色”图层的第 39 帧和第 61 帧，在选中的帧上插入关键帧。用相同的方法对其进行操作，“时间轴”面板显示效果如图 4-237 所示，舞台窗口中的效果如图 4-238 所示。

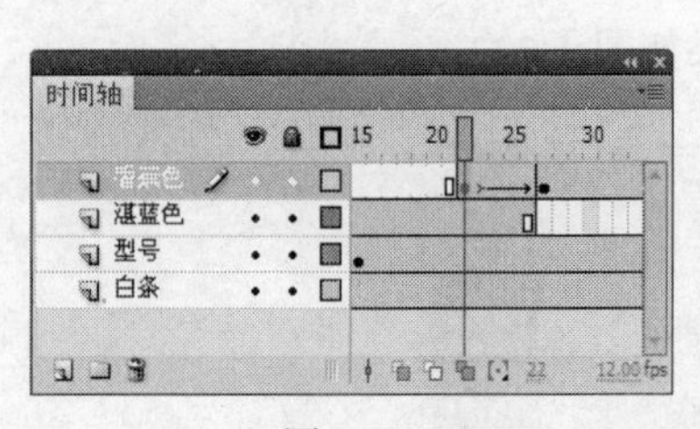

图 4-236

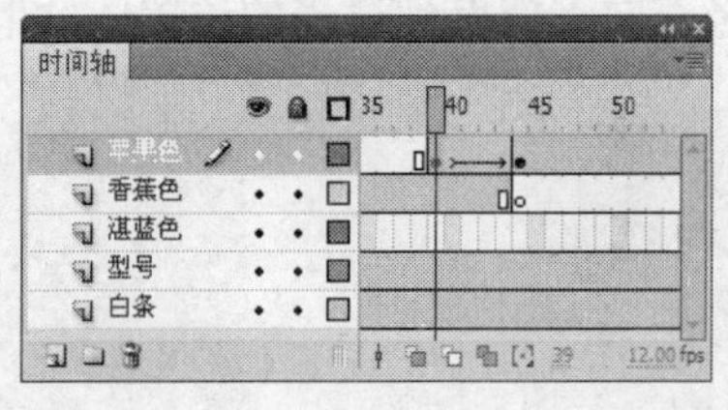

图 4-237

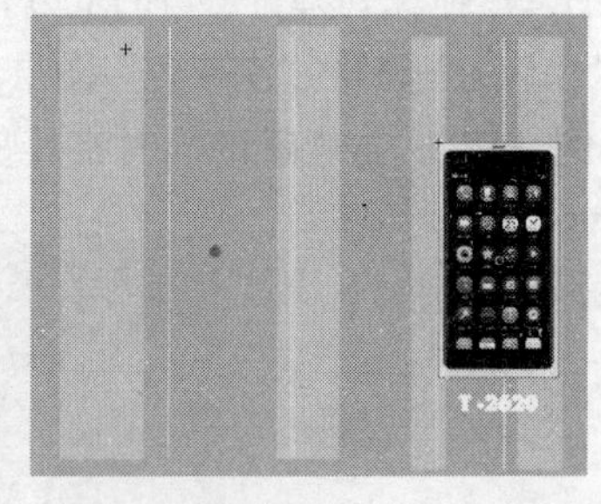

图 4-238

（14）在“时间轴”面板中创建新图层并将其命名为“桃粉色”。选中“桃粉色”图层的第 56 帧，在该帧上插入关键帧，将“库”面板中的图形元件“元件 4”拖曳到舞台窗口中，调整到合

适的大小，并将其放置在与“苹果色”图层的“手机”实例重合的位置，效果如图 4-239 所示。

（15）选中“桃粉色”图层的第 61 帧，在该帧上插入关键帧。选中“桃粉色”图层的第 56 帧，在舞台窗口中选中“桃粉色”图层的“手机”实例，选择图形“属性”面板，在“色彩效果”选项组中单击“样式”选项，在弹出的下拉列表中选择“Alpha”选项，将其值设为 0。

（16）用鼠标右键单击“桃粉色”图层的第 56 帧，在弹出的菜单中选择“创建传统补间”命令，生成动作补间动画，如图 4-240 所示。

图 4-239

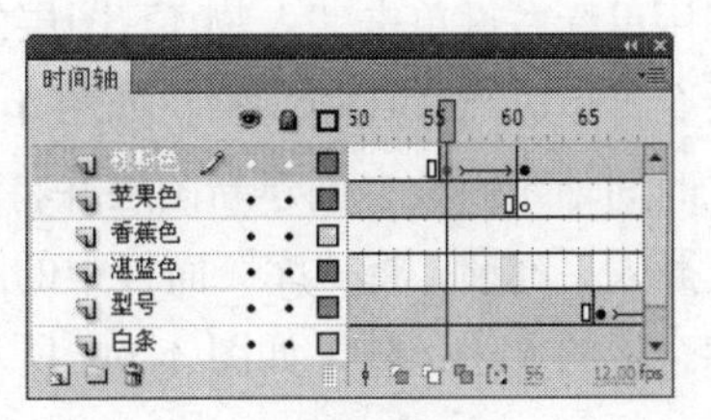

图 4-240

（17）分别选中“桃粉色”图层的第 66 帧和第 71 帧，在选中的帧上插入关键帧。选中“桃粉色”图层的第 71 帧，在舞台窗口中选中“桃粉色”的图层“手机”实例，按住 Shift 键的同时将其水平向左拖曳到适当的位置，如图 4-241 所示。

（18）用鼠标右键单击“酷蓝”图层的第 66 帧，在弹出的菜单中选择“创建传统补间”命令，生成动作补间动画，如图 4-242 所示。

图 4-241

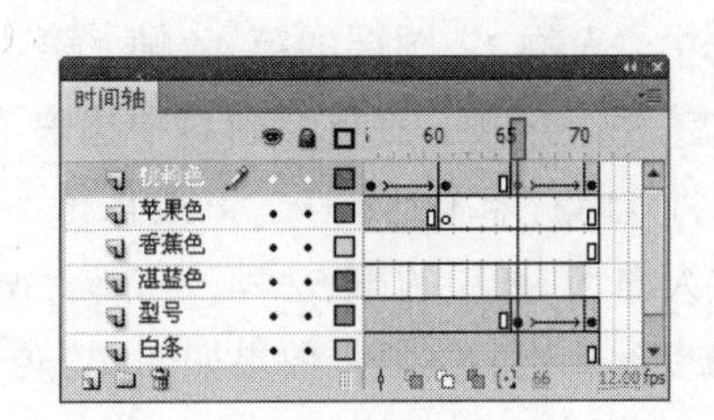

图 4-242

4.6.4　制作人物动画

（1）在“时间轴”面板中创建新图层并将其命名为“人物 1”。选中“人物 1”图层的第 22 帧，在该帧上插入关键帧，将“库”面板中的图形元件“元件 5”拖曳到舞台窗口中的适当位置，并将其调整到合适的大小，效果如图 4-243 所示。

（2）分别选中“人物 1”图层的第 27 帧、第 30 帧和第 35 帧，在选中的帧上插入关键帧。选中“人物 1”图层的第 22 帧，在舞台窗口中选中人物实例，选择“任意变形”工具，按住 Alt 键的同时将其向上缩小到最小，宽度保持不变，效果如图 4-244 所示。

（3）选中“人物 1”图层的第 35 帧，在舞台窗口中选中人物实例，按住 Shift 键的同时将其水平向下拖曳到适当的位置，如图 4-245 所示。

图 4-243

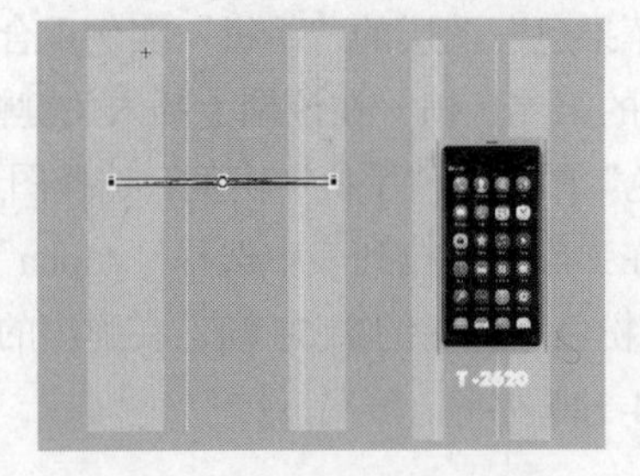

图 4-244

图 4-245

（4）分别用鼠标右键单击“人物 1”图层的第 22 帧和第 30 帧，在弹出的菜单中选择“创建传统补间”命令，生成动作补间动画，如图 4-246 所示。

（5）在“时间轴”面板中创建新图层并将其命名为“人物 2”。选中“人物 2”图层的第 39 帧，在该帧上插入关键帧，将“库”面板中的图形元件“元件 6”拖曳到舞台窗口中的适当位置，并将其调整到合适的大小，效果如图 4-247 所示。

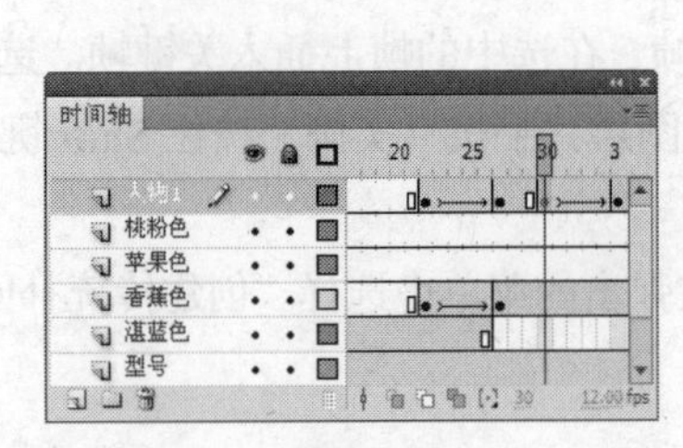

图 4-246

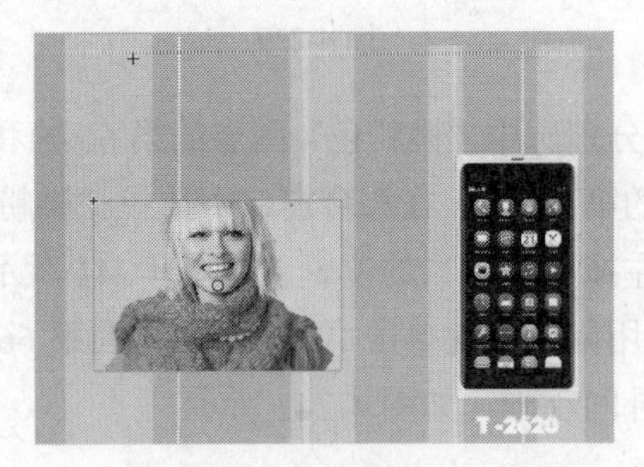

图 4-247

（6）分别选中“人物 2”图层的第 44 帧、第 47 帧和第 52 帧，在选中的帧上插入关键帧。选中“人物 2”图层的第 44 帧，在舞台窗口中选中“人物 2”实例，选择“任意变形”工具，按住 Alt 键的同时将其向右缩小到最小，高度保持不变，效果如图 4-248 所示。

（7）选中“人物 2”图层的第 52 帧，在舞台窗口中选中“人物 2”实例，按住 Shift 键的同时将其水平向左拖曳到适当的位置，效果如图 4-249 所示。

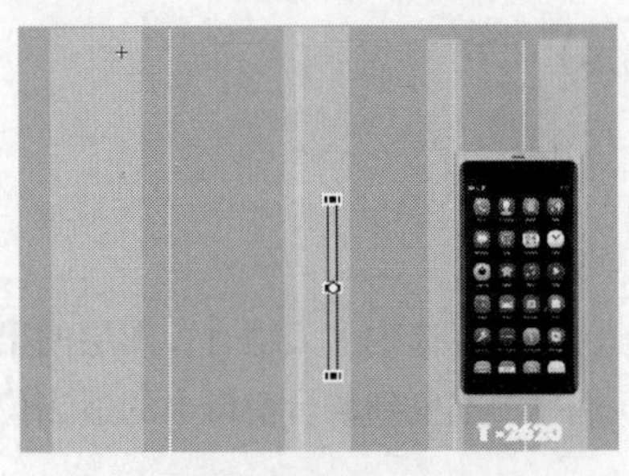

图 4-248

图 4-249

（8）分别用鼠标右键单击“人物 2”图层的第 39 帧和第 47 帧，在弹出的菜单中选择“创建传统补间”命令，生成动作补间动画，如图 4-250 所示。

（9）在“时间轴”面板中创建新图层并将其命名为“人物 3”。选中“人物 3”图层的第 56 帧，在该帧上插入关键帧，将“库”面板中的图形元件“元件 7”拖曳到舞台窗口中的适当位置，

并将其调整到合适的大小，效果如图 4-251 所示。

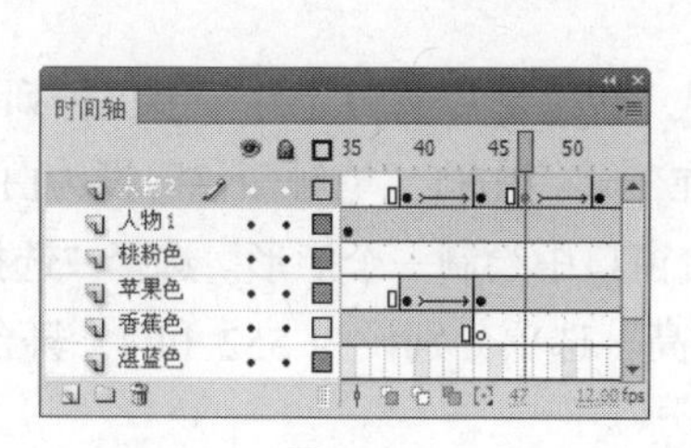

图 4-250

图 4-251

（10）分别选中“人物 3”图层的第 61 帧、第 64 帧和第 69 帧，在选中的帧上插入关键帧。选中“人物 3”图层的第 56 帧，在舞台窗口中选中“人物 3”实例，选择“任意变形”工具，按住 Alt 键的同时将其向下缩小到最小，宽度保持不变，效果如图 4-252 所示。

（11）选中“人物 3”图层的第 69 帧，在舞台窗口中选中“人物 3”实例，按住 Shift 键的同时将其水平向左拖曳到矩形框外，效果如图 4-253 所示。

（12）分别用鼠标右键单击“人物 3”图层的第 56 帧和第 64 帧，在弹出的菜单中选择“创建传统补间”命令，生成动作补间动画，如图 4-254 所示。

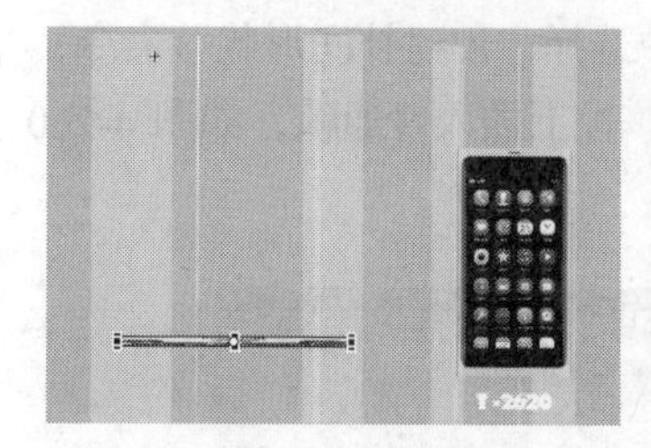

图 4-252

图 4-253

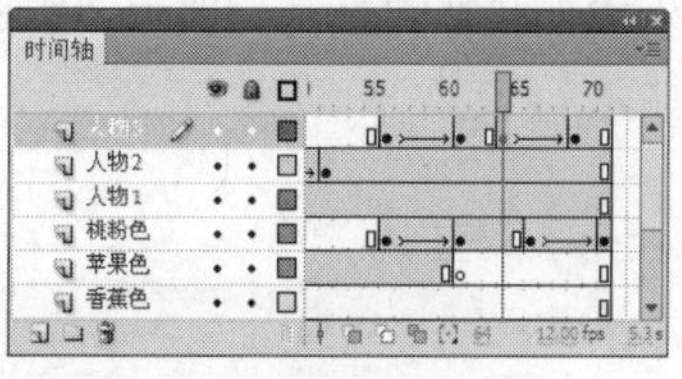

图 4-254

（13）在“时间轴”面板中创建新图层并将其命名为“文字”。选中“文字”图层的第 22 帧，在该帧上插入关键帧。将“库”面板中的图形元件“文字”拖曳到舞台窗口中适当的位置，如图 4-255 所示。

（14）分别选中“文字”图层的第 64 帧和第 69 帧，在选中的帧上插入关键帧。选中“文字”图层的第 69 帧，在舞台窗口中选中“文字”实例，按住 Shift 键的同时垂直向上拖曳文字到适当的位置，如图 4-256 所示。用鼠标右键单击“文字”图层的第 64 帧，在弹出的菜单中选择“创建传统补间”命令，生成动作补间动画，如图 4-257 所示。

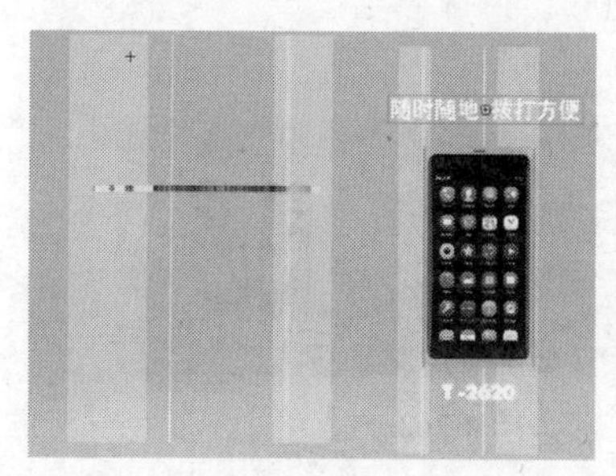

图 4-255

图 4-256

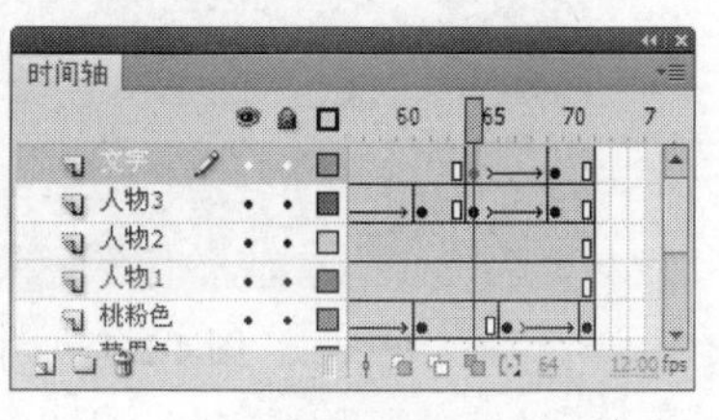

图 4-257

4.6.5 制作手机排列效果

（1）单击“库”面板中的“新建元件”按钮，新建影片剪辑元件“手机排列”。将“图层 1”重新命名为“矩形”。选择“矩形”工具，在工具箱中将“笔触颜色”设为白色，“填充颜色”设为白色，并将“Alpha”选项设为 30，在舞台窗口中绘制一个矩形。选择“选择”工具，圈选矩形，在形状“属性”面板中，将“宽”和“高”选项分别设为 552 和 4，舞台窗口中的效果如图 4-258 所示。

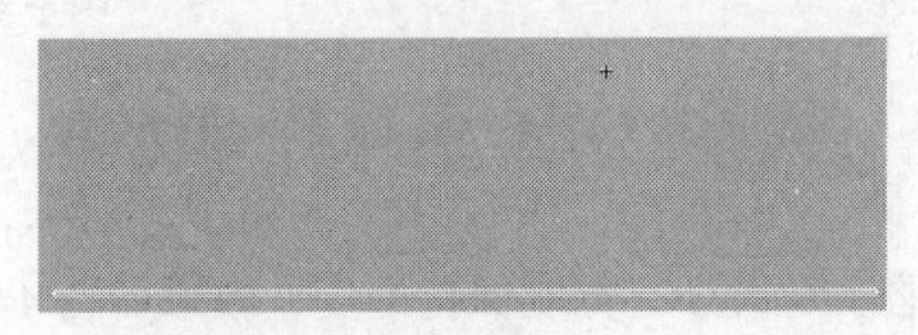

图 4-258

（2）选择“矩形”图层的第 6 帧，在该帧上插入关键帧。选择“矩形”工具，在舞台窗口中绘制矩形，并在形状“属性”面板中，将“宽”和“高”选项分别设为 552 和 140，舞台窗口中的效果如图 4-259 所示。

（3）用鼠标右键单击“矩形”图层的第 1 帧，在弹出的菜单中选择“创建补间形状”命令，生成形状补间动画。选中“矩形”图层的第 20 帧，按 F5 键，在该帧上插入普通帧，如图 4-260 所示。

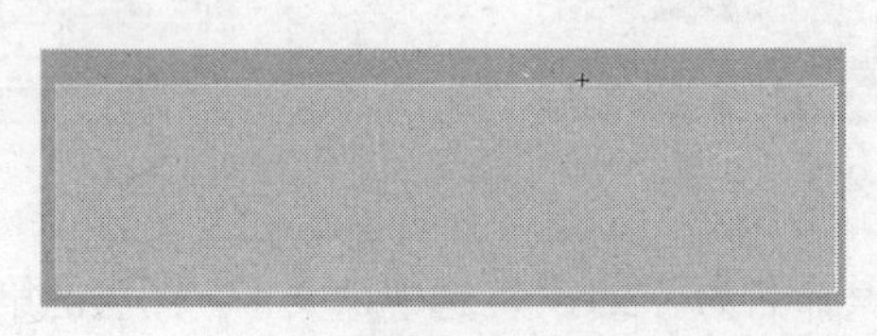

图 4-259

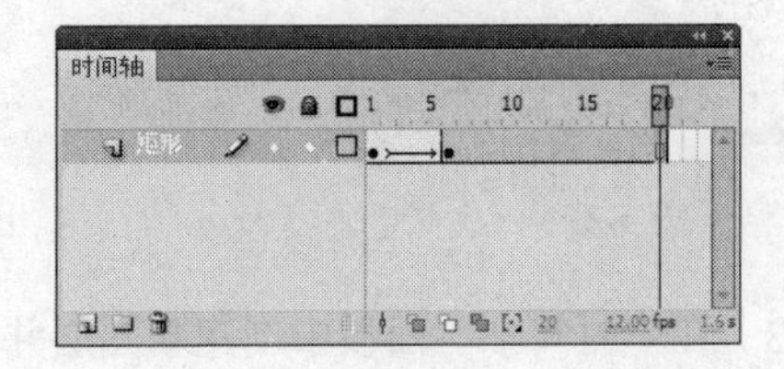

图 4-260

（4）在“时间轴”面板中创建新图层并将其命名为“桃粉色”。选中“桃粉色”图层的第 7 帧，在该帧上插入关键帧。将“库”面板中的图形元件“元件 8”拖曳到舞台窗口中，并将其调整到合适的大小，效果如图 4-261 所示。

（5）在“时间轴”面板中创建新图层并将其命名为“苹果色”。选中“苹果色”图层的第 9 帧，在该帧上插入关键帧。将“库”面板中的图形元件“元件 9”拖曳到舞台窗口中，并将其调整到合适的大小，效果如图 4-262 所示。

图 4-261

图 4-262

（6）在“时间轴”面板中创建两个新图层并分别命名为“香蕉色”和“湛蓝色”。分别选中“香

蕉色”图层的第 11 帧和“湛蓝色”图层的第 13 帧，在选中的帧上插入关键帧，将“库”面板中的图形元件“元件 10”和“元件 11”分别拖曳到对应图层的舞台窗口中，并将其调整到合适的大小，效果如图 4-263 所示。“时间轴”面板上的效果如图 4-264 所示。

图 4-263

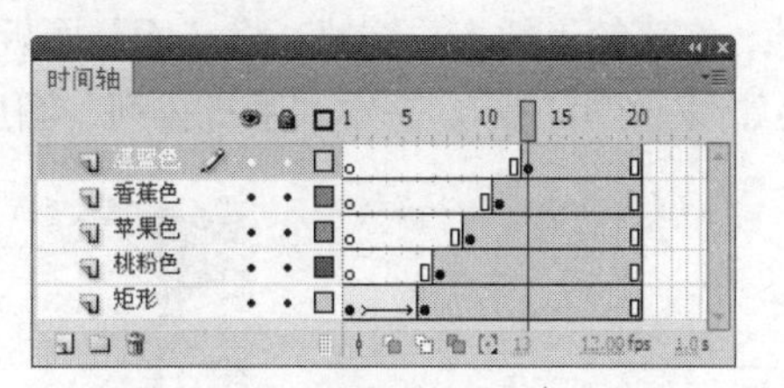

图 4-264

（7）在“时间轴”面板中创建新图层并将其命名为“文字”。选中“文字”图层的第 16 帧，在该帧上插入关键帧。选择“文本”工具 T，在文本工具“属性”面板中进行设置，如图 4-265 所示，在舞台窗口中输入需要的白色文字，效果如图 4-266 所示。

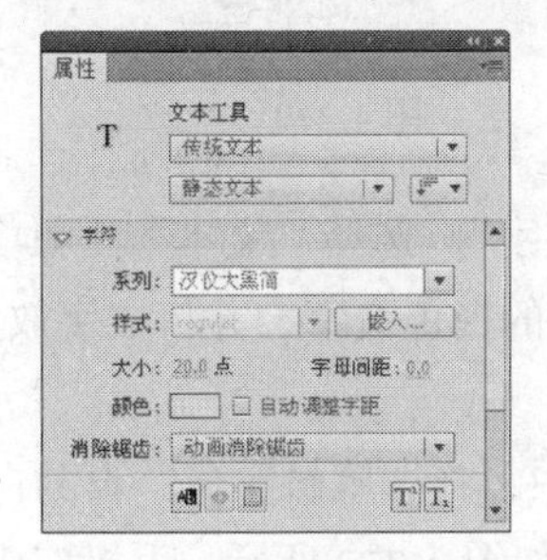

图 4-265

图 4-266

（8）在“时间轴”面板中创建新图层并将其命名为“圆圈”。选中“圆圈”图层的第 16 帧，在该帧上插入关键帧。选择“椭圆”工具，在椭圆工具“属性”面板中，将“笔触颜色”设为白色，“填充颜色”设为蓝色（#33CCFF），并将“笔触高度”选项设为 2。按住 Shift 键的同时在舞台窗口中绘制圆形，如图 4-267 所示。

（9）用相同的方法绘制其余圆形，并依次将其“填充颜色”设为绿色（#66FF66）、黄色（#FFFF66）和紫色（#FF99FF），舞台窗口中的效果如图 4-268 所示。

图 4-267

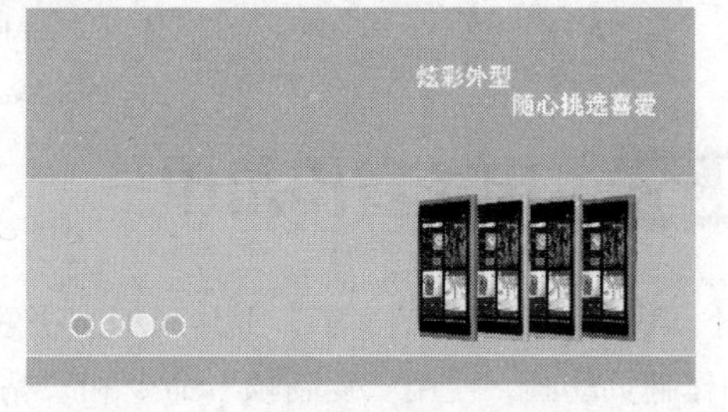

图 4-268

4.6.6　制作动画效果

（1）单击舞台窗口左上方的“场景 1”图标 场景 1，进入“场景 1”的舞台窗口。将“图层 1”

重新命名为“手机变色”。将“库”面板中的影片剪辑元件“手机变色”拖曳到舞台窗口中，效果如图 4-269 所示。选中“手机变色”图层的第 71 帧，在该帧上插入普通帧。

（2）在“时间轴”面板中创建新图层并将其命名为“手机排列”。选中“手机排列”图层的第 72 帧，在该帧上插入关键帧。将“库”面板中的影片剪辑元件“手机排列”拖曳到舞台窗口中，效果如图 4-270 所示。选中“手机排列”图层的第 91 帧，在该帧上插入普通帧。

图 4-269

图 4-270

（3）在“时间轴”面板中创建新图层并将其命名为“文字”。选择“文本”工具T，在文本工具“属性”面板中进行设置，分别在舞台窗口中输入需要的白色文字，并将文字放置到合适的位置，效果如图 4-271 所示。

（4）选择“线条”工具，在线条工具“属性”面板中，将“笔触颜色”设为白色，“笔触高度”选项设为 3.25，在文字下方水平绘制一条直线，效果如图 4-272 所示。手机广告制作完成，按 Ctrl+Enter 组合键即可查看效果，如图 4-273 所示。

图 4-271

图 4-272

图 4-273

4.7 电子宣传菜单

【知识要点】使用“文本”工具添加文字效果，使用“创建传统补间”命令和“任意变形”工具制作翻页动画，使用“复制帧”命令和“粘贴帧”命令将帧复制并粘贴，使用“动作”面板设置脚本语言。

4.7.1 导入图片

（1）选择“文件 > 新建”命令，弹出“新建文档”对话框，单击“确定”按钮，进入新建文档舞台窗口。按 Ctrl+F3 组合键，弹出文档“属性”面板，在“发布”选项组中单击“配置文件”右侧的“编辑”按钮，在弹出的“发布设置”对话框中将“播放器”选项设为“Flash Player 8”，将“脚本”选项设为“ActionScript 2.0”，如图 4-274 所示。

（2）选择“文件 > 导入 > 导入到库”命令，在弹出的“导入到库”对话框中选择“Ch04 > 素材 > 4.7 电子宣传菜单 > 01、02、03、04、05、06、07、08”文件，单击“打开”按钮，文件被导入到“库”面板中，如图 4-275 所示。

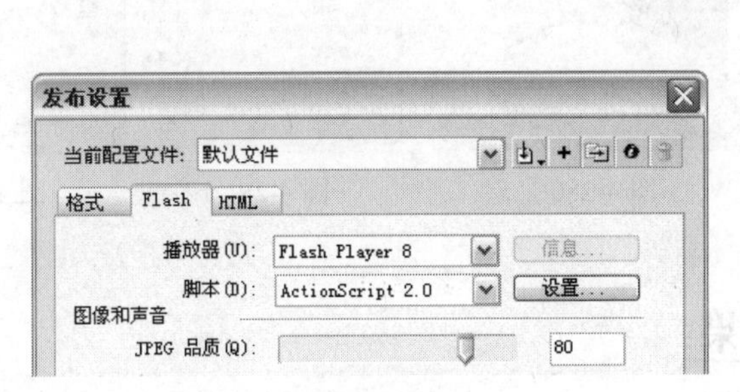

图 4-274

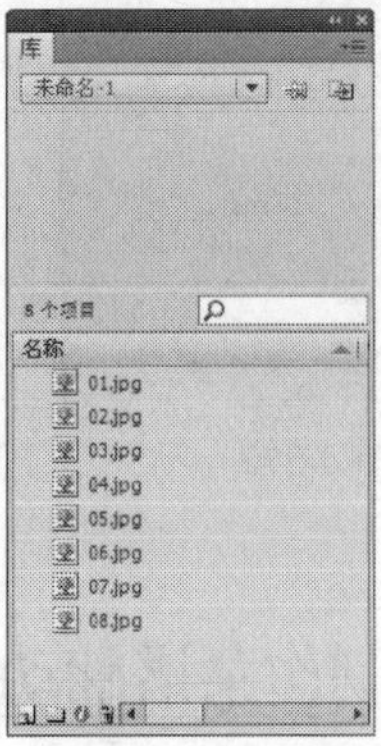

图 4-275

（3）在“库”面板下方单击“新建元件”按钮，弹出“创建新元件”对话框，在“名称”选项的文本框中输入“菜式 1”，在“类型”选项的下拉列表中选择“图形”选项，单击“确定”按钮，新建图形元件“菜式 1”，如图 4-276 所示，舞台窗口也随之转换为图形元件的舞台窗口。

（4）分别将“库”面板中的位图“04.jpg”和“05.jpg”拖曳到舞台窗口中，如图 4-277 所示。选择“选择”工具，将两张位图同时选取，按 Ctrl+K 组合键，弹出“对齐”面板，单击面板中的“水平居中对齐”按钮，将图像水平居中对齐，效果如图 4-278 所示。

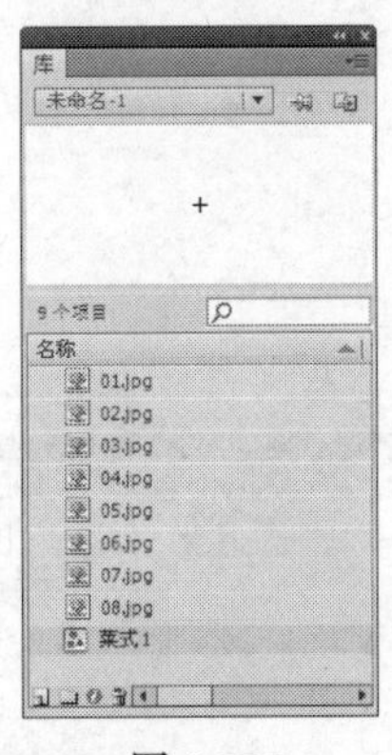

图 4-276

图 4-277

图 4-278

（5）选择“文本”工具，在文本工具“属性”面板中，在“改变文本方向”选项的下拉列表中选择“垂直”选项，其他选项的设置如图 4-279 所示，在舞台窗口中输入需要的褐色（#993300）文字，并将文字放置到底图的右上方，效果如图 4-280 所示。用相同的方法制作其他的图形元件“菜式 2”、“菜式 3”和“菜式 4”，如图 4-281 所示。

（6）在“库”面板中分别创建新图形元件“封面”和“封面背面”。将“库”面板中的位图

“02.jpg”拖曳到“封面”图形元件中，将“库”面板中的位图“03.jpg”拖曳到“封面背面”图形元件中，如图 4-282 所示。

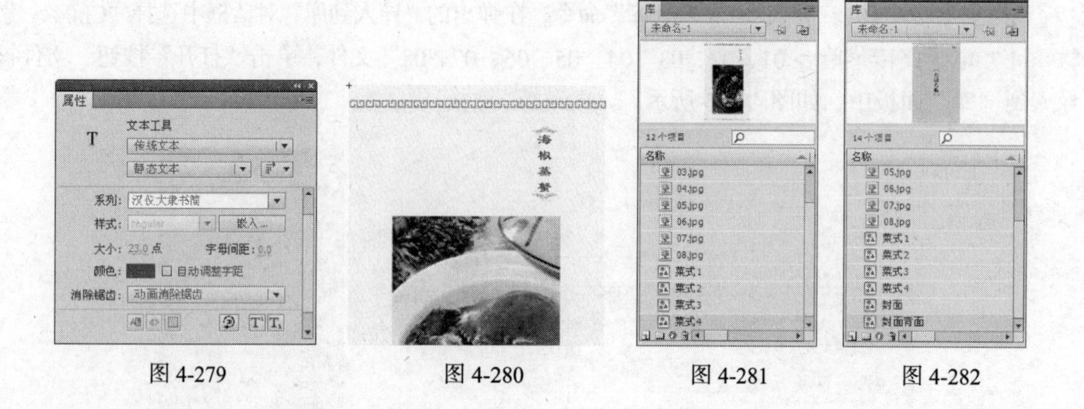

图 4-279　图 4-280　图 4-281　图 4-282

4.7.2　制作菜谱翻动效果

（1）单击“库”面板中的“新建元件”按钮，新建影片剪辑元件“菜谱翻动”，如图 4-283 所示。将“图层 1”重新命名为“封面”，将“库”面板中的图形元件“封面”拖曳到舞台窗口中，效果如图 4-284 所示。

（2）分别选中“封面”图层的第 12 帧和第 21 帧，按 F6 键，在选中的帧上插入关键帧。选中“封面”图层的第 21 帧，选择“任意变形”工具，在舞台窗口中选中“封面”实例，按 Alt 键的同时选中右侧中间的控制手柄并向左拖曳到适当的位置，舞台窗口中的效果如图 4-285 所示。用鼠标右键单击“封面”图层的第 12 帧，在弹出的菜单中选择“创建传统补间”命令，生成动作补间动画，如图 4-286 所示。

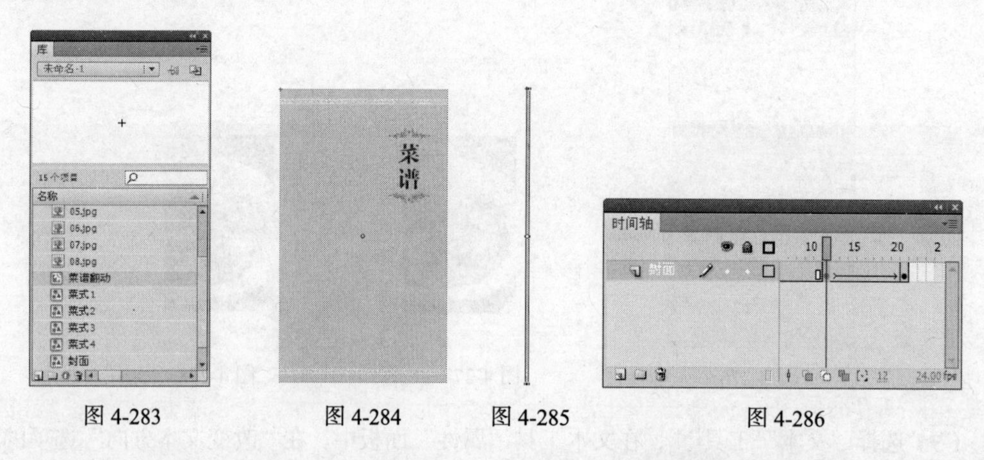

图 4-283　图 4-284　图 4-285　图 4-286

（3）单击“时间轴”面板下方的“新建图层”按钮，创建新图层并将其命名为“封面背面”。选中“封面背面”图层的第 21 帧，按 F6 键，在该帧上插入关键帧。将“库”面板中的图形元件“封面背面”拖曳到舞台窗口中，并放置到合适位置，与“封面”实例保持同一高度，效果如图 4-287 所示。

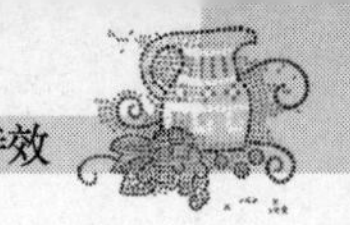

（4）选中“封面背面”图层的第 31 帧，在该帧上插入关键帧。选择“任意变形”工具，选中“封面背面”图层的第 21 帧，在舞台窗口中选中“封面背面”实例，按住 Alt 键的同时选中左侧的控制点，将图形向右变形至最小，高度保持不变，舞台窗口中的效果如图 4-288 所示。用鼠标右键单击“封面背面”图层的第 21 帧，在弹出的菜单中选择“创建传统补间”命令，生成动作补间动画，如图 4-289 所示。

图 4-287　　图 4-288

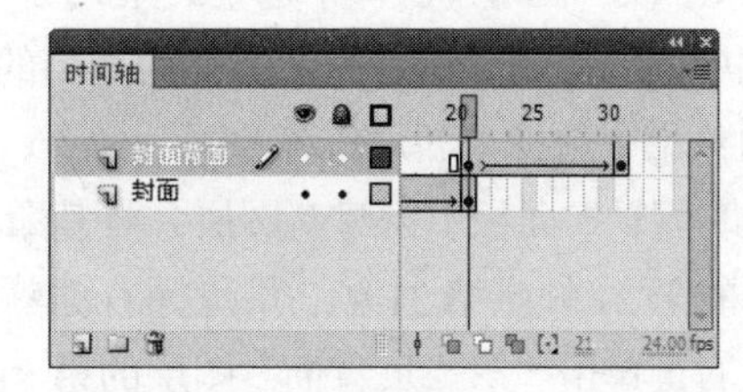

图 4-289

（5）分别在“时间轴”面板中创建新图层并分别命名为“第一页”、“第二页”、“第三页”和“第四页”，并按次序拖曳到“封面”图层的下方，如图 4-290 所示。将“库”面板中的图形元件“菜式 1”拖曳到“第一页”图层的舞台窗口中，并用相同的方法将“菜式 2”、“菜式 3”和“菜式 4”分别拖曳到对应图层的舞台窗口中，并放置到与“封面”实例同一位置，效果如图 4-291 所示。

（6）分别选中“第一页”图层的第 41 帧和第 51 帧，在选中的帧上插入关键帧。选中“第一页”图层的第 51 帧，在舞台窗口中选中“菜式 1”实例，选择“任意变形”工具，按 Alt 键的同时选中右侧中间的控制手柄并向左拖曳到适当的位置。用鼠标右键单击“第一页”图层的第 41 帧，在弹出的菜单中选择“创建传统补间”命令，生成动作补间动画，如图 4-292 所示。

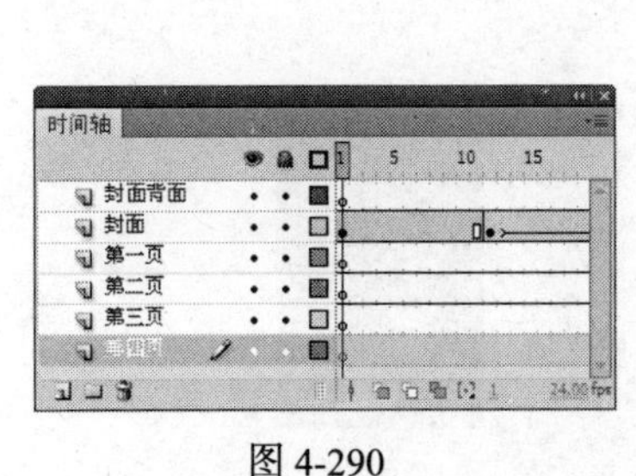

图 4-290

图 4-291

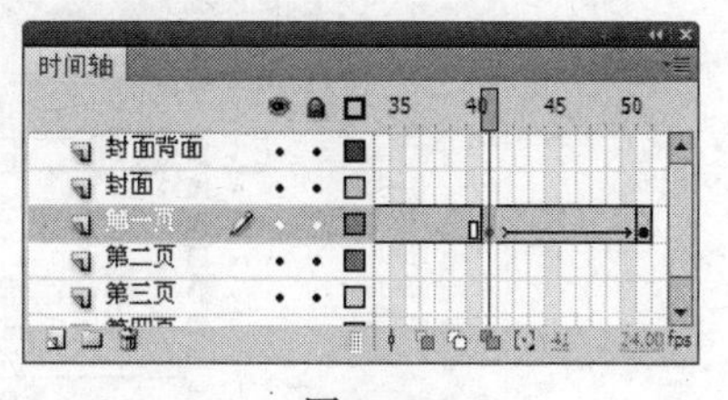

图 4-292

（7）在“时间轴”面板中创建新图层并将其命名为“第一页背面”，并拖曳到顶层。选中“封面背面”图层的第 21 帧至第 31 帧，用鼠标右键单击被选中的帧，在弹出的菜单中选择“复制帧”命令，用鼠标右键单击“第一页背面”图层的第 51 帧，在弹出的菜单中选择“粘贴帧”命令，如图 4-293 所示。选中“封面背面”图层的第 60 帧，按 F5 键，在该帧上插入普通帧。

（8）在“时间轴”面板中选中“第一页背面”图层的第 90 帧，按 F5 键，在该帧上插入普通帧，如图 4-294 所示。

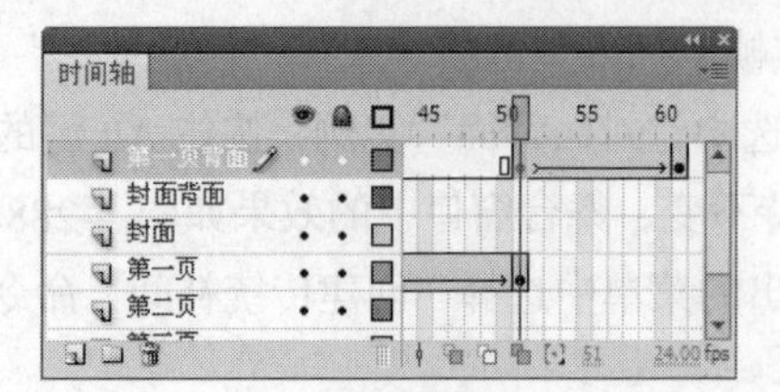

图 4-293

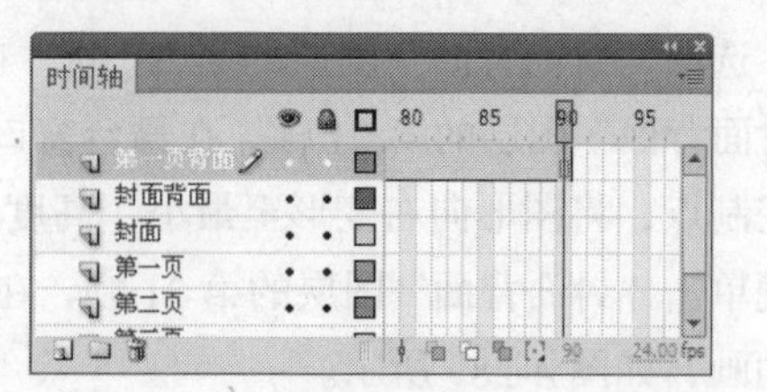

图 4-294

（9）分别选中“第二页”图层的第 71 帧和第 81 帧，在选中的帧上插入关键帧。选中“第二页”图层的第 81 帧，在舞台窗口中选中“菜式 2”实例，选择“任意变形”工具，按 Alt 键的同时选中右侧中间的控制手柄并向左拖曳到适当的位置。用鼠标右键单击“第二页”图层的第 71 帧，在弹出的菜单中选择“创建传统补间”命令，生成动作补间动画，如图 4-295 所示。

（10）在“时间轴”面板中创建新图层并将其命名为“第二页背面”，并拖曳到顶层。选中“封面背面”图层的第 21 帧至第 31 帧，用鼠标右键单击被选中的帧，在弹出的菜单中选择“复制帧”命令，用鼠标右键单击“第二页背面”图层的第 81 帧，在弹出的菜单中选择“粘贴帧”命令，选中“第二页背面”图层的第 120 帧，按 F5 键，在该帧上插入普通帧，如图 4-296 所示。

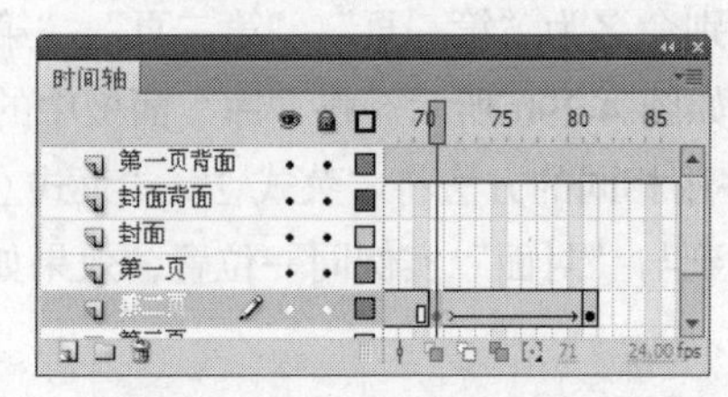

图 4-295

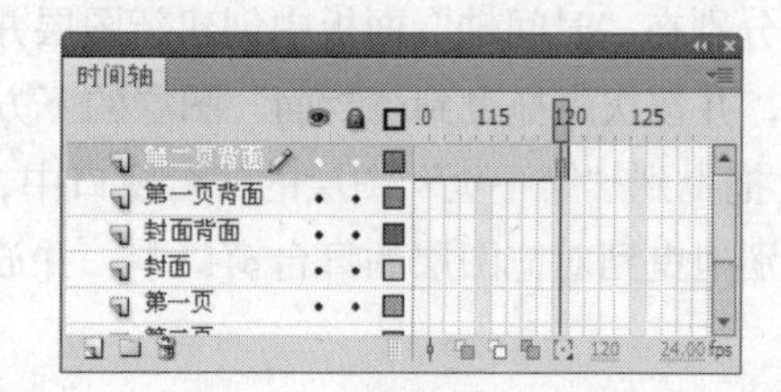

图 4-296

（11）用相同的方法分别在与“第二页”末帧隔 20 帧的位置制作“第三页”，“第二页背面”末帧隔 20 帧的位置制作“第三页背面”，如图 4-297 所示。选中“第四页”图层的第 121 帧，按 F5 键，在该帧上插入普通帧，舞台窗口中的效果如图 4-298 所示。

图 4-297

图 4-298

（12）在“时间轴”面板中创建新图层并将其命名为“动作脚本”，将该层拖曳至顶层。选中“动作脚本”图层的第 121 帧，在该帧上插入关键帧。选择“窗口 > 动作”命令，弹出“动作”面板。单击面板左上方的“将新项目添加到脚本中”按钮，在弹出的菜单中选择“全局函数 > 时间轴控制 > stop”命令，如图 4-299 所示，在脚本窗口中显示出选择的脚本语言，如图 4-300 所示，“时间轴”面板中的效果如图 4-301 所示。

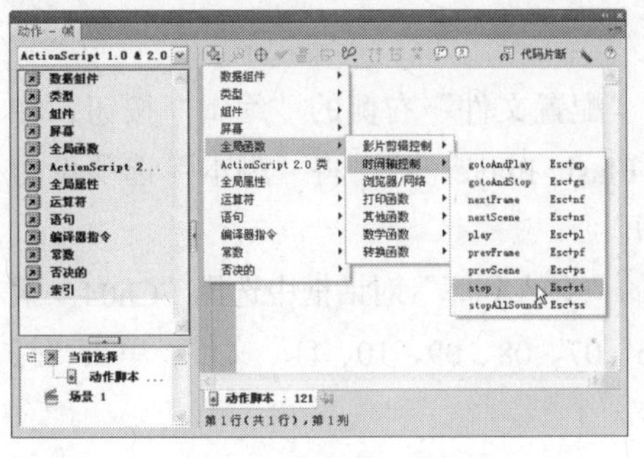

图 4-299

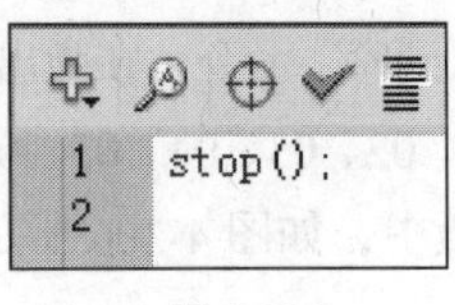

图 4-300

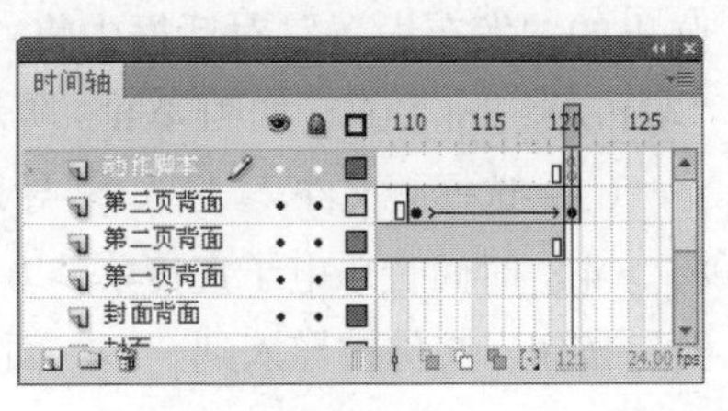

图 4-301

提示

如果当前选择的是帧，那么在“动作”面板中设置的是该帧的动作语句，如果当前选择的是一个对象，那么在“动作”面板中设置的是该对象的动作语句。

（13）单击舞台窗口左上方的“场景 1”图标 场景 1 ，进入“场景 1”的舞台窗口，将“图层 1”重新命名为“背景”。将“库”面板中的位图“01.jpg”拖曳到舞台窗口中心位置，并将其调整到合适的大小，舞台窗口中的效果如图 4-302 所示。

（14）在“时间轴”面板中创建新图层并将其命名为“菜谱”。将“库”面板中的影片剪辑元件“菜谱翻动”拖曳到舞台窗口中的适当位置，并将其调整到合适的大小，如图 4-303 所示。电子宣传菜单制作完成，按 Ctrl+Enter 组合键即可查看效果，如图 4-304 所示。

图 4-302

图 4-303

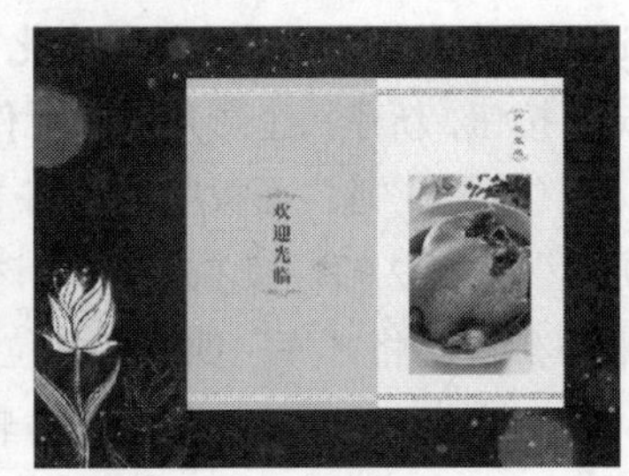

图 4-304

4.8　时尚音乐电子宣传单

【知识要点】使用“关键帧”命令制作星星动画，使用“文本”工具添加文字，使用“创建传统补间”命令制作动画，使用“矩形”工具和“颜色”面板绘制星星，使用“属性”面板设置图形的不透明度效果，使用“动作”面板设置脚本语言。

4.8.1　导入图片并制作星星变化

（1）选择“文件 > 新建”命令，弹出“新建文档”对话框，单击“确定”按钮，进入新建文档舞台窗口。按 Ctrl+F3 组合键，弹出文档“属性”面板，单击“大小”选项后面的“编辑”按钮 编辑... ，在弹出的对话框中将舞台窗口的宽度设为 700，高度设为 480，将“背景颜色”设为黑色，并将“帧频”选项设为 12，单击“确定”按钮。

（2）在文档“属性”面板中单击“发布”选项组中“配置文件”右侧的“编辑”按钮，在弹出的“发布设置”对话框中将“播放器”选项设为“Flash Player 8”，将“脚本”选项设为“ActionScript 2.0”，如图 4-305 所示，单击“确定”按钮。

（3）选择“文件 > 导入 > 导入到库”命令，在弹出的“导入到库”对话框中选择“Ch04 >素材 >4.8 时尚音乐电子宣传单 >01、02、03、04、05、06、07、08、09、10、11”文件，单击“打开”按钮，文件被导入到“库”面板中，如图 4-306 所示。

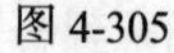
图 4-305

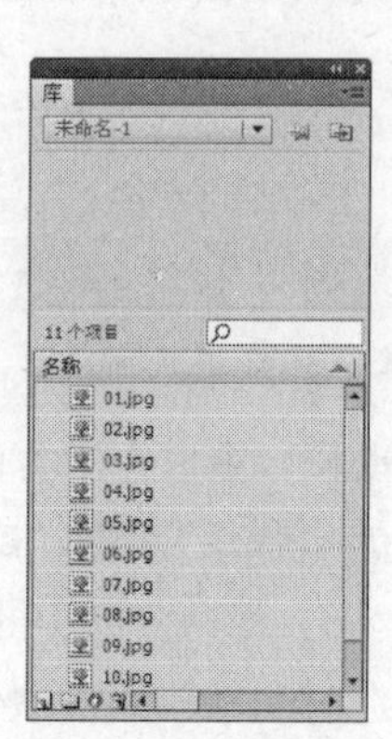

图 4-306

（4）在“库”面板下方单击“新建元件”按钮，弹出“创建新元件”对话框，在“名称”选项的文本框中输入“星星变化”，在“类型”选项的下拉列表中选择“影片剪辑”选项，单击“确定”按钮，新建一个影片剪辑元件“星星变化”，舞台窗口也随之转换为影片剪辑元件的舞台窗口。

（5）将“库”面板中的位图“02.jpg”拖曳到舞台窗口的中心位置，如图 4-307 所示。选中“图层 1”的第 2 帧，按 F6 键，在该帧上插入关键帧。在舞台窗口中选中“02”实例，按 Delete 键，将其删除。将“库”面板中的位图“03.jpg”拖曳到舞台窗口的中心位置，如图 4-308 所示。

（6）选中“图层 1”的第 3 帧，按 F6 键，在该帧上插入关键帧。在舞台窗口中选中“03”实例，按 Delete 键，将其删除。将“库”面板中的位图“04.jpg”拖曳到舞台窗口的中心位置，如图 4-309 所示。

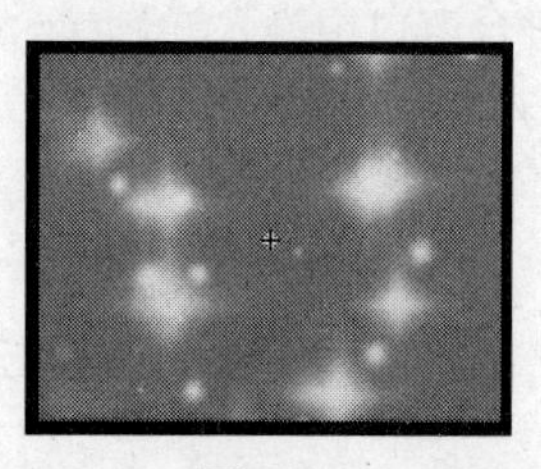
图 4-307

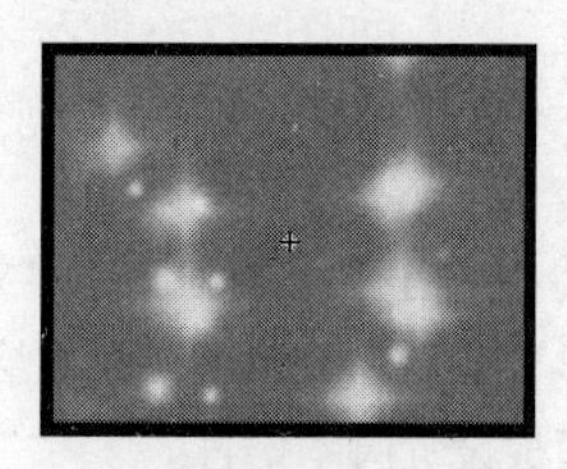
图 4-308

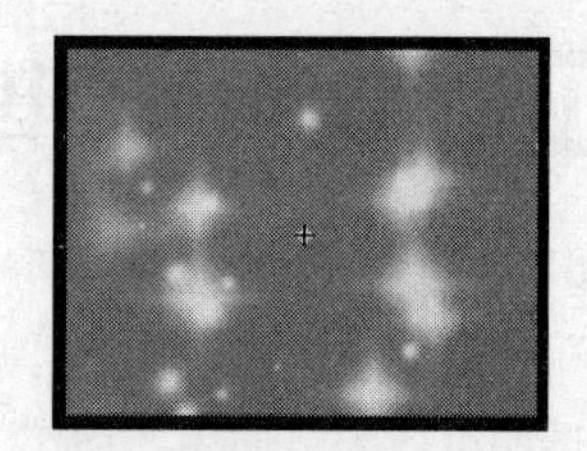
图 4-309

（7）用相同的方法，将位图“05.jpg”、“06.jpg”、“07.jpg”、“08.jpg”、“09.jpg”、“10.jpg”和“11.jpg”拖曳到舞台窗口的中心位置，如图 4-310、图 4-311、图 4-312、图 4-313、图 4-314、图 4-315 和图 4-316 所示。

（8）在“库”面板下方单击“新建文件夹”按钮，新建文件夹并将其命令为“星星”。选中“库”面板中的“02.jpg”~“11.jpg”位图，将其拖曳到“星星”文件夹中，如图 4-317 所示。

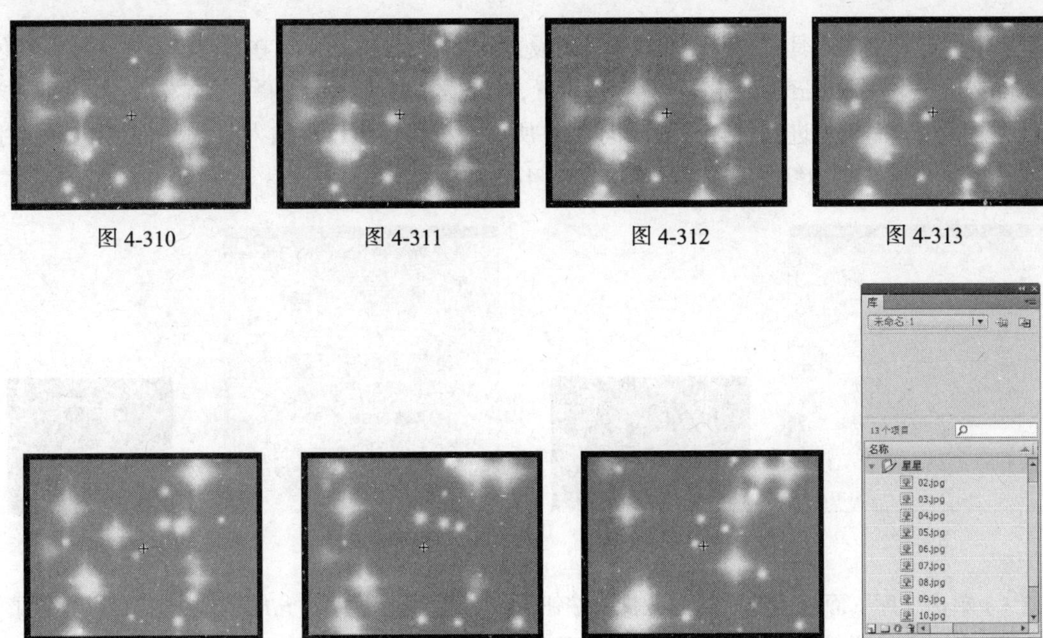

图 4-310　图 4-311　图 4-312　图 4-313

图 4-314　图 4-315　图 4-316　图 4-317

4.8.2　制作图形元件

（1）单击“库”面板中的“新建元件”按钮，新建一个图形元件“p”，舞台窗口也随之转换为图形元件的舞台窗口。

（2）选择“文本”工具，在文本工具“属性”面板中进行设置，在舞台窗口中输入字体为“Blippo Blk BT”的蓝色（#0033FF）文字“P”，如图 4-318 所示。选择“选择”工具，选中文字，按 Ctrl+B 组合键，将文字打散，并将其拖曳到适当的位置，如图 4-319 所示。

图 4-318

图 4-319

（3）单击“库”面板中的“新建元件”按钮，新建图形元件“导航栏”。选择“文本”工具，在文本工具“属性”面板中进行设置，如图 4-320 所示。在舞台窗口中输入红色（#FF0066）文字“DJ 舞曲　影视歌曲　宣传单曲　欧美歌手”，并将其放到合适位置，如图 4-321 所示。

图 4-320

图 4-321

（4）单击“库”面板中的“新建元件”按钮，新建图形元件“concert　musicale”。选择“文

本”工具T，在文本工具“属性”面板中进行设置，如图 4-322 所示，在舞台窗口中输入粉红色（#CC0099）文字“concert ”，将其放到合适位置，如图 4-323 所示。选择“文本”工具T，在文本工具“属性”面板中进行设置，如图 4-324 所示，在舞台窗口中输入蓝色（#0033FF）文字“musicale”，将其放到粉红色文字的下方，如图 4-325 所示。

图 4-322

图 4-323

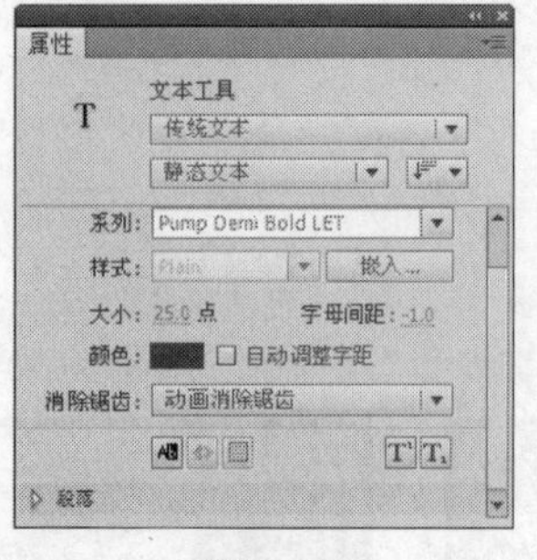

图 4-324

图 4-325

（5）单击“库”面板中的“新建元件”按钮，新建图形元件“五角星”。选择“多角星形”工具，在多角星形工具“属性”面板中，将“笔触颜色”设为无，“填充颜色”设为蓝色（#0033FF），单击“选项”按钮，在弹出的对话框中进行设置，如图 4-326 所示。在舞台窗口中绘制一个五角星，并调整其大小及位置，如图 4-327 所示。

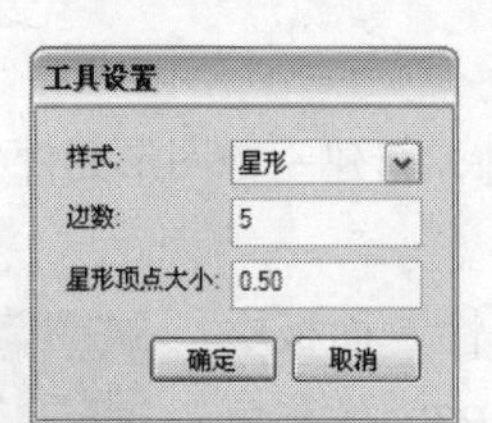

图 4-326

图 4-327

提示

应用多角星形工具可以绘制出不同样式的多边形和星形。可以在多角星形工具“属性”面板中设置不同的边框颜色、边框粗细、边框线型和填充颜色。

在“工具设置”对话框中，“样式”选项用于选择绘制多边形或星形。

“边数”选项用于设置多边形的边数，其选取范围为 3～32。

“星形顶点大小”选项用于输入一个 0～1 之间的数字，以指定星形顶点的深度，此数字越接近 0，创建的顶点就越深，此选项在多边形形状绘制中不起作用。

（6）单击“库”面板中的“新建元件”按钮，新建图形元件“方框”。选择“矩形”工具，将“笔触颜色”设为无，“填充颜色”设为灰色（#666666），绘制一个矩形，调整其大小和位置，如图 4-328 所示。

（7）单击“库”面板中的“新建元件”按钮，新建图形元件“音乐符号”。选择“矩形”工具，将“笔触颜色”设为无，“填充颜色”设为灰色（#666666），绘制一个矩形，调整其大小和位置，如图 4-329 所示。

（8）选择“选择”工具，选中矩形，按住 Alt+Shift 组合键的同时，垂直向上拖曳矩形到

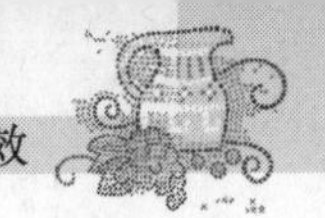

适当的位置，复制矩形。选中复制出的矩形，在形状“属性”面板中，将矩形的填充色设为淡灰色（#CCCCCC），如图 4-330 所示。用相同的方法复制多个矩形，在形状“属性”面板中，将填充色设为白色，如图 4-331 所示。

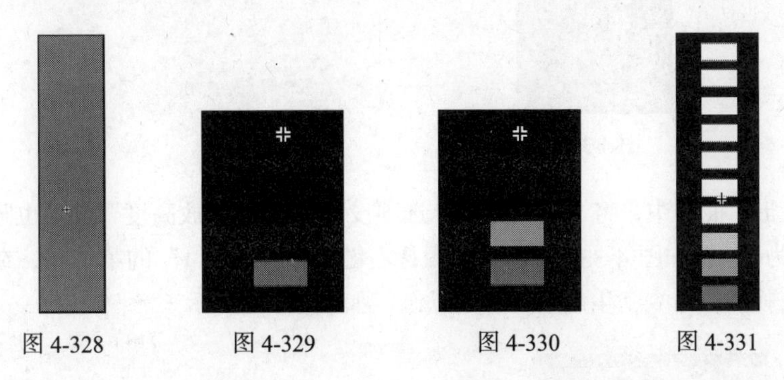

图 4-328　　图 4-329　　图 4-330　　图 4-331

（9）单击“库”面板中的“新建元件”按钮，新建图形元件“星星”。选择“矩形”工具，在工具箱中将“笔触颜色”设为无，“填充颜色”设为白色，在舞台窗口中绘制出矩形。选择“选择”工具，选中矩形，在形状“属性”面板中将“宽”选项设为 1.2，“高”选项设为 36，“X”和“Y”选项分别设为-0.1 和-17.9，矩形效果如图 4-332 所示。

（10）调出“颜色”面板，在“颜色类型”选项的下拉列表中选择“线性渐变”，单击色带，添加一个色块，将色带上的 3 个色块同时设为白色，并选中色带上左右两侧的色块，并将其“Alpha”选项设为 0，如图 4-333 所示。

（11）选择“颜料桶”工具，按住 Shift 键的同时从矩形的上方向下方拖曳渐变色。选择“选择”工具，选中渐变矩形，按 Ctrl+G 组合键，将其进行组合，效果如图 4-334 所示。用相同的方法制作其余渐变矩形，并分别将其拖曳到适当的位置和旋转到合适的角度，效果如图 4-335 所示。

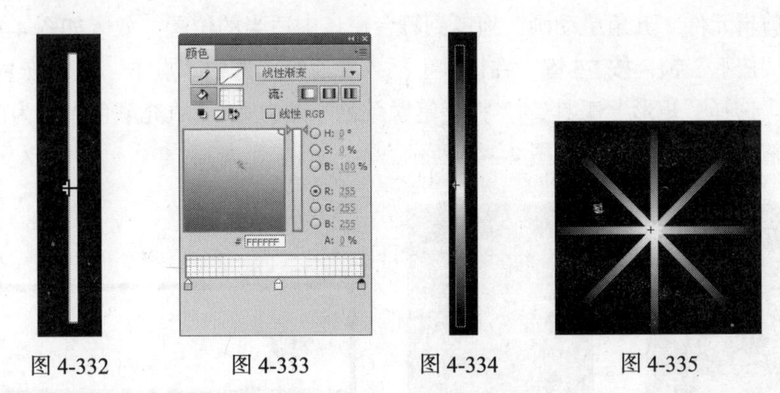

图 4-332　　图 4-333　　图 4-334　　图 4-335

4.8.3　制作影片剪辑和按钮

（1）单击“库”面板中的“新建元件”按钮，新建影片剪辑元件“五角星动画”。将“库”面板中的“五角星”元件拖曳到舞台窗口中，并放置到合适的位置，如图 4-336 所示。选中“图层 1”的第 8 帧，按 F6 键，在该帧上插入关键帧。选中在舞台窗口中“五角星”实例，选择图形“属性”面板，在“色彩效果”选项组中单击“样式”选项，在弹出的下拉列表中选择“色调”选

项，将“着色”选项设为粉红色（#FF0066），如图 4-337 所示。

图 4-336

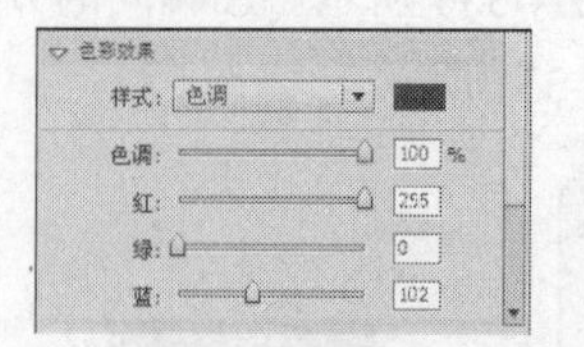

图 4-337

（2）在“变形”面板中，将“缩放宽度”选项设为 166，“缩放高度”选项也随之改变，并将“旋转”选项设为 114，如图 4-338 所示。用鼠标右键单击“图层 1”的第 1 帧，在弹出的菜单中选择“创建传统补间”命令，生成动作补间动画，如图 4-339 所示。

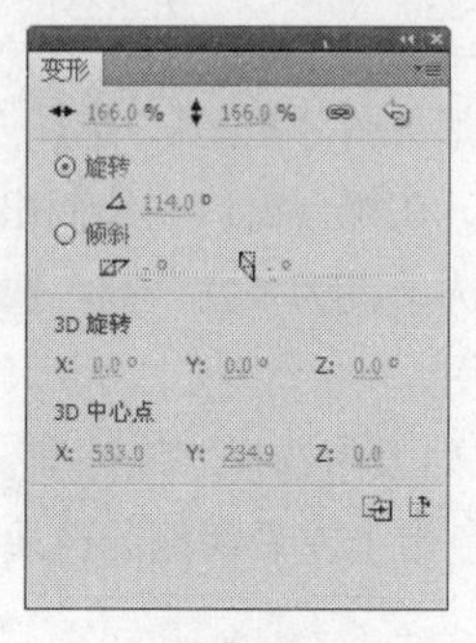

图 4-338

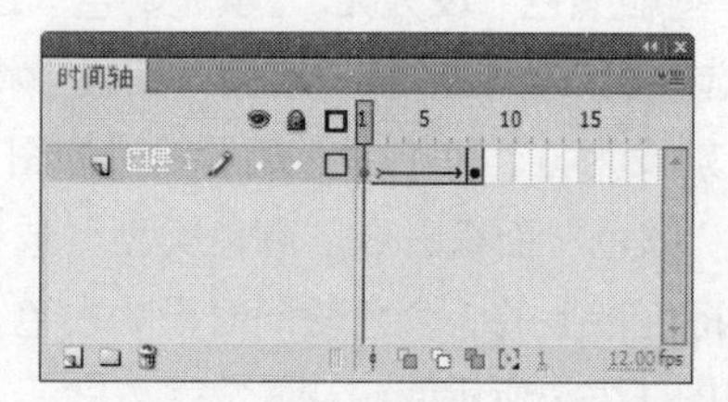

图 4-339

（3）单击“库”面板中的“新建元件”按钮，新建按钮元件“五角星按钮”。将“库”面板中的图形元件“五角星”拖曳到舞台窗口中适当的位置，如图 4-340 所示。选中“指针经过”帧，按 F6 键，在该帧上插入关键帧。将“指针经过”帧所对应的舞台窗口中的实例删除。将“库”面板中的影片剪辑元件“五角星动画”拖曳到舞台窗口中适当的位置，效果如图 4-341 所示。

（4）选中“按下”帧，按 F5 键，在该帧上插入普通帧。选中“点击”帧，按 F6 键，在该帧上插入关键帧。选择“矩形”工具，将“笔触颜色”设为无，“填充颜色”设为白色，绘制白色矩形，并调整其大小和位置，如图 4-342 所示。

图 4-340

图 4-341

图 4-342

4.8.4 制作星星动画

（1）单击“库”面板中的“新建元件”按钮，新建影片剪辑元件“星星动画”。将“库”面板中的“星星”元件拖曳到舞台窗口中适当的位置，如图 4-343 所示。选中“图层 1”的第 10

帧，按 F6 键，在该帧上插入关键帧。选中“图层 1”的第 1 帧，选中舞台窗口中的实例，选择图形“属性”面板，在“色彩效果”选项组中单击“样式”选项，在弹出的下拉列表中选择“Alpha”选项，将其值设为 19，如图 4-344 所示。

（2）选中“图层 1”的第 25 帧，按 F6 键，在该帧上插入关键帧。选中第 25 帧，选中舞台窗口中的实例，选择图形“属性”面板，在“色彩效果”选项组中单击“样式”选项，在弹出的下拉列表中选择“Alpha”选项，将其值设为 0，如图 4-345 所示。

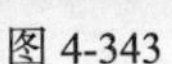

图 4-343

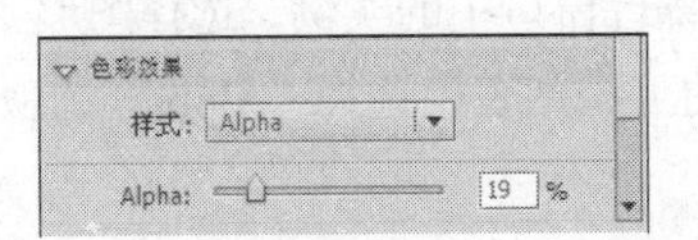

图 4-344

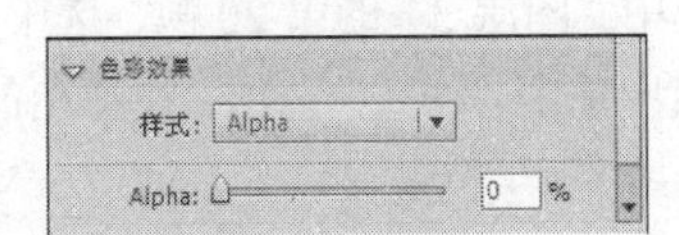

图 4-345

（3）选中“图层 1”的第 49 帧，按 F5 键，在该帧上插入普通帧。分别用鼠标右键单击“图层 1”的第 1 帧和第 10 帧，在弹出的菜单中选择“创建传统补间”命令，生成动作补间动画，如图 4-346 所示。

（4）在“时间轴”面板中新建“图层 2”，将“库”面板中的“星星”元件拖曳到舞台窗口中适当的位置，如图 4-347 所示。选中“图层 2”的第 15 帧，按 F6 键，在该帧上插入关键帧。选中“图层 2”的第 1 帧，选中舞台窗口中的实例，选择图形“属性”面板，在“色彩效果”选项组中单击“样式”选项，在弹出的下拉列表中选择“Alpha”选项，将其值设为 15，如图 4-348 所示。

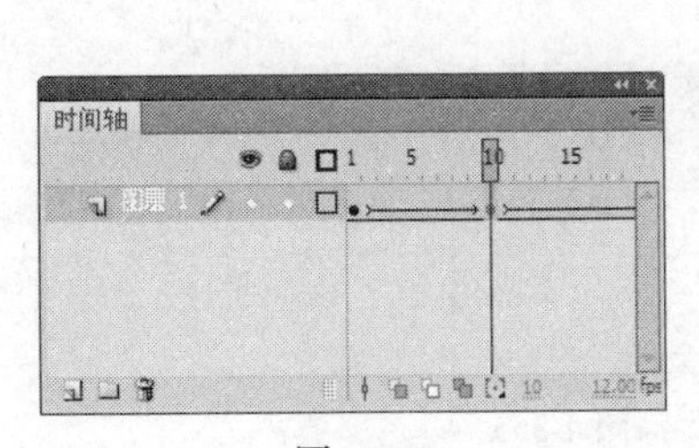

图 4-346

图 4-347

图 4-348

提示　在系统默认状态下，新创建的图层按“图层 1”、“图层 2”……的顺序进行命名，可以根据需要自行设定图层的名称。

（5）选中“图层 2”的第 15 帧，选中舞台窗口中的实例，选择图形“属性”面板，在“色彩效果”选项组中单击“样式”选项，在弹出的下拉列表中选择“Alpha”选项，将其值设为 80，如图 4-349 所示。选中“图层 2”的第 30 帧，按 F6 键，在该帧上插入关键帧。

（6）选中舞台窗口中的实例，选择图形“属性”面板，在“色彩效果”选项组中单击“样式”选项，在弹出的下拉列表中选择“Alpha”选项，将其值设为 21，如图 4-350 所示。分别用鼠标右键单击“图层 2”的第 1 帧和第 15 帧，在弹出的菜单中选择“创建传统补间”命令，生成动作补间动画，如图 4-351 所示。

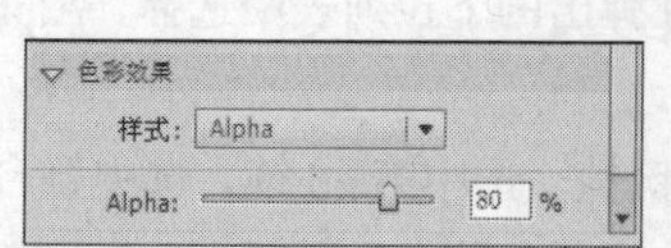

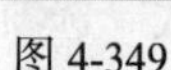
图 4-349

图 4-350

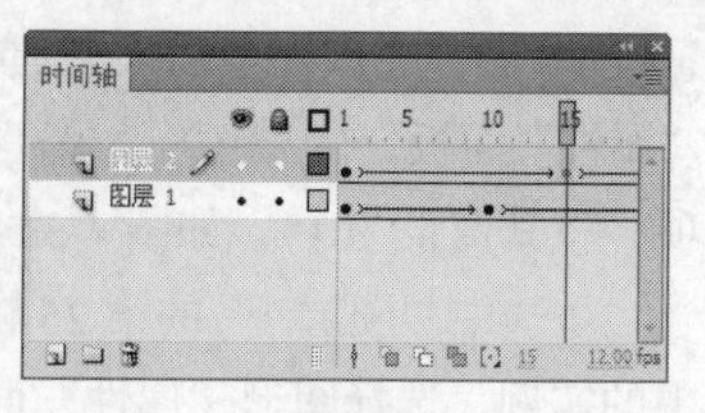

图 4-351

（7）在“时间轴”面板中新建“图层 3”，将“库”面板中的“星星”元件拖曳到舞台窗口中，调整到合适的位置，如图 4-352 所示。选中“图层 3”的第 20 帧，按 F6 键，在该帧上插入关键帧。选中“图层 3”的第 20 帧，选中舞台窗口中的实例，选择图形“属性”面板，在“色彩效果”选项组中单击“样式”选项，在弹出的下拉列表中选择“Alpha”选项，将其值设为 10，如图 4-353 所示。

图 4-352

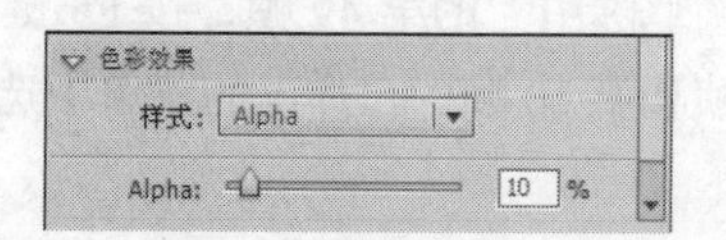

图 4-353

（8）选中“图层 3”的第 35 帧，按 F6 键，在该帧上插入关键帧。选中舞台窗口中的实例，选择图形“属性”面板，在“色彩效果”选项组中单击“样式”选项，在弹出的下拉列表中选择“Alpha”选项，将其值设为 30，如图 4-354 所示。分别用鼠标右键单击“图层 3”的第 1 帧和第 20 帧，在弹出的菜单中选择“创建传统补间”命令，生成动作补间动画，如图 4-355 所示。

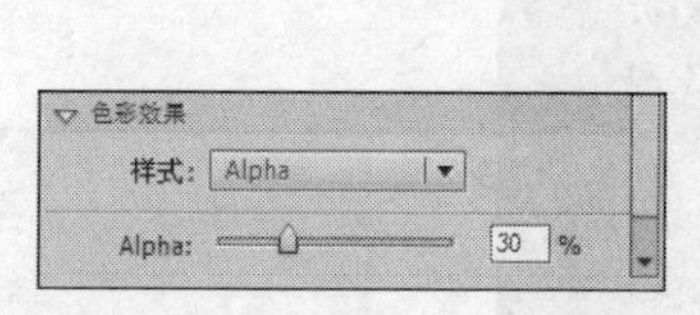

图 4-354

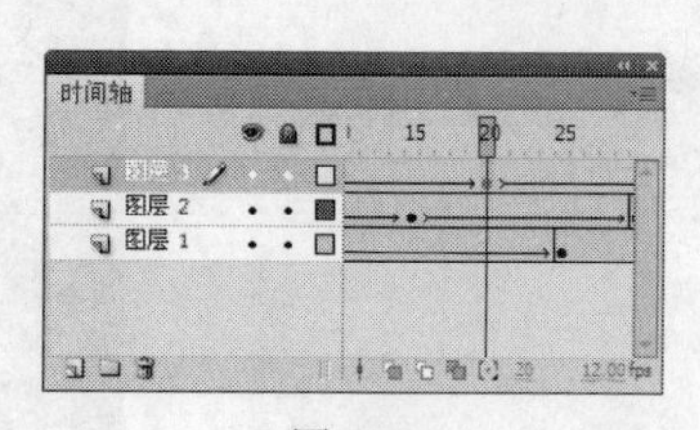

图 4-355

（9）在“时间轴”面板中新建“图层 4”，将“库”面板中的“星星”元件拖曳到舞台窗口中，调整大小并放到合适的位置，如图 4-356 所示。选中“图层 4”的第 25 帧，按 F6 键，在该帧上插入关键帧。选中“图层 4”的第 25 帧，选中舞台窗口中的实例，选择图形“属性”面板，在“色彩效果”选项组中单击“样式”选项，在弹出的下拉列表中选择“Alpha”选项，将其值设为 30，如图 4-357 所示。

图 4-356

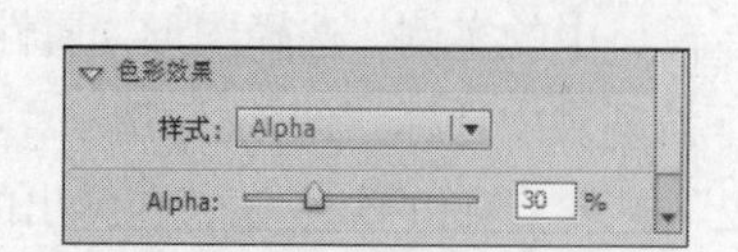

图 4-357

（10）选中“图层 4”的第 40 帧，按 F6 键，在该帧上插入关键帧。选中舞台窗口中的实例，选择图形“属性”面板，在“色彩效果”选项组中单击“样式”选项，在弹出的下拉列表中选择“Alpha”选项，将其值设为 0，如图 4-358 所示。分别用鼠标右键单击“图层 4”的第 1 帧和第 25 帧，在弹出的菜单中选择“创建传统补间”命令，生成动作补间动画，如图 4-359 所示。

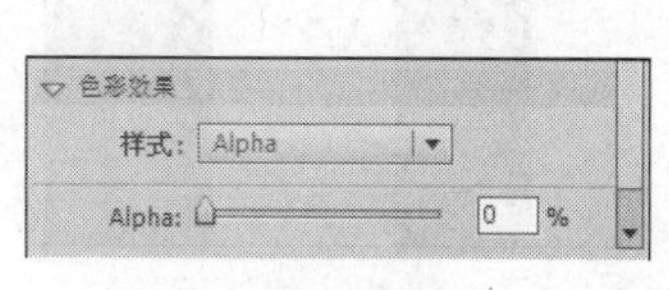

图 4-358

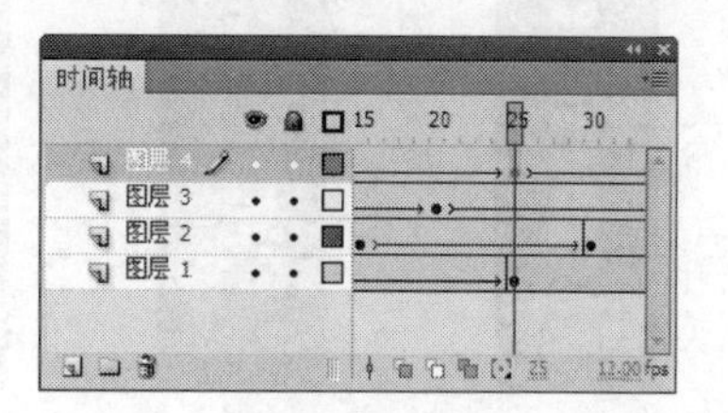

图 4-359

（11）在“时间轴”面板中新建“图层 5”，将“库”面板中的“星星”元件拖曳到舞台窗口中，调整大小并放到合适的位置，如图 4-360 所示。选中“图层 5”的第 30 帧，按 F6 键，在该帧上插入关键帧。选中“图层 5”的第 1 帧，选中舞台窗口中的实例，选择图形“属性”面板，在“色彩效果”选项组中单击“样式”选项，在弹出的下拉列表中选择“Alpha”选项，将其值设为 0，如图 4-361 所示。

（12）选中“图层 5”的第 45 帧，按 F6 键，在该帧上插入关键帧。选中“图层 5”的第 45 帧，选中舞台窗口中的实例，选择图形“属性”面板，在“色彩效果”选项组中单击“样式”选项，在弹出的下拉列表中选择“Alpha”选项，将其值设为 0。分别用鼠标右键单击“图层 5”的第 1 帧和第 30 帧，在弹出的菜单中选择“创建传统补间”命令，生成动作补间动画，如图 4-362 所示。

图 4-360

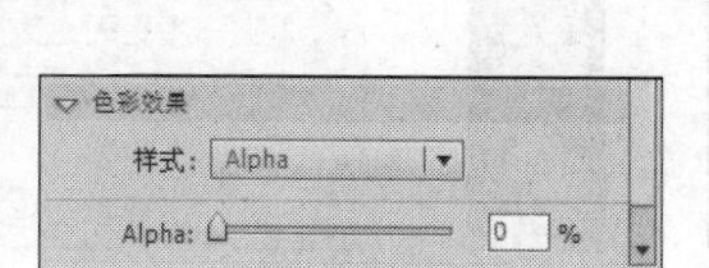

图 4-361

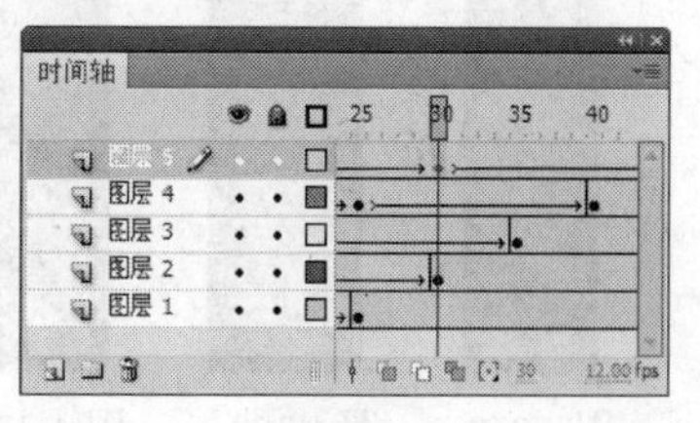

图 4-362

4.8.5　制作动感音乐符

（1）单击“库”面板中的“新建元件”按钮，新建影片剪辑元件“动感音乐符”。将“库”面板中的“音乐符号”元件拖曳到舞台窗口中，放置到合适的位置，如图 4-363 所示。选中“图层 1”的第 58 帧，按 F5 键，在该帧上插入普通帧。在“时间轴”面板中新建“图层 2”，将“库”面板中的“方框”元件拖曳到舞台窗口中，将其放到合适的位置，如图 4-364 所示。

（2）选中“图层 2”的第 7 帧，按 F6 键，在该帧上插入关键帧。选择“选择”工具，将“方框”实例放置到合适位置，如图 4-365 所示。选中“图层 2”的第 13 帧，按 F6 键，在该帧上插入关键帧。选择“选择”工具，将“方框”实例放置到合适位置，如图 4-366 所示。选中“图

层 2”的第 18 帧，按 F6 键，在该帧上插入关键帧。选择“选择”工具，将“方框”实例放置到合适位置，如图 4-367 所示。

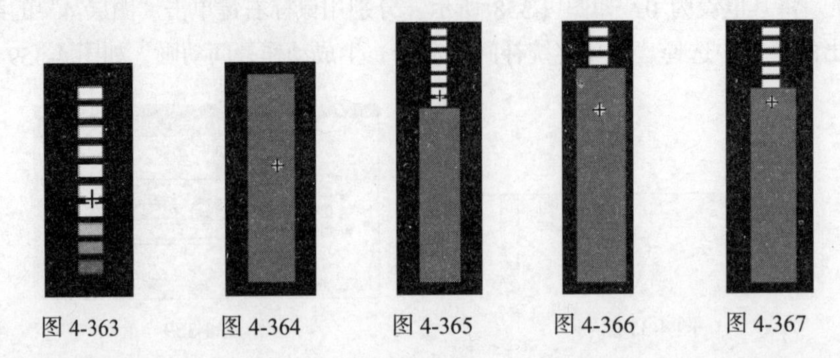

图 4-363　图 4-364　图 4-365　图 4-366　图 4-367

（3）选中“图层 2”的第 24 帧，按 F6 键，在该帧上插入关键帧。选择“选择”工具，将“方框”实例放置到合适位置，如图 4-368 所示。选中“图层 2”的第 32 帧，按 F6 键，在该帧上插入关键帧。选择“选择”工具，将“方框”实例放置到合适位置，如图 4-369 所示。选中“图层 2”的第 41 帧，按 F6 键，在该帧上插入关键帧。选择“选择”工具，将“方框”实例放置到合适位置，如图 4-370 所示。

（4）选中“图层 2”的第 51 帧，按 F6 键，在该帧上插入关键帧。选择“选择”工具，将“方框”实例放置到合适位置，如图 4-371 所示。用鼠标右键单击“图层 2”的第 1 帧、第 7 帧、第 13 帧、第 18 帧、第 24 帧、第 32 帧和第 41 帧，在弹出的菜单中选择“创建传统补间”命令，生成动作补间动画，如图 4-372 所示。

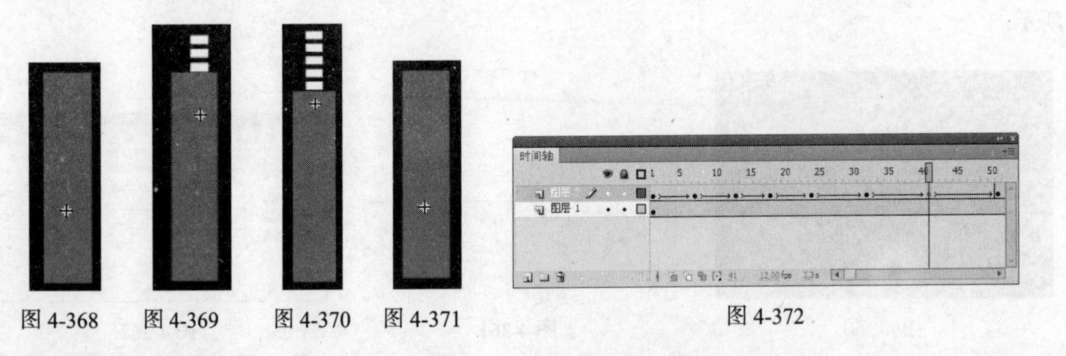

图 4-368　图 4-369　图 4-370　图 4-371　图 4-372

（5）用鼠标右键单击“图层 2”的名称，在弹出的菜单中选择“遮罩层”命令，将“图层 2”转换为遮罩层，如图 4-373 所示。

（6）在“时间轴”面板中新建“图层 3”，将“库”面板中的“音乐符号”元件拖曳到舞台窗口中，放置到合适的位置，如图 4-374 所示。在“时间轴”面板中新建“图层 4”。选中“图层 4”的第 5 帧，按 F6 键，在该帧上插入关键帧。将“库”面板中的“方框”元件拖曳到舞台窗口中，将其放到合适的位置，如图 4-375 所示。

（7）选中“图层 4”的第 10 帧，按 F6 键，在该帧上插入关键帧。选择“选择”工具，将“方框”实例放置到合适位置，如图 4-376 所示。选中“图层 4”的第 16 帧，按 F6 键，在该帧上插入关键帧。选择“选择”工具，将方框实例放置到合适位置，如图 4-377 所示。选中“图层 4”的第 22 帧，按 F6 键，在该帧上插入关键帧。选择“选择”工具，将“方框”实例放置到合适位置，如图 4-378 所示。

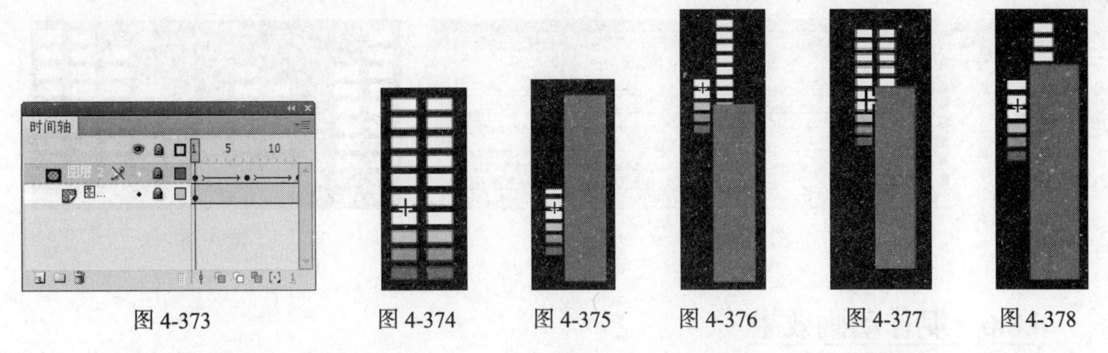

图 4-373　　图 4-374　　图 4-375　　图 4-376　　图 4-377　　图 4-378

（8）选中“图层 4”的第 28 帧，按 F6 键，在该帧上插入关键帧。选择“选择”工具，将“方框”实例放置到合适位置，如图 4-379 所示。

（9）选中“图层 4”的第 34 帧，按 F6 键，在该帧上插入关键帧。选择“选择”工具，将“方框”实例放置到合适位置，如图 4-380 所示。选中“图层 4”的第 43 帧，按 F6 键，在该帧上插入关键帧。选择“选择”工具，将“方框”实例放置到合适位置，如图 4-381 所示。

（10）选中“图层 4”的第 53 帧，按 F6 键，在该帧上插入关键帧。选择“选择”工具，将“方框”实例放置到合适位置，如图 4-382 所示。

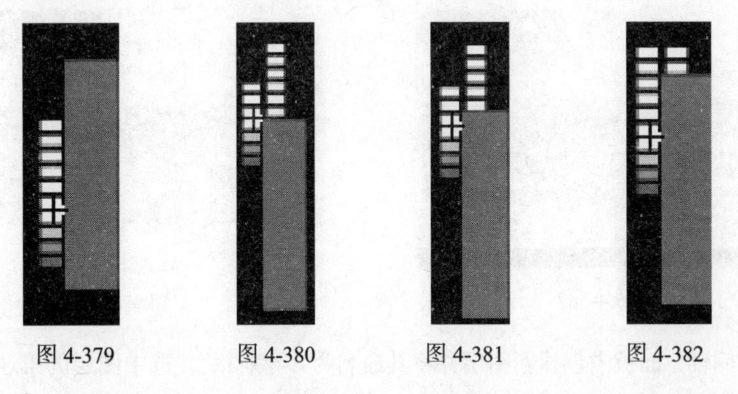

图 4-379　　图 4-380　　图 4-381　　图 4-382

（11）用鼠标右键单击“图层 4”的第 5 帧、第 10 帧、第 16 帧、第 22 帧、第 28 帧、第 34 帧、第 43 帧和第 53 帧，在弹出的菜单中选择“创建传统补间”命令，生成动作补间动画，如图 4-383 所示。用鼠标右键单击“图层 4”的名称，在弹出的菜单中选择“遮罩层”命令，将“图层 4”转换为遮罩层，如图 4-384 所示。

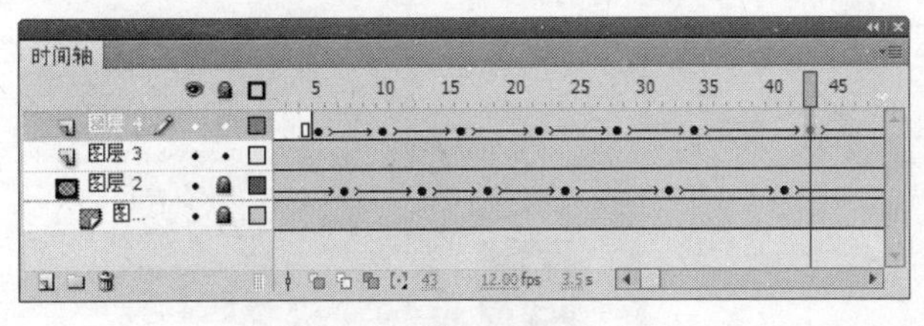

图 4-383

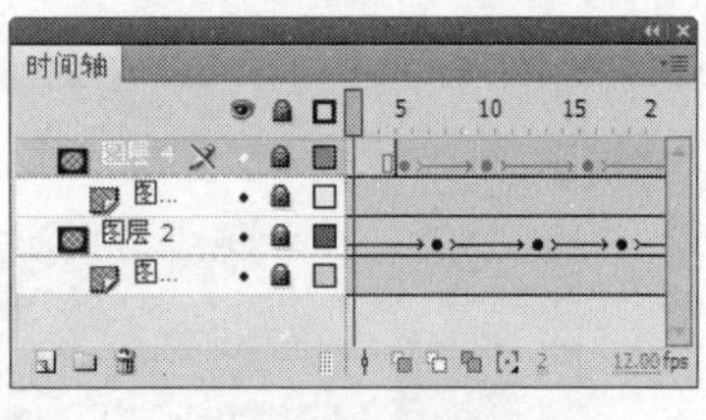

图 4-384

（12）多次单击“时间轴”面板下方的“新建图层”按钮，新建多个图层，将“库”面板中的图形元件“音乐符号”和“方框”拖曳到与文字相应的图层舞台窗口中，并调整位置。用相同的方法对其进行操作，如图 4-385 所示，完成后的音乐符号的效果如图 4-386 所示。

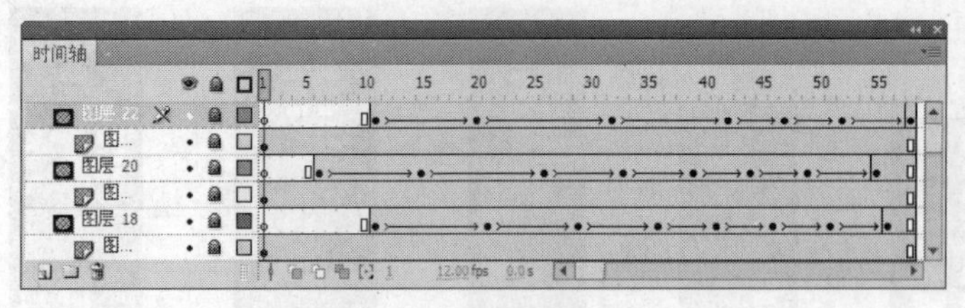

图 4-385

图 4-386

4.8.6 制作动画效果

（1）单击舞台窗口左上方的“场景 1”图标，进入“场景 1”的舞台窗口。将“图层 1”重新命名为“底图”。将“库”面板中的位图“01.jpg”文件拖曳到舞台窗口的中心位置，并将其调整到合适的大小，效果如图 4-387 所示。

（2）选择“任意变形”工具，选中舞台窗口中的底图，按住 Alt 键的同时选中下方中间的控制手柄并向下拖曳到适当的位置，将底图变形，效果如图 4-388 所示。选中“背景图”图层的第 57 帧，按 F5 键，在该帧上插入普通帧。

图 4-387

图 4-388

（3）在“时间轴”面板中创建新图层并将其命名为“导航栏”。选中图层的第 32 帧，按 F6 键，在该帧上插入关键帧。将“库”面板中的图形元件“导航栏”拖曳到舞台窗口中的右上方外部，效果如图 4-389 所示。

（4）选中“导航栏”图层的第 51 帧，按 F6 键，在该帧上插入关键帧。选择“选择”工具，选中舞台窗口中的“导航栏”实例，将其拖曳到舞台窗口中的适当位置，如图 4-390 所示。

图 4-389

图 4-390

（5）选中“导航栏”图层的第 32 帧，选中舞台窗口中的“导航栏”实例，选择图形“属性”面板，在“色彩效果”选项组中单击“样式”选项，在弹出的下拉列表中选择“Alpha”选项，将

其值设为 0，如图 4-391 所示。用鼠标右键单击“导航栏”图层的第 32 帧，在弹出的菜单中选择“创建传统补间”命令，生成动作补间动画，如图 4-492 所示。

（6）选中“导航栏”图层的第 57 帧，按 F6 键，在该帧上插入关键帧。选择“窗口 > 动作”命令，弹出“动作”面板。单击面板左上方的“将新项目添加到脚本中”按钮，在弹出的菜单中选择“全局函数 > 时间轴控制 > stop”命令，在脚本窗口中显示出选择的脚本语言，如图 4-393 所示。在“导航栏”图层的第 57 帧上显示出一个标记“a”。

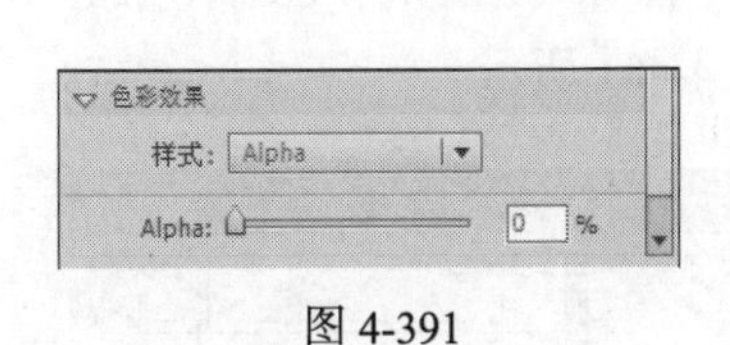

图 4-391

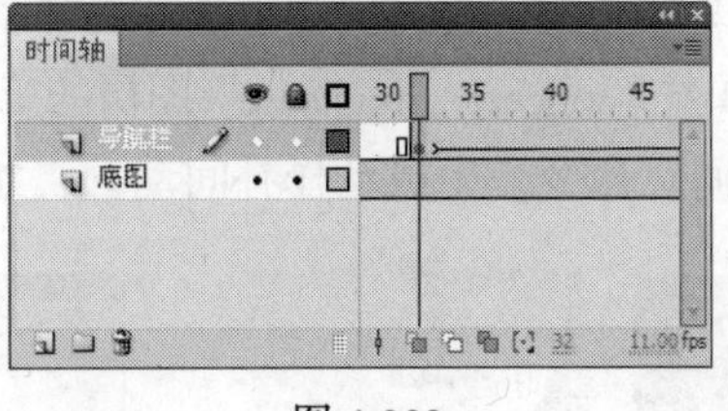

图 4-392

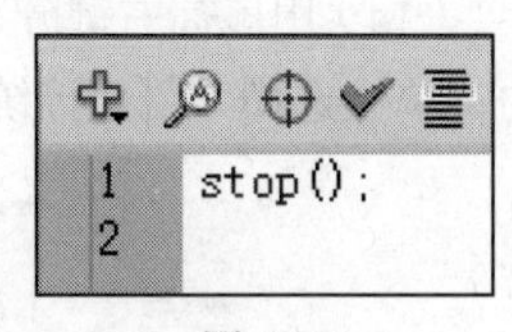

图 4-393

（7）在“时间轴”面板中创建新图层并将其命名为“五角星”。选中“五角星”图层的第 51 帧，按 F6 键，在该帧上插入关键帧。将“库”面板中的按钮元件“五角星按钮”拖曳到舞台窗口中，放置在文字“DJ 舞曲”的前面，效果如图 4-394 所示。

（8）在舞台窗口中，选中“五角星按钮”实例，按住 Alt 键的同时拖曳鼠标，将其复制 3 次，分别放在文字“影视歌曲”、“宣传单曲”和“欧美歌手”的前面，如图 4-395 所示。

图 4-394　　图 4-395

（9）在“时间轴”面板中创建新图层并将其命名为“星星变化”。将“库”面板中的影片剪辑元件“星星变化”拖曳到舞台窗口中，选择“任意变形”工具，调整大小并放到合适的位置，如图 4-396 所示。

（10）在“时间轴”面板中创建新图层并将其命名为“星星”。将“库”面板中的影片剪辑元件“星星动画”拖曳到舞台窗口中，放置到合适位置，如图 4-397 所示。

（11）在“时间轴”面板中创建新图层并将其命名为“concert musicale”。选中图层的第 11 帧，按 F6 键，在该帧上插入关键帧。将“库”面板中的图形元件“concert musicale”拖曳到舞台窗口中，选择“任意变形”工具，将其调整到合适的大小，并移动到舞台窗口的右侧，如图 4-398 所示。

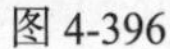

图 4-396

图 4-397

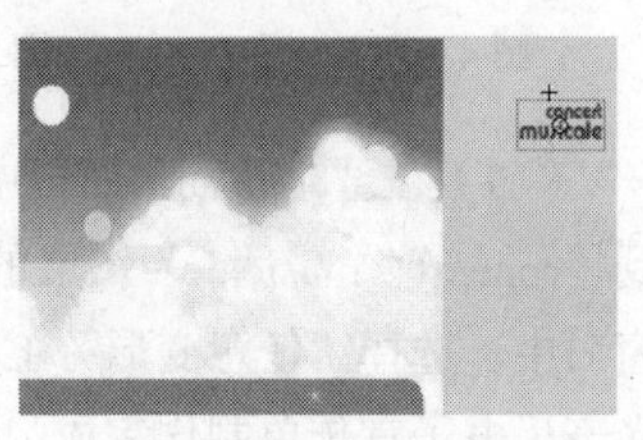

图 4-398

（12）选中“concert　musicale”图层的第 21 帧，按 F6 键，在该帧上插入关键帧。在舞台窗口中选中文字实例，将其向左移动，如图 4-399 所示。选中“concert　musicale”图层的第 11 帧，在舞台窗口中选中文字实例，选择图形“属性”面板，在“色彩效果”选项组中单击“样式”选项，在弹出的下拉列表中选择“Alpha”选项，将其值设为 0。

（13）选中“concert　musicale”图层的第 28 帧，按 F6 键，在该帧上插入关键帧。在舞台窗口中将图形元件保持不变。选中“concert　musicale”图层的第 32 帧，按 F6 键，在该帧上插入关键帧。在舞台窗口中选中文字实例，将其向图形的左侧移动，如图 4-400 所示。

（14）用鼠标右键分别单击“concert　musicale”图层的第 11 帧、第 21 帧和第 28 帧，在弹出的菜单中选择“创建传统补间”命令，生成动作补间动画，如图 4-401 所示。

图 4-399

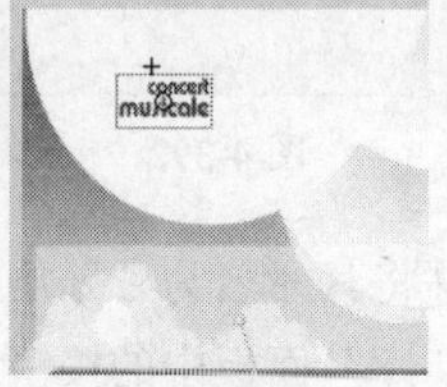

图 4-400

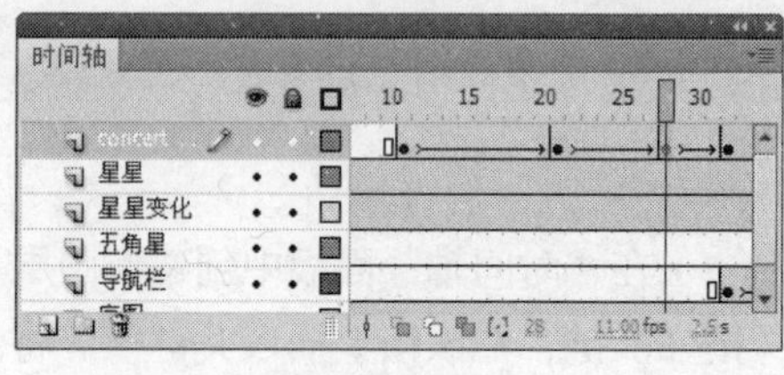

图 4-401

（15）在“时间轴”面板中创建新图层并将其命名为“P”。选中“P”图层的第 11 帧，按 F6 键，在该帧上插入关键帧。将“库”面板中的图形元件“p”拖曳到舞台窗口的左外侧，如图 4-402 所示。

（16）选中“P”图层的第 21 帧，按 F6 键，在该帧上插入关键帧。在舞台窗口中选中文字实例，将其向右移动，使其与文字“concert　musicale”相连，如图 4-403 所示。选中“P”图层的第 11 帧，在舞台窗口中选中文字实例，选择图形“属性”面板，在“色彩效果”选项组中单击“样式”选项，在弹出的下拉列表中选择“Alpha”选项，将其值设为 0。

（17）选中“P”图层的第 28 帧，按 F6 键，在该帧上插入关键帧。在舞台窗口中图形元件保持不变。选中“P”图层的第 32 帧，按 F6 键，在该帧上插入关键帧。在舞台窗口中选中文字实例，将其向左移动，使其与文字“concert　musicale”保持相同的位置，如图 4-404 所示。

（18）用鼠标右键分别单击“P”图层的第 11 帧、第 21 帧和第 28 帧，在弹出的菜单中选择“创建传统补间”命令，生成动作补间动画，如图 4-405 所示。

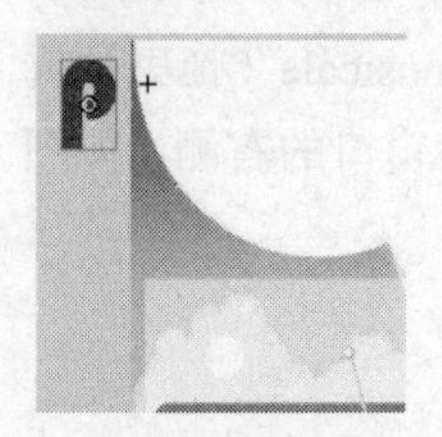

图 4-402

图 4-403

图 4-404

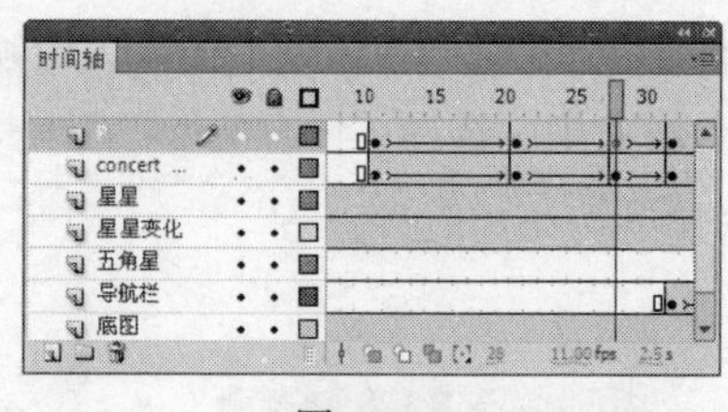

图 4-405

（19）在“时间轴”面板中创建新图层并将其命名为“音乐符号”。将“音乐符号”图层拖曳到“concert　musicale”图层的下方。将“库”面板中的影片剪辑元件“动感音乐符”拖曳到舞台窗口中，选择“任意变形”工具，将实例调整到合适的大小与位置，效果如图 4-406 所示。时尚音乐电子宣传单制作完成，按 Ctrl+Enter 组合键即可查看效果，如图 4-407 所示。

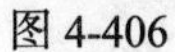

图 4-406

图 4-407

4.9 课后习题——邀请赛广告

【习题知识要点】使用“遮罩层”命令制作遮罩动画效果，使用“矩形”工具和“颜色”面板制作渐变矩形，使用“动作”面板设置脚本语言，如图 4-408 所示。

【效果所在位置】光盘/Ch04/效果/4.9 邀请赛广告. fla。

图 4-408

第5章 节目片头与MTV

Flash 动画在节目片头、影视剧片头、游戏片头以及 MTV 制作上的应用越来越广泛。节目片头体现了节目的风格和档次，它的质量将直接影响整个节目的效果。制作 Flash MTV，更需要好的创意和艺术感染力，应该仔细揣摩歌曲的内涵，充分地发挥想象。

本章主要介绍应用 Flash CS5 制作片头和 MTV 的方法和技巧，并介绍通过图片、声音、动画的完美搭配使节目片头和 MTV 更加引人入胜的方法。

课堂学习实例

- 影视剧片头
- 自然知识片头
- 超酷游戏片头
- 英文歌曲 MTV
- 英文诗歌

5.1 影视剧片头

【知识要点】使用“文本”工具添加文字效果，使用“任意变形”工具旋转文字的角度，使用“线条”工具绘制线条图形，使用“动作”面板设置脚本语言。

5.1.1 导入图片并添加文字

（1）选择“文件 > 新建”命令，弹出“新建文档”对话框，单击“确定”按钮，进入新建文档舞台窗口。按 Ctrl+F3 组合键，弹出文档“属性”面板，单击“大小”选项后面的“编辑”按钮 编辑... ，在弹出的对话框中将舞台窗口的宽度设为 550，高度设为 327，将“背景颜色”设为灰色（#666666），并将“帧频”选项设为 12，单击“确定”按钮。

（2）在文档“属性”面板中，单击“发布”选项组中“配置文件”右侧的“编辑”按钮，在弹出的“发布设置”对话框中将“播放器”选项设为“Flash Player 8”，将“脚本”选项设为“ActionScript 2.0”，如图 5-1 所示，单击“确定”按钮。

（3）选择“文件 > 导入 > 导入到库”命令，在弹出的“导入到库”对话框中选择“Ch05 > 素材 > 5.1 影视剧片头 > 01、02、03、04、05”文件，单击“打开”按钮，文件被导入到“库”面板中，如图 5-2 所示。

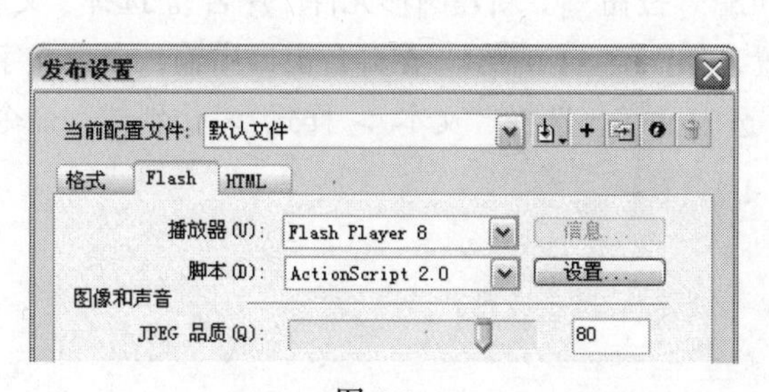

图 5-1

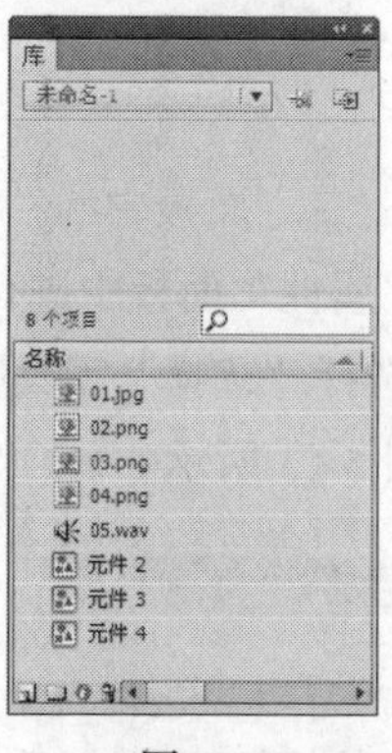

图 5-2

（4）在“库”面板下方单击“新建元件”按钮 ，弹出“创建新元件”对话框，在“名称”选项的文本框中输入“导演文字”，在“类型”选项的下拉列表中选择“图形”选项，单击“确定”按钮，新建一个图形元件“导演文字”，舞台窗口也随之转换为图形元件的舞台窗口。选择“文本”工具 ，在文本工具“属性”面板中进行设置，如图 5-3 所示，在舞台窗口中输入黑色文字“李志安”，效果如图 5-4 所示。

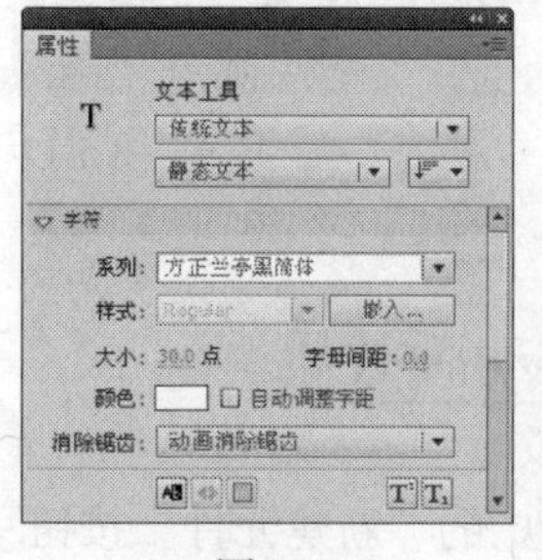

图 5-3

李志安

图 5-4

（5）选择“选择”工具 ，选中文字，选择“文本 > 样式 > 仿斜体”命令，将文字倾斜，效果如图 5-5 所示。在“属性”面板中将字体设为“方正兰亭粗黑简体”，在舞台窗口中输入大小为 20 的白色文字“导演”，效果如图 5-6 所示。用相同的方法将文字倾斜，效果如图 5-7 所示。

图 5-5

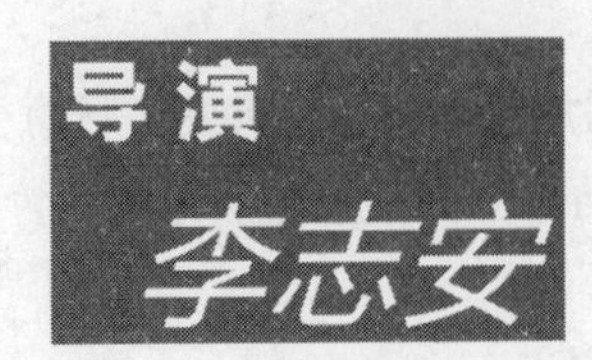

图 5-6

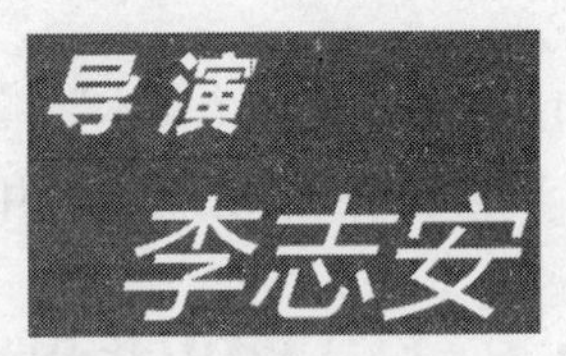

图 5-7

（6）用上述相同的方法分别制作图形元件“编剧文字”和图形元件“摄影文字”，“库”面板中的显示效果如图 5-8 所示；“编剧文字”效果如图 5-9 所示，“摄影文字”效果如图 5-10 所示。

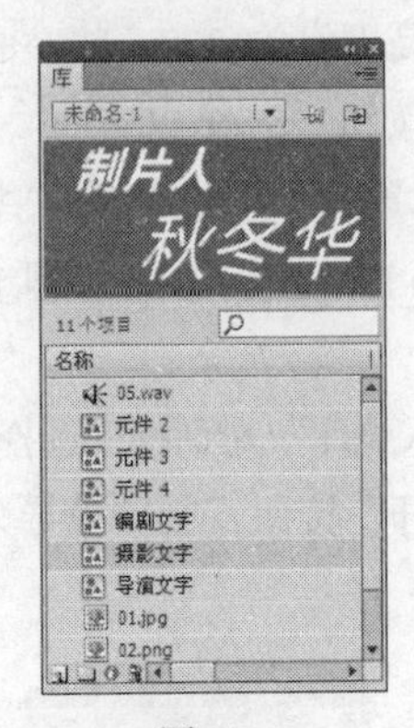

图 5-8

图 5-9

图 5-10

（7）单击“库”面板中的“新建元件”按钮，新建图形元件“片名”。选择“文本”工具，在文本工具“属性”面板中进行设置，如图 5-11 所示。在舞台窗口中输入白色文字，效果如图 5-12 所示。选择“选择”工具，选中文字，选择“文本 > 样式 > 仿斜体”命令，将文字倾斜，效果如图 5-13 所示。

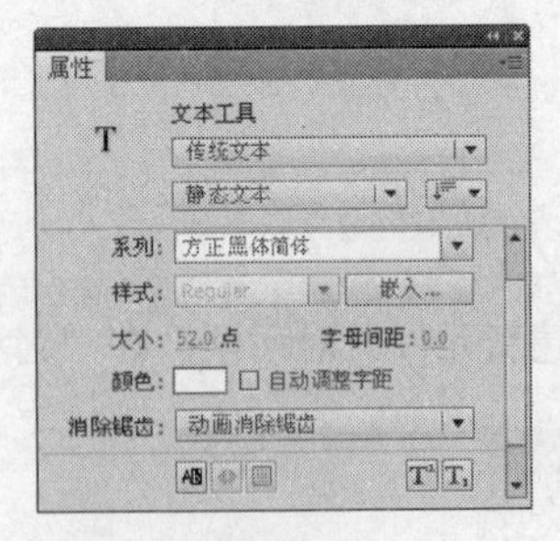

图 5-11

图 5-12

图 5-13

5.1.2 制作文字动画效果

（1）单击“库”面板中的“新建元件”按钮，新建影片剪辑元件“片名动”。将“库”面板中的图形元件“片名”拖曳到舞台窗口中。选中“图层 1”的第 9 帧，按 F5 键，在该帧上插入普通帧。

（2）单击“时间轴”面板下方的“新建图层”按钮，新建“图层 2”。选中“图层 2”的第 3 帧，按 F6 键，在该帧上插入关键帧。将“库”面板中的图形元件“片名”拖曳到舞台窗口中与原“片名”实例重合的位置。

（3）分别选中“图层 2”的第 6 帧和第 9 帧，按 F6 键，在选中的帧上插入关键帧。选中“图层 2”的第 3 帧，在舞台窗口中选中“片名”实例，选择“任意变形”工具，将其逆时针旋转到合适的角度，效果如图 5-14 所示。

（4）选中“图层 2”的第 6 帧，在舞台窗口中将“片名”实例顺指针旋转，效果如图 5-15 所示。选中“图层 2”的第 9 帧，在舞台窗口中将“片名”实例逆时针旋转，效果如图 5-16 所示。分别选中“图层 2”的第 4 帧和第 7 帧，按 F7 键，将选中的帧转换为空白关键帧。将“图层 2”拖曳到“图层 1”的下方，如图 5-17 所示。

图 5-14

图 5-15

图 5-16

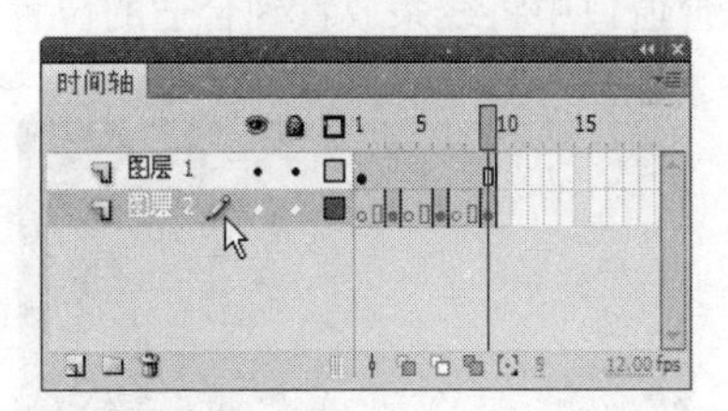

图 5-17

5.1.3　绘制线条图形

（1）单击“库”面板中的“新建元件”按钮，新建影片剪辑元件“线条”。选中“图层 1”的第 22 帧，按 F5 键，在该帧上插入普通帧。选择“线条”工具，在工具箱中将“笔触颜色”设为白色，按住 Shift 键的同时在舞台窗口中绘制一条直线，效果如图 5-18 所示。

（2）选中“图层 1”的第 3 帧，按 F7 键，在该帧上插入空白关键帧。选择“线条”工具，在舞台窗口中随意绘制两条短线，如图 5-19 所示。对“时间轴”面板进行操作，在每隔两帧的位置上插入一个空白关键帧，如图 5-20 所示。

图 5-18

图 5-19

图 5-20

（3）选择“线条”工具，在每个空白关键帧对应的舞台窗口中随意绘制两到三条短线，效果如图 5-21 所示。“时间轴”面板上的效果如图 5-22 所示。

图 5-21

图 5-22

5.1.4 制作动画效果

（1）单击舞台窗口左上方的“场景 1”图标，进入“场景 1”的舞台窗口。将“图层 1”重新命名为“底图”。将“库”面板中的位图“01.jpg”拖曳到舞台窗口的中心位置，并将其调整到合适的大小，如图 5-23 所示。选中“底图”图层的第 105 帧，按 F5 键，在该帧上插入普通帧。

（2）在“时间轴”面板中创建新图层并将其命名为“线条”。将“库”面板中的影片剪辑元件“线条”拖曳到舞台窗口中，选择影片剪辑“属性”面板，将“高”选项设为 345，更改线条的高度，在舞台窗口中将线条放置到合适的位置，效果如图 5-24 所示。

图 5-23

图 5-24

（3）在“时间轴”面板中创建新图层并将其命名为“导演文字”。将“库”面板中的图形元件“导演文字”拖曳到舞台窗口中的右侧，效果如图 5-25 所示。

（4）分别选中“导演文字”图层的第 15 帧、第 27 帧和第 32 帧，按 F6 键，在选中的帧上插入关键帧。选中“导演文字”图层的第 1 帧，选择“选择”工具，在舞台窗口中选中“导演文字”实例，选择图形“属性”面板，在“色彩效果”选项组中单击“样式”选项，在弹出的下拉列表中选择“Alpha”选项，将其值设为 0，舞台窗口中的效果如图 5-26 所示。

（5）选中“导演文字”图层的第 32 帧，在舞台窗口中选中“导演文字”实例，选择图形“属性”面板，在“色彩效果”选项组中单击“样式”选项，在弹出的下拉列表中选择“Alpha”选项，将其值设为 0，并将其拖曳到舞台窗口右侧，效果如图 5-27 所示。

图 5-25

图 5-26

图 5-27

（6）用鼠标右键分别单击“导演文字”图层的第1帧和第27帧，在弹出的菜单中选择“创建传统补间”命令，生成动作补间动画，如图5-28所示。

（7）在“时间轴”面板中创建新图层并将其命名为“人物1”。选中“人物1”图层的第15帧，按F6键，在该帧上插入关键帧。将“库”面板中的图形元件“元件2”拖曳到舞台窗口中，选择“任意变形”工具，将人物实例缩小并放置到舞台窗口的右下方，效果如图5-29所示。

（8）分别选中“导演”图层的第27帧和第34帧，按F6键，在选中的帧上插入关键帧。选中“导演”图层的第15帧，选择“选择”工具，在舞台窗口中选中人物实例，选择图形“属性”面板，在“色彩效果”选项组中单击“样式”选项，在弹出的下拉列表中选择“Alpha”选项，将其值设为0，舞台窗口中的效果如图5-30所示。

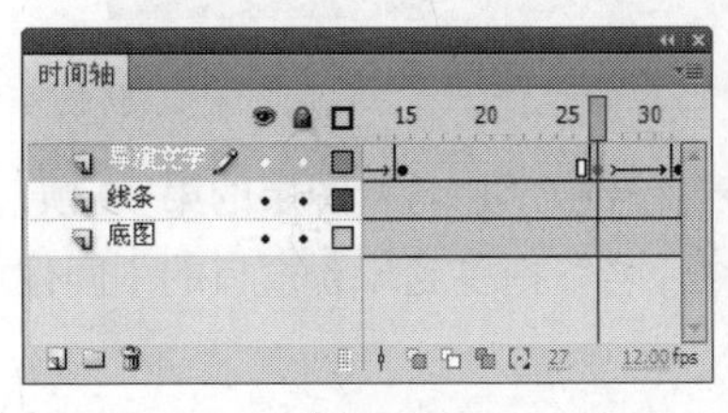

图5-28

图5-29

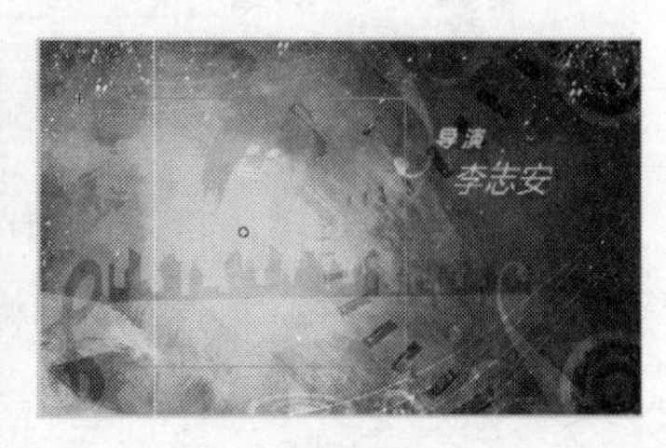

图5-30

（9）选中“导演”图层的第34帧，在舞台窗口中选中人物实例，选择图形“属性”面板，在“色彩效果”选项组中单击“样式”选项，在弹出的下拉列表中选择“Alpha”选项，将其值设为0，并将其拖曳到舞台窗口左侧外部，效果如图5-31所示。

（10）用鼠标右键分别单击“导演”图层的第15帧和第27帧，在弹出的菜单中选择“创建传统补间”命令，生成动作补间动画，如图5-32所示。

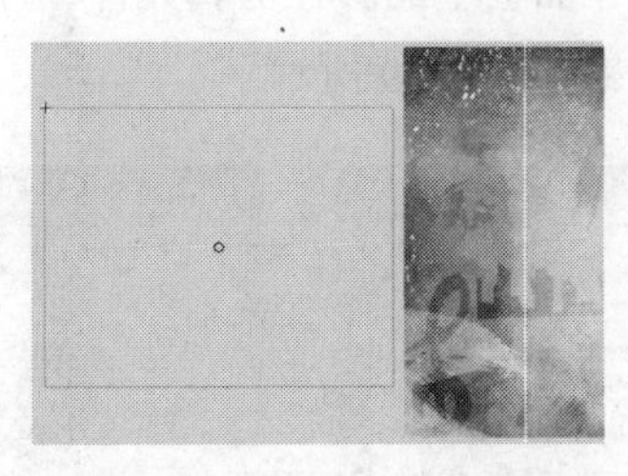

图5-31

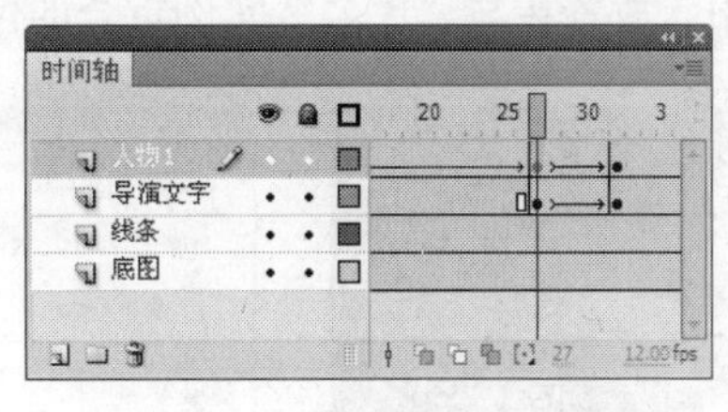

图5-32

（11）在“时间轴”面板中创建两个新图层并分别命名为“编剧文字”和“人物2”，用相同的方法分别对“编剧文字”和“编剧”图层进行操作，只需将插入的首个关键帧移到前一层的末端关键帧的后面一帧即可，如图5-33所示。设置完成后，第60帧对应的舞台窗口中的效果如图5-34所示。

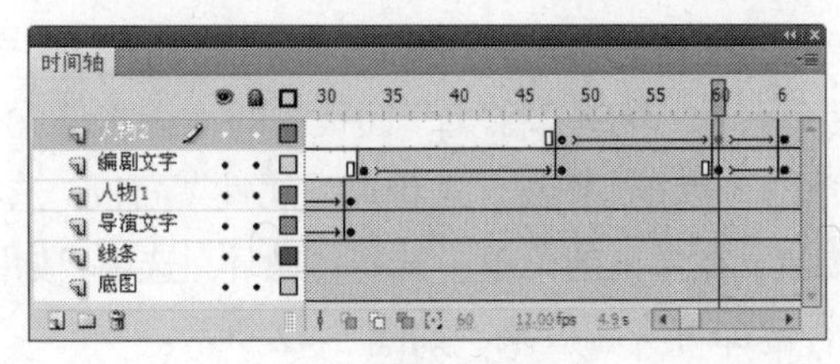

图5-33

图5-34

（12）在“时间轴”面板中再次创建两个新图层并分别命名为“制片人文字”和“人物 3”，用相同的方法分别对“制片人文字”和“人物 3”图层进行操作，只需将插入的首个关键帧移到前一层的末端关键帧的后面一帧即可，如图 5-35 所示。设置完成后，第 93 帧对应的舞台窗口中的效果如图 5-36 所示。

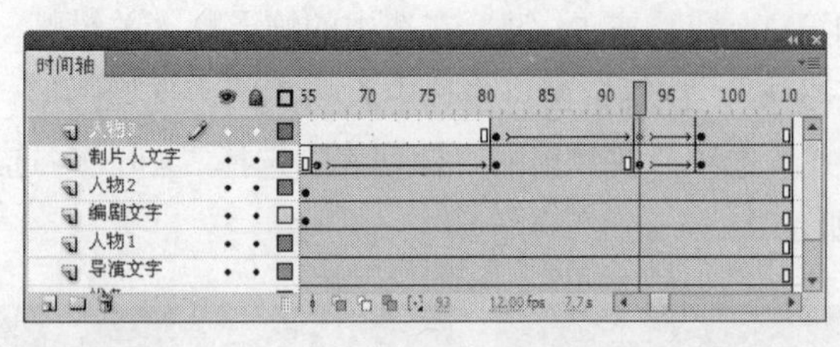

图 5-35

图 5-36

（13）在“时间轴”面板中创建新图层并将其命名为“片名”。选中“片名”图层的第 99 帧，按 F6 键，在该帧上插入关键帧。将“库”面板中的图形元件“片名”拖曳到舞台窗口的中间位置，如图 5-37 所示。

（14）选中“片名”图层的第 105 帧，按 F6 键，在该帧上插入关键帧。选中“片名”图层的第 99 帧，在舞台窗口中选中“片名”实例，选择图形“属性”面板，在“色彩效果”选项组中单击“样式”选项，在弹出的下拉列表中选择“Alpha”选项，将其值设为 0。

（15）用鼠标右键单击“片名”图层的第 99 帧，在弹出的菜单中选择“创建传统补间”命令，生成动作补间动画，如图 5-38 所示。

（16）在“时间轴”面板中创建新图层并将其命名为“片名动画”。选中“片名动画”图层的第 105 帧，按 F6 键，在该帧上插入关键帧。将“库”面板中的影片剪辑元件“片名动”拖曳到舞台窗口中，放置在与“片名”实例重合的位置，效果如图 5-39 所示。

图 5-37

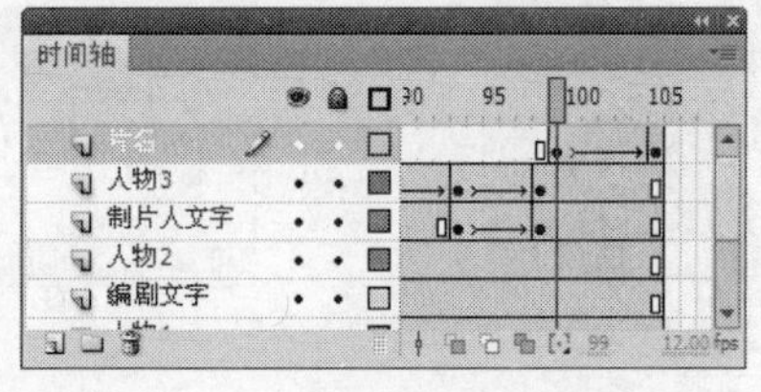

图 5-38

图 5-39

（17）在“时间轴”面板中创建新图层并将其命名为“动作脚本”。选中“动作脚本”图层的第 115 帧，按 F6 键，在该帧上插入关键帧。选择“窗口 > 动作”命令，弹出“动作”面板。单击面板左上方的“将新项目添加到脚本中”按钮，在弹出的菜单中选择“全局函数 > 时间轴控制 > stop”命令，在脚本窗口中显示出选择的脚本语言，如图 5-40 所示。设置完成动作脚本后，关闭“动作”面板。在“动作脚本”图层的第 115 帧上显示出一个标记“a”。

（18）在“时间轴”面板中创建新图层并将其命名为“声音”。将“库”面板中的声音文件“05.wav”文件拖曳到舞台窗口中。在“时间轴”面板中单击“声音”图层，选择帧“属性”面板，选择“声音”选项组，单击“同步”选项下的“重复”按钮，在弹出的菜单中选择“循环”选项，如图 5-41 所示。影视剧片头制作完成，按 Ctrl+Enter 组合键即可查看效果，如图 5-42 所示。

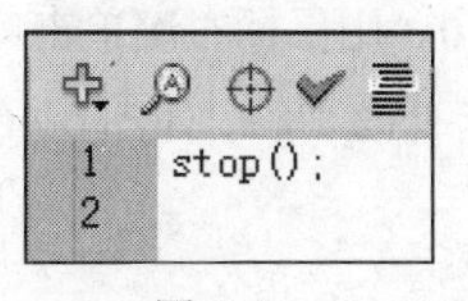

图 5-40

图 5-41

图 5-42

提示 Flash CS5 提供了许多使用声音的方式，它可以使声音独立于时间轴连续播放，或使动画和一个音轨同步播放。此外，还可以向按钮添加声音，使按钮具有更强的互动性。还可以通过声音的淡入淡出产生更优美的声音效果。常见的声音文件格式有 WAV、MP3、AIFF 和 AU 等。

5.2 自然知识片头

【知识要点】使用“任意变形”工具改变图形的大小，使用“刷子”工具绘制花图形，使用“动作”面板设置脚本语言。

5.2.1 导入图形并制作影片剪辑

（1）选择“文件 > 新建”命令，弹出“新建文档”对话框，单击“确定”按钮，进入新建文档舞台窗口。按 Ctrl+F3 组合键，弹出文档“属性”面板，单击“大小”选项后面的“编辑”按钮 编辑... ，在弹出的对话框中将舞台窗口的宽度设为 507，高度设为 519，并将“帧频”选项设为 12，单击“确定”按钮。

（2）在文档“属性”面板中，单击“发布”选项组中“配置文件”右侧的“编辑”按钮，在弹出的“发布设置”对话框中将“播放器”选项设为“Flash Player 8”，将“脚本”选项设为“ActionScript 2.0”，如图 5-43 所示，单击“确定”按钮。

图 5-43

（3）选择“文件 > 导入 > 导入到库”命令，在弹出的“导入到库”对话框中选择“Ch05 > 素材 > 5.2 自然知识片头 > 01、02、03、04、05、06、07、08、09”文件，单击“打开”按钮，文件被导入到“库”面板中，如图 5-44 所示。

（4）单击“库”面板中的“新建元件”按钮，新建影片剪辑元件“浪花动”。将“图层 1”重新命名为“浪花”。将“库”面板中的图形元件“元件 4”拖曳到舞台窗口中，效果如图 5-45 所示。

（5）选中“浪花”图层的第 37 帧，按 F6 键，在该帧上插入关键帧。选中“浪花”图层的第 1 帧，在舞台窗口中选中“浪花”实例，选择图形“属性”面板，在“色彩效果”选项组中单击“样式”选项，在弹出的下拉列表中选择“Alpha”选项，将其值设为 0。用鼠标右键单击“浪花”图层的第 1 帧，在弹出的菜单中选择“创建传统补间”命令，生成动作补间动画，如图 5-46 所示。

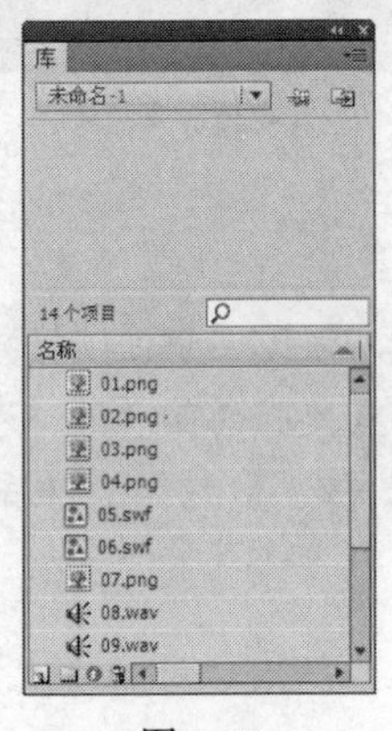

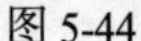

图 5-44

图 5-45

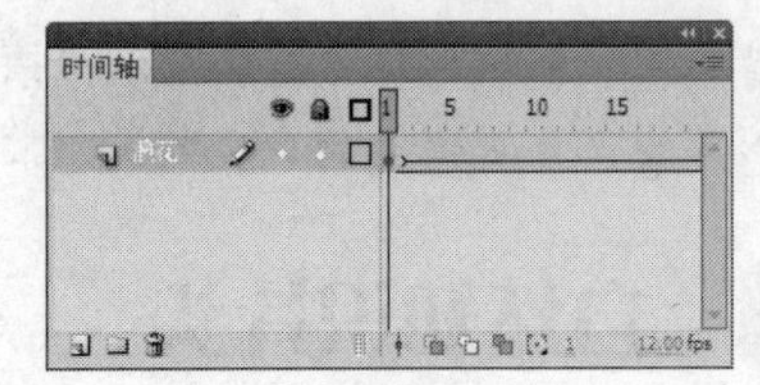

图 5-46

提示

Flash 可以导入各种文件格式的矢量图形和位图。矢量格式包括 FreeHand 文件、Illustrator 文件、EPS 文件或 PDF 文件。位图格式包括 JPG、GIF、PNG、BMP 等格式。

（6）单击“时间轴”面板下方的“新建图层”按钮，创建新图层并将其命名为“动作脚本”。选中“动作脚本”图层的第 37 帧，在该帧上插入关键帧。选择“窗口 > 动作”命令，弹出“动作”面板，在面板中设置脚本语言，脚本窗口中显示的效果如图 5-47 所示。设置完成动作脚本后，关闭“动作”面板。在“动作脚本”图层的第 37 帧上显示出一个标记“a”。

（7）单击“库”面板中的“新建元件”按钮，新建影片剪辑元件“小溪流水”。将“库”面板中的位图“01.png”拖曳到舞台窗口中，在位图“属性”面板中，分别将“X”和“Y”选项设为 0。选中“图层 1”的第 10 帧，按 F5 键，在该帧上插入普通帧。

（8）在“时间轴”面板中创建新图层“图层 2”。选中“图层 2”的第 5 帧，在该帧上插入空白关键帧。将“库”面板中的图形元件“元件 3”拖曳到舞台窗口中，在位图“属性”面板中，分别将“X”和“Y”选项设为 0。

（9）单击“库”面板中的“新建元件”按钮，新建影片剪辑元件“小燕子动”。将“库”面板中的图形元件“05.swf”拖曳到舞台窗口中，效果如图 5-48 所示。

（10）选中“图层 1”的第 3 帧，在该帧上插入空白关键帧。将“库”面板中的图形元件“06.swf”拖曳到舞台窗口中，效果如图 5-49 所示。选中“图层 1”的第 4 帧，在该帧上插入普通帧。

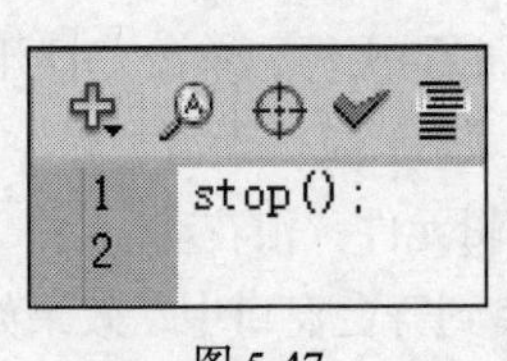

图 5-47

图 5-48

图 5-49

5.2.2　制作动画效果

（1）单击舞台窗口左上方的“场景 1”图标 场景 1，进入“场景 1”的舞台窗口。将“图层 1”重新命名为“小溪流水”。将“库”面板中的影片剪辑“小溪流水”拖曳到舞台窗口中心位置。选中“小溪流水”图层的第 301 帧，在该帧上插入普通帧。

（2）在“时间轴”面板中创建新图层并将其命名为“小燕子”。选中“小燕子”图层的第 37 帧，在该帧上插入关键帧。将“库”面板中的影片剪辑元件“小燕子动”拖曳到舞台窗口的左边外侧，效果如图 5-51 所示。

（3）选中“小燕子”图层的第 51 帧，在该帧上插入关键帧，在舞台窗口中选中“小燕子动”实例，将其拖曳到舞台窗口中，效果如图 5-52 所示。选中“小燕子”图层的第 67 帧，在该帧上插入关键帧，在舞台窗口中选中“小燕子动”实例，将其拖曳到舞台窗口的右边外侧，效果如图 5-52 所示。

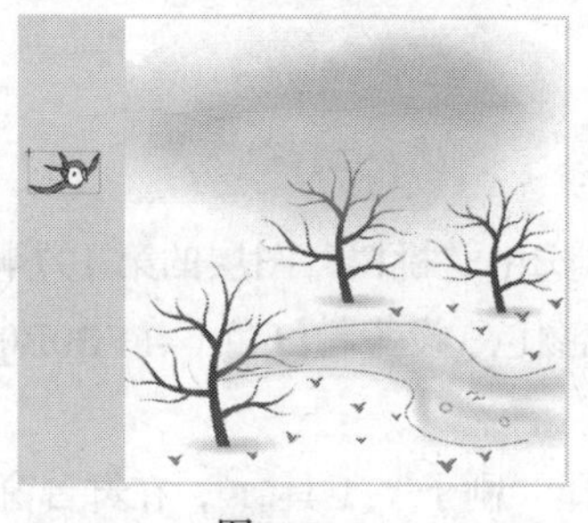

图 5-50

图 5-51

图 5-52

（4）用鼠标右键分别单击“小燕子”图层的第 37 帧、第 51 帧，在弹出的菜单中选择“创建传统补间”命令，生成动作补间动画。选中“小燕子”图层的第 68 帧，在该帧上插入空白关键帧，如图 5-53 所示。

（5）在“时间轴”面板中创建新图层并将其命名为“草地”。选中“草地”图层的第 78 帧，在该帧上插入关键帧。将“库”面板中的图形元件“元件 2”拖曳到舞台窗口中，效果如图 5-54 所示。

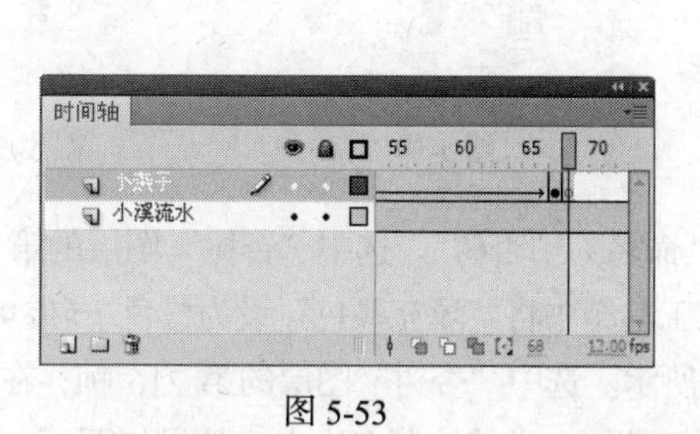

图 5-53

图 5-54

（6）选中“草地”图层的第 107 帧，在该帧上插入关键帧。选中“草地”图层的第 78 帧，在舞台窗口中选中“草地”实例，选择图形“属性”面板，在“色彩效果”选项组中单击“样式”

选项，在弹出的下拉列表中选择“Alpha”选项，将其值设为 0。用鼠标右键单击“草地”图层的第 78 帧，在弹出的菜单中选择“创建传统补间”命令，生成动作补间动画，如图 5-55 所示。

（7）在“时间轴”面板中创建新图层并将其命名为“小浪花”。选中“小浪花”图层的第 127 帧，在该帧上插入关键帧。将“库”面板中的影片剪辑元件“浪花动”向舞台窗口中拖曳 3 次，选择“任意变形”工具，分别改变“小浪花动”实例的大小并放置到合适的位置，效果如图 5-56 所示。

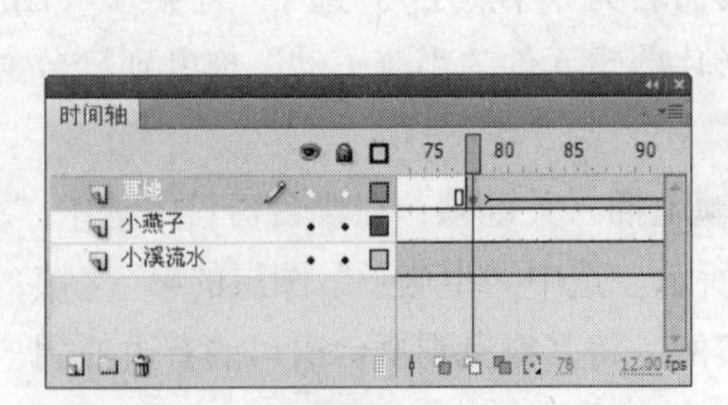

图 5-55

图 5-56

5.2.3 制作开花效果

（1）在“时间轴”面板中创建新图层并将其命名为“桃树”。选中“桃树”图层的第 197 帧，在该帧上插入关键帧。选择“刷子”工具，在工具箱中将“填充颜色”设为粉红色（#FFB0B0），在舞台窗口中左边的树上绘制多个点，效果如图 5-57 所示。

（2）选中“桃树”图层的第 200 帧，在该帧上插入关键帧。选择“刷子”工具，在舞台窗口中左边的树上继续绘制多个点，效果如图 5-58 所示。选中“桃树”图层的第 203 帧，在该帧上插入关键帧。选择“刷子”工具，在舞台窗口中左边的树上继续绘制多个点，效果如图 5-59 所示。

（3）选中“桃树”图层的第 206 帧，在该帧上插入关键帧。选择“刷子”工具，在舞台窗口中左边的树上继续绘制多个点，效果如图 5-60 所示。

图 5-57

图 5-58

图 5-59

图 5-60

（4）在“时间轴”面板中创建新图层并将其命名为“杏树”。选中“杏树”图层的第 213 帧，在该帧上插入关键帧。选择“刷子”工具，在工具箱中将“填充颜色”设为橙色（#FF9900），在舞台窗口右边的树上绘制多个点，效果如图 5-61 所示。选中“杏树”图层的第 216 帧，在该帧上插入关键帧。选择“刷子”工具，在舞台窗口中间的树上继续绘制多个点，效果如图 5-62 所示。

（5）选中“杏树”图层的第 219 帧，在该帧上插入关键帧。选择“刷子”工具，在舞台窗口中间的树上继续绘制多个点，效果如图 5-63 所示。

图 5-61　　图 5-62　　图 5-63

（6）在“时间轴”面板中创建新图层并将其命名为“梨树”。选中“梨树”图层的第 223 帧，在该帧上插入关键帧。选择“刷子”工具，在工具箱中将“填充颜色”设为白色，在舞台窗口中中间的树上绘制多个点，效果如图 5-64 所示。选中“梨树”图层的第 226 帧，在该帧上插入关键帧。选择“刷子”工具，在舞台窗口中右边的树上继续绘制多个点，效果如图 5-65 所示。

（7）选中“梨树”图层的第 229 帧，在该帧上插入关键帧。选择“刷子”工具，在舞台窗口中右边的树上继续绘制多个点，效果如图 5-66 所示。

（8）在“时间轴”面板中创建新图层并将其命名为“太阳”。选中“太阳”图层的第 287 帧，在该帧上插入关键帧。将“库”面板中的图形元件“元件 7”拖曳到舞台窗口中，效果如图 5-67 所示。

图 5-64

图 5-65

图 5-66

图 5-67

（9）选中“太阳”图层的第 301 帧，在该帧上插入关键帧。选中“太阳”图层的第 287 帧，在舞台窗口中选中“太阳”实例，选择图形“属性”面板，在“色彩效果”选项组中单击“样式”选项，在弹出的下拉列表中选择“Alpha”选项，将其值设为 0，并将其向右下方拖曳到适当的位置，效果如图 5-68 所示。

（10）用鼠标右键单击“太阳”图层的第 285 帧，在弹出的菜单中选择“创建传统补间”命令，生成动作补间动画，如图 5-69 所示。

（11）在“时间轴”面板中创建新图层并将其命名为“声音”。将“库”面板中的声音文件“08.wav”拖曳到舞台窗口中。选中“声音”图层的第 22 帧，在该帧上插入关键帧。将“库”面板中的声音文件“09.wav”拖曳到舞台窗口中。

（12）在“时间轴”面板中创建新图层并将其命名为“动作脚本”。选中“动作脚本”图层的第 301 帧，在该帧上插入关键帧。在“动作”面板中单击“将新项目添加到脚本中”按钮，在弹出的菜单中选择“全局函数 > 时间轴控制 > stop”命令，在脚本窗口中显示出选择的脚本语

言，如图 5-70 所示。设置完成动作脚本后关闭“动作”面板，在“动作脚本”图层的第 301 帧上显示出一个标记“a”。自然知识片头制作完成，按 Ctrl+Enter 组合键即可查看效果。

图 5-68

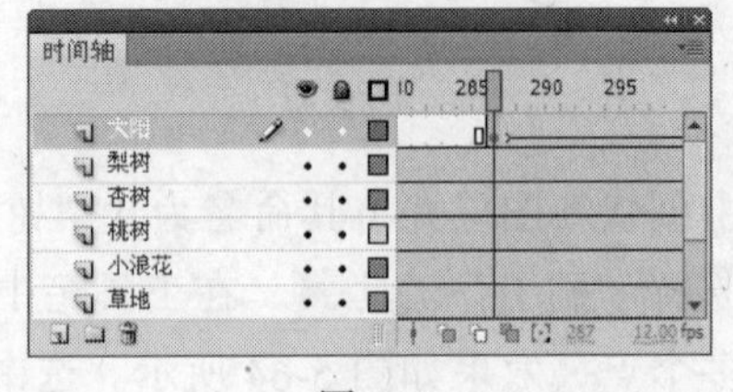

图 5-69

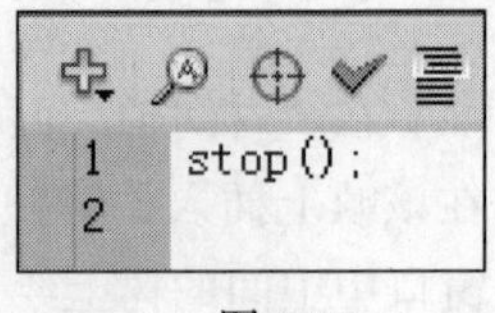

图 5-70

5.3 超酷游戏片头

【知识要点】使用“变形”面板改变图形的大小和方向，使用“椭圆”工具绘制黄色底图效果，使用“文本”工具添加文字效果。

5.3.1 导入图形制作按钮

（1）选择“文件 > 新建”命令，弹出“新建文档”对话框，单击“确定”按钮，进入新建文档舞台窗口。按 Ctrl+F3 组合键，弹出文档“属性”面板，单击“大小”选项后面的“编辑”按钮 编辑... ，在弹出的对话框中将“背景颜色”设为灰色（#999999），并将“帧频”选项设为 12，单击“确定”按钮。

（2）在文档“属性”面板中，单击“发布”选项组中“配置文件”右侧的“编辑”按钮，在弹出的“发布设置”对话框中将“播放器”选项设为“Flash Player 8”，将“脚本”选项设为“ActionScript 2.0”，如图 5-71 所示，单击“确定”按钮。

（3）选择“文件 > 导入 > 导入到库”命令，在弹出的“导入到库”对话框中选择“Ch05 >素材 > 5.3 超酷游戏片头 > 01、02、03、04、05、06、07、08、09、10”文件，单击“打开”按钮，文件被导入到“库”面板中，如图 5-72 所示。

图 5-71

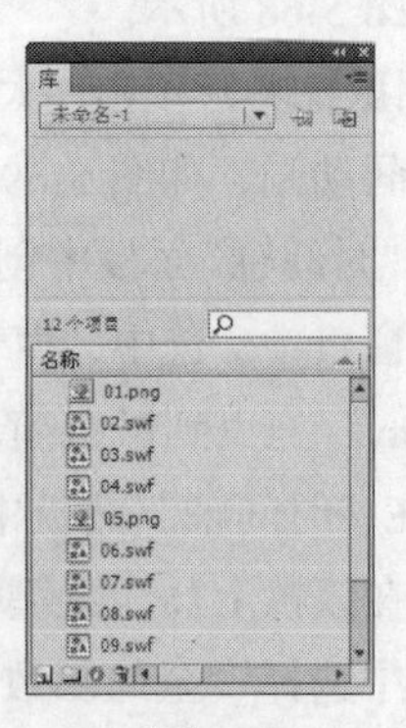

图 5-72

（4）在“库”面板下方单击“新建元件”按钮，弹出“创建新元件”对话框，在“名称”选项的文本框中输入“按钮 1”，在“类型”选项的下拉列表中选择“按钮”选项，单击“确定”按钮，新建按钮元件“按钮 1”，如图 5-73 所示，舞台窗口也随之转换为按钮元件的舞台窗口。

（5）将“库”面板中的图形元件“09.swf”拖曳到舞台窗口中，并将其调整到合适的大小，效果如图 5-74 所示。选择“选择”工具，在舞台窗口中选中“枪”实例，选择“修改 > 变形 > 水平翻转”命令，将实例水平翻转，效果如图 5-75 所示。

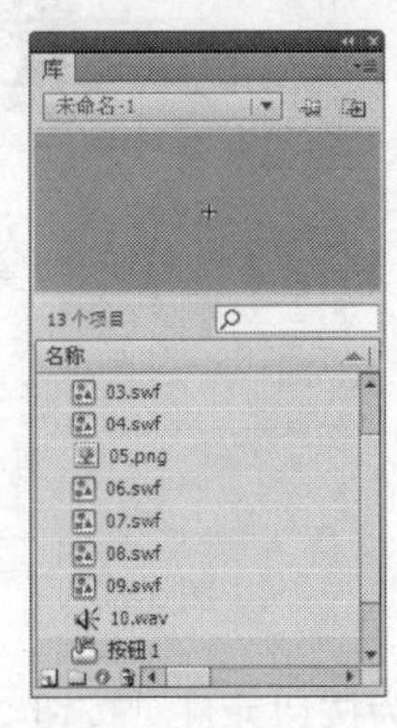

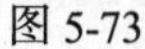

图 5-73

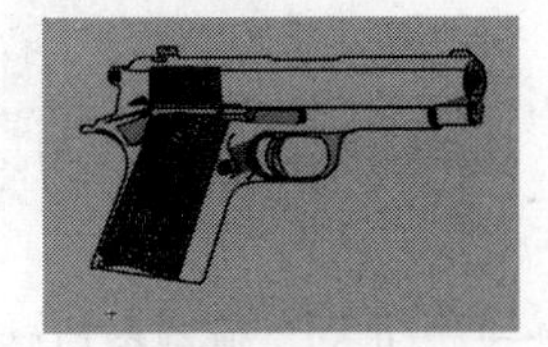

图 5-74

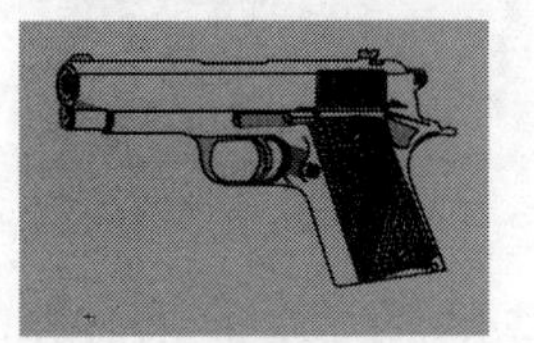

图 5-75

提示　可以用各种方式将多种位图导入到 Flash 中，并且可以从 Flash 中启动 Fireworks 或其他外部图像编辑器，从而在这些编辑应用程序中修改导入的位图。可以对导入位图应用压缩和消除锯齿功能，从而控制位图在 Flash 应用程序中的大小和外观，还可以将导入位图作为填充应用到对象中。

（6）选择“文本”工具，在文本工具“属性”面板中进行设置，如图 5-76 所示，在舞台窗口中输入黑色字母“PLAY”。选择“选择”工具，选中文本，选择“文本 > 样式 > 粗体”命令，文字加粗效果如图 5-77 所示。

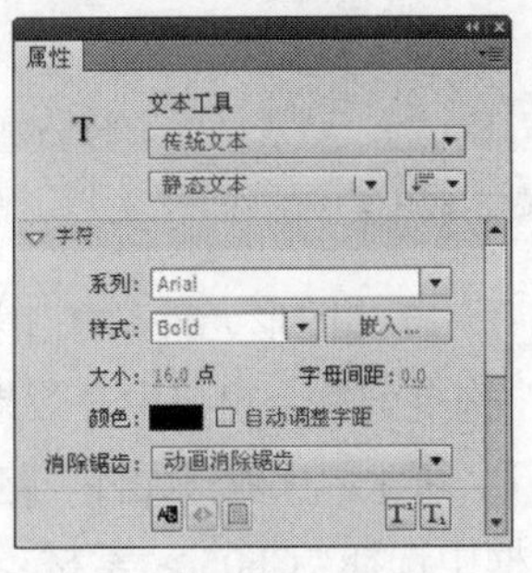

图 5-76

图 5-77

（7）选中“图层 1”的“指针经过”帧，按 F6 键，在该帧上插入关键帧，在舞台窗口中选中字母，在工具箱中将“填充颜色”设为红褐色（#990000），字母也随之转变为红褐色，效果如图 5-78 所示。

（8）选中“图层 1”的“点击”帧，在该帧上插入空白关键帧。选择“矩形”工具，在工具箱中将“笔触颜色”设为无，“填充颜色”设为淡灰色（#CCCCCC），在舞台窗口中绘制一个矩形，使其与“枪”实例、字母大致重合，效果如图 5-79 所示。

（9）用鼠标右键单击“库”面板中按钮元件“按钮 1”，在弹出的菜单中选择“直接复制”命令，弹出“直接复制元件”对话框，在“名称”选项的文本框中输入“按钮 2”，单击“确定”按钮，在“库”面板中生成按钮元件“按钮 2”，如图 5-80 所示。

图 5-78

图 5-79

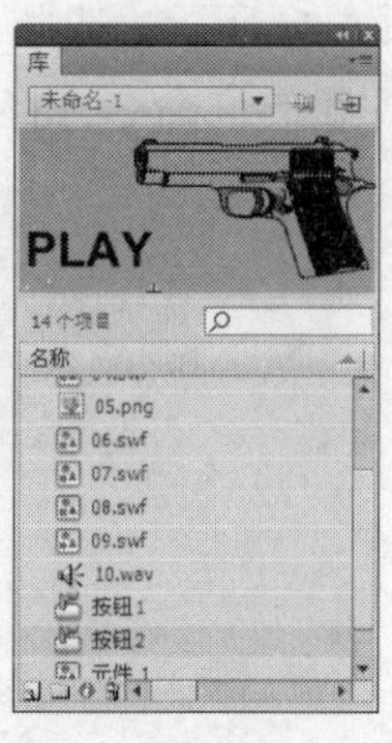

图 5-80

（10）双击“库”面板中的按钮元件“按钮 2”，舞台窗口转换为按钮元件“按钮 2”的舞台窗口。选择“文本”工具T，分别将“弹起”帧和“指针经过”帧中的字母“PLAY”改成“OPTION”，效果如图 5-81 和图 5-82 所示。用相同的方法制作按钮元件“按钮 3”，只需将字母改成“HELP”即可，如图 5-83 所示。

图 5-81

图 5-82

图 5-83

（11）单击“库”面板中的“新建元件”按钮，新建图形元件“按钮群”。分别将“库”面板中的按钮元件“按钮 1”、“按钮 2”和“按钮 3”拖曳到舞台窗口中，效果如图 5-84 所示。

（12）单击“库”面板中的“新建元件”按钮，新建影片剪辑元件“跑步人”。选择“文件 > 导入 > 导入到舞台”命令，在弹出的“导入”对话框中选择“Ch05 > 素材 > 5.3 超酷游戏片头 > 11 > 001”文件，单击“打开”按钮，弹出提示对话框，询问是否导入序列中的所有图像，单击“是”按钮，图片序列被导入到舞台窗口中，效果如图 5-85 所示。

（13）在“库”面板下方单击“新建文件夹”按钮，创建一个新的文件夹并将其命名为“跑步人图片”。选中位图“001”至位图“011”，将选中的图片拖曳到“跑步人图片”文件夹中，如图 5-86 所示。

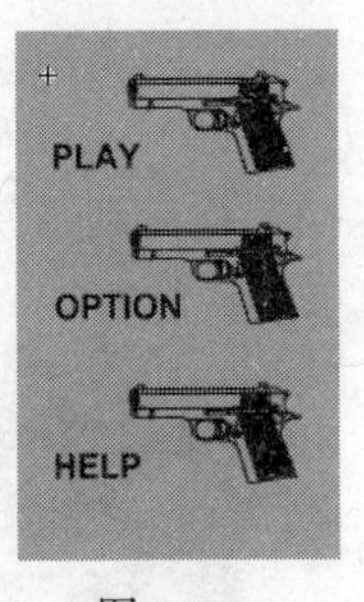

图 5-84

图 5-85

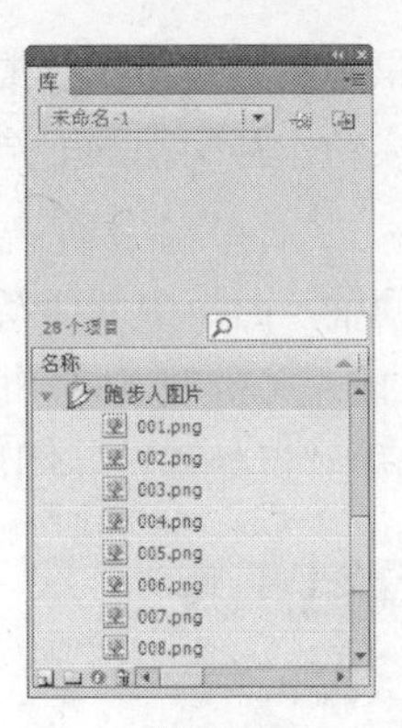

图 5-86

5.3.2　制作背景效果

（1）单击舞台窗口左上方的“场景 1”图标 场景 1，进入“场景 1”的舞台窗口。将“图层 1”重新命名为“遮挡条”。将“库”面板中的位图“01.png”拖曳到舞台窗口中心位置，效果如图 5-87 所示。

（2）选择“文本”工具 T，在文本工具“属性”面板中进行设置，如图 5-88 所示，在舞台窗口中输入灰色（#999999）字母。选择“选择”工具，选中文本，选择“文本 > 样式 > 仿粗体”命令，文字的加粗倾斜效果如图 5-89 所示。选中“遮挡条”图层的第 57 帧，按 F5 键，在该帧上插入普通帧。

图 5-87

图 5-88

图 5-89

（3）单击“时间轴”面板下方的“新建图层”按钮，创建新图层并将其命名为“群楼”。将“群楼”图层拖曳到“遮挡条”图层的下方。将“库”面板中的图形元件“02.swf”拖曳到舞台窗口中，效果如图 5-90 所示。

图 5-90

（4）分别选中“群楼”图层的第 10 帧和第 20 帧，在选中帧上插入关键帧。选中“群楼”图层的第 10 帧，在舞台窗口中选中“群楼”实例，按住 Shift 键的同时将其水平向右拖曳到合适的位置，效果如图 5-91 所示。

（5）分别用鼠标右键单击“群楼”图层的第 1 帧和第 10 帧，在弹出的菜单中选择“创建传统补间”命令，生成动作补间动画。选中“群楼”图层的第 21 帧，在该帧上插入空白关键帧，如图 5-92 所示。

（6）在“时间轴”面板中创建新图层并将其命名为“近处楼房”。选中“近处楼房”图层的第 20 帧，在该帧上插入关键帧。将“库”面板中的图形元件“03.swf”拖曳到舞台窗口中，效果如图 5-93 所示。选中“近处楼房”图层的第 37 帧，在该帧上插入空白关键帧。

图 5-91

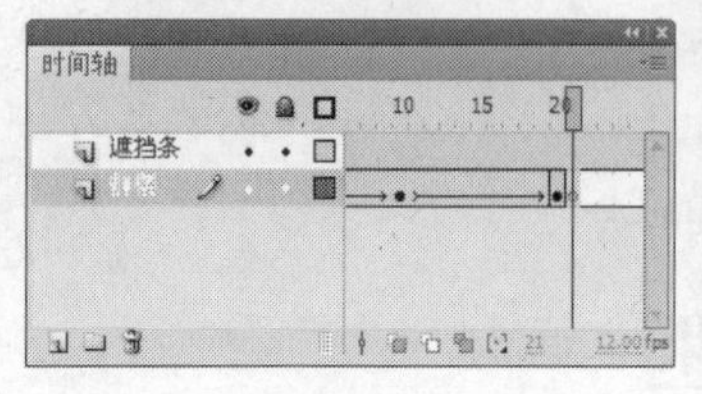

图 5-92

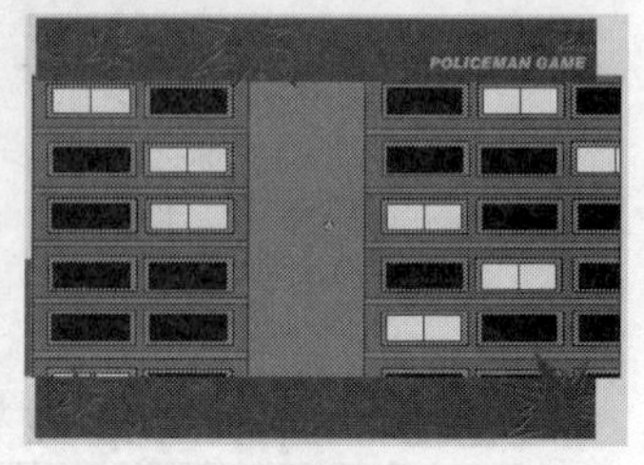

图 5-93

5.3.3 制作电梯人和车动效果

（1）在“时间轴”面板中创建新图层并将其命名为“电梯人”。选中“电梯人”图层的第 20 帧，在该帧上插入关键帧。将“库”面板中的图形元件“04.swf”拖曳到舞台窗口中，效果如图 5-94 所示。

（2）选中“电梯人”图层的第 26 帧，在该帧上插入关键帧。选中“电梯人”图层的第 20 帧，在舞台窗口中选中“电梯人”实例，按住 Shift 键的同时将其垂直向上拖曳到合适的位置，效果如图 5-95 所示。

（3）用鼠标右键单击“电梯人”图层的第 20 帧，在弹出的菜单中选择“创建传统补间”命令，生成动作补间动画。选中“电梯人”图层的第 37 帧，在该帧上插入空白关键帧，如图 5-96 所示。

图 5-94

图 5-95

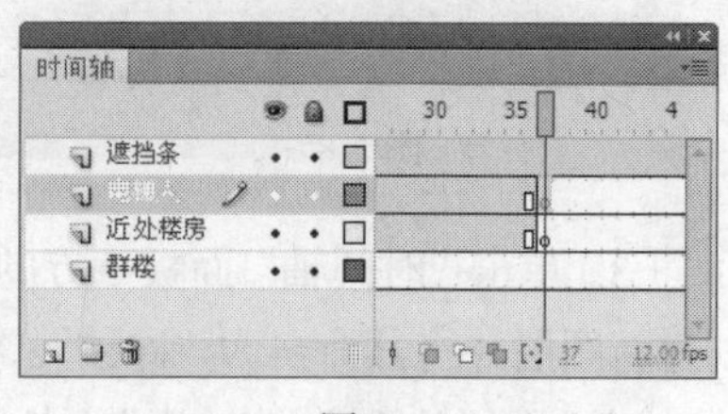

图 5-96

（4）在“时间轴”面板中创建新图层并将其命名为“车”。选中“车”图层的第 26 帧，在该帧上插入关键帧。将“库”面板中的图形元件“元件 5”拖曳到舞台窗口中，效果如图 5-97 所示。

（5）选中“车”图层的第 36 帧，在该帧上插入关键帧。选中“车”图层的第 26 帧，在舞台窗口中选中“车”实例，选择“任意变形”工具，按住 Shift 键的同时将其等比例放大，并将其拖曳到舞台窗口中的左下方，效果如图 5-98 所示。

（6）用鼠标右键单击“车”图层的第26帧，在弹出的菜单中选择“创建传统补间”命令，生成动作补间动画。选中“车”图层的第37帧，在该帧上插入空白关键帧，如图5-99所示。

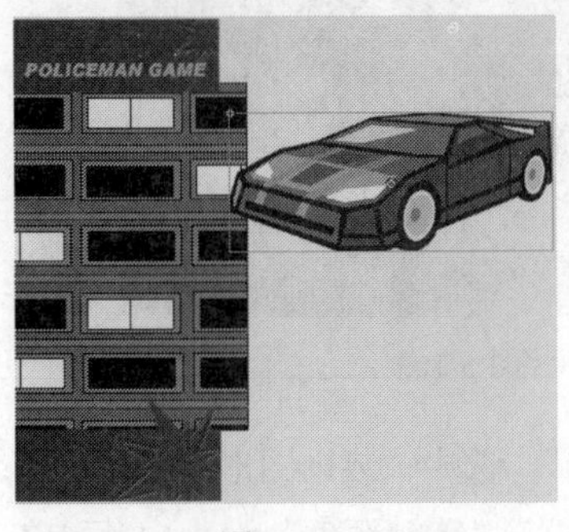

图5-97

图5-98

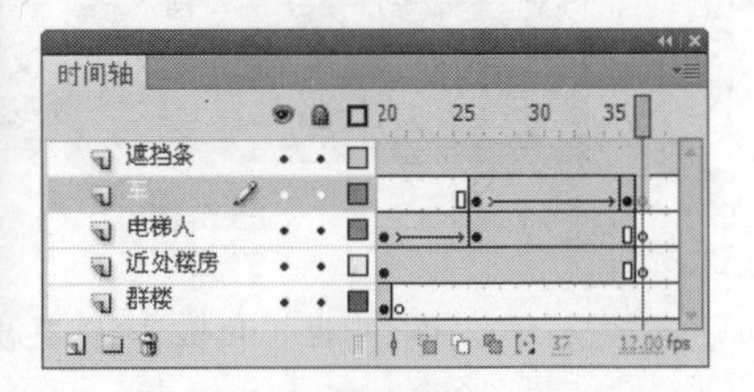

图5-99

5.3.4　制作人在隧道跑步效果

（1）在“时间轴”面板中创建新图层并将其命名为“隧道”。选中“隧道”图层的第37帧，在该帧上插入关键帧。将“库”面板中的图形元件“06.swf”拖曳到舞台窗口中，效果如图5-100所示。

（2）在“时间轴”面板中创建新图层并将其命名为“跑步人”。选中“跑步人”图层的第37帧，在该帧上插入关键帧。将“库”面板中的影片剪辑元件“跑步人”拖曳到舞台窗口中，选择“任意变形”工具，按住Shift键的同时将其等比缩小到合适的大小，并将其放置在隧道的中间位置，效果如图5-101所示。

图5-100

图5-101

（3）在“时间轴”面板中创建新图层并将其命名为“人1”。选中“人1”图层的第46帧，在该帧上插入关键帧。将“库”面板中的图形元件“07.swf”拖曳到舞台窗口中，效果如图5-102所示。选中“人1”图层的第50帧，在选中的帧上插入空白关键帧。

（4）在“时间轴”面板中创建新图层并将其命名为“人2”。选中“人2”图层的第50帧，在该帧上插入关键帧。将“库”面板中的图形元件“08.swf”拖曳到舞台窗口中，效果如图5-103所示。

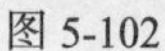
图 5-102

图 5-103

（5）在“时间轴”面板中创建新图层并将其命名为“装饰图形”。选中“装饰图形”图层的第 50 帧，在该帧上插入关键帧。选择“钢笔”工具，在工具箱中将“笔触颜色”设为白色，在舞台窗口中的空白处绘制一个不规则路径，如图 5-104 所示。

（6）选择“颜料桶”工具，在工具箱中将“填充颜色”设为黄色（#FFCC00），在白色边线内部单击鼠标，填充图形为黄色，效果如图 5-105 所示。选择“选择”工具，双击图形将其选中，按 Ctrl+G 组合键，将其编组，并将其拖曳到舞台窗口的左侧，效果如图 5-106 所示。

图 5-104

图 5-105

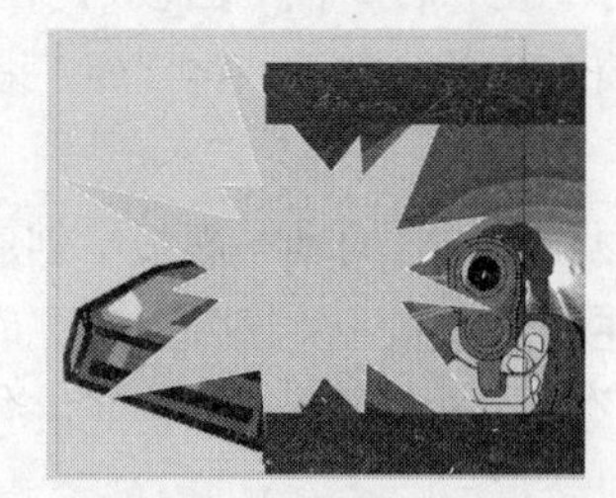
图 5-106

（7）在“时间轴”面板中创建新图层并将其命名为“按钮群”。选中“按钮群”图层的第 53 帧，在该帧上插入关键帧。将“库”面板中的图形元件“按钮群”拖曳到舞台窗口左侧外部，效果如图 5-107 所示。

（8）选中“按钮群”图层的第 57 帧，在该帧上插入关键帧。在舞台窗口中选中“按钮群”实例，按住 Shift 键的同时将其水平向右拖曳到适当的位置，效果如图 5-108 所示。

（9）用鼠标右键单击“按钮群”图层的第 53 帧，在弹出的菜单中选择“创建传统补间”命令，生成动作补间动画，如图 5-109 所示。

图 5-107

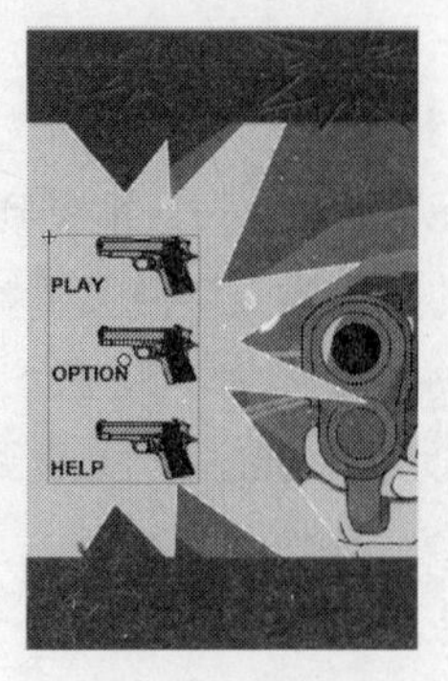

图 5-108

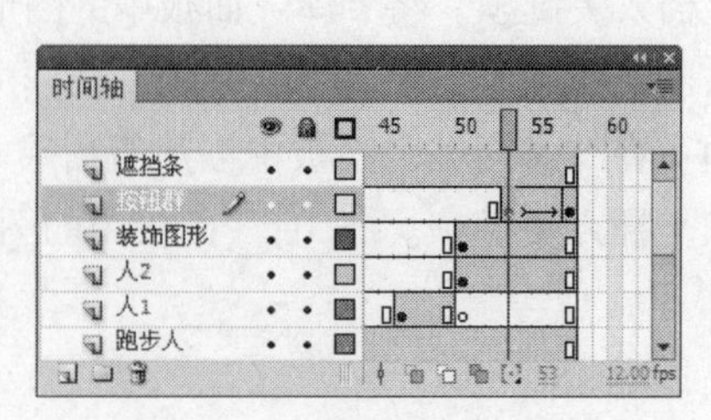

图 5-109

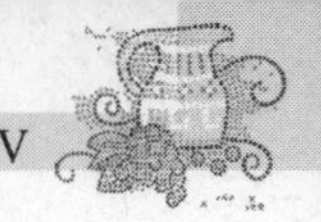

（10）在“遮挡条”图层上方创建新图层并将其命名为“声音”。将“库”面板中的声音文件“10.wav”拖曳到舞台窗口中。选中“声音”图层的第 1 帧，选择帧“属性”面板，选择“声音”选项组，单击“同步”选项下的“重复”按钮，在弹出的菜单中选择“循环”选项，如图 5-110 所示。

（11）在“时间轴”面板中创建新图层并将其命名为“动作脚本”。选中“动作脚本”图层的第 57 帧，在该帧上插入关键帧。在“动作”面板中单击“将新项目添加到脚本中”按钮，在弹出的菜单中选择“全局函数 > 时间轴控制 > stop”命令，在脚本窗口中显示出选择的脚本语言，如图 5-111 所示。设置好动作脚本后，关闭“动作”面板。在“动作脚本”图层的第 57 帧上显示出一个标记“a”。超酷游戏片头制作完成，按 Ctrl+Enter 组合键即可查看效果，如图 5-112 所示。

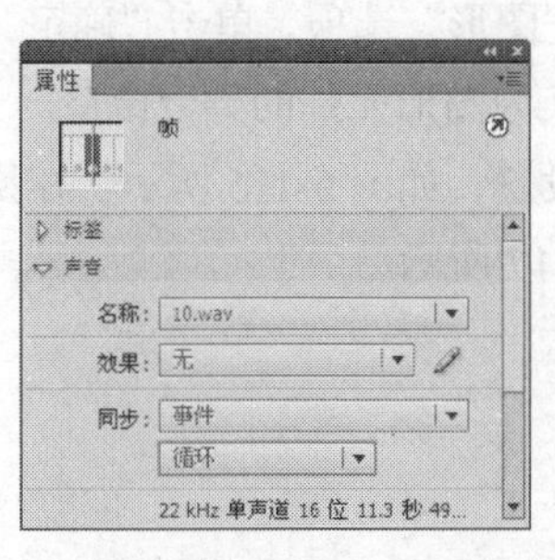

图 5-110

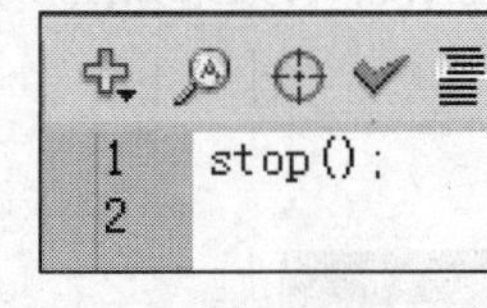

图 5-111

图 5-112

5.4 英文歌曲 MTV

【知识要点】使用“变形”面板将图形放大，使用“文本”工具添加需要的文字，使用“创建传统补间”命令制作动画效果。

5.4.1 导入图形并添加文字

（1）选择“文件 > 新建”命令，弹出“新建文档”对话框，单击“确定”按钮，进入新建文档舞台窗口。按 Ctrl+F3 组合键，弹出文档“属性”面板，单击“大小”选项后面的“编辑”按钮 编辑... ，在弹出的对话框中将舞台窗口的宽度设为 450，高度设为 400，将“背景颜色”设为淡灰色（#CCCCCC），并将“帧频”选项设为 12，单击“确定”按钮。

（2）在文档“属性”面板中，单击“发布”选项组中“配置文件”右侧的“编辑”按钮，在弹出的“发布设置”对话框中将“播放器”选项设为“Flash Player 8”，将“脚本”选项设为“ActionScript 2.0”，如图 5-113 所示，单击“确定”按钮。

（3）选择“文件 > 导入 > 导入到库”命令，在弹出的“导入到库”对话框中选择“Ch05 > 素材 > 5.4 英文歌曲 MTV > 01、02、03、04、05、06、07、08、09、10、11”文件，单击“打开”按钮，文件被导入到“库”面板中，如图 5-114 所示。

图 5-113

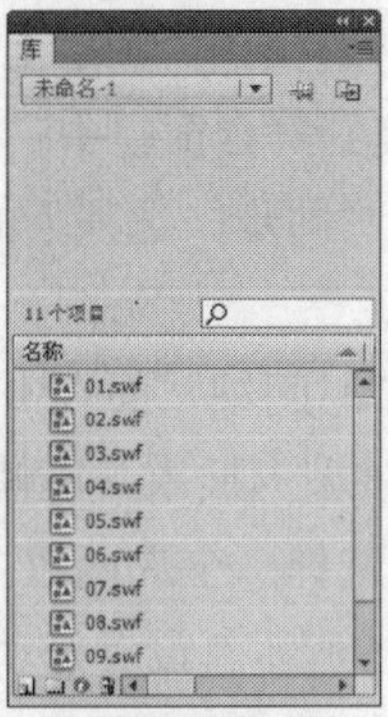

图 5-114

（4）在“库”面板下方单击“新建元件”按钮，弹出“创建新元件”对话框，在“名称”选项的文本框中输入“歌词”，在“类型”选项的下拉列表中选择“图形”选项，单击“确定”按钮，新建图形元件“歌词”，如图 5-115 所示，舞台窗口也随之转换为图形元件的舞台窗口。

（5）选择“文本”工具，在文本工具“属性”面板中进行设置，如图 5-116 所示。在舞台窗口中输入需要的白色字母“Good morning to you.”，效果如图 5-117 所示。

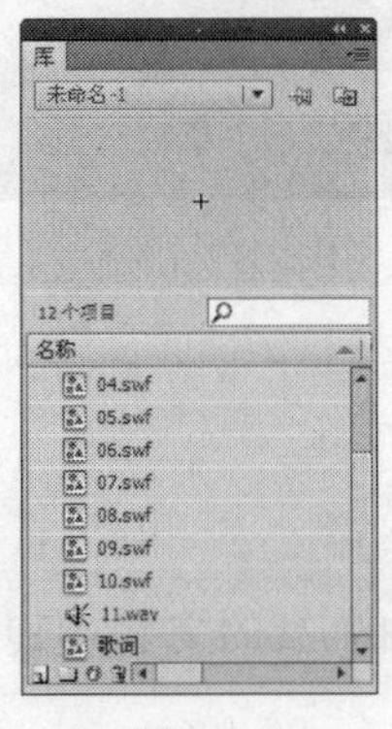

图 5-115

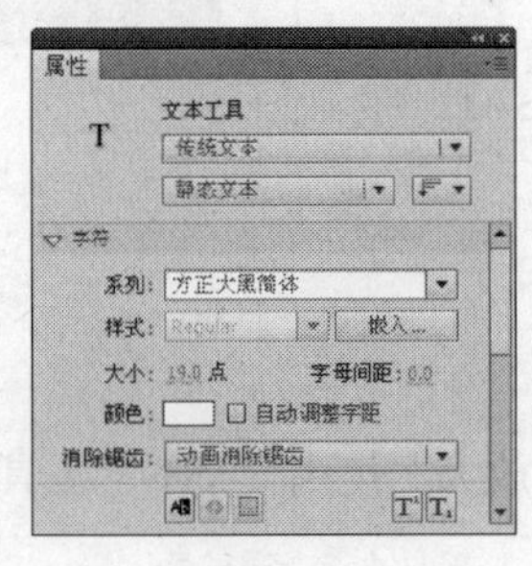

图 5-116

图 5-117

（6）单击“库”面板中的“新建元件”按钮，新建图形元件“英文字”。选择“文本”工具，在文本工具“属性”面板中进行设置，如图 5-118 所示，在舞台窗口中输入需要的橘红色（#FF6600）字母“GOOD MORNING”，效果如图 5-119 所示。

（7）选择“选择”工具，选中舞台窗口中的文字，按住 Alt 键的同时拖曳字母将其复制，在工具箱中将“填充颜色”设为橙色（#FFCC00），复制出来的文字也随之转变为橙色，将其拖曳到原文字上，效果如图 5-120 所示。

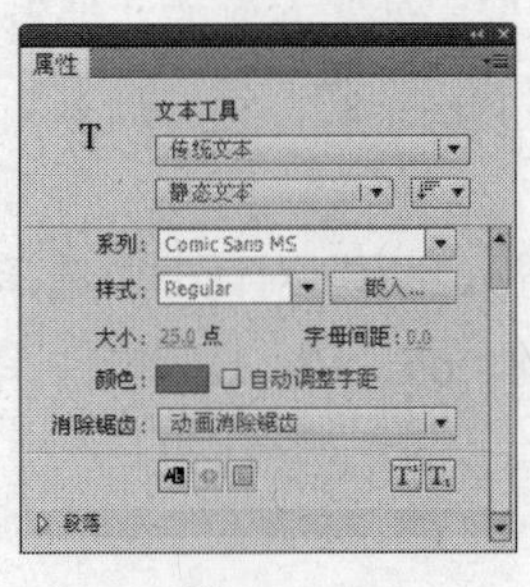

图 5-118

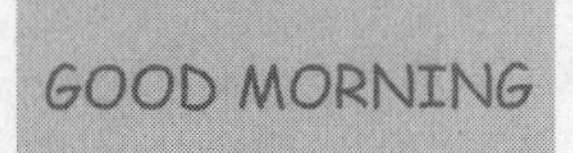

图 5-119

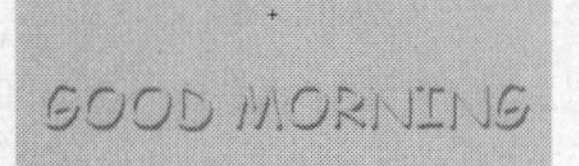

图 5-120

5.4.2　制作仙人掌动画

（1）单击“库”面板中的“新建元件”按钮，新建影片剪辑元件“仙人掌动 1”。将“库”面板中的图形元件“01.swf”拖曳到舞台窗口中，效果如图 5-121 所示。

（2）选中“图层 1”的第 5 帧，在该帧上插入空白关键帧。将“库”面板中的图形元件“02.swf”拖曳到舞台窗口中，放置在与“01”实例重合的位置，效果如图 5-122 所示。选中“图层 1”的第 9 帧，按 F5 键，在该帧上插入普通帧。

（3）单击“库”面板中的“新建元件”按钮，新建影片剪辑元件“仙人掌动 2”。将“库”面板中的图形元件“03.swf”拖曳到舞台窗口中，效果如图 5-123 所示。

（4）选中“图层 1”的第 5 帧，在该帧上插入空白关键帧。将“库”面板中的图形元件“04.swf”拖曳到舞台窗口中，放置在与“03”实例重合的位置，效果如图 5-124 所示。选中“图层 1”的第 8 帧，在该帧上插入普通帧。

（5）单击“库”面板中的“新建元件”按钮，新建影片剪辑元件“仙人掌动 3”。将“库”面板中的图形元件“05.swf”拖曳到舞台窗口中，效果如图 5-125 所示。

（6）选中“图层 1”的第 6 帧，在该帧上插入空白关键帧。将“库”面板中的图形元件“06.swf”拖曳到舞台窗口中，放置在与“06”实例重合的位置，效果如图 5-126 所示。选中“图层 1”的第 10 帧，在该帧上插入普通帧。

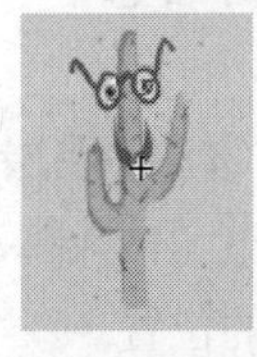

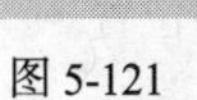

图 5-121

图 5-122

图 5-123

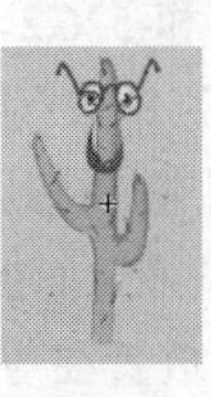

图 5-124

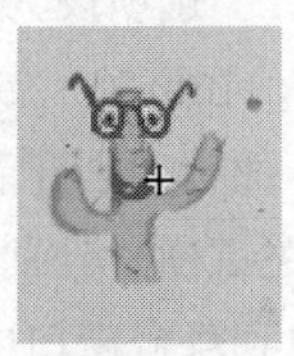

图 5-125

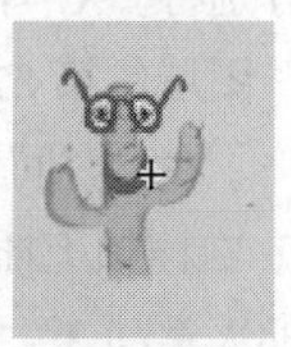

图 5-126

5.4.3　制作动画效果

（1）单击“库”面板中的“新建元件”按钮，新建影片剪辑元件“动画”。将“图层 1”重新命名为“窗户”。将“库”面板中的图形元件“07.swf”拖曳到舞台窗口中，效果如图 5-127 所示。选中“窗户”图层的第 73 帧，在该帧上插入关键帧。在舞台窗口中选中实例，选择“窗口 > 变形”命令，弹出“变形”面板，在面板中进行设置，如图 5-128 所示。

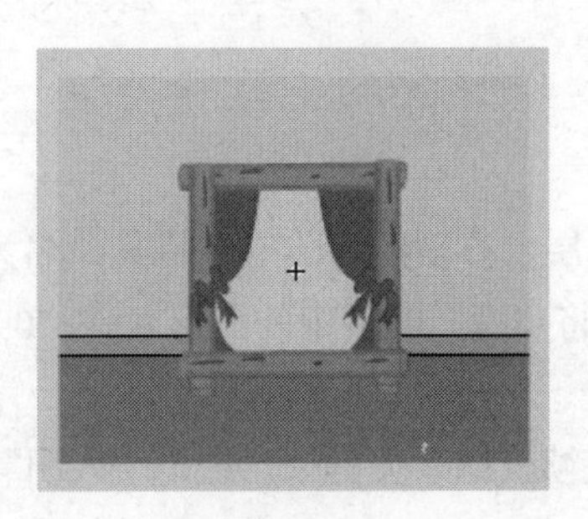

图 5-127

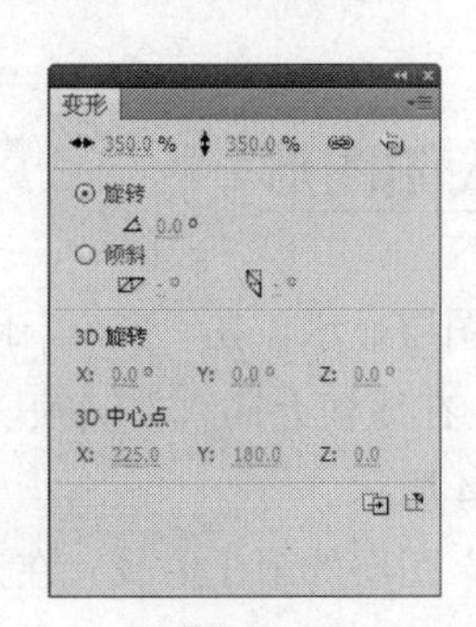

图 5-128

（2）选中“窗户”图层的第 27 帧，在该帧上插入关键帧。用鼠标右键单击“窗户”图层的第 27 帧，在弹出的菜单中选择“创建传统补间”命令，生成动作补间动画，如图 5-129 所示。选中“窗户”图层的第 1 帧，将“库”面板中的图形元件“英文字”拖曳到舞台窗口中，效果如图 5-130 所示。

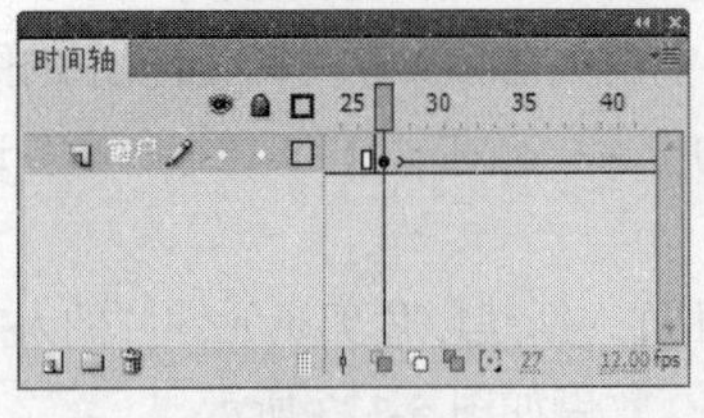

图 5-129

图 5-130

（3）单击“时间轴”面板下方的“新建图层”按钮，创建新图层并将其命名为“沙漠”。将“沙漠”图层拖曳到“窗户”图层下方，如图 5-131 所示。将“库”面板中的图形元件“08.swf”拖曳到舞台窗口中，效果如图 5-132 所示。选中“沙漠”图层的第 226 帧，在该帧上插入普通帧。

（4）在“时间轴”面板中创建新图层并将其命名为“仙人掌静”。将“窗户”图层隐藏。选中“仙人掌静”图层，分别将“库”面板中的图形元件“01.swf”、“03.swf”和“05.swf”拖曳到舞台窗口中，调出图形“属性”面板，在舞台窗口中选中“01”实例，分别将“X”和“Y”选项设为-155.4 和-496，选中“03”实例，分别将“X”和“Y”选项设为 95.7 和-451.4，选中“05”实例，分别将“X”和“Y”选项设为-65 和-526.2，舞台窗口中的效果如图 5-133 所示。选中“仙人掌静”图层的第 87 帧，在该帧上插入空白关键帧。

（5）在“时间轴”面板中创建新图层并将其命名为“仙人掌动”。选中“仙人掌动”图层的第 87 帧，在该帧上插入关键帧。分别将“库”面板中的影片剪辑元件“仙人掌动 1”、“仙人掌动 2”和“仙人掌动 3”拖曳到舞台窗口中，放置在与“01”、“03”和“05”实例重合的位置。

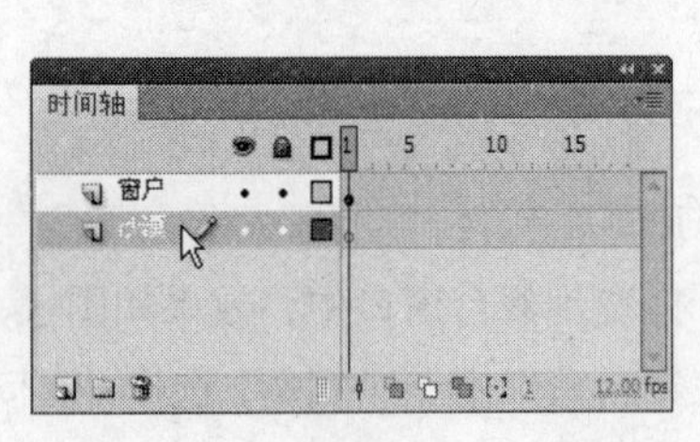

图 5-131

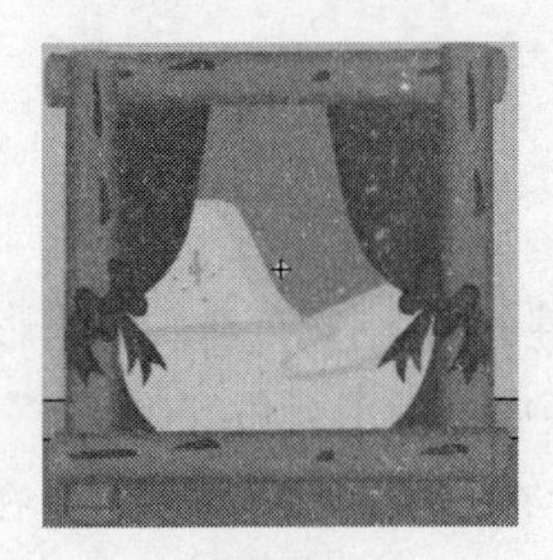

图 5-132

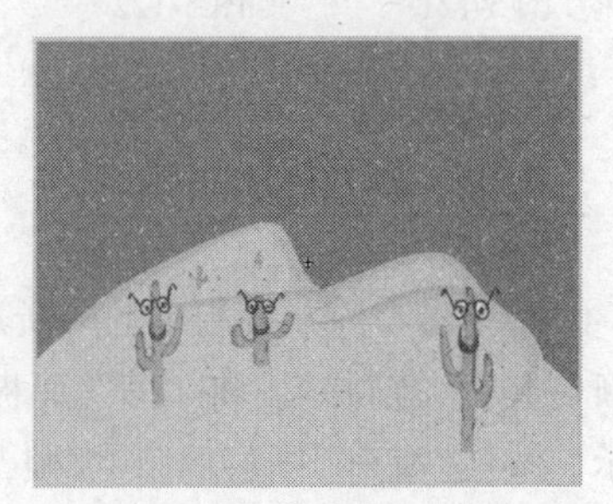

图 5-133

5.4.4 编辑太阳图形

（1）将“窗户”图层显示，在“窗户”图层上方创建新图层并将其命名为“太阳”。选中“太阳”图层的第 85 帧，在该帧上插入关键帧。将“库”面板中的图形元件“09.swf”拖曳到舞台窗口中，效果如图 5-134 所示。

（2）选中“太阳”图层的第 126 帧，在该帧上插入关键帧。选中“太阳”图层的第 85 帧，在

舞台窗口中选中“太阳”实例，选择图形“属性”面板，在“色彩效果”选项组中单击“样式”选项，在弹出的下拉列表中选择“Alpha”选项，将其值设为0。用鼠标右键单击“太阳”图层的第85帧，在弹出的菜单中选择“创建传统补间”命令，生成动作补间动画，如图5-135所示。

图5-134

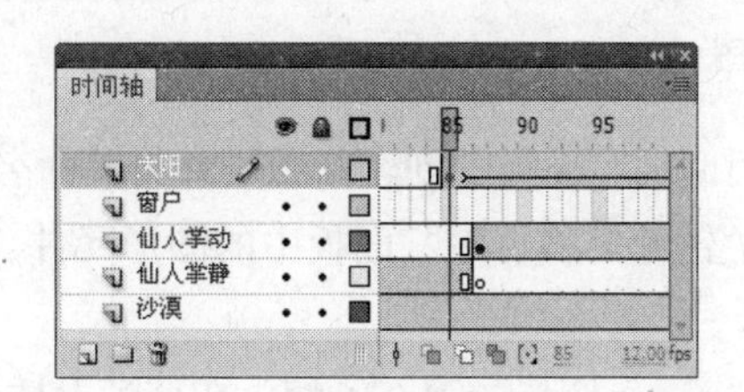

图5-135

（3）分别选中“太阳”图层的第148帧、第169帧、第184帧、第191帧、第203帧和第213帧，在选中的帧上插入关键帧。分别选中“太阳”图层的第169帧和第203帧，在舞台窗口中选中对应的“太阳”实例，选择图形“属性”面板，在“色彩效果”选项组中单击“样式”选项，在弹出的下拉列表中选择“Alpha”选项，将其值设为19，舞台窗口中的效果如图5-136所示。

（4）分别用鼠标右键单击“太阳”图层的第148帧、第169帧、第191帧和第203帧，在弹出的菜单中选择“创建传统补间”命令，生成动作补间动画，如图5-137所示。

图5-136

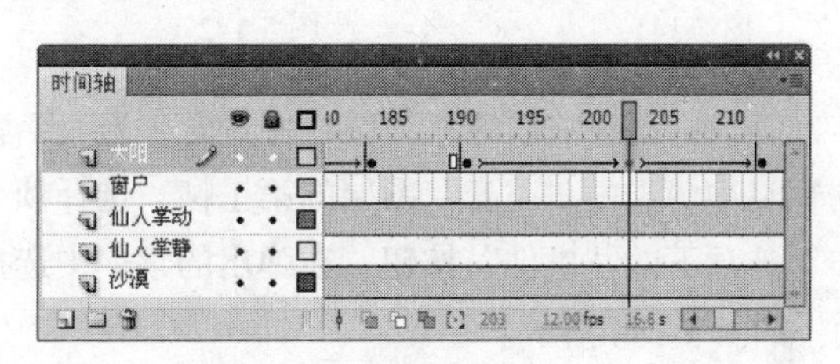

图5-137

提示

动作补间动画所处理的对象必须是舞台上的组件实例、多个图形的组合、文字、导入的素材对象。利用这种动画，可以实现上述对象的大小、位置、旋转、颜色及透明度等变化效果。

5.4.5　编辑云彩图形

（1）在“时间轴”面板中创建新图层并将其命名为“云1”。选中“云1”图层的第135帧，在该帧上插入关键帧。将“库”面板中的图形元件“10.swf”拖曳到舞台窗口右外侧，效果如图5-138所示。

（2）选中“云1”图层的第226帧，在该帧上插入关键帧，在舞台窗口中选中“白云”实例，按住Shift键的同时将其水平向左拖曳到舞台窗口左外侧，效果如图5-139所示。

（3）用鼠标右键单击“云1”图层的第135帧，在弹出的菜单中选择“创建传统补间”命令，生成动作补间动画，如图5-140所示。

图 5-138

图 5-139

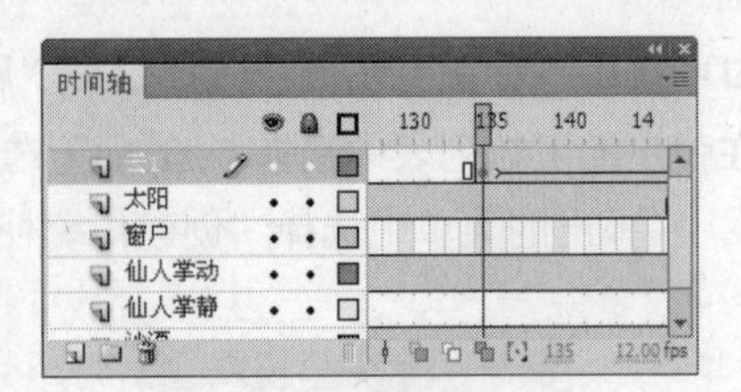

图 5-140

（4）在“时间轴”面板中创建新图层并将其命名为“云 2”。选中“云 2”图层的第 147 帧，在该帧上插入关键帧。将“库”面板中的图形元件“10.swf”拖曳到舞台窗口右外侧，效果如图 5-141 所示。

（5）选中“云 2”图层的第 226 帧，在该帧上插入关键帧，在舞台窗口中选中“白云”实例，按住 Shift 键的同时将其水平向左拖曳到舞台窗口左外侧，效果如图 5-142 所示。

（6）用鼠标右键单击“云 2”图层的第 147 帧，在弹出的菜单中选择“创建传统补间”命令，生成动作补间动画，如图 5-143 所示。

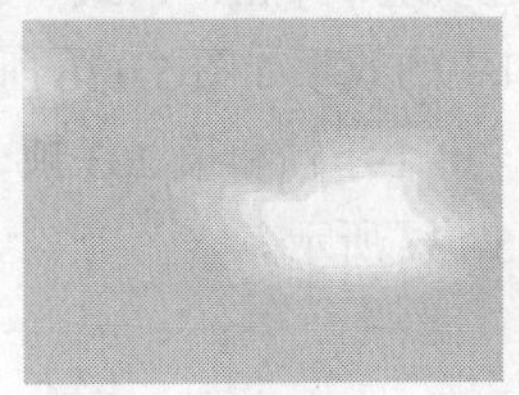

图 5-141

图 5-142

图 5-143

（7）在“时间轴”面板中创建新图层并将其命名为“声音”。将“库”面板中的声音文件“11.wav”拖曳到舞台窗口中。选中“声音”图层的第 1 帧，选择帧“属性”面板，选择“声音”选项组，单击“同步”选项下的“事件”按钮，在弹出的菜单中选择“数据流”选项，并将“循环次数”选项设为 0，如图 5-144 所示。

（8）在“时间轴”面板中创建新图层并将其命名为“动作脚本”。选中“动作脚本”图层的第 226 帧，按 F6 键，在该帧上插入关键帧。选择“窗口 > 动作”命令，弹出“动作”面板，在动作面板中设置脚本语言，脚本窗口中显示的效果如图 5-145 所示。在“动作脚本”图层的第 226 帧上显示出一个标记“a”。

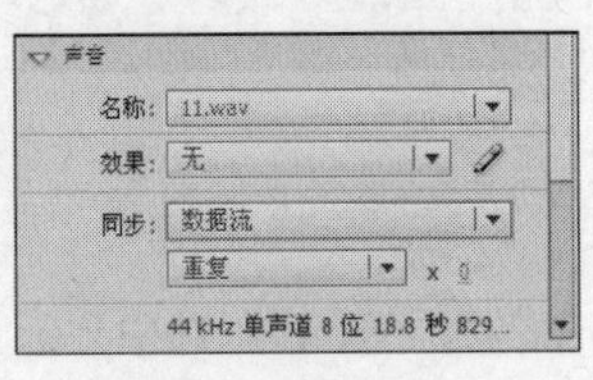

图 5-144

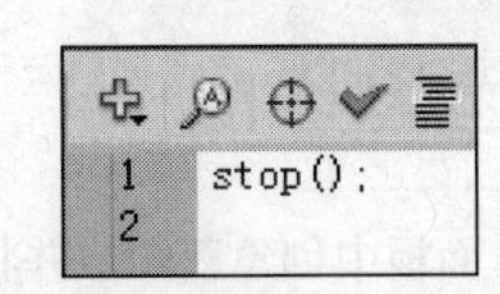

图 5-145

5.4.6 为动画添加歌词

（1）单击舞台窗口左上方的“场景 1”图标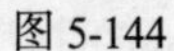，进入“场景 1”的舞台窗口。将“图层 1”重新命名为“动画”。将“库”面板中的影片剪辑元件“动画”拖曳到舞台窗口中。选择“矩形”

工具▭，在工具箱中将“笔触颜色”设为无，“填充颜色”设为黑色，在舞台窗口中绘制一个矩形，效果如图 5-146 所示。选中“动画”图层的第 225 帧，在该帧上插入普通帧。

（2）在“时间轴”面板中创建新图层并将其命名为“歌词 1”。选中“歌词 1”图层的第 62 帧，在该帧上插入关键帧。将“库”面板中的图形元件“歌词”拖曳到舞台窗口中，效果如图 5-147 所示。选中“歌词 1”图层的第 94 帧，在该帧上插入空白关键帧。

图 5-146

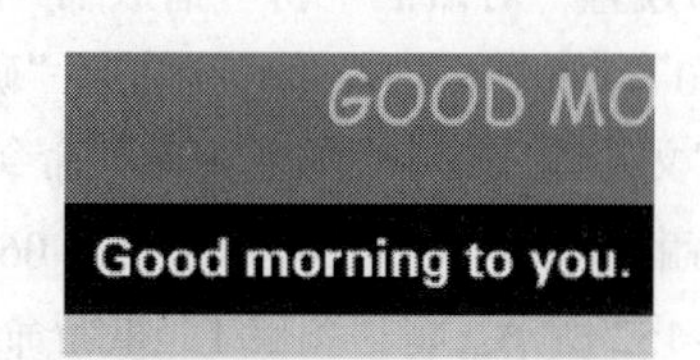

图 5-147

（3）选中“歌词 1”图层的第 62 帧到第 93 帧，用鼠标右键单击被选中的帧，在弹出的菜单中选择“复制帧”命令，将选中的帧复制。在“时间轴”面板中创建 3 个新图层并分别命名为“歌词 2”、“歌词 3”和“歌词 4”。用鼠标右键分别单击“歌词 2”图层的第 102 帧、“歌词 3”图层的第 140 帧、“歌词 4”图层的第 181 帧，在弹出的菜单中选择“粘贴帧”命令，将复制出来的帧粘贴到分别选中的帧上，如图 5-148 所示。

（4）选中图层“歌词 2”、“歌词 3”和“歌词 4”的第 226 帧到第 256 帧，用鼠标右键单击被选中的帧，在弹出的菜单中选择“删除帧”命令，将选中的帧删除。分别选中“歌词 2”图层的第 130 帧和“歌词 3”图层的第 173 帧，在选中的帧上插入空白关键帧。

（5）在“时间轴”面板中创建新图层并将其命名为“动作脚本”。选中“动作脚本”图层的第 225 帧，在该帧上插入关键帧。选择“动作”面板，在动作面板中设置脚本语言，脚本窗口中显示的效果如图 5-149 所示。设置完成动作脚本后，关闭“动作”面板。在“动作脚本”图层的第 225 帧上显示出一个标记“a”。英文歌曲 MTV 制作完成，按 Ctrl+Enter 组合键即可查看效果，如图 5-150 所示。

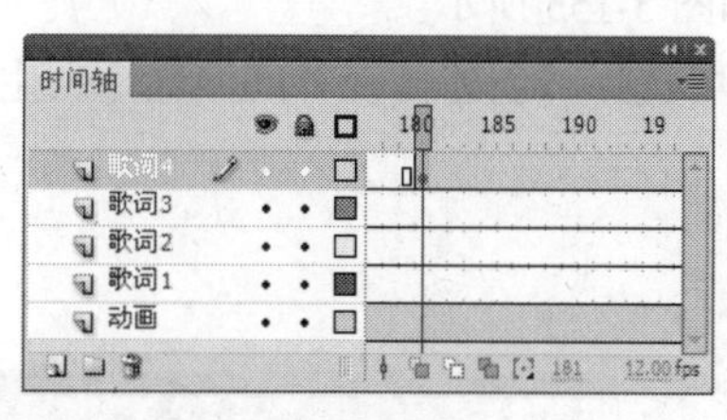

图 5-148

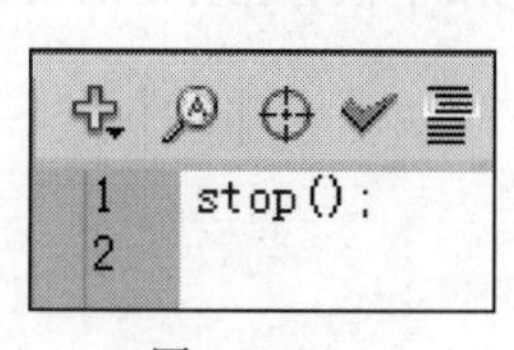

图 5-149

图 5-150

5.5 英文诗歌

【知识要点】使用“任意变形”工具改变图形的大小，使用“创建传统补间”命令制作动画效果。

5.5.1 导入图形并制作“C”图形动画

（1）选择“文件 > 新建”命令，弹出“新建文档”对话框，单击“确定”按钮，进入新建文档舞台窗口。按 Ctrl+F3 组合键，弹出文档“属性”面板，将“帧频”选项设为 12，单击“确定”按钮。

（2）在文档“属性”面板中，单击“发布”选项组中“配置文件”右侧的“编辑”按钮，在弹出的“发布设置”对话框中将“播放器”选项设为“Flash Player 8”，将“脚本”选项设为“ActionScript 2.0”，如图 5-151 所示，单击“确定”按钮。

（3）选择“文件 > 导入 > 导入到库”命令，在弹出的“导入到库”对话框中选择“Ch05 >素材 > 5.5 英文诗歌 > 01、02、03、04、05、06”文件，单击“打开”按钮，文件被导入到“库”面板中，如图 5-152 所示。将“图层 1”重新命名为“底图”。将“库”面板中的图形元件“背景”拖曳到舞台窗口中，效果如图 5-153 所示。选中“底图”图层的第 145 帧，按 F5 键，在该帧上插入普通帧。

图 5-151

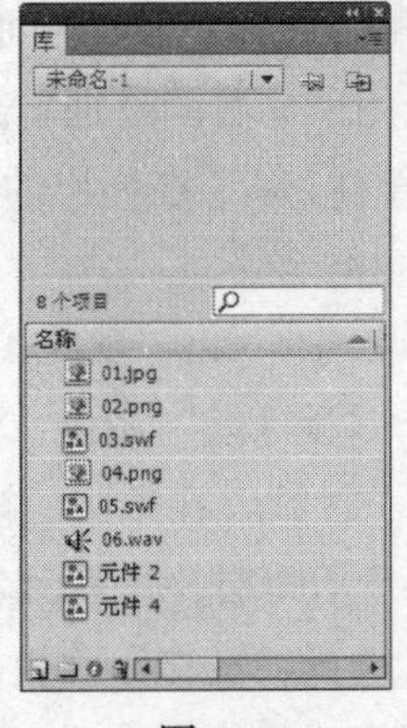

图 5-152

图 5-153

（4）单击“时间轴”面板下方的“新建图层”按钮，创建新图层并将其命名为“c1”。将“库”面板中的图形元件“元件 2”拖曳到舞台窗口右上角外侧，效果如图 5-154 所示。选中“c1”图层的第 10 帧，按 F6 键，在该帧上插入关键帧，在舞台窗口中选中“c”实例，选择“任意变形”工具，将其适当缩小变形并放置到合适的位置，效果如图 5-155 所示。

（5）用鼠标右键单击“c1”的第 1 帧，在弹出的菜单中选择“创建传统补间”命令，生成动作补间动画，如图 5-156 所示。

图 5-154

图 5-155

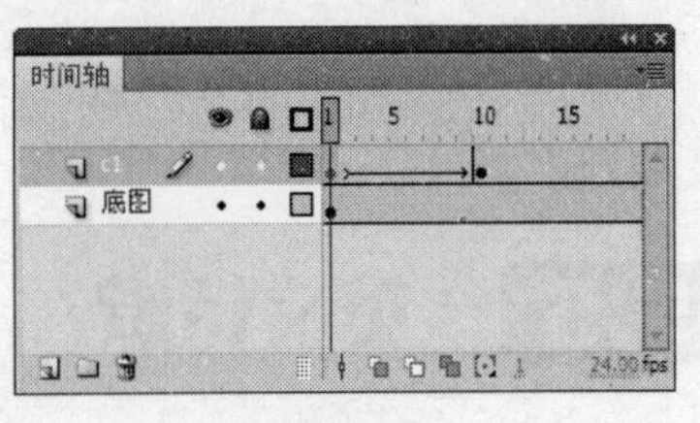

图 5-156

（6）选中“c1”图层的第 11 帧，在该帧上插入关键帧，在舞台窗口中选中“c”实例，选择“任意变形”工具将其变形，效果如图 5-157 所示。

（7）选中“c1”图层的第 13 帧，在选中的帧上插入关键帧，在舞台窗口中选中“c”实例，调出图形“属性”面板，分别将“宽”和“高”选项设为 70，舞台窗口中的效果如图 5-158 所示。

（8）分别选中“c1”图层的第 15 帧、第 20 帧、第 24 帧、第 28 帧、第 30 帧和第 45 帧，在选中的帧上分别插入关键帧。选中“c1”图层的第 20 帧，在舞台窗口中选中“c”实例，选择“任意变形”工具将其变形，按住 Shift 键的同时将其水平向左拖曳到合适的位置，效果如图 5-159 所示。

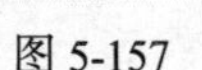

图 5-157

图 5-158

图 5-159

（9）选中“c1”图层的第 24 帧，在舞台窗口中选中“c”实例，按住 Shift 键的同时将其水平向左拖曳到合适的位置，效果如图 5-160 所示。选中“c1”图层的第 28 帧，在舞台窗口中选中“c”实例，选择“任意变形”工具将其变形，按住 Shift 键的同时将其水平向左拖曳到舞台窗口外侧，效果如图 5-161 所示。

图 5-160

图 5-161

（10）选中“c1”图层的第 30 帧，在舞台窗口中选中“c”实例，按住 Shift 键的同时将其水平向左拖曳到舞台窗口外侧，效果如图 5-162 所示。

（11）选中“c1”图层的第 45 帧，在舞台窗口中选中“c”实例，按住 Shift 键的同时将其水平向右拖曳到舞台窗口外侧，效果如图 5-163 所示。

（12）分别用鼠标右键单击“c1”图层的第 15 帧、第 20 帧、第 24 帧和第 30 帧，在弹出的菜单中选择“创建传统补间”命令，生成动作补间动画，如图 5-164 所示。

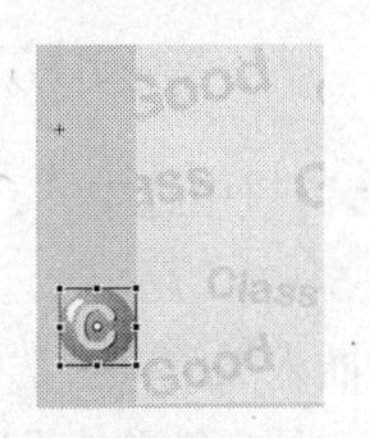

图 5-162

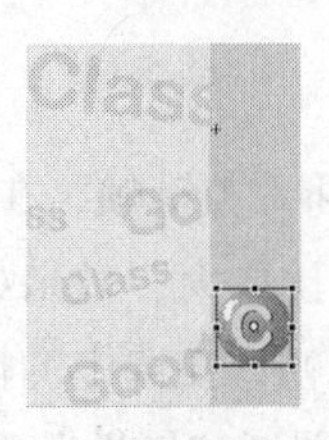

图 5-163

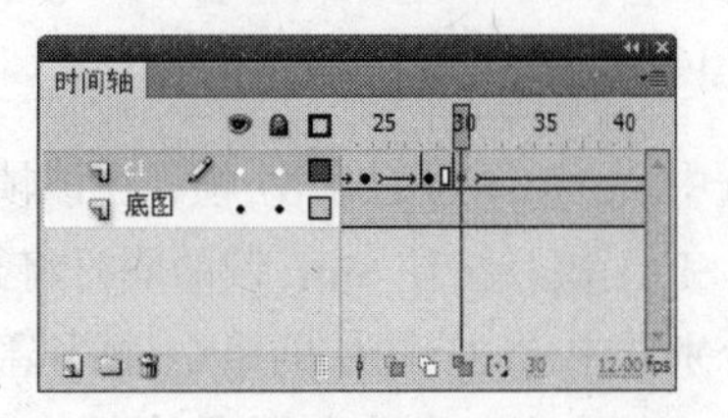

图 5-164

（13）在“时间轴”面板中创建新图层并将其命名为“c2”。选中“c2”图层的第 17 帧，在该帧上插入关键帧。将“库”面板中的图形元件“元件 2”拖曳到舞台窗口中，选择“任意变形”工具，按住 Shift 键的同时将其等比缩小并放置到合适的位置，效果如图 5-165 所示。

（14）选中“c2”图层的第 24 帧，在该帧上插入关键帧，在舞台窗口中选中“c”实例，选择“任意变形”工具，将其变形，按住 Shift 键的同时将其竖直向下拖曳到舞台窗口下端边缘，效果如图 5-166 所示。

（15）分别选中“c2”图层的第 25 帧和第 28 帧，在选中的帧上插入关键帧。选中“c2”图层的第 25 帧，在舞台窗口中选中“c”实例，选择“任意变形”工具将其变形，并放置到合适的位置，效果如图 5-167 所示。

（16）分别选中“c2”图层的第 31 帧和第 35 帧，在选中的帧上插入关键帧。选中“c2”图层的第 31 帧，在舞台窗口中选中“c”实例，选择“任意变形”工具将其变形，并放置到合适的位置，效果如图 5-168 所示。

图 5-165

图 5-166

图 5-167

图 5-168

（17）选中“c2”图层的第 35 帧，在舞台窗口中选中“c”实例，调出图形“属性”面板，分别将“宽”和“高”选项设为 62，在舞台窗口中将其放置到合适的位置，效果如图 5-169 所示。选中“c2”图层的第 43 帧，在该帧上插入关键帧。在舞台窗口中选中“c”实例，选择“任意变形”工具将其变形，并放置到合适的位置，效果如图 5-170 所示。

（18）选中“c2”图层的第 50 帧，在该帧上插入关键帧。在舞台窗口中选中“c”实例，按住 Shift 键的同时将其竖直向上拖曳到舞台上方，效果如图 5-171 所示。

（19）选中“c2”图层的第 62 帧，在该帧上插入关键帧，在舞台窗口中选中“c”实例，调出图形“属性”面板，分别将“宽”和“高”选项设为 20，将“X”和“Y”选项设为 256 和 160.55，效果如图 5-172 所示。

图 5-169

图 5-170

图 5-171

图 5-172

（20）选中“c2”图层的第 67 帧，在该帧上插入关键帧，在舞台窗口中选中“c”实例，选择“任意变形”工具，按住 Shift 键的同时将其等比放大，效果如图 5-173 所示。

（21）分别选中“c2”图层的第 70 帧和第 75 帧，在选中的帧上插入关键帧。选中“c2”图层的第 75 帧，在舞台窗口中选中“c”实例，选择图形“属性”面板，在“色彩效果”选项组中单

击“样式”选项，在弹出的下拉列表中选择“Alpha”选项，将其值设为 0，舞台窗口中的效果如图 5-174 所示。

（22）分别用鼠标右键单击“c2”图层的第 17 帧、第 43 帧、第 62 帧和第 70 帧，在弹出的菜单中选择“创建传统补间”命令，生成动作补间动画，如图 5-175 所示。

图 5-173

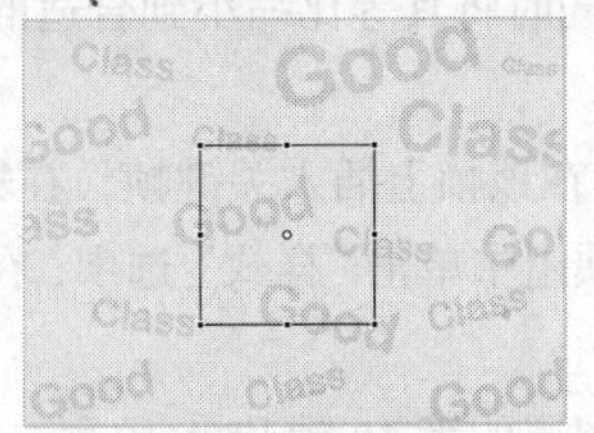

图 5-174

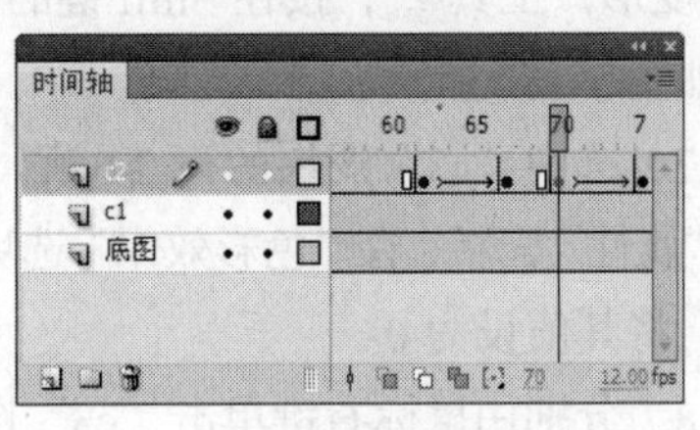

图 5-175

5.5.2　制作“Class”文字动画

（1）在“时间轴”面板中创建新图层并将其命名为“class”。选中“class”图层的第 46 帧，在该帧上插入关键帧，将“库”面板中的图形元件“03.swf”拖曳到舞台窗口右下角外侧，效果如图 5-176 所示。

（2）选中“class”图层的第 61 帧，在该帧上插入关键帧，在舞台窗口中选中“class”实例，按住 Shift 键的同时将其水平向左拖曳到舞台左下角，效果如图 5-177 所示。

（3）分别选中“class”图层的第 67 帧、第 71 帧和第 76 帧，在选中的帧上插入关键帧。选中“class”图层的第 61 帧，在舞台窗口中选中“class”实例，选择“任意变形”工具，按住 Alt 键的同时拖曳右侧中间的控制点将其变形，效果如图 5-178 所示。

图 5-176

图 5-177

图 5-178

（4）选中“class”图层的第 76 帧，在舞台窗口中选中“class”实例，按住 Shift 键的同时将其水平向左拖曳到舞台外侧，效果如图 5-179 所示。分别用鼠标右键单击“class”图层的第 46 帧、第 61 帧和第 71 帧，在弹出的菜单中选择“创建传统补间”命令，生成动作补间动画，如图 5-180 所示。

图 5-179

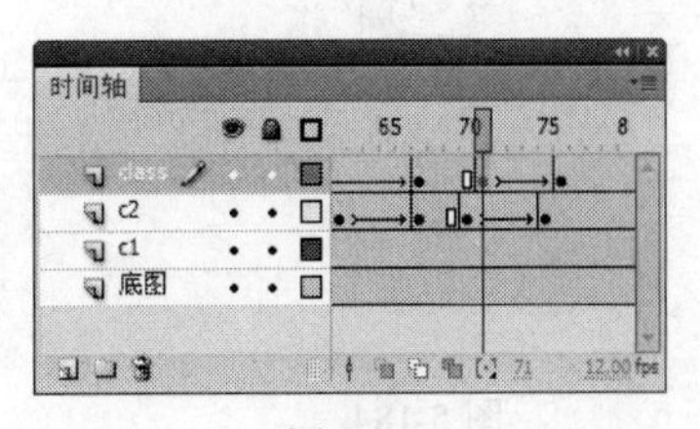

图 5-180

（5）在“时间轴”面板中创建新图层并将其命名为“c3”。选中“c3”图层的第 10 帧，在该帧上插入关键帧，将“库”面板中的图形元件“元件 2”拖曳到舞台窗口左上角外侧，效果如图 5-181 所示。

（6）选中“c3”图层的第 17 帧，在该帧上插入关键帧，在舞台窗口中选中“c”实例，选择“任意变形”工具，按住 Shift 键的同时将其等比缩小到合适的大小，并拖曳到舞台窗口右侧，效果如图 5-182 所示。

（7）选中“c3”图层的第 24 帧，在该帧上插入关键帧，在舞台窗口中选中“c”实例，选择图形“属性”面板，在“色彩效果”选项组中单击“样式”选项，在弹出的下拉列表中选择“Alpha”选项，将其值设为 0。

（8）分别用鼠标右键单击“c3”图层的第 10 帧和第 17 帧，在弹出的菜单中选择“创建传统补间”命令，生成动作补间动画，如图 5-183 所示。

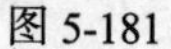
图 5-181

图 5-182

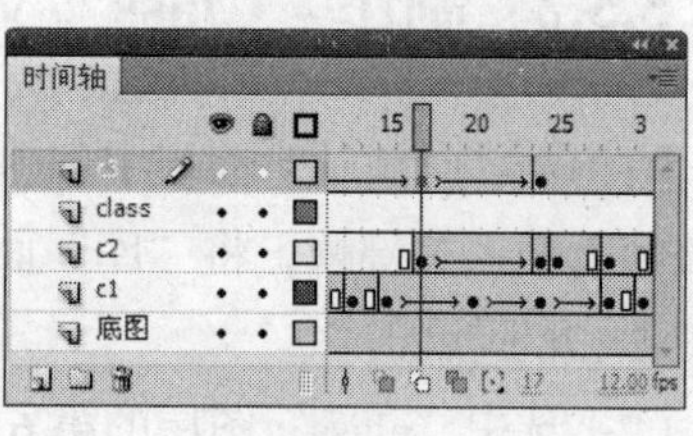

图 5-183

5.5.3 制作“G”图形动画

（1）在“时间轴”面板中创建新图层并将其命名为“g1”。选中“g1”图层的第 82 帧，在该帧上插入关键帧，将“库”面板中的图形元件“元件 4”拖曳到舞台窗口中，选择“任意变形”工具，按住 Shift 键的同时将其等比缩小到合适的大小，并放置到合适的位置，效果如图 5-184 所示。

（2）选中“g1”图层的第 87 帧，在该帧上插入关键帧，在舞台窗口中选中“g”实例，选择“任意变形”工具，将其适当变形，按住 Shift 键的同时，将其竖直向下拖曳到合适的位置，效果如图 5-185 所示。

（3）分别选中“g1”图层的第 88 帧和第 90 帧，在选中的帧上插入关键帧。选中“g1”图层的第 88 帧，在舞台窗口中选中“g”实例，选择“任意变形”工具，将其适当变形，效果如图 5-186 所示。

图 5-184

图 5-185

图 5-186

（4）选中“g1”图层的第 92 帧，在该帧上插入关键帧，在舞台窗口中选中“g”实例，调出图形“属性”面板，分别将“宽”和“高”选项设为 95，舞台窗口中的效果如图 5-187 所示。

（5）选中“g1”图层的第 103 帧，在该帧上插入关键帧，在舞台窗口中选中“g”实例，按住 Shift 键的同时将其水平向右拖曳到舞台窗口外侧，效果如图 5-188 所示。

（6）分别用鼠标右键单击“g1”图层的第 82 帧和第 92 帧，在弹出的菜单中选择“创建传统补间”命令，生成动作补间动画，如图 5-189 所示。选中“g1”图层的第 92 帧，调出帧“属性”面板，选中“旋转”选项下拉列表中的“顺时针”。

图 5-187

图 5-188

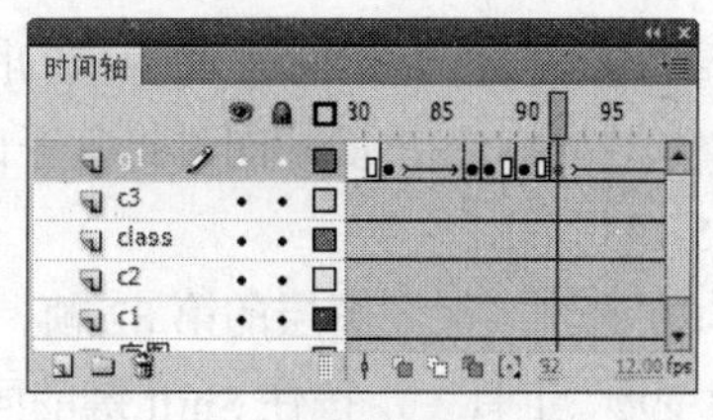

图 5-189

5.5.4 制作“Good”文字动画

（1）在“时间轴”面板中创建新图层并将其命名为“good”。选中“good”图层的第 114 帧，在该帧上插入关键帧，将“库”面板中的图形元件“05.swf”拖曳到舞台窗口左下角外侧，效果如图 5-190 所示。

（2）选中“good”图层的第 133 帧，在该帧上插入关键帧，在舞台窗口中选中“good”实例，按住 Shift 键的同时将其水平向右拖曳到舞台窗口外侧，效果如图 5-191 所示。

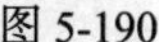

图 5-190

图 5-191

（3）选中“good”图层的第 134 帧，在该帧上插入关键帧，在舞台窗口中选中“good”实例，将其拖曳到舞台窗口中间位置，效果如图 5-192 所示。

（4）选中“good”图层的第 139 帧，在该帧上插入关键帧。选中“good”图层的第 134 帧，在舞台窗口中选中“good”实例，按住 Shift 键的同时将其等比缩小到合适的大小，并将其竖直向上拖曳到舞台上方，效果如图 5-193 所示。

（5）分别用鼠标右键单击“good”图层的第 114 帧和第 134 帧，在弹出的菜单中选择“创建传统补间”命令，生成动作补间动画，如图 5-194 所示。

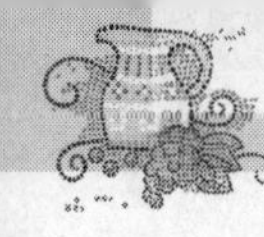

图 5-192

图 5-193

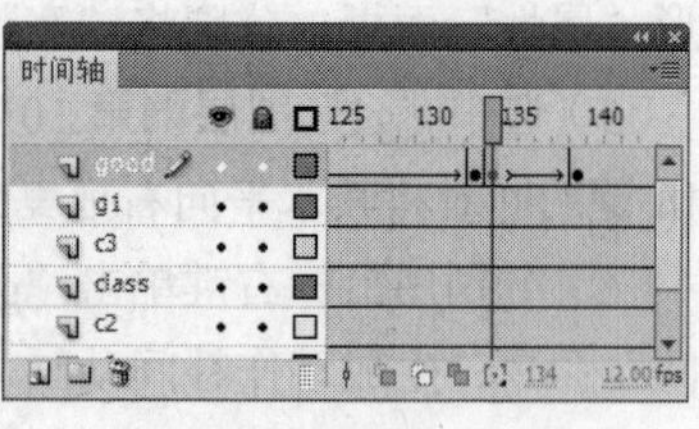

图 5-194

（6）在“时间轴”面板中创建新图层并将其命名为“g2”。选中“g2”图层的第 76 帧，在该帧上插入关键帧，将“库”面板中的图形元件“元件 4”拖曳到舞台窗口中。选择“任意变形”工具，按住 Shift 键的同时将其等比缩小到合适的大小，并放置到舞台窗口右上角外侧，效果如图 5-195 所示。

（7）选中“g2”图层的第 82 帧，在该帧上插入关键帧，在舞台窗口中选中“g”实例，选择“任意变形”工具，按住 Shift 键的同时将其等比放大到合适的大小，并拖曳到舞台窗口左下角，效果如图 5-196 所示。

图 5-195

图 5-196

（8）选中“g2”图层的第 91 帧，在该帧上插入关键帧，在舞台窗口中选中“g”实例，按住 Shift 键的同时，将其水平向左拖曳到舞台窗口外侧，效果如图 5-197 所示。

（9）选中“g2”图层的第 93 帧，在该帧上插入关键帧，在舞台窗口中选中“g”实例，选择图形“属性”面板，分别将“宽”和“高”选项设为 199，并在“色彩效果”选项组中单击“样式”选项，在弹出的下拉列表中选择“Alpha”选项，将其值设为 0，在舞台窗口中将“g”实例拖曳到舞台中间位置，效果如图 5-198 所示。

图 5-197

图 5-198

（10）选中“g2”图层的第 100 帧，在该帧上插入关键帧，在舞台窗口中选中“g”实例，选择“任意变形”工具，按住 Shift 键的同时将其等比缩小到合适的大小，舞台窗口中的效果如

图 5-199 所示。

（11）选中“g2”图层的第 109 帧，在该帧上插入关键帧。在舞台窗口中选中两个“g”实例，选择图形“属性”面板，在“色彩效果”选项组中单击“样式”选项，在弹出的下拉列表中选择“Alpha”选项，将其值设为 0，舞台窗口中的效果如图 5-200 所示。

图 5-199

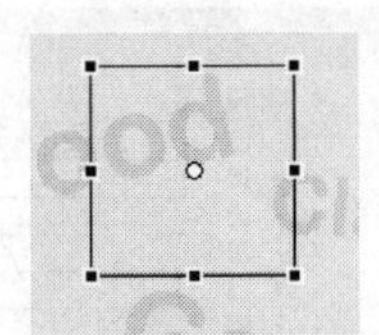

图 5-200

（12）选中“g2”图层的第 110 帧到第 145 帧，用鼠标右键单击被选中的帧，在弹出的菜单中选择“删除帧”命令，将被选中的帧删除，“时间轴”面板显示如图 5-201 所示。

（13）分别用鼠标右键单击“g2”图层的第 76 帧、第 82 帧、第 93 帧和第 100 帧，在弹出的菜单中选择“创建传统补间”命令，生成动作补间动画，如图 5-202 所示。选中“g2”图层的第 82 帧，选择帧“属性”面板，单击“补间”选项组下“旋转”选项后面的按钮，在弹出的下拉列表中选择“逆时针”。

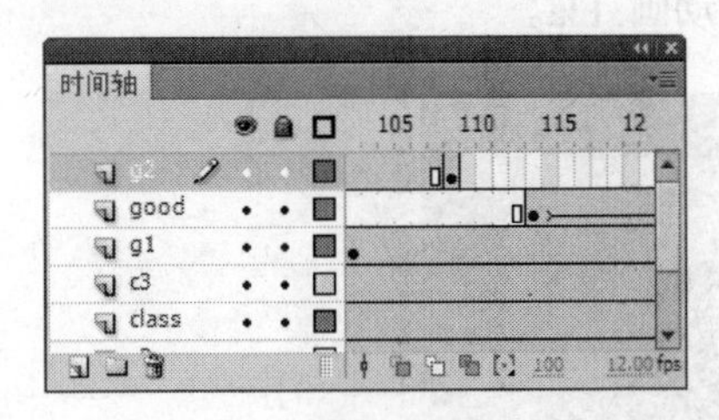

图 5-201

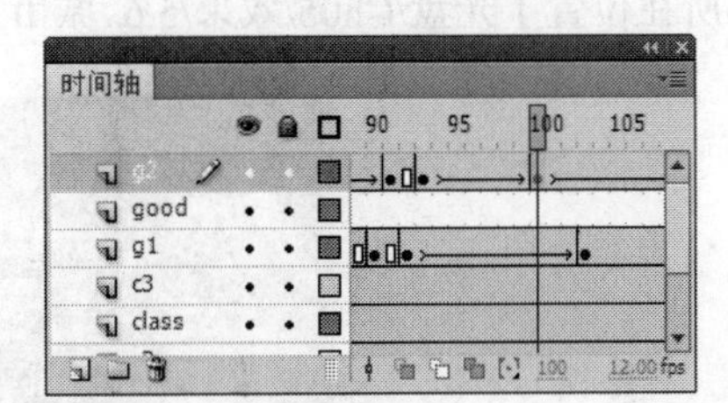

图 5-202

（14）在“时间轴”面板中创建新图层并将其命名为“g3”。选中“g3”图层的第 123 帧，在该帧上插入关键帧，将“库”面板中的图形元件“元件 4”拖曳到舞台窗口中，选择“任意变形”工具，按住 Shift 键的同时将其等比缩小到合适的大小，并放置到舞台窗口上方，效果如图 5-203 所示。

（15）选中“g3”图层的第 129 帧，在该帧上插入关键帧，在舞台窗口中选中“g”实例，按住 Shift 键的同时将其竖直向下拖曳到合适的位置，效果如图 5-204 所示。

图 5-203

图 5-204

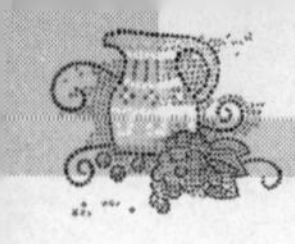

（16）用鼠标右键单击“g3”图层的第 123 帧，在弹出的菜单中选择“创建传统补间”命令，生成动作补间动画，如图 5-205 所示。在“时间轴”面板中创建新图层并将其命名为“声音”。将“库”面板中的声音文件“06.wav”拖曳到舞台窗口中。英文诗歌制作完成，按 Ctrl+Enter 组合键即可查看效果，如图 5-206 所示。

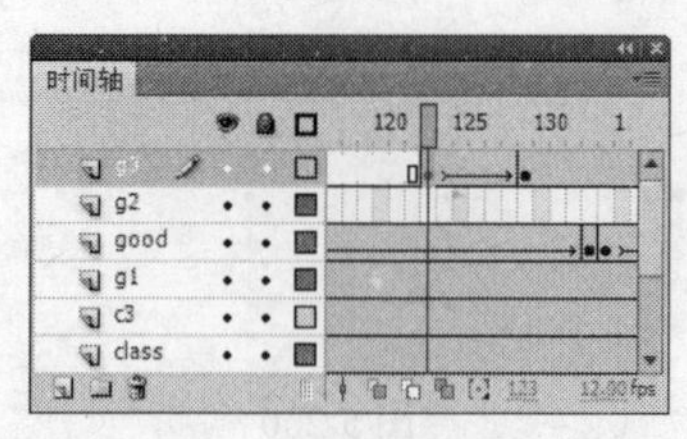

图 5-205

图 5-206

5.6 课后习题——城市宣传动画

【习题知识要点】使用“转换位图为矢量图”命令将图片转换为矢量图，使用“矩形”工具绘制矩形，使用“文本”工具添加文字，如图 5-207 所示。

【效果所在位置】光盘/Ch05/效果/5.6 城市宣传动画. Fla。

图 5-207

第6章 网页应用

应用 Flash 可以制作网页和网页中的按钮、菜单或动画。Flash 制作完成的网页美观、富有个性、动画较多且动画效果较好。

本章主要介绍应用 Flash CS5 制作网页的方法和技巧，并介绍根据不同需要，制作色彩丰富、风格独特、图文并茂的网页动画的方法。

课堂学习实例

- 渐显按钮
- 跳动的按钮
- 单选按钮
- 滚动条
- 品牌手机网页
- 旅游公司网页
- 户外运动网页
- 水果速递网页
- 数码产品网页

6.1 渐显按钮

【知识要点】使用“多角星形”工具绘制星形，使用“文本”工具添加文字，使用“变形”面板改变图形的大小和颜色，使用“动作”面板设置脚本语言，使用“渐变变形”工具改变渐变方向。

6.1.1 导入图片并绘制图形

（1）选择“文件 > 新建”命令，弹出“新建文档”对话框，单击“确定”按钮，进入新建文档舞台窗口。按 Ctrl+F3 组合键，弹出文档“属性”面板，单击“大小”选项后面的“编辑”按钮 编辑... ，在弹出的对话框中将舞台窗口的宽度设为 200，高度设为 527，将“背景颜色”设为灰色（#999999），并将“帧频”选项设为 12，单击“确定”按钮。

（2）选择“文件 > 导入 > 导入到库”命令，在弹出的“导入到库”对话框中选择“Ch06 >素材 > 6.1 渐显按钮 > 01、02、03、04、05、06、07、08、09”文件，单击“打开”按钮，弹出提示对话框，单击“确定”按钮，将文件导入到“库”面板中，在“库”面板中自动生成文件夹，如图 6-1 所示。

（3）在“库”面板下方单击“新建元件”按钮，弹出“创建新元件”对话框，在“名称”选项的文本框中输入“网络营销”，在“类型”选项的下拉列表中选择“图形”选项，单击“确定”按钮，新建图形元件“网络营销”，如图 6-2 所示，舞台窗口也随之转换为图形元件的舞台窗口。

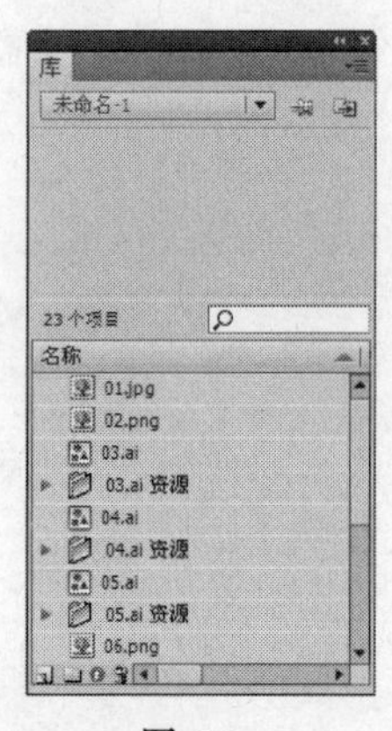

图 6-1

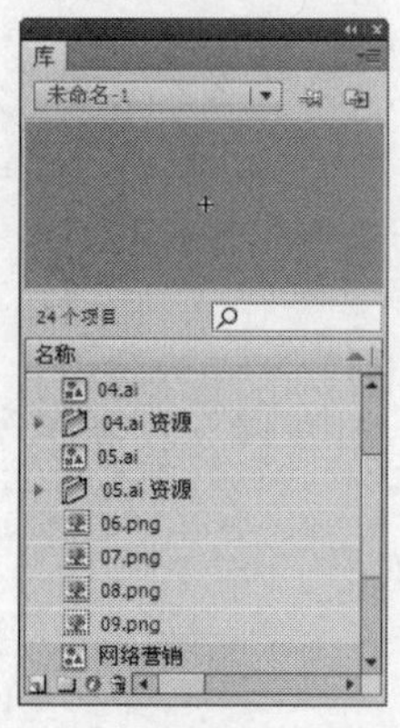

图 6-2

提示 对于导入的位图，用户可根据动画的需要消除锯齿从而平滑图像的边缘，或选择压缩选项以减小位图文件的大小或格式化文件以便在 Web 上显示。这些变化都需要在“位图属性”对话框中进行设定。在“库”面板中双击位图图标，即可弹出“位图属性”对话框。

（4）选择“文本”工具 T ，在文本工具“属性”面板中进行设置，如图 6-3 所示，在舞台窗口中输入白色文字“网络营销”，文字效果如图 6-4 所示。用相同的方法在文本工具“属性”面板中进行设置，在舞台窗口中输入白色字母“meshwork”，并将其拖曳到文字的右下方，效果如图 6-5 所示。

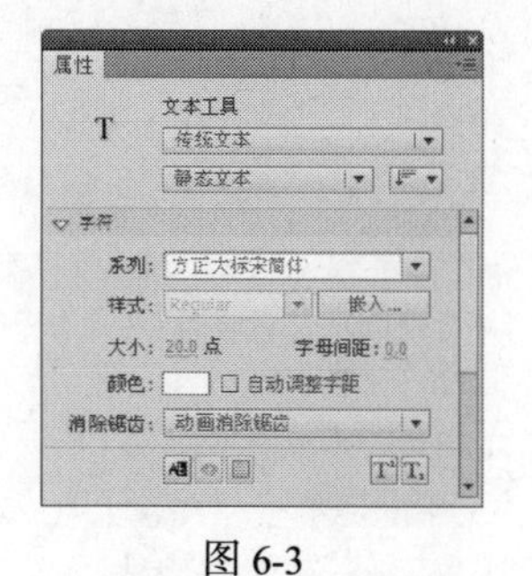

图 6-3

图 6-4

图 6-5

（5）用相同的方法制作图形元件“解决方案”和“成功案例”，并在元件中输入相应的文字，效果如图 6-6 和图 6-7 所示，“库”面板中的效果如图 6-8 所示。单击“库”面板中的“新建元件”按钮，新建图形元件“五角星”，如图 6-9 所示。

图 6-6

图 6-7

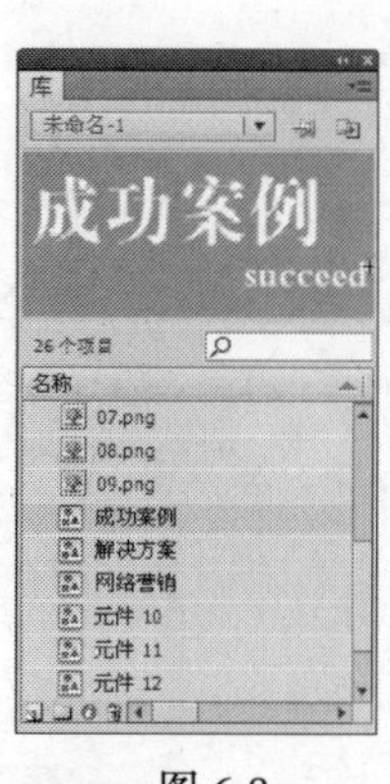

图 6-8

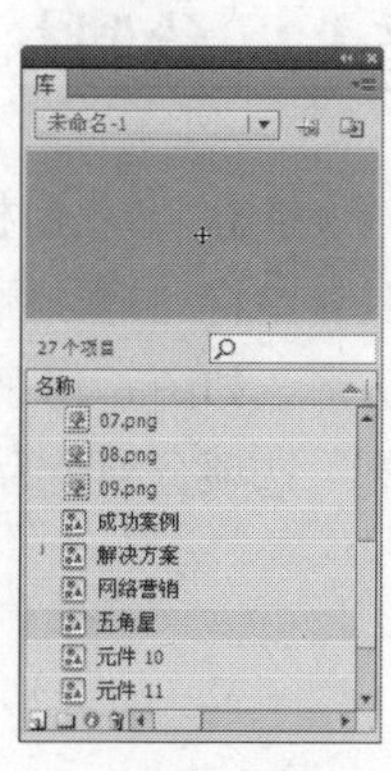

图 6-9

（6）选择“多角星形”工具，在工具箱中将“笔触颜色”设为无，“填充颜色”设为白色。在多角星形工具“属性”面板中单击“工具设置”选项下的“选项”按钮，弹出“工具设置”对话框，在该对话框中进行设置，如图 6-10 所示，单击“确定”按钮，按住 Shift 键的同时在舞台窗口中绘制五角星。选择“选择”工具，选中五角星，在形状“属性”面板中进行设置，如图 6-11 所示，效果如图 6-12 所示。

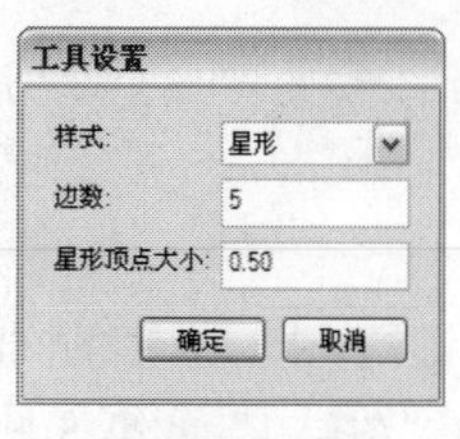

图 6-10

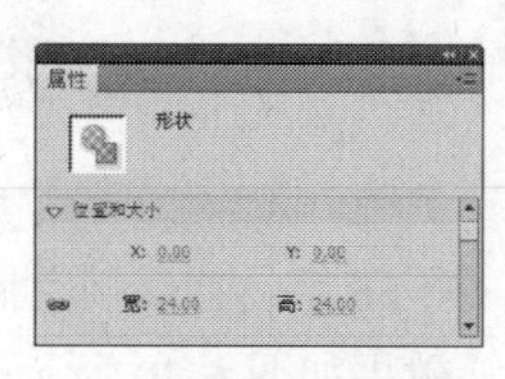

图 6-11

图 6-12

（7）单击“库”面板中的“新建元件”按钮，新建图形元件“箭头”，如图 6-13 所示。选择“线条”工具，在线条工具“属性”面板中将“笔触颜色”设为黑色，“笔触高度”设为 1，在舞台窗口中绘制出一个闭合的箭头边框，如图 6-14 所示。

（8）选择“颜料桶”工具，在工具箱中将“填充颜色”设为白色，在边框的内部单击鼠标，将边框内部填充为白色。选择“选择”工具，双击黑色的边框将其选中，按 Delete 键，将其删除，效果如图 6-15 所示。

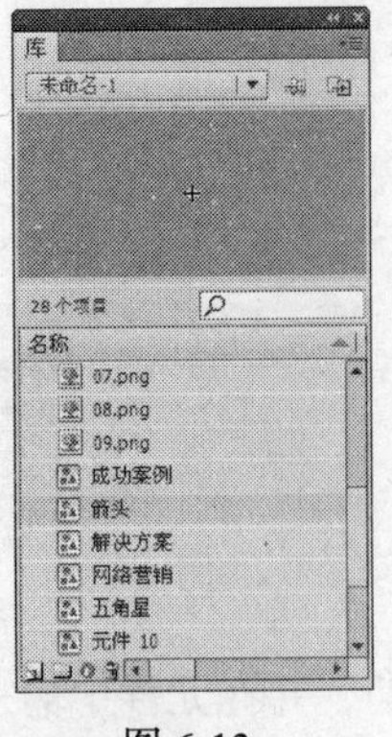

图 6-13

图 6-14

图 6-15

6.1.2 绘制方形

（1）单击“库”面板中的“新建元件”按钮，新建图形元件“方形”。选择“矩形”工具，在工具箱中将“笔触颜色”设为无，“填充颜色”设为白色，按住 Shift 键的同时在舞台窗口中绘制正方形，如图 6-16 所示。选择“选择”工具，选中正方形，在形状“属性”面板中将“宽”和“高”选项分别设为 3.7，“X”和“Y”选项均设为-1.9，图形效果如图 6-17 所示。

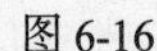

图 6-16

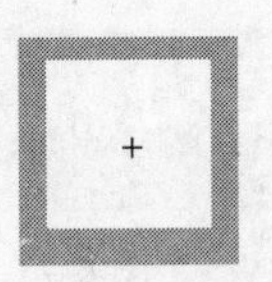

图 6-17

（2）选中“图层 1”的第 2 帧，按 F6 键，在该帧上插入关键帧。按住 Alt 键的同时用鼠标选中矩形，并水平向右拖曳正方形到适当的位置，将其进行复制，效果如图 6-18 所示。选中“图层 1”的第 3 帧，按 F6 键，在该帧上插入关键帧。按住 Alt 键的同时用鼠标向右侧水平拖曳正方形到适当的位置，将其进行复制，效果如图 6-19 所示。

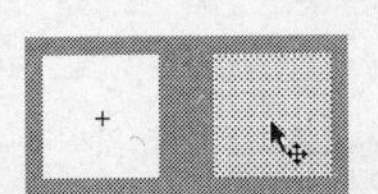

图 6-18

图 6-19

（3）选中“图层 1”的第 4 帧，按 F6 键，在该帧上插入关键帧。按 Alt 键的同时用鼠标向右侧水平拖曳正方形，将其进行复制，效果如图 6-20 所示。选中“图层 1”的第 5 帧，按 F6 键，在该帧上插入关键帧。用相同的方法复制正方形，效果如图 6-21 所示。

图 6-20

图 6-21

（4）用相同的方法在第 6 帧、第 7 帧和第 8 帧上插入关键帧，并在每帧中复制出一个正方形，效果如图 6-22、图 6-23 和图 6-24 所示。

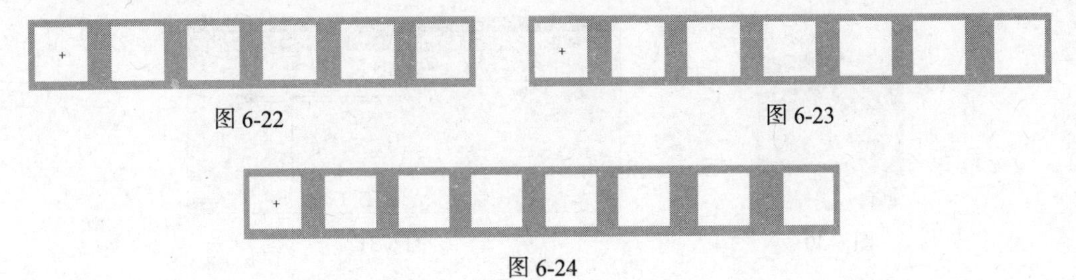

图 6-22　　　　图 6-23

图 6-24

6.1.3　制作影片剪辑动画

（1）在“库”面板下方单击“新建元件”按钮，弹出“创建新元件”对话框，在“名称”选项的文本框中输入“橙色按钮”，在“类型”选项的下拉列表中选择“影片剪辑”选项，单击“确定”按钮，新建影片剪辑元件“橙色按钮”，如图 6-25 所示，舞台窗口也随之转换为影片剪辑元件的舞台窗口。

（2）将“库”面板中的图形元件“03.ai”拖曳到舞台窗口的中心位置。按 Ctrl+T 组合键，弹出“变形”面板，将“缩放宽度”和“缩放高度”选项均设为 15，如图 6-26 所示，按 Enter 键，效果如图 6-27 所示。选中“图层 1”的第 16 帧，按 F5 键，在该帧上插入普通帧。

（3）选中“图层 1”的第 10 帧，按 F6 键，在该帧上插入关键帧。在舞台窗口中选中“橙色按钮”实例，在“变形”面板中，将“缩放宽度”和“缩放高度”选项均设为 50，如图 6-28 所示。选中“图层 1”的第 1 帧，在舞台窗口中选中实例，选择图形“属性”面板，在“色彩效果”选项组中单击“样式”选项，在弹出的下拉列表中选择“Alpha”选项，将其值设为 0，舞台窗口中的效果如图 6-29 所示。

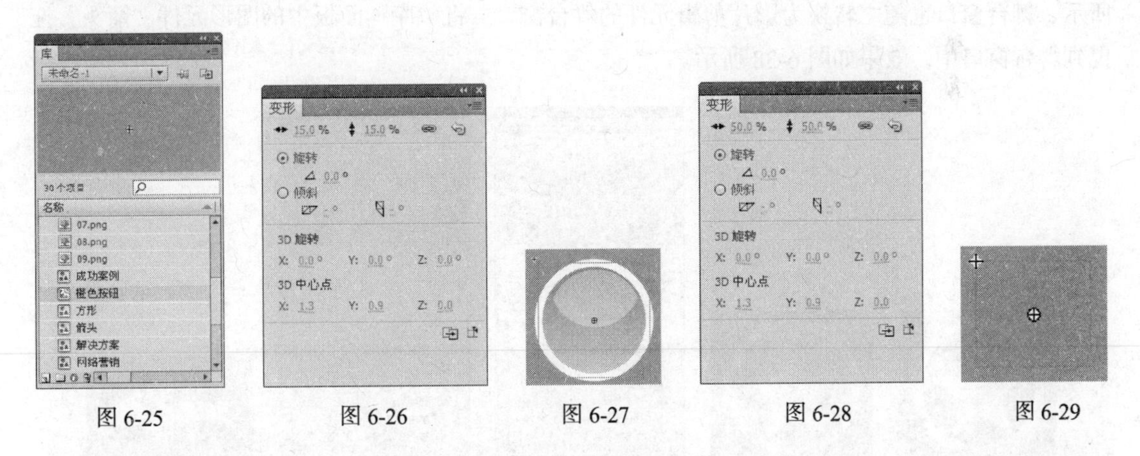

图 6-25　　图 6-26　　图 6-27　　图 6-28　　图 6-29

（4）分别选中“图层 1”的第 15 帧和第 16 帧，按 F6 键，在选中的帧上插入关键帧。选中“图层 1”的第 16 帧，将“库”面板中的图形元件“五角星”拖曳到舞台窗口中，放置在橙色按钮的上方，在“变形”面板中将“缩放宽度”和“缩放高度”选项均设为 72，按 Enter 键，图形效果如图 6-30 所示。

（5）用鼠标右键分别单击“图层 1”的第 1 帧和第 10 帧，在弹出的菜单中选择“创建传统补间”命令，生成动作补间动画，如图 6-31 所示。

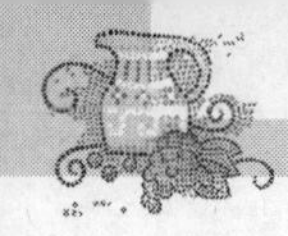

图 6-30

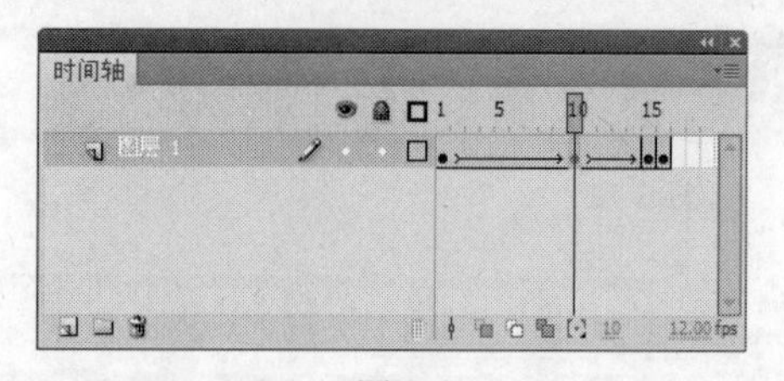

图 6-31

（6）选中“图层 1”的第 16 帧，选择“窗口 > 动作”命令，弹出“动作”面板。单击面板左上方的“将新项目添加到脚本中”按钮，在弹出的菜单中选择“全局函数 > 时间轴控制 > stop”命令，如图 6-32 所示。在脚本窗口中显示出选择的脚本语言，如图 6-33 所示。

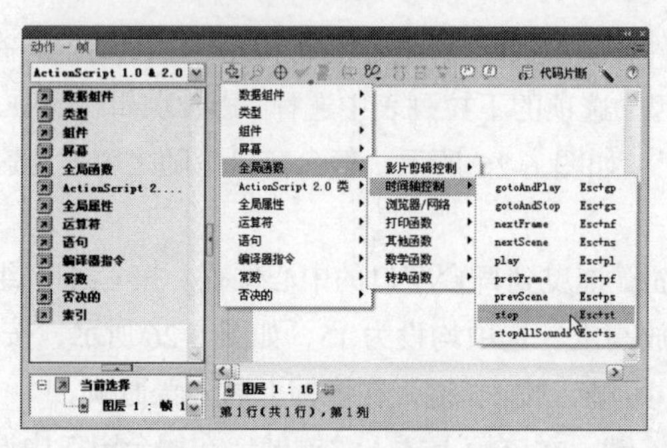

图 6-32

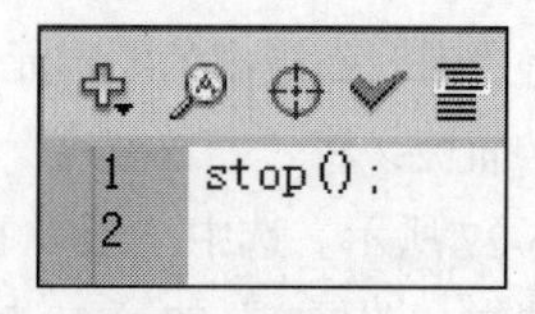

图 6-33

（7）用相同的方法制作影片剪辑元件“蓝色按钮”和“绿色按钮”，并在元件中制作按钮，效果如图 6-34 和图 6-35 所示，“库”面板中的效果如图 6-36 所示。

（8）单击“库”面板中的“新建元件”按钮，新建影片剪辑元件“箭头动画”，如图 6-37 所示，舞台窗口也随之转换为影片剪辑元件的舞台窗口。将“库”面板中的图形元件“箭头”拖曳到舞台窗口中，效果如图 6-38 所示。

图 6-34

图 6-35

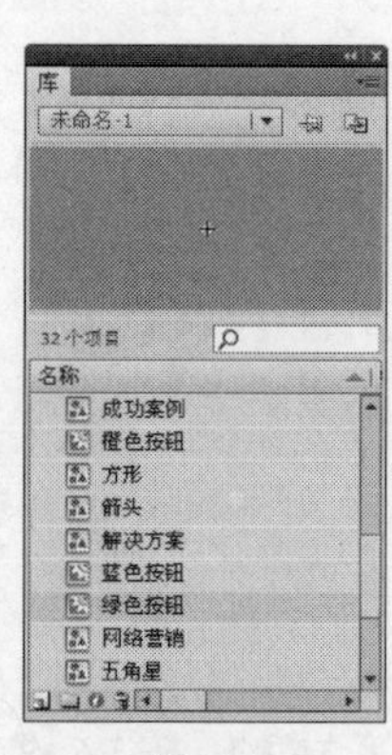

图 6-36

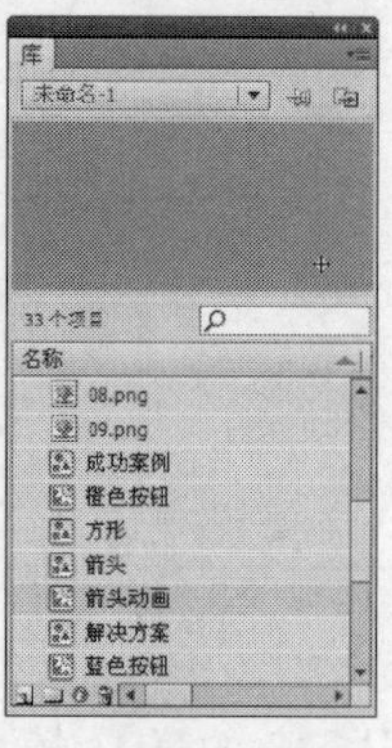

图 6-37

图 6-38

（9）分别选中“图层 1”的第 4 帧、第 6 帧和第 9 帧，按 F6 键，在选中的帧上插入关键帧，如图 6-39 所示。选中“图层 1”的第 4 帧，选中“箭头”实例，向右侧稍微移动，如图 6-40 所示。选中“图层 1”的第 6 帧，选中“箭头”实例，向左侧稍微移动，如图 6-41 所示。选中“图层 1”的第 9 帧，选中“箭头”实例，向右侧稍微移动，如图 6-42 所示。

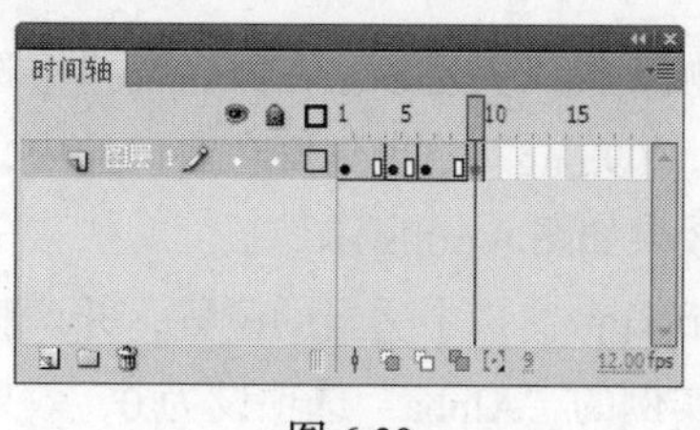
图6-39

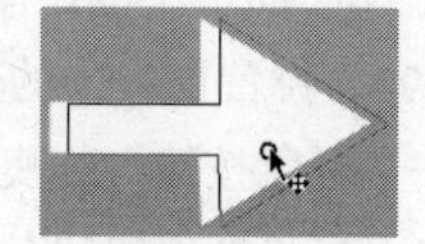
图6-40

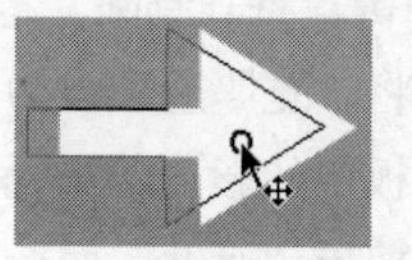
图6-41

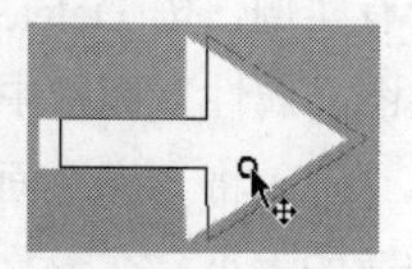
图6-42

（10）用鼠标右键分别单击“图层1”的第1帧、第4帧和第6帧，在弹出的菜单中选择“创建补间动画”命令，生成动作补间动画，如图6-43所示。

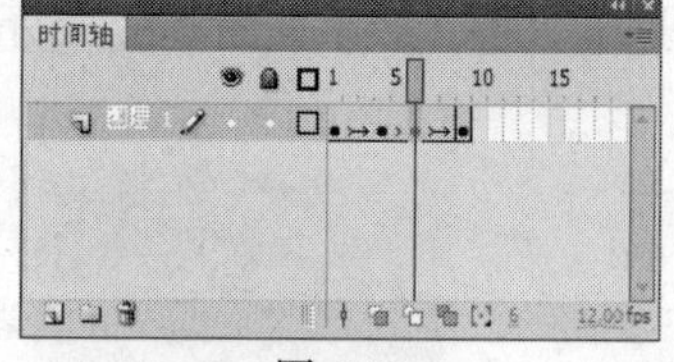
图6-43

6.1.4　制作图形按钮动画

（1）单击“库”面板中的“新建元件”按钮，新建按钮元件“变色按钮01”，如图6-44所示，舞台窗口也随之转换为按钮元件的舞台窗口。

（2）将“库”面板中的位图“06.png”拖曳到舞台窗口的中，在位图“属性”面板中将“宽”选项设为190，舞台窗口中的效果如图6-45所示。将“库”面板中的图形元件“03.ai”拖曳到舞台窗口中，选中舞台中的“03”实例，在图形的“变形”面板中，将“缩放宽度”和“缩放高度”选项均设为20.6，并将实例放置在适当的位置，效果如图6-46所示。

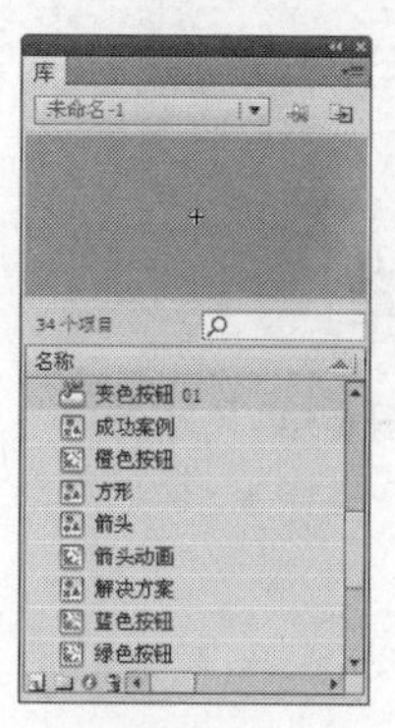

图6-44

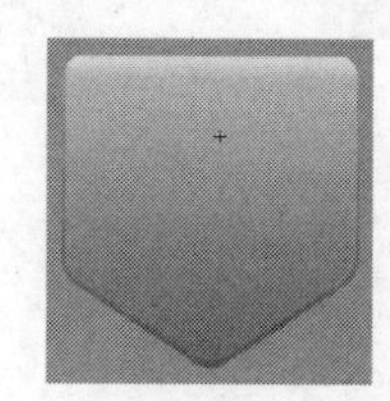
图6-45

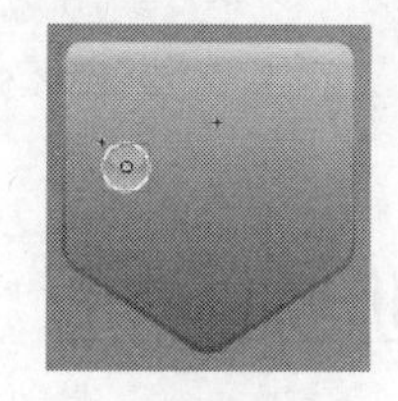
图6-46

（3）将“库”面板中的图形元件“五角星”拖曳到舞台窗口中，放置到“03”实例的上方，并调整到合适的大小，效果如图6-47所示。将“库”面板中的图形元件“网络营销”拖曳到舞台窗口中，放置到“03”实例的下方，并调整到合适的大小，效果如图6-48所示。选中“网络营销”实例，选择图形“属性”面板，在“色彩效果”选项组中单击“样式”选项，在弹出的下拉列表中选择“色调”选项，将其“着色”选项设为蓝色（#000066），如图6-49所示。

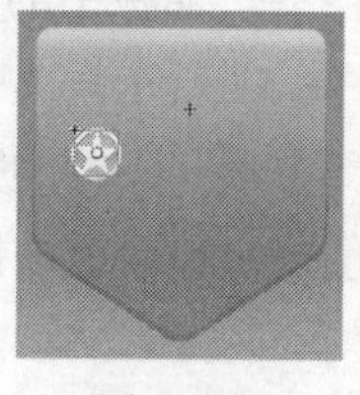
图6-47

图6-48

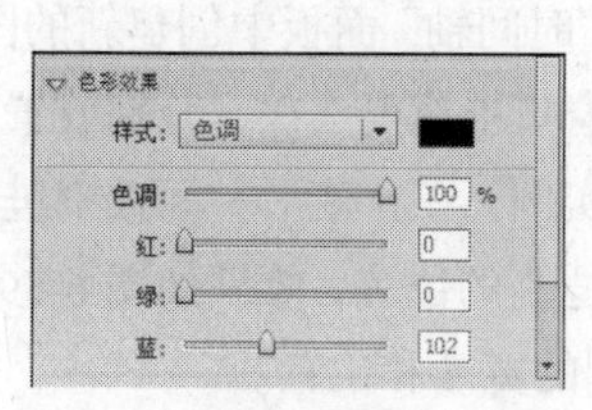

图6-49

（4）选中“图层 1”的“指针经过”帧，按 F6 键，在该帧上插入关键帧。在舞台窗口中选中所有实例，按 Delete 键，将其删除。将“库”面板中的位图“09.png”拖曳到舞台窗口的中，在位图“属性”面板中将“宽”选项设为 190，舞台窗口中的效果如图 6-50 所示。

（5）将“库”面板中的影片剪辑元件“橙色按钮”拖曳到舞台窗口中适当的位置，并调整到合适的大小。在影片剪辑“属性”面板中，将“橙色按钮”实例的“Alpha”选项设为 0，效果如图 6-51 所示。将“库”面板中的图形元件“网络营销”拖曳到舞台窗口中适当的位置，并调整到合适的大小，效果如图 6-52 所示。

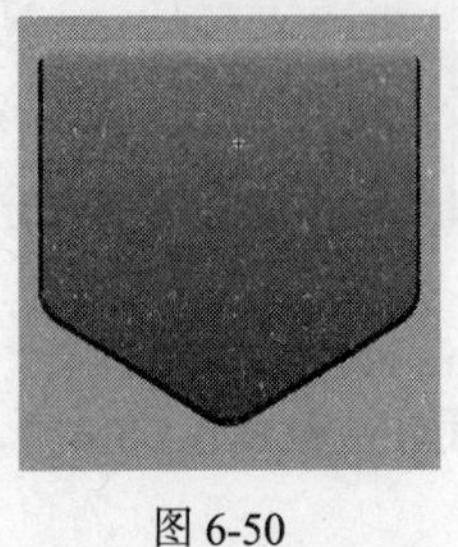

图 6-50

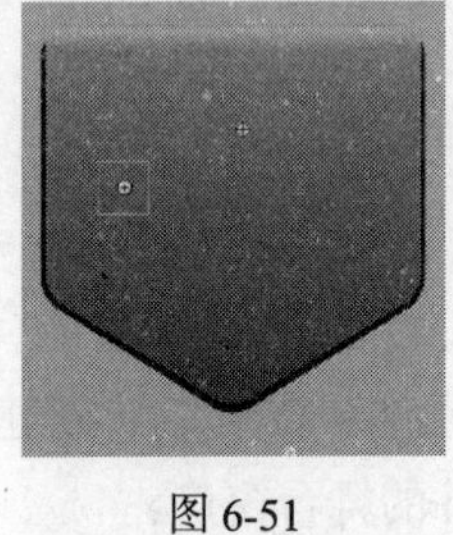

图 6-51

图 6-52

（6）用相同的方法新建按钮元件“变色按钮 02”和“变色按钮 03”，并在元件中制作按钮，效果如图 6-53 和图 6-54 所示。

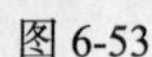

图 6-53

图 6-54

6.1.5　制作动画效果

（1）单击舞台窗口左上方的“场景 1”图标，进入“场景 1”的舞台窗口。将“图层 1”重新命名为“底图”。将“库”面板中的位图“01.jpg”拖曳到舞台窗口的中心位置，并调整到合适的大小，效果如图 6-55 所示。

（2）单击“时间轴”面板下方的“新建图层”按钮，创建新的图层并将其命名为“按钮”。分别将“库”面板中的按钮元件“变色按钮 01”、“变色按钮 02”和“变色按钮 03”拖曳到舞台窗口中，选择“任意变形”工具，缩小按钮实例并垂直摆放到底图中，如图 6-56 所示。

（3）在“时间轴”面板中创建新的图层并将其命名为“方框”。将“库”面板中的图形元件“方形”向舞台窗口中拖曳 3 次，分别放置在每个按钮的下方，效果如图 6-57 所示。选中橙色按钮上的“方形”实例，在“变形”面板中进行设置，如图 6-58 所示。将“方形”实例的宽度缩小，并将其拖曳到适当的位置，效果如图 6-59 所示。用相同的方法更改蓝色按钮和绿色按钮上其他两个“方形”实例的宽度和位置。

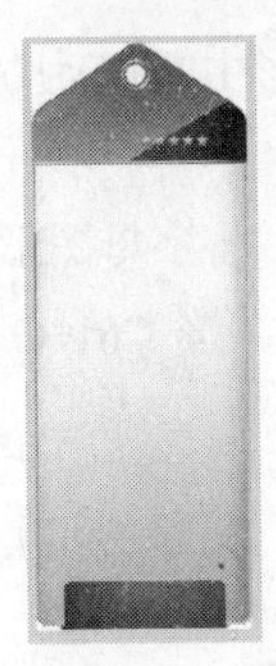

图 6-55

图 6-56

图 6-57

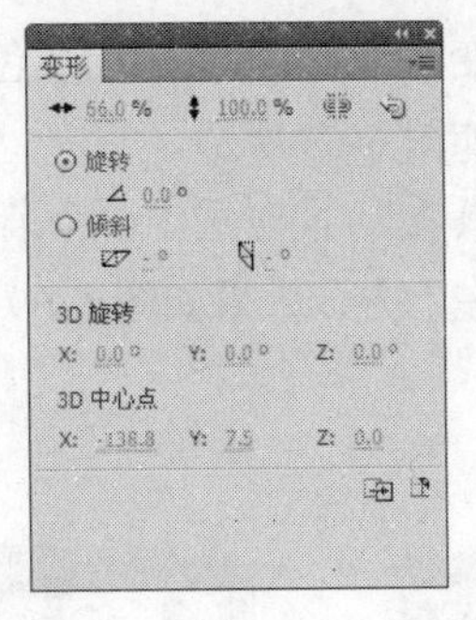

图 6-58

图 6-59

（4）在“时间轴”面板中创建新图层并将其命名为“装饰”。将“库”面板中的位图“02.png”拖曳到舞台窗口的上方，并调整到合适的大小，效果如图 6-60 所示。

（5）在“时间轴”面板中创建新图层并将其命名为“IT”。选择“文本”工具T，在文本工具“属性”面板中进行设置，如图 6-61 所示。在舞台窗口上方输入白色的字母“IT”。选择“选择”工具，选中字母，按两次 Ctrl+B 组合键将其打散。选中图形，按住 Alt 键的同时用鼠标向右侧拖曳图形，将其复制，效果如图 6-62 所示。

图 6-60

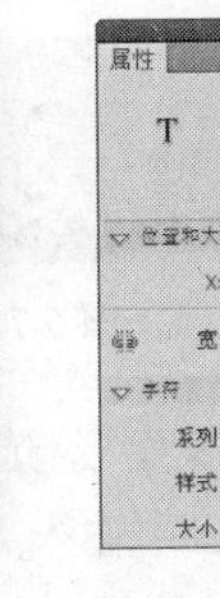

图 6-61

图 6-62

（6）保持复制出的文字图形的选取状态，调出“颜色”面板，单击“填充颜色”按钮，在“颜色类型”选项的下拉列表中选择“线性渐变”，单击色带，选中色带上左侧的色块，将其设为灰色（#BBBBBB）。选中色带右侧的色块，将其设为深灰色（#6A6A6A），如图 6-63 所示，文字图形被填充上渐变色，效果如图 6-64 所示。

（7）选择“渐变变形”工具，用鼠标单击字母“I”，出现 3 个控制点和两条平行线。将鼠标指针放置在旋转控制点上，鼠标指针变为形状，顺时针旋转控制点，将渐变色的角度旋转 90°，如图 6-65 所示。设置完成后，字母“I”的渐变效果如图 6-66 所示。

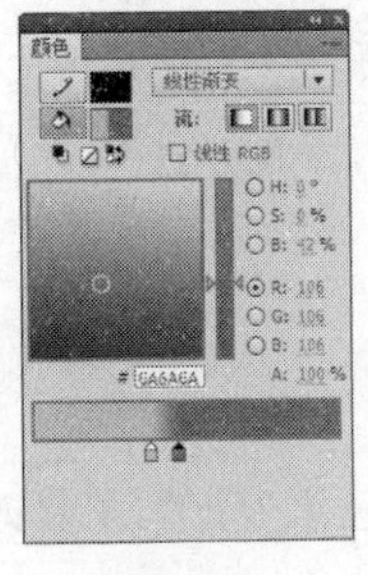

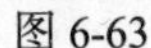

图 6-63

图 6-64

图 6-65

图 6-66

（8）用相同的方法改变字母“T”上的渐变色的角度，如图 6-67 所示。向图形中间拖动方形控制点，渐变区域缩小，如图 6-68 所示。

（9）选择“选择”工具，同时选中两个渐变字母图形，按 Ctrl+G 组合键，将字母图形进行组合，并放在白色字母左上方，效果如图 6-69 所示。将两组字母图形全部选中，按 Ctrl+G 组合键进行组合。

图 6-67

图 6-68

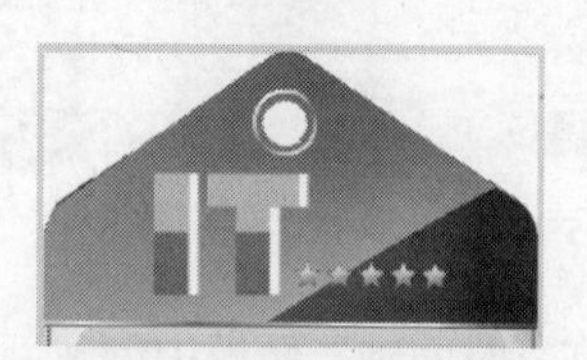
图 6-69

（10）在“时间轴”面板中创建新图层并将其命名为“箭头”。选择“矩形”工具，在矩形工具“属性”面板中将“笔触颜色”设为无，“填充颜色”设为红色（#990000），将“矩形边角半径”设为 2，在舞台窗口中字母的右侧绘制一个红色的圆角矩形，效果如图 6-70 所示。

（11）将“库”面板中的影片剪辑元件“箭头动画”拖曳到舞台窗口中，放置到红色圆角矩形的上方，效果如图 6-71 所示。

图 6-70

图 6-71

（12）在“时间轴”面板中创建新图层并将其命名为“文字”。选择“文本”工具，在文本工具“属性”面板中进行设置，如图 6-72 所示，在舞台窗口中输入需要的灰色（#666666）文字，效果如图 6-73 所示。用相同的方法输入白色文字，并将其放置到灰色文字的左上方，效果如图 6-74 所示。渐显按钮制作完成，按 Ctrl+Enter 组合键即可查看效果，如图 6-75 所示。

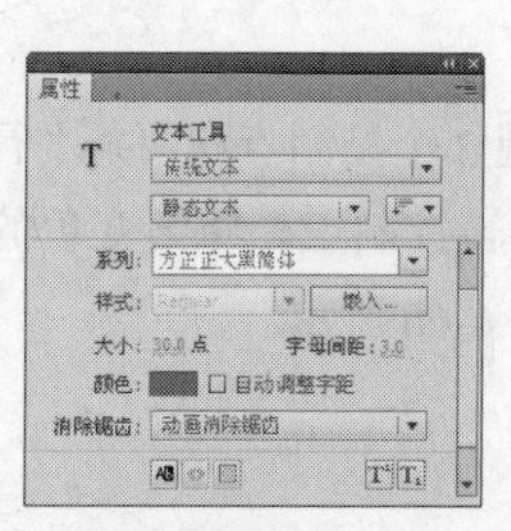

图 6-72

图 6-73

图 6-74

图 6-75

6.2 跳动的按钮

【知识要点】使用“椭圆”工具和“颜色”面板制作阴影效果，使用“任意变形”工具改变阴影的大小。使用“创建传统补间”命令制作动画效果。

6.2.1　导入图片

（1）选择“文件 > 新建”命令，弹出“新建文档”对话框，单击“确定”按钮，进入新建文档舞台窗口。按 Ctrl+F3 组合键，弹出文档“属性”面板，单击“大小”选项后面的“编辑”按钮 编辑... ，在弹出的对话框中将舞台窗口的宽度设为 800，高度设为 267，并将“帧频”选项设为 12，单击“确定”按钮。

（2）选择“文件 > 导入 > 导入到库”命令，在弹出的“导入到库”对话框中选择“Ch06 > 素材 > 6.2 跳动的按钮 > 01、02、03、04、05、06”文件，单击“打开”按钮，这些文件被导入到“库”面板中，如图 6-76 所示。

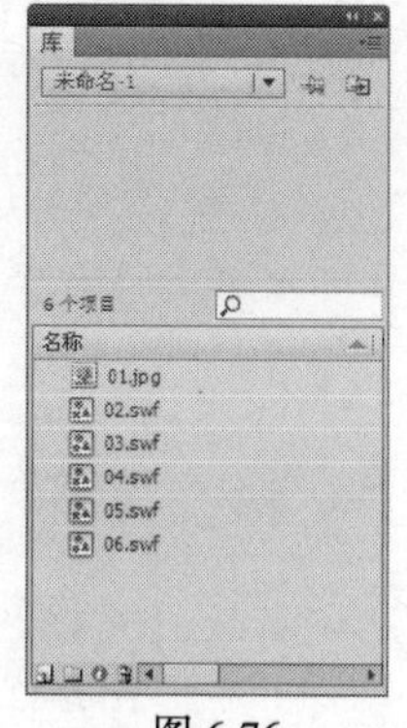

图 6-76

6.2.2　绘制阴影图形

（1）在“库”面板下方单击“新建元件”按钮，弹出“创建新元件”对话框，在“名称”选项的文本框中输入“阴影”，在“类型”选项的下拉列表中选择“图形”选项，单击“确定”按钮，新建图形元件“阴影”，如图 6-77 所示，舞台窗口也随之转换为图形元件的舞台窗口。

（2）选择“窗口 > 颜色”命令，弹出“颜色”面板，在“颜色类型”选项的下拉列表中选择“径向渐变”选项，在色带上设置 3 个色块。选中左侧的色块，将其设为浅褐色（#D6D6D6）。选中中间的色块，将其设为褐色（#999999），将其“Alpha”选项设为 70。选中右侧的色块，将其设为浅褐色（#E8DBCA），“Alpha”选项设为 0，如图 6-78 所示。

（3）选择“椭圆”工具，在工具箱中将“笔触颜色”设为无，按住 Shift 键的同时在舞台窗口中绘制一个圆形，效果如图 6-79 所示。选择“任意变形”工具，改变圆形的高度，如图 6-80 所示，调整完成后的效果如图 6-81 所示。

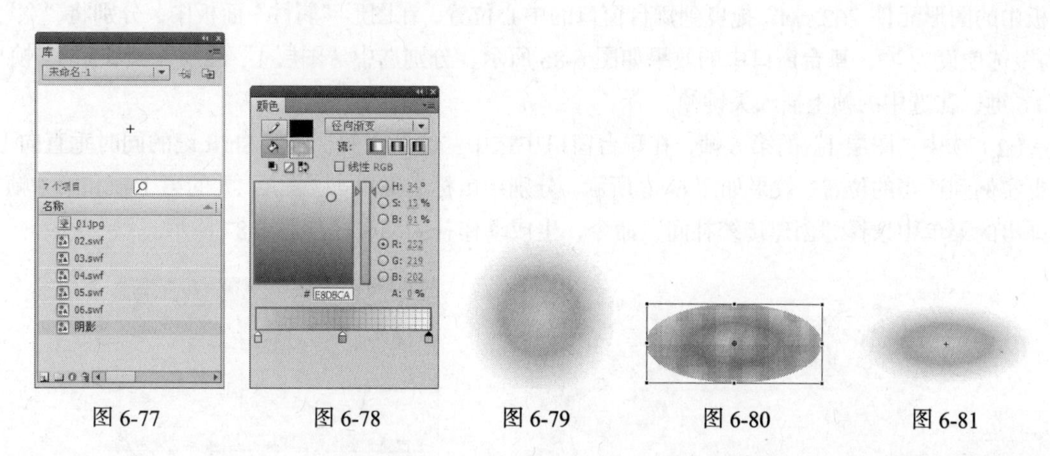

图 6-77　图 6-78　图 6-79　图 6-80　图 6-81

（4）单击“库”面板中的“新建元件”按钮，新建影片剪辑元件“阴影动”。将“库”面板中的图形元件“阴影”拖曳到舞台窗口的中心位置。分别选中“图层 1”的第 20 帧和第 40 帧，按 F6 键，在选中的帧上插入关键帧。

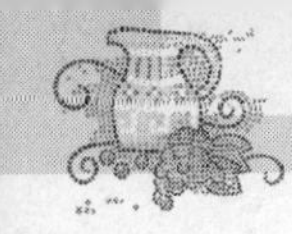

（5）选中“图层 1”的第 20 帧，在舞台窗口中选中“阴影”实例，在“变形”面板中进行设置，如图 6-82 所示，图形效果如图 6-83 所示。分别用鼠标右键单击“图层 1”的第 1 帧和第 20 帧，在弹出的菜单中选择“创建传统补间”命令，生成动作补间动画，如图 6-84 所示。

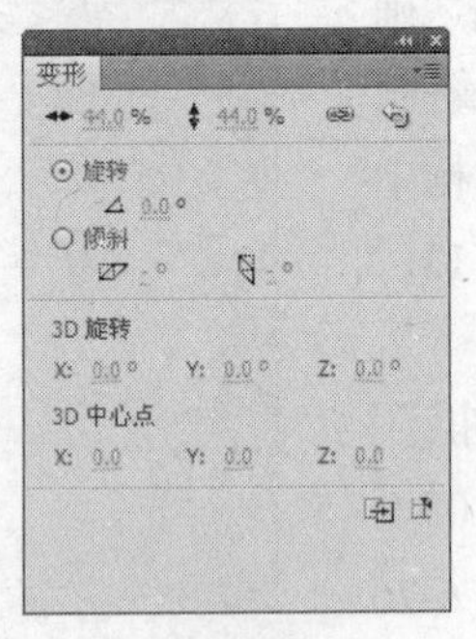

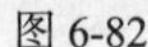

图 6-82

图 6-83

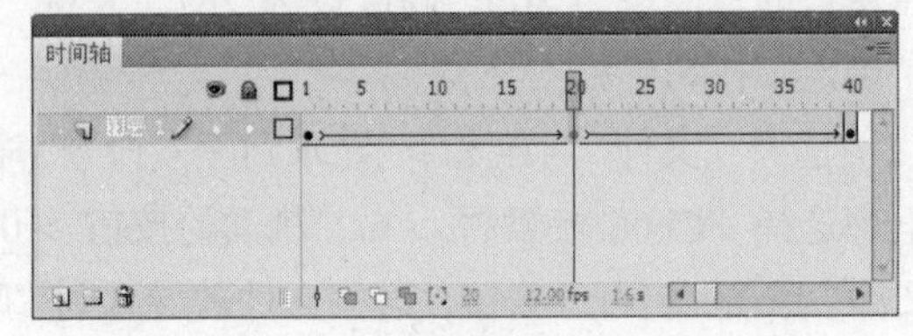

图 6-84

提示 “变形”面板中，各选项功能如下。

“缩放宽度” ↔ 100.0 % 和“缩放高度” ↕ 100.0 % 选项：用于设置图形的宽度和高度。

“约束”选项：用于约束“宽度”和“高度”选项，使图形能够成比例地变形。

“旋转”选项：用于设置图形的旋转角度。

“倾斜”选项：用于设置图形的水平倾斜或垂直倾斜。

“重置选区和变形”按钮：用于复制图形并将变形设置应用于图形。

“取消变形”按钮：用于将图形属性恢复到初始状态。

6.2.3 制作按钮动画效果

（1）单击“库”面板中的“新建元件”按钮，新建影片剪辑元件“按钮 1 动”。将“库”面板中的图形元件“02.swf”拖曳到舞台窗口的中心位置，在图形“属性”面板中，分别将“宽”、“高”选项设为 72，舞台窗口中的效果如图 6-85 所示。分别选中“图层 1”的第 6 帧和第 12 帧，按 F6 键，在选中的帧上插入关键帧。

（2）选中“图层 1”的第 6 帧，在舞台窗口中选中“02”实例，按住 Shift 键的同时垂直向上拖曳实例到适当的位置，效果如图 6-86 所示。分别用鼠标右键单击“图层 1”的第 1 帧和第 6 帧，在弹出的菜单中选择“创建传统补间”命令，生成动作补间动画，如图 6-87 所示。

图 6-85

图 6-86

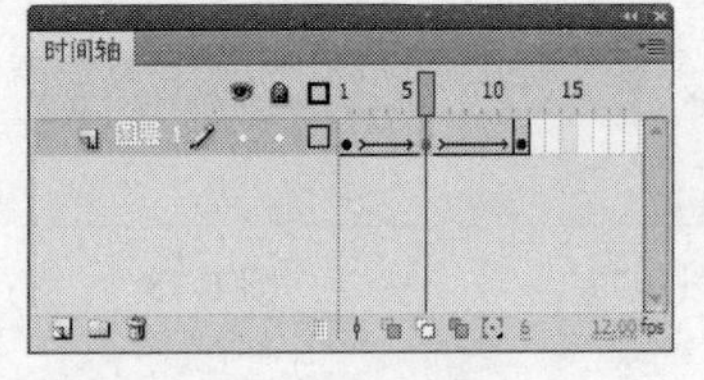

图 6-87

（3）用相同的方法新建其他影片剪辑元件“按钮 2 动”、“按钮 3 动”和“按钮 4 动”，并在元件中制作动画，如图 6-88 所示。

（4）单击“库”面板中的“新建元件”按钮，新建按钮元件“按钮 1”。将“库”面板中的图形元件“02.swf”拖曳到舞台窗口的中心位置，在图形“属性”面板中，分别将“宽”和“高”选项设为 72。

（5）在“时间轴”面板中创建新图层“图层 2”。选中“图层 2”的“指针经过”帧，按 F6 键，在该帧上插入关键帧。将“库”面板中的影片剪辑元件“按钮 1 动”拖曳到舞台窗口中，并将其放置与“02”实例重合的位置，效果如图 6-89 所示，“时间轴”面板显示效果如图 6-90 所示。

（6）用相同的方法制作其他按钮元件“按钮 2”、“按钮 3”和“按钮 4”，如图 6-91 所示。

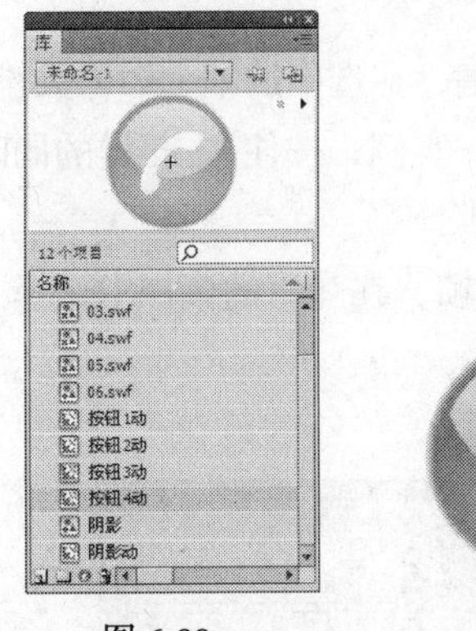

图 6-88

图 6-89

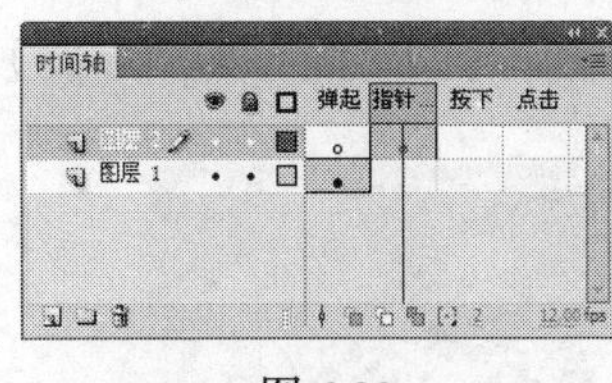

图 6-90

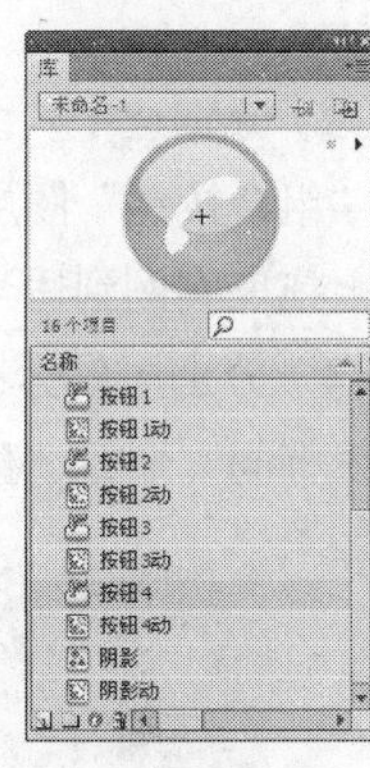

图 6-91

（7）单击“库”面板中的“新建元件”按钮，新建图形元件“组合按钮”。将“库”面板中的图形元件“06.swf”拖曳到舞台窗口的中心位置，如图 6-92 所示。选中“06”实例，在“变形”面板中进行设置，如图 6-93 所示，将实例放大。

（8）在“时间轴”面板中创建新图层“图层 2”。将“库”面板中的按钮元件“按钮 1”、“按钮 2”、“按钮 3”和“按钮 4”拖曳到舞台窗口中，并放置到框架内，效果如图 6-94 所示。

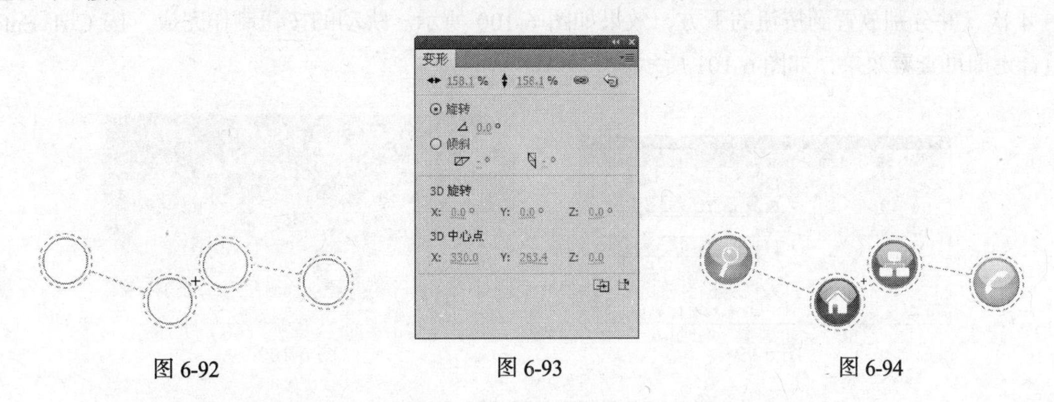

图 6-92　　图 6-93　　图 6-94

6.2.4　制作动画效果

（1）单击舞台窗口左上方的“场景 1”图标，进入“场景 1”的舞台窗口。将“图层 1”重新命名为“底图”。将“库”面板中的位图“01.jpg”拖曳到舞台窗口中心位置，并将其调整到合适的大小，效果如图 6-95 所示。选中“底图”图层的第 40 帧，按 F5 键，在该帧上插入普通帧。

（2）在“时间轴”面板中创建新图层并将其命名为“组合按钮”。将“库”面板中的图形元件

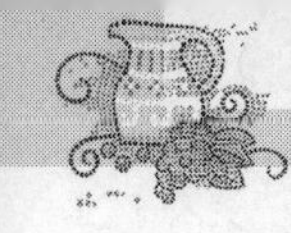

“组合按钮”拖曳到舞台窗口中，如图 6-96 所示。

图 6-95

图 6-96

（3）分别选中“组合按钮”图层的第 20 帧和第 40 帧，按 F6 键，在选中的帧上插入关键帧。选中“组合按钮”图层的第 20 帧，在舞台窗口中选中“组合按钮”实例，按住 Shift 键的同时垂直向上拖曳实例到适当的位置，效果如图 6-97 所示。

（4）分别用鼠标右键单击“组合按钮”图层的第 1 帧和第 20 帧，在弹出的菜单中选择“创建传统补间”命令，生成动作补间动画，如图 6-98 所示。

图 6-97

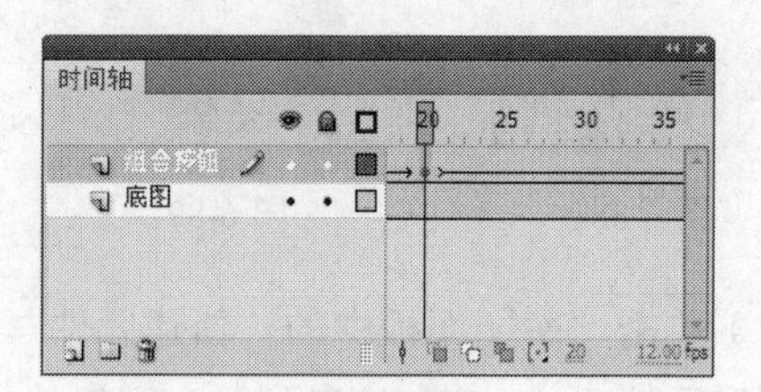

图 6-98

（5）在“时间轴”面板中创建新图层并将其命名为“阴影”，将“阴影”图层拖曳到“组合按钮”图层的下方，如图 6-99 所示。将“库”面板中的影片剪辑元件“阴影动”拖曳到舞台窗口中 4 次，并分别放置到按钮的下方，效果如图 6-100 所示。跳动的按钮制作完成，按 Ctrl+Enter 组合键即可查看效果，如图 6-101 所示。

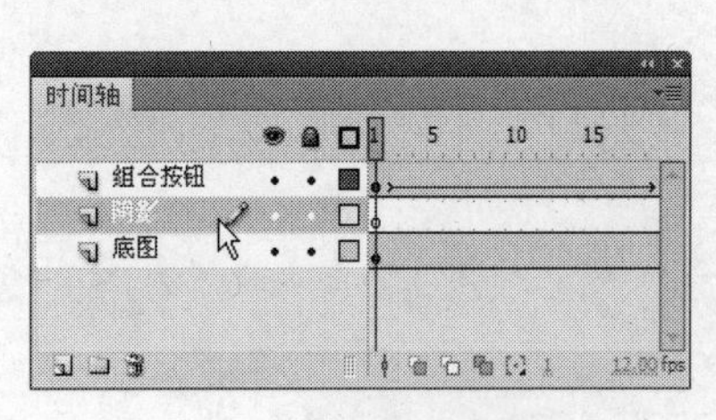

图 6-99

图 6-100

图 6-101

6.3 单选按钮

【知识要点】使用“椭圆”工具绘制按钮效果，使用“钢笔”工具绘制心形，使用“图形”属性面板改变图形的透明度效果，使用“创建传统补间”命令制作图片动画，使有“文本”工具添加文字，使用“动作”面板设置脚本语言。

6.3.1 导入图片并制作动画

（1）选择“文件 > 新建”命令，弹出“新建文档”对话框，单击“确定”按钮，进入新建文档舞台窗口。按 Ctrl+F3 组合键，弹出文档“属性”面板，单击“大小”选项后面的“编辑”按钮 编辑... ，在弹出的对话框中将舞台窗口的宽度设为 700，高度设为 439，将“背景颜色”设为黄色（#666666），并将“帧频”选项设为 12，单击“确定”按钮。

（2）在文档“属性”面板中，单击“发布”选项组中的“配置文件”右侧的“编辑”按钮，在弹出的“发布设置”对话框中将“播放器”选项设为“Flash Player 8”，将“脚本”选项设为“ActionScript 2.0”，如图 6-102 所示，单击“确定”按钮。

图 6-102

（3）选择“文件 > 导入 > 导入到库”命令，在弹出的“导入到库”对话框中选择“Ch06 > 素材 > 6.3 单选按钮 > 01、02、03、04、05”文件，单击“打开”按钮，这些文件被导入到“库”面板中，如图 6-103 所示。

（4）在“库”面板下方单击“新建元件”按钮，弹出“创建新元件”对话框，在“名称”选项的文本框中输入“图片 02”，在“类型”选项的下拉列表中选择“图形”选项，单击“确定”按钮，新建图形元件“图片 02”，如图 6-104 所示，舞台窗口也随之转换为图形元件的舞台窗口。

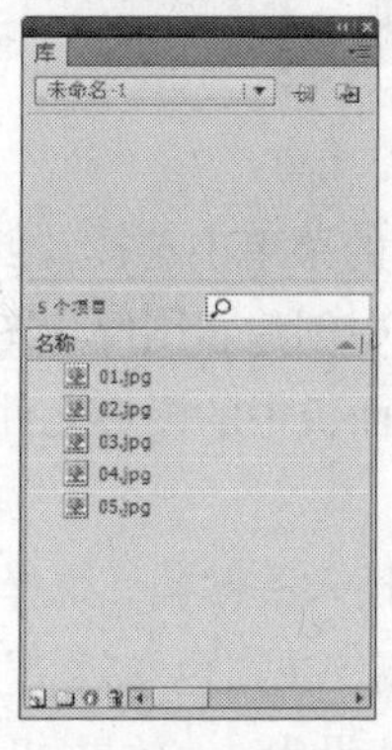

图 6-103

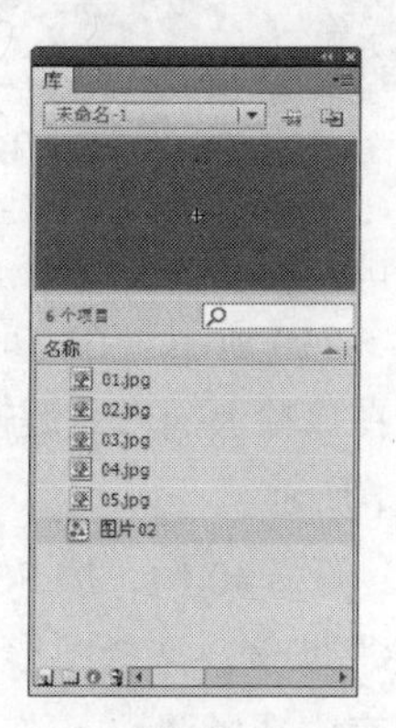

图 6-104

（5）将“库”面板中的位图“02.jpg”拖曳到舞台窗口中，效果如图 6-105 所示。用相同的方法制作图形元件“图片 03”、“图片 04”和“图片 05”，并将“库”面板中对应的位图“03.jpg”、“04.jpg”和“05.jpg”，拖曳到元件舞台窗口中，“库”面板中的显示效果如图 6-106 所示。

图 6-105

图 6-106

（6）在“库”面板下方单击“新建元件”按钮，弹出“创建新元件”对话框，在“名称”选项的文本框中输入“图片动”，在“类型”选项的下拉列表中选择“影片剪辑”选项，单击“确定”按钮，新建影片剪辑元件“图片动”，如图 6-107 所示，舞台窗口也随之转换为影片剪辑元件的舞台窗口。

（7）将“库”面板中图形元件“图片 02”拖曳到舞台窗口中，如图 6-108 所示。选中“图层 1”的第 20 帧，按 F6 键，在该帧插入关键帧。选择“选择”工具，在舞台窗口选中“图片 02”实例，选择图形“属性”面板，在“色彩效果”选项组中单击“样式”选项，在弹出的下拉列表中选择“Alpha”选项，将其值设为 0，效果如图 6-109 所示。

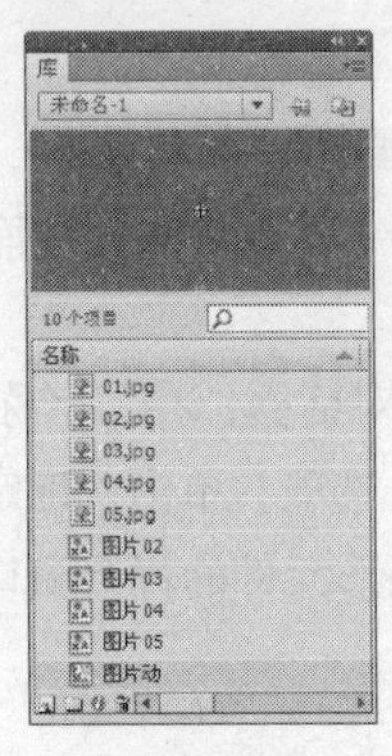

图 6-107

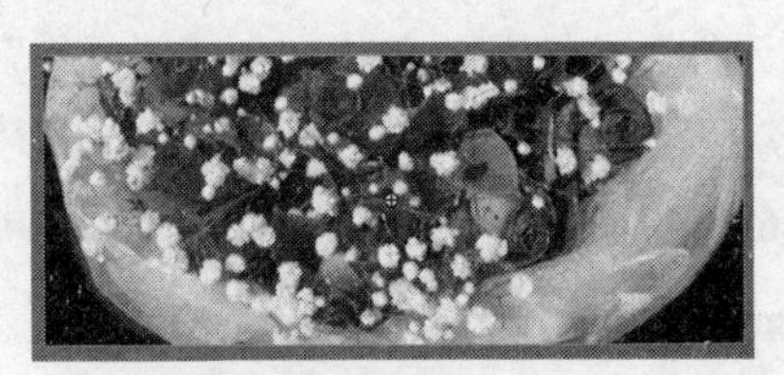

图 6-108

图 6-109

（8）用鼠标右键单击“图层 1”的第 1 帧，在弹出的菜单中选择“创建传统补间”命令，生成动作补间动画，如图 6-110 所示。在“时间轴”面板中创建新图层“图层 2”。选中“图层 2”的第 20 帧，按 F6 键，在该帧上插入关键帧。将“库”面板中的图形元件“图片 03”拖曳到舞台窗口中，效果如图 6-111 所示。

（9）选中“图层 2”的第 40 帧，按 F6 键，在该帧插入关键帧。选择“选择”工具，在舞台窗口中选中“图片 03”实例，选择图形“属性”面板，在“色彩效果”选项组中单击“样式”选项，在弹出的下拉列表中选择“Alpha”选项，将其值设为 0，效果如图 6-112 所示。

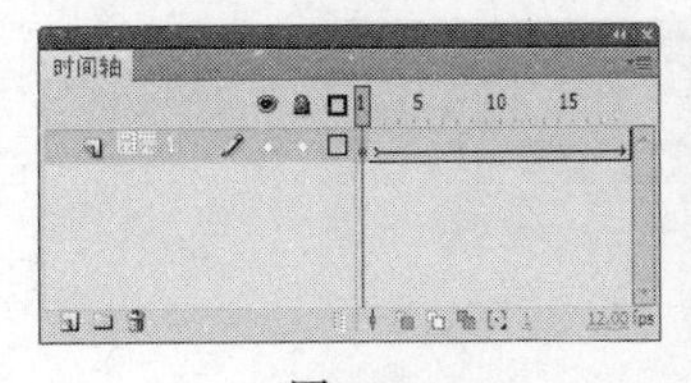

图 6-110

图 6-111

图 6-112

（10）用鼠标右键单击“图层 2”的第 20 帧，在弹出的菜单中选择“创建传统补间”命令，生成动作补间动画，如图 6-113 所示。用相同的方法制作其余图片的动画效果，“时间轴”面板如图 6-114 所示。

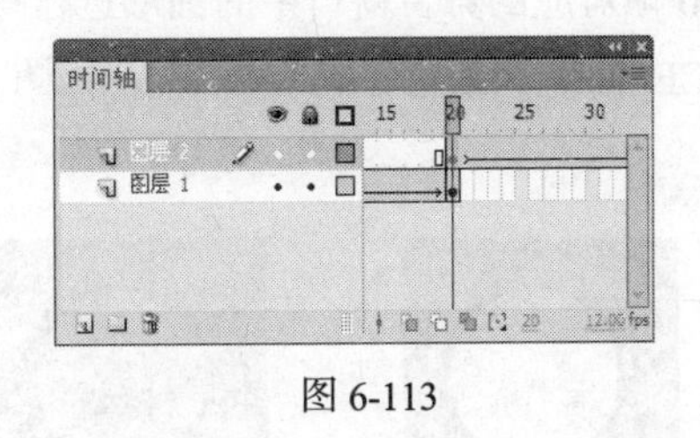

图 6-113

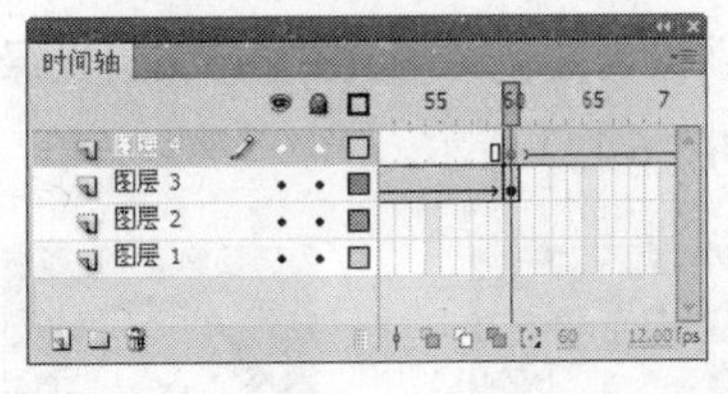

图 6-114

6.3.2 制作按钮闪动效果

（1）单击“库”面板中的“新建元件”按钮，新建按钮元件“按钮”。选择“椭圆”工具，在椭圆工具“属性”面板中将“笔触颜色”设为黑色，“填充颜色”设为黄色（#FFFF99），按住 Shift 键的同时在舞台窗口中绘制圆形。

（2）选择“选择”工具，选中圆形，选择形状“属性”面板，将宽高比例锁定，将“宽”选项设为 20，“高”选项随之变为 20，如图 6-115 所示，舞台窗口中的效果如图 6-116 所示。选中“点击”帧，按 F5 键，在选中的帧上插入普通帧，如图 6-117 所示。

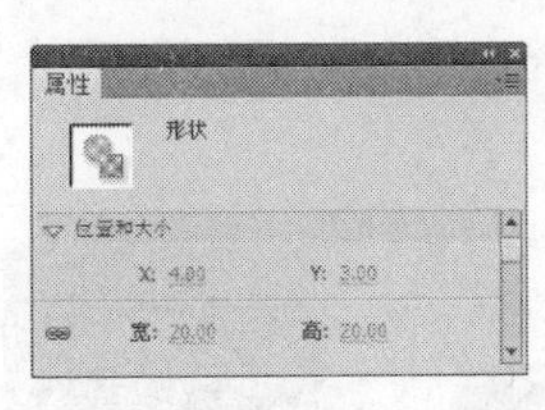

图 6-115

图 6-116

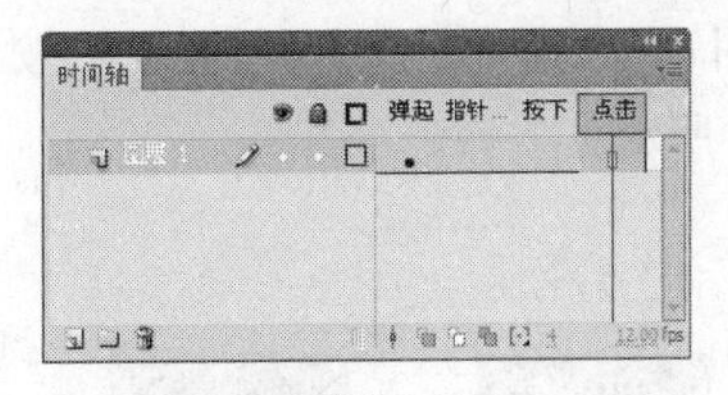

图 6-117

提示

在按钮元件的“时间轴”面板中，“弹起”帧用于设置鼠标指针不在按钮上时按钮的外观。“指针经过”帧用于设置鼠标指针放在按钮上时按钮的外观。“按下”帧用于设置按钮被单击时的外观。“点击”帧用于设置响应鼠标单击的区域，此区域在影片里不可见。

（3）单击“库”面板中的“新建元件”按钮，新建影片剪辑元件“按钮闪”。将“库”面板中的按钮元件“按钮”拖曳到舞台窗口中，按 Ctrl+B 组合键将其打散。选中“图层 1”的第 12 帧，按 F5 键，在该帧上插入普通帧，如图 6-118 所示。

（4）分别选中“图层 1”的第 4 帧、第 7 帧和第 10 帧，按 F6 键，在选中的帧上插入关键帧，如图 6-119 所示。

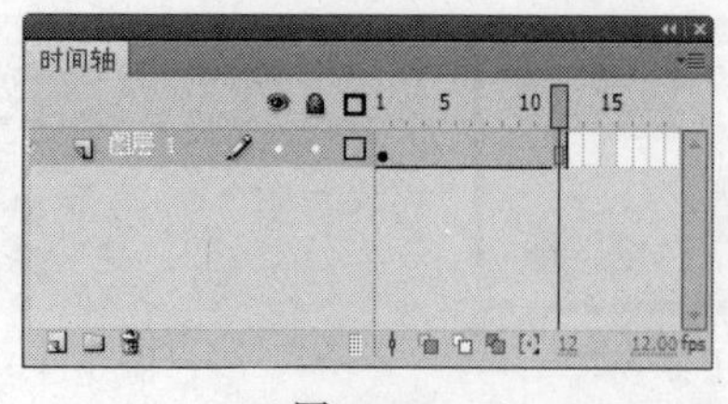

图 6-118　　　　图 6-119

（5）选中“图层 1”的第 1 帧，在舞台窗口中选中圆形，在工具箱中将“填充颜色”设为粉色（#FF9999），舞台窗口中圆形的填充色也随之转变为粉色，效果如图 6-120 所示。

（6）用相同的方法分别对第 4 帧、第 7 帧和第 10 帧对应的舞台窗口中的圆形进行操作，将“填充颜色”分别设为蓝色（#33CCFF）、荧光绿（#CCFF00）和紫色（#CC99FF），如图 6-121、图 6-122 所示和图 6-123 所示。

图 6-120

图 6-121

图 6-122

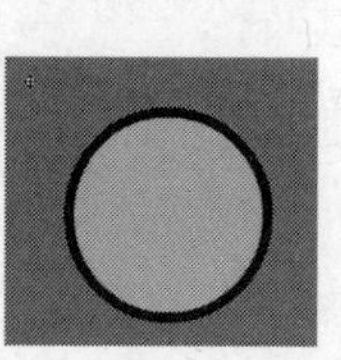
图 6-123

（7）在“时间轴”面板中创建新图层“图层 2”。选择“钢笔”工具，在工具箱中将“笔触颜色”设为黑色，“填充颜色”设为无，在舞台窗口中绘制一个心形，如图 6-124 所示。

（8）选择“颜料桶”工具，在工具箱中将“填充颜色”设为深灰色（#333333），在舞台窗口中边线的内部单击鼠标右键，将心形填充颜色。选择“选择”工具，双击心形的边线将其选中，按 Delete 键将其删除，效果如图 6-125 所示。

（9）选择“选择”工具，选中心形，按住 Alt 键的同时向外拖曳心形，复制心形，并将其填充为红色（#FF0000），效果如图 6-126 所示。选中红色心形，将其拖曳到深灰色心形上的左上方，如图 6-127 所示。选中两个心形，按 Ctrl+G 组合键进行组合，并将其放置到圆形上，效果如图 6-128 所示。

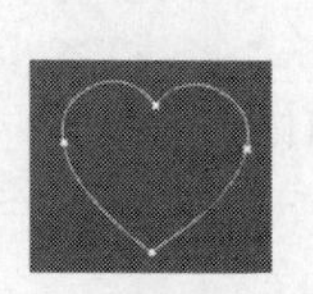
图 6-124

图 6-125

图 6-126

图 6-127

图 6-128

6.3.3　组合按钮

（1）单击“库”面板中的“新建元件”按钮，新建影片剪辑元件“按钮选择”。将“图层 1”重新命名为“文字”。选择“文本”工具T，在文本工具“属性”面板中进行设置，如图 6-129 所示。分别在舞台窗口中输入白色文字“香槟玫瑰”、“康乃馨”、“蓝色妖姬”和“红玫瑰”，并将文字水平排列。

（2）选中所有文字，选择“窗口 > 对齐”命令，弹出“对齐”面板，分别单击“顶对齐”按钮和“水平居中分布”按钮，如图 6-130 所示，舞台窗口中的效果如图 6-131 所示。

（3）将“库”面板中的按钮元件“按钮”向舞台窗口中拖曳 4 次，并分别放置到每组文字的右侧，效果如图 6-132 所示。选中“文字”图层的第 5 帧，按 F5 键，在该帧上插入普通帧。

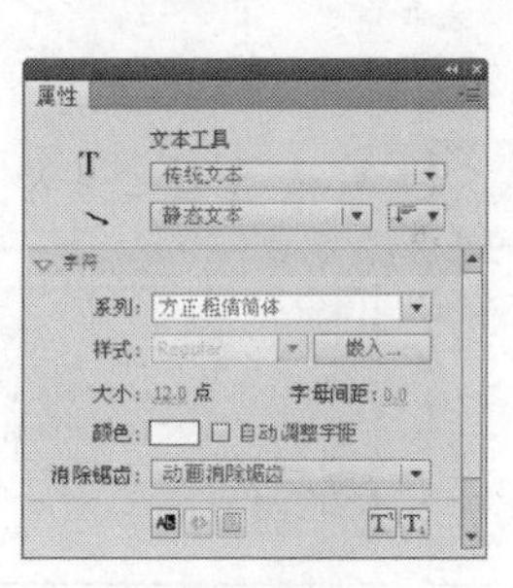

图 6-129

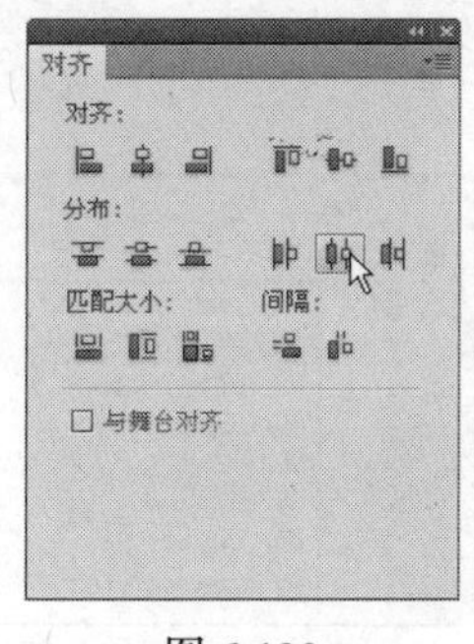

图 6-130

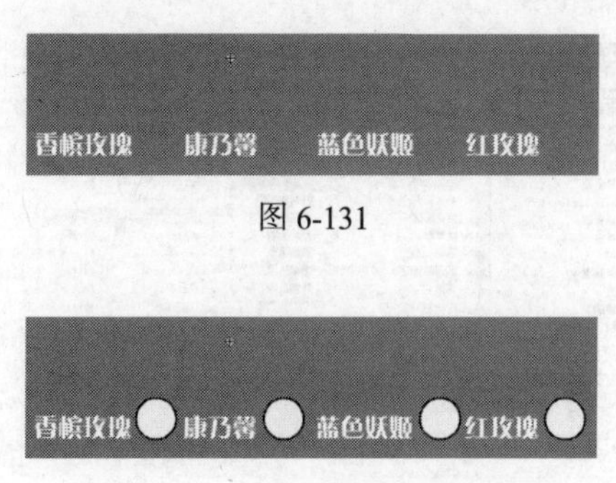

图 6-131

图 6-132

（4）在“时间轴”面板中创建新图层并将其命名为“按钮闪”。选中“按钮闪”图层的第 2 帧，按 F6 键，在该帧上插入关键帧。将“库”面板中的影片剪辑元件“按钮闪”拖曳到舞台窗口中，放置在文字“香槟玫瑰”的右侧，与“按钮”实例重合，效果如图 6-133 所示。

（5）分别选中“按钮闪”图层的第 3 帧、第 4 帧和第 5 帧，按 F6 键，在选中的帧上插入关键帧。选中“按钮闪”图层的第 3 帧，在舞台窗口中选中“按钮闪”实例，将其拖曳到文字“康乃馨”右侧的“按钮”实例上，效果如图 6-134 所示。

（6）用相同的方法分别将第 4 帧和第 5 帧所对应的舞台窗口中的“按钮闪”实例拖曳到文字“蓝色妖姬”和“红玫瑰”右侧的“按钮”实例上，如图 6-135 和图 6-136 所示。

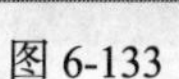

图 6-133

图 6-134

图 6-135

图 6-136

6.3.4　添加动作脚本语言

（1）在“时间轴”面板中创建新图层并将其命名为“动作脚本”。选中“动作脚本”图层的第 2 帧，按 F6 键，在该帧上插入关键帧。选中“动作脚本”图层的第 1 帧，选择“窗口 > 动作”命令，弹出“动作”面板。单击面板左上方的“将新项目添加到脚本中”按钮，在弹出的菜单中选择“全局函数 > 时间轴控制 > stop”命令，在脚本窗口中显示出选择的脚本语言，如图 6-137 所示。在“动作脚本”图层的第 1 帧上显示出一个标记“a”。

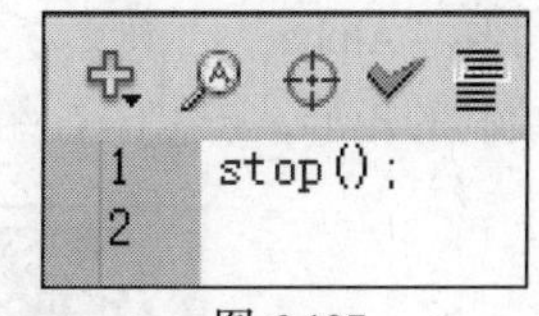

图 6-137

（2）选中“文字”图层的第 1 帧，在舞台窗口中选中文字“香槟玫瑰”右侧的“按钮”实例，在“动作”面板中单击“将新项目添加到脚本中”按钮，在弹出的菜单中选择“全局函数 > 影片剪辑控制 > on”命令，如图 6-138 所示，在脚本窗口中显示出选择的脚本语言，在下拉列表中选择“release”，如图 6-139 所示。将鼠标指针放置在第 1 行脚本语言的最后，按 Enter 键，光标显示到第 2 行。

（3）在“动作”面板中单击“将新项目添加到脚本中”按钮，在弹出的菜单中选择“全局函数 > 时间轴控制 > gotoAndStop”命令，在脚本窗口中显示出选择的脚本语言，在脚本语言后面的小括号中输入数字“2”，如图 6-140 所示。

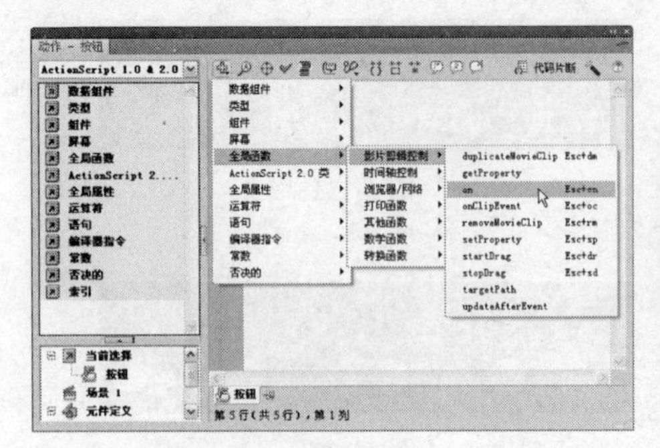

图 6-138

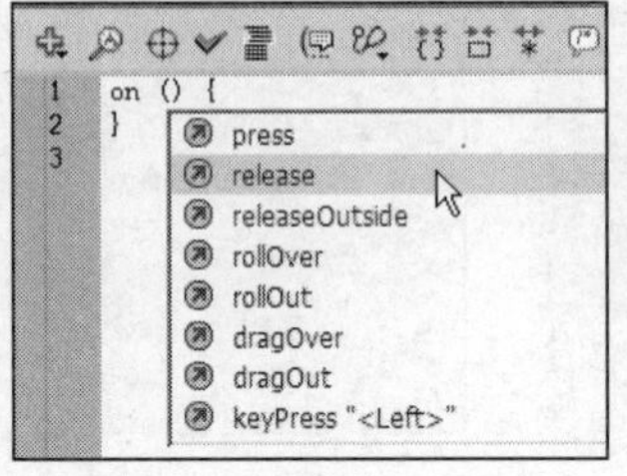

图 6-139

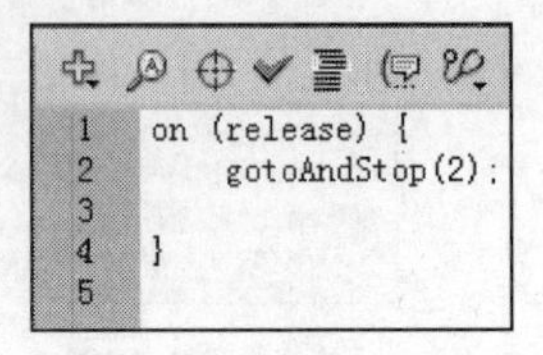

图 6-140

（4）用相同的方法分别为文字“康乃馨”、“蓝色妖姬”和“红玫瑰”右侧的“按钮”实例设置脚本语言，只需将脚本语言后面的小括号中输入的数字分别改为“3”、“4”和“5”。

（5）单击舞台窗口左上方的“场景 1”图标，进入“场景 1”的舞台窗口。将“库”面板中的位图“01.jpg”拖曳到舞台窗口的中心位置，并调整到合适的大小，效果如图 6-141 所示。

（6）在“时间轴”面板中创建新图层并将其命名为“按钮”。将“库”面板中的影片剪辑元件“按钮选择”拖曳到舞台窗口的左下方，效果如图 6-142 所示。

图 6-141

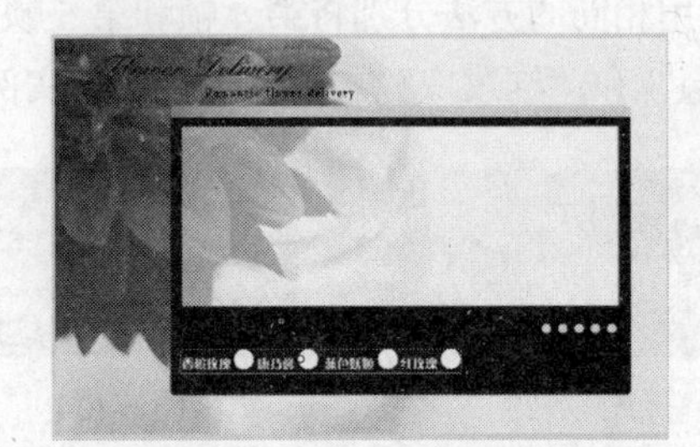

图 6-142

（7）在“时间轴”面板中创建新图层并将其命名为“图片动”。将“库”面板中的影片剪辑元件“图片动”拖曳到舞台窗口中，并调整到合适的大小，效果如图 6-143 所示。在“时间轴”面板中创建新图层并将其命名为“渐变矩形”。

（8）选择“矩形”工具，在工具箱中将“笔触颜色”设为无，“填充颜色”设为白色，并将其“Alpha”选项设为 20，在舞台窗口中适当的位置绘制矩形。选择“选择”工具，选中所绘制的矩形，按 Ctr+G 组合键，将其编组，效果如图 6-144 所示。

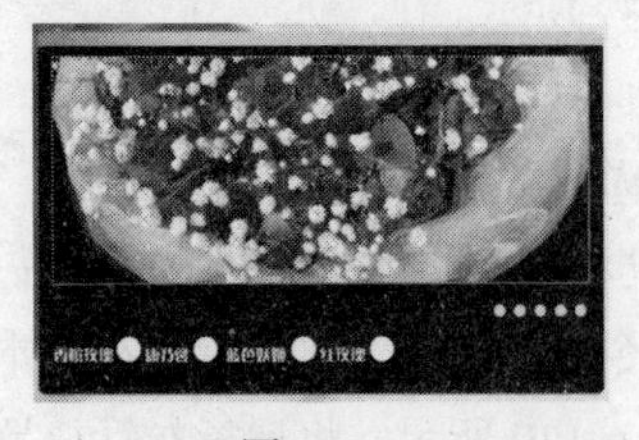

图 6-143

图 6-144

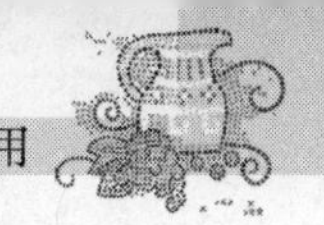

（9）在“时间轴”面板中创建新图层并将其命名为“文字”。选择“矩形”工具▭，在工具箱中将“填充颜色”设为棕色（#996600），在舞台窗口的下方绘制矩形，效果如图 6-145 所示。选择“文本”工具T，在文本工具“属性”面板中进行设置，在舞台窗口的右下方输入字体为“方正粗倩简体”，大小为 12 的白色文字，效果如图 6-146 所示。单选按钮制作完成，按 Ctrl+Enter 组合键即可查看效果，如图 6-147 所示。

图 6-145

图 6-146

图 6-147

6.4 滚动条

【知识要点】使用“椭圆”工具、“多角星形”工具和“颜色”面板绘制滚动条按钮图形，使用“文本”工具添加文字，使用“遮罩层”命令将文字遮罩，使用“动作”面板设置脚本语言。

6.4.1　导入图片并制作按钮元件

（1）选择“文件 > 新建”命令，弹出“新建文档”对话框，单击“确定”按钮，进入新建文档舞台窗口。按 Ctrl+F3 组合键，弹出文档“属性”面板，单击“大小”选项后面的“编辑”按钮 编辑... ，在弹出的对话框中将舞台窗口的宽度设为 464，高度设为 374，将“背景颜色”设为（#CCCCCC），并将“帧频”选项设为 12，单击“确定”按钮。

（2）在文档“属性”面板中，单击“发布”选项组中的“配置文件”右侧的“编辑”按钮，在弹出的“发布设置”对话框中将“播放器”选项设为“Flash Player 8”，将“脚本”选项设为“ActionScript 2.0”，如图 6-148 所示，单击“确定”按钮。

（3）选择“文件 > 导入 > 导入到库”命令，在弹出的“导入到库”对话框中选择“Ch06 > 素材 > 6.4 滚动条 > 01、02、03”文件，文件被导入到“库”面板中，如图 6-149 所示。

图 6-148

图 6-149

（4）在“库”面板下方单击“新建元件”按钮，弹出“创建新元件”对话框，在“名称”选项的文本框中输入“滚动条”，在“类型”选项的下拉列表中选择“按钮”选项，单击“确定”按钮，新建按钮元件“滚动条”，如图 6-150 所示，舞台窗口也随之转换为按钮元件的舞台窗口。将“库”面板中的图形元件“03.swf”拖曳到舞台窗口的中心位置。选中“点击”帧，按 F5 键，在该帧上插入普通帧。

（5）单击“库”面板中的“新建元件”按钮，新建影片剪辑元件“滚动条 1”。将“库”面板中的按钮元件“滚动条”拖曳到舞台窗口中，选择按钮“属性”面板，在“实例名称”选项的文本框中输入“anniu”，如图 6-151 所示。

（6）选择“窗口 > 动作”命令，弹出“动作”面板，在面板中设置脚本语言（脚本语言的具体设置可以参考附带光盘中的实例源文件），脚本窗口中显示的效果如图 6-152 所示。设置完成动作脚本后，关闭“动作”面板。

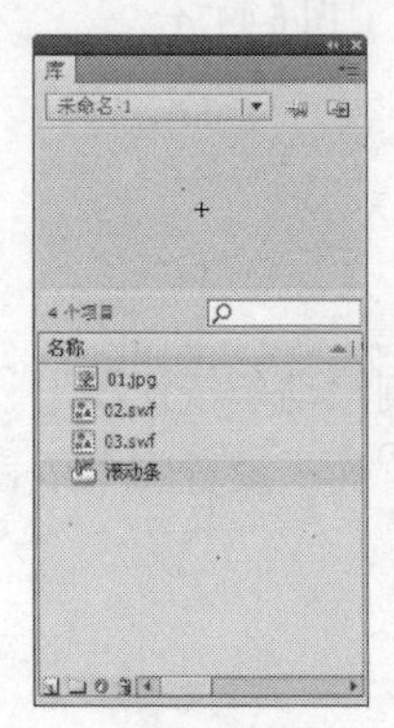

图 6-150

图 6-151

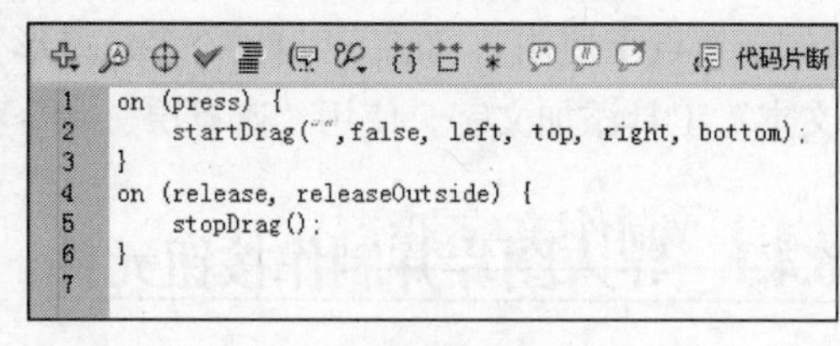

图 6-152

6.4.2 绘制滚动条按钮图形

（1）单击“库”面板中的“新建元件”按钮，新建按钮元件“滚动条按钮-上”。选择“窗口 > 颜色”命令，弹出“颜色”面板，在“颜色类型”选项的下拉列表中选择“径向渐变”选项，选中色带上左侧的色块，将其设为浅蓝色（#B3F8FF），选中色带上右侧的色块，将其设为深绿色（#048483），如图 6-153 所示。

（2）选择“椭圆”工具，在工具箱中将“笔触颜色”设为无，按住 Shift 键的同时在舞台窗口中绘制一个圆形，效果如图 6-154 所示。

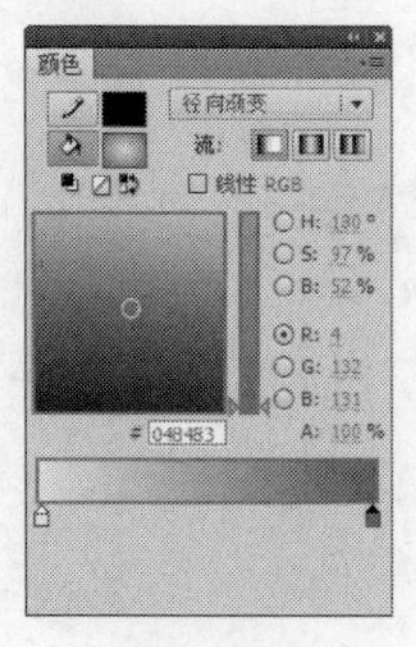

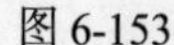

图 6-153

图 6-154

（3）选择“多角星形”工具，在多角星形工具“属性”面板中，将“笔触颜色”设为无，“填充颜色”设为白色，单击“工具设置”选项下的“选项”按钮，弹出“工具设置”对话框，将“边数”选项设为 3，如图 6-155 所示，单击“确定”按钮。在舞台窗口中绘制一个三角形。

（4）选择“选择”工具，将三角形放置到圆形上，效果如图 6-156 所示。选中“图层 1”的“点击”帧，按 F5 键，在该帧上插入普通帧。用相同的方法制作按钮元件“滚动条按钮-下”，如图 6-157 所示。

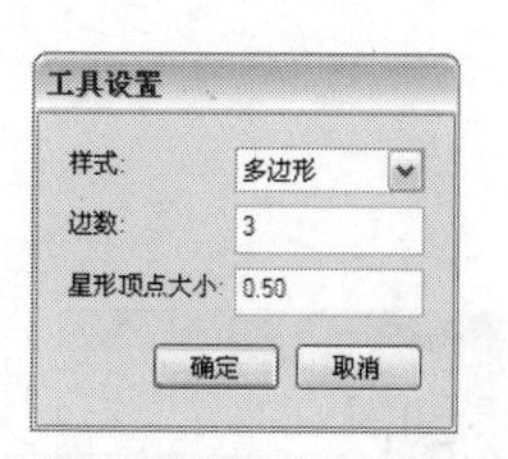

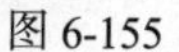
图 6-155

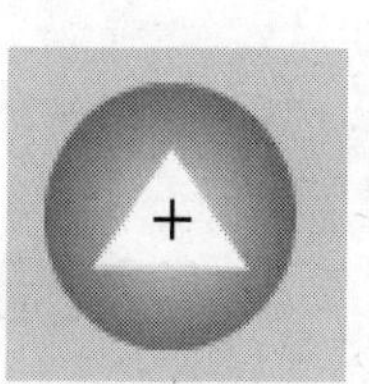
图 6-156

图 6-157

6.4.3 制作文字遮罩效果

（1）单击“库”面板中的“新建元件”按钮，新建影片剪辑元件“文本”。选择“文本”工具，在文本工具“属性”面板中进行设置，在“段落”选项组下将“行距”选项设为 13，其他选项的设置如图 6-158 所示，在舞台窗口中输入需要的黑色文字。选择“选择”工具，选中文本，选择“文本 > 样式 > 仿粗体”命令，文字效果如图 6-159 所示。

（2）单击“库”面板中的“新建元件”按钮，新建影片剪辑元件“Mask 文本”。将“图层 1”重新命名为“文本”。将“库”面板中的影片剪辑元件“文本”拖曳到舞台窗口中，调出影片剪辑“属性”面板，在“实例名称”选项的文本框中输入“text”，如图 6-160 所示。选中“文本”图层的第 2 帧，按 F5 键，在该帧上插入普通帧。

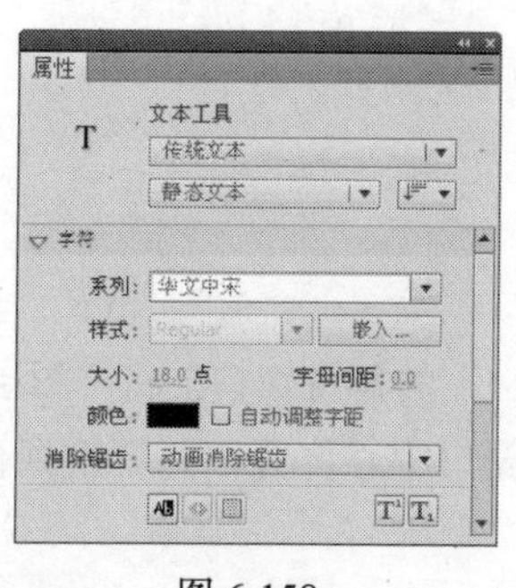

图 6-158

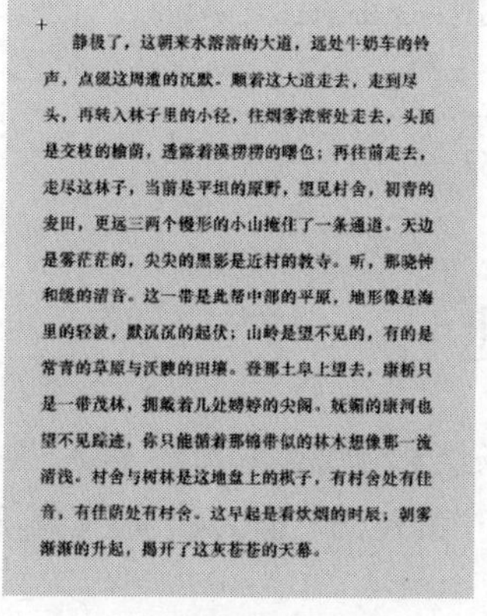

图 6-159

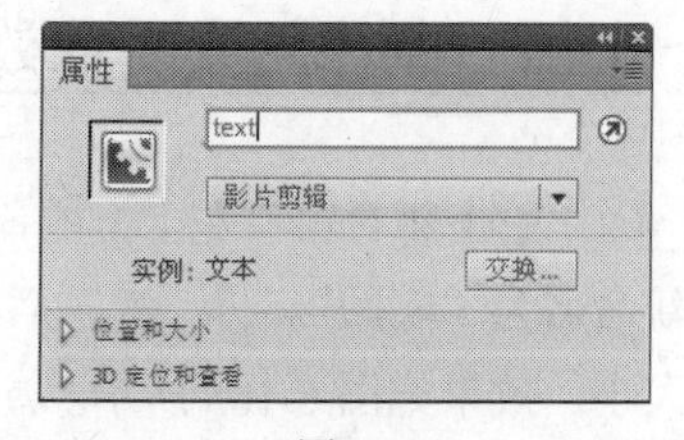

图 6-160

> **提示** Flash CS5 为用户提供了集合多种文字调整选项的属性面板，包括字体属性（字体系列、字体大小、样式、颜色、字符间距、自动字距微调和字符位置）和段落属性（对齐、边距、缩进和行距）。

（3）单击“时间轴”面板下方的“新建图层”按钮，创建新图层并将其命名为“遮罩”。选择“矩形”工具，在工具箱中将“笔触颜色”设为无，“填充颜色”设为墨绿色（#003300），在舞台窗口中文字的上半部绘制一个矩形，效果如图 6-161 所示。

（4）用鼠标右键单击“遮罩”图层的图层名称，在弹出的菜单中选择“遮罩层”命令，将“遮罩”图层转换为遮罩层，如图 6-162 所示。

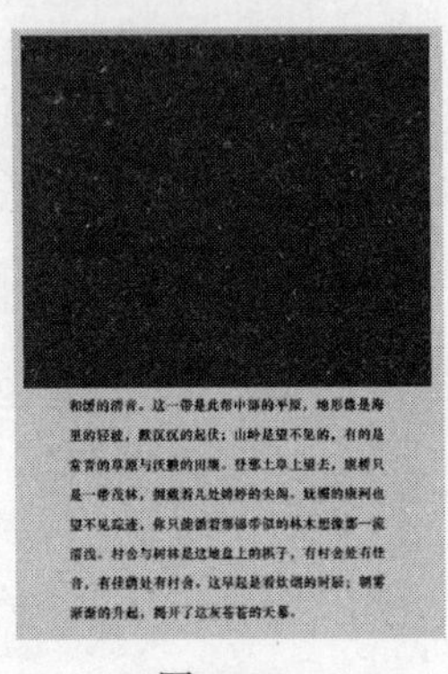

图 6-161

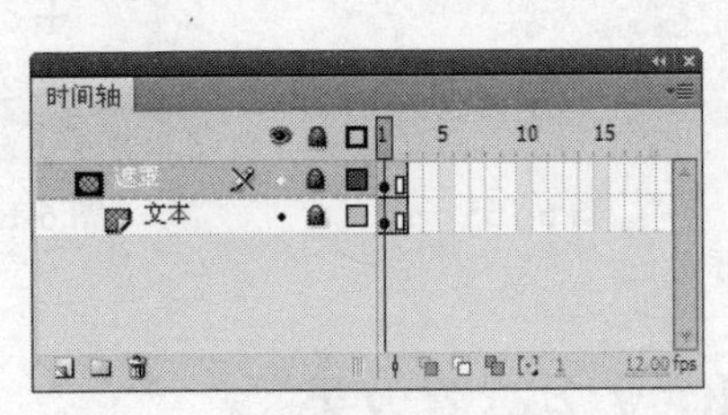

图 6-162

（5）在“时间轴”面板中创建新图层并将其命名为“动作脚本”。选中“动作脚本”图层的第 2 帧，按 F6 键，在该帧上插入关键帧。选中“动作脚本”图层的第 1 帧，调出“动作”面板，在动作面板中设置脚本语言（脚本语言的具体设置可以参考附带光盘中的实例源文件），脚本窗口中显示的效果如图 6-163 所示。在“动作脚本”图层的第 1 帧上显示出一个标记“a”。

（6）选中“动作脚本”图层的第 2 帧，在“动作”面板中设置脚本语言，脚本窗口中显示的效果如图 6-164 所示。设置完动作脚本后关闭“动作”面板。在“动作脚本”图层的第 2 帧上显示出一个标记“a”。

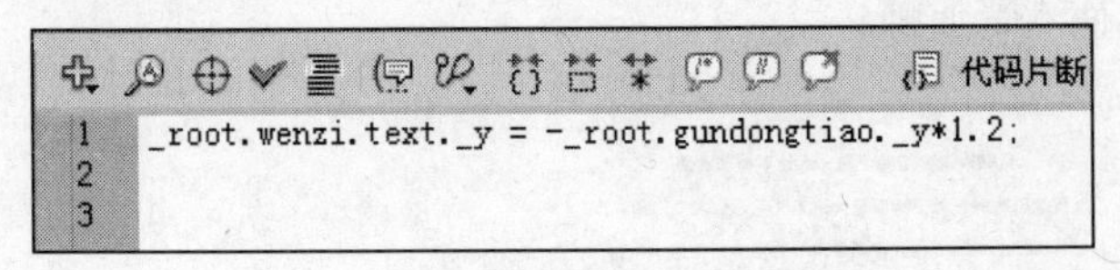

图 6-163

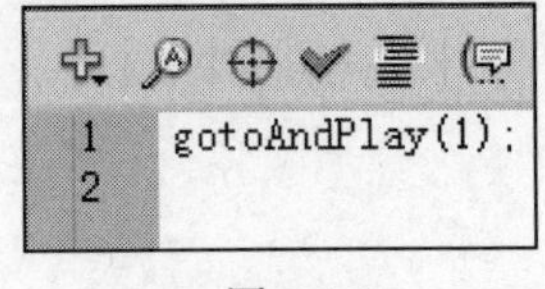

图 6-164

6.4.4 制作阅读文章效果

（1）单击舞台窗口左上方的“场景 1”图标，进入“场景 1”的舞台窗口。将“图层 1”重新命名为“底图”。将“库”面板中的位图“01.jpg”拖曳到舞台窗口中心位置，并调整到合适的大小，效果如图 6-165 所示。

（2）单击“时间轴”面板下方的“新建图层”按钮，创建新图层并将其命名为“滚动条”。

将“库”面板中的图形元件“02.swf”拖曳到背景图的右侧，效果如图 6-166 所示。

（3）将“库”面板中的影片剪辑元件“滚动条 1”和按钮元件“滚动条按钮-上”和“滚动条按钮-下”拖曳到舞台窗口中，放置在“02”实例上。分别选中“滚动条按钮-上”实例和“滚动条按钮-下”实例，选择“变形”面板，在面板中进行设置，如图 6-167 所示，滚动条效果如图 6-168 所示。

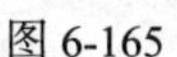

图 6-165

图 6-166

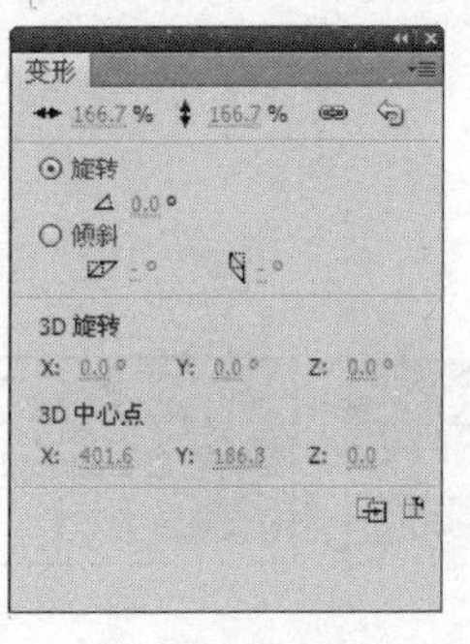

图 6-167

图 6-168

（4）选中“滚动条按钮-上”实例，调出“动作”面板，在“动作”面板中设置脚本语言，脚本窗口中显示的效果如图 6-169 所示。选中“滚动条按钮-下”实例，在“动作”面板中设置脚本语言，脚本窗口中显示的效果如图 6-170 所示。

```
1 on (release, keyPress "<Up>") {
2     gundongtiao._y -= 20;
3     if (gundongtiao._y<=118) {
4         gundongtiao._y = 118;
5     }
6 }
7
```

图 6-169

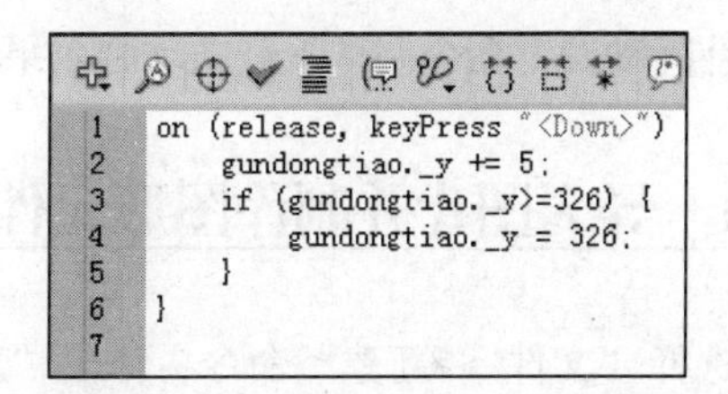

图 6-170

（5）选中“滚动条 1”实例，调出影片剪辑“属性”面板，在“实例名称”选项的文本框中输入“gundongtiao”，如图 6-171 所示。在动作面板中设置脚本语言，脚本窗口中显示的效果如图 6-172 所示。

（6）在“时间轴”面板中创建新图层并将其命名为“Mask 文本”。将“库”面板中的影片剪辑元件“Mask 文本”拖曳到舞台窗口中，选择“变形”面板，在面板中进行设置，如图 6-173 所示，实例效果如图 6-174 所示。

图 6-171

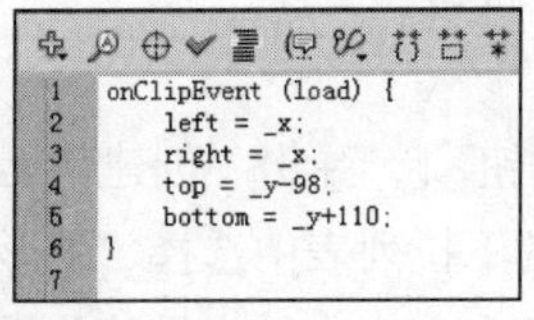

图 6-172

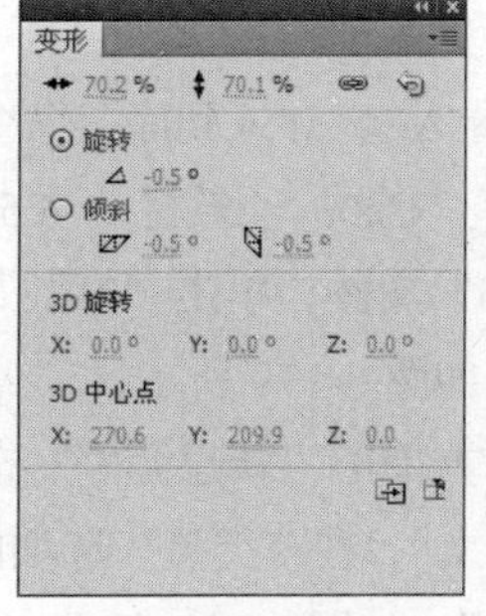

图 6-173

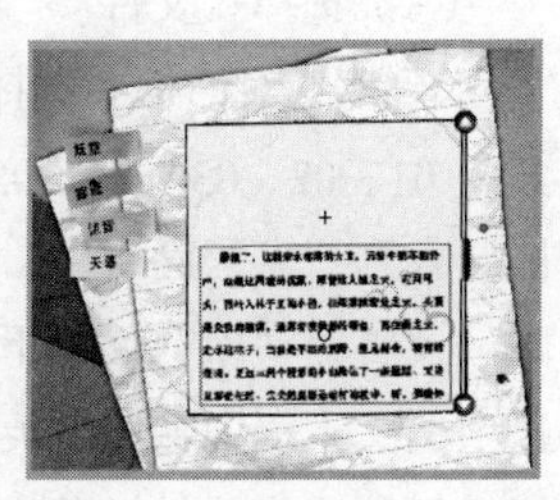

图 6-174

（7）调出影片剪辑“属性”面板，在“实例名称”选项的文本框中输入“wenzi”，如图 6-175 所示。在“时间轴”面板中创建新图层并将其命名为“动作脚本”。选中“动作脚本”图层的第 1 帧，在动作面板中设置脚本语言，脚本窗口中显示的效果如图 6-176 所示。设置完成动作脚本后关闭“动作”面板。在“动作脚本”图层的第 1 帧上显示出一个标记“a”。滚动条制作完成，按 Ctrl+Enter 组合键，用鼠标拖曳滚动条即可阅读，效果如图 6-177 所示。

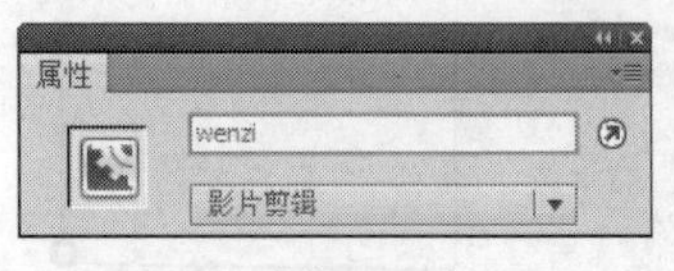

图 6-175

图 6-176

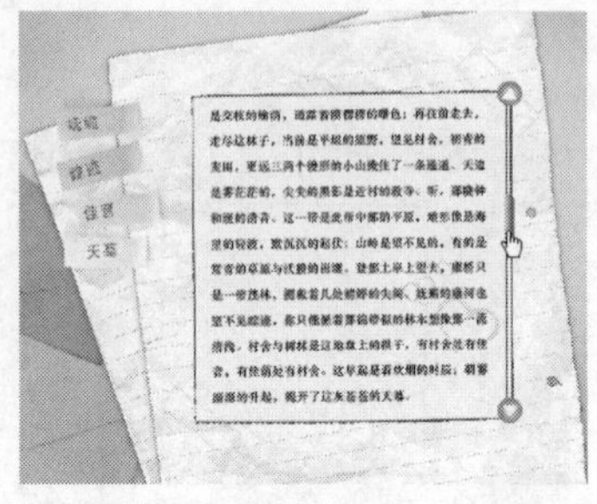

图 6-177

6.5 品牌手机网页

【知识要点】使用“矩形”工具绘制矩形，使用“任意变形”工具改变图片和图形的形状，使用“形状补间动画”命令制作下载条动画效果，使用“文本”工具添加文字效果。

6.5.1 导入图片并制作图形元件

（1）选择“文件 > 新建”命令，弹出“新建文档”对话框，单击“确定”按钮，进入新建文档舞台窗口。按 Ctrl+F3 组合键，弹出文档“属性”面板，单击“大小”选项后面的“编辑”按钮 编辑... ，在弹出的对话框中将舞台窗口的宽度设为 700，高度设为 308，将“背景颜色”设为深灰色（#666666），并将“帧频”选项设为 12，单击“确定”按钮。

（2）在文档“属性”面板中单击“发布”选项组中“配置文件”右侧的“编辑”按钮，在弹出的“发布设置”对话框中将“播放器”选项设为“Flash Player 8”，将“脚本”选项设为“ActionScript 2.0”，并单击“SWF 设置”选项组下“压缩影片”选项前的复选框，将其取消选取，如图 6-178 所示，单击“确定”按钮。

图 6-178

（3）选择“文件 > 导入 > 导入到库”命令，在弹出的“导入到库”对话框中选择“Ch06 > 素材 > 6.5 品牌手机网页 >01、02、03、04、05”文件，单击“打开”按钮，文件被导入到“库”面板中，如图 6-179 所示。

（4）在“库”面板下方单击“新建元件”按钮，弹出“创建新元件”对话框，在“名称”选项的文本框中输入“英文”，在“类型”选项的下拉列表中选择“图形”选项，单击“确定”按钮，新建图形元件“英文”，如图 6-180 所示，舞台窗口也随之转换为图形元件的舞台窗口。

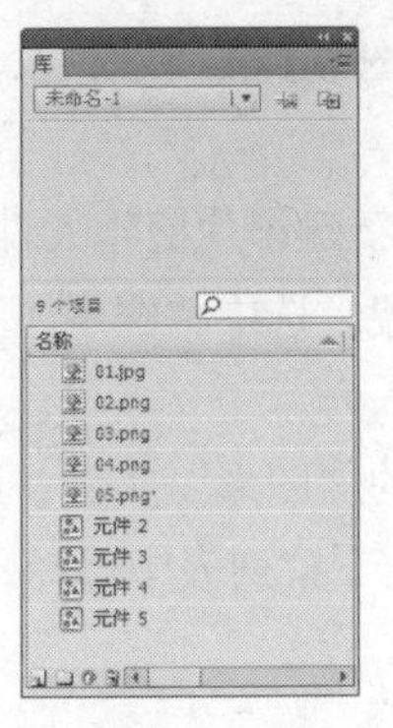

图 6-179

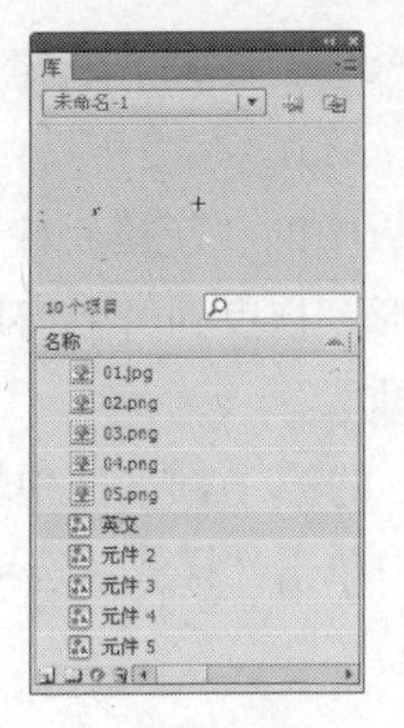

图 6-180

（5）选择"文本"工具[T]，在文本工具"属性"面板中进行设置，如图 6-181 所示。在舞台窗口中输入白色的大写字母"ATTRACT PEOPLE'S ATTENTION FOCUS"，效果如图 6-182 所示。

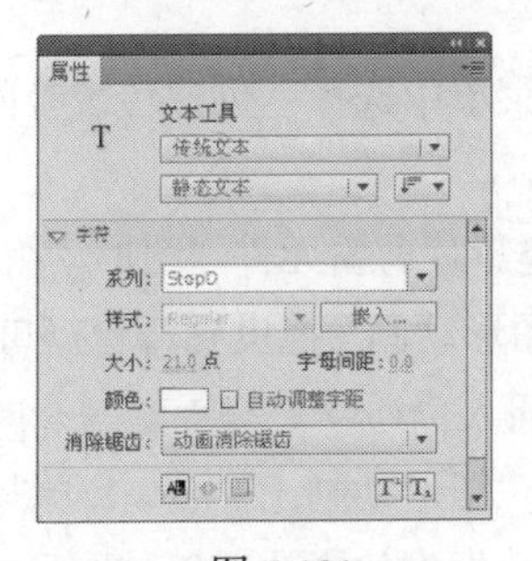

图 6-181

ATTRACT PEOPLE'S ATTENTION FOCUS

图 6-182

提示 文字只能使用纯色，不能使用渐变色。若要对文本应用渐变，必须将该文本转换为组成它的线条后再填充。

（6）单击"库"面板中的"新建元件"按钮，新建图形元件"矩形"。选择"矩形"工具，在工具箱中将"笔触颜色"设为无，"填充颜色"设为黑色，在舞台窗口中绘制一个矩形。选择"选择"工具，选中矩形，在形状"属性"面板中设置矩形的大小及位置，如图 6-183 所示，矩形效果如图 6-184 所示。

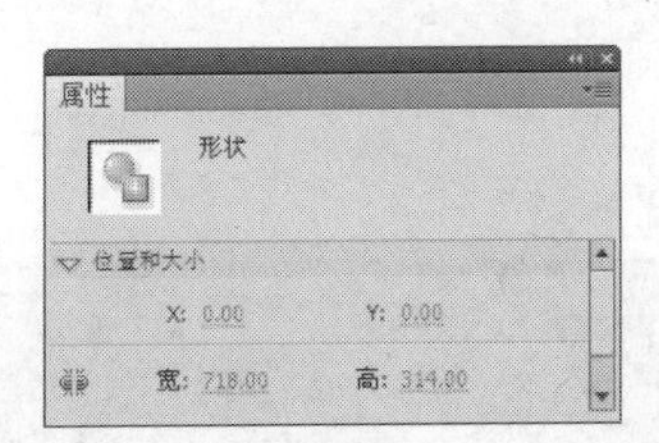

图 6-183

图 6-184

6.5.2　制作影片剪辑

（1）单击"库"面板中的"新建元件"按钮，新建图形元件"图形"。选择"矩形"工具，在矩形工具"属性"面板中将"笔触颜色"设为无，"填充颜色"设为白色，在舞台窗口中绘制一个矩形，选择“任意变形”工具，将矩形倾斜，如图 6-185 所示，取消对倾斜矩形的选取，效果如图 6-186 所示。

（2）单击“库”面板中的“新建元件”按钮，新建影片剪辑元件“图形动画”。将“库”面板中的图形元件“图形”拖曳到舞台窗口的中心位置。选中“图层 1”的第 20 帧，按 F6 键，在选中的帧上插入关键帧。

（3）选中“图层 1”的第 1 帧，选中舞台窗口中的“图形”实例，选择图形“属性”面板，在“色彩效果”选项组中单击“样式”选项，在弹出的下拉列表中选择“Alpha”选项，将其值设为 20，如图 6-187 所示。

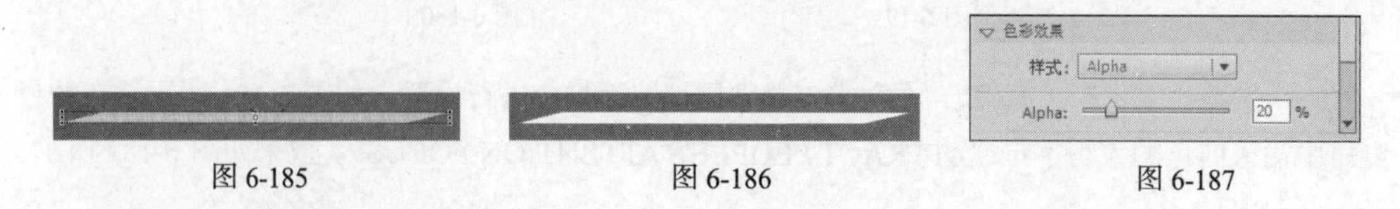

图 6-185　　图 6-186　　图 6-187

（4）用鼠标右键单击“图层”的第 1 帧，在弹出的菜单中选择“创建传统补间”命令，生成动作补间动画，如图 6-188 所示。

（5）单击“库”面板中的“新建元件”按钮，新建影片剪辑元件“图形动组”。将“图层 1”重新命名为“图形动画”。将“库”面板中的影片剪辑“图形动画”拖曳到舞台窗口中，如图 6-189 所示。选中“图层 1”的第 45 帧，按 F5 键，在该帧上插入普通帧。

（6）在“时间轴”面板中创建新图层并将其命名为“图形动画 1”。选中“图形动画 1”图层的第 2 帧，按 F6 键，在该帧上插入关键帧。将“库”面板中的影片剪辑“图形动画”拖曳到舞台窗口中的适当位置，效果如图 6-190 所示。

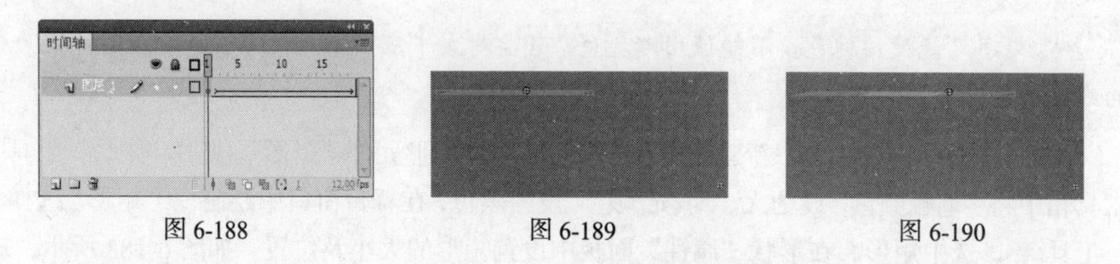

图 6-188　　图 6-189　　图 6-190

（7）用相同的方法制作其余图形动画效果，“时间轴”面板显示效果如图 6-191 所示，舞台窗口中的效果如图 6-192 所示。

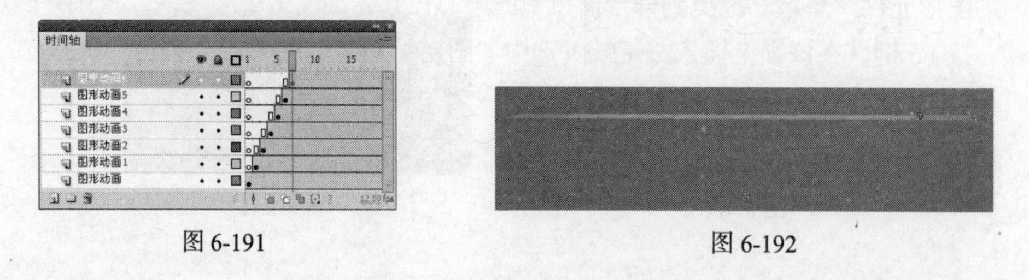

图 6-191　　图 6-192

（8）单击“库”面板中的“新建元件”按钮，新建图形元件“星星”。选择“矩形”工具，在工具箱中将“笔触颜色”设为无，“填充颜色”设为白色，在舞台窗口中绘制矩形。选择“选择”工具，选中矩形，在形状“属性”面板中设置矩形的大小及位置，如图 6-193 所示。矩形的效果如图 6-194 所示。

（9）调出“颜色”面板，在“类型”选项的下拉列表中选择“线性”选项，单击色带的中间位置，添加一个色块并设为白色。选中色带上左右两侧的色块，将其设为白色，在“Alpha”选项中将左右两侧色块的不透明度设为 0，如图 6-195 所示。

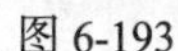
图 6-193

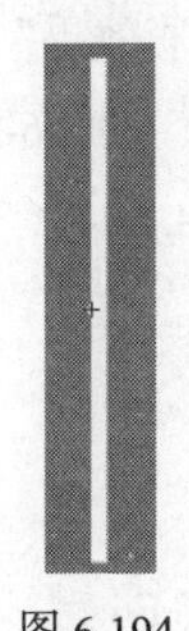

图 6-194

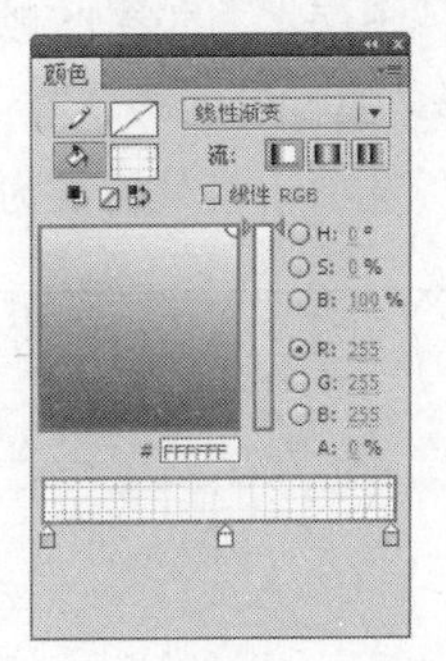

图 6-195

提示

组合对象：制作复杂图形时，可以将多个图形组合成一个整体，以便选择和修改。另外，制作位移动画时，需用“组合”命令将图形转变成组件。

（10）选择“颜料桶”工具，按住 Shift 键的同时从矩形的上方向下方拖曳渐变色，效果如图 6-196 所示。选择“选择”工具，选中矩形，按 Ctrl+G 组合键将其进行组合。用相同的方法绘制其余渐变矩形，并使用“任意变形”工具分别将其转换到合适的角度，效果如图 6-197 所示。

图 6-196

图 6-197

（11）单击“库”面板中的“新建元件”按钮，新建影片剪辑元件“星星动画”。将“库”面板中的图形元件“星星”拖曳到舞台窗口中的中心位置，如图 6-198 所示。选中“图层 1”的第 5 帧，按 F6 键，在该帧上插入关键帧。选中“图层 1”的第 1 帧，在舞台窗口中选中“星星”实例，选择图形“属性”面板，在“色彩效果”选项组中单击“样式”选项，在弹出的下拉列表中选择“Alpha”选项，将其值设为 10，如图 6-199 所示，实例效果如图 6-200 所示。

图 6-198

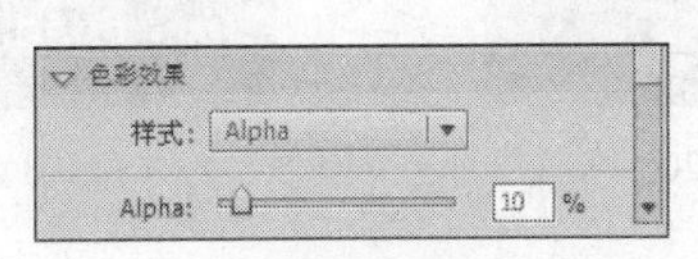

图 6-199

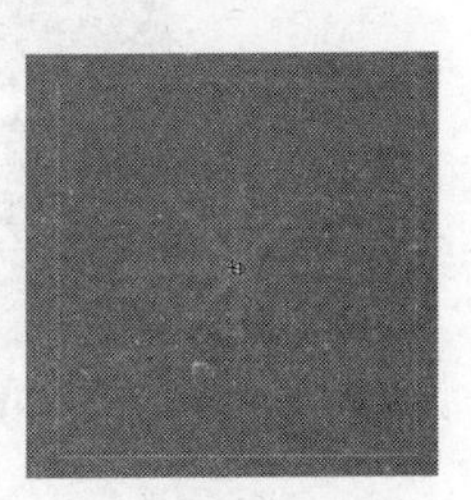

图 6-200

（12）选中“图层 1”的第 10 帧，按 F6 键，在该帧上插入关键帧。在舞台窗口中选中“星星”实例，选择图形“属性”面板，在“色彩效果”选项组中单击“样式”选项，在弹出的下拉列表中选择“Alpha”选项，将其值设为 0，如图 6-201 所示。

（13）选中“图层 1”的第 15 帧，按 F6 键，在该帧上插入关键帧。在舞台窗口中选中“星星”实例，选择图形“属性”面板，在“色彩效果”选项组中单击“样式”选项，在弹出的下拉列表中选择“Alpha”选项，将其值设为 11，如图 6-202 所示。

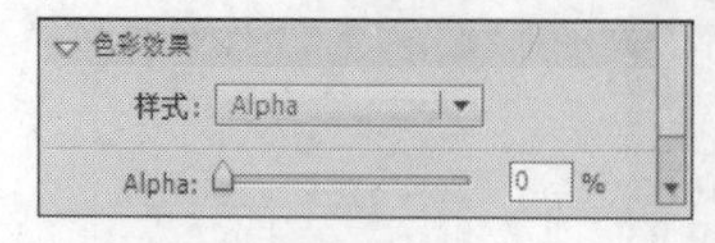

图 6-201

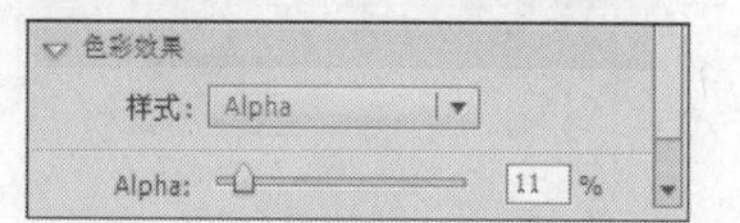

图 6-202

（14）选中“图层 1”的第 20 帧，按 F6 键，在该帧上插入关键帧。在舞台窗口中选中“星星”实例，选择图形“属性”面板，在“色彩效果”选项组中单击“样式”选项，在弹出的下拉列表中选择“无”选项，如图 6-203 所示。分别用鼠标右键单击“图层 1”的第 1 帧、第 5 帧、第 10 帧和第 15 帧，在弹出的菜单中选择“创建传统补间”命令，生成动作补间动画，如图 6-204 所示。

图 6-203

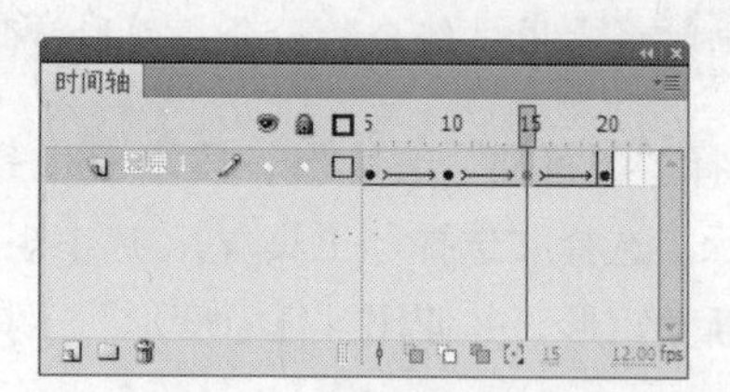

图 6-204

6.5.3 创建形状补间

（1）单击“库”面板中的“新建元件”按钮，新建影片剪辑元件“下载动画”。将“库”面板中的图形元件“元件 5”拖曳到舞台窗口中的中心位置，并将其调整到合适的大小，效果如图 6-205 所示。选中“图层 1”的第 65 帧，按 F5 键，在该帧上插入普通帧。

（2）单击“时间轴”面板下方的“新建图层”按钮，创建“图层 2”。选择“矩形”工具，在工具箱中将“笔触颜色”设为无，“填充颜色”设为橙色（#FF7C04），在舞台窗口中绘制矩形。选择“选择”工具，将矩形放置在适当的位置，效果如图 6-206 所示。

图 6-205

图 6-206

（3）选中“图层 2”的第 65 帧，按 F6 键，在该帧上插入关键帧。选择“任意变形”工具，

选中矩形，矩形周围出现控制框，按住 Alt 键的同时向右拖曳图形上右侧中间的控制手柄到适当的位置，图形效果如图 6-207 所示。用鼠标右键单击“图层 2”的第 1 帧，在弹出的菜单中选择“创建补间形状”命令，生成形状补间动画，如图 6-208 所示。

图 6-207

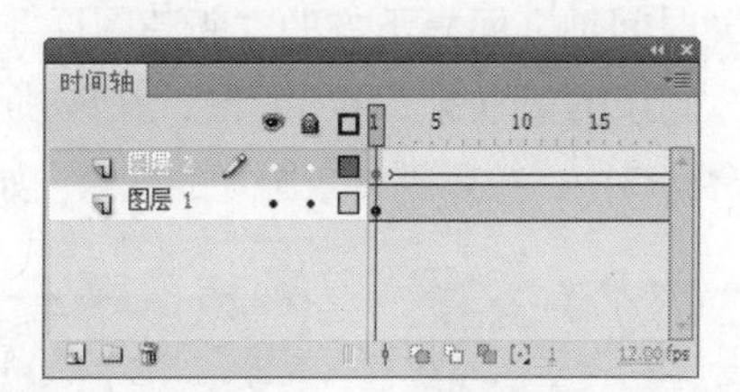

图 6-208

6.5.4　制作动画效果

（1）单击舞台窗口左上方的“场景 1”图标，进入“场景 1”的舞台窗口。将“图层 1”重新命名为“底图”。将“库”面板中的位图“01.jpg”拖曳到舞台窗口的中心位置，并将其调整到合适的大小，效果如图 6-209 所示。选中“底图”图层的第 63 帧，按 F5 键，在该帧上插入普通帧。

（2）单击“时间轴”面板下方的“新建图层”按钮，创建新图层并将其命名为“矩形”。将“库”面板中的图形元件“矩形”拖曳到舞台窗口中，放置到背景图片的左侧，效果如图 6-210 所示。

图 6-209

图 6-210

（3）选中“矩形”图层的第 9 帧，按 F6 键，在选中的帧上插入关键帧。在舞台窗口中选中“矩形”实例，按住 Shift 键的同时将其水平向右拖曳到底图图片上，将底图图片覆盖住，效果如图 6-211 所示。

（4）用鼠标右键单击“矩形”图层的第 1 帧，在弹出的菜单中选择“创建传统补间”命令，生成动作补间动画。用鼠标右键单击“矩形”图层的图层名称，在弹出的菜单中选择“遮罩层”命令，将“矩形”图层转换为遮罩层，如图 6-212 所示。

图 6-211

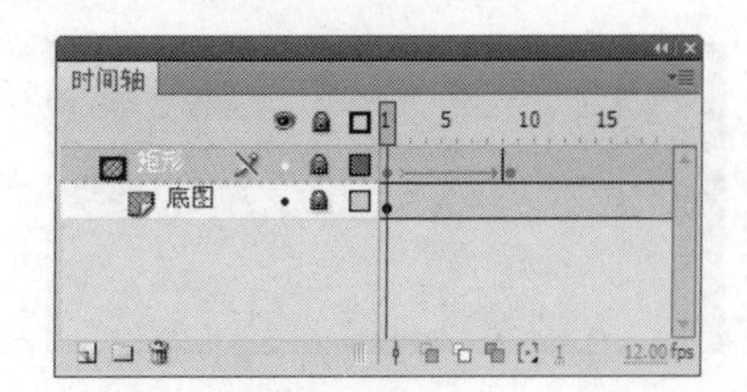

图 6-212

（5）在“时间轴”面板中创建新图层并将其命名为“底图 2”。选中“底图 2”图层的第 9 帧，按 F6 键，在选中的帧上插入关键帧。将“库”面板中的图形元件“元件 2”拖曳到舞台窗口的中心位置，并将其调整到合适的大小。选择图形“属性”面板，在“色彩效果”选项组中单击“样式”选项，在弹出的下拉列表中选择“Alpha”选项，将其值设为 38，效果如图 6-213 所示。

（6）单击“时间轴”面板下方的“新建图层”按钮，创建新图层并将其命名为“矩形 2”。选中“矩形 2”图层的第 9 帧，按 F6 键，在该帧上插入关键帧。将“库”面板中的图形元件“矩形”拖曳到舞台窗口中，放置到背景图片的右侧，如图 6-214 所示。

图 6-213

图 6-214

（7）选中“矩形 2”图层的第 17 帧，按 F6 键，在该帧上插入关键帧。在舞台窗口中选中“矩形”实例，按住 Shift 键的同时将其水平向左拖曳到底图图片上，将底图图片覆盖住，效果如图 6-215 所示。

（8）用鼠标右键单击“矩形 2”图层的第 9 帧，在弹出的菜单中选择“创建传统补间”命令，生成动作补间动画。用鼠标右键单击“矩形 2”图层的图层名称，在弹出的菜单中选择“遮罩层”命令，将“矩形 2”图层转换为遮罩层，如图 6-216 所示。

图 6-215

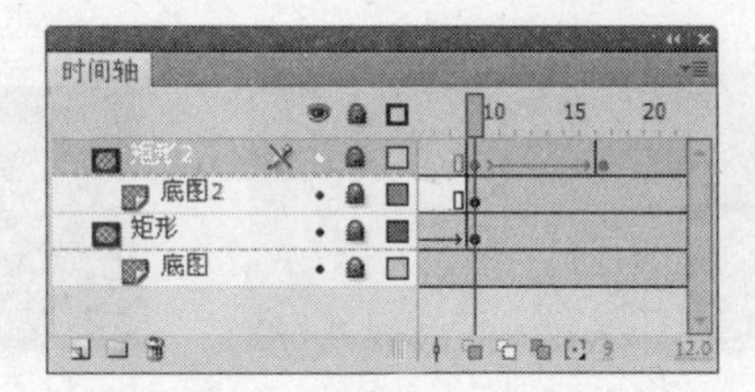

图 6-216

（9）在“时间轴”面板中创建新图层并将其命名为“图形动组 1”。选中“图形动组 1”图层的第 17 帧，在该帧上插入关键帧。将“库”面板中的影片剪辑元件“图形动组”拖曳到舞台窗口中的左侧，效果如图 6-217 所示。

（10）在“时间轴”面板中创建新图层并将其命名为“图形动组 2”。选中“图形动组 2”图层的第 17 帧，在该帧上插入关键帧。将“库”面板中的影片剪辑元件“图形动组”拖曳到舞台窗口中的右侧，效果如图 6-218 所示。

图 6-217

图 6-218

（11）在“时间轴”面板中创建新图层并将其命名为“手机”。选中“手机”图层的第 17 帧，

在该帧上插入关键帧。将“库”面板中的图形元件“元件 3”拖曳到舞台窗口中，并将其调整到合适的大小，效果如图 6-219 所示。选中“手机”图层的第 22 帧，在该帧上插入关键帧。

（12）选中“手机”图层的第 17 帧，选择“任意变形”工具，在舞台窗口中选中“手机”实例，按住 Alt 键的同时向左拖曳实例上右侧中间的控制手柄到适当的位置，将实例变形，如图 6-220 所示。

（13）保持实例的选取状态，选择图形“属性”面板，在“色彩效果”选项组中单击“样式”选项，在弹出的下拉列表中选择“Alpha”选项，将其值设为 0，舞台窗口中的效果如图 6-221 所示。用鼠标右键单击“手机”图层的第 17 帧，在弹出的菜单中选择“创建传统补间”命令，生成动作补间动画，如图 6-222 所示。

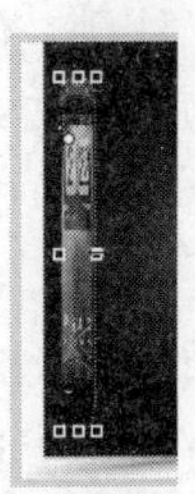

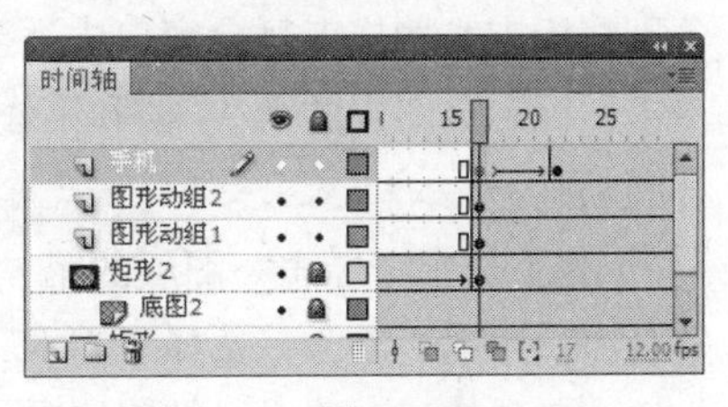

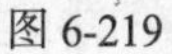

图 6-219　图 6-220　图 6-221　图 6-222

（14）在“时间轴”面板中创建新图层并将其命名为“星星”。选中“星星”图层的第 22 帧，在该帧上插入关键帧。按需要将“库”面板中的影片剪辑元件“星星动画”多次拖曳到舞台窗口中，分别将其放置到适当的位置，并使用“任意变形”工具，分别调整其大小，效果如图 6-223 所示。

（15）在“时间轴”面板中创建新图层并将其命名为“英文”。选中“英文”图层的第 27 帧，在该帧上插入关键帧。将“库”面板中的图形元件“英文”拖曳到舞台窗口的右侧外部，如图 6-224 所示。选中“英文”图层的第 39 帧，在该帧上插入关键帧。按住 Shift 键的同时在舞台窗口中将英文实例水平向左拖曳到适当的位置，效果如图 6-225 所示。

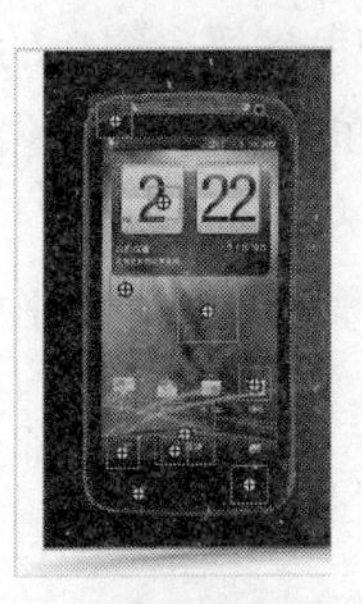

图 6-223　图 6-224　图 6-225

（16）选中“英文”图层的第 27 帧，在舞台窗口中选中英文实例，选择图形“属性”面板，在“色彩效果”选项组中单击“样式”选项，在弹出的下拉列表中选择“Alpha”选项，将其值设为 0，舞台窗口中的效果如图 6-226 所示。用鼠标右键单击“英文”图层的第 27 帧，在弹出的菜单中选择“创建传统补间”命令，生成动作补间动画，如图 6-227 所示。

（17）在“时间轴”面板中创建新图层并将其命名为“标志”。选中“标志”图层的第 39 帧，在该帧上插入关键帧。将“库”面板中的图形元件“元件 4”拖曳到舞台窗口的上方，并将其调整到合适的大小，效果如图 6-228 所示。

图 6-226

图 6-227

图 6-228

（18）分别选中“标志”图层的第 45 帧和第 51 帧，在选中的帧上插入关键帧。在舞台窗口中分别将标志实例拖曳舞台窗口中适当的位置，如图 6-229 所示和图 6-230 所示。分别用鼠标右键单击“标志”图层的第 39 帧和第 45 帧，在弹出的菜单中选择“创建传统补间”命令，生成动作补间动画。

（19）选中“标志”图层的第 52 帧，在该帧上插入关键帧，在舞台窗口中将标志实例拖曳到舞台窗口中的右上方。选择“文本”工具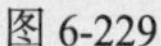，在文本工具“属性”面板中进行设置，在舞台窗口中输入字体为“方正大标宋简体”，大小为 13 的白色文字，并将文字放置在“标志”实例的右侧，效果如图 6-231 所示。

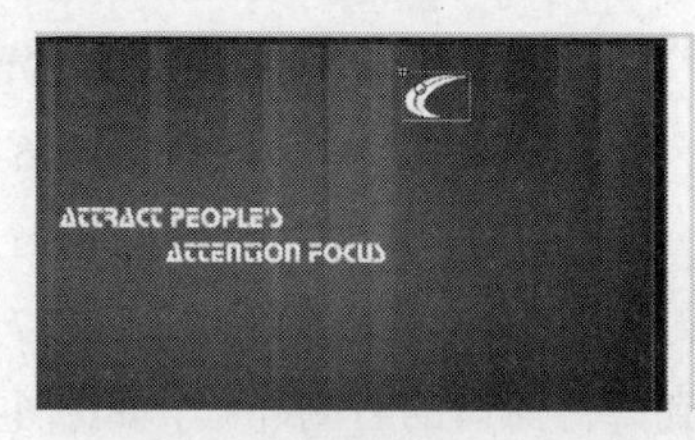

图 6-229

图 6-230

图 6-231

（20）在“时间轴”面板中创建新图层并将其命名为“下载条”。选中“下载条”图层的第 53 帧，在该帧上插入关键帧。将“库”面板中的影片剪辑元件“下载动画”拖曳到舞台窗口的下方，如图 6-232 所示。选中“下载条”图层的第 62 帧，在该帧上插入关键帧。在舞台窗口中将实例拖曳到适当的位置，效果如图 6-233 所示。

（21）用鼠标右键单击“下载条”图层的第 53 帧，在弹出的菜单中选择“创建传统补间”命令，生成动作补间动画，如图 6-234 所示。

图 6-232

图 6-233

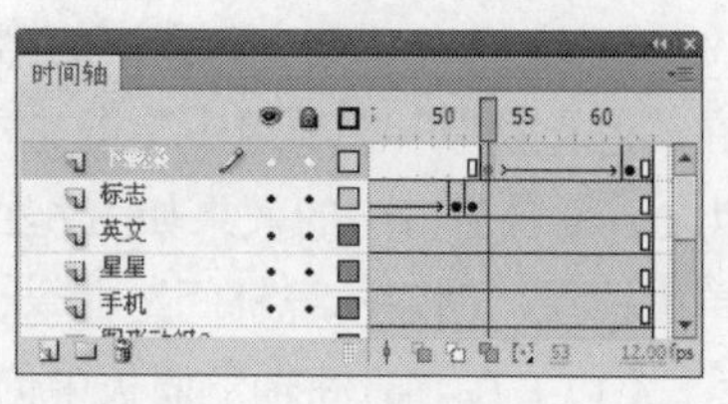

图 6-234

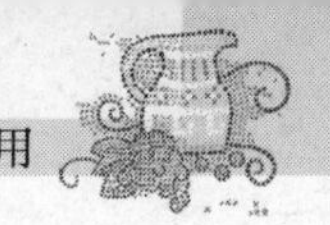

（22）在“时间轴”面板中创建新图层并将其命名为“动作脚本”。选中“动作脚本”图层的第 63 帧，在该帧上插入关键帧。选择“窗口 > 动作”命令，弹出“动作”面板，单击面板左上方的“将新项目添加到脚本中”按钮，在弹出的菜单中选择“全局函数 > 时间轴控制 > stop”命令。在脚本窗口中显示出选择的脚本语言，如图 6-235 所示。在“动作脚本”图层的第 63 帧上显示出一个标记“a”。品牌手机网页制作完成，按 Ctrl+Enter 键即可查看效果，如图 6-236 所示。

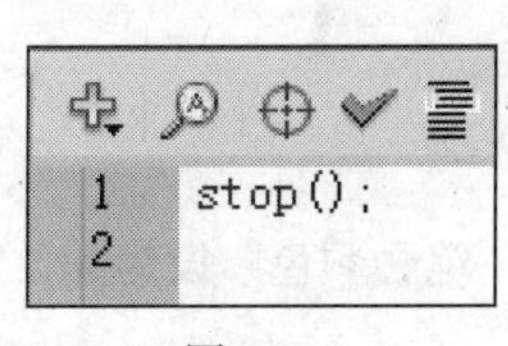

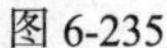

图 6-235

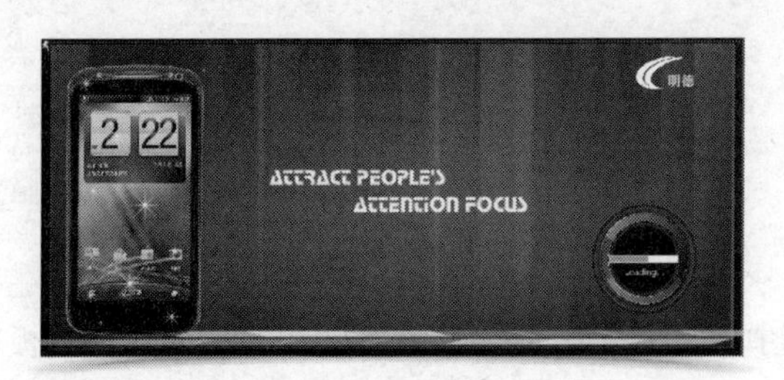

图 6-236

6.6 旅游公司网页

【知识要点】使用“矩形”工具绘制矩形，使用“按宽度平均分布”命令制作百叶窗效果，使用“遮罩层”命令制作遮罩效果，使用“动作”面板设置脚本语言。

6.6.1 导入图片并绘制图形

（1）选择“文件 > 新建”命令，弹出“新建文档”对话框，单击“确定”按钮，进入新建文档舞台窗口。按 Ctrl+F3 组合键，弹出文档“属性”面板，单击“大小”选项后面的“编辑”按钮，在弹出的对话框中将舞台窗口的宽度设为 600，高度设为 567，并将“帧频”选项设为 12，单击“确定”按钮。

（2）在文档“属性”面板中，单击“发布”选项组中“配置文件”右侧的“编辑”按钮，在弹出的“发布设置”对话框中将“播放器”选项设为“Flash Player 8”，将“脚本”选项设为“ActionScript 2.0”，并单击“SWF 设置”选项组下“压缩影片”选项前的复选框，将其取消选取，如图 6-237 所示，单击“确定”按钮。

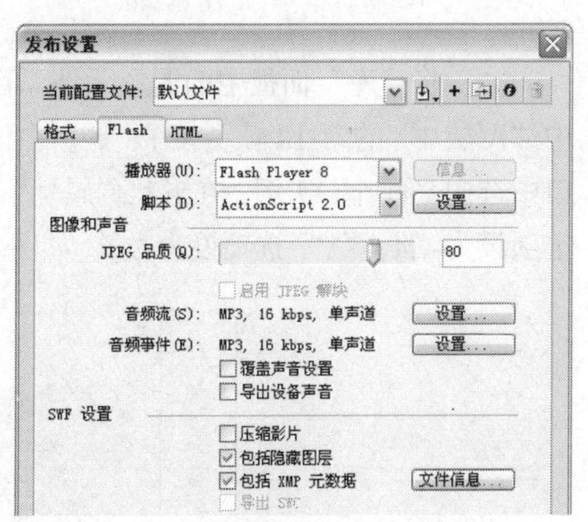

图 6-237

（3）选择“文件 > 导入 > 导入到库”命令，在弹出的“导入到库”对话框中选择“Ch06 > 素材 > 6.6 旅游公司网页 > 01、02、03、04”文件，单击“打开”按钮，文件被导入到“库”面板中，如图 6-238 所示。

（4）在“库”面板下方单击“新建元件”按钮，弹出“创建新元件”对话框，在“名称”选项的文本框中输入“百叶”，在“类型”选项的下拉列表中选择“图形”选项，单击“确定”按钮，新建图形元件“百叶”，如图 6-239 所示，舞台窗口也随之转换为图形元件的舞台窗口。

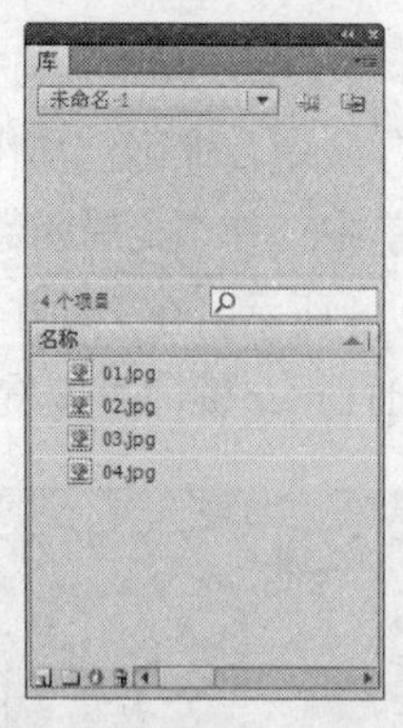

图 6-238

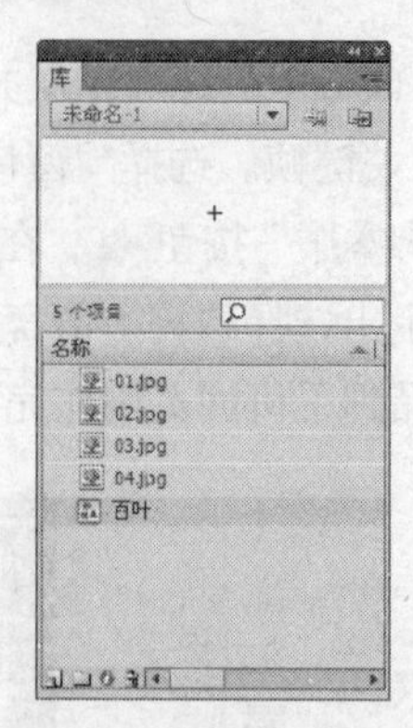

图 6-239

（5）选择“矩形”工具，在矩形工具“属性”面板中将“笔触颜色”设为无，“填充颜色”设为黄色（#FFCC33），在舞台窗口中绘制一个矩形。

（6）选择“选择”工具，选中矩形，选择形状“属性”面板，设置矩形的大小及位置，如图 6-240 所示，舞台窗口中的效果如图 6-241 所示。单击“库”面板中的“新建元件”按钮，新建影片剪辑元件“百叶动”，如图 6-242 所示，舞台窗口也随之转换为影片剪辑元件的舞台窗口。

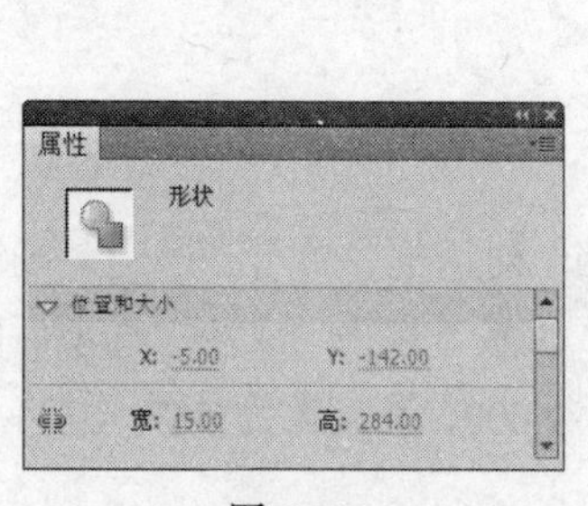

图 6-240

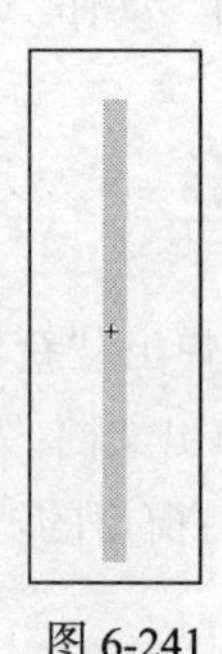
图 6-241

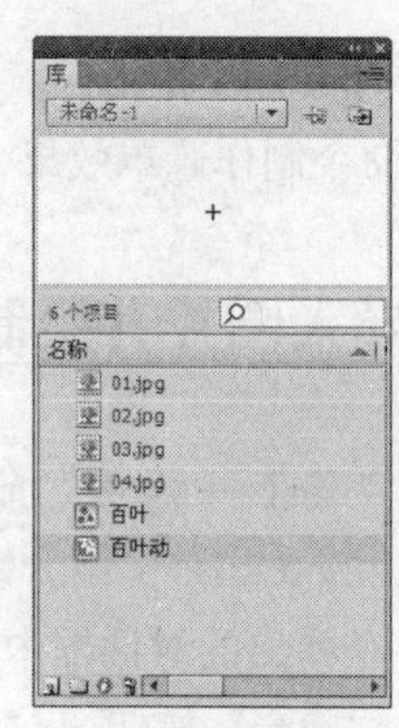

图 6-242

（7）将“库”面板中的图形元件“百叶”拖曳到舞台窗口的中心位置，如图 6-243 所示。选中“图层 1”的第 18 帧，按 F6 键，在该帧上插入关键帧。选中“图层 1”的第 1 帧，在舞台窗口中选中“百叶”实例，在形状“属性”面板中，将“宽”选项设为 1，“高”选项保持不变，“X”选项设为-7.4，“Y”选项设为 2.0，如图 6-244 所示，舞台窗口中的效果如图 6-245 所示。

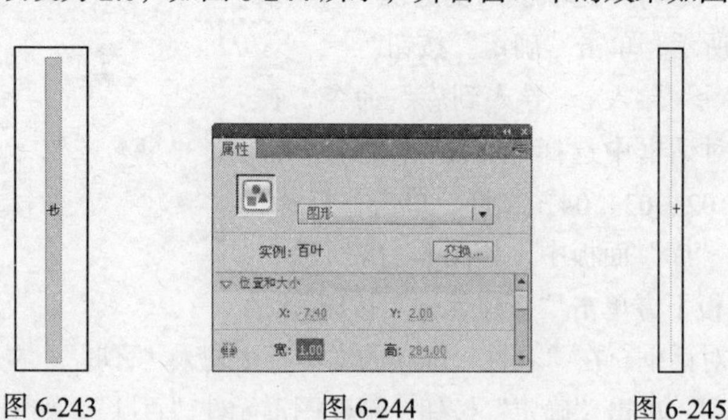

图 6-243　图 6-244　图 6-245

（8）用鼠标右键单击“图层 1”的第 1 帧，在弹出的菜单中选择“创建传统补间”命令，生

成动作补间动画，如图 6-246 所示。

（9）单击“时间轴”面板下方的“新建图层”按钮，创建“图层 2”。选中“图层 2”的第 18 帧，在该帧上插入关键帧。选择“窗口 > 动作”命令，弹出“动作”面板，单击面板左上方的“将新项目添加到脚本中”按钮，在弹出的菜单中选择“全局函数 > 时间轴控制 > stop”命令，在脚本窗口中显示出选择的脚本语言，如图 6-247 所示。设置完成动作脚本后，关闭“动作”面板。在“图层 2”的第 18 帧上显示出一个标记“a”，如图 6-248 所示。

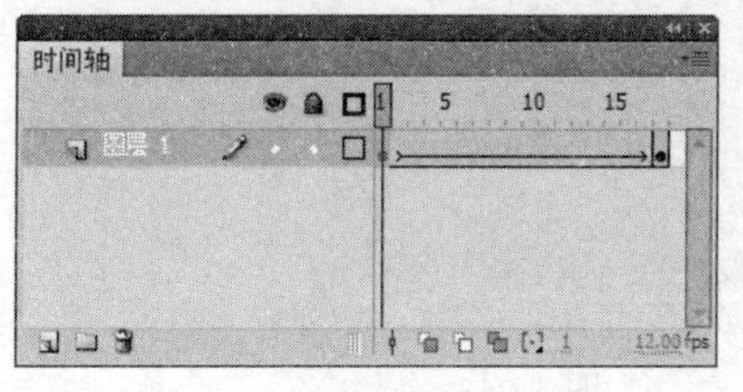

图 6-246

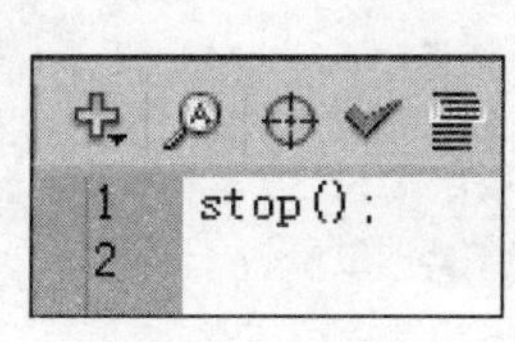

图 6-247

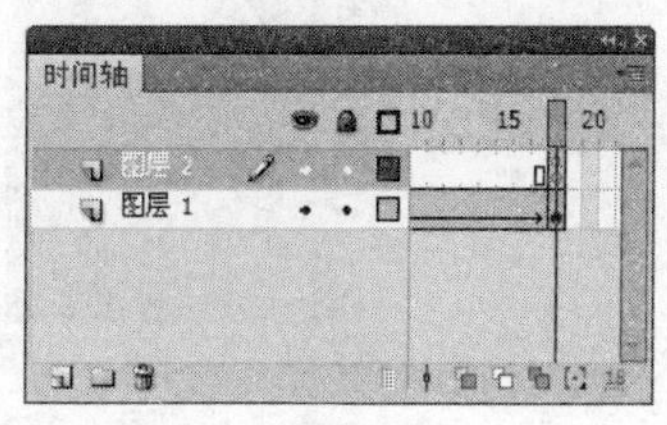

图 6-248

6.6.2 制作百叶窗动画

（1）单击“库”面板中的“新建元件”按钮，新建影片剪辑元件“多个百叶动”，如图 6-249 所示，舞台窗口也随之转换为影片剪辑元件“多个百叶动”的舞台窗口。将“库”面板中的影片剪辑元件“百叶动”拖曳到舞台窗口中，按住 Shift+Alt 组合键的同时水平向右拖曳并复制多个“百叶动”实例。将“百叶动”实例逐个排列，确保每两个实例间的间距不大于实例本身的最大宽度。选中所有实例，选择“修改 > 对齐 > 按宽度均匀分布”命令，使各实例均匀分布，效果如图 6-250 所示。

（2）单击舞台窗口左上方的“场景 1”图标，进入“场景 1”的舞台窗口。将“图层 1”重新命名为“背景图”。将“库”面板中的位图“01.jpg”拖曳到舞台窗口的中心位置，并将其调整到合适的大小，效果如图 6-251 所示。选中“背景图”图层的第 75 帧，按 F5 键，在该帧上插入普通帧。

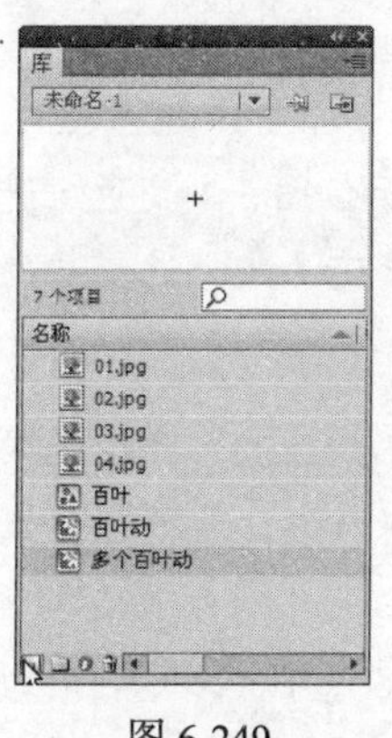

图 6-249

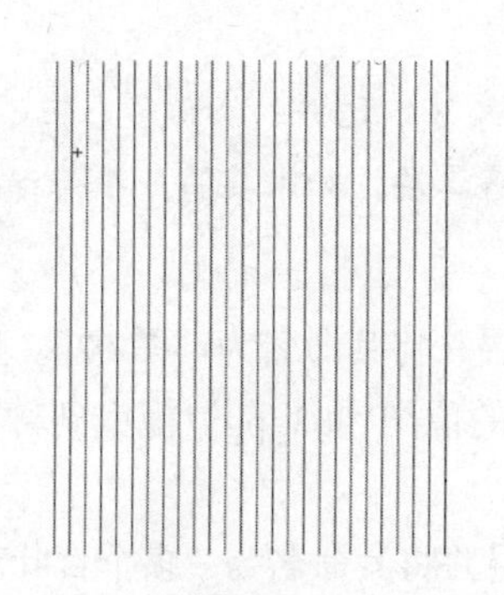

图 6-250

图 6-251

（3）在“时间轴”面板中创建新图层并将其命名为“图 01”。将“库”面板中的位图“02.jpg”拖曳到舞台窗口中，放置在背景图片的中间位置，如图 6-252 所示。

（4）在“时间轴”面板中创建新图层并将其命名为“图 03”。选中“图 03”图层的第 5 帧，按 F6 键，在该帧上插入关键帧。将“库”面板中的位图“04.jpg”拖曳到舞台窗口中，放置在背景图片的中间位置，效果如图 6-253 所示。

图 6-252

图 6-253

（5）在“时间轴”面板中创建新图层并将其命名为“多个百叶动”。选中“多个百叶动”图层的第 5 帧，按 F6 键，在该帧上插入关键帧。将“库”面板中的影片剪辑元件“多个百叶动”拖曳到舞台窗口中，效果如图 6-254 所示。

（6）用鼠标右键单击“多个百叶动”图层的图层名称，在弹出的菜单中选择“遮罩层”命令，将“多个百叶动”图层转换为遮罩层，如图 6-255 所示，舞台窗口中的效果如图 6-256 所示。

图 6-254

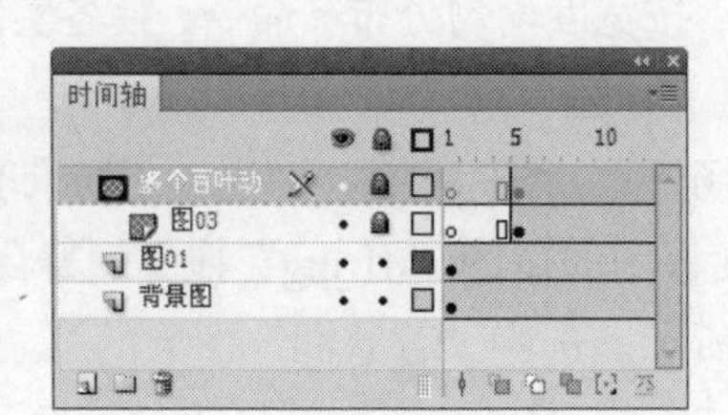

图 6-255

图 6-256

提示

遮罩层中的对象可以是图形、文字、元件的实例等，但不显示位图、渐变色、透明色和线条。一个遮罩层可以作为多个图层的遮罩层，如果要将一个普通图层变为某个遮罩层的被遮罩层，只需将此图层拖曳至遮罩层下方。

（7）在“时间轴”面板中创建新图层并将其命名为“图 02”。选中“图 02”图层的第 25 帧，在该帧上插入关键帧。将“库”面板中的位图“03.jpg”拖曳到舞台窗口中，放置在背景图片的中间位置，效果如图 6-257 所示。

（8）在“时间轴”面板中创建新图层并将其命名为“多个百叶动”。选中“多个百叶动”图层的第 25 帧，在该帧上插入关键帧。将“库”面板中的影片剪辑元件“多个百叶动”拖曳到舞台窗口中，如图 6-258 所示。按 Ctrl+T 组合键，弹出“变形”面板，将“旋转”选项设为 90°，如图 6-259 所示，按 Enter 键，“多个百叶动”实例旋转效果如图 6-260 所示。

图 6-257

图 6-258

图 6-259

图 6-260

（9）选择“任意变形”工具，将“多个百叶动”实例调整到合适的大小和位置，效果如图 6-261 所示。用鼠标右键单击“多个百叶动”图层的图层名称，在弹出的菜单中选择“遮罩层”命令，将“多个百叶动”图层转换为遮罩层，如图 6-262 所示，舞台窗口中的效果如图 6-263 所示。

图 6-261

图 6-262

图 6-263

（10）在“时间轴”面板中创建新图层并将其命名为“图 01”。选中“图 01”图层的第 50 帧，按 F6 键，在该帧上插入关键帧。将“库”面板中的位图“02.jpg”拖曳到舞台窗口中，放置在背景图片的中间位置，效果如图 6-264 所示。

（11）在“时间轴”面板中创建新图层并将其命名为“多个百叶动”。选中“多个百叶动”图层的第 50 帧，在该帧上插入关键帧。将“库”面板中的影片剪辑元件“多个百叶动”拖曳到舞台窗口中，如图 6-265 所示。在“变形”面板中将“旋转”选项设为 45°，如图 6-266 所示。

图 6-264

图 6-265

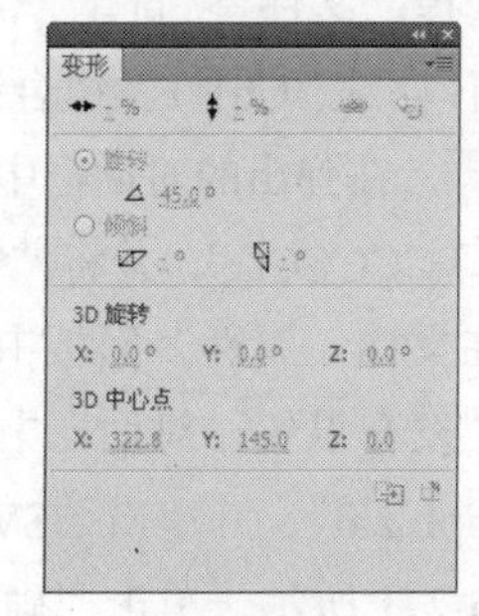

图 6-266

（12）选择“任意变形”工具，将“多个百叶动”实例放大，效果如图 6-267 所示。用鼠标右键单击“多个百叶动”图层的图层名称，在弹出的菜单中选择“遮罩层”命令，将“多个百叶动”图层转换为遮罩层，如图 6-268 所示，舞台窗口中的效果如图 6-269 所示。旅游公司网页制作完成，按 Ctrl+Enter 组合键即可查看效果，如图 6-270 所示。

图 6-267

图 6-268

图 6-269

图 6-270

6.7 户外运动网页

【知识要点】使用“矩形”工具和“椭圆”工具绘制按钮图形，使用“文本”工具添加文字，使用“动作”面板设置脚本语言。

6.7.1 导入图片并绘制按钮图形

（1）选择“文件 > 新建”命令，弹出“新建文档”对话框，单击“确定”按钮，进入新建文档舞台窗口。按 Ctrl+F3 组合键，弹出文档“属性”面板，单击“大小”选项后面的“编辑”按钮 编辑... ，在弹出的对话框中将舞台窗口的宽度设为 600，高度设为 270，将“背景颜色”设为浅灰色（#CCCCCC），并将“帧频”选项设为 12，单击“确定”按钮。

（2）在文档“属性”面板中，单击“发布”选项组中“配置文件”右侧的“编辑”按钮，在弹出的“发布设置”对话框中将“播放器”选项设为“Flash Player 8”，将“脚本”选项设为“ActionScript 2.0”，并单击“SWF 设置”选项组下“压缩影片”选项前的复选框，将其取消选取，如图 6-271 所示，单击“确定”按钮。

（3）选择“文件 > 导入 > 导入到库”命令，在弹出的“导入到库”对话框中选择“Ch06 > 素材 > 6.7 户外运动网页 > 02、03、04、05、06、07”文件，单击“打开”按钮，文件被导入到“库”面板中，如图 6-272 所示。

（4）在“库”面板下方单击“新建元件”按钮，弹出“创建新元件”对话框，在“名称”选项的文本框中输入“按钮 1”，在“类型”选项的下拉列表中选择“按钮”选项，单击“确定”

按钮，新建按钮元件“按钮 1”，如图 6-273 所示，舞台窗口也随之转换为按钮元件的舞台窗口。

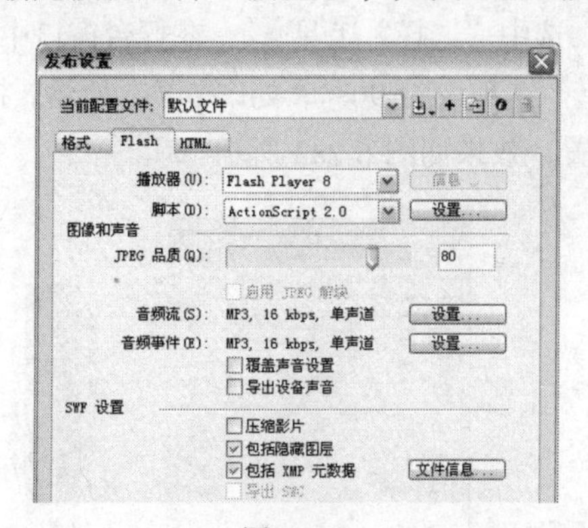

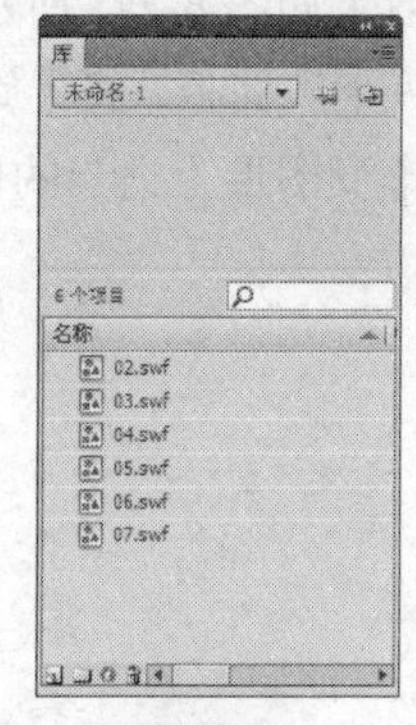

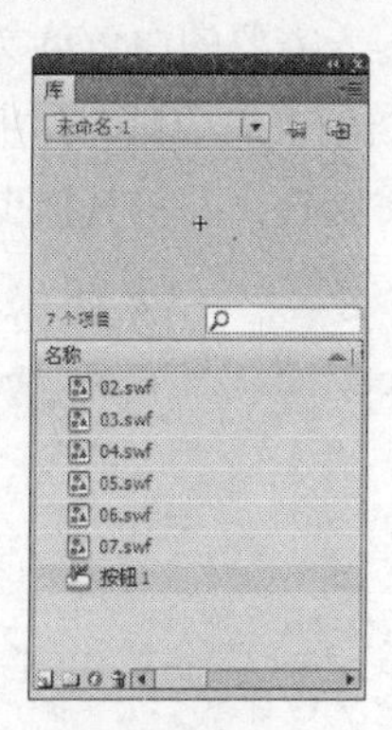

图 6-271　　图 6-272　　图 6-273

（5）选择“矩形”工具，在矩形工具“属性”面板中，将“笔触颜色”设为无，“填充颜色”设为黑色，其他选项的设置如图 6-274 所示，在舞台窗口中绘制一个圆角矩形，如图 6-175 所示。选择“选择”工具，圈选不需要的部分将其选中，按 Delete 键，将其删除，效果如图 6-176 所示。

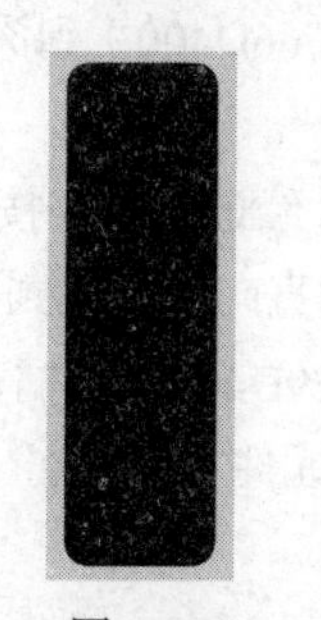

图 6-274　　图 6-275　　图 6-276

（6）选择“窗口 > 颜色”命令，弹出“颜色”面板，在“颜色类型”选项的下拉列表中选择“线性渐变”选项，选中色带上左侧的色块，将其设为浅灰色（# 9B9B9B），选中色带上右侧的色块，将其设为深灰色（#626262），如图 6-277 所示。选择“颜料桶”工具，在黑色图形上单击鼠标右键，填充图形为渐变色，效果如图 6-278 所示。

（7）选择“墨水瓶”工具，在“墨水瓶”工具“属性”面板中将“笔触颜色”设为白色，将“笔触高度”选项设为 3，在舞台窗口中的渐变图形上单击鼠标右键，为图形添加边线，效果如图 6-279 所示。

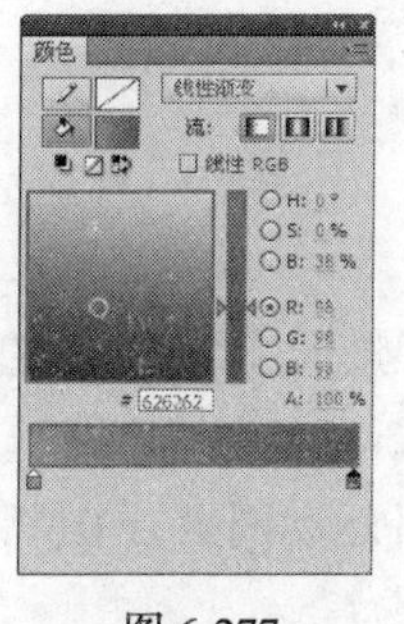

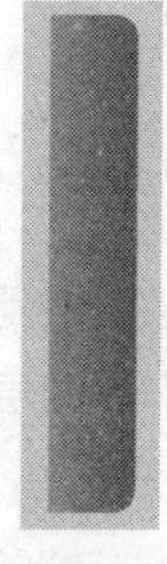

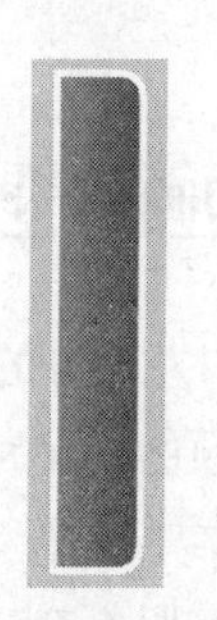

图 6-277　　图 6-278　　图 6-279

（8）选择“文本”工具T，在文本工具“属性”面板中进行设置，如图 6-280 所示，在舞台窗口中输入需要的白色英文，效果如图 6-281 所示。选中“选择”工具，在舞台窗口中选中英文，按 Ctrl+T 组合键，弹出“变形”面板，将“旋转”选项设为-90°，如图 6-282 所示，按 Enter 键将英文旋转，并将其拖曳到渐变图形上适当的位置，效果如图 6-283 所示。

图 6-280　　图 6-281　　图 6-282　　图 6-283

（9）选中“图层 1”的“指针经过”帧，按 F6 键，在该帧上插入关键帧。在舞台窗口中选中英文，按住 Shift 键的同时将其垂直向上拖曳到适当的位置。在舞台窗口中选中渐变图形，在“颜色”面板中设置渐变色从浅绿色（#66D400）到深绿色（#3F7707），舞台窗口中的效果如图 6-284 所示。

（10）选中“图层 1”的“指针经过”帧，按 F6 键，在该帧上插入关键帧。在舞台窗口中选中英文，按住 Shift 键的同时将其垂直向上拖曳到适当的位置。在舞台窗口中选中渐变图形，在“颜色”面板中设置渐变色从黄色（#E9D400）到橘黄色（#C47707），舞台窗口中的效果如图 6-285 所示。用相同的方法制作其他按钮元件“按钮 2”、“按钮 3”和“按钮 4”，如图 6-286 所示。

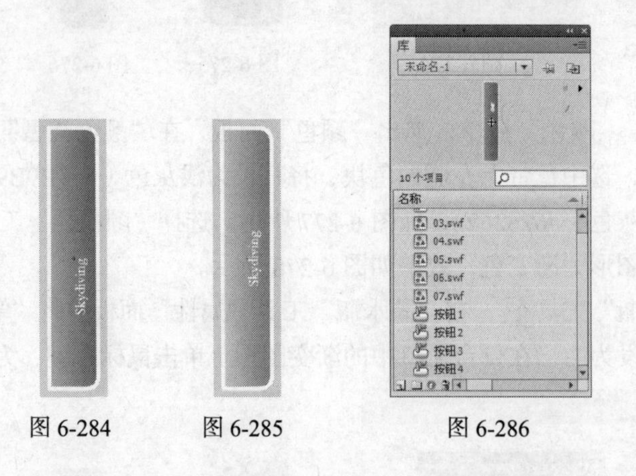

图 6-284　　图 6-285　　图 6-286

6.7.2　制作动画效果

（1）单击舞台窗口左上方的“场景 1”图标 场景 1，进入“场景 1”的舞台窗口。在文档“属性”面板中将“背景颜色”设为白色。将“图层 1”重新命名为“底图”。按 Ctrl+R 组合键，在弹出的“导入”对话框中选择“Ch06 > 素材 > 6.7 户外运动网页 > 01”文件，单击“打开”按钮，舞台窗口中的效果如图 6-287 所示。

（2）选中“底图”图层的第 19 帧，按 F5 键，在该帧上插入普通帧。单击“时间轴”面板下方的“新建图层”按钮，创建新图层并将其命名为“色块”。选中“色块”图层的第 7 帧，按 F6 键，在该帧上插入关键帧。将“库”面板中的图形元件“02.swf”拖曳到舞台窗口中，效果如图 6-288 所示。

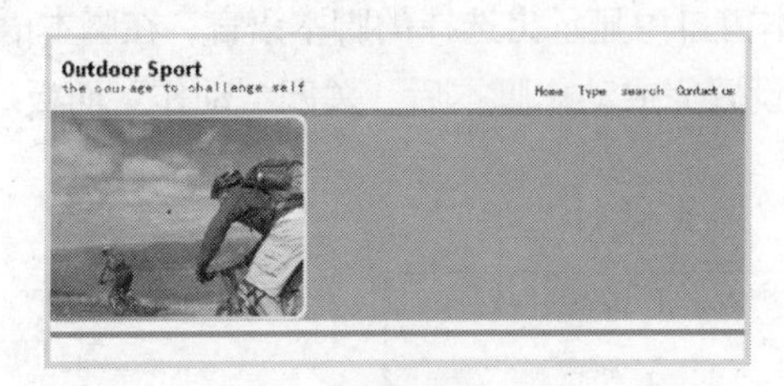

图 6-287

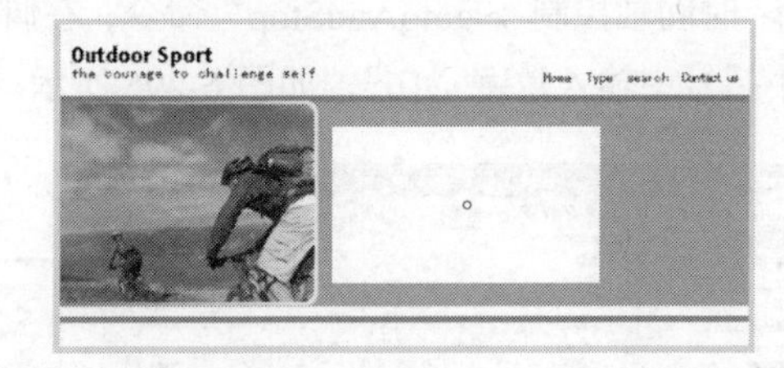

图 6-288

（3）选中“色块”图层的第 15 帧，按 F6 键，在该帧上插入关键帧。在舞台窗口中选中实例，选择图形“属性”面板，在“色彩效果”选项组中单击“样式”选项，在弹出的下拉列表中选择“Alpha”选项，将其值设为 20，舞台窗口中的效果如图 6-289 所示。

（4）选中“色块”图层的第 7 帧，在舞台窗口中选中实例，选择图形“属性”面板，在“色彩效果”选项组中单击“样式”选项，在弹出的下拉列表中选择“Alpha”选项，将其值设为 0。选择“任意变形”工具，按住 Shift 键的同时将其等比例缩小，效果如图 6-290 所示。

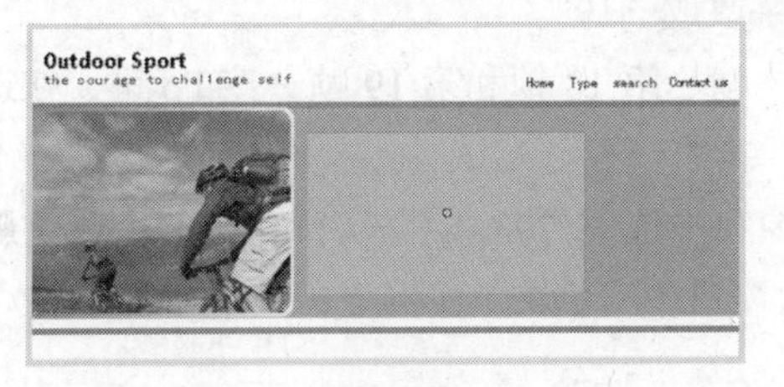

图 6-289

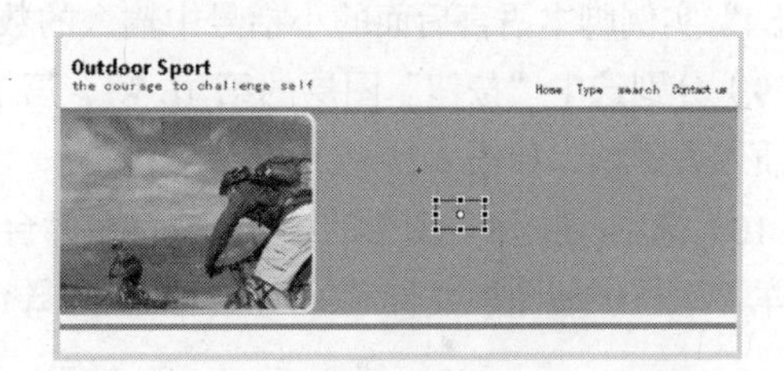

图 6-290

（5）用鼠标右键单击“色块”图层的第 7 帧，在弹出的菜单中选择“创建传统补间”命令，生成动作补间动画，如图 6-291 所示。在“时间轴”面板中创建新图层并将其命名为“按钮”。选中“按钮”图层的第 15 帧，按 F6 帧，在该帧上插入关键帧。分别将“库”面板中的图形元件“03.swf”和按钮元件“按钮 1”、“按钮 2”、“按钮 3”和“按钮 4”拖曳到舞台窗口中的适当位置，并将按钮调整到合适的大小，效果如图 6-292 所示。

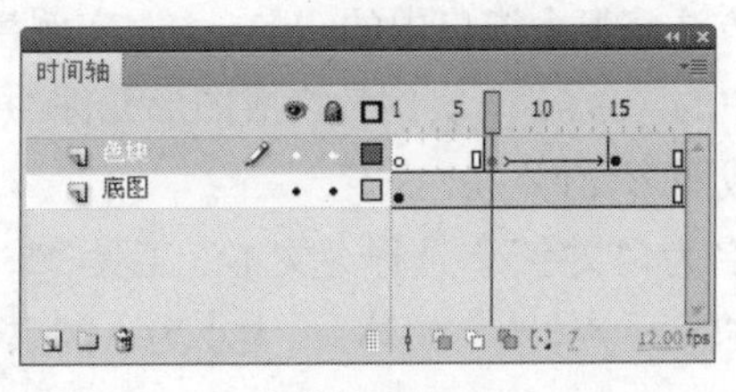

图 6-291

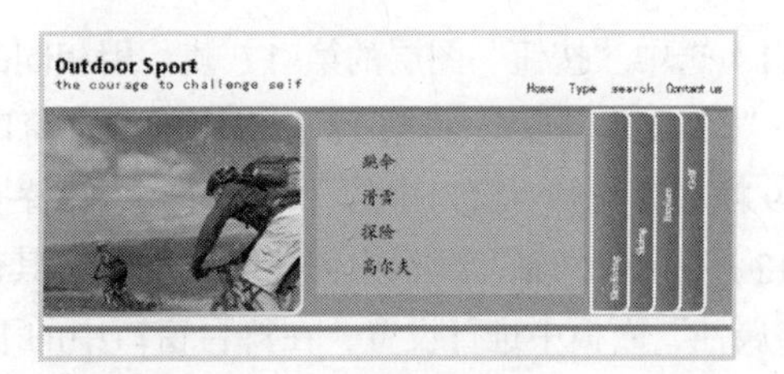

图 6-292

（6）选中“按钮”图层的第 15 帧，在舞台窗口选中“按钮 1”实例。选择“窗口 > 动作”命令，弹出“动作”面板，单击面板左上方的“将新项目添加到脚本中”按钮，在弹出的菜单

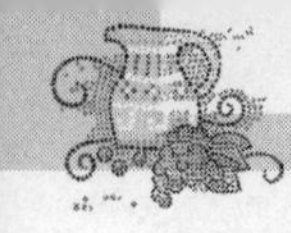

中选择“全局函数 > 影片剪辑控制 > on”命令，如图 6-293 所示。在脚本窗口中显示出选择的脚本语言，在下拉列表中选择“press”，如图 6-294 所示。将鼠标指针放置在第 1 行脚本语言的最后，按 Enter 键，光标显示到第 2 行。

（7）在“动作”面板中单击“将新项目添加到脚本中”按钮，在弹出的菜单中选择“全局函数 > 时间轴控制 > gotoAndStop”命令，在脚本窗口中显示出选择的脚本语言，在脚本语言后面的小括号中输入数字“16”，如图 6-295 所示。设置完成动作脚本后，关闭“动作”面板。

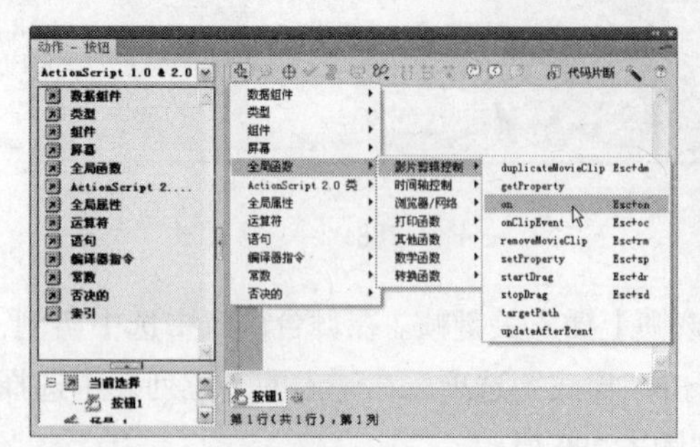

图 6-293

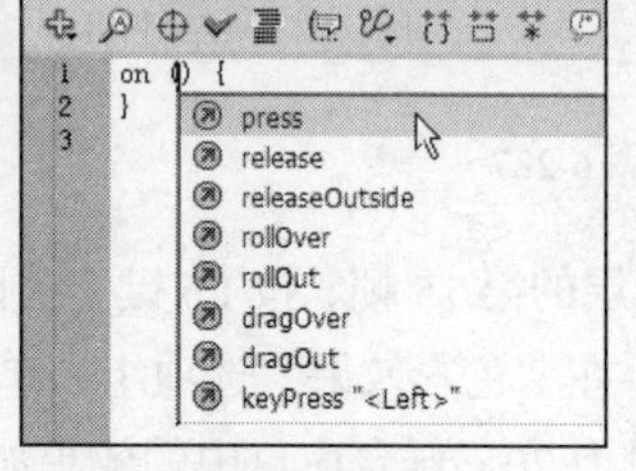

图 6-294

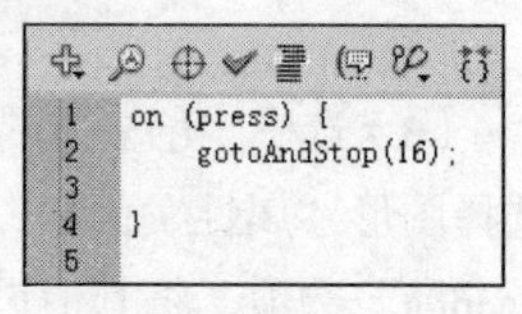

图 6-295

（8）用相同的方法为“按钮 2”实例输入脚本语言，只需将脚本语言后面的小括号中输入的数字改成“17”即可。同理，将“按钮 3”实例脚本语言后面的小括号中输入的数字改成“18”，“按钮 4”实例脚本语言后面的小括号中输入的数字改成“19”。

（9）分别选中“按钮”图层的第 16 帧、第 17 帧、第 18 帧和第 19 帧，按 F6 键，在选中的帧上插入关键帧，如图 6-296 所示。

（10）选中“按钮”图层的第 16 帧，在舞台窗口中选中“03.swf”实例，按 Delete 键删除，将“库”面板中的图形元件“04.swf”拖曳到舞台窗口中“色块”实例上，效果如图 6-297 所示。

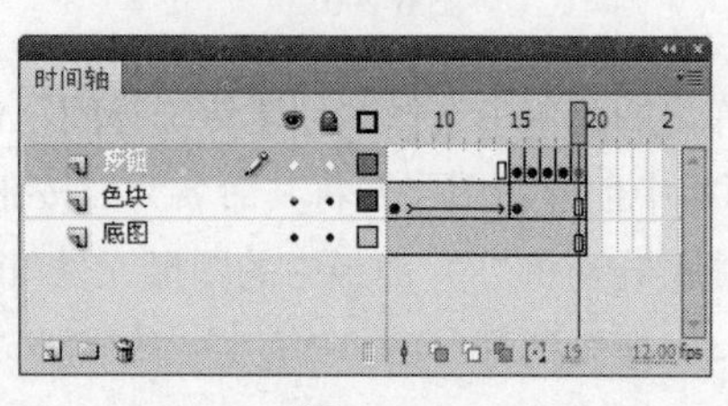

图 6-296

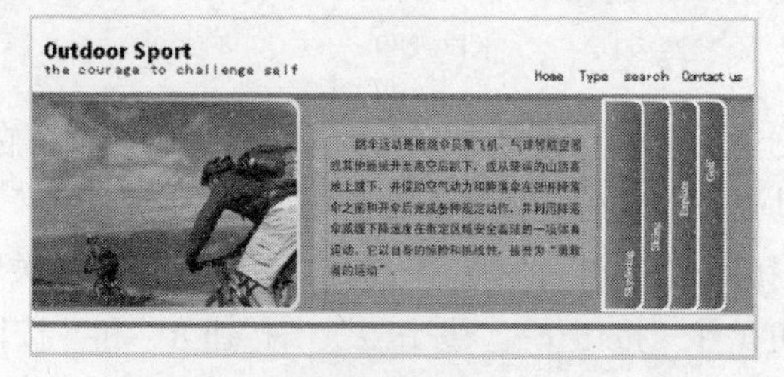

图 6-297

（11）选中“按钮”图层的第 17 帧，用相同的方法将舞台窗口中的“03.swf”实例替换成图形元件“05.swf”。同理，将第 18 帧对应的舞台窗口中的“03.swf”实例替换成图形元件“06.swf”，将第 19 帧对应的舞台窗口中的“03.swf”实例替换成图形元件“07.swf”。

（12）在“时间轴”面板中创建新图层并将其命名为“文字”。选择“文本”工具，在文本工具“属性”面板中进行设置，在舞台窗口中的下方输入字体为“黑体”，大小为 9 的黑色文字，效果如图 6-298 所示。

图 6-298

（13）在“时间轴”面板中创建新图层并将其命名为“动作脚本”。选中“动作脚本”图层的第 15 帧，按 F6 键，在该帧上插入关键帧。选择“动作”面板，单击面板左上方的“将新项目添加到脚本中”按钮，在弹出的菜单中选择“全局函数 > 时间轴控制 > stop”命令，在脚本窗口中显示出选择的脚本语言，如图 6-299 所示。设置完成动作脚本后关闭“动作”面板。在“动作脚本”图层的第 15 帧上显示出一个标记“a”。户外运动网页制作完成，按 Ctrl+Enter 组合键即可查看效果，如图 6-300 所示。

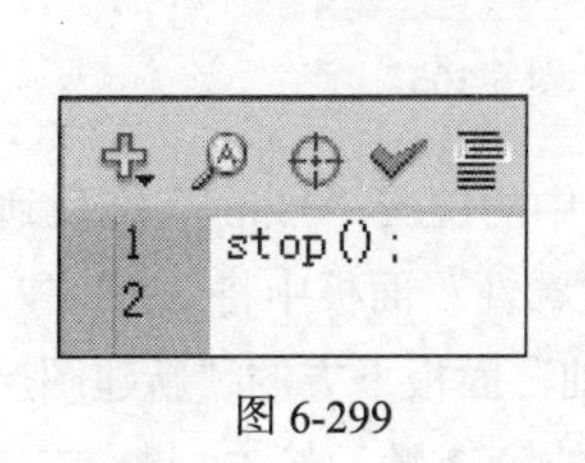

图 6-299

图 6-300

6.8 水果速递网页

【知识要点】使用“矩形”工具绘制圆角矩形，使用“矩形”工具和“文本”工具制作菜单，使用“动作”面板添加动作脚本语言。

6.8.1 导入图片并绘制色块

（1）选择“文件 > 新建”命令，弹出“新建文档”对话框，单击“确定”按钮，进入新建文档舞台窗口。按 Ctrl+F3 组合键弹出文档“属性”面板，单击“大小”选项后面的“编辑”按钮 编辑...，在弹出的对话框中将舞台窗口的宽度设为 800，高度设为 519，将“背景颜色”设为浅灰色（#CCCCCC），并将“帧频”选项设为 12，单击“确定”按钮。

（2）在文档“属性”面板中单击“发布”选项组中“配置文件”右侧的“编辑”按钮，在弹出的“发布设置”对话框中将“播放器”选项设为“Flash Player 8”，将“脚本”选项设为“ActionScript 2.0”，并单击“SWF 设置”选项组下“压缩影片”选项前的复选框，将其取消选取，如图 6-301 所示，单击“确定”按钮。

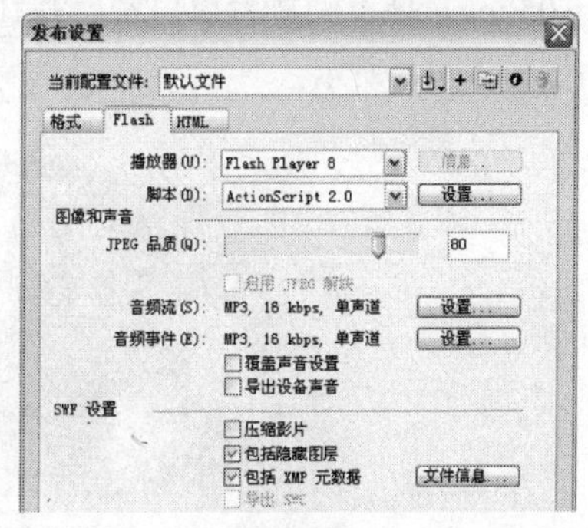

图 6-301

（3）选择“文件 > 导入 > 导入到库”命令，在弹出的“导入到库”对话框中选择“Ch06 > 素材 > 6.8 水果速递网页 > 01、02、03、04、05、06、07”文件，单击“打开”按钮，文件被导入到“库”面板中，如图 6-302 所示。

（4）在“库”面板下方单击“新建元件”按钮，弹出“创建新元件”对话框，在“名称”选项的文本框中输入“水果图片”，在“类型”选项的下拉列表中选择“影片剪辑”选项，单击“确定”按钮，新建一个影片剪辑元件“水果图片”，如图 6-303 所示，舞台窗口也随之转换为影片剪辑元件的舞台窗口。

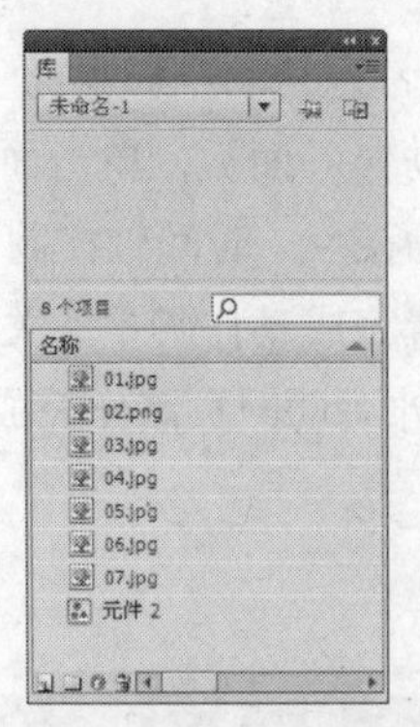

图 6-302

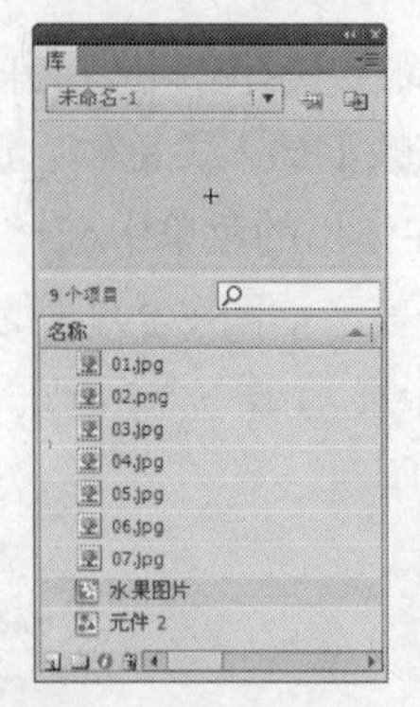

图 6-303

（5）将“图层 1”重新命名为“图片 1”。将“库”面板中的位图“03.jpg”拖曳到舞台窗口中。选择“选择”工具，在舞台窗口中选中位图，在位图“属性”面板中将“X”和“Y”选项均设为 0，舞台窗口中的效果如图 6-304 所示。单击“时间轴”面板下方的“新建图层”按钮，创建新图层并将其命名为“图片 2”。选中“图片 2”图层的第 2 帧，按 F6 键，在该帧上插入关键帧，如图 6-305 所示。

图 6-304

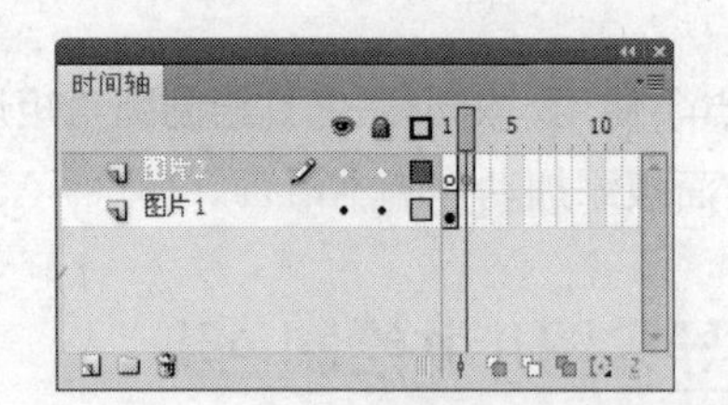

图 6-305

（6）将“库”面板中的位图“04.jpg”拖曳到舞台窗口中，并在位图“属性”面板中将“X”和“Y”选项均设为 0，位图效果如图 6-306 所示。在“时间轴”面板中创建新图层并将其命名为“图片 3”。

（7）选中“图片 3”图层的第 3 帧，按 F6 键，在该帧上插入关键帧。将“库”面板中的位图“05.jpg”拖曳到舞台窗口中，并在位图“属性”面板中将“X”和“Y”选项均设为 0，位图效果如图 6-307 所示。

图 6-306

图 6-307

（8）在“时间轴”面板中创建新图层并将其命名为“图片 4”。选中“图片 4”图层的第 4 帧，按 F6 键，在该帧上插入关键帧。将“库”面板中的位图“06.jpg”拖曳到舞台窗口中，并在位图“属性”面板中将“X”和“Y”选项均设为 0，位图效果如图 6-308 所示。

（9）在“时间轴”面板中创建新图层并将其命名为“图片 5”。选中“图片 5”图层的第 5 帧，按 F6 键，在该帧上插入关键帧。将“库”面板中的位图“07.jpg”拖曳到舞台窗口中，并在位图“属性”面板中将“X”和“Y”选项均设为 0，位图效果如图 6-309 所示。“时间轴”面板如图 6-310 所示。

图 6-308

图 6-309

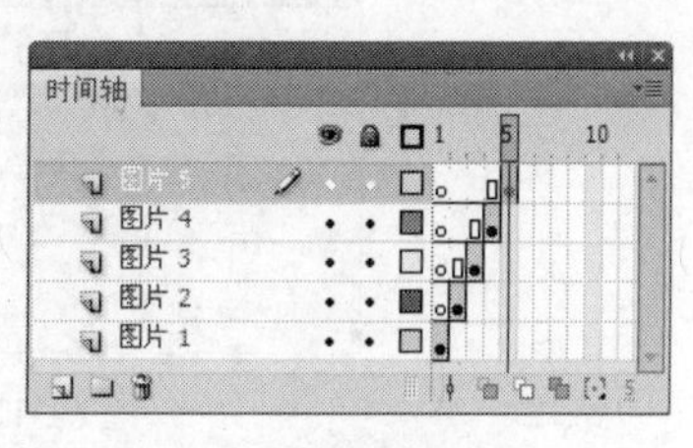

图 6-310

（10）在“时间轴”面板中创建新图层并将其命名为“动作脚本”。选中“动作脚本”图层的第 1 帧，选择“窗口 > 动作”命令，弹出“动作”面板（其快捷键为 F9），单击面板左上方的“将新项目添加到脚本中”按钮，在弹出的菜单中选择“全局函数 > 时间轴控制 > stop”命令，在脚本窗口中显示出选择的脚本语言，如图 6-311 所示。

（11）用鼠标右键单击“动作脚本”图层的第 1 帧，在弹出的菜单中选择“复制帧”命令。用鼠标右键分别单击“动作脚本”图层的第 2 帧、第 3 帧、第 4 帧和第 5 帧，在弹出的菜单中选择“粘贴帧”命令，将复制过的帧分别粘贴到选中的帧中，如图 6-312 所示。

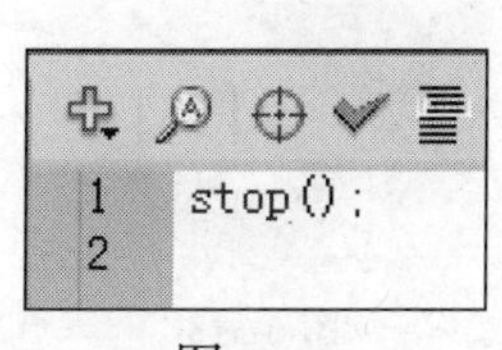

图 6-311

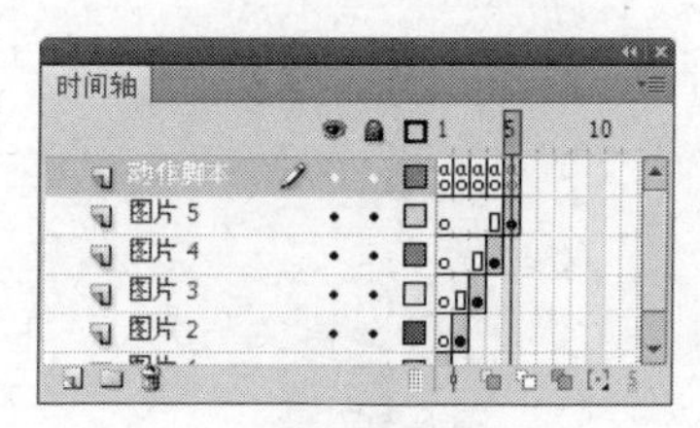

图 6-312

（12）单击“库”面板中的“新建元件”按钮，新建一个图形元件“色块”，如图 6-313 所示，舞台窗口也随之转换为图形元件的舞台窗口。选择“矩形”工具，在矩形工具“属性”面板中将“笔触颜色”设为无，“填充颜色”设为绿色（##66CC33），其他选项的设置如图 6-314 所示，在舞台窗口中绘制一个矩形。

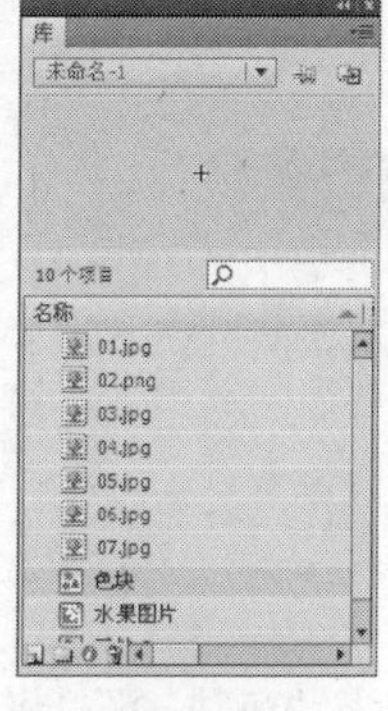

图 6-313

图 6-314

（13）选择“选择”工具，选中矩形，在形状“属性”面板中单击“将宽度值和高度值锁在一起”图标，将其更改为解锁状态，将“宽”选项设为 460，“高”选项设为 340，将“X”和“Y”选项均设为 0，如图 6-315 所示，矩形色块效果如图 6-316 所示。

图 6-315

图 6-316

（14）在“库”面板中新建一个影片剪辑元件“渐显”，舞台窗口也随之转换为影片剪辑元件的舞台窗口。将“图层 1”重新命名为“图片”。

（15）将“库”面板中的影片剪辑元件“水果图片”拖曳到舞台窗口中，选中“水果图片”实例，在影片剪辑“属性”面板中将“X”和“Y”选项均设为 0，在“实例名称”选项的文本框中输入“shuiguotupian”，如图 6-317 所示，舞台窗口中的效果如图 6-318 所示。选中“图片”图层的第 10 帧，按 F5 键，在该帧上插入普通帧。

图 6-317

图 6-318

（16）在“时间轴”面板中创建新图层并将其命名为“色块”。将“库”面板中的图形元件“色块”拖曳到舞台窗口中，选中“色块”实例，在图形“属性”面板中将“X”和“Y”选项均设为 0，如图 6-319 所示。

（17）用鼠标右键单击“色块”图层的图层名称，在弹出的菜单中选择“遮罩层”命令，将“色块”图层转换为遮罩层，如图 6-320 所示，舞台窗口中的效果如图 6-321 所示。

图 6-319

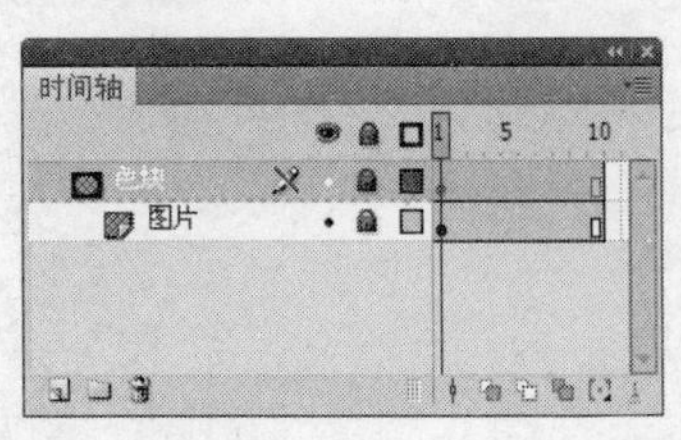

图 6-320

图 6-321

（18）在“时间轴”面板中创建新图层并将其命名为“色块 2”。将“库”面板中的图形元件

“色块”拖曳到舞台窗口中，选中“色块”实例，在图形“属性”面板中将“X”和“Y”选项均设为 0，如图 6-322 所示。

（19）选中“色块”图层的第 10 帧，按 F6 键，在该帧上插入关键帧。选中舞台窗口中的“色块”实例，选择图形“属性”面板，在“色彩效果”选项组中单击“样式”选项，在弹出的下拉列表中选择“Alpha”选项，将其值设为 0，舞台窗口中的效果如图 6-323 所示。

图 6-322

图 6-323

（20）用鼠标右键单击“色块 2”图层的第 1 帧，在弹出的菜单中选择“创建传统补间”命令，生成动作补间动画，如图 6-324 所示。在“时间轴”面板中创建新图层并将其命名为“动作脚本”。选中“动作脚本”图层的第 10 帧，按 F6 键，在该帧上插入关键帧。

（21）在“动作”面板中单击“将新项目添加到脚本中”按钮，在弹出的菜单中选择“全局函数 > 时间轴控制 > stop”命令，在脚本窗口中显示出选择的脚本语言，如图 6-325 所示。设置完成动作脚本后，在“动作脚本”图层的第 10 帧上显示出一个标记“a”。

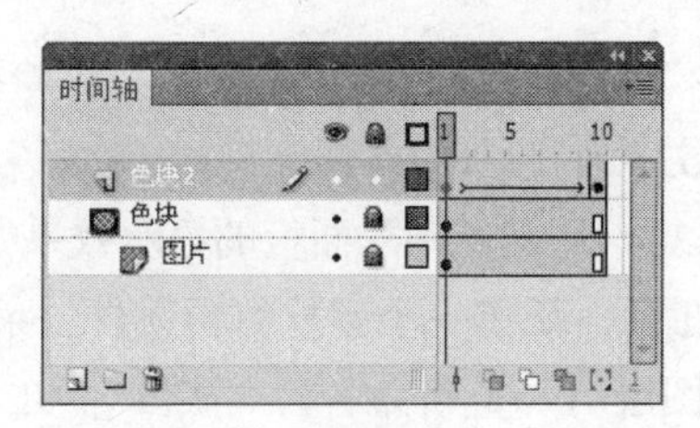

图 6-324

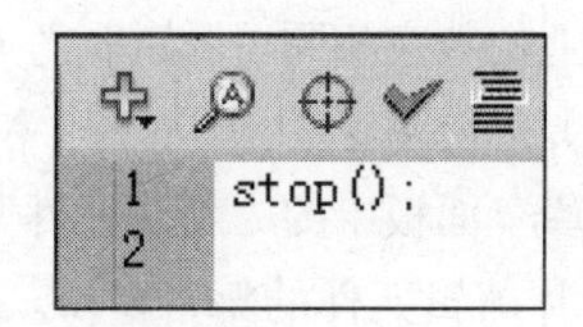

图 6-325

6.8.2　绘制按钮图形

（1）单击“库”面板中的“新建元件”按钮，新建一个按钮元件“按钮 1”，舞台窗口也随之转换为按钮元件的舞台窗口。选择“窗口 > 颜色”命令，弹出“颜色”面板，将“填充颜色”设为绿色（#339900），并将“Alpha”选项设为 50，如图 6-326 所示。

（2）选择“矩形”工具，在工具箱中将“笔触颜色”设为无，“填充颜色”为刚才设置好的半透明绿色，按住 Shift 键的同时在舞台窗口中绘制一个正方形。选择“选择”工具，选中正方形，在形状“属性”面板中将“宽”和“高”选项均设为 43，“X”和“Y”选项均设为 0，图形效果如图 6-327 所示。

（3）选择“文本”工具，在文本工具“属性”面板中进行设置，如图 6-328 所示。在舞台窗口中输入深绿色（#339900）数字“1”，效果如图 6-329 所示。

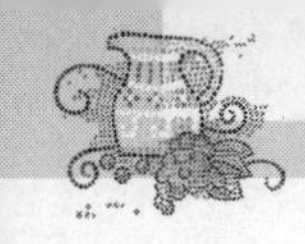

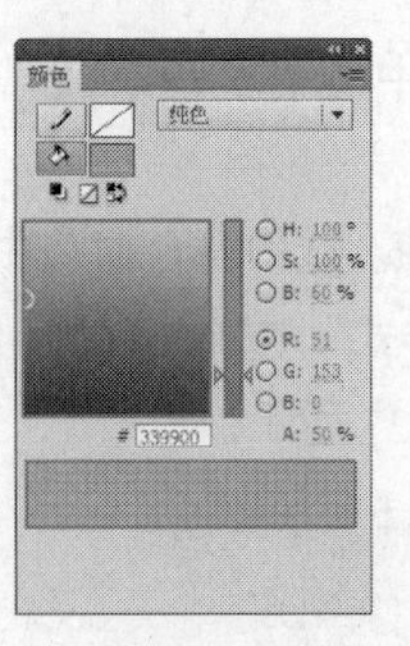

图 6-326

图 6-327

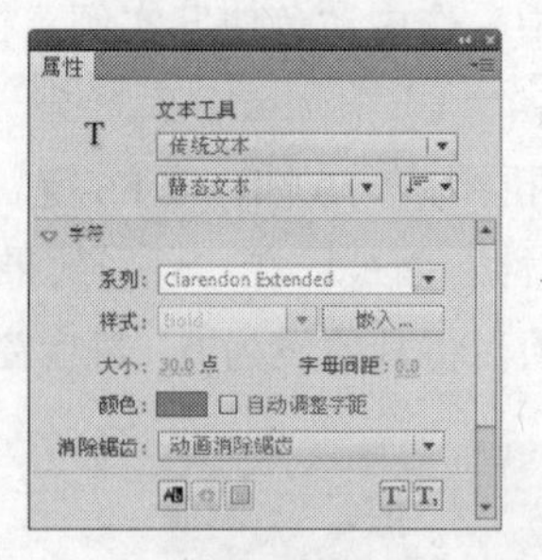

图 6-328

图 6-329

（4）用鼠标右键单击“库”面板中的按钮元件“按钮 1”，在弹出的菜单中选择“直接复制”命令，弹出“直接复制元件”对话框，在“名称”选项的文本框中重新输入“按钮 2”，如图 6-330 所示，单击“确定”按钮，复制出新的按钮元件“按钮 2”。双击“库”面板中的按钮元件“按钮 2”，舞台窗口转换为元件“按钮 2”的舞台窗口。选择“文本”工具 T，将数字“1”更改为“2”，效果如图 6-331 所示。

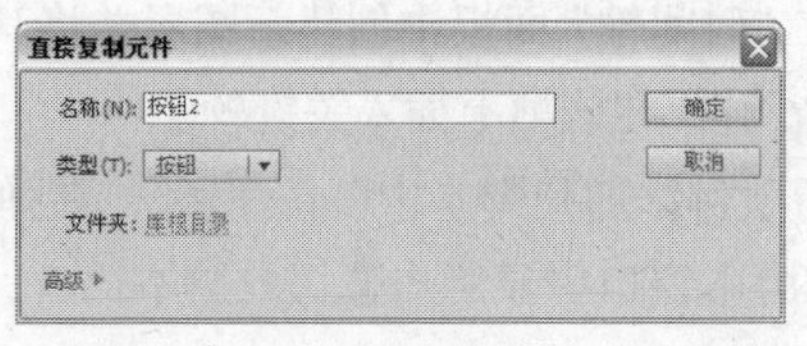

图 6-330

图 6-331

（5）用相同的方法复制出按钮元件“按钮 3”、“按钮 4”和“按钮 5”，并将按钮中的数字更改为同按钮名称上的数字相同（“按钮 3”中的数字为“3”，“按钮 4”中的数字为“4”，“按钮 5”中的数字为“5”），如图 6-332、图 6-333 和图 6-334 所示。“库”面板的显示效果如图 6-335 所示。

（6）单击“库”面板中的“新建元件”按钮，新建一个影片剪辑元件“菜单”，舞台窗口也随之转换为影片剪辑元件的舞台窗口。将“图层 1”重新命名为“底图”。在“颜色”面板中选中“填充颜色”按钮，将填充颜色设为白色，将“Alpha”选项设为 34。

（7）选择“矩形”工具，在工具箱中将“笔触颜色”设为无，“填充颜色”为刚才设置好的半透明白色，在舞台窗口中绘制一个矩形。选择“选择”工具，选中矩形，在形状“属性”面板中将“宽”和“高”选项分别设为 66 和 313，“X”和“Y”选项均设为 0，图形效果如图 6-336 所示。

图 6-332

图 6-333

图 6-334

图 6-335

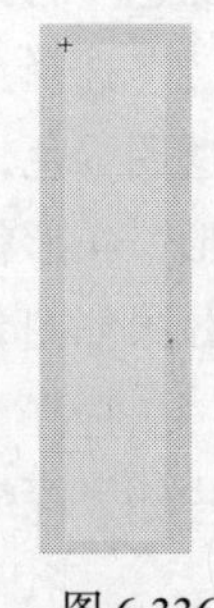
图 6-336

（8）在“时间轴”面板中创建新图层并将其命名为“按钮”。将“库”面板中的按钮元件“按钮 1”、“按钮 2”、“按钮 3”、“按钮 4”和“按钮 5”拖曳到舞台窗口中，将所有按钮垂直排放，效果如图 6-337 所示。按住 Shift 键的同时选中所有按钮，调出“对齐”面板，单击“水平中齐”按钮和“垂直居中分布”按钮，将选中的按钮进行对齐，效果如图 6-338 所示。

提示　对齐面板：可以将多个图形按照一定的规律进行排列。能够快速地调整图形之间的相对位置、平分间距或对齐方向。

（9）在舞台窗口中选中“按钮 1”实例，在“动作”面板中单击“将新项目添加到脚本中”按钮，在弹出的菜单中选择“全局函数 > 影片剪辑控制 > on”命令，如图 6-339 所示。在脚本窗口中显示出选择的脚本语言，在下拉列表中选择“release”，如图 6-340 所示。

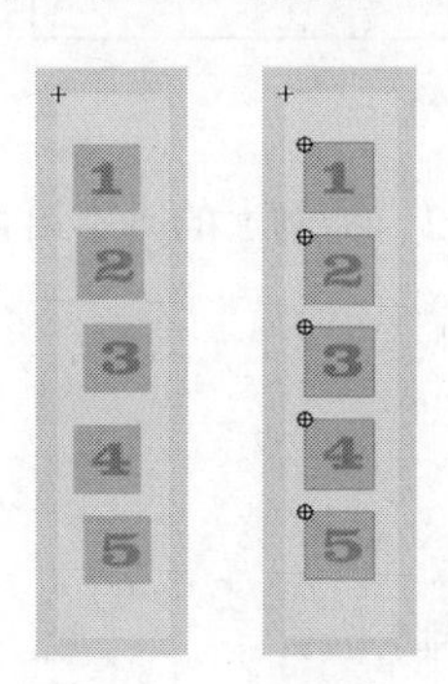

图 6-337　图 6-338

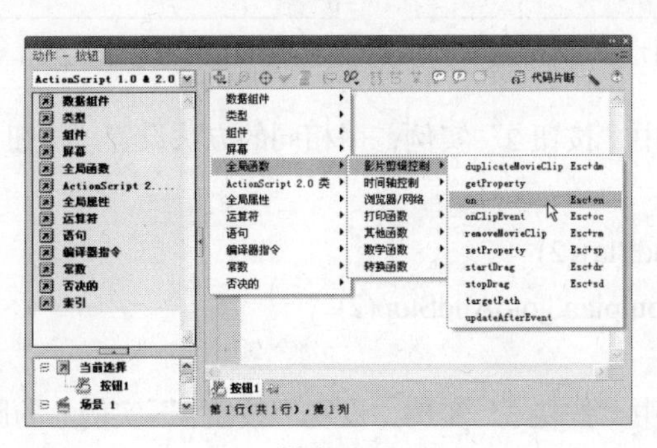

图 6-339

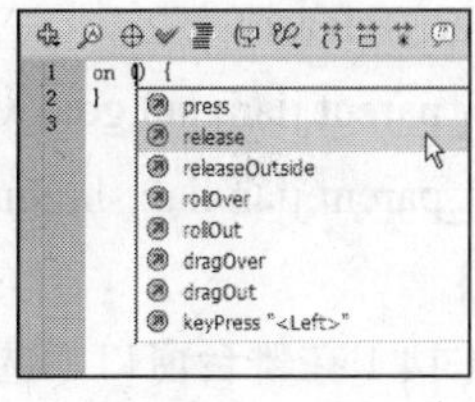

图 6-340

（10）将鼠标光标放置在第 1 行脚本语言的最后，按 Enter 键，光标显示到第 2 行，如图 6-341 所示。单击“将新项目添加到脚本中”按钮，在弹出的菜单中选择“全局属性 > 标识符 > _parent”命令，如图 6-342 所示，在脚本窗口中显示出选择的脚本语言，如图 6-343 所示。将光标放置在脚本语言“_parent”的后面，按“.”键，在脚本语言后面加一个点，这时，弹出下拉列表，选择“gotoAndPlay”，如图 6-344 所示。

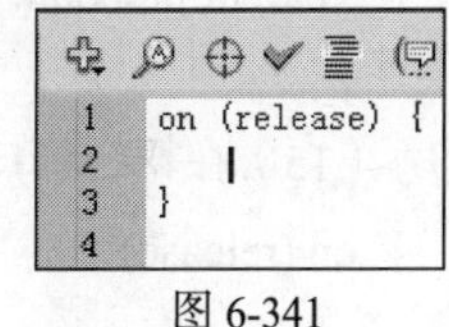

图 6-341

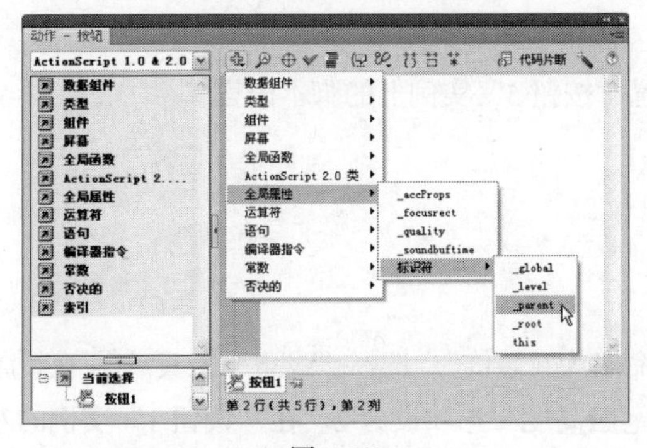

图 6-342

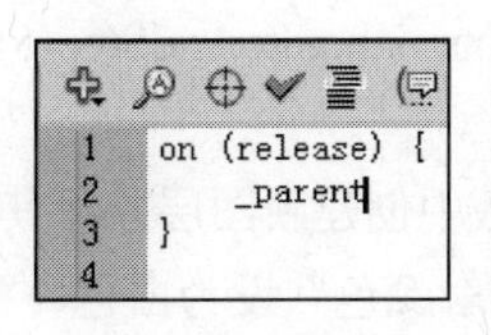

图 6-343

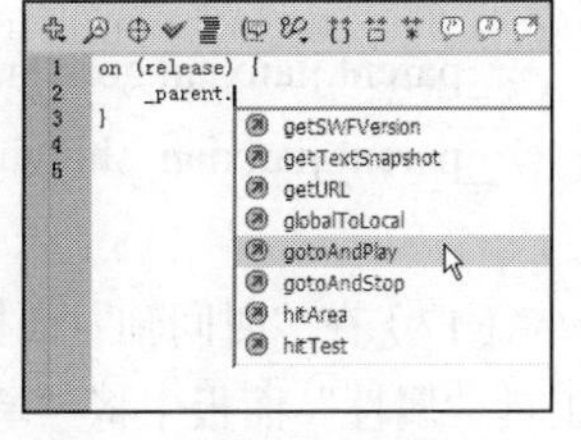

图 6-344

（11）选中后，在脚本语言的后面有半个括号，如图 6-345 所示。输入数字“2”，再输入半个括号，如图 6-346 所示，在脚本语言“_parent.”的后面输入字母“jianxian.”，如图 6-347 所示。

（12）再用相同的方法设置第 2 行脚本语言，在脚本语言的后面有半个括号，输入数字“1”，再输入半个括号，在脚本语言“_parent.”的后面输入字母“jianxian.zhaopian.”，脚本窗口中显示的效果如图 6-348 所示。

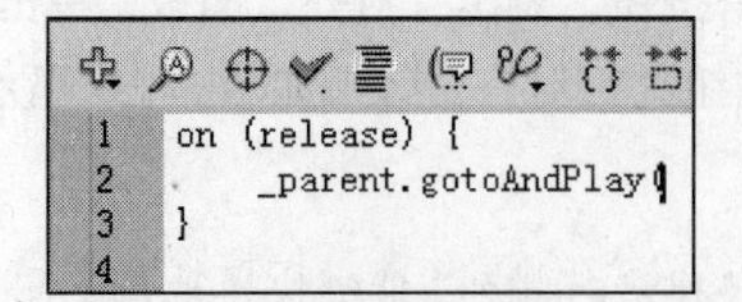

图 6-345

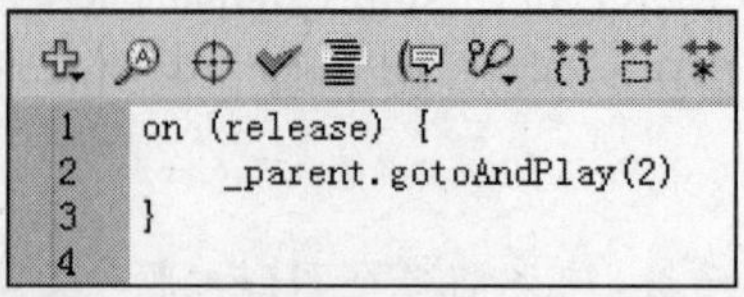

```
1 on (release) {
2     _parent.gotoAndPlay(2)
3 }
4
```

图 6-346

```
1 on (release) {
2     _parent.jianxian.gotoAndPlay(2)
3 }
4
```

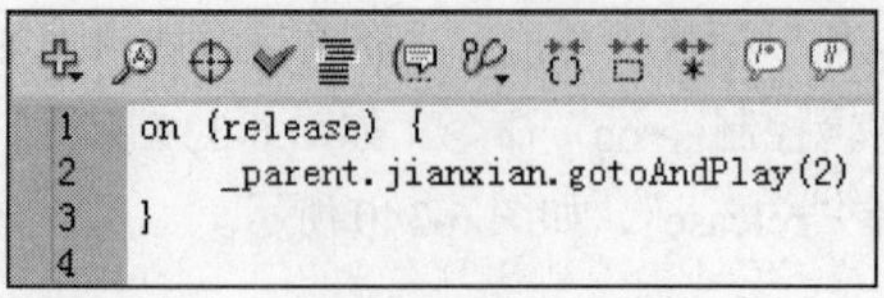

图 6-347

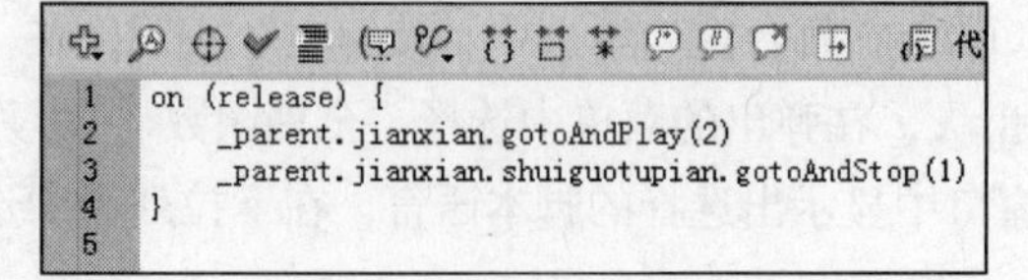

图 6-348

（13）在舞台窗口中选中“按钮 2”实例，用相同的方法设置“按钮 2”实例上的脚本语言。

```
on (release) {
_parent.jianxian.gotoAndPlay(2)
_parent.jianxian.shuiguotupian.gotoAndStop(2)
}
```

（14）在舞台窗口中选中“按钮 3”实例，设置“按钮 3”实例上的脚本语言。

```
on (release) {
_parent.jianxian.gotoAndPlay(2)
_parent.jianxian. shuiguotupian.gotoAndStop(3)
}
```

（15）在舞台窗口中选中“按钮 4”实例，设置“按钮 4”实例上的脚本语言。

```
on (release) {
_parent.jianxian.gotoAndPlay(2)
_parent.jianxian. shuiguotupian.gotoAndStop(4)
}
```

（16）在舞台窗口中选中“按钮 5”实例，设置“按钮 5”实例上的脚本语言。

```
on (release) {
_parent.jianxian.gotoAndPlay(2)
_parent.jianxian. shuiguotupian.gotoAndStop(5)
}
```

（17）在“时间轴”面板中创建新图层并将其命名为“装饰”。选择“线条”工具，在线条工具“属性”面板中将“笔触颜色”设为白色，“笔触高度”选项设为 2。在“按钮 1”实例的左上方绘制一个十字，如图 6-349 所示。

（18）用相同的方法，在“按钮 1”实例的周围绘制十字，效果如图 6-350 所示。在每个按钮实例的周围绘制十字，效果如图 6-351 所示。

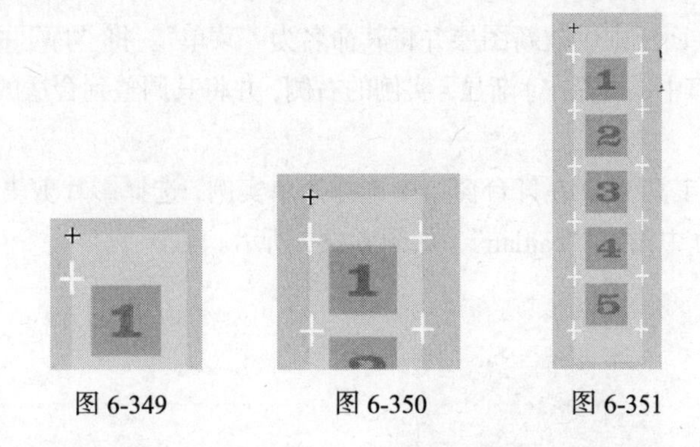

图 6-349　　图 6-350　　图 6-351

提示　选择“线条”工具时，如果按住 Shift 键的同时拖曳鼠标绘制，则可限制线条只能在 45° 或 45° 的倍数方向绘制直线。无法为线条工具设置填充属性。

6.8.3　制作动画效果

（1）单击舞台窗口左上方的“场景 1”图标，进入“场景 1”的舞台窗口。将“图层 1”重新命名为“背景图”。将“库”面板中的位图“01.jpg”拖曳到舞台窗口的中心位置，并将其调整到合适的大小，效果如图 6-352 所示。将“库”面板中的位图“02.png”拖曳到舞台窗口中适当的位置，并将其调整到合适的大小，效果如图 6-353 所示。

图 6-352

图 6-353

（2）在“时间轴”面板中创建新图层并将其命名为“渐显”。将“库”面板中的影片剪辑元件“渐显”拖曳到舞台窗口中。选中“渐显”实例，选择影片剪辑“属性”面板，在“实例名称”选项的文本框中输入“jianxian”，将“宽”和“高”选项分别设为 394.1 和 291.25，“X”和“Y”选项分别设为 343.25 和 107，如图 6-368 所示，将实例放置在白色位图上，效果如图 6-369 所示。

图 6-354

图 6-355

（3）在“时间轴”面板中创建新图层并将其命名为“菜单”。将“库”面板中的影片剪辑元件“菜单”拖曳到舞台窗口中，放置在“渐显”实例的右侧，并将其调整到合适的大小，效果如图 6-356 所示。

（4）选择“选择”工具，在舞台窗口中选择菜单实例，选择影片剪辑“属性”面板，在“实例名称”选项的文本框中输入“caidan”，如图 6-357 所示。

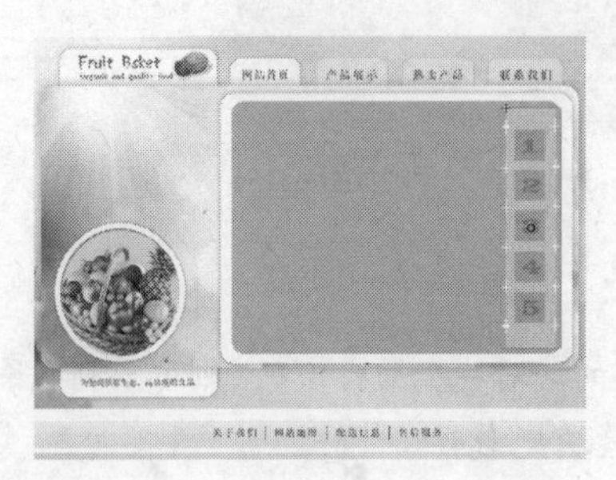

图 6-356

图 6-357

（5）在“时间轴”面板中创建新图层并将其命名为“动作脚本”。选择“动作”面板，在脚本窗口中设置脚本语言（脚本语言的具体设置可以参考附带光盘中的实例源文件），如图 6-358 所示。水果速递网页制作完成，按 Ctrl+Enter 组合键即可查看效果，用鼠标单击菜单中的数字“5”，效果如图 6-359 所示。

代码片断

```
1   caidan.onEnterFrame = function() {
2       if (_xmouse<220) {
3           this._x = this._x-(this._x-220)*0.2;
4       } else if (_xmouse>700) {
5           this._x = this._x-(this._x-700)*0.2;
6       } else {
7           this._x = this._x-(this._x-_xmouse)*0.2;
8       }
9   };
10
```

图 6-358

图 6-359

6.9 数码产品网页

【知识要点】使用“矩形”工具和“颜色”面板绘制透明紫色条，使用“复制帧”和“粘贴帧”命令制作相机自动切换效果，使用“文本”工具添加说明文字。

6.9.1 导入图片并绘制紫色条

（1）选择“文件 > 新建”命令，弹出“新建文档”对话框，单击“确定”按钮，进入新建文档舞台窗口。按 Ctrl+F3 组合键弹出文档“属性”面板，单击“大小”选项后面的“编辑”按钮 编辑... ，在弹出的对话框中将舞台窗口的宽度设为 699，高度设为 400，并将“帧频”选项设为 12，单击“确定”按钮。

（2）在文档“属性”面板中单击“发布”选项组中“配置文件”右侧的“编辑”按钮，在

弹出的“发布设置”对话框中将“播放器”选项设为“Flash Player 8”，将“脚本”选项设为“ActionScript 2.0”，并单击“SWF 设置”选项组下“压缩影片”选项前的复选框，将其取消选取，如图 6-360 所示，单击“确定”按钮。

（3）选择“编辑 > 首选项”命令，弹出“首选参数”对话框，单击“PSD 文件导入器”选项，切换对应的选项，选项的设置如图 6-361 所示，单击“确定”按钮。

图 6-360

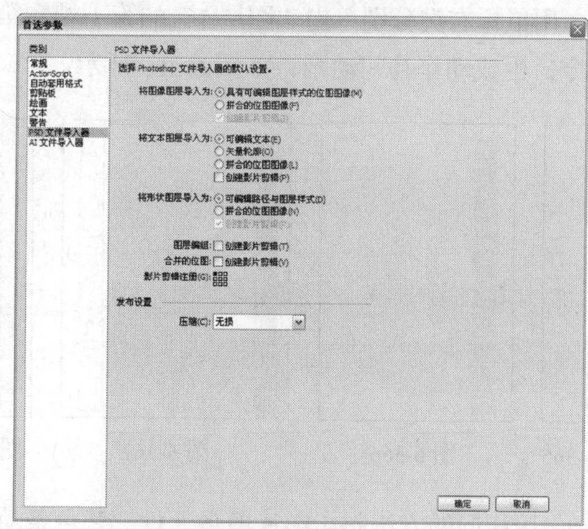

图 6-361

（4）选择“文件 > 导入 > 导入到库”命令，在弹出的“导入到库”对话框中选择“Ch06> 素材 > 6.9 数码产品网页 > 02、03、04、05、06”文件，单击“打开”按钮，文件被导入到“库”面板中，如图 6-362 所示。

（5）在“库”面板下方单击“新建元件”按钮，弹出“创建新元件”对话框，在“名称”选项的文本框中输入“紫色条”，在“类型”选项的下拉列表中选择“图形”选项，单击“确定”按钮，新建图形元件“紫色条”，如图 6-363 所示，舞台窗口也随之转换为图形元件的舞台窗口。选择“窗口 > 颜色”命令，弹出“颜色”面板，将“填充颜色”设为紫色（#993399），“Alpha”选项设为 50，如图 6-364 所示。

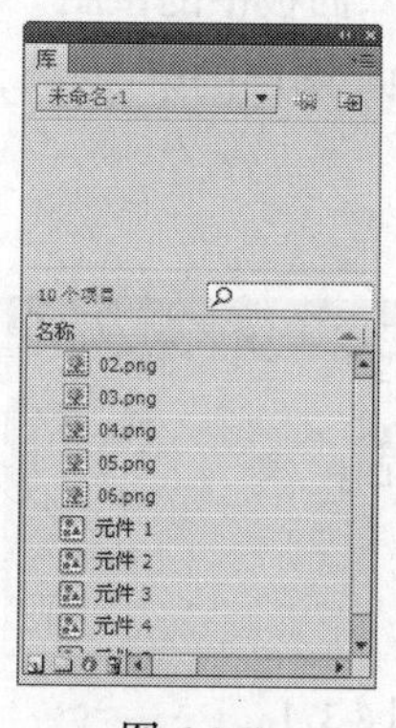

图 6-362

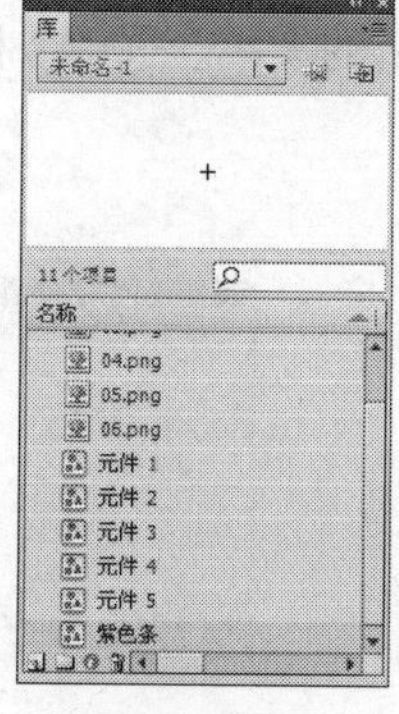

图 6-363

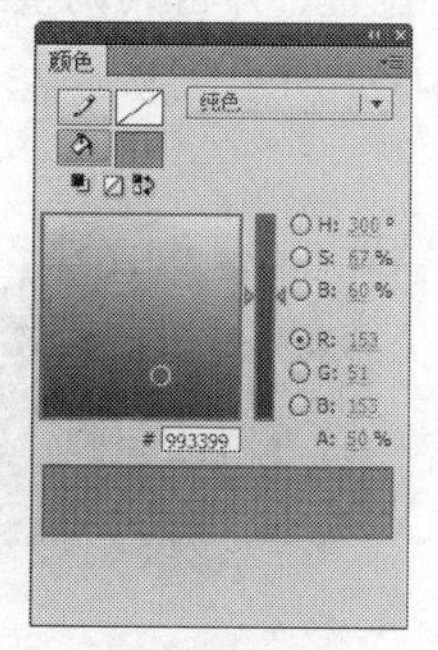

图 6-364

（6）选择“矩形”工具，在工具箱中将“笔触颜色”设为无，在舞台窗口中绘制一个矩形。选择“选择”工具，选中矩形，在形状“属性”面板中将“宽”和“高”选项分别设为 31 和 365，舞台窗口中的效果如图 6-365 所示。

（7）单击“库”面板中的“新建元件”按钮，新建影片剪辑元件“紫色条动 1”。将“库”面板中的图形元件“紫色条”拖曳到舞台窗口中，效果如图 6-366 所示。

（8）分别选中“图层 1”的第 50 帧和第 100 帧，按 F6 键，在选中的帧上插入关键帧。选中“图层 1”的第 50 帧，在舞台窗口中选中“紫色条”实例，按住 Shift 键的同时将其水平向右拖曳，如图 6-367 所示。松开鼠标后的效果如图 6-368 所示。

（9）用鼠标右键分别单击“图层 1”的第 1 帧和第 50 帧，在弹出的菜单中选择“创建传统补间”命令，生成动作补间动画，如图 6-369 所示。

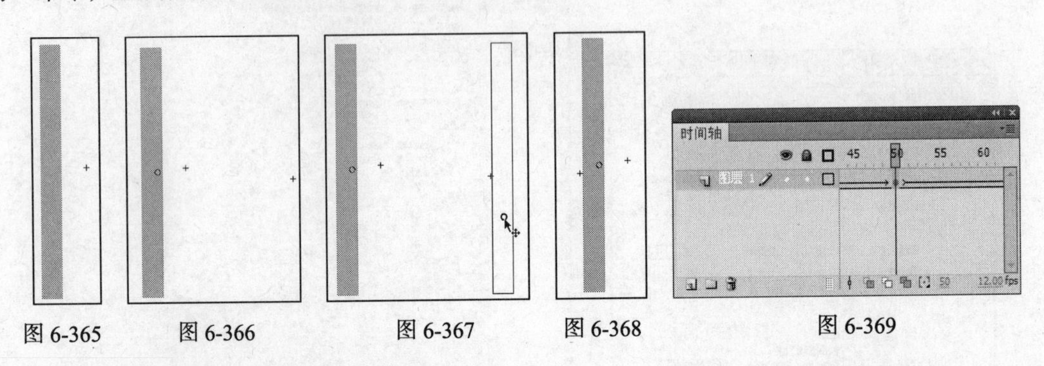

图 6-365　图 6-366　图 6-367　图 6-368　图 6-369

（10）用相同的方法制作影片剪辑元件“紫色条动 2”，“紫色条”实例的运动方向与“紫色条动 1”中的“紫色条”实例运动方向相反。

6.9.2　制作相机自动切换效果

（1）单击“库”面板中的“新建元件”按钮，新建影片剪辑元件“相机切换”。将“图层 1”重新命名为“相机 1”。将“库”面板中的位图“02.png”拖曳到舞台窗口的中心位置，并将其调整到合适的大小，效果如图 6-370 所示。选中“相机 1”图层的第 15 帧，按 F5 键，在该帧上插入普通帧。

（2）单击“时间轴”面板下方的“新建图层”按钮，创建新图层并将其命名为“相机 2”。选中“相机 2”图层的第 18 帧，在该帧上插入关键帧。将“库”面板中的位图“03.png”拖曳到舞台窗口的中心位置，并将其调整到合适的大小。选中“相机 2”图层的第 32 帧，在该帧上插入普通帧，如图 6-371 所示。

图 6-370

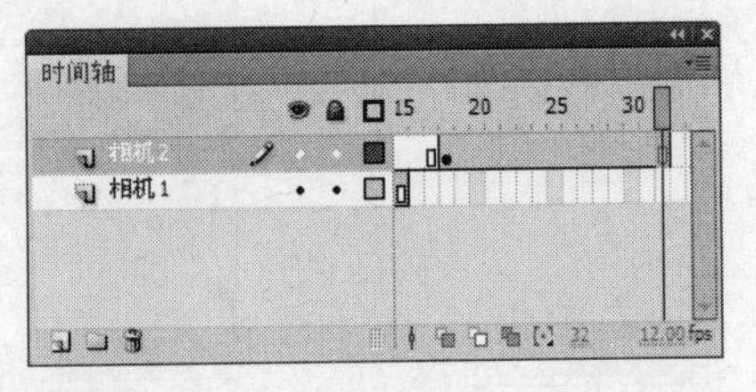

图 6-371

（3）在“时间轴”面板中创建新图层并将其命名为“相机 3”。选中“相机 3”图层的第 35 帧，在该帧上插入关键帧。将“库”面板中的位图“04.png”拖曳到舞台窗口的中心位置，并将其调整到合适的大小。选中“相机 3”图层的第 49 帧，在该帧上插入普通帧，如图 6-372 所示。

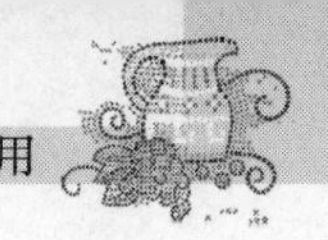

（4）在“时间轴”面板中创建新图层并将其命名为“相机 4”。选中“相机 4”图层的第 52 帧，按 F6 键，在该帧上插入关键帧。将“库”面板中的位图“05.png”拖曳到舞台窗口的中心位置并将其调整到合适的大小。选中“相机 4”图层的第 66 帧，按 F5 键，在该帧上插入普通帧，如图 6-373 所示。

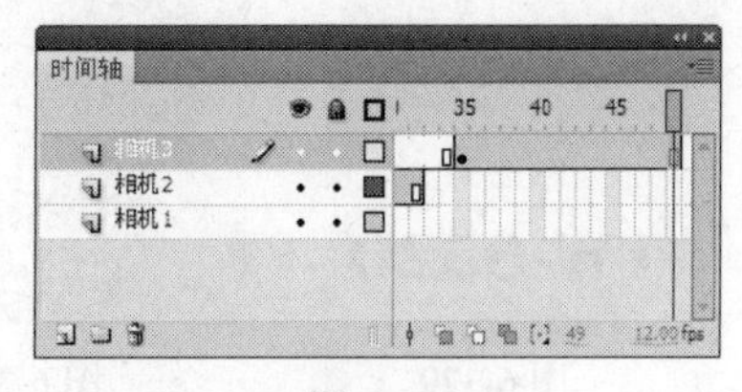

图 6-372

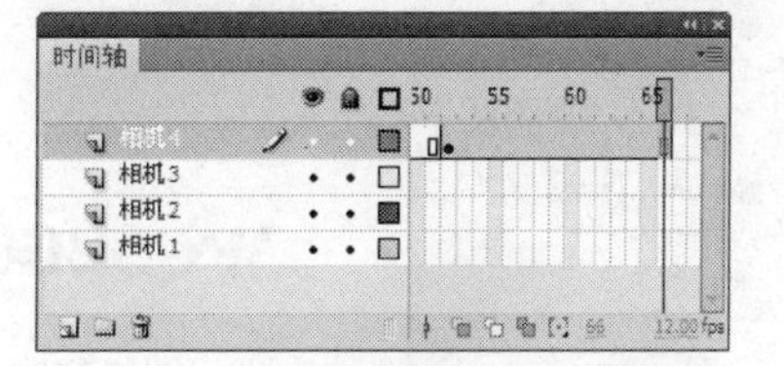

图 6-373

（5）在“时间轴”面板中创建新图层并将其命名为“模糊”。分别选中“模糊”图层的第 16 帧和第 18 帧，在选中的帧上插入关键帧。选中“模糊”图层的第 16 帧，将“库”面板中的位图“06.png”拖曳到舞台窗口的中心位置，并将其调整到合适的大小，效果如图 6-374 所示。“时间轴”面板显示效果如图 6-375 所示。

（6）按住 Shift 键的同时选中“模糊”图层的第 16 帧到第 18 帧。用鼠标右键单击被选中的帧，在弹出的菜单中选择“复制帧”命令，将其复制。分别用鼠标右键单击“模糊”图层的第 33 帧、第 50 帧和第 67 帧，在弹出的菜单中选择“粘贴帧”命令，将复制出的帧粘贴到被选中的帧中。

（7）按住 Shift 键的同时选中“模糊”图层的第 69 帧到第 72 帧，用鼠标右键单击被选中的帧，在弹出的菜单中选择“删除帧”命令，将其删除，“时间轴”面板的显示效果如图 6-376 所示。

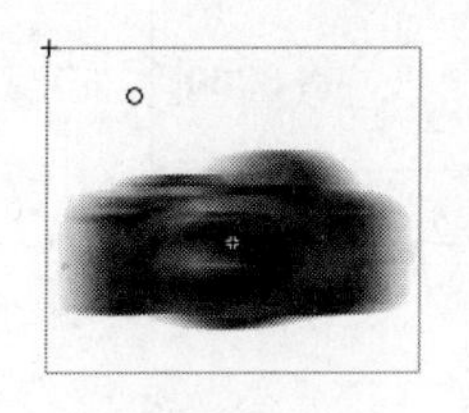

图 6-374

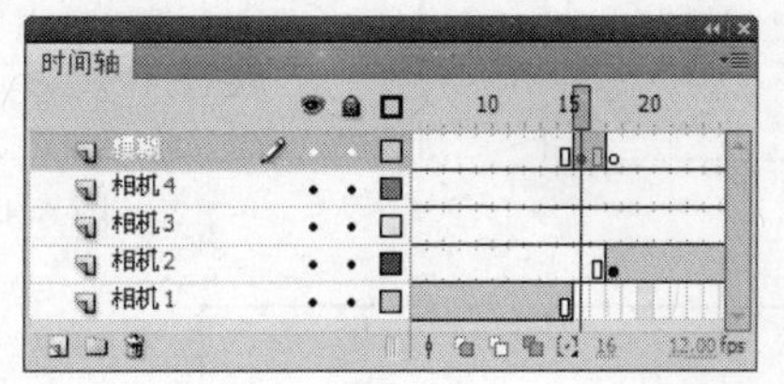

图 6-375

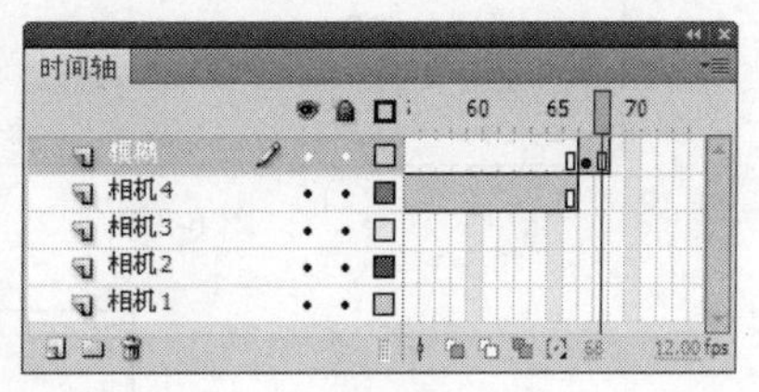

图 6-376

6.9.3　制作型号图形元件

（1）单击“库”面板中的“新建元件”按钮，新建图形元件“型号 1”。选择“文本”工具，在文字“属性”面板中进行设置，如图 6-377 所示。在舞台窗口中输入需要的深灰色（#333333）文字，效果如图 6-378 所示。

（2）单击“库”面板中的“新建元件”按钮，新建图形元件“型号 2”。选择“文本”工具，用相同的设置在舞台窗口中输入文字，效果如图 6-379 所示。

（3）单击“库”面板中的“新建元件”按钮，新建图形元件“型号 3”。选择“文本”工具，用相同的设置在舞台窗口中输入文字。单击“库”面板中的“新建元件”按钮，新建图形元件“型号 4”。选择“文本”工具，用相同的设置在舞台窗口中输入文字“KT-5620”，“库”面板中的效果如图 6-380 所示。

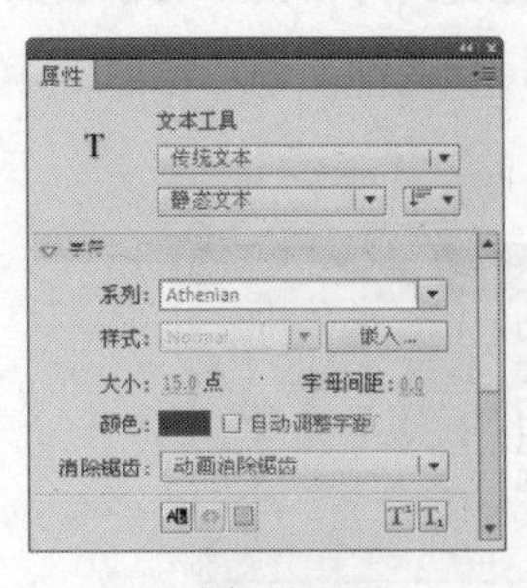

MN-8260

TW-6520

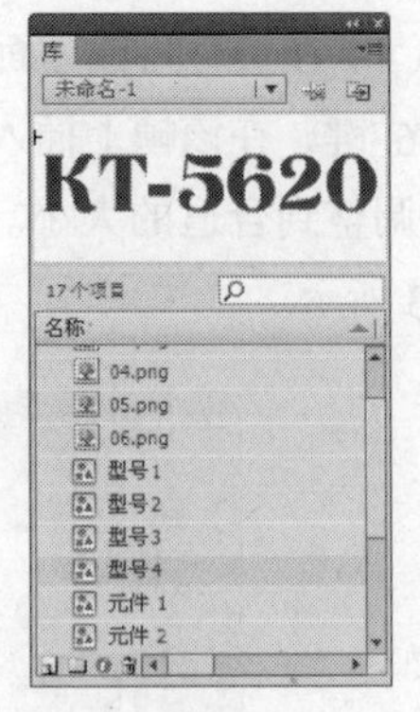

图 6-377　　图 6-378　　图 6-379　　图 6-380

6.9.4　制作目录动画效果

（1）单击“库”面板中的“新建元件”按钮，新建影片剪辑元件“目录动”。将“图层 1”重新命名为“型号 1”。将“库”面板中的图形元件“型号 1”拖曳到舞台窗口的中心位置，效果如图 6-381 所示。

（2）分别选中“型号 1”图层的第 25 帧和第 35 帧，按 F6 键，在选中的帧上插入关键帧。选中“型号 1”图层的第 25 帧，在舞台窗口中选中“型号 1”实例，按住 Shift 键的同时将其水平向右拖曳到适当的位置，如图 6-382 所示。选中“型号 1”图层的第 35 帧，在舞台窗口中选中“型号 1”实例，按住 Shift 键的同时将其水平向左拖曳到适当的位置，如图 6-383 所示。

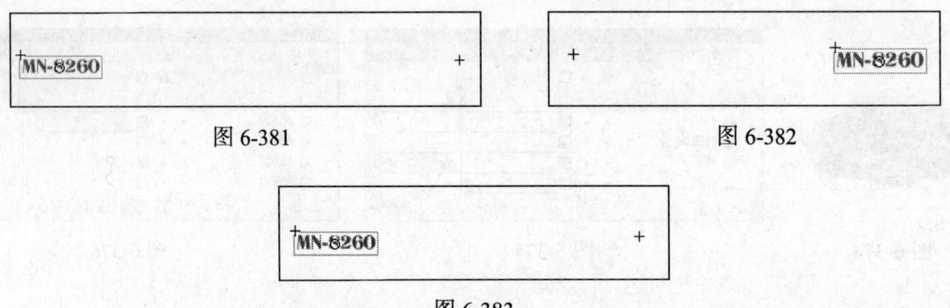

图 6-381　　图 6-382

图 6-383

（3）分别用鼠标右键单击“型号 1”图层的第 1 帧和第 25 帧，在弹出的菜单中选择“创建传统补间”命令，生成动作补间动画，如图 6-384 所示。选中“型号 1”图层的第 25 帧，在帧“属性”面板中，将“补间”选项组下的“缓动”选项设为 100，如图 6-385 所示。

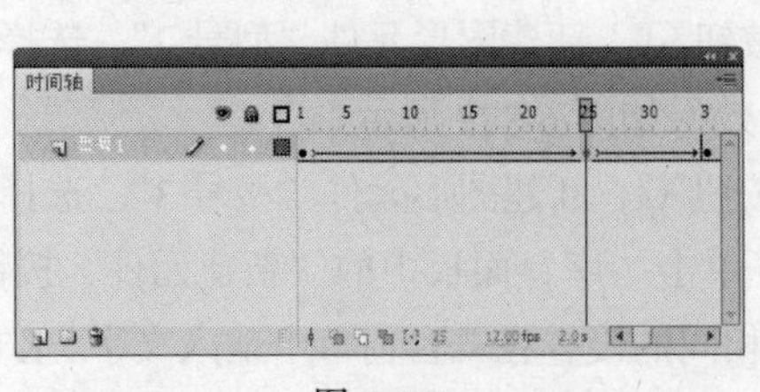

图 6-384　　图 6-385

提示

在帧“属性”面板中，“缓动”选项用于设定动作补间动画从开始到结束时的运动速度。其取值范围为 0 ~ 100。当选择正数时，运动速度呈减速度，即开始时速度快，然后逐渐速度减慢。当选择负数时，运动速度呈加速度，即开始时速度慢，然后逐渐速度加快。

（4）在“时间轴”面板中创建新图层并将其命名为“型号 2”。选中“型号 2”图层的第 6 帧，在该帧上插入关键帧。将“库”面板中的图形元件“型号 2”拖曳到舞台窗口中的适当的位置，效果如图 6-386 所示。

（5）分别选中“型号 2”图层的第 30 帧和第 40 帧，在选中的帧上插入关键帧。选中“型号 2”图层的第 30 帧，在舞台窗口中选中“型号 2”实例，按住 Shift 键的同时将其水平向右拖曳到适当的位置，如图 6-387 所示。

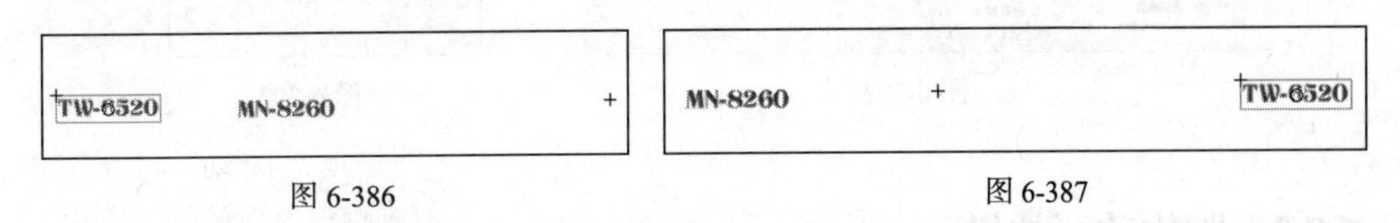

图 6-386　　图 6-387

（6）选中“型号 2”图层的第 40 帧，在舞台窗口中选中“型号 2”实例，按住 Shift 键的同时，将其水平向左拖曳到适当的位置，效果如图 6-388 所示。

（7）分别用鼠标右键单击“型号 2”图层的第 6 帧和第 30 帧，在弹出的菜单中选择“创建传统补间”命令，生成动作补间动画，如图 6-389 所示。选中“型号 2”图层的第 30 帧，选择帧“属性”面板，将“补间”选项组下的“缓动”选项设为 100。

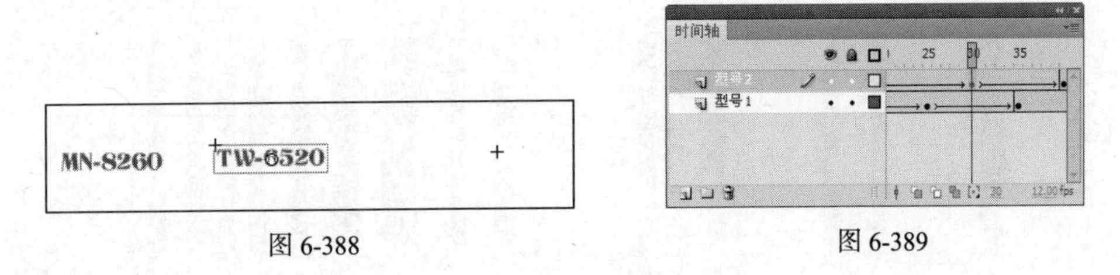

图 6-388　　图 6-389

（8）在“时间轴”面板中创建两个新图层并分别命名为“型号 3”和“型号 4”。分别选中“型号 3”图层的第 11 帧和“型号 4”图层的第 16 帧，在选中的帧上插入关键帧。分别将“库”面板中的图形元件“型号 3”和“型号 4”拖曳到与其名称对应的舞台窗口中，用制作“型号 1”和“型号 2”实例相同的方法分别对两个图层进行操作，效果如图 6-390 所示。“时间轴”面板中的效果如图 6-391 所示。

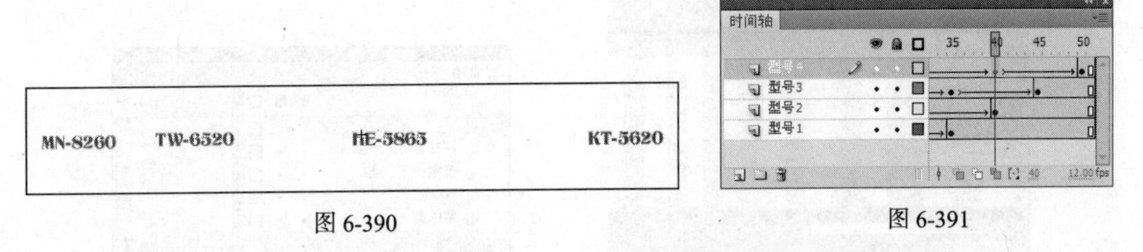

图 6-390　　图 6-391

（9）在“时间轴”面板中创建新图层并将其命名为“动作脚本”。选中“动作脚本”图层的第

51 帧，在该帧上插入关键帧。选择“窗口 > 动作”命令，弹出“动作”面板，单击面板左上方的“将新项目添加到脚本中”按钮，在弹出的菜单中选择“全局函数 > 时间轴控制 > stop”命令，如图 6-392 所示，在脚本窗口中显示出选择的脚本语言，如图 6-393 所示。设置完成动作脚本后关闭“动作”面板。在“动作脚本”图层的第 51 帧上显示出一个标记“a”。

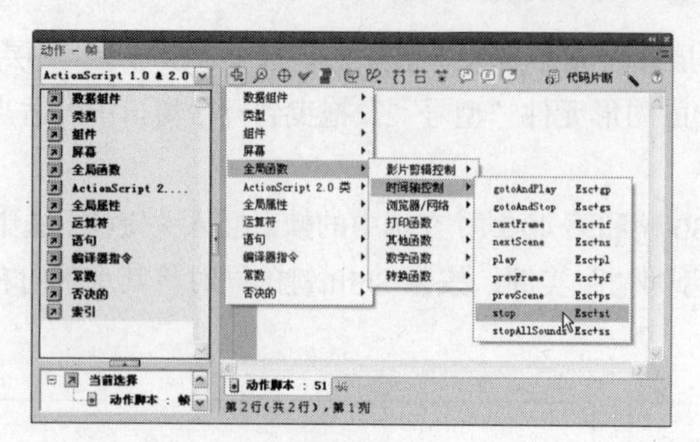

图 6-392

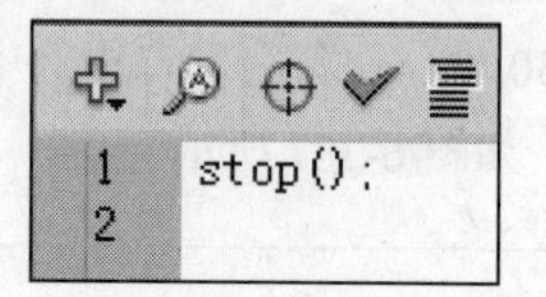

图 6-393

6.9.5 制作动画效果

（1）单击舞台窗口左上方的“场景 1”图标，进入“场景 1”的舞台窗口。将“图层 1”重新命名为“紫色条”。将“库”面板中的影片剪辑元件“紫色条动 1”向舞台窗口中拖曳 5 次，并分别放置到合适的位置，效果如图 6-394 所示。将“库”面板中的影片剪辑元件“紫色条动 2”向舞台窗口中拖曳 6 次，并分别放置到合适的位置，效果如图 6-395 所示。

图 6-394

图 6-395

（2）按 Ctrl+R 组合键，弹出“导入”对话框，在弹出的对话框中选择“Ch06 > 素材 > 6.9 数码产品网页 > 01”文件，单击“打开”按钮，弹出“将 01.psd 导入到舞台”对话框，单击“确定”按钮，文件被导入到舞台窗口中，效果如图 6-396 所示，在“时间轴”面板中自动生成图层，如图 6-397 所示。在“库”面板中自动生成一个 PSD 的资源文件夹。

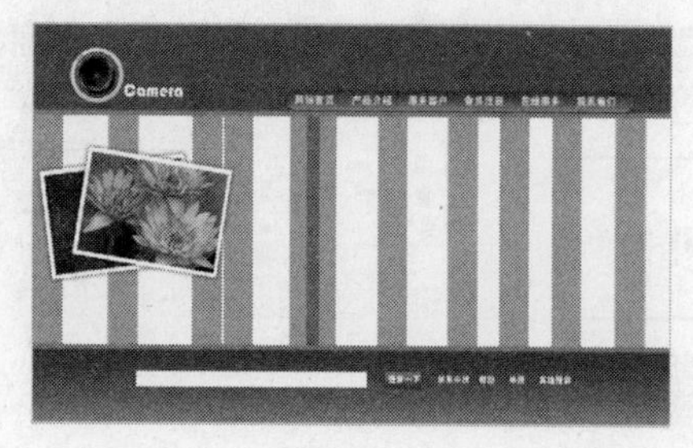

图 6-396

图 6-397

（3）在“时间轴”面板中创建新图层并将其命名为“目录动”。将“库”面板中的影片剪辑元件“目录动”拖曳到舞台窗口中的适当位置，效果如图 6-398 所示。在“时间轴”面板中创建新图层并将其命名为“相机”。将“库”面板中的影片剪辑元件“相机切换”拖曳到舞台窗口的左侧，效果如图 6-399 所示。

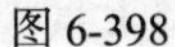
图 6-398

图 6-399

（4）在“时间轴”面板中创建新图层并将其命名为“文字说明”。选择“窗口 > 颜色”命令，弹出“颜色”面板，将“笔触颜色”设为无，“填充颜色”设为紫色（#660066），并将“Alpha”选项设为 30，如图 6-400 所示。

（5）选择“矩形”工具，在矩形工具“属性”面板中进行设置，如图 6-401 所示。在舞台窗口中绘制 3 个矩形，分别选中每个矩形，按 Ctrl+G 组合键进行组合。并将其水平放置到舞台窗口中的适当位置，效果如图 6-402 所示。

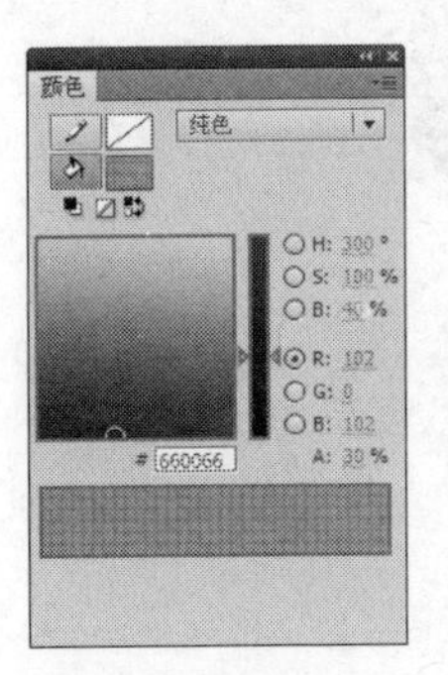

图 6-400

图 6-401

图 6-402

（6）选择“文本”工具，在文本工具“属性”面板中进行设置，如图 6-403 所示。在舞台窗口中的紫色圆角矩形上分别输入黑色的说明文字，效果如图 6-404 所示。数码产品网页制作完成，按 Ctrl+Enter 组合键即可查看效果，如图 6-405 所示。

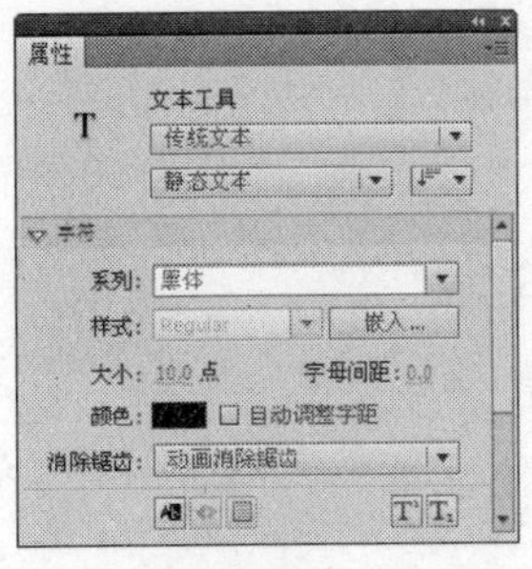

图 6-403

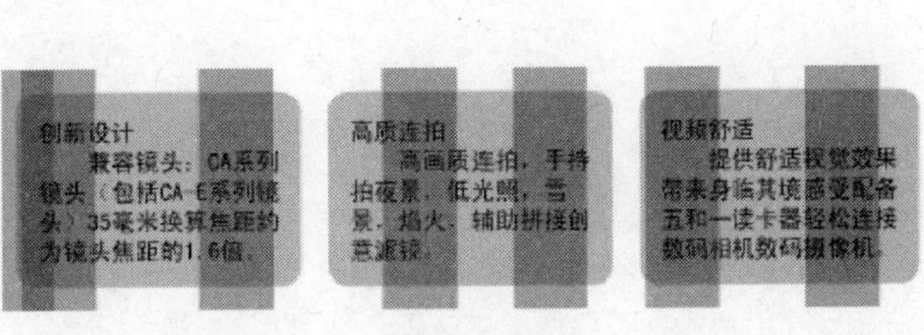

图 6-404

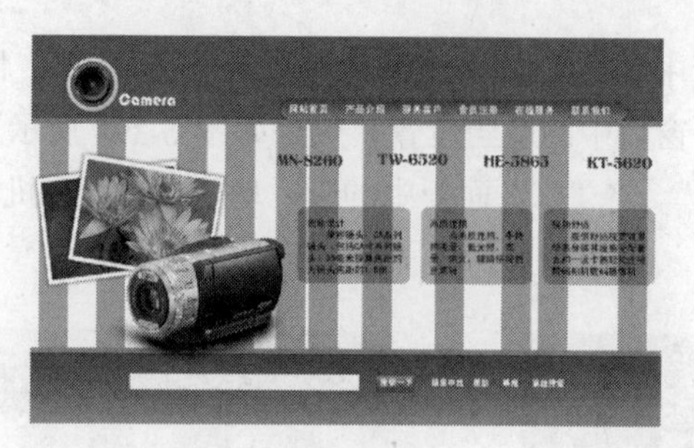

图 6-405

6.10 课后习题——精品购物网页

【习题知识要点】使用“椭圆”工具绘制引导线，使用“文本”工具添加文字，使用“任意变形”工具改变图形的大小，使用“动作”面板设置脚本语言，如图 6-406 所示。

【效果所在位置】光盘/Ch06/效果/6.10 精品购物网页. Fla。

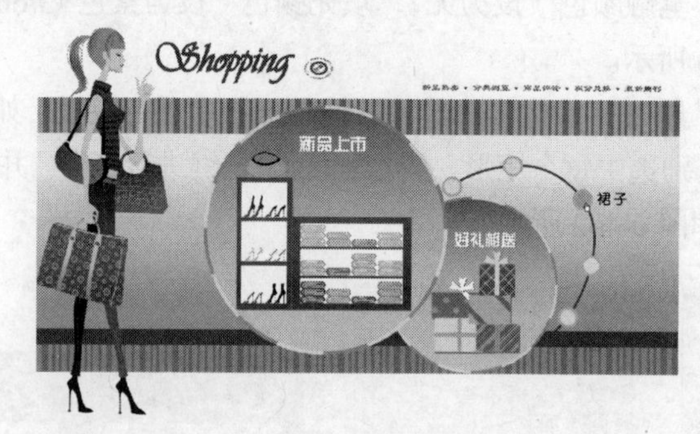

图 6-406

第7章 教学课件

应用 Flash CS5 制作教学课件，制作出来的课件具有容易操作、直观性强等特点，能使教学内容更具体化、更丰富、更有趣、更生动。

本章主要介绍应用 Flash CS5 制作教学课件的方法和技巧，并介绍通过大量的图片、文字，结合幻灯片与组件制作出富有知识性、趣味性的教学课件的方法。

课堂学习实例

- 幻灯片课件
- 计算机课件

7.1 幻灯片课件

【知识要点】使用“创建传统补间”命令制作动画效果，使用图形属性面板改变图形的颜色和透明度，使用“转换位图为矢量图”命令将位图转换为矢量图，使用“文本”工具添加文字，使用“动作”面板添加脚本语言。

7.1.1 制作琴键动画

（1）选择“文件 > 打开”命令，弹出“打开”对话框，在弹出的对话框中选择“Ch07 > 素材 > 7.1 乐器欣赏课件 > 01.fla”文件，单击“打开”按钮，打开文件，“库”面板中的显示效果如图 7-1 所示。

（2）调出“库”面板，在“库”面板下方单击“新建元件”按钮，弹出“创建新元件”对话框，在“名称”选项的文本框中输入“琴键动画”，在“类型”选项的下拉列表中选择“影片剪辑”选项，单击“确定”按钮，新建影片剪辑元件“琴键动画”，如图 7-2 所示，舞台窗口也随之转换为影片剪辑元件的舞台窗口。

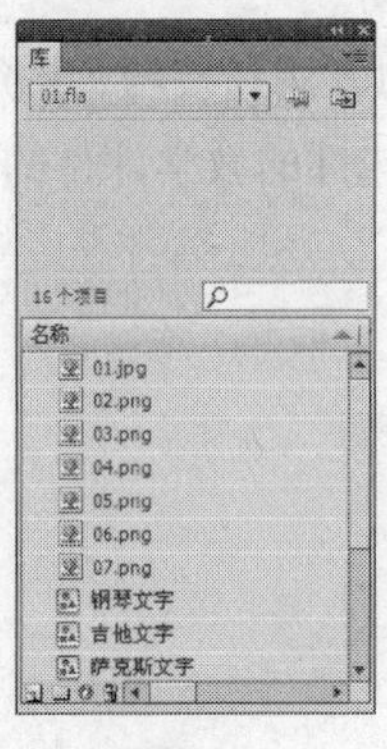

图 7-1

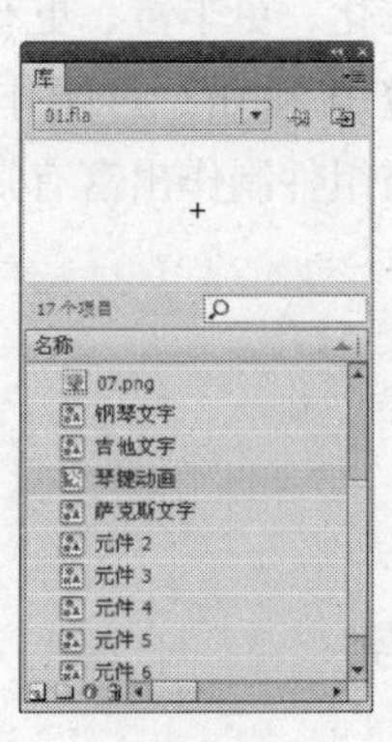

图 7-2

（3）将“图层 1”重新命名为“琴键 1”。将“库”面板中的图形元件“元件 2”拖曳到舞台窗口中适当的位置，并将其调整到合适的大小，效果如图 7-3 所示。选中“琴键 1”图层的第 20 帧，按 F6 键，在该帧上插入关键帧。选择“选择”工具，在舞台窗口中选择实例，按住 Shift 键的同时水平向左拖曳实例到适当的位置，如图 7-4 所示。

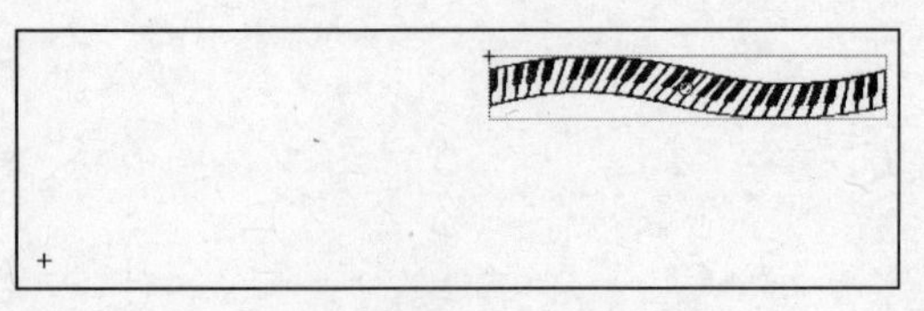

图 7-3

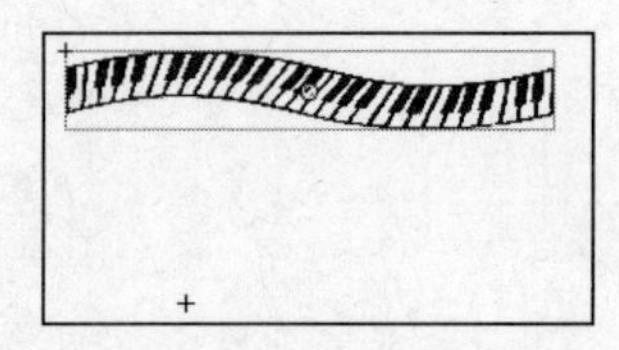

图 7-4

（4）用鼠标右键单击“琴键 1”图层的第 1 帧，在弹出的菜单中选择“创建传统补间”命令，生成动作补间动画。选中“琴键 1”图层的第 39 帧，按 F5 键，在该帧上插入普通帧，如图 7-5 所示。

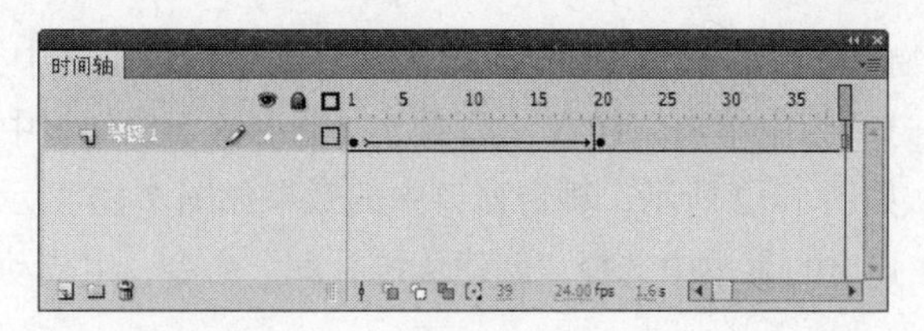

图 7-5

（5）单击“时间轴”面板下方的“新建图层”按钮，创建新图层并将其命名为“琴键 2”。将“库”面板中的图形元件“元件 3”拖曳到舞台窗口中适当的位置，并将其调整到合适的大小，效果如图 7-6 所示。选中“琴键 2”图层的第 20 帧，按 F6 键，在该帧上插入关键帧。选择“选择”工具，在舞台窗口中选择实例，按住 Shift 键的同时水平向右拖曳实例到适当的位置，如图 7-7 所示。

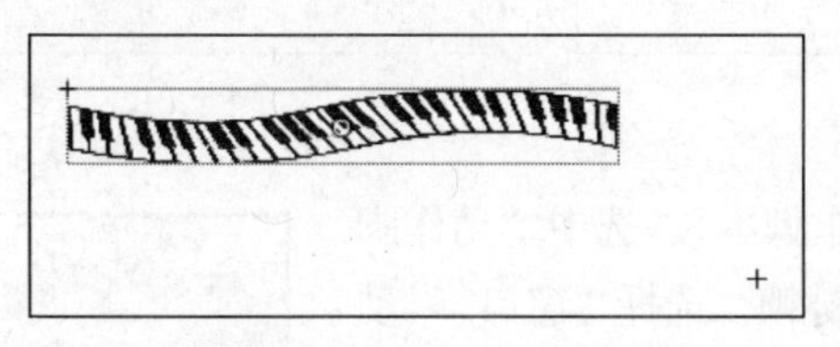

图 7-6

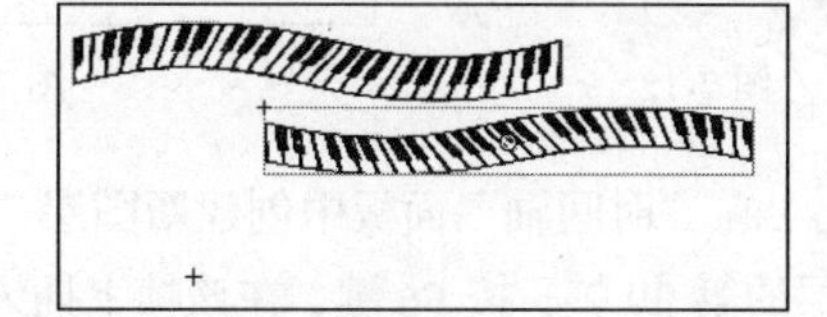

图 7-7

（6）用鼠标右键单击“琴键 2”图层的第 1 帧，在弹出的菜单中选择“创建传统补间”命令，生成动作补间动画，如图 7-8 所示。

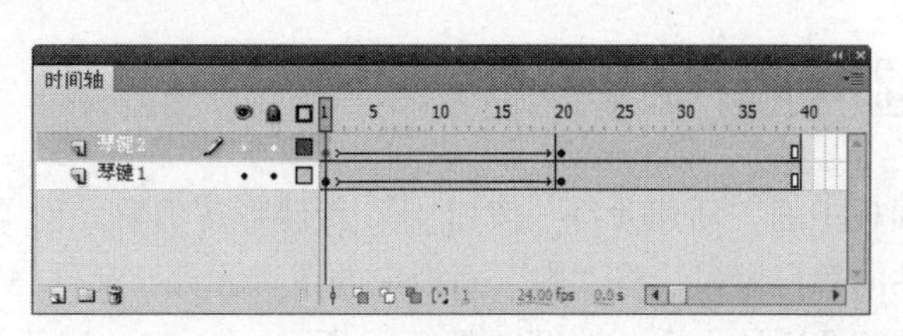

图 7-8

（7）在“时间轴”面板中创建新图层“人物”。选中“人物”图层的第 20 帧，按 F6 键，在该帧上插入关键帧。将“库”面板中的图形元件“元件 4”拖曳到舞台窗口中适当的位置，并将其调整到合适的大小，效果如图 7-9 所示。

（8）选中“人物”图层的第 35 帧，按 F6 键，在该帧上插入关键帧。按住 Shift 键的同时在舞台窗口中将实例垂直向下拖曳到适当的位置，如图 7-10 所示。分别选中“人物”图层的第 36 帧、第 37 帧、第 38 帧和第 39 帧，在选中的帧上插入关键帧，如图 7-11 所示。

图 7-9

图 7-10

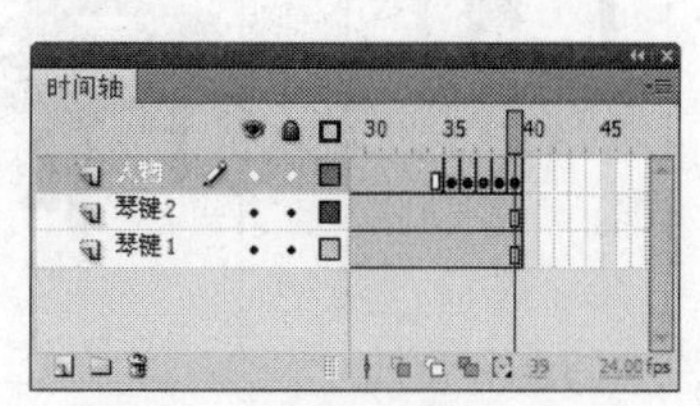

图 7-11

（9）分别选中“人物”图层的第 36 帧和第 37 帧，在舞台窗口中选中实例，选择图形“属性”面板，在“色彩效果”选项组中单击“样式”选项，在弹出的下拉列表中选择“色调”选项，将“着色”选项设为白色，如图 7-12 所示，舞台窗口中的效果如图 7-13 所示。用鼠标右键单击“人物”图层的第 20 帧，在弹出的菜单中选择“创建传统补间”命令，生成动作补间动画，如图 7-14 所示。

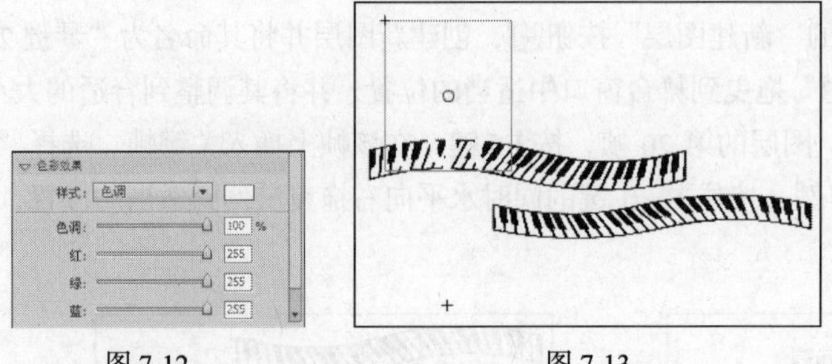

图 7-12　　图 7-13

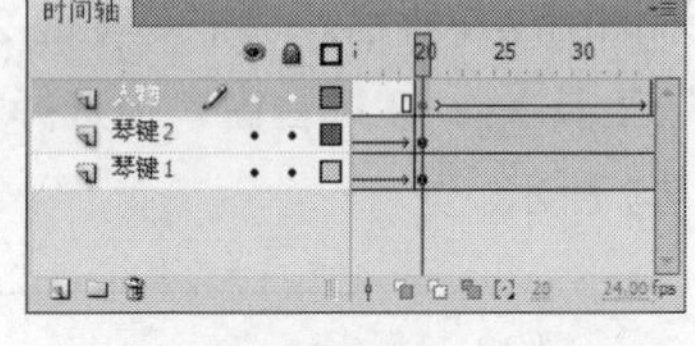

图 7-14

（10）在“时间轴”面板中创建新图层“动作脚本”。选中“动作脚本”图层的第 39 帧，按 F6 键，在该帧上插入关键帧。选择“窗口 > 动作”命令，弹出“动作”面板，单击面板左上方的“将新项目添加到脚本中”按钮，在弹出的菜单中选择“全局函数 > 时间轴控制 > stop”命令，在脚本窗口中显示出选择的脚本语言，如图 7-15 所示。

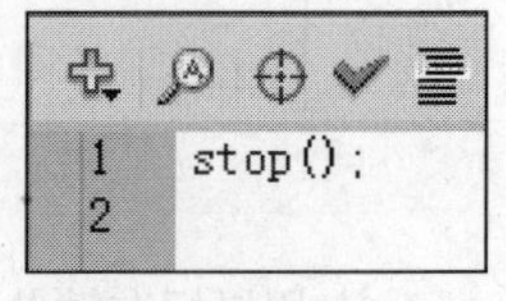

图 7-15

7.1.2 制作乐器动画

（1）单击“库”面板中的“新建元件”按钮，新建影片剪辑元件“钢琴”，舞台窗口也随之转换为影片剪辑元件的舞台窗口。将“库”面板中的图形元件“元件 5”拖曳到舞台窗口中适当的位置，并将其调整到合适的大小，效果如图 7-16 所示。

（2）选中“图层 1”的第 20 帧，按 F6 键，在该帧上插入关键帧。按住 Shift 键的同时在舞台窗口中将实例垂直向下拖曳到适当的位置，如图 7-17 所示。选中“图层 1”的第 1 帧，在舞台窗口中选中实例，选择图形“属性”面板，在“色彩效果”选项组中单击“样式”选项，在弹出的下拉列表中选择“Alpha”选项，将其值设为 20，如图 7-18 所示，舞台窗口中的效果如图 7-19 所示。

图 7-16　　图 7-17

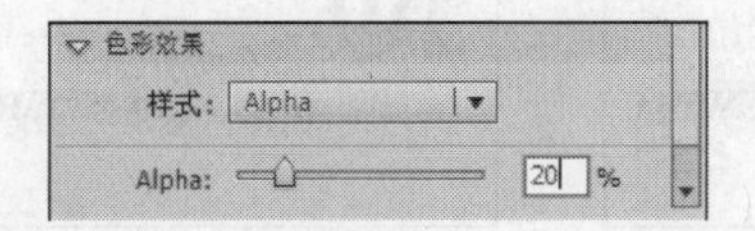

图 7-18

图 7-19

（3）用鼠标右键单击“图层 1”的第 1 帧，在弹出的菜单中选择“创建传统补间”命令，生成动作补间动画，如图 7-20 所示。在“时间轴”面板中创建新图层“图层 2”。选中“图层 2”的第 20 帖，按 F6 键，在该帧上插入关键帧。

（4）选择“动作”面板，单击面板左上方的“将新项目添加到脚本中”按钮，在弹出的菜单中选择“全局函数 > 时间轴控制 > stop”命令，在脚本窗口中显示出选择的脚本语言，如图 7-21 所示。用相同的方法分别制作影片剪辑元件“吉他”和“萨克斯”，“库”面板中的显示效果如图 7-22 所示。

图 7-20

图 7-21

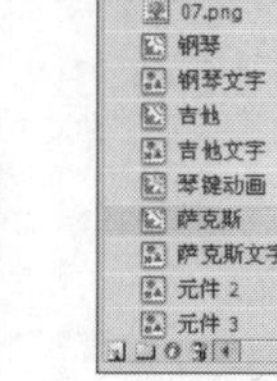

图 7-22

7.1.3　制作动画并添加脚本

（1）单击舞台窗口左上方的“场景 1”图标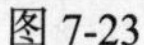，进入“场景 1”的舞台窗口。将“图层 1”重新命名为“背景”。将“库”面板中的位图“01.jpg”拖曳到舞台窗口的中心位置，并调整到合适的大小，效果如图 7-23 所示。

（2）选择“选择”工具，在舞台窗口中选中背景图，选择“修改 > 位图 > 转换位图为矢量图”命令，弹出“转换位图为矢量图”对话框，选项的设置如图 7-24 所示，单击“确定”按钮，效果如图 7-25 所示。选中“背景”图层的第 4 帧，按 F5 键，在该帧上插入普通帧。

图 7-23

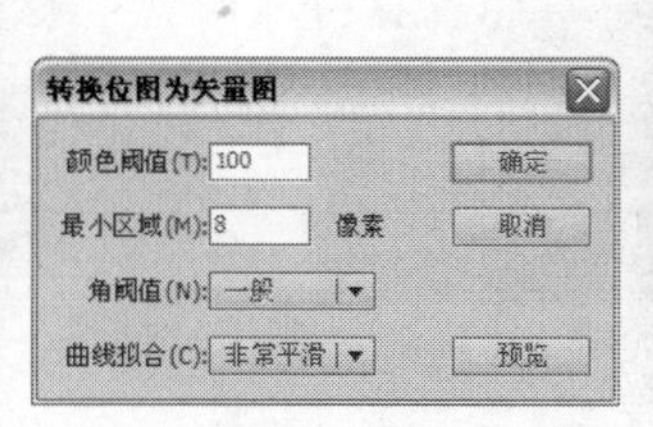

图 7-24

图 7-25

（3）在“时间轴”面板中创建新图层并将其命名为“图形”。将“库”面板中的图形元件“图形”拖曳到舞台窗口中的右侧，效果如图 7-26 所示。在“时间轴”面板中创建新图层并将其命名为“幻灯片”。将“库”面板中的影片剪辑元件“琴键动画”拖曳到舞台窗口中的下方，效果如图 7-27 所示。

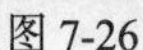

图 7-26

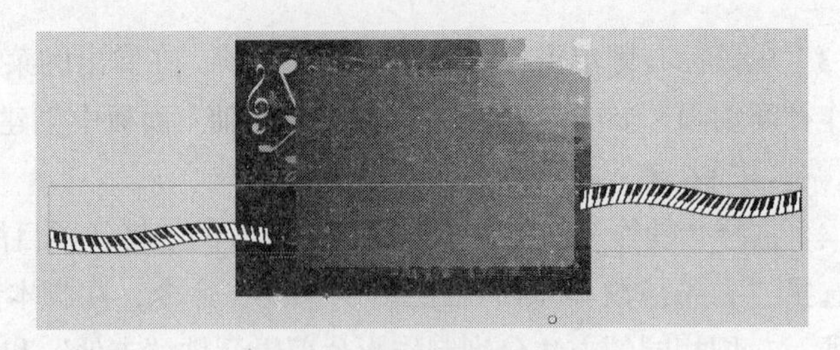

图 7-27

（4）选择“文本”工具T，在文本工具“属性”面板中进行设置，如图 7-28 所示，在舞台窗口中输入需要的深灰色（#333333）文字，并将其拖曳到适当的位置，效果如图 7-29 所示。用相同的方法输入白色文字，并将其拖曳到深灰色文字的左上方，效果如图 7-30 所示。

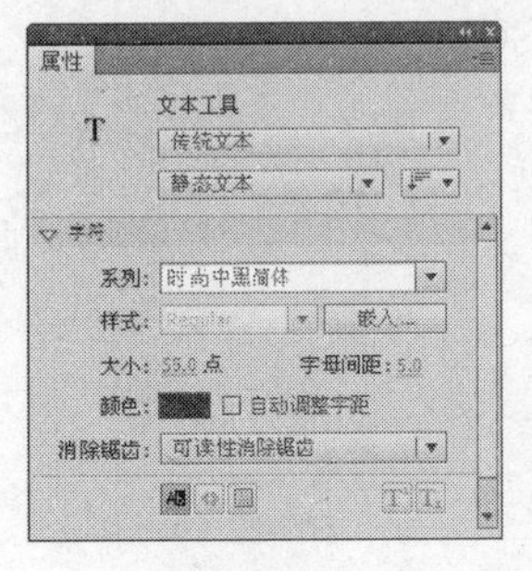

图 7-28

图 7-29

图 7-30

（5）在“时间轴”面板中选中“幻灯片”图层的第 2 帧，按 F6 键，在该帧上插入关键帧。将舞台窗口中的文字和“琴键动画”实例删除，分别将“库”面板中的影片剪辑元件“钢琴”和图形元件“钢琴文字”拖曳到舞台窗口中适当的位置，并将其调整到合适的大小，如图 7-31 所示。

（6）选择“文本”工具T，在文本工具“属性”面板中进行设置，在舞台窗口中输入字体为“Arial”，大小为 15 的白色数字，并将其拖曳到舞台窗口的右下方，效果如图 7-32 所示。

图 7-31

图 7-32

（7）在“时间轴”面板中选中“幻灯片”图层的第 3 帧，按 F6 键，在该帧上插入关键帧。将舞台窗口中的图形元件“钢琴文字”和影片剪辑元件“钢琴”实例删除，分别将“库”面板中的影片剪辑元件“吉他”和图形元件“吉他文字”拖曳到舞台窗口中适当的位置，并将其调整到合适的大小，效果如图 7-33 所示。选择“文本”工具T，将舞台窗口右下方的数字“1”修改为“2”，效果如图 7-34 所示。

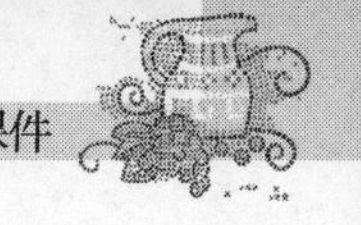

图 7-33

图 7-34

（8）在“时间轴”面板中选中“幻灯片”图层的第 4 帧，按 F6 键，在该帧上插入关键帧。将舞台窗口中的图形元件“吉他文字”和影片剪辑元件“吉他”实例删除，分别将“库”面板中的影片剪辑元件“萨克斯”和图形元件“萨克斯文字”拖曳到舞台窗口中适当的位置，并将其调整到合适的大小，效果如图 7-35 所示。选择“文本”工具 T，将舞台窗口的右下方的数字“2”修改为“3”，效果如图 7-36 所示。

图 7-35

图 7-36

（9）在“时间轴”面板中创建新图层并将其命名为“动作脚本”。选中“动作脚本”图层的第 1 帧。选择“动作”面板，在面板的脚本窗口中输入脚本语言（脚本语言的具体设置可以参考附带光盘中的实例源文件），如图 7-37 所示。设置完成动作脚本后，关闭“动作”面板。在“动作脚本”图层的第 1 帧上显示出一个标记“a”。乐器欣赏课件制作完成，按 Ctrl+Enter 组合键即可查看效果，效果如图 7-38 所示（按键盘上的左右方向键可以切换幻灯片的内容）。

代码片断

```
1  stage.addEventListener(KeyboardEvent.KEY_DOWN, fl_changeSlide);
2  function fl_changeSlide(evt:KeyboardEvent):void
3  {
4      if(evt.keyCode == 37)
5      {
6          gotoAndStop(this.currentFrame-1);
7      }
8      else if (evt.keyCode == 39 || evt.keyCode == 32)
9      {
10         gotoAndStop(this.currentFrame+1);
11     }
12 }
13 stop();
14
```

图 7-37

图 7-38

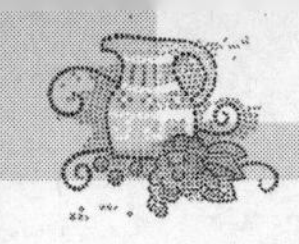

7.2 计算机课件

【知识要点】使用“文本”工具添加文本，使用“组件”面板制作确定按钮和答案选项，使用“动作”面板添加脚本语言。

7.2.1 设置按钮脚本语言

（1）选择“文件 > 新建”命令，弹出“新建文档”对话框，单击“确定”按钮，进入新建文档舞台窗口。按 Ctrl+F3 组合键，弹出文档“属性”面板，单击“大小”选项后面的“编辑”按钮 编辑... ，在弹出的对话框中将舞台窗口的宽度设为 550，高度设为 229，单击“确定”按钮。

（2）在文档“属性”面板中，单击“发布”选项组中“配置文件”右侧的“编辑”按钮，在弹出的“发布设置”对话框中将“播放器”选项设为“Flash Player 8”，将“脚本”选项设为“ActionScript 2.0”，如图 7-39 所示，单击“确定”按钮。

（3）将“图层 1”重新命名为“底图”。选择“文件 > 导入 > 导入到舞台”命令，在弹出的“导入”对话框中选择“Ch07 > 素材 > 7.2 计算机课件 > 01”文件，单击“打开”按钮，文件被导入到舞台窗口中。

图 7-39

（4）选中图片，在位图“属性”面板中进行设置，如图 7-40 所示，将图片放置在舞台窗口的中心位置，效果如图 7-41 所示。在“时间轴”面板中选中第 3 帧，按 F5 键，在该帧上插入普通帧。

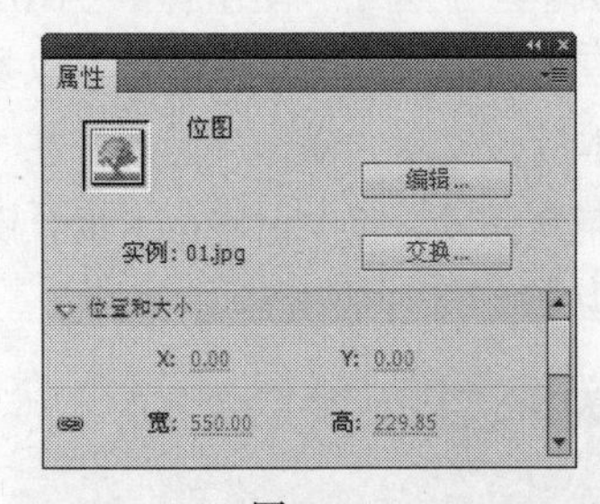

图 7-40

图 7-41

（5）单击“时间轴”面板下方的“新建图层”按钮，创建新图层并将其命名为“图形”。选择“矩形”工具，在矩形工具“属性”面板中，将“笔触颜色”设为无，“填充颜色”设为白色，其他选项的设置如图 7-42 所示，在舞台窗口中的左侧绘制图形，效果如图 7-43 所示。

（6）调出“库”面板，在“库”面板下方单击“新建元件”按钮，弹出“创建新元件”对话框，在“名称”选项的文本框中输入“箭头”，在“类型”选项的下拉列表中选择“按钮”选项，

单击“确定”按钮，新建按钮元件“箭头”，如图 7-44 所示，舞台窗口也随之转换为按钮元件的舞台窗口。

图 7-42

图 7-43

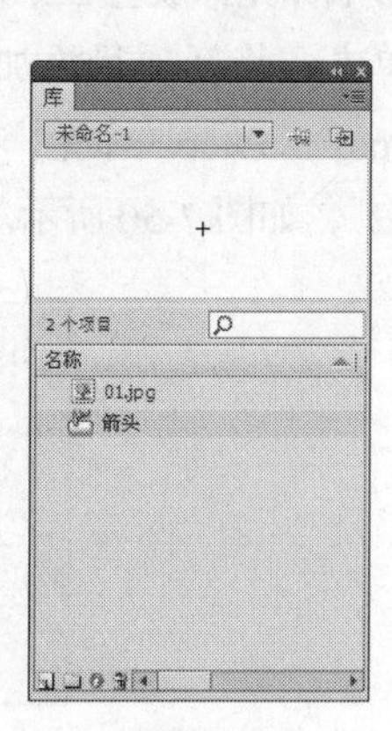

图 7-44

（7）选择“文件 > 导入 > 导入到舞台”命令，在弹出的对话框中选择“Ch07> 素材 >7.2 计算机课件 >02”文件，单击“打开”按钮，图片被导入到舞台窗口中，如图 7-45 所示。

（8）单击舞台窗口左上方的“场景 1”图标，进入“场景 1”的舞台窗口。单击“时间轴”面板下方的“新建图层”按钮，创建新图层并将其命名为“箭头按钮”。将“库”面板中的按钮元件“箭头”拖曳到舞台窗口的右下角，并将其调整到合适的大小，效果如图 7-46 所示。

图 7-45　　图 7-46

（9）在“时间轴”面板中分别选中“箭头按钮”图层的第 2 帧和第 3 帧，按 F6 键，在选中的帧上插入关键帧，如图 7-47 所示。

（10）选中第 1 帧，选中舞台窗口中的“箭头”实例，选择“窗口 > 动作”命令，弹出“动作”面板（其快捷键为 F9），单击面板左上方的“将新项目添加到脚本中”按钮，在弹出的菜单中选择“全局函数 > 影片剪辑控制 >on”命令，如图 7-48 所示。

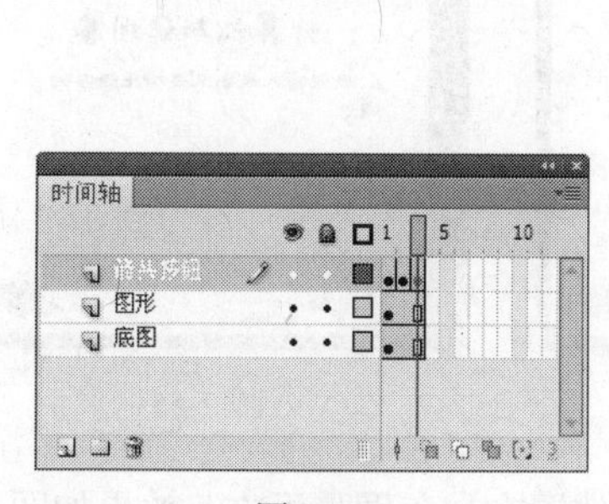

图 7-47

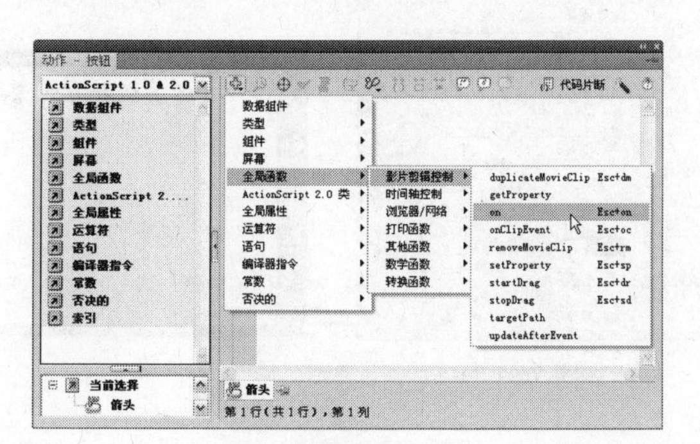

图 7-48

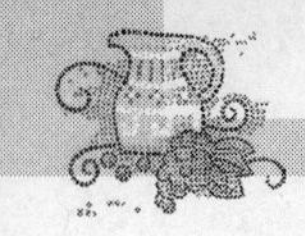

（11）在“脚本窗口”中显示出选择的脚本语言，在下拉列表中选择“press”，如图 7-49 所示。将鼠标光标放置在第 1 行脚本语言的最后，按 Enter 键，光标显示到第 2 行。在“动作”面板中单击“将新项目添加到脚本中”按钮 ，在弹出的菜单中选择“全局函数 > 时间轴控制 > gotoAndStop”命令，在脚本窗口中显示出选择的脚本语言，在脚本语言后面的小括号中输入数字“2”，如图 7-50 所示。

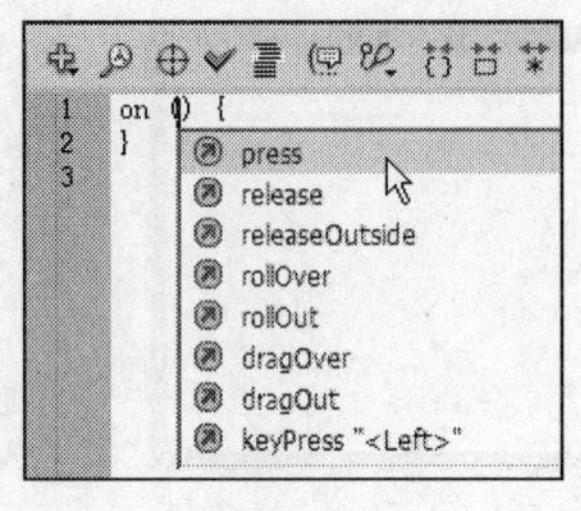

图 7-49

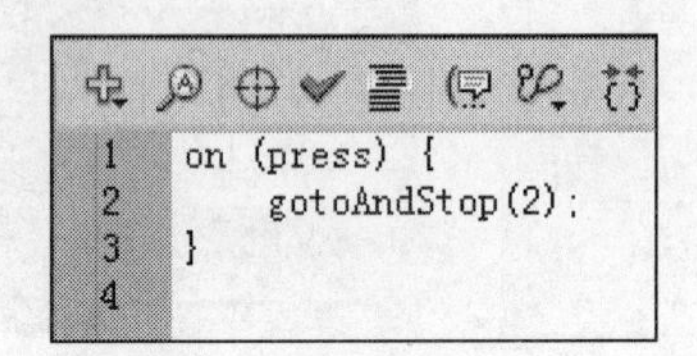

图 7-50

（12）选中“箭头按钮”图层的第 2 帧，选中舞台窗口中的“箭头”实例，在“动作”面板的脚本窗口中输入脚本语言，如图 7-51 所示。选中“箭头按钮”图层的第 3 帧，选中舞台窗口中的“箭头”实例，在“动作”面板的脚本窗口中输入脚本语言，如图 7-52 所示。

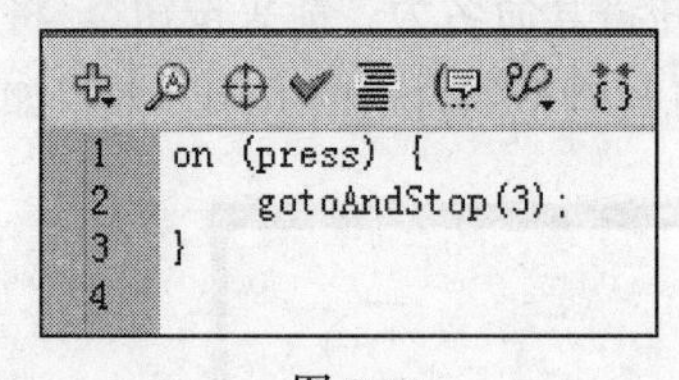

图 7-51

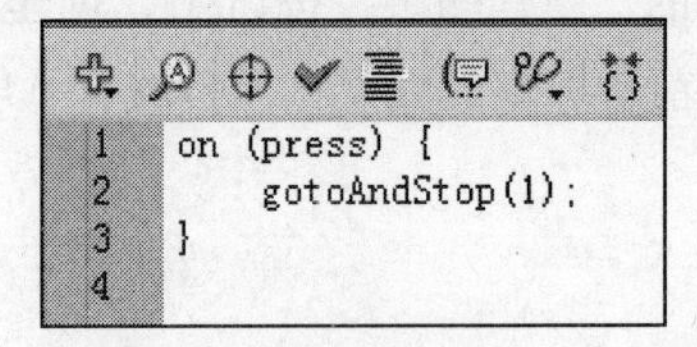

图 7-52

7.2.2 添加文字

（1）在“时间轴”面板中创建新图层并将其命名为“问题”。选择“文本”工具 ，在文本工具“属性”面板中进行设置，如图 7-53 所示，在舞台窗口中输入黑色文字“计算机知识问答”，将文字放置在白色的图形上，效果如图 7-54 所示。在文本工具“属性”面板中将字体设为“隶书”，大小设置为 15，再次输入黑色文字“1.既是输入设备又是输出设备的是:”，效果如图 7-55 所示。

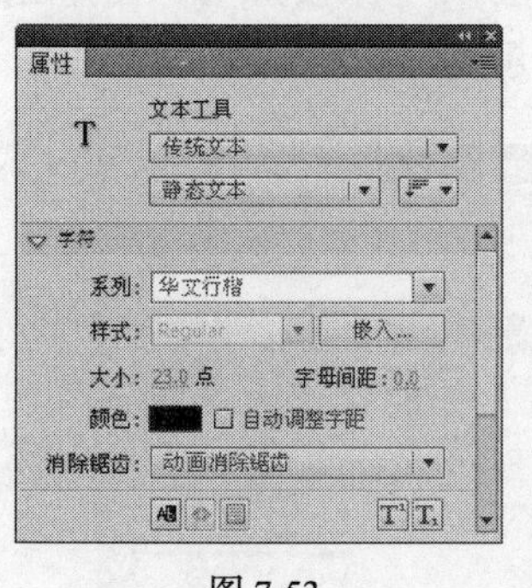

图 7-53

图 7-54

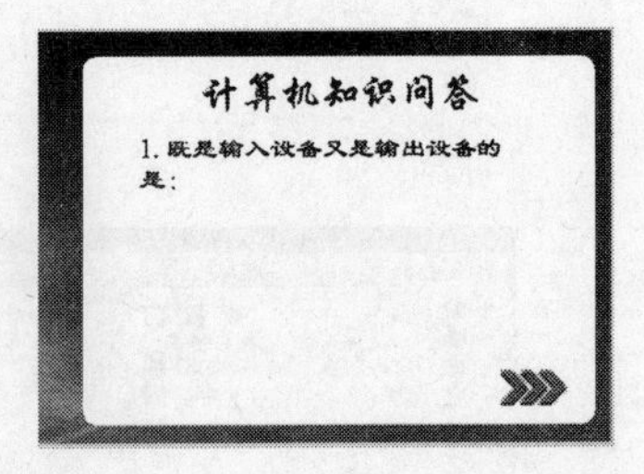

图 7-55

（2）再次输入大小为 18 的黑色文字“答案”，并将其放置在白色图形下方，效果如图 7-56 所

示。选择“文本”工具 T，选择文本工具“属性”面板，在“文本类型”选项的下拉列表中选择“动态文本”选项，如图 7-57 所示。

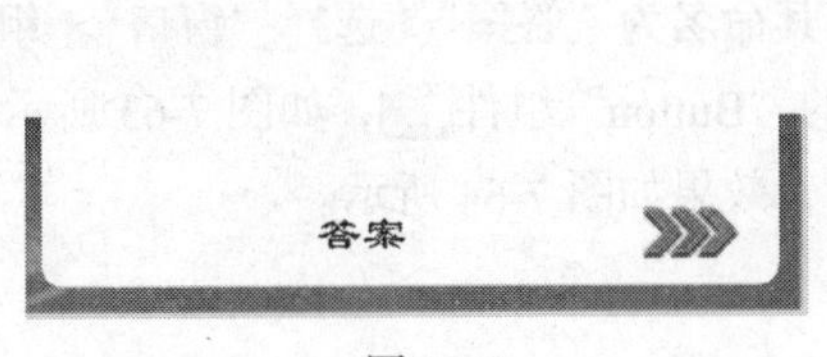

图 7-56

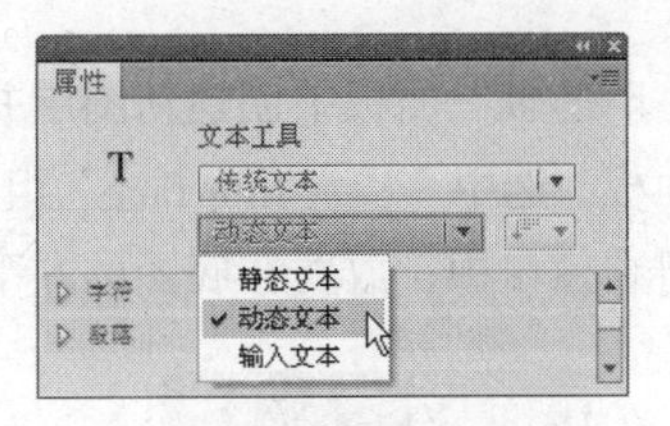

图 7-57

（3）在舞台窗口中的文字“答案”的右侧拖曳出动态文本框，效果如图 7-58 所示。选择“选择”工具，选中动态文本框，在动态文本“属性”面板中选中“在文本周围显示边框”按钮，在“变量”选项的文本框中输入“answer”，如图 7-59 所示，舞台窗口中的动态文本框效果如图 7-60 所示。

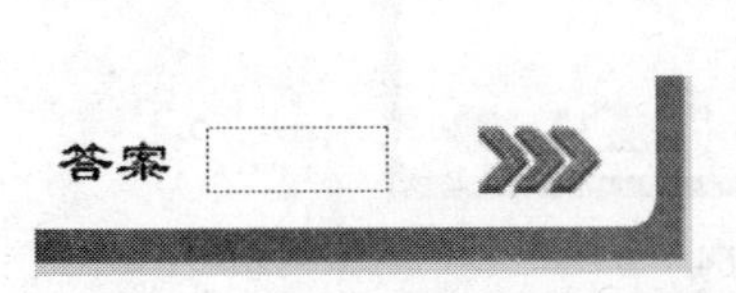

图 7-58

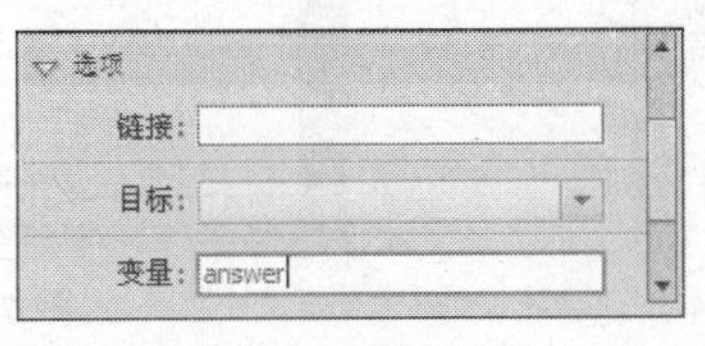

图 7-59

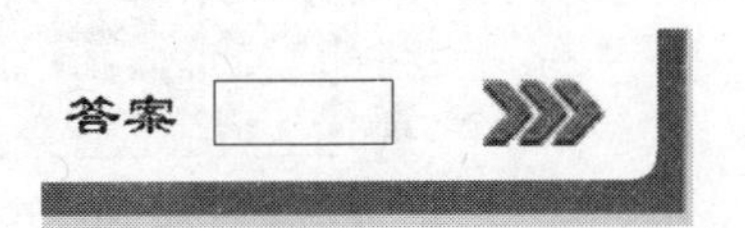

图 7-60

提示

动态文本“属性”面板中各选项的功能如下。

“实例名称”选项：可以设置动态文本的名称。

“可选”选项：可以设置文本为可选类型。

“将文本呈现为 HTML”选项：文本支持 HTML 标签特有的字体格式、超级链接等超文本格式。

“在文本周围显示边框”选项：可以为文本设置白色的背景和黑色的边框。

“变量”选项：可以将该文本框定义为保存字符串数据的变量。此选项需结合动作脚本使用。

（4）分别选中“问题”图层的第 2 帧和第 3 帧，按 F6 键，在选中的帧上插入关键帧。选中第 2 帧，将舞台窗口中的文字“1.既是输入设备又是输出设备的是:”更改为文字“2.在 Windows 中，文件命名时不允许使用的下列字符是:”，效果如图 7-61 所示。

（5）选中第 3 帧，将舞台窗口中的文字“1.既是输入设备又是输出设备的是:”更改为文字“3.中国教育科研计算机网的英文简称是:”，效果如图 7-62 所示。

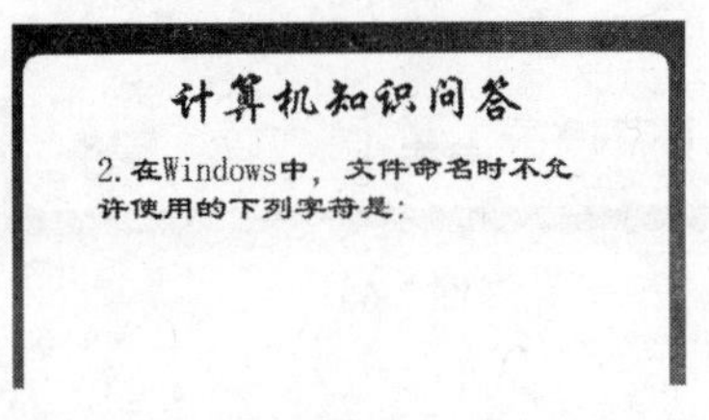

图 7-61

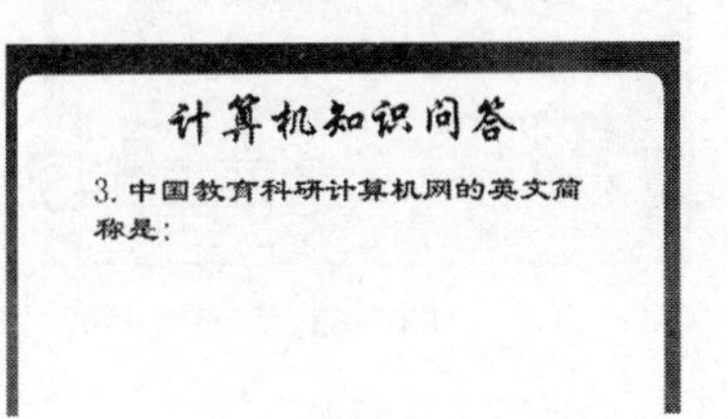

图 7-62

7.2.3 添加组件

（1）在“时间轴”面板中创建新图层并将其命名为“答案”。选择“窗口 > 组件”命令，弹出“组件”面板，选中“User Interface”组中的“Button”组件，如图 7-63 所示。将“Button”组件拖曳到舞台窗口中，放置在底图的左下方，效果如图 7-64 所示。

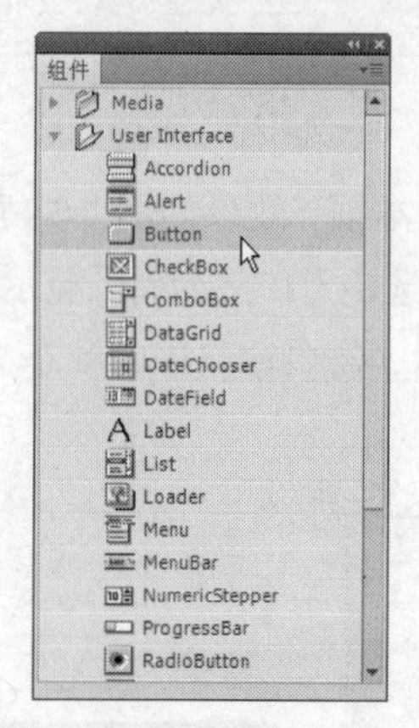

图 7-63

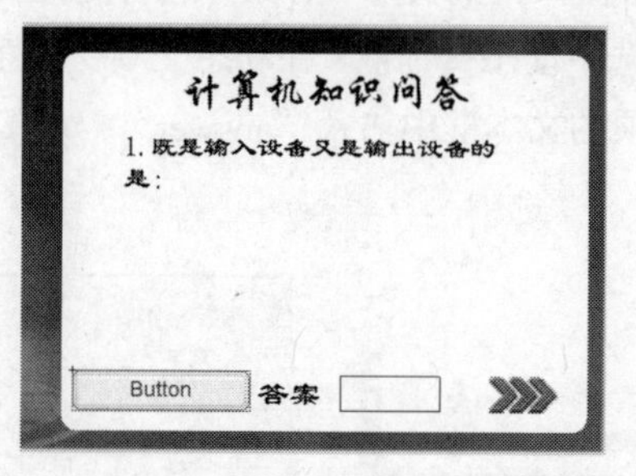

图 7-64

提示 “组件”面板中的组件包含 4 个类别：数据组件（Data）、媒体组件（Media）、用户界面组件（User Interface）和管理器（在“组件”面板中不可见）。可以在“组件”面板中双击要使用的组件，组件会显示在舞台窗口中，还可以在“组件”面板中选中要使用的组件，将其直接拖曳到舞台窗口中。

（2）选中“Button”组件，选择组件“属性”面板，在面板的上方选中“参数”选项卡，切换成组件“参数”面板，分别将“宽”和“高”选项设为 67 和 22，并在“label”选项的文本框中输入“确定”，如图 7-65 所示。“Button”组件上的文字变为“确定”，并改变大小，效果如图 7-66 所示。

图 7-65

图 7-66

提示　在“Button”组件中，“icon”选项用于为按钮添加自定义的图标。该值是库中影片剪辑或图形元件的链接标识符。

“label”选项用于设置按钮上显示的文字，默认状态下为“Button”。

“labelPlacement”选项用于确定按钮上的文字相对于图标的方向。

“selected”选项用于如果“toggle”参数值为“true”，则该参数指定按钮是处于按下状态“true”还是释放状态“false”。

“toggle”选项用于将按钮转变为切换开关。如果参数值为“true”，那么按钮在按下后保持按下状态，直到再次按下时才返回到弹起状态；如果参数值为“false”，那么按钮的行为与普通按钮相同。

（3）选中“Button”组件，在“动作”面板的脚本窗口中输入脚本语言，“动作”面板中的效果如图 7-67 所示。选中“答案”图层的第 2 帧和第 3 帧，按 F6 键，在选中的帧上插入关键帧，如图 7-68 所示。

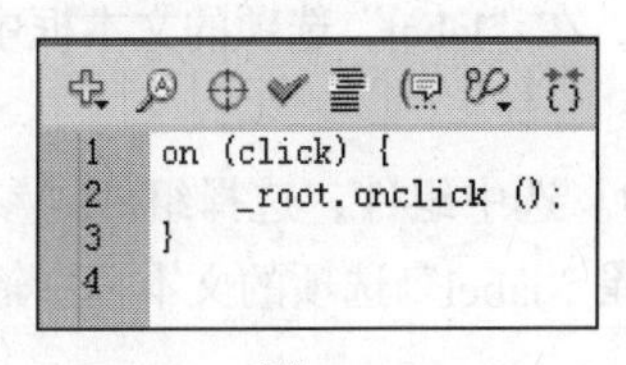

图 7-67

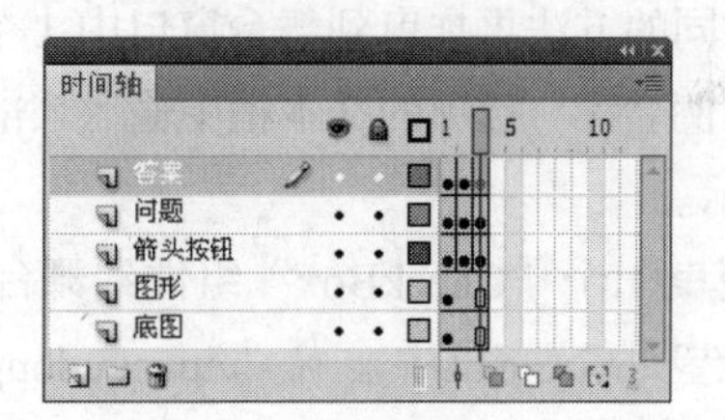

图 7-68

（4）选中“答案”图层的第 1 帧，在“组件”面板中选中“User Interface”组中的“CheckBox”组件，如图 7-69 所示。将“CheckBox”组件拖曳到舞台窗口中，放置在问题文字的下方，效果如图 7-70 所示。

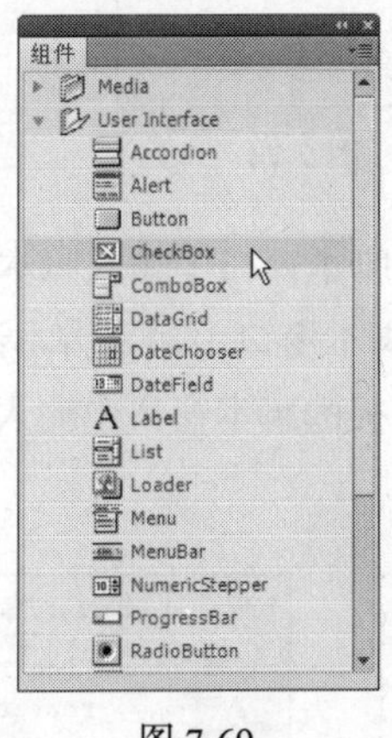

图 7-69

图 7-70

（5）选中“CheckBox”组件，选择组件“参数”面板，在“实例名称”选项的文本框中输入“shubiao”，在“label”选项的文本框中输入“鼠标”，如图 7-71 所示。“CheckBox”组件上的文

字变为“鼠标”，舞台窗口中组件的效果如图 7-72 所示。

图 7-71

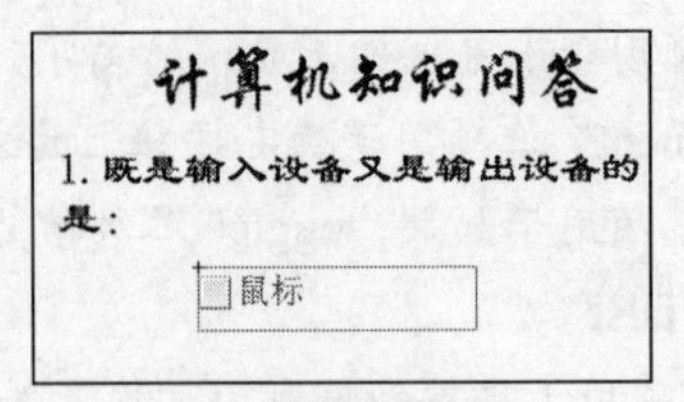

图 7-72

提示 在“CheckBox”组件中，“label”选项用于设置复选框的名称，默认状态下为“CheckBox”。“labelPlacement”选项用于设置名称相对于复选框的位置，默认状态下，名称在复选框的右侧。“selected”选项用于将复选框的初始值设为选中“true”或取消选中“false”。

（6）用相同的方法再拖曳到舞台窗口中 1 个“CheckBox”组件。选中组件，选择组件“参数”面板，在“实例名称”选项的文本框中输入“jianpan”，在“label”选项的文本框中输入“键盘”，如图 7-73 所示。

（7）再拖曳 1 个“CheckBox”组件到舞台窗口中。选中组件，选择组件“参数”面板，在“实例名称”选项的文本框中输入“cipanqudongqi”，在“label”选项的文本框中输入“磁盘驱动器”，舞台窗口中组件的效果如图 7-74 所示。

图 7-73

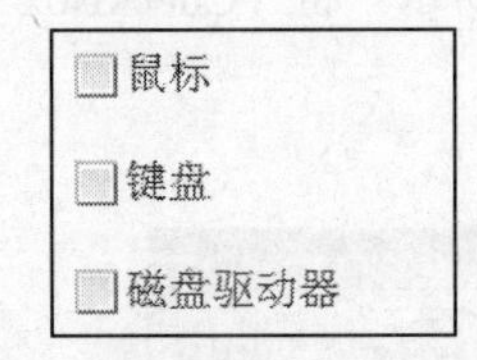

图 7-74

（8）在舞台窗口中选中组件“鼠标”，在“动作”面板的脚本窗口中输入脚本语言，如图 7-75 所示。在舞台窗口中选中组件“键盘”，在“动作”面板的脚本窗口中输入脚本语言，如图 7-76 所示。在舞台窗口中选中组件“磁盘驱动器”，在“动作”面板的脚本窗口中输入脚本语言，如图 7-77 所示。

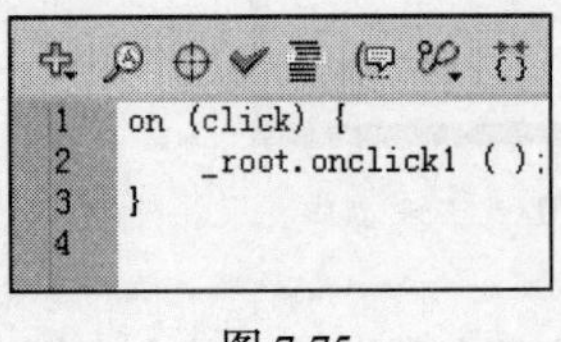

```
on (click) {
    _root.onclick1 ( );
}
```

图 7-75

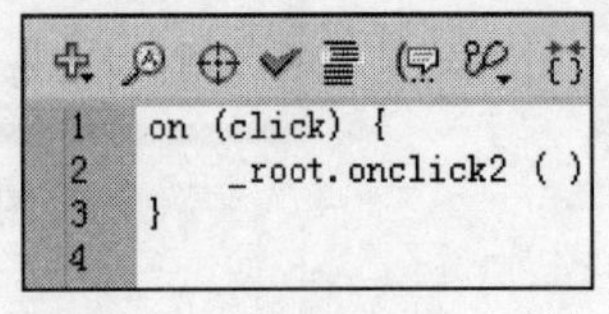

```
on (click) {
    _root.onclick2 ( )
}
```

图 7-76

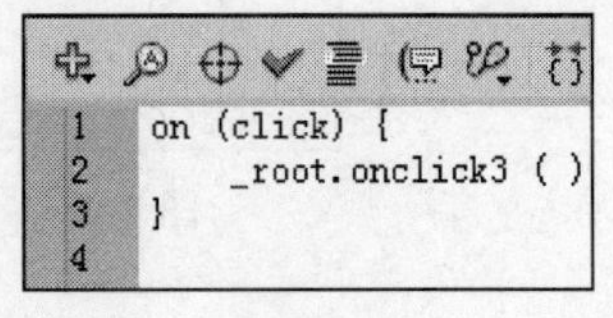

```
on (click) {
    _root.onclick3 ( )
}
```

图 7-77

（9）选中“答案”图层的第 2 帧，将“组件”面板中的“CheckBox”组件拖曳到舞台窗口

中。选择组件“参数”面板，在“实例名称”选项的文本框中输入“shuzi”，在“label”选项的文本框中输入“数字”，如图 7-78 所示，“CheckBox”组件上的文字变为“数字”，效果如图 7-79 所示。

图 7-78

图 7-79

（10）用相同的方法再拖曳 1 个“CheckBox”组件到舞台窗口中，选择组件“参数”面板，在“实例名称”选项的文本框中输入“fanxiexian”，在“label”选项的文本框中输入“反斜线（\）”，如图 7-80 所示。

（11）再拖曳 1 个“CheckBox”组件到舞台窗口中，选择组件“参数”面板，在“实例名称”选项的文本框中输入“xiaxianduan”，在“label“选项的文本框中输入“下线段（_）”。舞台窗口中组件的效果如图 7-81 所示。

图 7-80

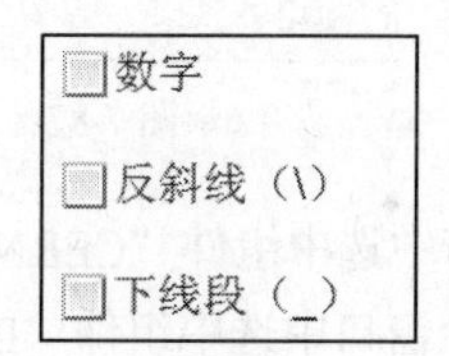

图 7-81

（12）在舞台窗口中选中组件“数字”，在“动作”面板的脚本窗口中输入脚本语言，效果如图 7-82 所示。在舞台窗口中选中组件“反斜线（\）”，在“动作”面板的脚本窗口中输入脚本语言，效果如图 7-83 所示。在舞台窗口中选中组件“下线段（_）”，在“动作”面板的脚本窗口中输入脚本语言，效果如图 7-84 所示。

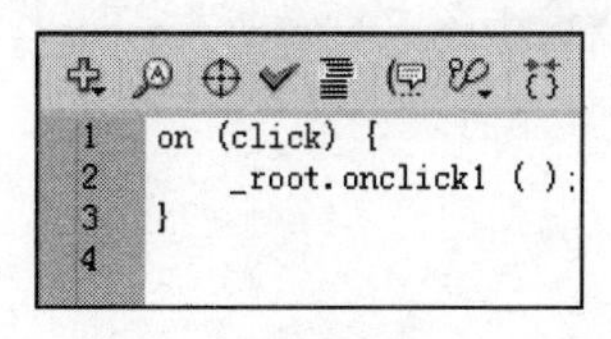

图 7-82

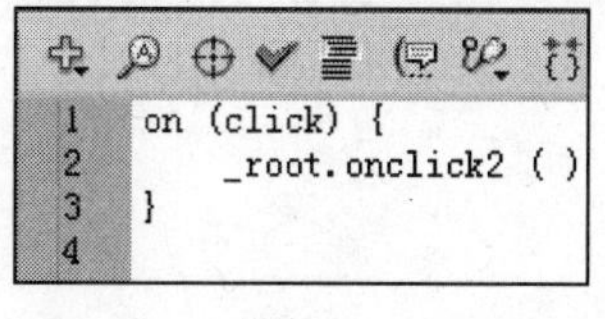

图 7-83

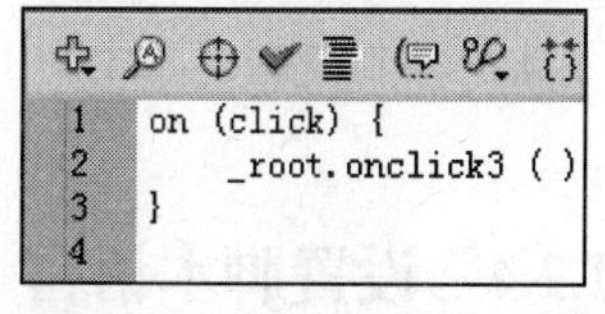

图 7-84

（13）选中“答案”图层的第 3 帧，将“组件”面板中的“CheckBox”组件☒拖曳到舞台窗口中。选择组件“参数”面板，在“实例名称”选项的文本框中输入“CERNET”，在“label”选项的文本框中输入“CERNET”，如图 7-85 所示，“CheckBox”组件上的文字变为“CERNET”，效果如图 7-86 所示。

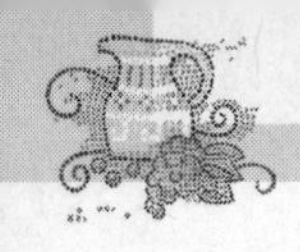

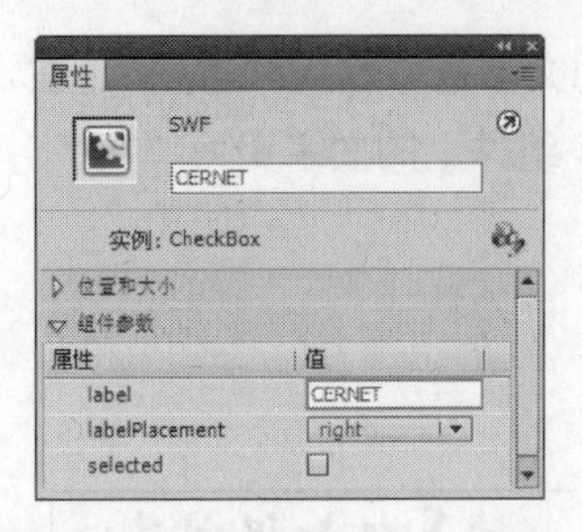

图 7-85

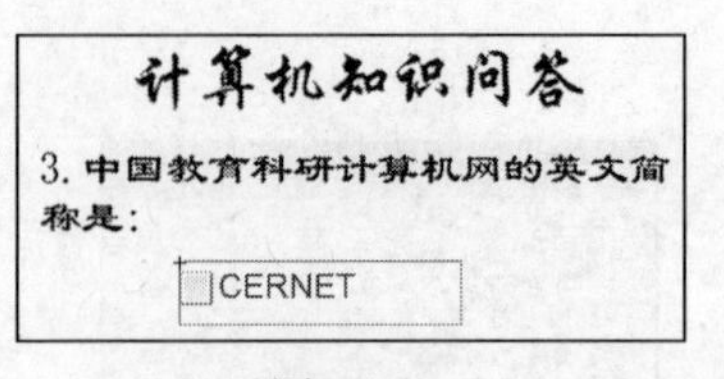

图 7-86

（14）用相同的方法再拖曳 1 个“CheckBox”组件到舞台窗口中，选择组件“参数”面板，在“实例名称”选项的文本框中输入“INTERNET”，在“label”选项的文本框中输入“INTERNET”，如图 7-87 所示。

（15）再拖曳 1 个“CheckBox”组件到舞台中，选择组件“参数”面板，在“实例名称”选项的文本框中输入“ISDN”，在“label”选项的文本框中输入“ISDN”。舞台窗口中组件的效果如图 7-88 所示。

图 7-87

图 7-88

（16）在舞台窗口中选中组件“CERNET”，在“动作”面板的脚本窗口中输入脚本语言，如图 7-89 所示。在舞台窗口中选中组件“INTERNET”，在“动作”面板的脚本窗口中输入脚本语言，如图 7-91 所示。在舞台窗口中选中组件“ISDN”，在“动作”面板的脚本窗口中输入脚本语言，如图 7-91 所示。

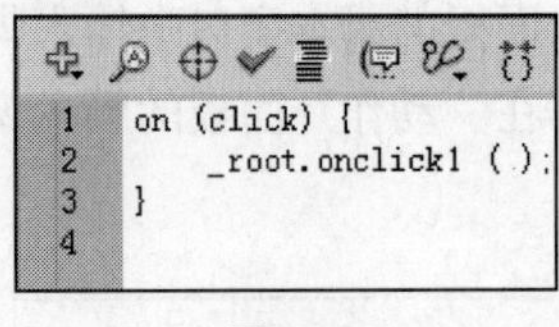

图 7-89

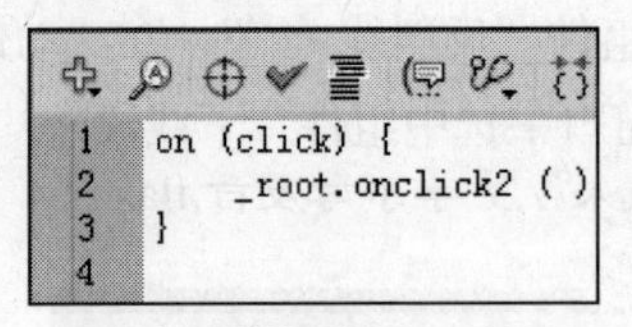

图 7-90

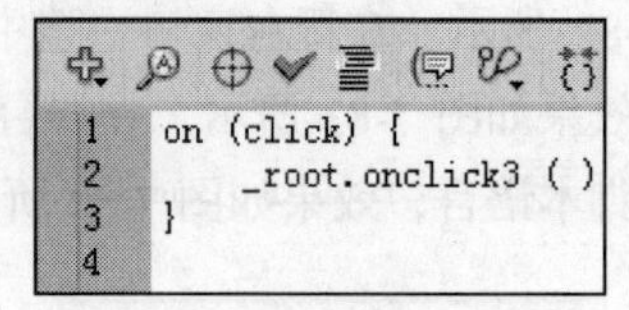

图 7-91

7.2.4 设置脚本语言

（1）在“时间轴”面板中创建新图层并将其命名为“动作脚本”。分别选中第 2 帧和第 3 帧，按 F6 键，在选中的帧上插入关键帧。选中“动作脚本”图层的第 1 帧，在“动作”面板的脚本窗口中输入脚本语言（脚本语言的具体设置可以参考附带光盘中的实例源文件），显示如图 7-92 所示。

（2）选中“动作脚本”图层的第 2 帧，在“动作”面板的脚本窗口中输入脚本语言，如图 7-93 所示。选中“动作脚本”图层的第 3 帧，在“动作”面板的脚本窗口中输入脚本语言，如图 7-94 所示。

```
stop();

function onclick () {
    if (cipan.selected == true) {
        answer = "正确";
    } else {
        answer = "错误";
    }
}
function onclick1 () {
    jianpan.selected = false;
    cipan.selected = false;
    answer = "";
}
function onclick2 () {
    shubiao.selected = false;
    cipan.selected = false;
    answer = "";
}
function onclick3 () {
    shubiao.selected = false;
    jianpan.selected = false;
    answer = "";
}
```

图 7-92

```
stop();

function onclick () {
    if (fanxiexian.selected == true) {
        answer = "正确";
    } else {
        answer = "错误";
    }
}
function onclick1 () {
    fanxiexian.selected = false;
    xiaxianduan.selected = false;
    answer = "";
}
function onclick2 () {
    shuzi.selected = false;
    xiaxianduan.selected = false;
    answer = "";
}
function onclick3 () {
    shuzi.selected = false;
    fanxiexian.selected = false;
    answer = "";
}
```

图 7-93

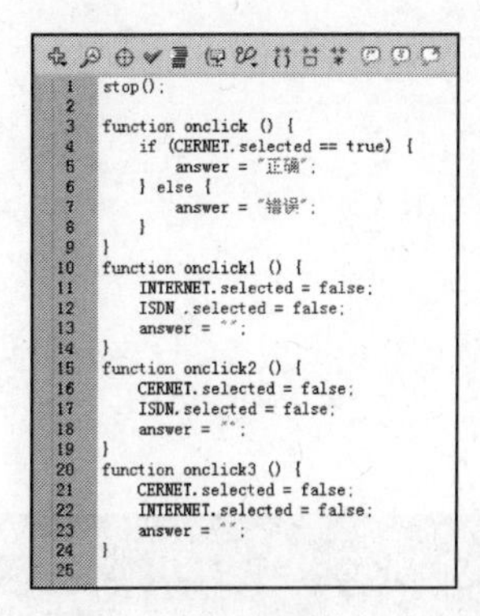

```
stop();

function onclick () {
    if (CERNET.selected == true) {
        answer = "正确";
    } else {
        answer = "错误";
    }
}
function onclick1 () {
    INTERNET.selected = false;
    ISDN .selected = false;
    answer = "";
}
function onclick2 () {
    CERNET.selected = false;
    ISDN.selected = false;
    answer = "";
}
function onclick3 () {
    CERNET.selected = false;
    INTERNET.selected = false;
    answer = "";
}
```

图 7-94

（3）“时间轴”面板和舞台窗口中的效果如图 7-95 所示。计算机课件制作完成，按 Ctrl+Enter 组合键即可查看效果，如图 7-96 所示。

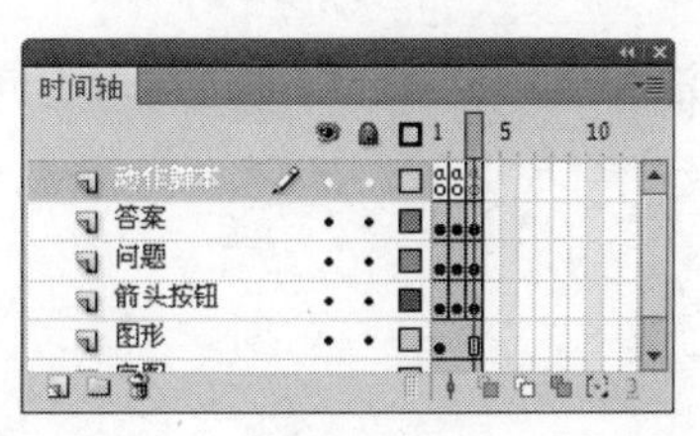

图 7-95

图 7-96

7.3　课后习题——学字母发音

【习题知识要点】使用“椭圆”工具和“颜色”面板绘制按钮图形，使用“变形”面板改变图形的大小，使用“对齐”面板将按钮图形对齐，如图 7-97 所示。

【效果所在位置】光盘/Ch07/效果/7.3 学字母发音.fla。

图 7-97

第8章 游戏及交互

Flash 交互式动画可以应用在不同的领域，如制作鼠标跟随动画、控制动画声音、制作登录界面、制作计算器或制作游戏等。

本章主要介绍应用 Flash CS5 制作交互式动画的方法和技巧，并介绍通过输入不同的脚本语言制作实用性强、趣味性高的动画的方法。

课堂学习实例

- 鼠标跟随
- 掉落的水珠
- 鼠标控制声道
- 游戏登录界面
- 计算器
- 时尚手表
- 拼图游戏

8.1 鼠标跟随

【知识要点】使用“多角星形”工具绘制图形，使用“创建传统补间”命令制作按钮动画，使用“动作”面板设置脚本语言，使用“对齐”面板制作图形效果。

8.1.1 导入图片并绘制图形

（1）选择“文件 > 新建”命令，弹出“新建文档”对话框，单击“确定”按钮，进入新建文档舞台窗口。按 Ctrl+F3 组合键，弹出文档“属性”面板，单击“大小”选项后面的“编辑”按钮 编辑... ，在弹出的对话框中将舞台窗口的宽度设为 600，高度设为 450，将“背景颜色”设为深灰色（#666666），并将“帧频”选项设为 12，单击“确定”按钮。

（2）在文档“属性”面板中单击“发布”选项组中“配置文件”右侧的“编辑”按钮，在弹出的“发布设置”对话框中将“播放器”选项设为“Flash Player 8”，将“脚本”选项设为“ActionScript 2.0”，如图 8-1 所示，单击“确定”按钮。

（3）选择“文件 > 导入 > 导入到库”命令，在弹出的“导入到库”对话框中选择“Ch08 > 素材 > 8.1 鼠标跟随 > 01”文件，单击“打开”按钮，文件被导入到“库”面板中，如图 8-2 所示。

（4）在“库”面板下方单击“新建元件”按钮，弹出“创建新元件”对话框，在“名称”选项的文本框中输入“多边形”，在“类型”选项的下拉列表中选择“图形”选项，单击“确定”按钮，新建图形元件“多边形”，如图 8-3 所示，舞台窗口也随之转换为图形元件的舞台窗口。

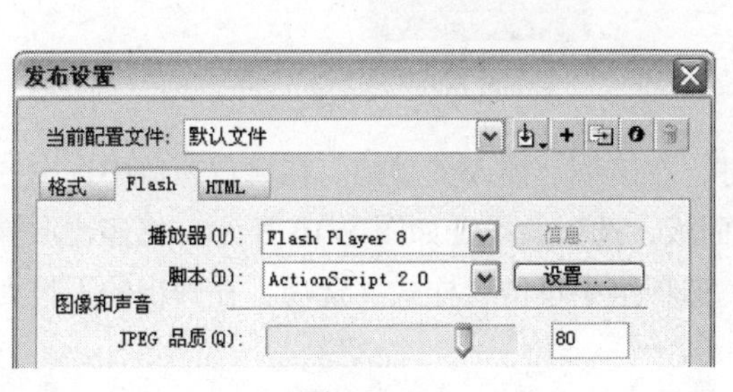

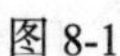

图 8-1

图 8-2

图 8-3

（5）选择“窗口 > 颜色”命令，弹出“颜色”面板，将“笔触颜色”设为无，将“填充颜色”设为灰白色（#DFDFDF），并将“Alpha”选项设为 50，如图 8-4 所示。选择“多角星形”工具，在多角星形工具“属性”面板中，单击“工具设置”选项下的“选项”按钮，弹出“工具设置”对话框，选项的设置如图 8-5 所示，单击“确定”按钮。按住 Shift 键的同时在舞台窗口中绘制一个多边形。

（6）选择“选择”工具，在舞台窗口中选中多边形，在形状“属性”面板中将“宽”和“高”选项分别设为 15 和 13，“X”和“Y”选项均设为 0，如图 8-6 所示，舞台窗口中的图形效果如图 8-7 所示。

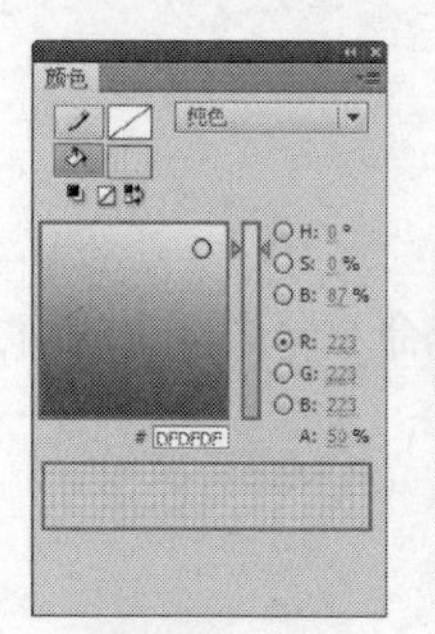

图 8-4

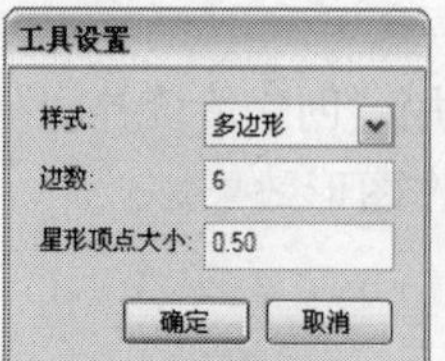

图 8-5

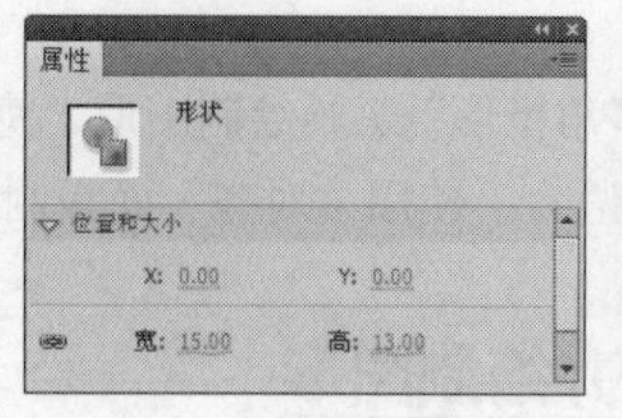

图 8-6

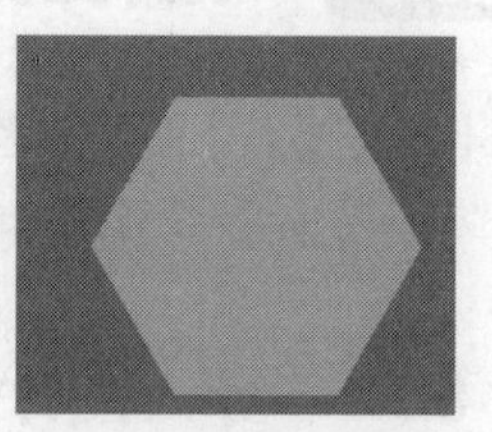

图 8-7

8.1.2 绘制按钮

（1）单击“库”面板中的“新建元件”按钮，新建按钮元件“多边形按钮”。选中“图层 1”中的“点击”帧，按 F6 键，在该帧上插入关键帧。选择“多角星形”工具，在工具箱中将“笔触颜色”设为无，“填充颜色”设为白色，按住 Shift 键的同时在舞台窗口中绘制一个多边形。选中多边形，在形状“属性”面板中将“宽”和“高”选项分别设为 15 和 13，“X”和“Y”选项均设为 0，舞台窗口中的效果如图 8-8 所示。

（2）单击“库”面板中的“新建元件”按钮，新建影片剪辑元件“多边形动”，舞台窗口也随之转换为影片剪辑元件的舞台窗口。选中“图层 1”的第 2 帧，按 F6 键，在该帧上插入关键帧。将“库”面板中的图形元件“多边形”拖曳到舞台窗口中，如图 8-9 所示。

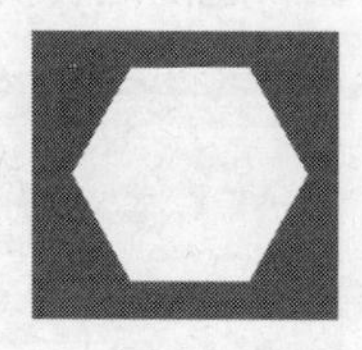

图 8-8

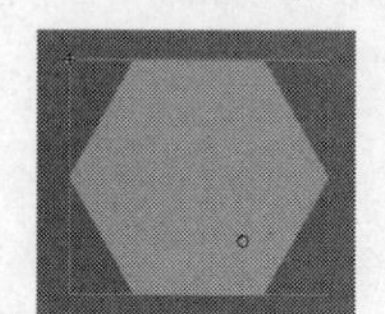

图 8-9

（3）选中“图层 1”的第 12 帧，按 F6 键，在该帧上插入关键帧。在舞台窗口中选中“多边形”实例，按 Ctrl+T 组合键，弹出“变形”面板，选项的设置如图 8-10 所示，将多边形等比放大。选择图形“属性”面板，在“色彩效果”选项组中单击“样式”选项，在弹出的下拉列表中选择“Alpha”选项，将其值设为 0。

（4）此时，“多边形”实例在舞台窗口中的效果如图 8-11 所示。用鼠标右键单击“图层 1”的第 2 帧，在弹出的菜单中选择“创建传统补间”命令，生成动作补间动画，如图 8-12 所示。

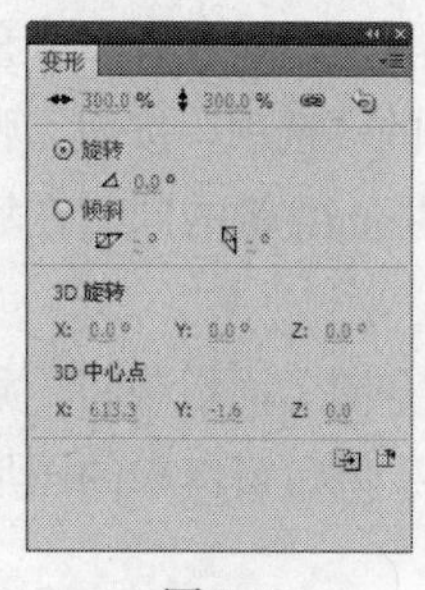

图 8-10

图 8-11

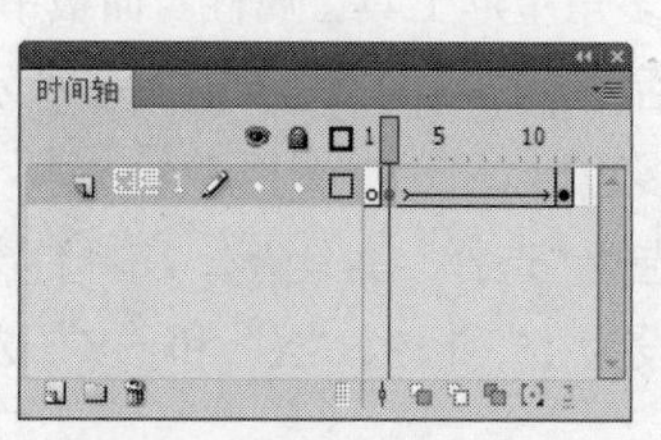

图 8-12

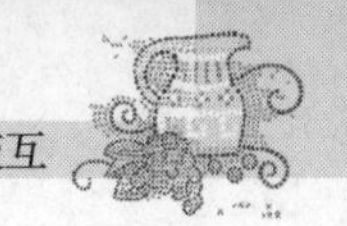

（5）单击 3 次“时间轴”面板下方的“新建图层”按钮，新建“图层 2”、“图层 3”和“图层 4”。按住 Shift 键的同时选中“图层 1”的第 2 帧到第 12 帧，用鼠标右键单击被选中的帧，在弹出的菜单中选择“复制帧”命令。用鼠标右键分别单击“图层 2”的第 7 帧、“图层 3”的第 12 帧和“图层 4”的第 17 帧，在弹出的菜单中选择“粘贴帧”命令，如图 8-13 所示。

（6）选中“图层 2”的第 18 帧到第 22 帧，单击鼠标右键，在弹出的菜单中选择“删除帧”命令，如图 8-14 所示。

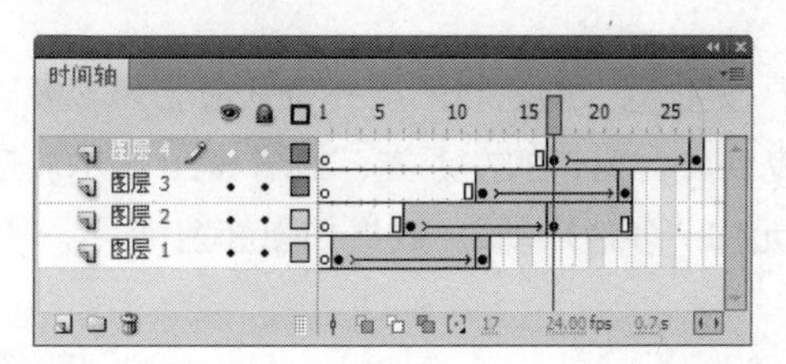

图 8-13

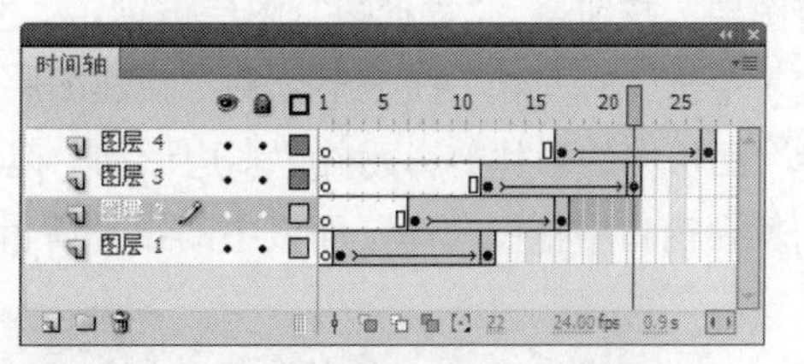

图 8-14

技巧　按住 Shift 键的同时用鼠标单击要选择的两个帧，这两个帧中间的所有帧都被选中。按住 Ctrl 键的同时用鼠标单击要选择的帧，可以选择多个不连续的帧。

（7）在“时间轴”面板中创建新图层并将其命名为“动作脚本”。选中“动作脚本”图层的第 2 帧，按 F6 键，在该帧上插入关键帧。选中“动作脚本”图层的第 1 帧，将“库”面板中的按钮元件“圆按钮”拖曳到舞台窗口中，放置到与“圆”实例重合的位置，效果如图 8-15 所示。

（8）选中“动作脚本”图层的第 1 帧，选择“窗口 > 动作”命令，弹出“动作”面板，单击面板左上方的“将新项目添加到脚本中”按钮，在弹出的菜单中选择“全局函数 > 时间轴控制 > stop”命令，如图 8-16 所示；在脚本窗口中显示出选择的脚本语言，如图 8-17 所示。在“动作脚本”图层的第 1 帧上显示出一个标记“a”。

（9）选中“动作脚本”图层的第 1 帧，在舞台窗口中选中“多边形按钮”实例，在“动作”面板中设置脚本语言。

```
on (rollOver) {
gotoAndPlay(2);


}
```

脚本窗口中显示的效果如图 8-18 所示。设置完成动作脚本后，关闭“动作”面板。

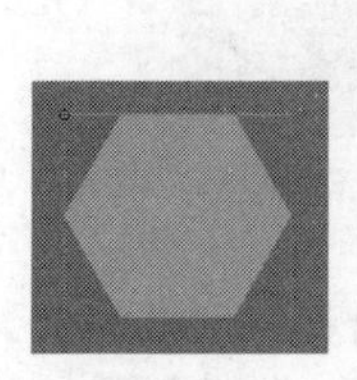

图 8-15

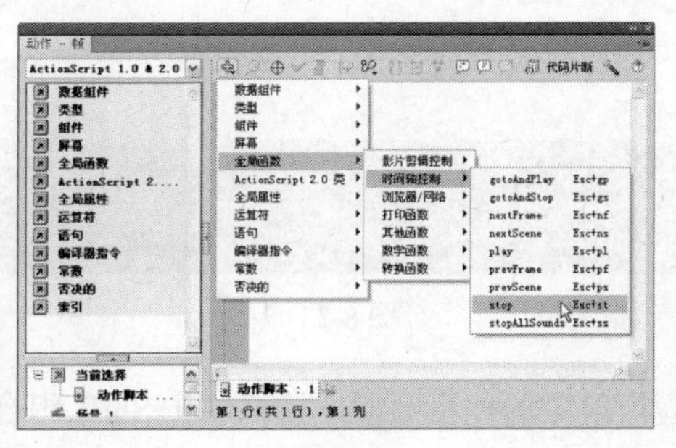

图 8-16

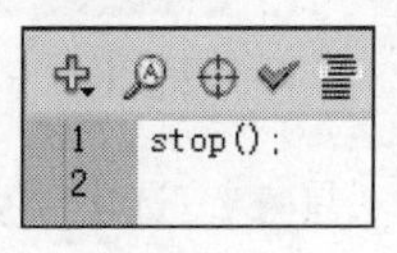

图 8-17

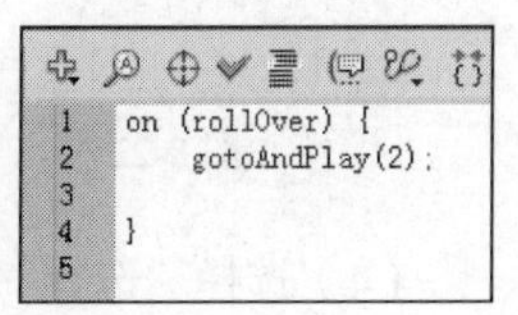

图 8-18

8.1.3 制作鼠标跟随效果

（1）单击舞台窗口左上方的“场景 1”图标，进入“场景 1”的舞台窗口。在“时间轴”面板中将“图层 1”重新命名为“背景图”。将“库”面板中的位图“01.jpg”拖曳到舞台窗口中收位置，并调整到合适的大小，效果如图 8-19 所示。单击“时间轴”面板上方的“锁定或解除锁定所有图层”按钮，“背景图”图层被锁定。

（2）单击“时间轴”面板下方的“新建图层”按钮，创建新图层并将其命名为“多边形”。将“库”面板中的影片剪辑元件“多边形动”拖曳到舞台窗口的左上方，如图 8-20 所示。按需要多次向舞台窗口中拖曳“库”面板中的影片剪辑元件“多边形动”，效果如图 8-21 所示。

图 8-19

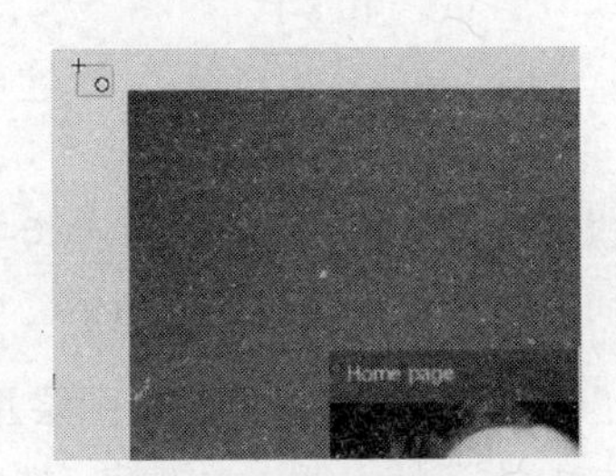

图 8-20

图 8-21

（3）选择“选择”工具，用圈选的方法将舞台窗口中的所有“多边形动”实例选中，按 Ctrl+K 组合键，弹出“对齐”面板，如图 8-22 所示，分别单击面板中的“垂直中齐”按钮和“水平居中分布”按钮，舞台窗口中的实例水平居中对齐并分布，按 Ctrl+G 组合键，将其编组，效果如图 8-23 所示。

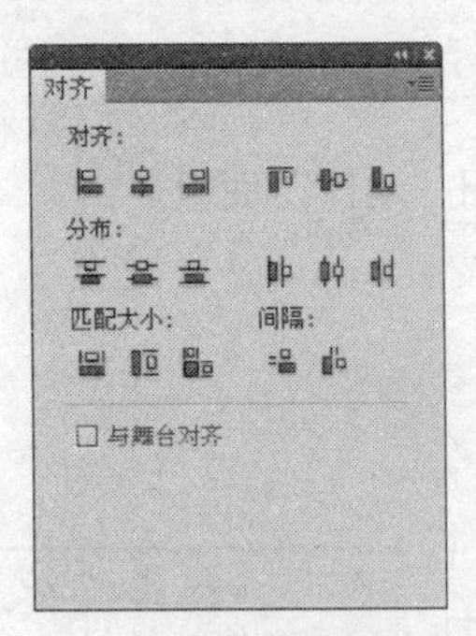

图 8-22

图 8-23

（4）选择“选择”工具，选中舞台窗口中的编组图形，按住 Alt+Shift 组合键同时按需要向下拖曳出多个编组图形，如图 8-24 所示。使用“选择”工具，用圈选的方法将所有编组图

形同时选取，单击“对齐”面板中的“垂直居中分布”按钮，将编组图形垂直居中分布，舞台窗口中的效果如图 8-25 所示。鼠标跟随效果制作完成，按 Ctrl+Enter 组合键即可查看效果，如图 8-26 所示。

图 8-24

图 8-25

图 8-26

8.2 掉落的水珠

【知识要点】使用“颜色”面板和“椭圆”工具绘制水珠图形，使用“任意变形”工具改变图形的大小，使用“动作”面板添加脚本语言。

8.2.1 制作水珠图形

（1）选择“文件 > 新建”命令，弹出“新建文档”对话框，单击“确定”按钮，进入新建文档舞台窗口。按 Ctrl+F3 组合键，弹出文档“属性”面板，单击“大小”选项后面的“编辑”按钮，在弹出的对话框中将舞台窗口的宽度设为 346，高度设为 600，将“背景颜色”设为灰色（#999999），单击“确定”按钮。

（2）在文档“属性”面板中单击“发布”选项组中“配置文件”右侧的“编辑”按钮，在弹出的“发布设置”对话框中将“播放器”选项设为“Flash Player 7”，将“脚本”选项设为“ActionScript 2.0”，如图 8-27 所示，单击“确定”按钮。

（3）选择“文件 > 导入 > 导入到库”命令，在弹出的“导入到库”对话框中选择“Ch08 > 素材 > 8.2 掉落的水珠 > 01”文件，单击“打开”按钮，文件被导入到“库”面板中，如图 8-28 所示。

图 8-27

图 8-28

（4）在“库”面板下方单击“新建元件”按钮，弹出“创建新元件”对话框，在“名称”选项的文本框中输入“水珠”，在“类型”选项的下拉列表中选择“图形”选项，单击“确定”按钮，新建图形元件“水珠”，如图 8-29 所示，舞台窗口也随之转换为图形元件的舞台窗口。

（5）选择“窗口 > 颜色”命令，弹出“颜色”面板，在“颜色类型”选项的下拉列表中选择“径向渐变”选项，在色带上设置 5 个色块，选中第 3 个色块，将其设为白色，“Alpha”选项设为 30，将其他色块设为白色，“Alpha”选项设为 0，如图 8-30 所示。

（6）选择“椭圆”工具，按住 Shift 键的同时在舞台窗口中绘制一个圆形，效果如图 8-31 所示。选择“任意变形”工具，选中圆形，将圆形适当压缩并旋转到合适的角度，效果如图 8-32 所示。

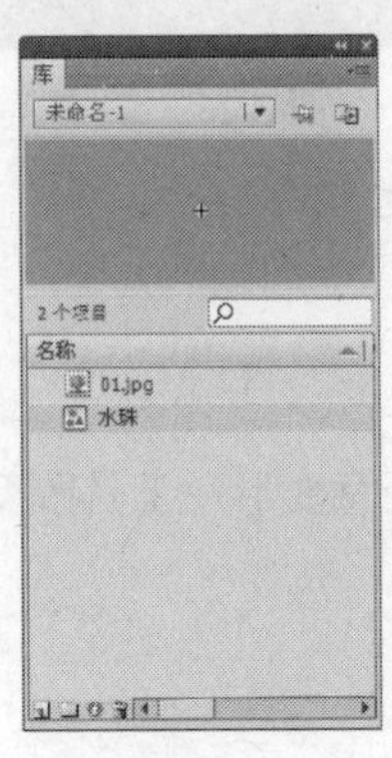
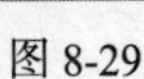
图 8-29

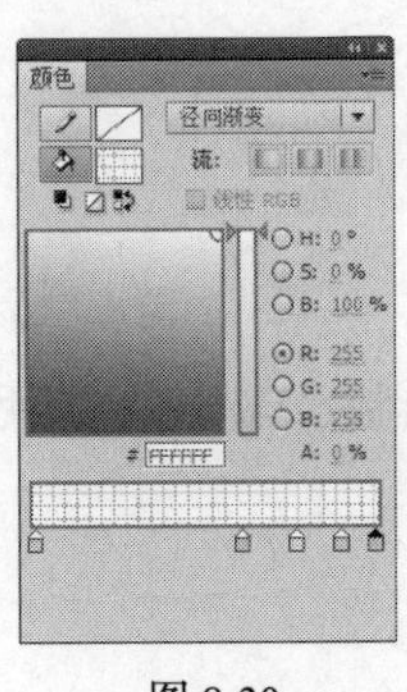
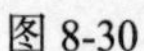
图 8-30

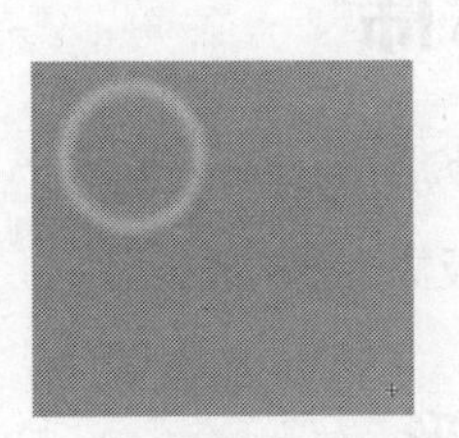
图 8-31

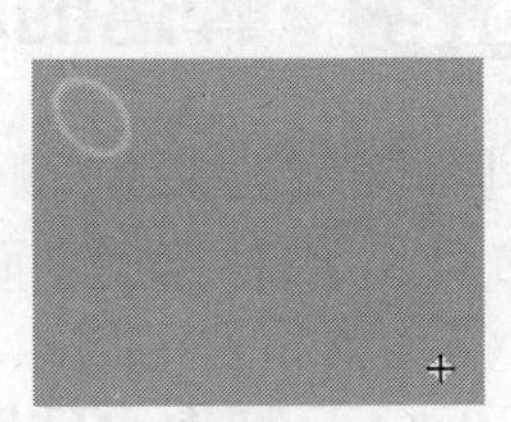
图 8-32

（7）选择“颜色”面板，在“颜色类型”选项的下拉列表中选择“径向渐变”选项，在色带上设置 3 个色块，选中右侧的色块，将其设为白色，“Alpha”选项设为 0，将其他色块设为白色，如图 8-33 所示。

（8）选择“椭圆”工具，按住 Shift 键的同时在舞台窗口中绘制一个圆形，并将圆形拖曳到椭圆形中，效果如图 8-34 所示。

（9）选择“颜色”面板，在“颜色类型”选项的下拉列表中选择“径向渐变”选项，在色带上设置 3 个色块，选中右侧的色块，将其设为白色，“Alpha”选项设为 0，将其他色块设为黑色，如图 8-35 所示。

（10）选择“椭圆”工具，在舞台窗口中绘制一个圆形。选中圆形，选择“任意变形”工具，将其适当压缩并旋转到与半透明椭圆形相近的角度。选中半透明椭圆形，将其放置到黑色椭圆形上，效果如图 8-36 所示。在文档“属性”面板中，将背景颜色设为白色。

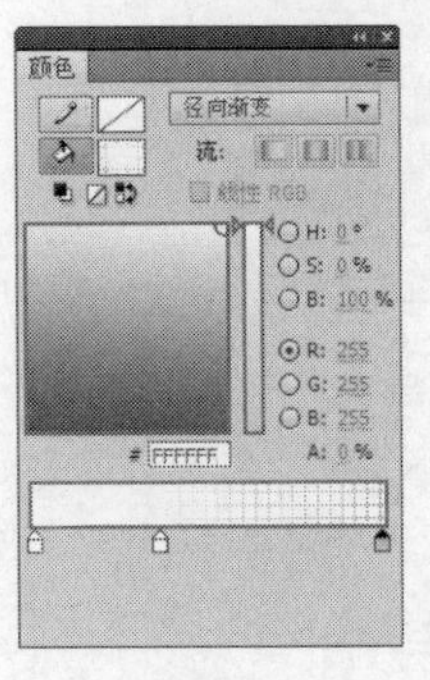
图 8-33

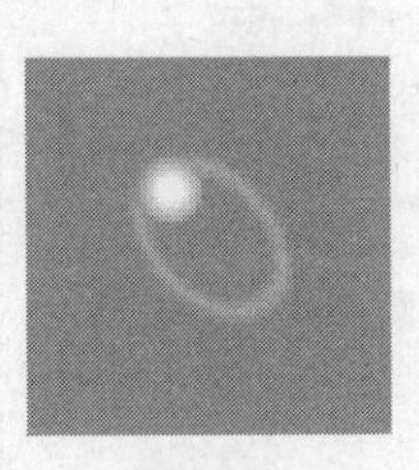
图 8-34

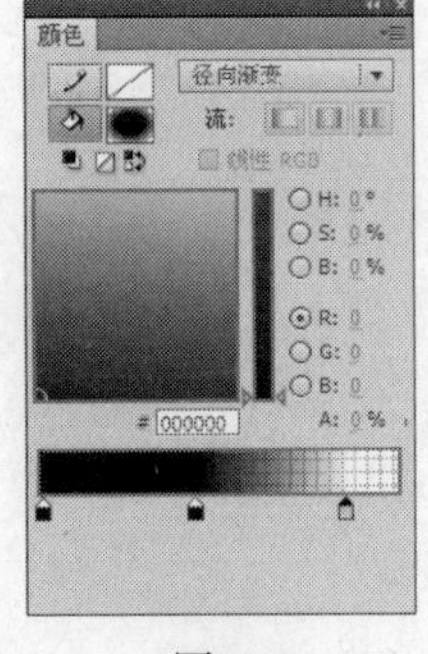
图 8-35

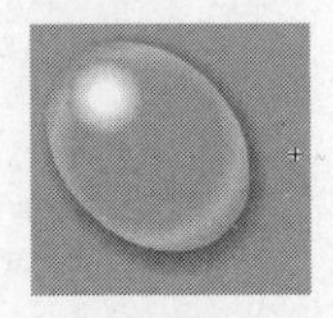
图 8-36

8.2.2　制作按钮及水珠动画

（1）单击“库”面板中的“新建元件”按钮，新建按钮元件“水珠按钮”。选中“点击”帧，按 F6 键，在该帧上插入关键帧。选择“椭圆”工具，在“属性”面板中将“笔触颜色”设为无，“填充颜色”设为红色（#CC3366），在舞台窗口中绘制一个椭圆形。选中椭圆形，调出形状“属性”面板，将“宽”和“高”选项分别设为 25 和 23，舞台窗口中的效果如图 8-37 所示。

（2）单击“库”面板中的“新建元件”按钮，新建影片剪辑元件“水珠动”。将“图层 1”重新命名为“水珠”。将“库”面板中的图形元件“水珠”拖曳到舞台窗口中，在图形“属性”面板中，将“水珠”实例的“宽”和“高”选项分别设为 5.2 和 5.3，“X”和“Y”选项分别设为 18.5 和 13.8，舞台窗口中的效果如图 8-38 所示。

（3）选中“水珠”图层的第 16 帧，在该帧上插入关键帧。在舞台窗口中选中“水珠”实例，在“变形”面板中，将“缩放宽度”和“缩放高度”的缩放比例均设为 100，如图 8-39 所示。选中“水珠”实例，调出图形“属性”面板，将“X”和“Y”选项分别设为 66.2 和 49.3，舞台窗口中的效果如图 8-40 所示。

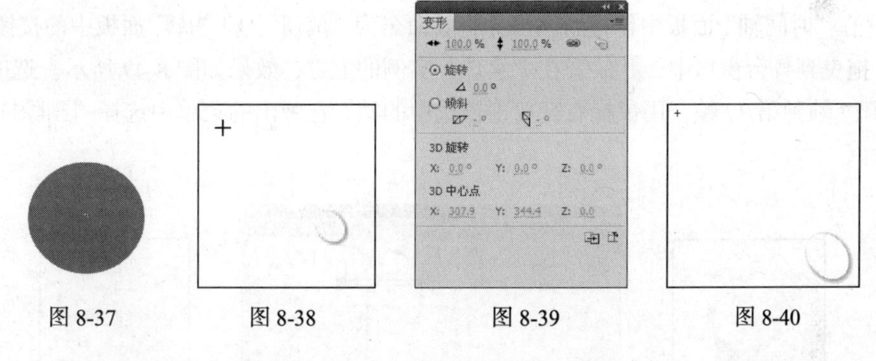

图 8-37　　图 8-38　　图 8-39　　图 8-40

（4）用鼠标右键单击“水珠”图层的第 1 帧，在弹出的菜单中选择“创建传统补间”命令，生成动作补间动画，如图 8-41 所示。

（5）分别选中“水珠”图层的第 17 帧、第 18 帧、第 19 帧、第 20 帧和第 21 帧，在选中的帧上插入关键帧。分别选中“水珠”图层的第 18 帧和第 20 帧，在舞台窗口中选中“水珠”实例，在“变形”面板中选中“倾斜”单选项，将“垂直倾斜”选项设为-11，如图 8-42 所示。

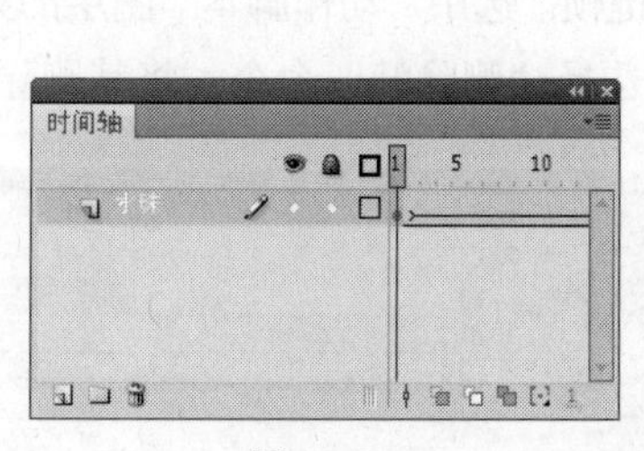

图 8-41

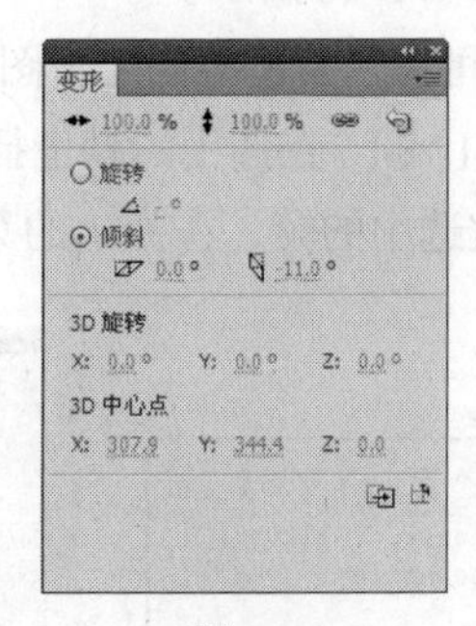

图 8-42

（6）选中“水珠”图层的第 34 帧，在该帧上插入关键帧，在舞台窗口中选中“水珠”实例，调出图形“属性”面板，将“Y”选项设为 381.4，“X”选项保持不变。选中“水珠”实例，在“变形”面板中将“缩放宽度”和“缩放高度”的选项均设为 55，舞台窗口中的效果如图 8-43 所示。

（7）用鼠标右键单击“水珠”图层的第 21 帧，在弹出的菜单中选择“创建传统补间”命令，生成动作补间动画，如图 8-44 所示。

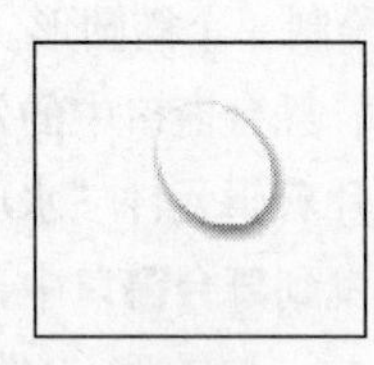
图 8-43

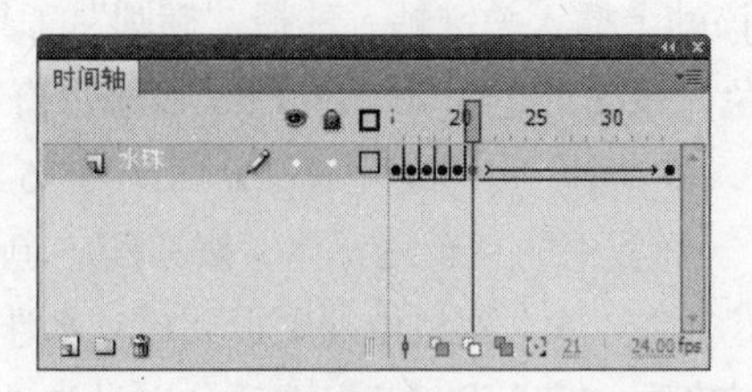

图 8-44

（8）选中“水珠”图层的第 37 帧，在该帧上插入关键帧。在舞台窗口中选中“水珠”实例，调出图形“属性”面板，将“Y”选项设为 382.1，“X”选项保持不变。选中“水珠”实例，在“变形”面板中将“缩放宽度”和“缩放高度”选项均设为 30，舞台窗口中的效果如图 8-45 所示。

（9）用鼠标右键单击“水珠”图层的第 34 帧，在弹出的菜单中选择“创建传统补间”命令，生成动作补间动画，如图 8-46 所示。

（10）在“时间轴”面板中创建新图层并将其命名为“按钮”。将“库”面板中的按钮元件“水珠按钮”拖曳到舞台窗口中，并放置在“水珠”实例的上方，效果如图 8-47 所示。选中“按钮”图层的第 17 帧到第 37 帧，用鼠标右键单击被选中的帧，在弹出的菜单中选择“删除帧”命令，将其删除。

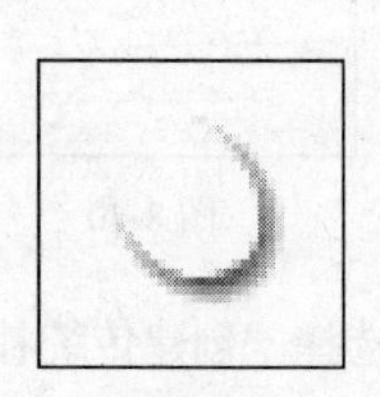
图 8-45

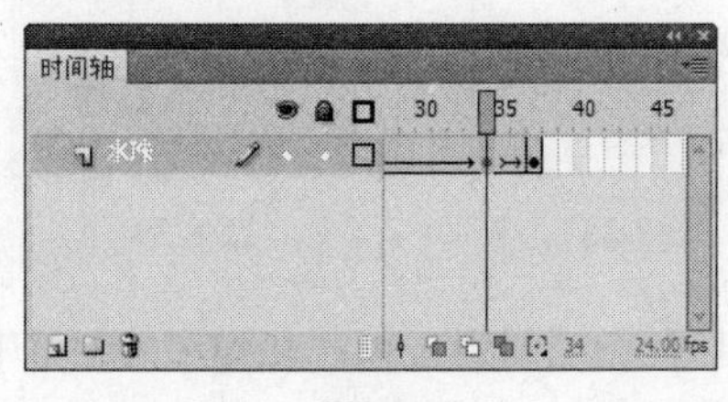

图 8-46

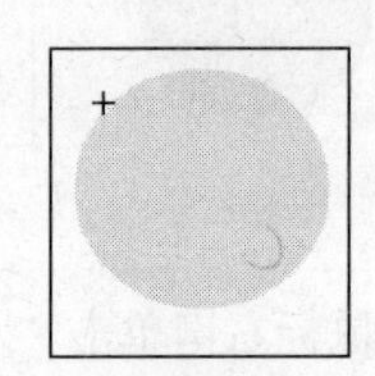
图 8-47

（11）在舞台窗口中选中“按钮”实例，选择“窗口 > 动作”命令，弹出“动作”面板，在“动作”面板中设置脚本语言（脚本语言的具体设置可以参考附带光盘中的实例源文件），脚本窗口中显示的效果如图 8-48 所示。

（12）在“时间轴”面板中创建新图层并将其命名为“动作脚本”。分别选中“动作脚本”图层的第 16 帧和第 17 帧，在选中的帧上插入关键帧。选中“动作脚本”图层的第 22 帧到第 37 帧，用鼠标右键单击被选中的帧，在弹出的菜单中选择“删除帧”命令，将其删除，如图 8-49 所示。

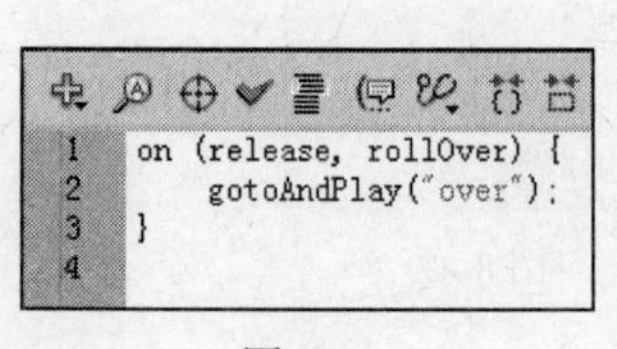
```
1  on (release, rollOver) {
2      gotoAndPlay("over");
3  }
4
```
图 8-48

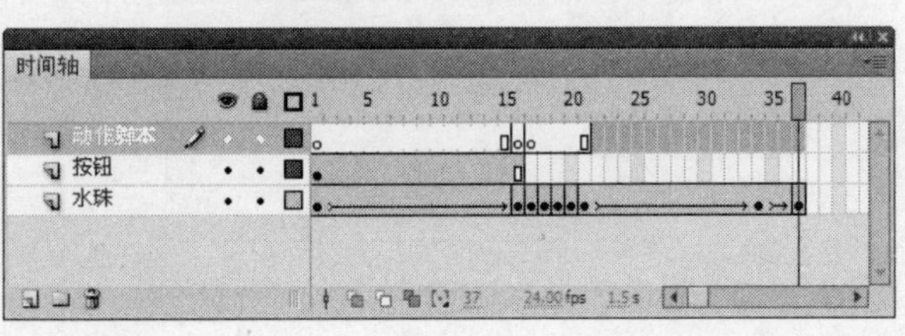

图 8-49

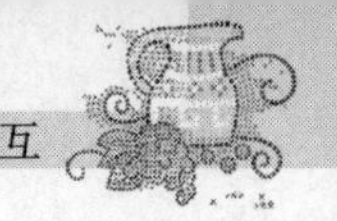

（13）选中“动作脚本”图层的第 16 帧，选择“动作”面板，在面板中单击“将新项目添加到脚本中”按钮，在弹出的菜单中选择“全局函数 > 时间轴控制 > stop”命令，如图 8-50 所示。在脚本窗口中显示出选择的脚本语言，如图 8-51 所示。

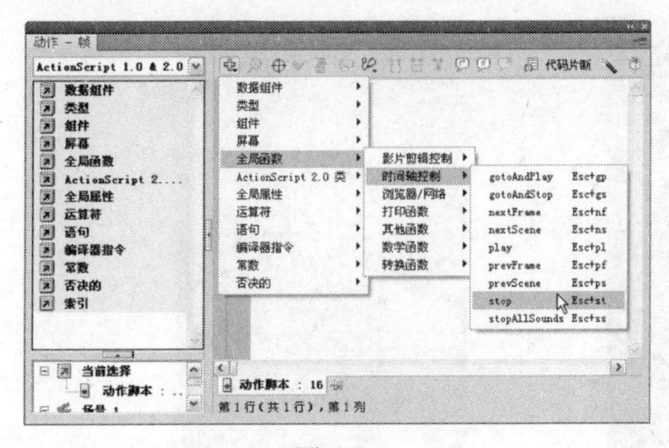

图 8-50

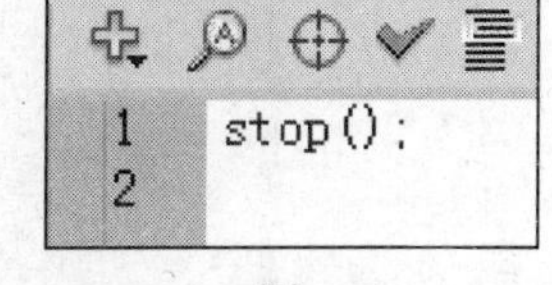

图 8-51

（14）选中“动作脚本”图层的第 17 帧，在“动作”面板中设置脚本语言，脚本窗口中显示的效果如图 8-52 所示。设置完成动作脚本后关闭“动作”面板。在“动作脚本”图层的第 16 帧和第 17 帧上显示出标记“a”。

（15）选中“动作脚本”图层的第 1 帧，调出帧“属性”面板，在“帧标签”选项的文本框中输入“start”。选中“动作脚本”图层的第 17 帧，选择帧“属性”面板，在“帧标签”选项的文本框中输入“over”。在“动作脚本”图层的第 1 帧和第 17 帧上显示出帧标签，如图 8-53 所示。

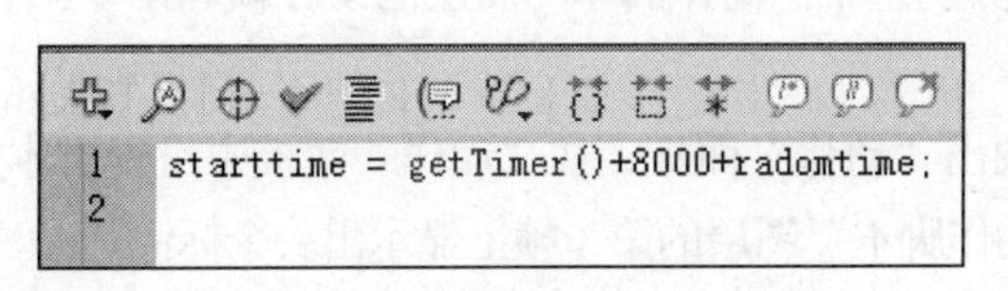

图 8-52

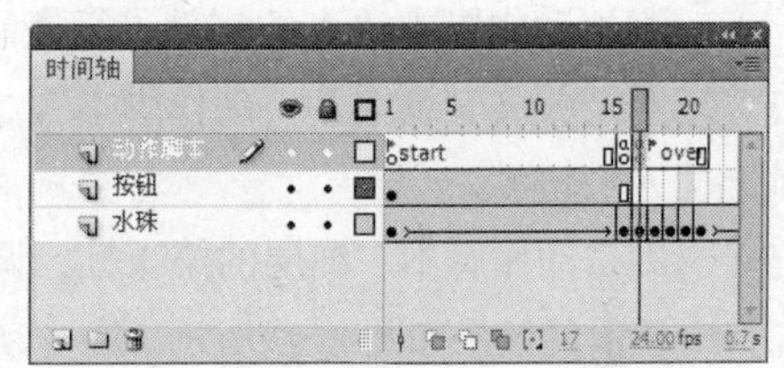

图 8-53

技巧

在时间轴中帧上出现一只红旗，表示这一帧的标签类型是名称，红旗右侧的文字是帧标签的名称。

在时间轴中帧上出现两条绿色斜杠，表示这一帧的标签类型是注释，帧注释是对帧的解释，帮助理解该帧在影片中的作用。

在时间轴中帧上出现一个金色的锚，表示这一帧的标签类型是锚记，帧锚记表示该帧是一个定位，方便浏览者在浏览器中快进或快退。

8.2.3 添加脚本语言

（1）单击舞台窗口左上方的“场景 1”图标，进入“场景 1”的舞台窗口。将“图层 1”重新命名为“背景图”。将“库”面板中的位图“01.jpg”拖曳到舞台窗口的中心位置，效果如图 8-54 所示。选中“背景图”图层的第 4 帧，按 F5 键，在该帧上插入普通帧。

（2）在“时间轴”面板中创建新图层并将其命名为“水珠”。将“库”面板中的影片剪辑元件“水珠动”向舞台窗口中拖曳 3 次，将其中一个放置到舞台窗口中的适当位置，选择“任意变形”工具，分别调整“水珠动”实例的大小，效果如图 8-55 所示。

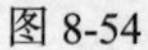
图 8-54

图 8-55

（3）单击“水珠”图层，使其为选中状态，舞台窗口中的 3 个“水珠动”实例也同时被选中，选择影片剪辑“属性”面板，在“帧标签”选项的文本框中输入“shui”。分别选中其中的两个“水珠动”实例，选择“动作”面板，在“动作”面板中设置脚本语言（脚本语言的具体设置可以参考附带光盘中的实例源文件），脚本窗口中显示的效果如图 8-56 所示。

（4）对添加动作脚本语言的实例进行复制，放在不同的位置，并调整大小。在“时间轴”面板中创建新图层并将其命名为“动作脚本”。分别选中“动作脚本”图层的第 2 帧和第 4 帧，在选中的帧上插入关键帧。

（5）选中“动作脚本”图层的第 1 帧，调出“动作”面板，在“动作”面板中设置脚本语言，脚本窗口中显示的效果如图 8-57 所示。在“动作脚本”图层的第 1 帧上显示出一个标记“a”。

代码片断

```
1  onClipEvent (load) {
2      radomtime = random(5);
3      starttime = getTimer()+8000+radomtime;
4  }
5  onClipEvent (enterFrame) {
6      Timercheck = starttime-getTimer();
7      if (Timercheck<=0) {
8          this.gotoAndPlay("over");
9      }
10 }
11
```

图 8-56

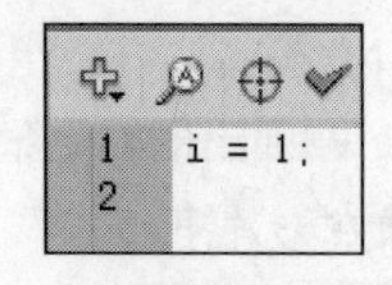

```
1  i = 1;
2
```

图 8-57

（6）选中“动作脚本”图层的第 2 帧，在“动作”面板中设置脚本语言，脚本窗口中显示的效果如图 8-58 所示。在“动作脚本”图层的第 2 帧上显示出一个标记“a”。

（7）对上面操作步骤中没有添加动作脚本语言的“水珠动”实例进行复制，放在不同的位置，并调整大小。选中“动作脚本”图层的第 4 帧，在“动作”面板中设置脚本语言，脚本窗口中显示的效果如图 8-59 所示。设置完成动作脚本后，关闭“动作”面板。在“动作脚本”图层的第 4 帧上显示出一个标记“a”。

```
radomx = random(25) * 20 + 10;
radomy = random(20) *15 + 20;
radomscale = (random(4) + 2) * 26;
duplicateMovieClip("shui", "shui" add i, i);
setProperty("shui" add i, _x, radomx);
setProperty("shui" add i, _y, radomy);
setProperty("shui" add i, _xscale, radomscale);
setProperty("shui" add i, _yscale, radomscale);
i = i + 1;
```

图 8-58

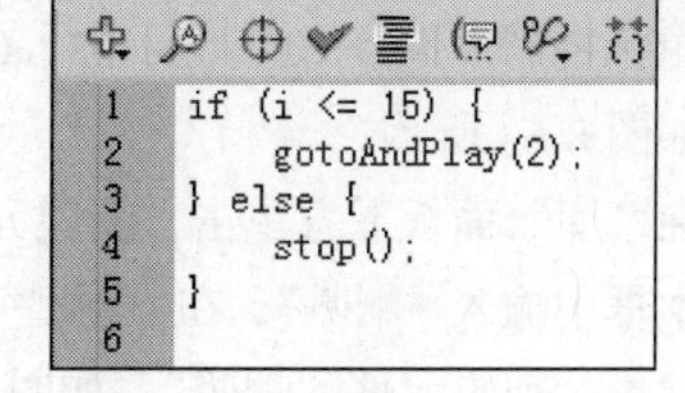

```
if (i <= 15) {
    gotoAndPlay(2);
} else {
    stop();
}
```

图 8-59

（8）选择文档“属性”面板，将“FPS”选项设为 50，如图 8-60 所示。掉落的水珠效果制作完成，按 Ctrl+Enter 组合键即可查看效果，如图 8-61 所示。

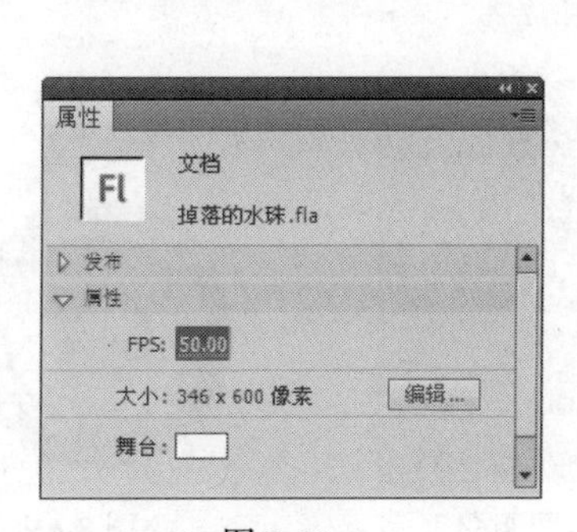

图 8-60

图 8-61

8.3　鼠标控制声道

【知识要点】使用“椭圆”工具和“颜色”面板绘制阴影图形，使用“铅笔”工具绘制耳机连接线，使用“动作”面板设置脚本语言。

8.3.1　导入图片

（1）选择“文件 > 新建”命令，弹出“新建文档”对话框，单击“确定”按钮，进入新建文档舞台窗口。按 Ctrl+F3 组合键，弹出文档“属性”面板，单击“大小”选项后面的“编辑”按钮 编辑... ，在弹出的对话框中将舞台窗口的宽度设为 476，高度设为 496，单击“确定”按钮。

（2）在文档“属性”面板中单击“发布”选项组中“配置文件”右侧的“编辑”按钮，在弹出的“发布设置”对话框中将“播放器”选项设为“Flash Player 8”，将“脚本”选项设为“ActionScript 2.0”，如图 8-62 所示，单击“确定”按钮。

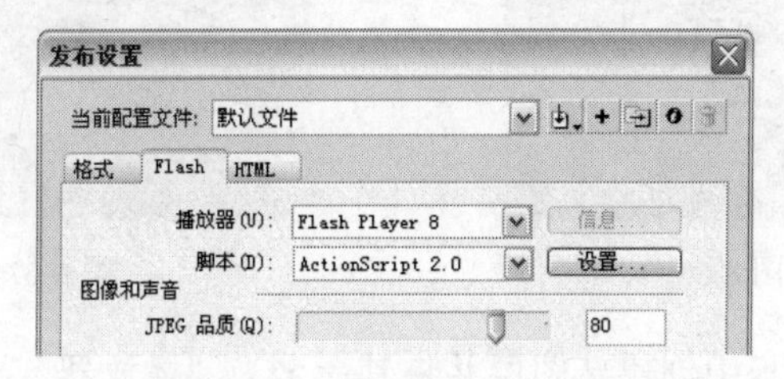

图 8-62

（3）选择“文件 > 导入 > 导入到库”命令，在弹出的“导入到库”对话框中选择“Ch08 > 素材 > 8.3 鼠标控制声道 > 01、02、03、04、05”文件，单击“打开”按钮，文件被导入到“库”面板中，如图 8-63 所示。

（4）在“库”面板下方单击“新建元件”按钮，弹出“创建新元件”对话框，在“名称”选项的文本框中输入“喇叭”，在“类型”选项的下拉列表中选择“影片剪辑”选项，单击“确定”按钮，新建影片剪辑元件“喇叭”，如图 8-64 所示，舞台窗口也随之转换为影片剪辑元件的舞台窗口。

（5）将“库”面板中的位图“04.png”拖曳到舞台窗口中，并将其调整到合适的大小，效果如图 8-65 所示。

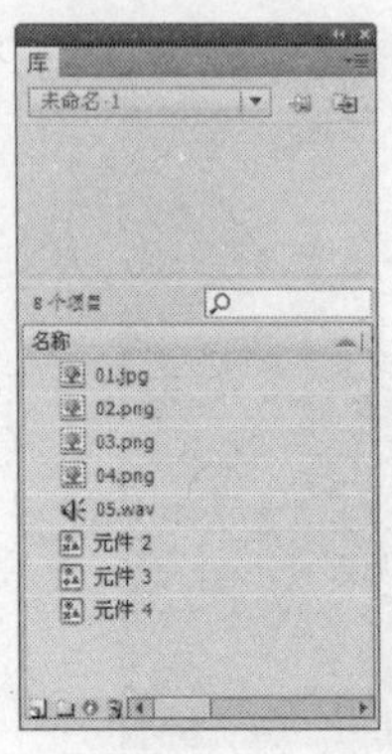
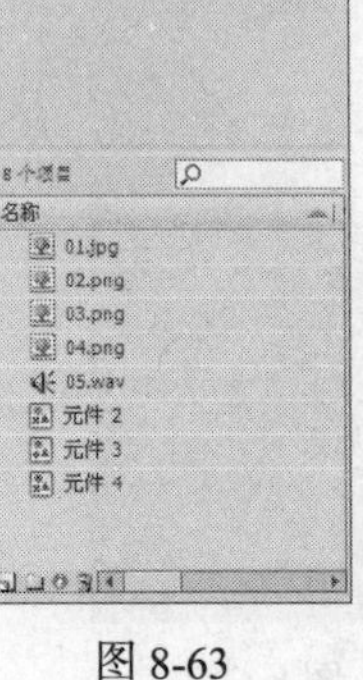

图 8-63

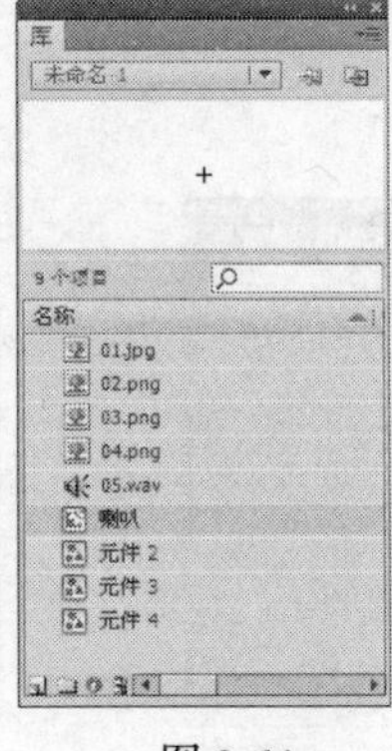

图 8-64

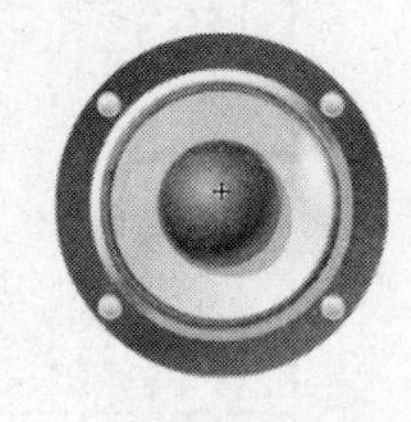

图 8-65

8.3.2 绘制阴影和曲线

（1）单击舞台窗口左上方的“场景 1”图标，进入“场景 1”的舞台窗口。将“图层 1”重新命名为“背景”。将“库”面板中的位图“01.jpg”拖曳到舞台窗口中，并将其调整到合适的大小，效果如图 8-66 所示。选中“背景”图层的第 5 帧，按 F5 键，在该帧上插入普通帧。

（2）单击“时间轴”面板下方的“新建图层”按钮，创建新图层并将其命名为“人物”。将“库”面板中的位图“02.png”拖曳到舞台窗口中，选择“任意变形”工具，选中图片并调整其大小，效果如图 8-67 所示。

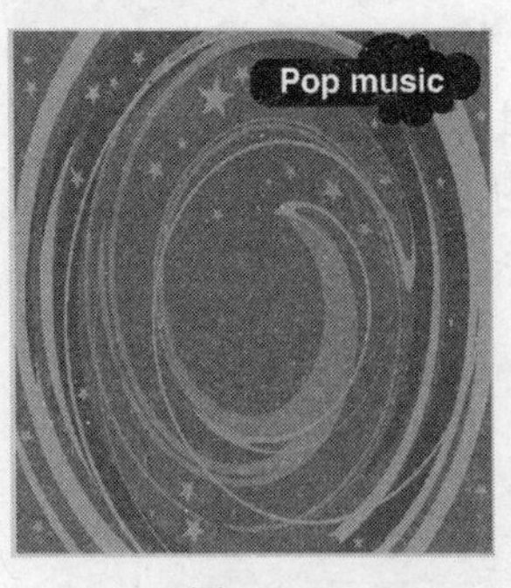

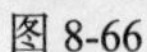
图 8-66

图 8-67

（3）在“时间轴”面板中创建新图层并将其命名为“播放器”。将“库”面板中的图形元

件“元件 3”拖曳到舞台窗口的左下方，并将其调整到合适的大小，效果如图 8-68 所示。

（4）选择“窗口 > 颜色”命令，弹出“颜色”面板，将“笔触颜色”设为无，在“颜色类型”选项的下拉列表中选择“径向渐变”选项，将色带上左侧的色块设为黑色，将色带上右侧的色块设为白色，将其“Alpha”选项设为 0，如图 8-69 所示。

（5）选择“椭圆”工具，按住 Shift 键的同时在舞台窗口中绘制圆形，效果如图 8-70 所示。选择“任意变形”工具，选择渐变图形，图形周围出现控制框，拖曳图形上的控制手柄将其变形，并将其拖曳到图形元件“元件 3”实例的下方，效果如图 8-71 所示。

图 8-68

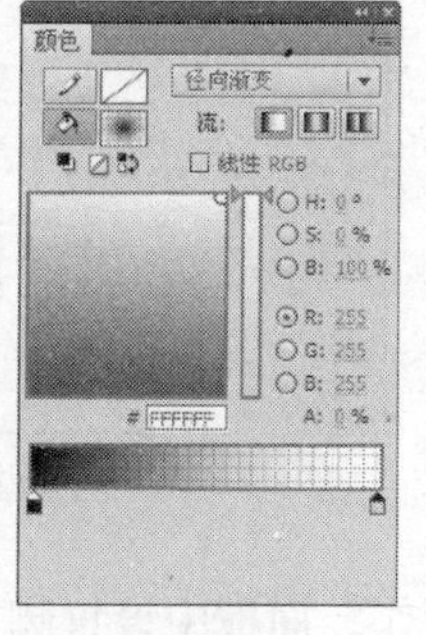

图 8-69

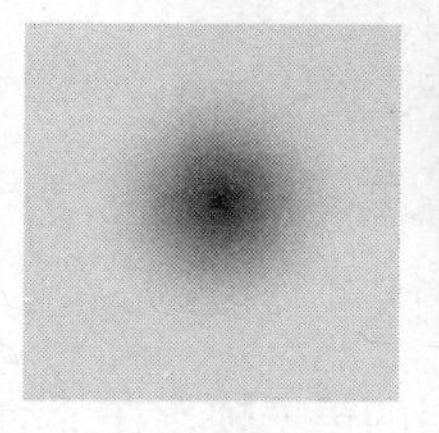

图 8-70

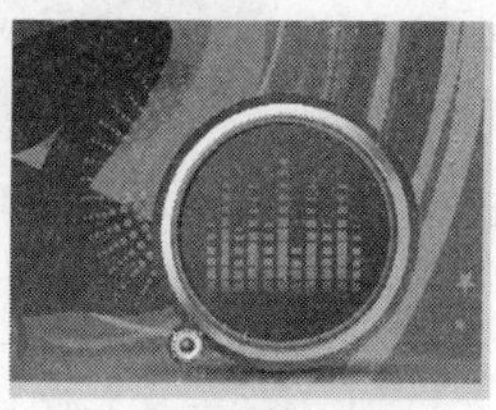

图 8-71

（6）在“时间轴”面板中创建新图层并将其命名为“线条”。选择“铅笔”工具，在工具箱中将“笔触颜色”设为白色，在舞台窗口中绘制两条曲线，如图 8-72 所示。在“时间轴”面板中将“线条”图层拖曳到“播放器”图层的下方，如图 8-73 所示。舞台窗口中的效果如图 8-74 所示。

图 8-72

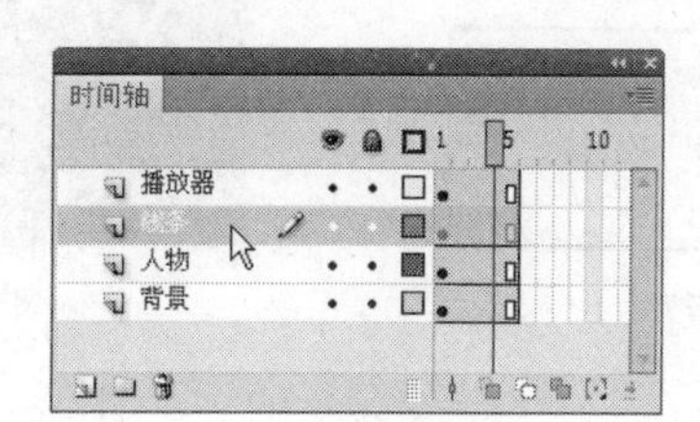

图 8-73

图 8-74

8.3.3　添加脚本语言

（1）在“时间轴”面板中创建新图层并将其命名为“声音”。分别选中“声音”图层的第 4 帧和第 5 帧，按 F6 键，在选中的帧上插入关键帧。选中“声音”图层的第 4 帧，将“库”面板中的影片剪辑元件“喇叭”向舞台窗口中拖曳两次，效果如图 8-75 所示。

（2）在舞台窗口中选中上边的“喇叭”实例，选择影片剪辑“属性”面板，在“实例名称”选项的文本框中输入“max”。选中下边的“喇叭”实例，在“实例名称”选项的文本框中输入“min”。

（3）选中“声音”图层的第 1 帧，将“库”面板中的声音文件“05.wav”拖曳到舞台窗口中。

选中“声音”图层的第 1 帧，调出帧“属性”面板，选中“同步”选项后面“声音循环”选项下拉列表中的“循环”选项。

（4）选中“声音”图层的第 4 帧，选择“窗口 > 动作”命令，弹出“动作”面板，在“动作”面板中设置脚本语言（脚本语言的具体设置可以参考附带光盘中的实例源文件），脚本窗口中显示的效果如图 8-76 所示。在“声音”图层的第 4 帧上显示出一个标记“a”。

图 8-75

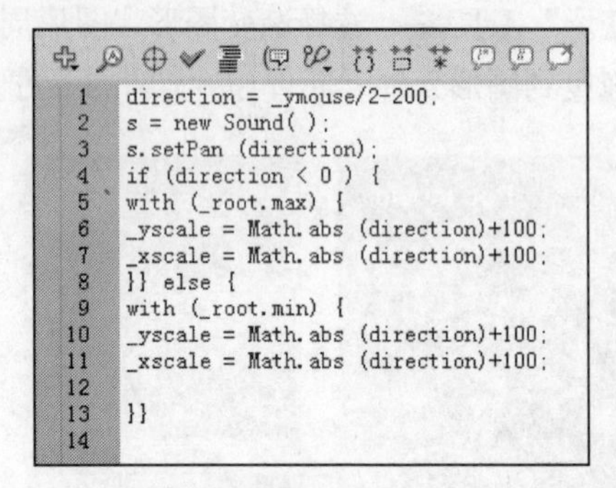

```
1  direction = _ymouse/2-200;
2  s = new Sound( );
3  s.setPan (direction);
4  if (direction < 0 ) {
5  with (_root.max) {
6  _yscale = Math.abs (direction)+100;
7  _xscale = Math.abs (direction)+100;
8  }} else {
9  with (_root.min) {
10 _yscale = Math.abs (direction)+100;
11 _xscale = Math.abs (direction)+100;
12
13 }}
14
```

图 8-76

（5）选中“声音”图层的第 5 帧，在“动作”面板中设置脚本语言，脚本窗口中显示的效果如图 8-77 所示。设置完成动作脚本后，关闭“动作”面板。在“声音”图层的第 5 帧上显示出一个标记“a”。鼠标控制声道效果制作完成，按 Ctrl+Enter 组合键即可查看效果，将鼠标拖曳到上边的喇叭图形上，效果如图 8-78 所示。

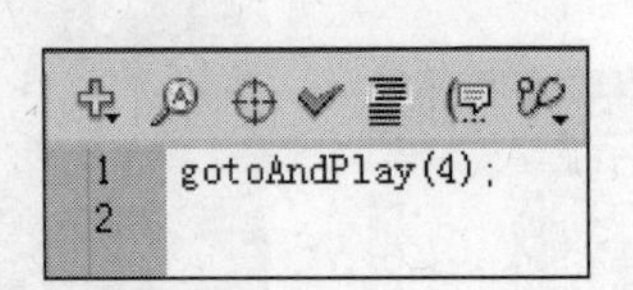

```
1  gotoAndPlay(4);
2
```

图 8-77

图 8-78

8.4 游戏登录界面

【知识要点】使用“任意变形”工具改变图形的大小，使用“文本”工具添加文字效果，使用“动作”面板设置脚本语言。

8.4.1 制作按钮

（1）选择“文件 > 新建”命令，弹出“新建文档”对话框，单击“确定”按钮，进入新建文档舞台窗口。按 Ctrl+F3 组合键，弹出文档“属性”面板，单击“大小”选项后面的“编辑”按钮 编辑... ，在弹出的对话框中将舞台窗口的宽度设为 550，高度设为 384，单击“确定”按钮。

（2）在文档“属性”面板中单击“发布”选项组中“配置文件”右侧的“编辑”按钮，在弹出的“发布设置”对话框中将“播放器”选项设为“Flash Player 7”，将“脚本”选项设为“ActionScript 2.0”，如图 8-79 所示，单击“确定”按钮。

（3）选择“文件 > 导入 > 导入到库”命令，在弹出的“导入到库”对话框中选择“Ch08 > 素材 > 8.4 游戏登录界面 > 01、02、03”文件，单击“打开”按钮，文件被导入到“库”面板中，如图 8-80 所示。

（4）在“库”面板下方单击“新建元件”按钮，弹出“创建新元件”对话框，在“名称”选项的文本框中输入“登录”，在“类型”选项的下拉列表中选择“按钮”选项，单击“确定”按钮，新建按钮元件“登录”，如图 8-81 所示，舞台窗口也随之转换为按钮元件的舞台窗口。

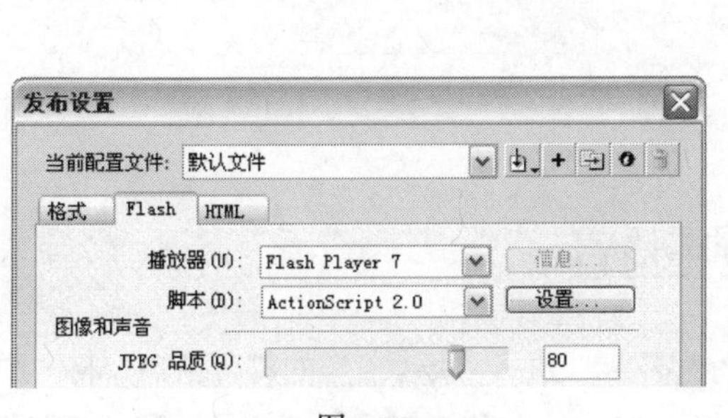

图 8-79

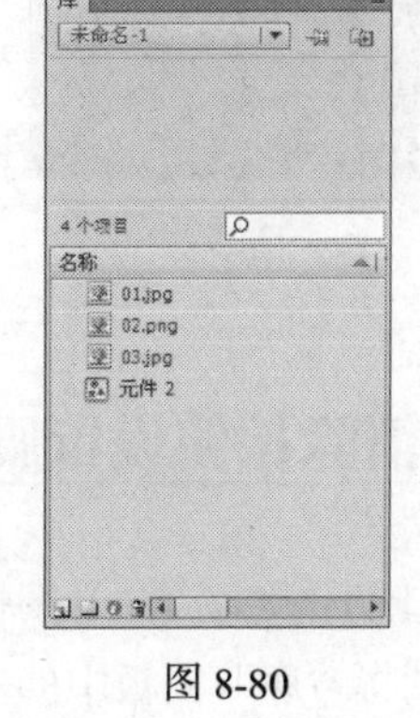

图 8-80

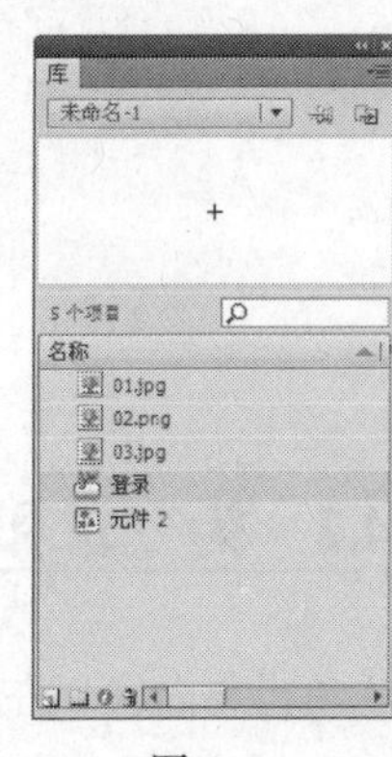

图 8-81

（5）将“库”面板中的位图“02.png”拖曳到舞台窗口中，如图 8-82 所示。选择“任意变形”工具，在图形的周围出现控制点，拖动控制点改变图形的大小，效果如图 8-83 所示。

图 8-82

图 8-83

（6）选择“文本”工具，在文本工具“属性”面板中进行设置，如图 8-84 所示，在舞台窗口中输入黑色文字“登录”，效果如图 8-85 所示。用相同的方法再输入白色文字“登录”，并将其放置在黑色文字的右上方，效果如图 8-86 所示。

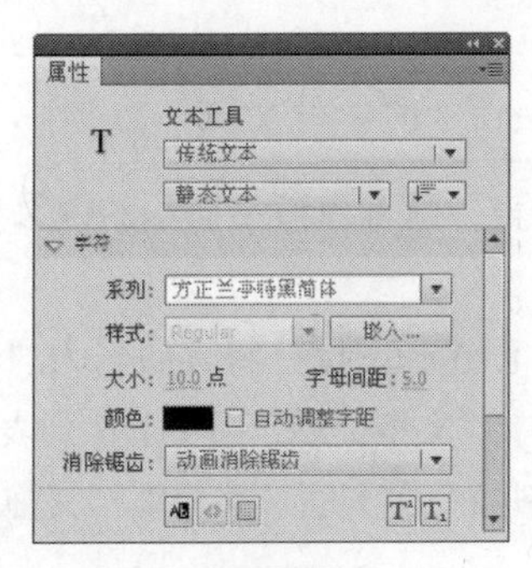

图 8-84

图 8-85

图 8-86

（7）选中“图层 1”的“鼠标经过”帧，按 F6 键，在该帧上插入关键帧。选择“文本”工具T，选取白色文字，在工具箱下方将“填充颜色”修改为红色（#FF3300），效果如图 8-87 所示。用相同的方法制作按钮元件“清除”和“返回”，如图 8-88 所示。

图 8-87

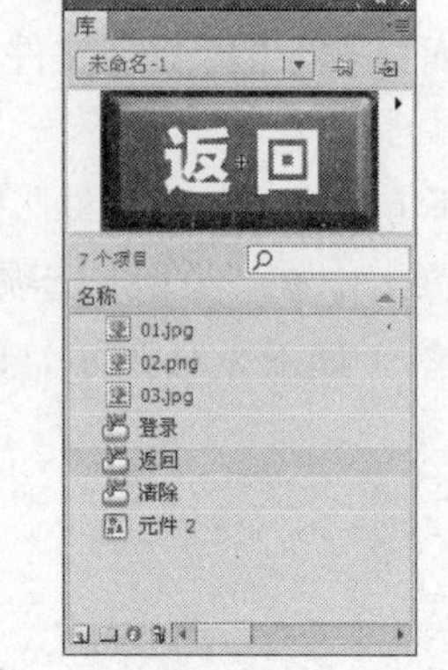

图 8-88

8.4.2　为登录和清除按钮设置脚本语言

（1）单击舞台窗口左上方的“场景 1”图标 场景 1，进入“场景 1”的舞台窗口。将“图层 1”重新命名为“底图”。分别将“库”面板中的位图“01.jpg”和按钮元件“登录”和“清除”拖曳到舞台窗口中，并调整到合适的大小，效果如图 8-89 所示。

（2）选中“登录”实例，选择“窗口 > 动作”命令，弹出“动作”面板，在“动作”面板中设置脚本语言（脚本语言的具体设置可以参考附带光盘中的实例源文件），脚本窗口中显示的效果如图 8-90 所示。

图 8-89

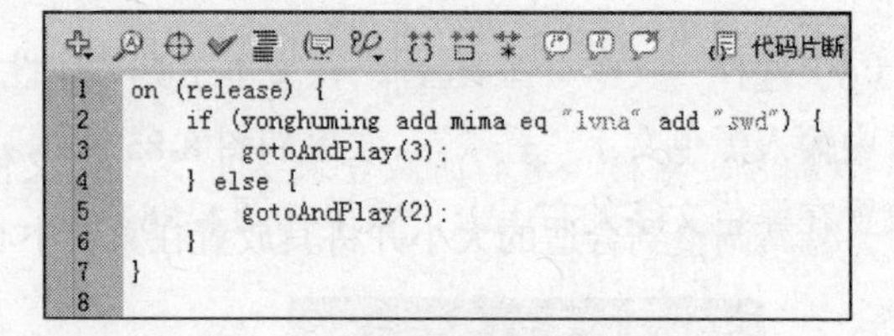


```
1  on (release) {
2      if (yonghuming add mima eq "lvna" add "swd") {
3          gotoAndPlay(3);
4      } else {
5          gotoAndPlay(2);
6      }
7  }
8
```

图 8-90

（3）选中“清除”实例，在“动作”面板中设置脚本语言，脚本窗口中显示的效果如图 8-91 所示。设置完成动作脚本后关闭“动作”面板。

（4）单击“时间轴”面板下方的“新建图层”按钮，创建新图层并将其命名为“输入文本框”。选择“文本”工具T，选择文本工具“属性”面板，选中“文本类型”选项下拉列表中的“输入文本”，其他选项的设置如图 8-92 所示，在舞台窗口中绘制两个文本框，并分别将其拖曳到文字“用户登录”和“密码”的后面，效果如图 8-93 所示。

```
1  on (release) {
2      yonghuming = "";
3      mima = "";
4  }
5
```

图 8-91

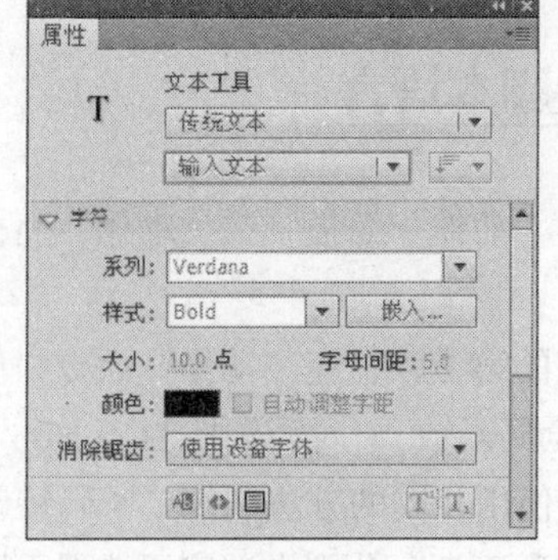

图 8-92

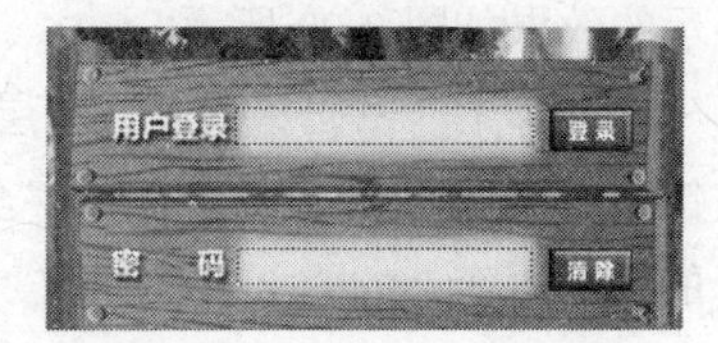

图 8-93

（5）选中“用户登录”后面的文本框，调出输入文本“属性”面板，在“变量”选项的文本框中输入“yonghuming”，如图 8-94 所示。

（6）选中“密码”后面的文本框，选中“线条类型”选项下拉列表中的“密码”选项，在“变量”选项的文本框中输入“mima”，如图 8-95 所示。

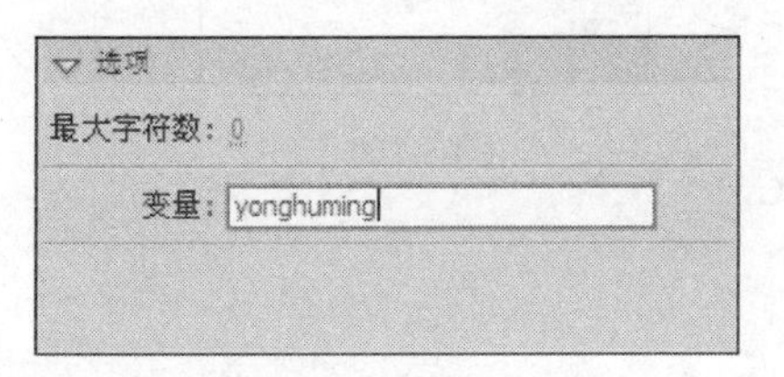

图 8-94

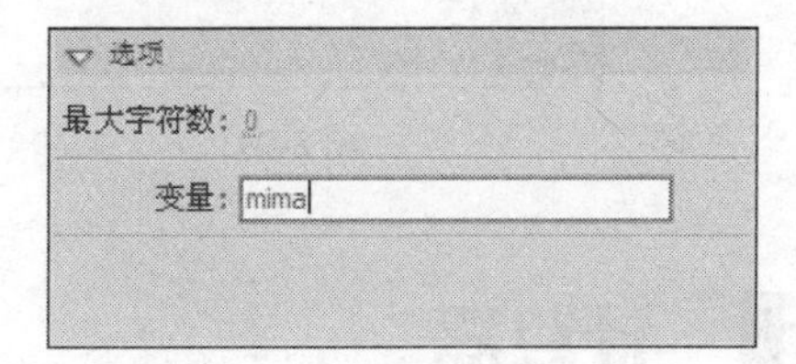

图 8-95

（7）选中“输入文本框”图层的第 1 帧，调出“动作”面板，在面板中单击“将新项目添加到脚本中”按钮，在弹出的菜单中选择“全局函数 > 时间轴控制 > stop”命令。设置完成动作脚本后，在脚本窗口中显示出选择的脚本语言，如图 8-96 所示。在“输入文本框”图层的第 1 帧上显示出一个标记“a”。

（8）在“时间轴”面板中创建新图层并将其命名为“密码错误页”。选中“密码错误页”图层的第 2 帧，在该帧上插入关键帧。分别将“库”面板中的位图“03.jpg”和按钮元件“返回”拖曳到舞台窗口中，并调整到合适的大小，效果如图 8-97 所示。选中“密码错误页”图层的第 3 帧，在该帧上插入关键帧。将舞台窗口中的图片删除，按 Ctrl+R 组合键，在弹出的“导入”对话框中选择“Ch08 > 素材 > 8.4 游戏登录界面 > 04”文件，单击“打开”按钮，文件被导入到舞台窗口中，将其调整到合适的大小并将其放置在舞台中心位置，效果如图 8-98 所示。

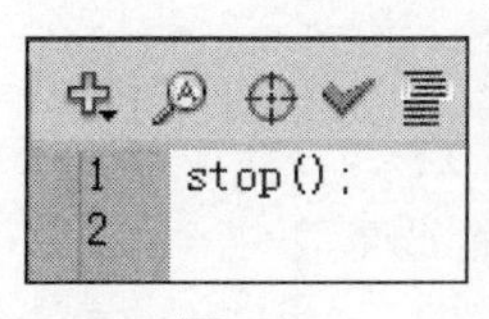

图 8-96

图 8-97

图 8-98

8.4.3 为返回按钮设置脚本语言

（1）选中“返回”实例，调出“动作”面板，在“动作”面板中设置脚本语言，脚本窗口中显示的效果如图 8-99 所示。

（2）选中“密码错误页”图层的第 2 帧，在“动作”面板中单击“将新项目添加到脚本中”按钮，在弹出的菜单中选择“全局函数 > 时间轴控制 > stop”命令，在脚本窗口中显示出选择的脚本语言，如图 8-100 所示。使用相同的方法制作“密码错误页”图层的第 3 帧上的脚本，设置完成动作脚本后，关闭“动作”面板。分别在“密码错误页”图层的第 2 帧和第 3 帧上显示出一个标记“a”。游戏登录界面制作完成，按 Ctrl+Enter 组合键即可查看效果。

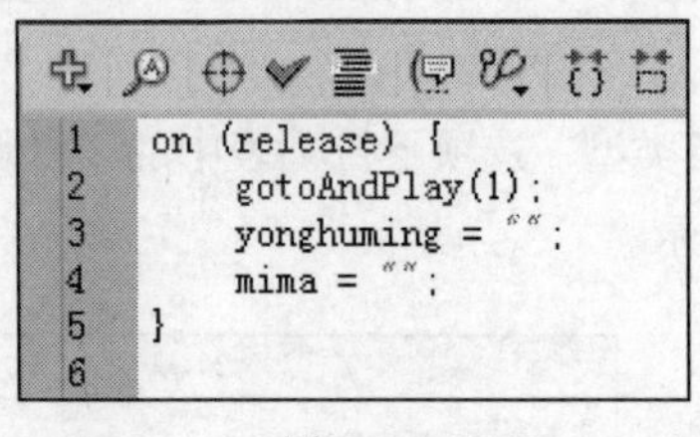

图 8-99

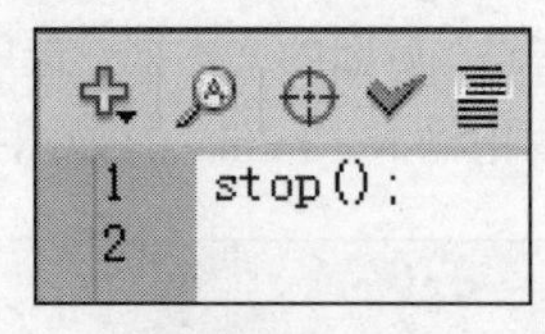

图 8-100

8.5 计算器

【知识要点】使用“文本”工具添加文本，使用“矩形”工具绘制显示屏幕，使用“动作”面板为实例按钮添加脚本语言。

8.5.1 制作按钮元件

（1）选择“文件 > 新建”命令，弹出“新建文档”对话框，单击“确定”按钮，进入新建文档舞台窗口。按 Ctrl+F3 组合键，弹出文档“属性”面板，单击“大小”选项后面的“编辑”按钮 编辑... ，在弹出的对话框中将舞台窗口的宽度设为 400，高度设为 447，并将“帧频”选项设为 12，单击“确定”按钮。

（2）在文档“属性”面板中，单击“发布”选项组中“配置文件”右侧的“编辑”按钮，在弹出的“发布设置”对话框中将“播放器”选项设为“Flash Player 8”，将“脚本”选项设为“ActionScript 2.0”，如图 8-101 所示，单击“确定”按钮。

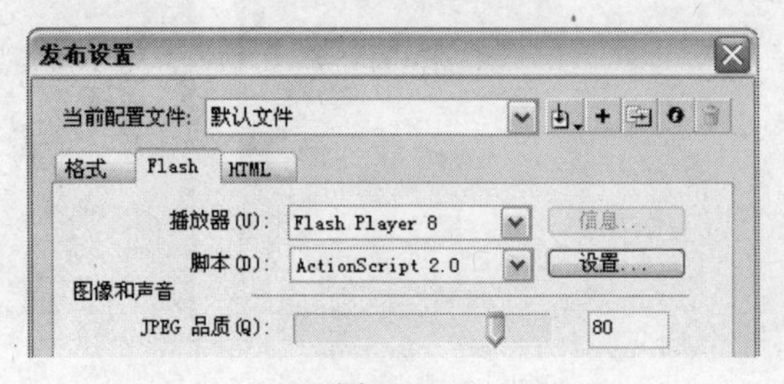

图 8-101

（3）选择“文件 > 导入 > 导入到库”命令，在弹出的“导入到库”对话框中选择“Ch08 > 素材 > 8.5 计算器 > 01、02、03”文件，单击“打开”按钮，文件被导入到“库”面板中，如图8-102所示。

（4）在“库”面板下方单击“新建元件”按钮，弹出“创建新元件”对话框，在“名称”选项的文本框中输入 0，在“类型”选项的下拉列表中选择“按钮”选项，单击“确定”按钮，新建按钮元件“0”，舞台窗口也随之转换为按钮元件的舞台窗口。

（5）将“库”面板中的图形元件“元件 2”拖曳到舞台窗口的中心位置，效果如图 8-103 所示。单击“时间轴”面板下方的“新建图层”按钮，创建新图层“图层 2”。选中“图层 2”的“指针经过”帧，按 F6 键，在该帧上插入关键帧。

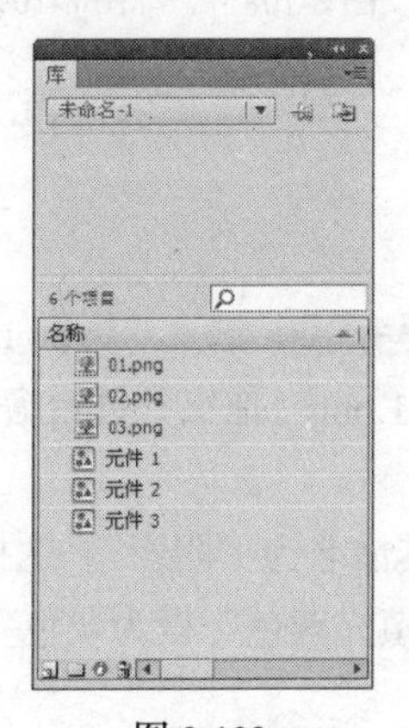

图 8-102

图 8-103

（6）将“库”面板中的图形元件“元件 3”拖曳到舞台窗口中，与“按钮 1”实例位置重合，效果如图 8-104 所示。选中“图层 2”的“点击”帧，按 F5 键，在该帧上插入普通帧，如图 8-105所示。

图 8-104

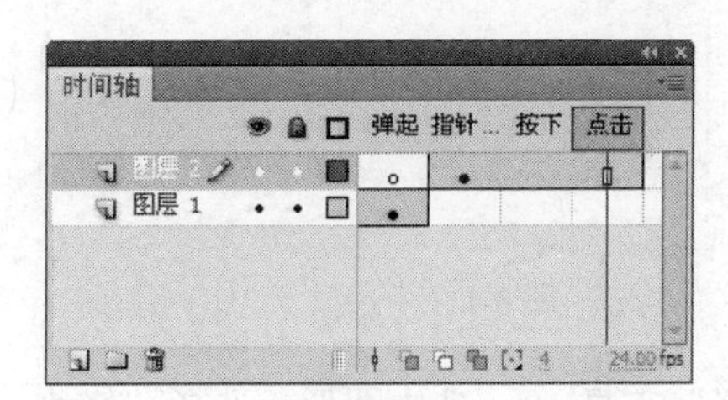

图 8-105

（7）选中“图层 2”的“按下”帧，按 F6 键，在该帧上插入关键帧。在舞台窗口中选中“按钮 2”实例，按键盘上方向键中的向右键和向下键各 1 次，将图片向右下方微移，效果如图 8-106所示。

（8）在“时间轴”面板中创建新图层“图层 3”。选择“文本”工具，在文本工具“属性”面板中进行设置，如图 8-107 所示，在舞台窗口中输入白色数字“0”，并将其放置到合适的位置，效果如图 8-108 所示。

（9）选中“图层 3”的“按下”帧，在该帧上插入关键帧。在舞台窗口中选中数字“0”实例，按键盘上方向键中的向右键和向下键各 1 次，将数字向右下方微移，效果如图 8-109 所示。用相同的方法制作计算器上其他的按钮，如图 8-110 所示。

图 8-106　　图 8-107　　图 8-108　　图 8-109　　图 8-110

8.5.2　制作计算器整体效果

（1）单击舞台窗口左上方的“场景 1”图标，进入“场景 1”的舞台窗口。将“图层 1”重新命名为“底图”。将“库”面板中的位图“01.png”拖曳到舞台窗口中，并将其拖曳到适当的位置，效果如图 8-111 所示。

（2）在“时间轴”面板中创建新图层并将其命名为“阴影”。选择“椭圆”工具，在椭圆工具“属性”面板中将“笔触颜色”设为无，“填充颜色”设为灰色（#FF99CC），在舞台窗口中底图的下方绘制椭圆形，效果如图 8-112 所示。

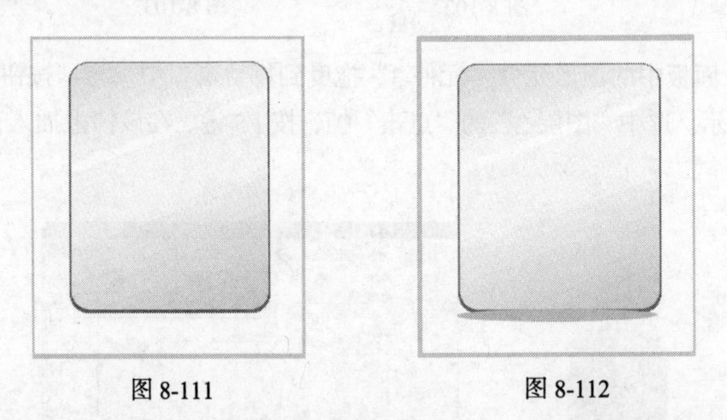

图 8-111　　图 8-112

（3）选择“选择”工具，选中图形，选择“修改 > 形状 > 柔化填充边缘”命令，弹出“柔化填充边缘”对话框，选项的设置如图 8-113 所示，单击“确定”按钮，效果如图 8-114 所示。

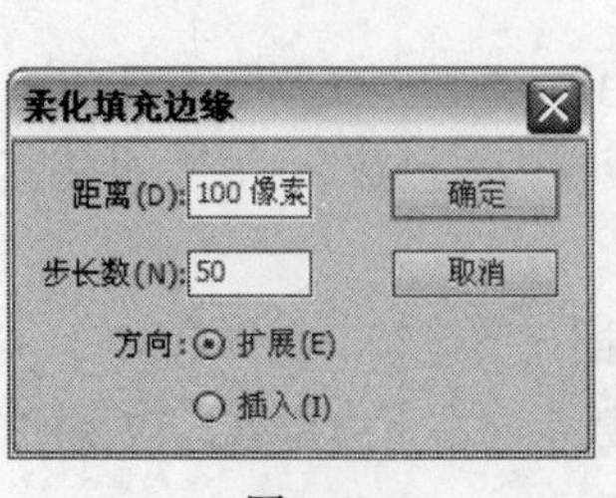

图 8-113

图 8-114

（4）选择“任意变形”工具，将柔化图形变形，在“时间轴”面板中将“阴影”图层拖曳至“底图”图层的下方，如图 8-115 所示，舞台窗口中的效果如图 8-116 所示。

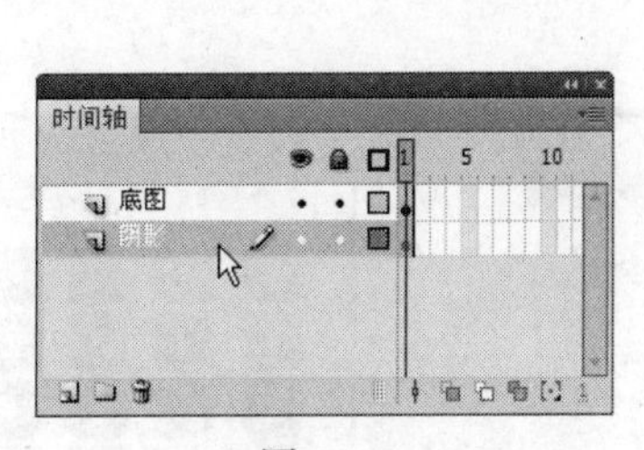

图 8-115

图 8-116

（5）在“时间轴”面板中创建新图层并将其命名为“显示屏幕”，并将其拖曳至“底图”图层的上方。选择“矩形”工具，在矩形工具“属性”面板中，将“笔触颜色”设为无，“填充颜色”设为黑色，其他选项的设置如图 8-117 所示，在舞台窗口中绘制图形，图形效果如图 8-118 所示。

图 8-117

图 8-118

（6）选择“窗口 > 颜色”命令，弹出“颜色”面板，在“颜色类型”选项的下拉列表中选择“线性渐变”选项，将色带上左侧的色块设为浅灰色（C5C6C6），将色带上右侧的色块设为深灰色（5C5A5A），如图 8-119 所示。选择“颜料桶”工具，在黑色图形上单击鼠标，填充图形为渐变色，效果如图 8-120 所示。

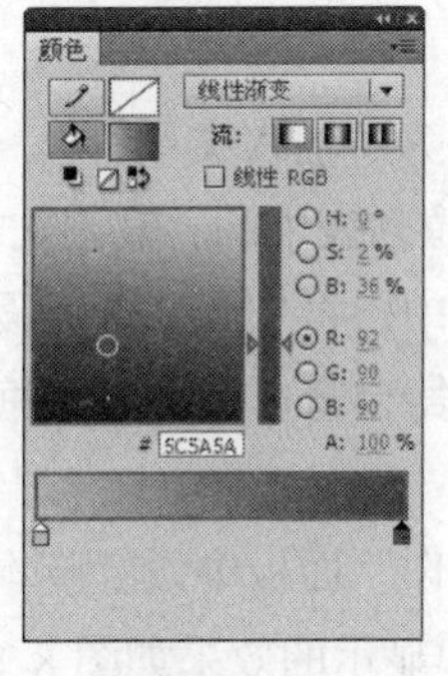

图 8-119

图 8-120

（7）用相同的方法再绘制一个圆角矩形，并填充圆角矩形的渐变色由深绿色（AEBD8C）到浅绿色（D0E4A6），如图 8-121 所示，舞台窗口中的效果如图 8-122 所示。

（8）在“时间轴”面板中创建新图层并将其命名为“按钮”。分别将“库”面板中的所有按钮元件拖曳到舞台窗口中，并按次序排列，效果如图 8-123 所示。

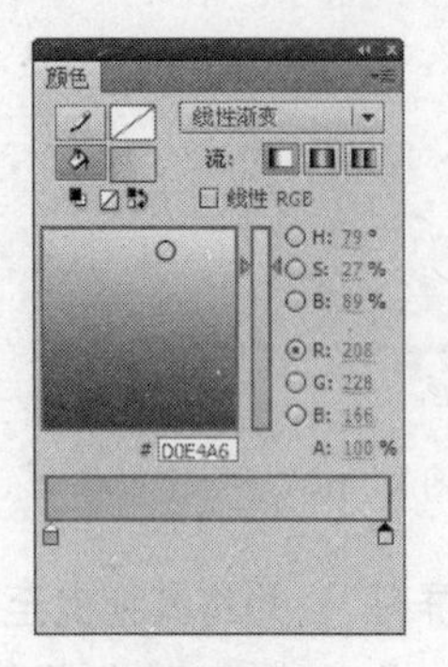

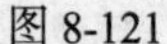
图 8-121

图 8-122

图 8-123

8.5.3 添加脚本语言

（1）选中“M+”实例，选择“窗口 > 动作”命令，弹出“动作”面板，在“动作”面板中设置脚本语言。

```
on (release) {
memory = memory+Number(xianshi);
}
```

脚本窗口中显示的效果如图 8-124 所示。

```
1 on (release) {
2     memory = memory+Number(xianshi);
3 }
4
```

图 8-124

（2）用相同的方法对其他的按钮实例设置相应的脚本语言（脚本语言的具体设置可以参考附带光盘中的实例源文件）。

（3）在“时间轴”面板中创建新图层并将其命名为“输入文本框”。选择“文本”工具 T，在文本工具“属性”面板中选中“文本类型”选项下拉列表中的“输入文本”，在舞台窗口中绘制一个文本框。选中文本框，在文本工具“属性”面板中，将“宽”选项设为 210.8，“高”选项设为 58，在“变量”选项文本框中输入“xianshi”，在舞台窗口中将文本框拖曳到圆角矩形上，效果如图 8-125 所示。

（4）选中“输入文本框”图层的第 1 帧，在“动作”面板中设置脚本语言（脚本语言的具体设置可以参考附带光盘中的实例源文件），脚本窗口中显示的效果如图 8-126 所示。计算器制作完成，按 Ctrl+Enter 组合键即可查看效果，如图 8-127 所示。

图 8-125

```
21        xianshi = Number(operand1)+Number(xianshi);
22    }
23    if (operator == "-") {
24        xianshi = operand1-xianshi;
25    }
26    if (operator == "*") {
27        xianshi = operand1*xianshi;
28    }
29    if (operator == "/") {
30        xianshi = operand1/xianshi;
31    }
32    operator = "=";
33    clear = true;
34    decimal = false;
35    if (newOper != null) {
36        operator = newOper;
37        operand1 = xianshi;
38    }
39 }
40
```

图 8-126

图 8-127

8.6　时尚手表

【知识要点】使用“水平翻转”命令将图像进行水平翻转，使用“添加传统运动引导层”命令制作鹰动画，使用“动作”面板添加脚本语言，使用“文本”工具添加文字效果。

8.6.1　导入图片并制作图形元件

（1）选择“文件 > 新建”命令，弹出“新建文档”对话框，单击“确定”按钮，进入新建文档舞台窗口。按 Ctrl+F3 组合键，弹出文档“属性”面板，单击“大小”选项后面的“编辑”按钮 编辑... ，在弹出的对话框中将舞台窗口的宽度设为 382，高度设为 400，将“背景颜色”设为灰色（#999999），并将“帧频”选项设为 12，单击“确定”按钮。

（2）在文档“属性”面板中单击“发布”选项组中“配置文件”右侧的“编辑”按钮，在弹出的“发布设置”对话框中将“播放器”选项设为“Flash Player 8”，将“脚本”选项设为“ActionScript 2.0”，如图 8-128 所示，单击“确定”按钮。

（3）选择“文件 > 导入 > 导入到库”命令，在弹出的“导入到库”对话框中选择“Ch08 > 素材 > 8.6 时尚手表 > 01、02、03、04、05、06”文件，单击“打开”按钮，文件被导入到“库”面板中，如图 8-129 所示。

图 8-128

库
未命名-1
11 个项目
名称
01.jpg
02.png
03.png
04.png
05.png
06.png
元件 2
元件 3
元件 4

图 8-129

（4）调出“库”面板，在“库”面板下方单击“新建元件”按钮 ，弹出“创建新元件”对

话框，在“名称”选项的文本框中输入“鹰”，在“类型”选项的下拉列表中选择“图形”选项，单击“确定”按钮，新建一个图形元件“鹰”，舞台窗口也随之转换为图形元件的舞台窗口。

（5）将“库”面板中的图形元件“元件 6”拖曳到舞台窗口中的适当位置，如图 8-130 所示。选择“选择”工具，选择“鹰”实例，选择“修改 > 变形 > 水平翻转”命令，将实例水平翻转，效果如图 8-131 所示。

图 8-130

图 8-131

（6）选中“鹰”实例，按 Ctrl+C 组合键，将其复制。在舞台窗口的空白处单击鼠标右键，在弹出的菜单中选择“粘贴到当前位置”命令，将实例原位粘贴，按下键盘上的向下和向右方向键，将实例微调到合适的位置，效果如图 8-132 所示。

（7）保持实例的选取状态，选择图形“属性”面板，在“色彩效果”选项组中单击“样式”选项，在弹出的下拉列表中选择“Alpha”选项，将其值设为 20，如图 8-133 所示，舞台窗口中的效果如图 8-134 所示。

图 8-132

图 8-133

图 8-134

8.6.2 制作影片剪辑动画

（1）单击“库”面板中的“新建元件”按钮，新建影片剪辑元件“鹰动画 1”。将“库”面板中的图形元件“鹰”拖曳到舞台窗口中，如图 8-135 所示。用鼠标右键单击“时间轴”面板上的“图层 1”，在弹出的菜单中选择“添加传统运动引导层”命令，为“图层 1”添加运动引导层，如图 8-136 所示。

图 8-135

（2）选择“铅笔”工具，在工具箱中将“笔触颜色”设为黑色，选中工具箱下方“铅笔模式”选项组中的“平滑”选项，在引导层上绘制出一条曲线，效果如图 8-137 所示。选中引导层的第 30 帧，按 F5 键，在该帧上插入普通帧。选中“图层 1”的第 1 帧，将“鹰”实例放在曲线下方的起始端点上，效果如图 8-138 所示。

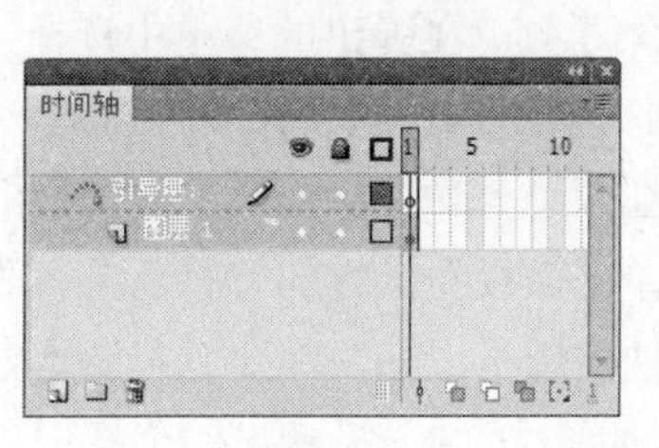

图 8-136

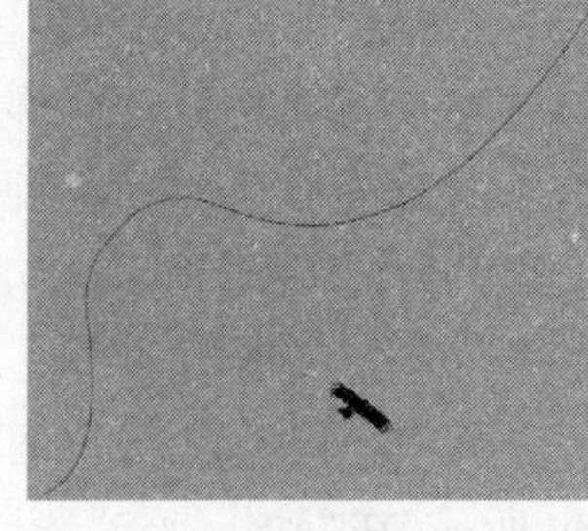

图 8-137

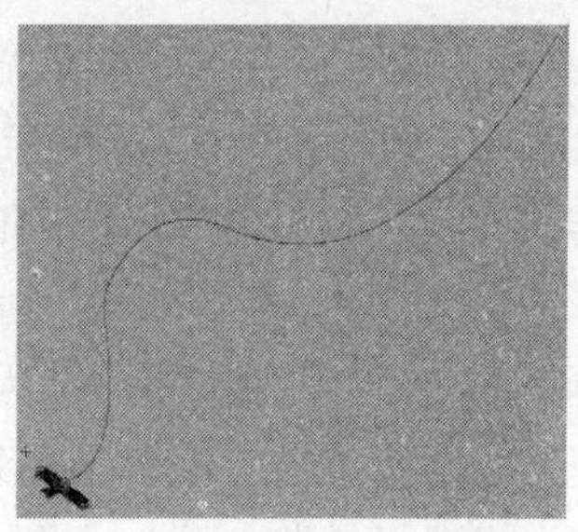

图 8-138

（3）选中“图层 1”的第 30 帧，按 F6 键，在该帧上插入关键帧。在舞台窗口中选中“鹰”实例，将其移动到曲线上方的结束端点上，效果如图 8-139 所示。用鼠标右键单击“图层 1”的第 1 帧，在弹出的菜单中选择“创建传统补间”命令，在第 1 帧和第 30 帧之间生成动作补间动画，如图 8-140 所示。

（4）在“引导层”图层上创建新图层并将其命名为“动作脚本”。选中“动作脚本”图层的第 30 帧，在该帧上插入关键帧。选择“窗口 > 动作”命令，弹出“动作”面板，单击面板左上方的“将新项目添加到脚本中”按钮，在弹出的菜单中选择“全局函数 > 时间轴控制 > stop”命令，在脚本窗口中显示出来选择的脚本语言，如图 8-141 所示。在“动作脚本”图层的第 30 帧上显示出一个标记“a”。

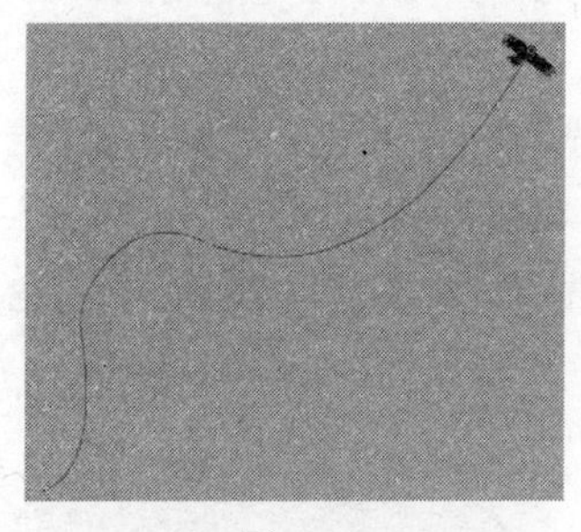

图 8-139

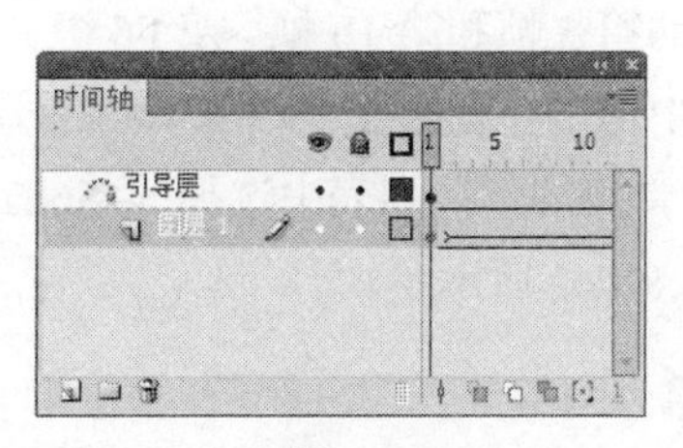

图 8-140

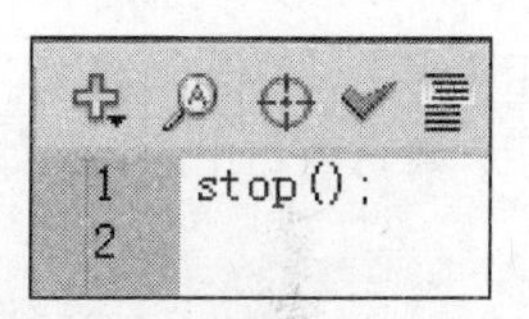

图 8-141

（5）单击“库”面板中的“新建元件”按钮，新建影片剪辑元件“鹰动画 2”，舞台窗口也随之转换为影片剪辑元件的舞台窗口。用鼠标右键单击“时间轴”面板上的“图层 1”，在弹出的菜单中选择“添加传统运动引导层”命令，为“图层 1”添加运动引导层。选择“铅笔”工具，在引导层上绘制出一条曲线，效果如图 8-142 所示。

（6）选中引导层的第 25 帧，按 F5 键，插入普通帧。选中“图层 1”的第 1 帧，将“库”面板中的图形元件“鹰”拖曳到舞台窗口中曲线左侧的起始端点上，并将其调整到合适的大小，效果如图 8-143 所示。

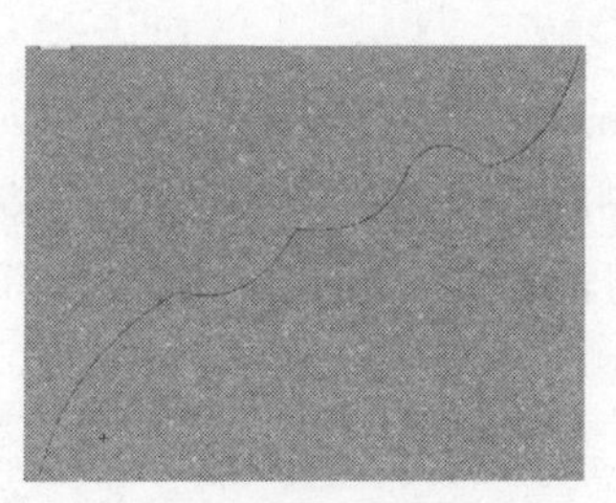

图 8-142

图 8-143

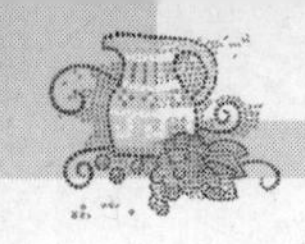

（7）选中“图层 1”的第 25 帧，按 F6 键，插入关键帧。将“鹰”实例移动到曲线右侧的结束端点上，效果如图 8-144 所示。用鼠标右键单击“图层 1”的第 1 帧，在弹出的菜单中选择“创建传统补间”命令，在第 1 帧和第 25 帧之间生成动作补间动画，如图 8-145 所示。

（8）在“引导层”图层上创建新图层并将其命名为“动作脚本”。选中“动作脚本”图层的第 25 帧，按 F6 键，在该帧上插入关键帧。选择“动作”面板，单击面板左上方的“将新项目添加到脚本中”按钮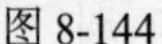，在弹出的菜单中选择“全局函数 > 时间轴控制 > stop”命令，在脚本窗口中显示出选择的脚本语言，如图 8-146 所示。在“动作脚本”图层的第 25 帧上显示出一个标记“a”。

图 8-144

图 8-145

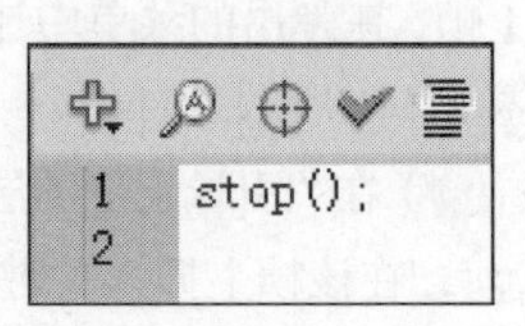

图 8-146

（9）单击“库”面板中的“新建元件”按钮，新建影片剪辑元件“亮点闪光”，舞台窗口也随之转换为影片剪辑元件的舞台窗口。将“库”面板中的图形元件“元件 2”拖曳到舞台窗口中，并将其调整到合适的大小，效果如图 8-147 所示。

（10）分别选中“图层 1”的第 5 帧和第 10 帧，按 F6 键，在选中的帧上插入关键帧。选中“图层 1”的第 5 帧，在舞台窗口中选中“元件 2”实例，选择图形“属性”面板，在“色彩效果”选项组中单击“样式”选项，在弹出的下拉列表中选择“Alpha”选项，将其值设为 0，如图 8-148 所示，舞台窗口中的效果如图 8-149 所示。

图 8-147

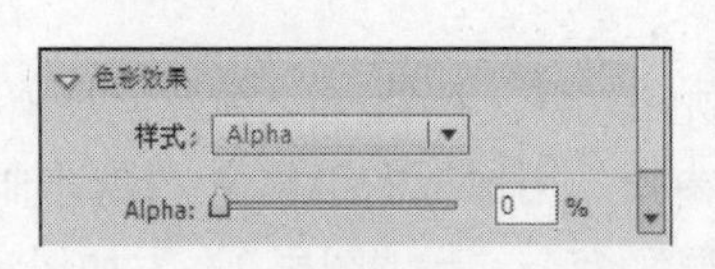

图 8-148

图 8-149

（11）用鼠标右键分别单击“图层 1”的第 1 帧和第 10 帧，在弹出的菜单中选择“创建传统补间”命令，生成动作补间动画，如图 8-150 所示。单击“库”面板中的“新建元件”按钮，新建影片剪辑元件“hours”。将“库”面板中的位图“03.png”拖曳到舞台窗口中，并将其调整到合适的大小，效果如图 8-151 所示。

（12）用相同方法分别创建影片剪辑元件“minutes”和“seconds”。将“库”面板中的位图“04.png”拖曳到影片剪辑元件“minutes”的舞台窗口中，并将其调整到合适的大小，效果如图 8-152 所示，。将“库”面板中的位图“05.png”拖曳到影片剪辑元件“seconds”的舞台窗口中，并将其调整到合适的大小，效果如图 8-153 所示。

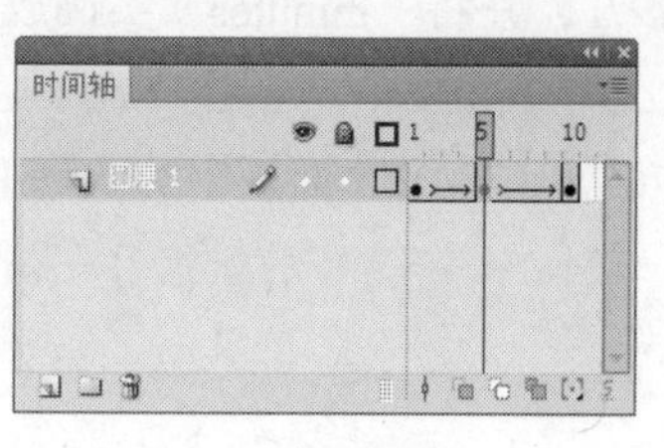

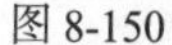

图 8-150

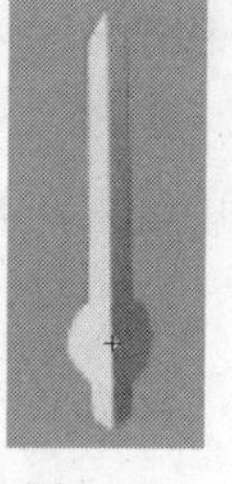

图 8-151

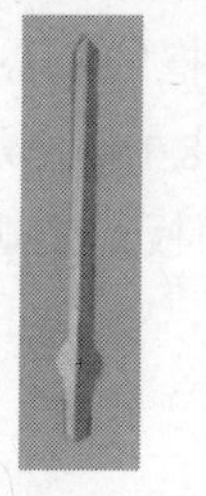

图 8-152

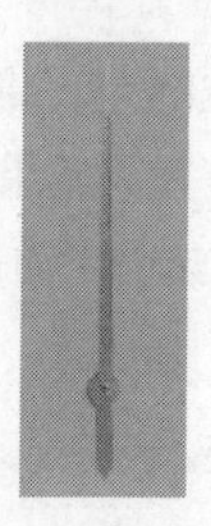

图 8-153

8.6.3　制作动画效果

（1）单击舞台窗口左上方的“场景 1”图标，进入“场景 1”的舞台窗口。将“图层 1”重新命名为“背景图”。将“库”面板中的位图“01.jpg”拖曳到舞台窗口的中心位置，并将其调整到合适的大小，效果如图 8-154 所示。选中“背景图”图层的第 15 帧，按 F5 键，在该帧上插入普通帧。

（2）在“时间轴”面板中创建新图层并将其命名为“时分秒”。将“库”面板中的影片剪辑元件“hours”拖曳到舞台窗口中，按 Ctrl+T 组合键弹出“变形”面板，选项的设置如图 8-155 所示，按 Enter 键，缩小并旋转实例。选择“选择”工具，将实例拖曳到手表上的适当位置，效果如图 8-156 所示。

图 8-154

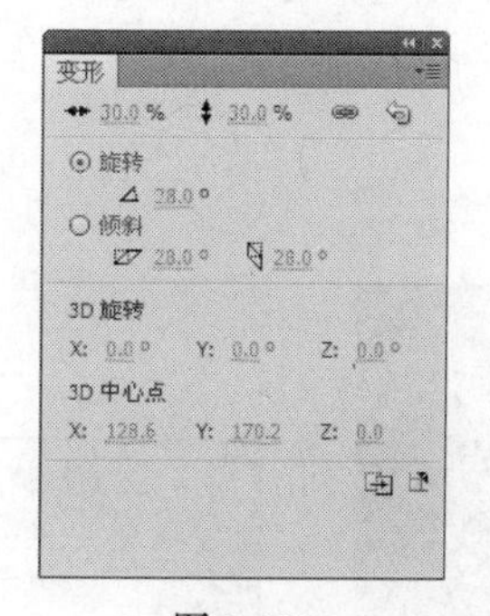

图 8-155

图 8-156

（3）选择“任意变形”工具，在实例周围出现控制点，将变换框的中心控制点移动到变换框的下方，如图 8-157 所示。保持实例的选取状态，选择“动作”面板，在脚本窗口中输入脚本语言，“动作”面板中的效果如图 8-158 所示。

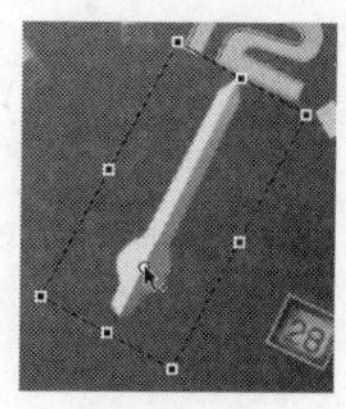

图 8-157

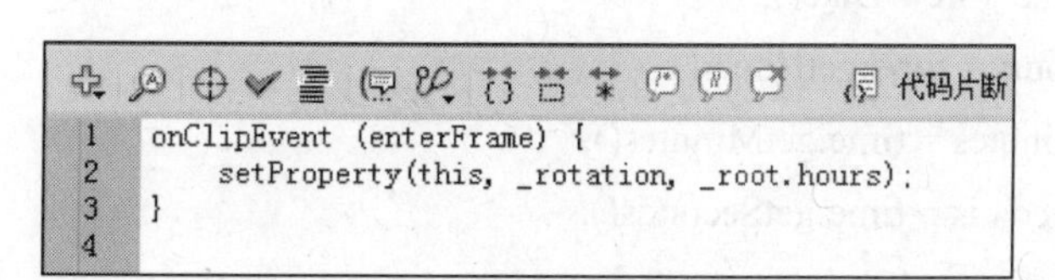


```
1  onClipEvent (enterFrame) {
2      setProperty(this, _rotation, _root.hours);
3  }
4
```

图 8-158

（4）将“库”面板中的影片剪辑元件“minutes”拖曳到舞台窗口中，选择“变形”面板，选项的设置如图 8-159 所示，按 Enter 键，缩小并旋转实例。选择“任意变形”工具，在实例周

围出现控制点，将变换框的中心控制点移动到变换框的下方，并将“minutes”实例放到与时针重合的位置，效果如图 8-160 所示。

（5）选择“动作”面板，在脚本窗口中输入需要的脚本语言，“动作”面板中的效果如图 8-161 所示。

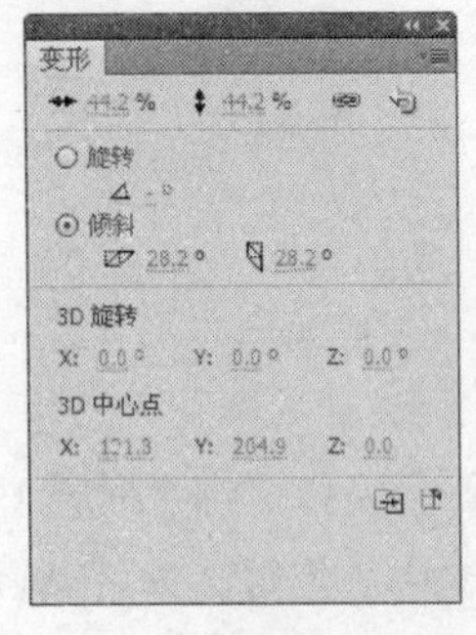

图 8-159

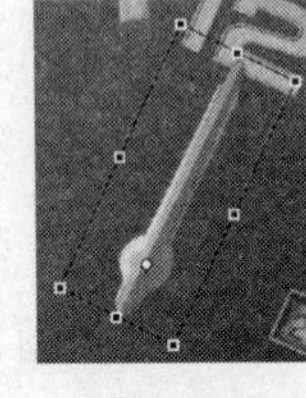

图 8-160

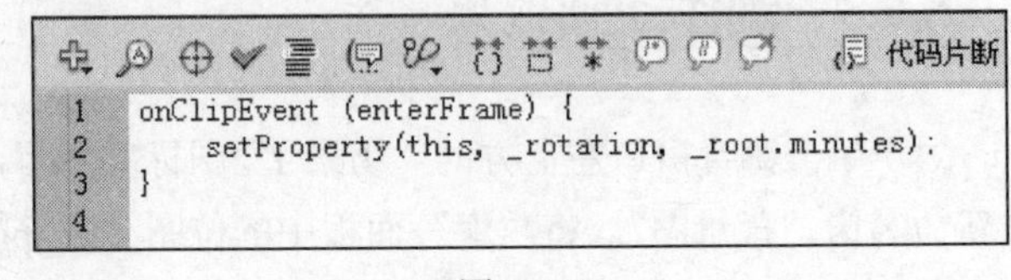

图 8-161

（6）将“库”面板中的影片剪辑元件“seconds”拖曳到舞台窗口中，选择“变形”面板，选项的设置如图 8-162 所示，按 Enter 键，缩小并旋转实例。选择“任意变形”工具，在实例周围出现控制点，将变换框的中心控制点移动到变换框的下方，并将“seconds”实例放到与分针重合的位置，效果如图 8-163 所示。。

（7）选择“动作”面板，在脚本窗口中输入需要的脚本语言，“动作”面板中的显示效果如图 8-164 所示。

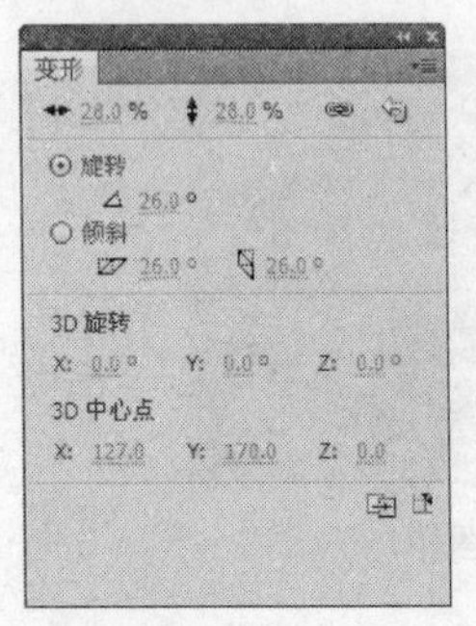

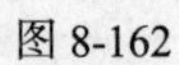

图 8-162

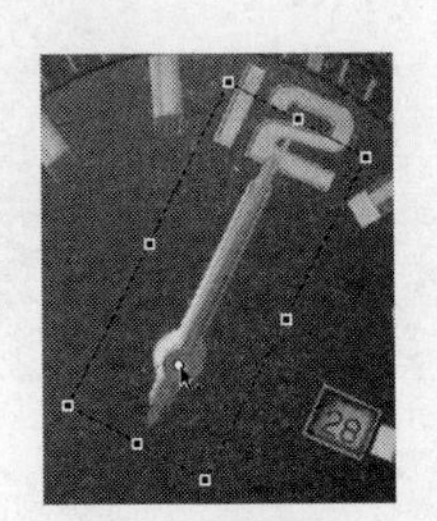

图 8-163

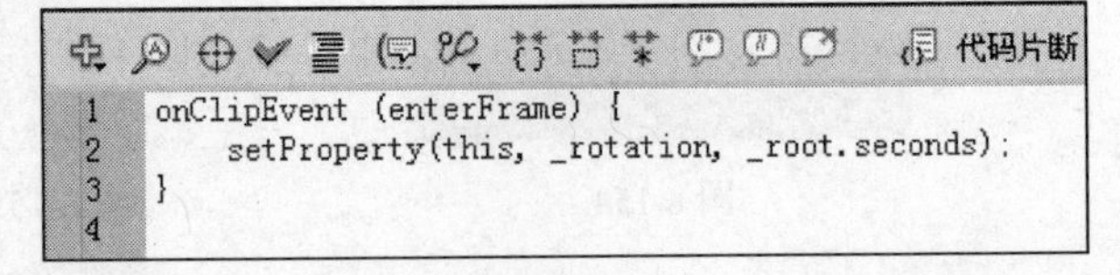

图 8-164

（8）在“时间轴”面板中创建新图层并将其命名为“动作脚本”。选中“动作脚本”图层的第 1 帧，调出“动作”面板，在“动作”面板中设置脚本语言。

```
time = new Date();
hours = time.getHours();
minutes = time.getMinutes();
seconds = time.getSeconds();
if (hours>12) {
 hours = hours-12;
}
if (hours<1) {
```

```
hours = 12;
}
hours = hours*30+int(minutes/2);
minutes = minutes*6+int(seconds/10);
seconds = seconds*6;
```

脚本窗口中显示的效果如图 8-165 所示。在“动作脚本”图层的第 1 帧上显示出一个标记“a”。

```
1   time = new Date();
2   hours = time.getHours();
3   minutes = time.getMinutes();
4   seconds = time.getSeconds();
5   if (hours>12) {
6       hours = hours-12;
7   }
8   if (hours<1) {
9       hours = 12;
10  }
11  hours = hours*30+int(minutes/2);
12  minutes = minutes*6+int(seconds/10);
13  seconds = seconds*6;
14
```

图 8-165

（9）选中“动作脚本”图层的第 2 帧，按 F6 键，在该帧上插入关键帧。调出“动作”面板，在“动作”面板中设置脚本语言。

```
gotoAndPlay(1);
```

脚本窗口中显示的效果如图 8-166 所示。设置完成动作脚本后关闭“动作”面板。在“动作脚本”图层的第 2 帧上显示出一个标记“a”。

（10）在“时间轴”面板中创建新图层并将其命名为“亮点闪光”。将“库”面板中的影片剪辑元件“亮点闪光”拖曳到舞台窗口中，放置在舞台窗口的上方，效果如图 8-167 所示。

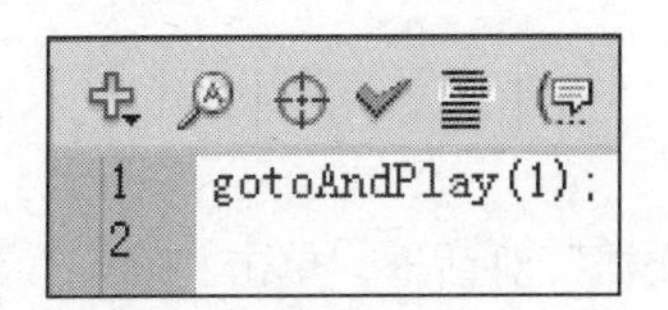

图 8-166

图 8-167

（11）在“时间轴”面板中创建新图层并将其命名为“文字”。选择“窗口 > 颜色”命令，弹出“颜色”面板，将“填充颜色”设为黑色，并将“Alpha”选项设为 50，如图 8-168 所示。选择“矩形”工具，在工具箱下方将“笔触颜色”设为无，在舞台窗口左下方绘制矩形，效果如图 8-169 所示。

（12）选择“文本”工具T，在文本工具“属性”面板中进行设置，分别在舞台窗口中输入需要的白色文字和英文，效果如图 8-170 所示。

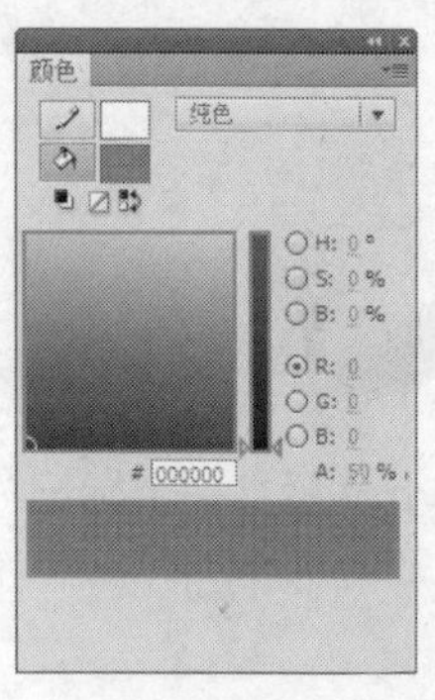

图 8-168

图 8-169

图 8-170

（13）在“时间轴”面板中创建新图层并将其命名为“鹰”。分别将“库”面板中的影片剪辑元件“鹰动画 1”和“鹰动画 2”拖曳到舞台窗口的左侧外部，并将其调整到合适的大小，效果如图 8-171 所示。时尚手表制作完成，按 Ctrl+Enter 组合键即可查看效果，如图 8-172 所示。

图 8-171

图 8-172

8.7 拼图游戏

【知识要点】使用“变形”面板改变元件的大小，使用“动作”面板为元件添加脚本语言，使用“矩形”工具和“柔化填充边缘”命令绘制边框图形。

8.7.1 导入图片

（1）选择“文件 > 新建”命令，弹出“新建文档”对话框，单击“确定”按钮，进入新建文档舞台窗口。按 Ctrl+F3 组合键，弹出文档“属性”面板，在“发布”选项组中单击“配置文件”右侧的“编辑”按钮，在弹出的“发布设置”对话框中将“播放器”选项设为“Flash Player 8”，将“脚本”选项设为“ActionScript 2.0”，如图 8-173 所示。

（2）调出“库”面板，在“库”面板下方单击“新建元件”按钮，弹出“创建新元件”对话框，在“名称”选项的文本框中输入“02 按钮”，在“类型”选项的下拉列表中选择“按钮”选项，单击“确定”按钮，新建一个按钮元件“02 按钮”，如图 8-174 所示，舞台窗口也随之转换为按钮元件的舞台窗口。

图 8-173

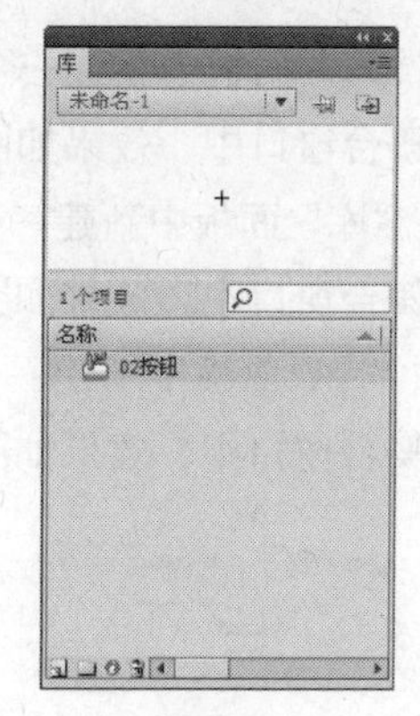

图 8-174

（3）选择“文件 > 导入 > 导入到舞台”命令，在弹出的“导入”对话框中选择“Ch08 > 素材 > 8.7 拼图游戏 > 02”文件，单击“打开”按钮，弹出提示对话框，单击“否”按钮，文件被导入到舞台窗口中，效果如图 8-175 所示。

（4）在“库”面板中新建一个按钮元件“03 按钮”，舞台窗口也随之转换为“03 按钮”元件的舞台窗口。将“Ch08 > 素材 > 8.7 拼图游戏 > 03”文件导入到舞台窗口中，效果如图 8-176 所示。

（5）在“库”面板中新建一个按钮元件“04 按钮”，将“Ch08 > 素材 > 8.7 拼图游戏 > 04”文件导入到舞台窗口中，效果如图 8-177 所示。

图 8-175

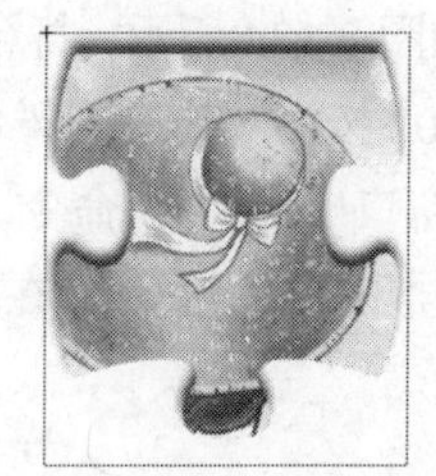

图 8-176

图 8-177

（6）在“库”面板中新建一个按钮元件“05 按钮”，将“Ch08 > 素材 > 8.7 拼图游戏 > 05”文件导入到舞台窗口中，效果如图 8-178 所示。

（7）在“库”面板中新建一个按钮元件“06 按钮”，将“Ch08 > 素材 > 8.7 拼图游戏 > 06”文件导入到舞台窗口中，效果如图 8-179 所示。

（8）在“库”面板中新建一个按钮元件“07 按钮”，将“Ch08 > 素材 > 8.7 拼图游戏 > 07”文件导入到舞台窗口中，效果如图 8-180 所示。

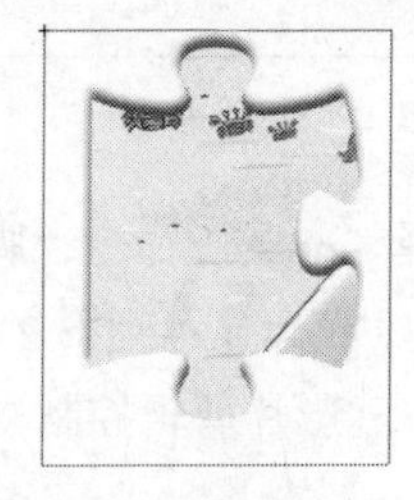

图 8-178

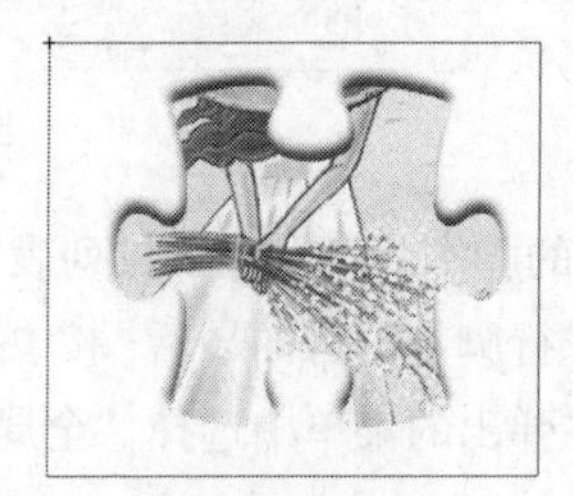

图 8-179

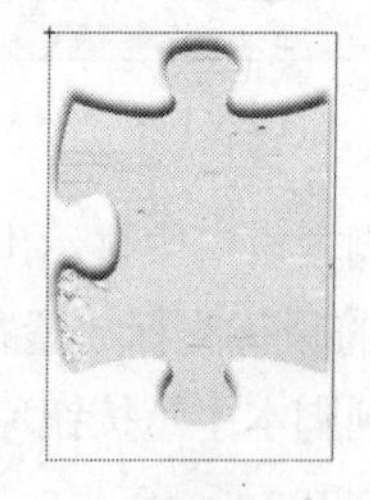

图 8-180

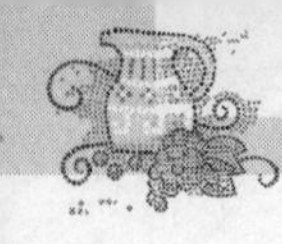

（9）在“库”面板中新建一个按钮元件“08 按钮”，将“Ch08 > 素材 > 8.7 拼图游戏 > 08”文件导入到舞台窗口中，效果如图 8-181 所示。

（10）在“库”面板中新建一个按钮元件“09 按钮”，将“Ch08 > 素材 > 8.7 拼图游戏 > 09”文件导入到舞台窗口中，效果如图 8-182 所示。

（11）在“库”面板中新建一个按钮元件“10 按钮”，将“Ch08 > 素材 > 8.7 拼图游戏 > 10”文件导入到舞台窗口中，效果如图 8-183 所示。

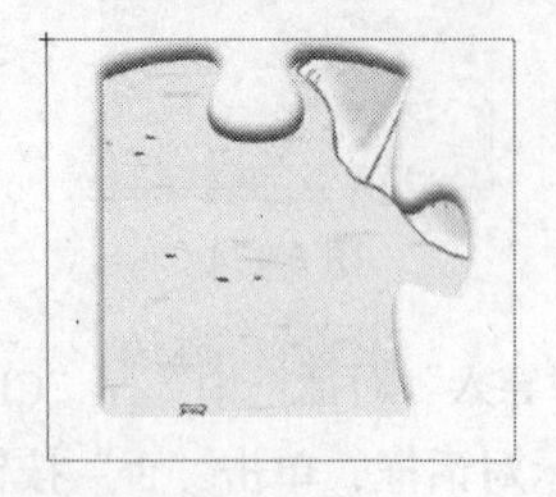

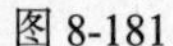

图 8-181

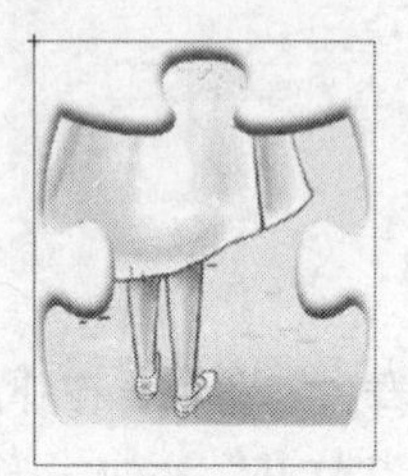

图 8-182

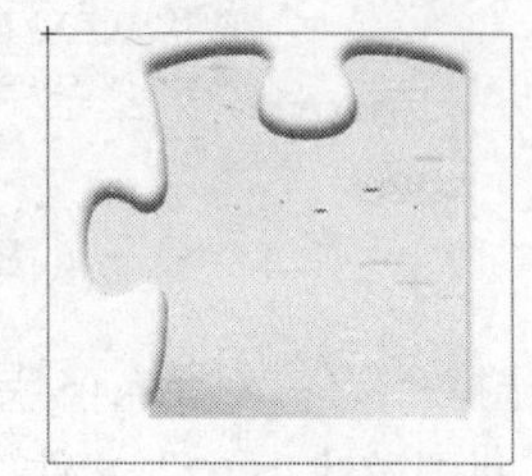

图 8-183

8.7.2 为图片按钮添加脚本语言

（1）在“库”面板下方单击“新建元件”按钮，弹出“创建新元件”对话框，在“名称”选项的文本框中输入“02”，在“类型”选项的下拉列表中选择“影片剪辑”选项，单击“确定”按钮，新建一个影片剪辑元件“02”，如图 8-184 所示，舞台窗口也随之转换为影片剪辑元件的舞台窗口。将“库”面板中的按钮元件“02 按钮”拖曳到舞台窗口中。

（2）选中“02 按钮”实例，选择“窗口 > 动作”命令，弹出“动作”面板（其快捷键为 F9）。单击面板左上方的“将新项目添加到脚本中”按钮，在弹出的菜单中选择“全局函数 > 影片剪辑控制 > on”命令，如图 8-185 所示。

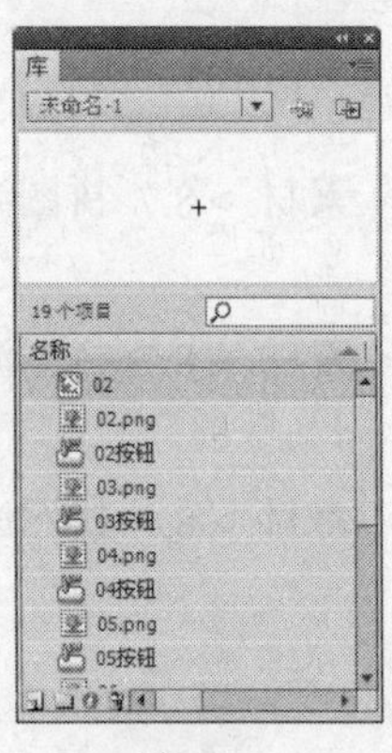

图 8-184

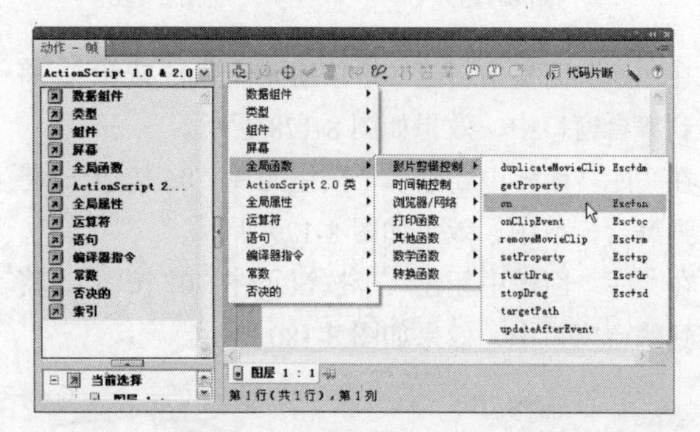

图 8-185

（3）在脚本窗口中显示出选择的脚本语言，在下拉列表中选择“press”命令，脚本语言如图 8-186 所示。将鼠标光标放置在第 1 行脚本语言的最后，按 Enter 键，光标显示到第 2 行。单击“将新项目添加到脚本中”按钮，在弹出的菜单中选择“全局函数 > 影片剪辑控制 > startDrag”命令，如图 8-187 所示。

图 8-186

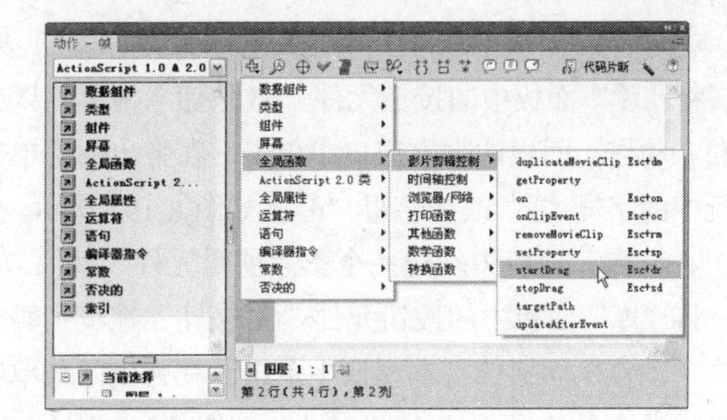

图 8-187

（4）在脚本窗口中显示出选择的脚本语言，在脚本语言“startDrag”后面的括号中输入“/a”，如图 8-188 所示。在面板中单击“将新项目添加到脚本中”按钮，在弹出的菜单中选择“全局函数 > 影片剪辑控制 > on”命令，在脚本窗口中显示出选择的脚本语言，在下拉列表中选择“release”命令，脚本语言如图 8-189 所示。

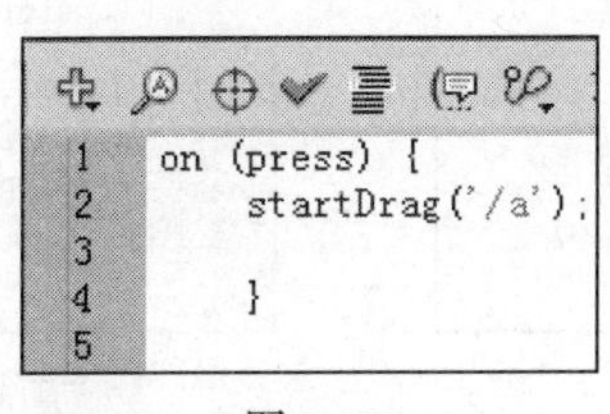

图 8-188

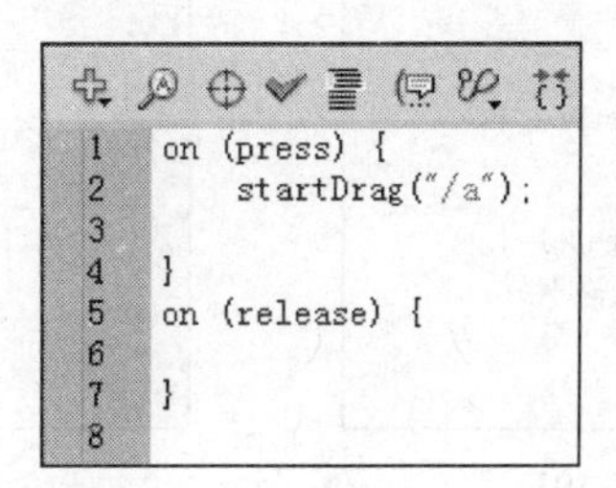

图 8-189

（5）单击“将新项目添加到脚本中”按钮，在弹出的菜单中选择“全局函数 > 影片剪辑控制 > stopDrag”命令，脚本语言如图 8-190 所示。选中所有的脚本语言，用鼠标右键单击，在弹出的菜单中选择“复制”命令，进行复制。

（6）在“库”面板中新建一个影片剪辑元件“03”，舞台窗口也随之转换为“03”元件的舞台窗口。将“库”面板中的按钮元件“03 按钮”拖曳到舞台窗口中。选中“03 按钮”实例，用鼠标右键在“动作”面板的“脚本窗口”中单击，在弹出的菜单中选择“粘贴”命令，将刚才复制过的脚本语言进行粘贴，将第 2 行中的字母“a”改为字母“b”，如图 8-191 所示。

（7）在“库”面板中新建一个影片剪辑元件“04”，舞台窗口也随之转换为“04”元件的舞台窗口。将“库”面板中的按钮元件“04 按钮”拖曳到舞台窗口中。选中“04 按钮”实例，用鼠标右键在“动作”面板的“脚本窗口”中单击，在弹出的菜单中选择“粘贴”命令，粘贴脚本语言，将第 2 行中的字母“a”改为字母“c”，如图 8-192 所示。

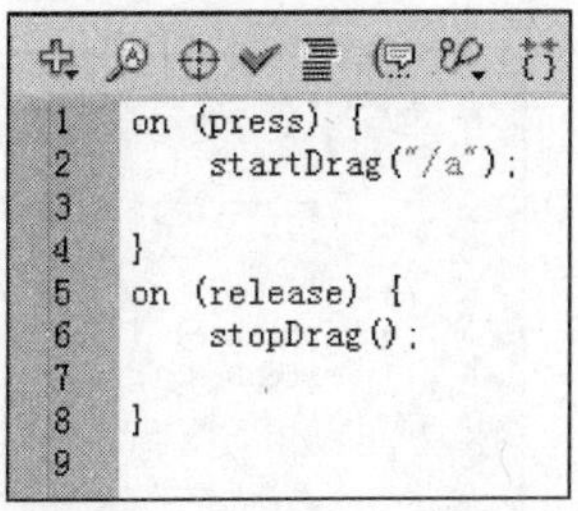

```
1 on (press) {
2     startDrag("/a");
3
4 }
5 on (release) {
6     stopDrag();
7
8 }
9
```

图 8-190

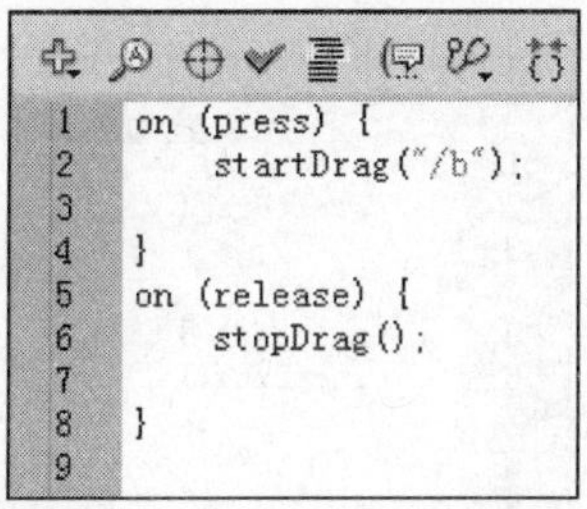

```
1 on (press) {
2     startDrag("/b");
3
4 }
5 on (release) {
6     stopDrag();
7
8 }
9
```

图 8-191

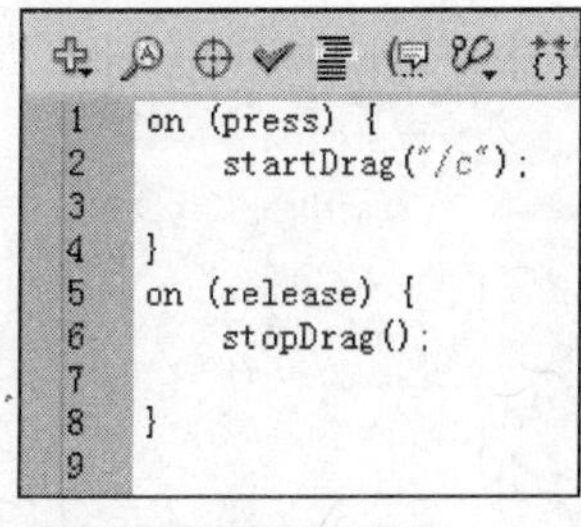

图 8-192

（8）在“库”面板中新建一个影片剪辑元件“05”，舞台窗口也随之转换为“05”元件的舞台窗口。将“库”面板中的按钮元件“05 按钮”拖曳到舞台窗口中。选中“05 按钮”实例，用鼠标右键在“动作”面板的脚本窗口中单击，在弹出的菜单中选择“粘贴”命令，粘贴脚本语言，将第 2 行中的字母“a”改为字母“d”，如图 8-193 所示。

（9）在“库”面板中新建一个影片剪辑元件“06”，舞台窗口也随之转换为“06”元件的舞台窗口。将“库”面板中的按钮元件“06 按钮”拖曳到舞台窗口中。选中“06 按钮”实例，用鼠标右键在“动作”面板的脚本窗口中单击，在弹出的菜单中选择“粘贴”命令，粘贴脚本语言，将第 2 行中的字母“a”改为字母“e”，如图 8-194 所示。

（10）在“库”面板中新建一个影片剪辑元件“07”，舞台窗口也随之转换为“07”元件的舞台窗口。将“库”面板中的按钮元件“07 按钮”拖曳到舞台窗口中。选中“07 按钮”实例，用鼠标右键在“动作”面板的脚本窗口中单击，在弹出的菜单中选择“粘贴”命令，粘贴脚本语言，将第 2 行中的字母“a”改为字母“f”，如图 8-195 所示。

```
1  on (press) {
2      startDrag("/d");
3
4  }
5  on (release) {
6      stopDrag();
7
8  }
9
```

图 8-193

```
1  on (press) {
2      startDrag("/e");
3
4  }
5  on (release) {
6      stopDrag();
7
8  }
9
```

图 8-194

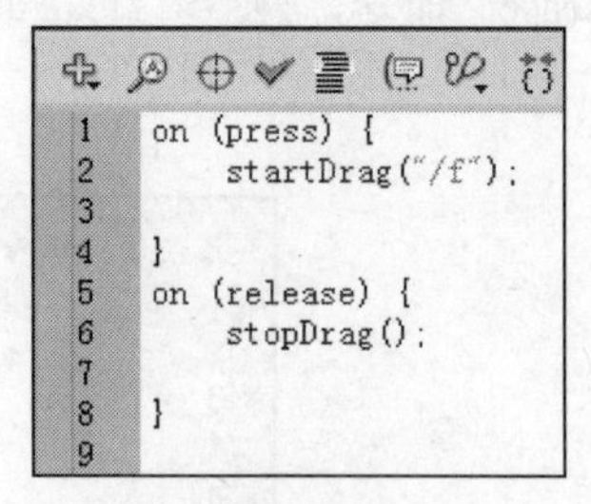

图 8-195

（11）在“库”面板中新建一个影片剪辑元件“08”，舞台窗口也随之转换为“08”元件的舞台窗口。将“库”面板中的按钮元件“08 按钮”拖曳到舞台窗口中。选中“08 按钮”实例，用鼠标右键在“动作”面板的脚本窗口中单击，在弹出的菜单中选择“粘贴”命令，粘贴脚本语言，将第 2 行中的字母“a”改为字母“g”，如图 8-196 所示。

（12）在“库”面板中新建一个影片剪辑元件“09”，舞台窗口也随之转换为“09”元件的舞台窗口。将“库”面板中的按钮元件“09 按钮”拖曳到舞台窗口中。选中“09 按钮”实例，用鼠标右键在“动作”面板的脚本窗口中单击，在弹出的菜单中选择“粘贴”命令，粘贴脚本语言，将第 2 行中的字母“a”改为字母“h”，如图 8-197 所示。

（13）在“库”面板中新建一个影片剪辑元件“10”，舞台窗口也随之转换为“10”元件的舞台窗口。将“库”面板中的按钮元件“10 按钮”拖曳到舞台窗口中。选中“10 按钮”实例，用鼠标右键在“动作”面板的脚本窗口中单击，在弹出的菜单中选择“粘贴”命令，粘贴脚本语言，将第 2 行中的字母“a”改为字母“i”，如图 8-198 所示。

```
1  on (press) {
2      startDrag("/g");
3
4  }
5  on (release) {
6      stopDrag();
7
8  }
9
```

图 8-196

```
1  on (press) {
2      startDrag("/h");
3
4  }
5  on (release) {
6      stopDrag();
7
8  }
9
```

图 8-197

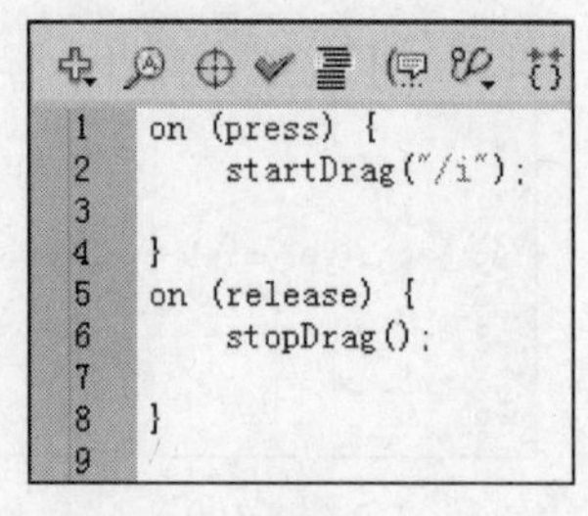

图 8-198

8.7.3　制作背景效果

（1）单击舞台窗口左上方的“场景 1”图标，进入“场景 1”的舞台窗口。将“图层 1”重新命名为“底图”。按 Ctrl+R 组合键，弹出“导入”对话框，在对话框中选择光盘中的“Ch08 > 素材 > 8.7 拼图游戏 > 01”文件，单击“打开”按钮，文件被导入到舞台窗口中，并将其调整到合适的大小，效果如图 8-199 所示。

（2）单击“时间轴”面板下方的“新建图层”按钮，创建新图层并将其命名为“边框”。选择“矩形”工具，在矩形工具“属性”面板中，将“笔触颜色”设为无，“填充颜色”设为土黄色（#AD9474），在舞台窗口中适当的位置绘制矩形，效果如图 8-200 所示。在工具箱下方将“填充颜色”修改为浅黄色（#FFFFCC），在土黄色矩形上绘制矩形，效果如图 8-201 所示。

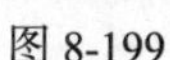

图 8-199

图 8-200

图 8-201

（3）在“时间轴”面板中创建新图层并将其命名为“边框阴影”。选择“选择”工具，在舞台窗口中选择土黄色矩形，按 Ctrl+C 组合键，将其复制。在“时间轴”面板中选择“边框阴影”图层，按 Ctrl+V 组合键，将其粘贴到舞台窗口中，并将其拖曳到舞台窗口中的空白处，在工具箱下方将“填充颜色”修改为深灰色（#333333），效果如图 8-202 所示。

（4）选择“选择”工具，选中舞台窗口中的深灰色图形，选择“修改 > 形状 > 柔化填充边缘”命令，弹出“柔化填充边缘”对话框，选项的设置如图 8-203 所示，单击“确定”按钮，效果如图 8-204 所示。

图 8-202

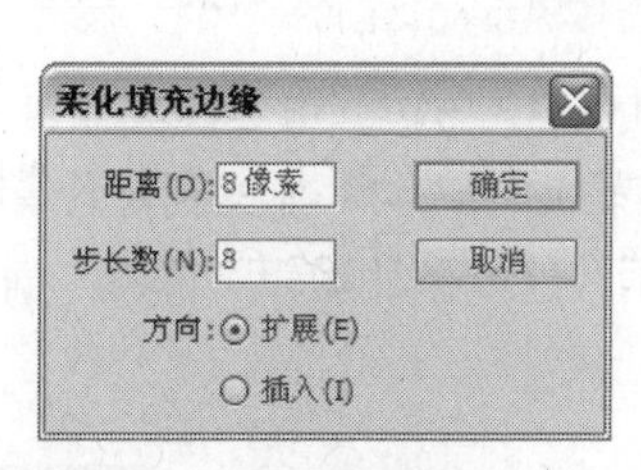

图 8-203

图 8-204

（5）选择“选择”工具，选中舞台窗口中的深灰色图形，将其拖曳到土黄色图形的上方。在“时间轴”面板中将“边框阴影”图层拖曳至“边框”图层的下方，如图 8-205 所示，舞台窗口中的效果如图 8-206 所示。选择“任意变形”工具，将“边框”图层上的图形和“边框阴影”图层上的图形同时选取，并将其旋转到合适的角度，效果如图 8-207 所示。

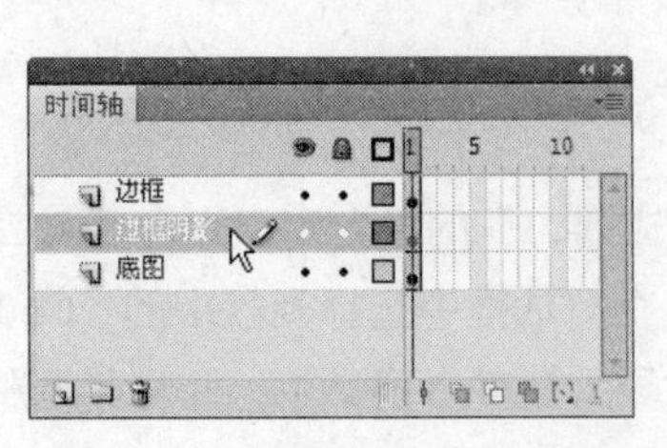

图 8-205

图 8-206

图 8-207

8.7.4 设置图片摆放位置

（1）在“时间轴”面板中创建新图层并将其命名为“拼图”，并将其拖曳到所有图层的最上方。将“库”面板中的影片剪辑元件“02”拖曳到舞台窗口中，并将其放置在舞台窗口中的空白处，如图 8-208 所示。选择影片剪辑“属性”面板，在“实例名称”选项的文本框中输入“a”，如图 8-209 所示。

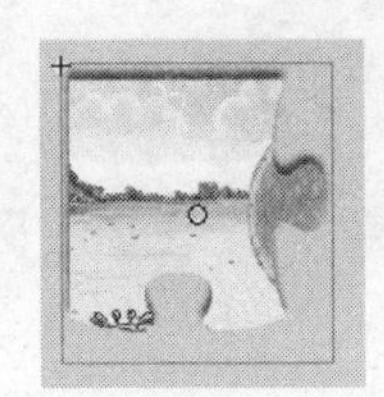

图 8-208

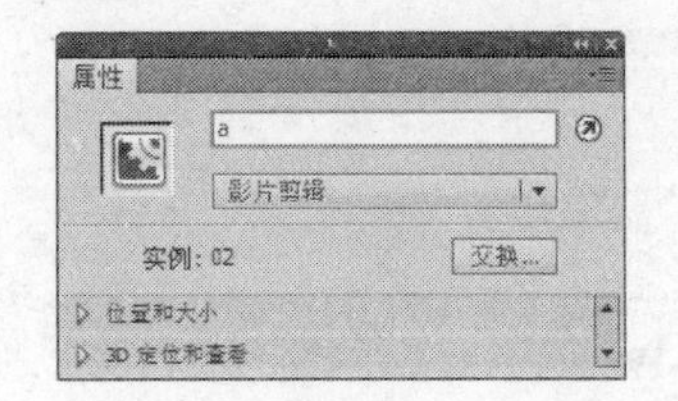

图 8-209

（2）将“库”面板中的影片剪辑元件“03”拖曳到舞台窗口中，并将其放置在影片剪辑元件“02”实例的右侧，如图 8-210 所示。选择影片剪辑“属性”面板，在“实例名称”选项的文本框中输入“b”，如图 8-211 所示。

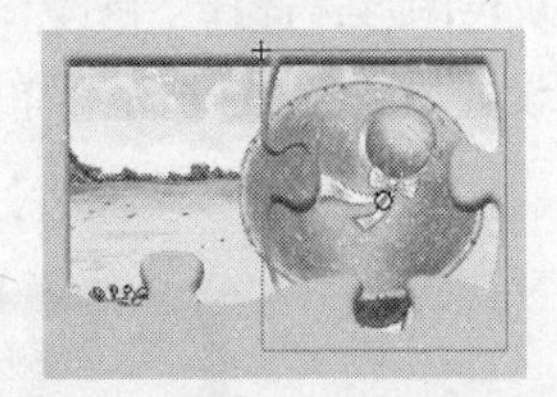

图 8-210

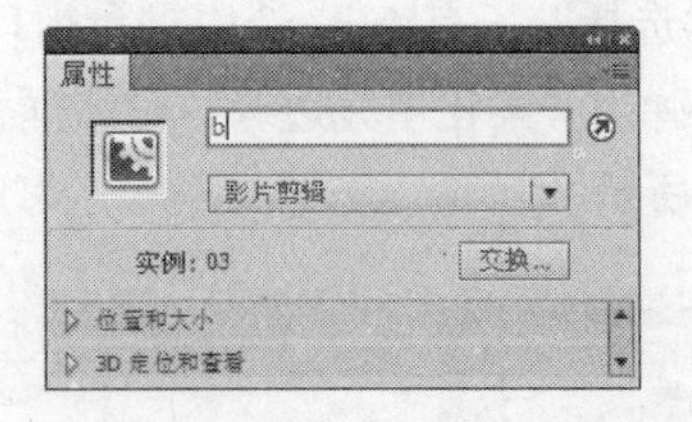

图 8-211

（3）将“库”面板中的影片剪辑元件“04”拖曳到舞台窗口中，并将其放置在影片剪辑元件“03”实例的右侧，如图 8-212 所示。选择影片剪辑“属性”面板，在“实例名称”选项的文本框中输入“c”，如图 8-213 所示。

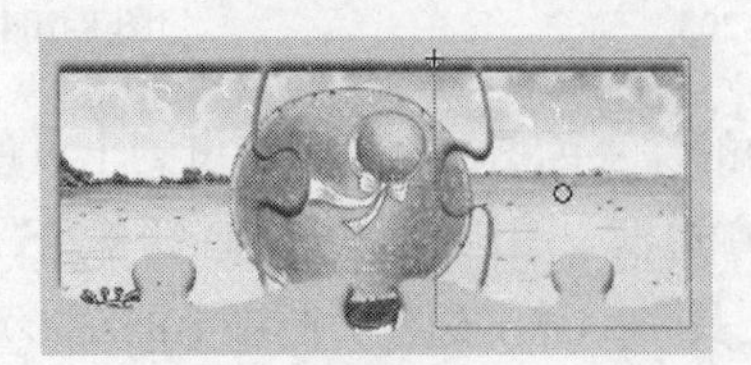

图 8-212

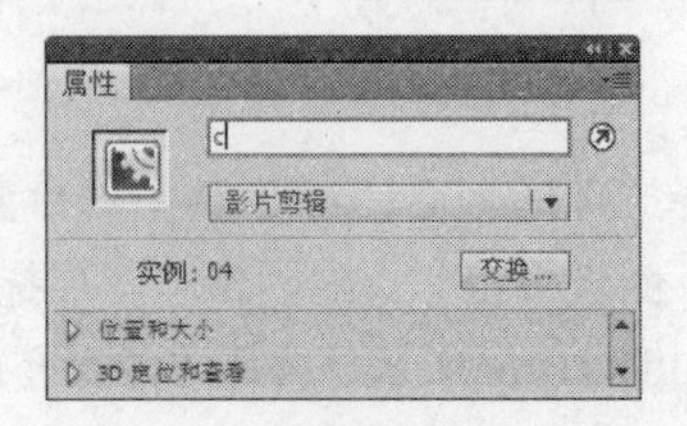

图 8-213

（4）将“库”面板中的影片剪辑元件“05”拖曳到舞台窗口中，并将其放置在影片剪辑元件“02”实例的下方，如图 8-214 所示。选择影片剪辑“属性”面板，在“实例名称”选项的文本框中输入“d”。

（5）将“库”面板中的影片剪辑元件“06”拖曳到舞台窗口中，并将其放置在影片剪辑元件“05”实例的右侧，如图 8-215 所示。选择影片剪辑“属性”面板，在“实例名称”选项的文本框中输入“e”。

（6）将“库”面板中的影片剪辑元件“07”拖曳到舞台窗口中，并将其放置在影片剪辑元件“06”实例的右侧，如图 8-216 所示。选择影片剪辑“属性”面板，在“实例名称”选项的文本框中输入“f”。

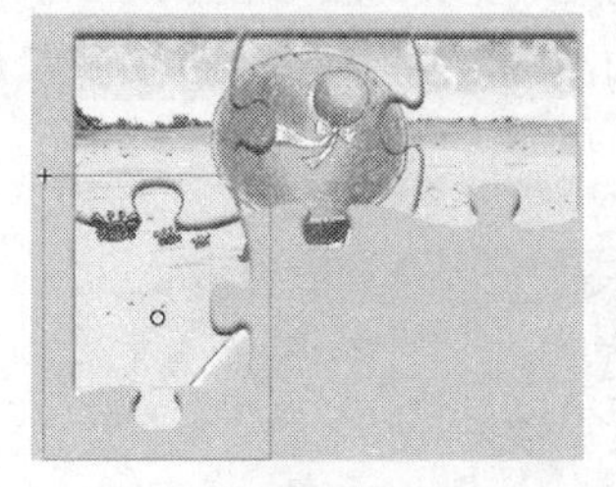

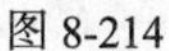

图 8-214

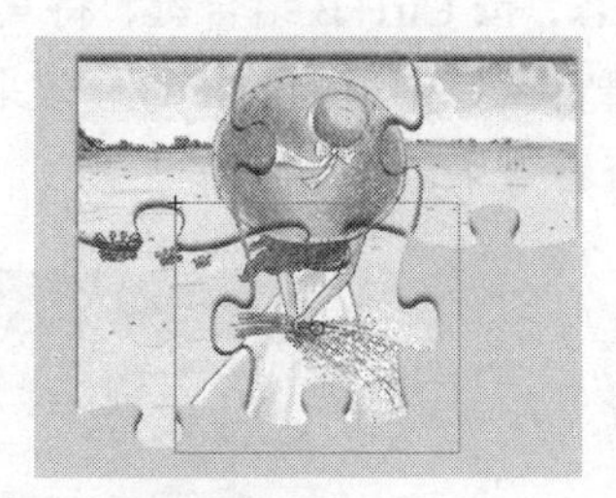

图 8-215

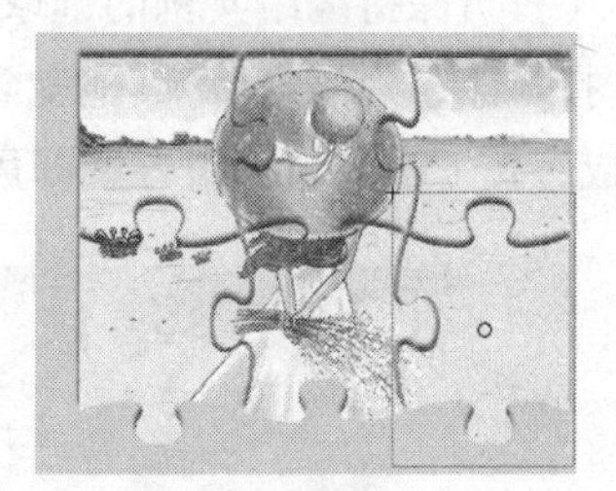

图 8-216

（7）将“库”面板中的影片剪辑元件“08”拖曳到舞台窗口中，并将其放置在影片剪辑元件“05”实例的下方，如图 8-217 所示。选择影片剪辑“属性”面板，在“实例名称”选项的文本框中输入“g”。

（8）将“库”面板中的影片剪辑元件“09”拖曳到舞台窗口中，并将其放置在影片剪辑元件“08”实例的右侧，如图 8-218 所示。选择影片剪辑“属性”面板，在“实例名称”选项的文本框中输入“h”。

（9）将“库”面板中的影片剪辑元件“10”拖曳到舞台窗口中，并将其放置在影片剪辑元件“09”实例的右侧，如图 8-219 所示。选择影片剪辑“属性”面板，在“实例名称”选项的文本框中输入“i”。

图 8-217

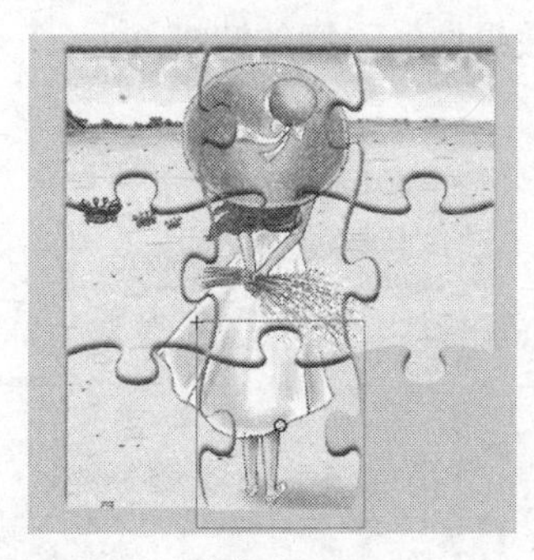

图 8-218

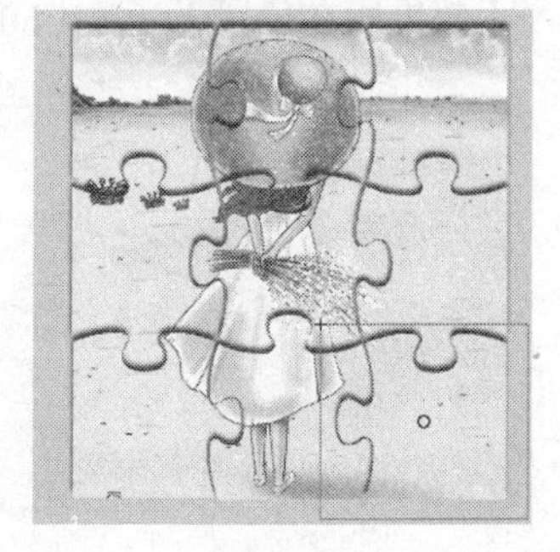

图 8-219

（10）选择“选择”工具，用圈选的方法将影片剪辑实例全部选取，按 Ctrl+G 组合键，将其编组，效果如图 8-220 所示。按 Ctrl+T 组合键，弹出“变形”面板，选项的设置如图 8-221 所示，按 Enter 键，将其缩小并旋转。使用“选择”工具将其拖曳到边框图形上方，舞台窗口中的效果如图 8-222 所示。

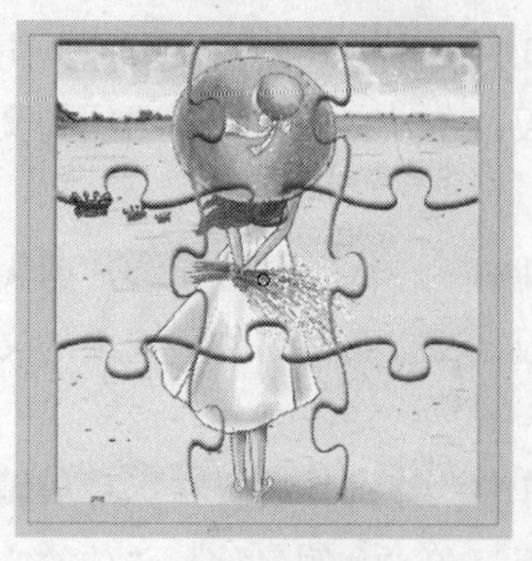

图 8-220

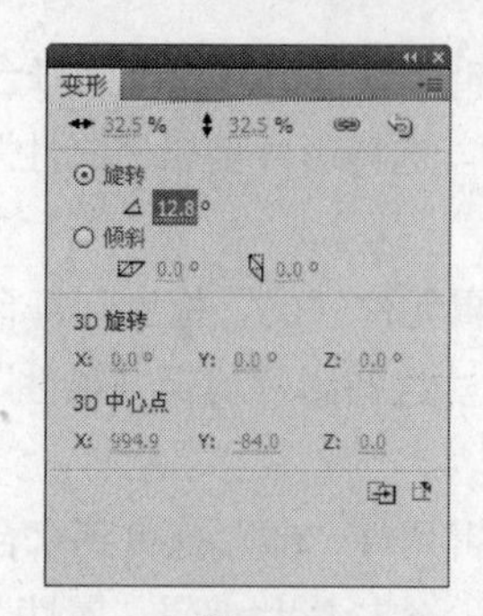

图 8-221

图 8-222

（11）保持编组实例的选取状态，按 Ctrl+B 组合键，将其打散，效果如图 8-223 所示。使用“选择”工具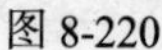分别将其拖曳到舞台窗口中适当的位置，效果如图 8-224 所示。拼图游戏制作完成，按 Ctrl+Enter 组合键即可查看效果。

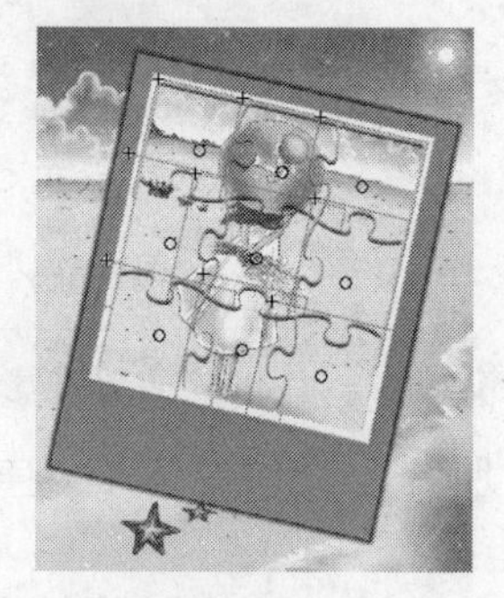

图 8-223

图 8-224

8.8 课后习题——飞舞的蜻蜓

【习题知识要点】使用“任意变形”工具改变图形的大小，使用“刷子”工具、“椭圆”工具和“颜色”面板绘制蜻蜓图形，使用“动作”面板设置脚本语言，如图 8-225 所示。

【效果所在位置】光盘/Ch08/效果/8.8 飞舞的蜻蜓.fla。

图 8-225